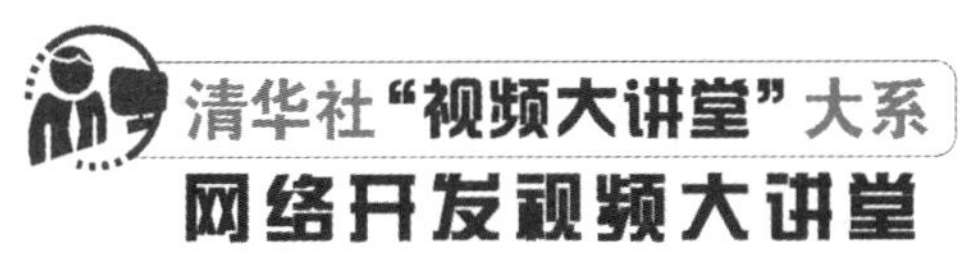

CSS+DIV网页样式与布局从入门到精通

喻　浩　编著

清华大学出版社

北　京

内 容 简 介

《CSS+DIV 网页样式与布局从入门到精通》（清华社“视频大讲堂”大系）通过基础知识+中小实例+实战案例的方式讲述，配有大量视频，相对于权威指南、禅意花园、设计指南类型的图书，本书更适合快速上手。全书主要内容包括 CSS 入门，设置文字、图片、背景、表格、表单和菜单等网页元素的方法，以及 CSS 滤镜的使用和 CSS 如何控制 XML 文档样式。着重讲解如何利用 DIV+CSS 进行网页布局，注重实际操作，使读者在学习 CSS 应用技术的同时掌握 DIV+ CSS 的精髓。本书还详细讲解了其他书中较少涉及的技术细节，包括扩展 CSS 与 JavaScript 和 XML 等综合应用等内容，以帮助读者设计符合 Web 标准的网页，提升技术水平和竞争能力。本书最后通过两个常见类型的综合实例，帮助读者进一步巩固所学知识，提高综合应用的能力。

本书内容翔实、结构清晰、循序渐进，基础知识与案例实战紧密结合，既可作为 CSS 初学者的入门教材，也适合作为中高级用户进一步学习和参考用书。本书显著特色有：

1. 同步视频讲解，让学习更为直观高效。216 节大型高清同步视频讲解，先看视频再学习效率更高。
2. 海量精彩实例，用实例学更轻松快捷。218 个精彩实例，模仿练习是最快捷的学习方式。
3. 精选实战案例，为高薪就业牵线搭桥。51 个实战案例展示可为以后就业积累经验。
4. 完整学习套餐，为读者提供贴心服务。参考手册 11 部，实用模版 83 类，素材源程序，让学习更加方便。
5. 讲解通俗翔实，看得懂学得会才是硬道理。

图书在版编目（CIP）数据

CSS+DIV 网页样式与布局从入门到精通/喻浩编著．—北京：清华大学出版社，2013（2020.1重印）
（清华社“视频大讲堂”大系　网络开发视频大讲堂）

ISBN 978-7-302-30671-9

I. ①C…　II. ①喻…　III. ①网页制作工具　IV. ①TP393.092

中国版本图书馆 CIP 数据核字（2012）第 272525 号

责任编辑：赵洛育
封面设计：李志伟
版式设计：文森时代
责任校对：张兴旺
责任印制：刘祎淼

出版发行：清华大学出版社
网　　址：http://www.tup.com.cn，http://www.wqbook.com
地　　址：北京清华大学学研大厦 A 座　　邮　　编：100084
社 总 机：010-62770175　　邮　　购：010-62786544
投稿与读者服务：010-62776969，c-service@tup.tsinghua.edu.cn
质量反馈：010-62772015，zhiliang@tup.tsinghua.edu.cn
印 刷 者：清华大学印刷厂
装 订 者：北京市密云县京文制本装订厂
经　　销：全国新华书店
开　　本：203mm×260mm　　印　　张：34.5　　字　　数：969 千字
（附 1DVD，含配套视频、参考手册、网页模板、素材源程序等）
版　　次：2013 年 6 月第 1 版　　印　　次：2020 年 1 月第 14 次印刷
定　　价：69.80 元

产品编号：044325-01

前 言

Preface

随着 Web 2.0 的大潮席卷而来，网页标准化 CSS+DIV 的设计方式正逐渐取代传统的表格布局模式，学习 CSS 也成为设计人员的必修课。Web 标准提出将网页的内容与表现分离，同时要求 HTML 文档具有良好的结构，因此需要抛弃传统的表格布局方式，采用 DIV 布局，并且使用 CSS 来实现页面的外观设计。

本书作者自 2000 年开始从事网页设计及制作工作，先后在多家网络公司任职，积累了大量网页设计制作方面的经验，精通网页布局和美化的多种技巧。本书基于 Dreamweaver CS5、Photoshop CS5 等常用软件，按照从入门到精通的写作思路，结合了由简单到复杂的多个典型网站实例，使读者不但可以学会使用多种网页制作工具制作出精美的网页，还能掌握目前流行的 CSS+DIV 网页布局与美化技能。

本书系统地讲解了 CSS 层叠样式表的基础理论和实际运用技术，通过大量实例对 CSS 进行深入浅出的分析。着重讲解如何用 CSS+DIV 进行网页布局，注重实际操作，使读者在学习 CSS 应用技术的同时掌握 CSS+DIV 的精髓。本书还详细讲解了其他书中较少涉及的技术细节，并给出了两个常见类型的完整网页的综合实例，让读者进一步巩固所学知识，提高综合应用能力。

授人以鱼不如授人以渔，对于 CSS 样式的学习也是如此，直接给代码还不如去看他人网站的源代码，只有掌握了 CSS 样式的本质，了解 CSS 样式是如何实现页面布局，如何完成页面中一些比较好玩、比较实用的效果后才能得心应手地使用 CSS 样式。

本书特色

☑ **系统的基础知识**

本书系统地讲解了 CSS 层叠样式表技术在网页设计中各个方面应用的知识，从为什么要用 CSS 开始讲解，循序渐进，配合大量实例，帮助读者奠定坚实的理论基础，做到知其所以然。

☑ **大量的案例实战**

书中设置大量应用实例，重点强调具体技术的灵活应用，并且全书结合了作者长期的网页设计制作和教学经验，使读者真正做到学以致用。

☑ **深入解剖 CSS+DIV 布局**

本书用相当的篇幅重点介绍了用 CSS+DIV 进行网页布局的方法和技巧，配合经典的布局案例，帮助读者掌握 CSS 最核心的应用技术。

☑ **高级混合应用技术**

真正的网页除了外观表现之外，还需要结构标准语言和行为标准的结合，因此本书还特别讲解了 CSS 与 JavaScript、Ajax 和 XML 的混合应用（这些都是 Web 2.0 网站中的主要技术），使读者掌握高级的网页制作技术。

☑ **精选综合实例**

本书精选了两个常见类型的网页综合实例，包括新闻网站和旅游酒店网站，帮助读者总结前面所

学知识，综合应用各种技术、方法和技巧，提高读者综合应用的能力。

本书内容

Note

全书分为 3 部分，共 16 章，具体结构划分如下。

第 1 部分：CSS 基础知识，包括第 1～11 章。这部分主要介绍了 CSS 相关基础知识，包括 CSS 语言基础、字体和文本样式、图片样式、背景图像样式、列表样式、表格样式、表单样式、超链接样式、CSS+DIV 网页排版、CSS 定位与网页布局、CSS 常见问题与解决。

第 2 部分：典型实例，包括第 12～13 章。这部分主要通过对两个各具特色的网站制作过程的讲解，由浅入深地介绍了如何将层布局与层叠样式表相结合来完成不同的网页效果。即使是初学者也可以轻松掌握 CSS+DIV 布局方式，制作出精美的网页并搭建功能强大的网站。

第 3 部分：扩展应用，包括第 14～16 章。这部分主要介绍了使用 JavaScript 控制 CSS 样式、使用 CSS 设计 XML 文档样式和使用 CSS 滤镜。这些知识在网页设计实践中会经常用到，因此读者应该学习和掌握它们，并能够综合应用各种技术，解决复杂的网页设计问题。

本书读者

- ☑ 希望系统学习网页设计、网站制作的初学者
- ☑ 从事网页设计制作和网站建设的专业人士
- ☑ 既适合初学者，也适合进阶者
- ☑ 可以作为各大中专院校相关专业的教学辅导和参考用书，或作为相关培训机构的培训教材

本书约定

为了给读者提供更多的学习资源，本书提供了很多参考链接，许多书中无法详细介绍的问题都可以通过这些链接找到答案。因为链接地址会因时间而有所变动或调整，所以在此说明，这些链接地址仅供参考，本书无法保证所有地址是长期有效的。

本书中的图例可能会与读者实际环境中的操作界面有所差别，这可能是由于操作系统平台、浏览器版本等不同而引起的，在此特别说明，读者应该以实际情况为准。

本书实例设计图都是在 Photoshop CS5 中设计制作的，在学习本书实例之前需要安装 Photoshop CS5，如果要查看本书中的源代码，建议使用 Dreamweaver CS5。

关于我们

参与本书编写的人员包括喻浩、咸建勋、奚晶、文菁、李静、钟世礼、李增辉、甘桂萍、刘燕、杨凡、李爱芝、余乐、孙宝良、余洪萍、谭贞军、孙爱荣、何子夜、赵美青、牛金鑫、孙玉静、左超红、蒋学军、邓才兵、袁江、李东博等。由于作者水平有限，书中疏漏和不足之处在所难免，欢迎读者朋友不吝赐教。广大读者如有好的建议、意见，或在学习本书时遇到疑难问题，可以联系我们，我们会尽快为您解答，服务邮箱为：design1993@163.com，liulm75@163.com。

编　者

目　录

Contents

第 1 章　CSS 样式设计基础 1

视频讲解：2 小时 38 分钟

1.1　设计良好的网页结构 2

1.1.1　选用符合语义的标签 2

1.1.2　文档类型和浏览器模式 7

1.2　初识 CSS 8

1.2.1　为什么学习 CSS 9

1.2.2　CSS 基本语法 9

1.2.3　设计第一个实例 10

1.3　CSS 选择器 12

1.3.1　CSS 选择器概述 12

1.3.2　标签选择器 13

1.3.3　ID 选择器 14

1.3.4　类选择器 16

1.3.5　伪类和伪对象选择器 17

1.3.6　子选择器 19

1.3.7　相邻选择器 20

1.3.8　属性选择器 21

1.3.9　通用选择器 23

1.3.10　包含选择器 23

1.3.11　分组选择器 25

1.3.12　指定选择器 26

1.4　CSS 基本特性 26

1.4.1　层叠和特殊性 26

1.4.2　继承 31

1.5　样式表规划、组织和维护 32

1.5.1　对文档应用样式 32

1.5.2　对代码进行注释 34

1.5.3　样式文档 37

1.5.4　组织样式表以便简化维护 37

1.6　CSS 属性和属性值 38

1.6.1　CSS 属性 38

1.6.2　CSS 单位 44

1.6.3　设置颜色 46

第 2 章　使用 CSS 设置字体和文本样式 48

视频讲解：2 小时 12 分钟

2.1　字体和文本样式基础 49

2.1.1　定义字体类型 49

2.1.2　定义字体大小 51

2.1.3　定义字体颜色 53

2.1.4　定义字体粗细 54

2.1.5　定义斜体字体 55

2.1.6　定义下划线、删除线和顶划线 56

2.1.7　定义字体大小写 57

2.1.8　定义文本对齐 58

2.1.9　定义垂直对齐 60

2.1.10　定义字间距和行间距 63

2.1.11　定义行间距 64

2.1.12　定义缩进 67

2.2　案例实战 68

2.2.1　设计百度 Logo 69

2.2.2　设置标题样式 70

2.2.3　设置正文样式 73

2.2.4　设置文本样式 75

2.2.5　设置文本段样式 79

2.2.6　设置段落版式样式 82

2.2.7　设计单页图文混排版式 86

第 3 章　使用 CSS 设置图片样式 92

视频讲解：1 小时 32 分钟

3.1　图片样式设置基础 93

3.1.1　定义图片边框 93

3.1.2　定义图片大小 97

3.1.3　定义图片的横向对齐 98

3.1.4　定义图片的纵向对齐 99

3.1.5　设置文字环绕效果 101

3.2　案例实战 103

Note

3.2.1 图文混排......103
3.2.2 图片布局......107
3.2.3 多图排列......111
3.2.4 阴影图片......114
3.2.5 圆角图片......116
3.2.6 设计圆角栏目......118

第 4 章 使用 CSS 控制背景图像......124

视频讲解：1 小时 38 分钟

4.1 背景样式设置基础......125
4.1.1 设置页面背景颜色......125
4.1.2 设置背景颜色给页面分块......126
4.1.3 定义背景图片......128
4.1.4 背景图片的重复......130
4.1.5 定义背景图片的位置......131
4.1.6 固定背景图片......133
4.2 案例实战......134
4.2.1 设置网页背景颜色......135
4.2.2 设置带花纹边框......136
4.2.3 设置永远固定的背景......143
4.2.4 设置圆润的栏目模块......144
4.2.5 设计分栏版式......149
4.2.6 设计滑动门菜单......151
4.2.7 设计灯箱广告......154
4.2.8 设计博客首页效果......157

第 5 章 使用 CSS 控制列表样式......163

视频讲解：55 分钟

5.1 列表样式设置基础......164
5.1.1 设置列表项符号......164
5.1.2 定义项目的图片符号......166
5.1.3 列表的横竖转换......167
5.2 案例实战......169
5.2.1 设计新闻栏目......169
5.2.2 设计导航菜单......173
5.2.3 设计多级菜单......177
5.2.4 列表排版的应用......182
5.2.5 使用列表实现图文混排效果......186

第 6 章 使用 CSS 设计表格样式......192

视频讲解：45 分钟

6.1 表格样式设置基础......193
6.1.1 设置表格颜色......193
6.1.2 设置表格边框......194
6.2 案例实战......196
6.2.1 美化表格......197
6.2.2 设计高效的表格......200
6.2.3 让表格更易用......204
6.2.4 表格布局......207

第 7 章 使用 CSS 设计表单样式......211

视频讲解：1 小时 45 分钟

7.1 表单样式设置基础......212
7.1.1 表单基本结构......212
7.1.2 设置基本样式......216
7.1.3 定义字体样式......221
7.1.4 定义边框样式......222
7.1.5 定义背景样式......224
7.2 案例实战......228
7.2.1 设计多彩下拉菜单样式......228
7.2.2 设计注册表单......230
7.2.3 设计调查表......235
7.2.4 设计反馈表......240

第 8 章 使用 CSS 定义链接样式......246

视频讲解：1 小时 12 分钟

8.1 链接样式设置基础......247
8.1.1 设置链接样式......247
8.1.2 设计下划线样式......248
8.1.3 设置类型指示样式......249
8.1.4 定义按钮样式......251
8.1.5 定义已访问样式......254
8.1.6 链接提示样式......254
8.2 案例实战......256
8.2.1 鼠标样式......256
8.2.2 设计菜单样式......259
8.2.3 设计苹果导航菜单......261
8.2.4 块状选项卡......266
8.2.5 图片浏览......271

第 9 章 网页排版和 DIV+CSS 布局......275

视频讲解：2 小时 47 分钟

9.1 CSS 盒模型......276

9.1.1 认识盒模型......276
9.1.2 外边距......278
9.1.3 内边距......281
9.1.4 边框......284
9.1.5 宽和高......284
9.2 网页重构......287
9.2.1 设置文档类型......287
9.2.2 选择标签......293
9.2.3 案例实战：尝试重构禅意花园......296
9.3 网页排版......299
9.3.1 网页排版基本原则......299
9.3.2 标准网页版式基本形式......300
9.3.3 网页排版基本方法......300
9.4 DIV+CSS 布局......305
9.4.1 布局空间......305
9.4.2 布局位置......307
9.4.3 布局环绕......309
9.4.4 清除浮动......311
9.4.5 布局嵌套......313
9.4.6 调整布局间距......316
9.5 案例实战......321
9.5.1 两列布局......322
9.5.2 三列布局......327

第 10 章 用 CSS 定位控制网页布局......332

视频讲解：1 小时 53 分钟

10.1 CSS 定位......333
10.1.1 认识 position......333
10.1.2 静态定位......333
10.1.3 绝对定位......334
10.1.4 相对定位......335
10.1.5 固定定位......338
10.2 定位参照......339
10.2.1 参照对象......339
10.2.2 坐标值......343
10.2.3 定位的特殊性......344
10.3 定位层叠......347
10.3.1 层叠顺序......347
10.3.2 嵌套层叠顺序......349
10.3.3 CSS 层叠框......351
10.3.4 CSS 层叠常见问题......354
10.4 案例实战......357
10.4.1 画册式网页布局......357
10.4.2 展览式网页布局......361
10.4.3 浪漫式网页布局......366

第 11 章 解决 CSS 设计中的常见问题......372

视频讲解：2 小时

11.1 IE 条件语句......373
11.1.1 认识 IE 条件语句......373
11.1.2 IE 条件语句基本用法......374
11.1.3 案例实战：设计兼容的多级菜单......376
11.2 CSS 渲染及问题......380
11.2.1 开启和关闭 IE 布局特性......381
11.2.2 设置 Layout 特性的方法......381
11.2.3 问题 1：不能自动展开包含框......384
11.2.4 问题 2：包含浮动布局的问题与处理......387
11.2.5 问题 3：相邻浮动布局的问题与处理......389
11.2.6 问题 4：列表布局的问题与处理......390
11.2.7 问题 5：定位布局的问题与处理......392
11.3 常用浏览器解析问题和解决方法......394
11.3.1 兼容 IE6 版本浏览器......395
11.3.2 兼容 IE5 系列版本浏览器......396
11.3.3 兼容 IE7 版本浏览器......398
11.3.4 兼容 FF 等标准浏览器......399
11.3.5 问题 1：超链接的 Bug......399
11.3.6 问题 2：内容与背景分离的 Bug......400
11.3.7 问题 3：IE6 躲躲猫 Bug......402
11.3.8 问题 4：IE6 多余字符 Bug......403
11.4 案例实战......403
11.4.1 3 列等高布局......403
11.4.2 3 列浮动布局......408

第 12 章 旅游酒店网站 410

视频讲解：2 小时 18 分钟

12.1 网站页面效果分析 411
12.1.1 “旅游度假”页面效果分析 411
12.1.2 “预定酒店”页面效果分析 411
12.2 首页策划设计 412
12.3 网页设计与重构 414
12.3.1 画草图和设计图 414
12.3.2 切图 417
12.3.3 主体重构 419
12.4 页面布局 422
12.4.1 设计页面基本样式 422
12.4.2 设计页头布局和样式 422
12.4.3 设计搜索和幻灯区布局和样式 425
12.4.4 设计左侧引导区布局和样式 427
12.4.5 设计内容区样式 428
12.4.6 设计右侧专题栏样式 431

第 13 章 新闻网站......................................434

视频讲解：1 小时 20 分钟

13.1 网站页面效果分析 435
13.1.1 “对话”页面效果分析 435
13.1.2 环球看点页面效果分析 435
13.2 首页策划设计 436
13.3 网页设计与重构 438
13.3.1 画草图和设计图 438
13.3.2 切图 440
13.3.3 主体重构 442
13.4 页面布局 444
13.4.1 设计页面基本样式 445
13.4.2 设计页头布局和样式 445
13.4.3 设计主要新闻区布局和样式 447
13.4.4 设计分类新闻区布局和样式 450

第 14 章 使用 JavaScript 控制 CSS 样式 455

视频讲解：2 小时 47 分钟

14.1 JavaScript 基础 456
14.1.1 在网页中嵌入 JavaScript 脚本 456
14.1.2 JavaScript 脚本在文档中的位置 457
14.1.3 解决 JavaScript 脚本与 CSS 样式冲突.......................................457
14.2 CSS 脚本化传统控制方法 459
14.2.1 认识 Style 对象 460
14.2.2 读写行内样式 464
14.2.3 读写样式表中样式.....................467
14.2.4 访问网页实际样式.....................472
14.3 控制 CSS 脚本的标准方法 473
14.3.1 CSSStyleSheet 接口 474
14.3.2 CSSStyleRule 接口 474
14.3.3 CSSStyleDeclaration 接口 475
14.4 使用 JavaScript 控制元素大小...... 476
14.4.1 读取元素的长宽样式值............476
14.4.2 使用 offsetWidth 和 offsetHeight 属性读取元素的尺寸 479
14.4.3 读取复杂结构中的元素尺寸.....481
14.4.4 读取浏览器窗口大小................485
14.5 使用 JavaScript 定位..................... 486
14.5.1 在窗口中的位置.........................487
14.5.2 相对父元素的位置.....................489
14.5.3 相对包含块的位置.....................489
14.5.4 定义偏移位置 490
14.5.5 定义相对位置 490
14.5.6 确定光标位置 491
14.5.7 确定光标的相对位置.................492
14.5.8 确定滚动条的位置.....................493
14.5.9 定义滚动条的位置.....................493
14.6 使用 JavaScript 设置显隐效果...... 494
14.6.1 设置显隐效果 494
14.6.2 设置透明度 495
14.6.3 控制动画时长 496
14.6.4 设计滑动效果 499

第 15 章 使用 CSS 设计 XML 文档样式.....502

视频讲解：43 分钟

15.1 XML 基础 503

15.1.1 XML 文档基本结构 503
15.1.2 声明 504
15.1.3 处理指令 504
15.1.4 注释 505
15.1.5 标签 505
15.1.6 属性 506
15.2 设置 XML 文档样式 507
15.2.1 CSS 样式表 507
15.2.2 XSL 样式表 508
15.3 CSS 与 XML 文档关联 510
15.3.1 直接嵌入 CSS 样式 510
15.3.2 导入外部 CSS 样式表文件 512
15.3.3 @ import 513
15.4 案例实战 513
15.4.1 设计诗情画意图文效果 513
15.4.2 设计新闻版面效果 515

第 16 章 使用 CSS 滤镜 519

视频讲解：43 小时分钟

16.1 CSS 滤镜概述 520
16.1.1 基本用法 520
16.1.2 恰当选用滤镜 520
16.2 常用 CSS 滤镜 521
16.2.1 通道（Alpha） 521
16.2.2 模糊（Blur） 523
16.2.3 运动模糊（MotionBlur） 524
16.2.4 透明色（Chroma） 525
16.2.5 翻转（Flip） 527
16.2.6 光晕（Glow） 528
16.2.7 灰度（Gray） 529
16.2.8 反色（Invert） 530
16.2.9 遮罩（Mask） 531
16.2.10 阴影（Shadow） 532
16.2.11 X 射线（Xray） 534
16.2.12 浮雕（Emboss） 535
16.2.13 波浪（Wave） 536
16.3 案例实战 537

第1章 CSS样式设计基础

（视频讲解：2 小时 38 分钟）

CSS（Cascading Style Sheet，层叠样式表）是用来进行网页样式设计的标识语言，与HTML一样属于解释性语言。如设计链接文本初始显示为蓝色，当光标移过时字体变成红色且显示下划线，这就是一种样式。通过设计样式表，可以统一控制HTML中各个标签的显示属性。CSS样式表可以使用户更有效地控制网页外观，精确指定网页元素位置，创建以及观察特殊效果。使用CSS，可以将网页结构和内容与表现形式分离开来，网页结构和内容被存放在HTML文档中，而用于定义表现形式的CSS规则则被存放在另一个CSS样式表文件中。

本章将重点讲解CSS的基本语法和规则。当然，学习CSS的最好方式之一是直接使用它。但是，这样可能会误解重要的概念，或者在日后设计中出现问题，因此本章介绍的一些基本但常常被误解的概念还需要读者认真学习，特别是零基础的读者。同时，本章还将讲解如何让HTML和CSS保持清晰且结构良好。

学习重点：

- 设计良好的HTML结构。
- 恰当选用HTML标签。
- 了解CSS的基本语法和用法。
- 熟练使用CSS选择器。
- 理解CSS的基本特性。
- 了解CSS的属性和属性值。

Note

1.1 设计良好的网页结构

学习 CSS 之前，需要学会搭建结构良好的网页结构，如果没有结构良好且有效的 HTML 文档，那么很多事情都是不可能实现的，或者说实现起来是非常困难的。结构良好且有效的 HTML 文档在 CSS 设计中非常重要，在文档中增加更多的有语义的标签，会让后期工作更加轻松。

1.1.1 选用符合语义的标签

早期的 Web 仅仅是一系列相互链接的研究文档，并使用 HTML 添加基本的格式和结构。但是，随着互联网的流行，HTML 开始用来表现页面。设计师用字体和粗体标签来创建所需的视觉效果，而不只是用标题元素突出显示页面的标题。表格成了一种布局工具而不是显示数据的方式。甚至设计师使用块引用标签（<blockquote>）来添加空白而不是表示引用。网页很快就失去了语义，成了字体和表格标签的大杂烩。

HTML 原本是一种简单且容易理解的标签语言。但是，随着网页变得越来越复杂，代码变得越来越不容易理解了。因此，需要使用各种可视化网页编辑工具来处理大量的无语义标签。不幸的是，这些工具并没有简化工作，反而添加了更多复杂的标签。最后，即使普通的网页也变得非常复杂，以致于几乎不能进行手工编辑，后期编辑简直就是一场噩梦，简单的修改就会破坏代码之间的结构性，使网页无法正常显示。

如图 1.1 所示是搜狐网站(http://www.sohu.com/)2002 年 1 月 18 日的首页效果(http://www.infomall.cn/cgi-bin/arcv-nohead/20020118/http://sohu.com/)，它使用表格进行布局，对标题使用大的粗体字。代码缺乏结构性，很难理解，网页结构和表现混淆在一起，很难读懂标签的语义，网页结构代码如图 1.2 所示。

图 1.1 2002 年 1 月 18 日搜狐网站首页

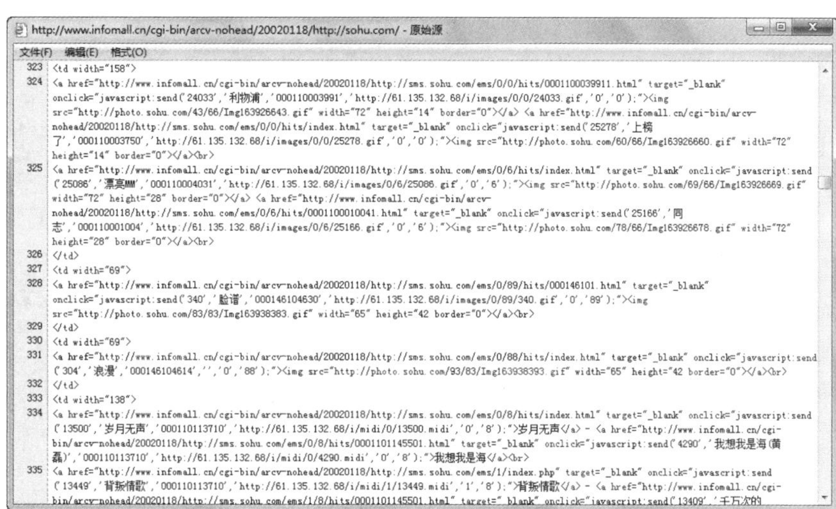


```
<td width="158">
<a href="http://www.infomall.cn/cgi-bin/arcv-nohead/20020118/http://sms.sohu.com/ems/0/0/hits/0001100039911.html" target="_blank" onclick="javascript:send('24033','利物浦','000110003991','http://61.135.132.68/i/images/0/0/24033.gif','0','0');"><img src="http://photo.sohu.com/43/66/Img163926643.gif" width="72" height="14" border="0"></a> <a href="http://www.infomall.cn/cgi-bin/arcv-nohead/20020118/http://sms.sohu.com/ems/0/0/hits/index.html" target="_blank" onclick="javascript:send('25278','上榜了','000110003750','http://61.135.132.68/i/images/0/0/25278.gif','0','0');"><img src="http://photo.sohu.com/60/66/Img163926660.gif" width="72" height="14" border="0"></a><br>
<a href="http://www.infomall.cn/cgi-bin/arcv-nohead/20020118/http://sms.sohu.com/ems/0/6/hits/index.html" target="_blank" onclick="javascript:send('25086','漂亮MM','000110004031','http://61.135.132.68/i/images/0/6/25086.gif','0','6');"><img src="http://photo.sohu.com/69/66/Img163926669.gif" width="72" height="28" border="0"></a> <a href="http://www.infomall.cn/cgi-bin/arcv-nohead/20020118/http://sms.sohu.com/ems/0/6/hits/0001100010041.html" target="_blank" onclick="javascript:send('25166','同志','000110001004','http://61.135.132.68/i/images/0/6/25166.gif','0','6');"><img src="http://photo.sohu.com/78/66/Img163926678.gif" width="72" height="28" border="0"></a><br>
</td>
<td width="69">
<a href="http://www.infomall.cn/cgi-bin/arcv-nohead/20020118/http://sms.sohu.com/ems/0/89/hits/000146101.html" target="_blank" onclick="javascript:send('340','脸谱','000146104630','http://61.135.132.68/i/images/0/89/340.gif','0','89');"><img src="http://photo.sohu.com/83/83/Img163938383.gif" width="65" height="42 border="0"></a><br>
</td>
<td width="69">
<a href="http://www.infomall.cn/cgi-bin/arcv-nohead/20020118/http://sms.sohu.com/ems/0/88/hits/index.html" target="_blank" onclick="javascript:send('304','浪漫','000146104614','','0','88');"><img src="http://photo.sohu.com/93/83/Img163938393.gif" width="65" height="42 border="0"></a><br>
</td>
<td width="138">
<a href="http://www.infomall.cn/cgi-bin/arcv-nohead/20020118/http://sms.sohu.com/ems/0/8/hits/index.html" target="_blank" onclick="javascript:send('13500','岁月无声','000110113710','http://61.135.132.68/i/midi/0/13500.midi','0','8');">岁月无声</a> - <a href="http://www.infomall.cn/cgi-bin/arcv-nohead/20020118/http://sms.sohu.com/ems/0/8/hits/0001101145501.html" target="_blank" onclick="javascript:send('4290','我想我是海(黄磊)','000110113710','http://61.135.132.68/i/midi/0/4290.midi','0','8');">我想我是海</a><br>
<a href="http://www.infomall.cn/cgi-bin/arcv-nohead/20020118/http://sms.sohu.com/ems/1/index.php" target="_blank" onclick="javascript:send('13449','背叛情歌','000110113710','http://61.135.132.68/i/midi/1/13449.midi','1','8');">背叛情歌</a> - <a href="http://www.infomall.cn/cgi-bin/arcv-nohead/20020118/http://sms.sohu.com/ems/1/8/hits/0001101145501.html" target="_blank" onclick="javascript:send('13409','千万次的
```

图 1.2　2002 年 1 月 18 日搜狐网站首页结构代码

在这种情况下，CSS 出现了。CSS 可以控制页面的外观，并且将文档的表现部分与内容分隔开。表现标签（如字体标签）可以去掉，而且可以使用 CSS 而不是表格来控制布局。标签重新变得简单，人们又开始对底层代码感兴趣了。

如图 1.3 所示是搜狐网站（http://www.sohu.com/）2011 年 12 月 26 日的首页效果，首页设计更趋成熟、大气，信息容量和用户体验得到明显改善和强化，它具有良好的结构，容易理解。如图 1.4 所示即为 2011 年 12 月 26 日搜狐网站的首页结构代码。虽然它仍然包含一些表现标签，但是与图 1.2 中的代码相比有了显著的改进。

图 1.3　2011 年 12 月 26 日搜狐网站首页

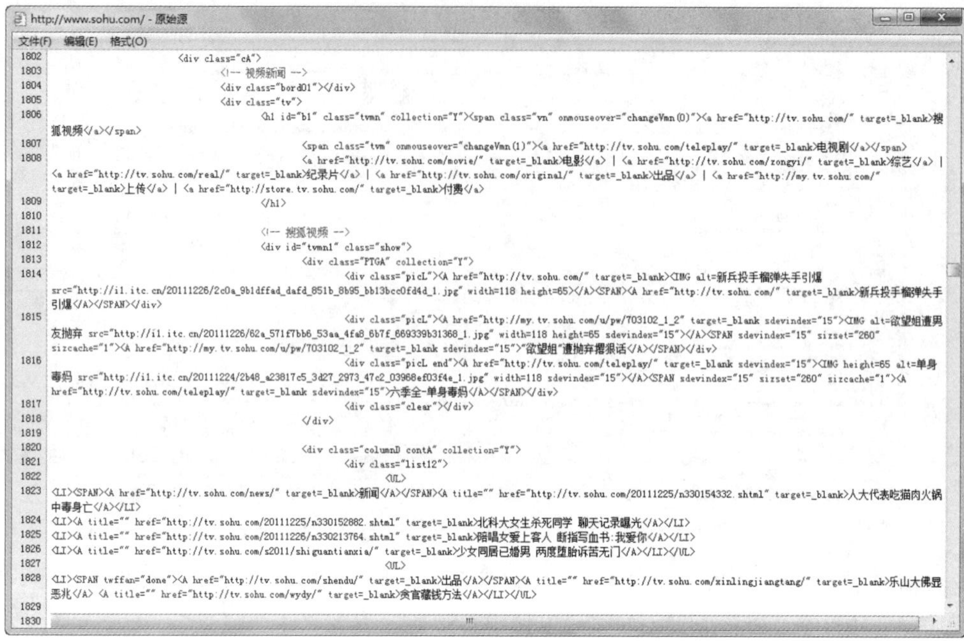

图 1.4　2011 年 12 月 26 日搜狐网站首页结构代码

标签语义重新得到了重视，浏览器的默认样式可以被覆盖，所以可以将某些内容设置为标题，而不需要为它指定大的、加粗的字体。可以创建列表，而这些列表不一定显示为一系列带黑点的列表项，可以使用没有相关联样式的块引用。设计师开始按照 HTML 元素的原义使用它们，无需考虑它们的外观。

有语义的标签为设计师提供了很多方便。与表现性的页面相比，有语义的页面更容易处理。例如，假设需要修改页面中的一个引用。如果这个引用加上了正确的标签，那么就很容易搜索代码，找到第一个块引用元素。但是如果这个引用只是另一个段落元素标签，就很难寻找了。

除了使人容易理解之外，程序和其他设备也可以理解有语义的标签。例如，搜索引擎可以识别出标题行，并给它分配更高的重要度，因为它被包围在 h1 等标题标签中。屏幕阅读器的用户可以依靠标题作为辅助的页面导航措施。

有语义的标签提供了将元素设计为所需样式的简单方法。它在文档中添加了结构，并且创建了一个底层框架。可以使用它直接设置元素的样式，而不需要添加其他标识符，因此避免了冗余代码。HTML 包含丰富的语义元素，如：

☑ h1、h2 、h3 等标题标签。

☑ ul、ol 和 dl 列表结构标签。

☑ strong 和 em 等强调语义标签。

☑ blockquote 和 cite 引用标签。

☑ abbr、acronym 和 code 代码标识标签。

☑ field、input、textarea、select、fieldset、legend 和 label 表单结构标签。

☑ table、tr、td、caption、thead、tbody 和 tfoot 等表格结构标签。

1. ID 和类名

HTML 是简单的文档标签语言，而不是界面语言。因此，没有用于内容区域或导航栏等专用元素。虽然可以使用 XML 自定义元素，但是由于这个方法太复杂，目前还没有被普及。

比较现实的解决方案是使用现有的元素，并且通过添加 ID 或类名为它们赋予额外的意义。这会在文档中添加额外的结构，并给样式提供有用的“钩子”。因此，可以建立一个简单的链接列表，并且给它分配 ID，从而自定义导航元素。

```
<ul id="navi">
    <li><a href="#">首页</a></li>
    <li><a href="#">关于</a></li>
    <li><a hzef="#">联系</a></li>
</u1>
```

使用 ID 名标识页面上的元素（如导航），其 ID 必须是唯一的。ID 可以用来标识持久的结构性元素，例如主导航或内容区域，还可以用来标识一次性元素，如某个链接或表单元素。

在整个网站上，ID 名应该应用于语义相似的元素以避免混淆。从技术上说，如果联系人表单和联系人详细信息在不同的页面上，那么可以给它们分配同样的 ID 名 contact。但是，如果以后需要根据每个元素的上下文环境设置它们的样式，这样做就会遇到问题。所以，使用不同的 ID 名（如 contact_form 和 contact_details）就会简单得多。

一个 ID 名只能应用于页面上的一个元素，而同一个类名则可以应用于页面上任意数量的元素。类非常适合标识内容的类型或相似的项目。例如，设计一个新闻页面，其中包含每条新闻的日期，此时不必给每个日期分配不同的 ID，而是可以给所有日期分配类名 date。

在分配 ID 和类名时，一定要尽可能地保持名称有语义，并与表现方式无关。例如，可以给导航元素分配 ID 名为 right_navi，因为希望它出现在右边。但是，如果以后将它的位置改到左边，那么 CSS 和 HTML 就会产生歧义。所以，将这个元素命名为 sub_navi 或 navi_main 更合适。这种名称解释了这个元素是什么，而没有涉及如何表现它。

对于类名而言，也是这样的。即使希望所有错误消息以红色显示，也不要使用类名 red，而应该选择更有意义的名称，如 error 或 feedback。

在写类名和 ID 名时，需要注意区分大小写。虽然 CSS 不区分大小写，但是在标签中（如类名和 ID 名）是否区分大小写取决于标签语言是否区分大小写。如果使用 XHTML 语言，那么类名和 ID 名是区分大小写的；如果使用常规的 HTML 语言，那么是不区分大小写的。处理这个问题最好的方式是保持一致的命名约定。所以，如果在 HTML 类名中使用驼峰式大小写（camelcase），那么在 CSS 中也采用这种形式。

由于类的使用极具灵活性，因此在实际应用中被广泛应用，但这也可能造成类被过度使用或滥用。初学者常几乎在所有的元素上都添加类，从而试图更精细地控制它们的样式。Dreamweaver 编辑器喜欢在应用样式的每个地方都添加类，于是很多设计师在使用编辑器生成 CSS 代码时没能注意到这个坏习惯。这种习惯称为“多类症”，在某种程度上，这和使用基于表格的布局一样糟糕，因为它在文档中添加了无意义的代码，如下所示。

```
<h3 class="newsHead">标题新闻</h3>
<p class="newsText">新闻列表</p>
…
<p class="newsText"><a href="news.php" class="newsLink">更多</a></p>
```

在上面的实例中，每个元素都使用一个与新闻相关的类名进行标识。这使新闻标题和正文可以采用与页面其他部分不同的样式。但是，不需要用这么多类来区分每个元素。可以将新闻条目放在一个部分中，并且加上类名 news，从而标识整个新闻条目。然后，可以使用层叠识别新闻标题或文本，如下所示。

```
<div class="news">
      <h3>标题新闻</h3>
      <p>新闻列表</p>
      …
      <p><a href="news.php">更多</a></p>
</div>
```

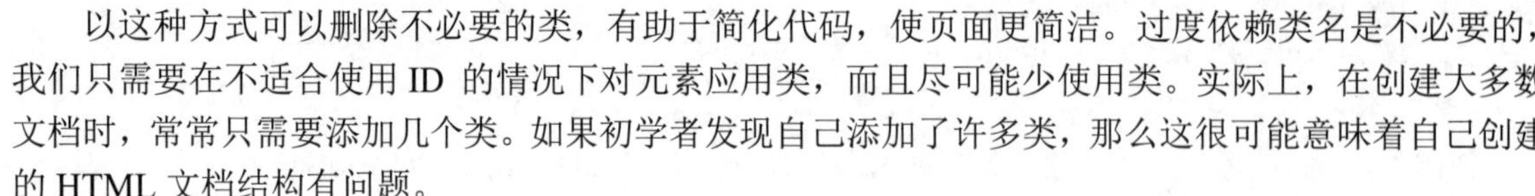

以这种方式可以删除不必要的类，有助于简化代码，使页面更简洁。过度依赖类名是不必要的，我们只需要在不适合使用 ID 的情况下对元素应用类，而且尽可能少使用类。实际上，在创建大多数文档时，常常只需要添加几个类。如果初学者发现自己添加了许多类，那么这很可能意味着自己创建的 HTML 文档结构有问题。

2. div 和 span

文档结构基本构成元素是 div 元素。很多读者误以为 div 元素是没有语义的，但实际上，div 代表区块（division），它提供了将文档分割为有意义的区域的方法。通过将主要内容区域包围在 div 中并分配 ID 名，就可以在文档中添加结构和意义。

为了将不必要的标签减到最少，应该在没有现有元素能够实现的区域分割中使用 div 元素。例如，如果设计主导航列表，那么不需要将它包围在 div 元素中。

```
<div id="navi">
      <ul>
            <li><a href="#">首页</a></li>
            <li><a href="#">关于</a></li>
            <li><a hzef="#">联系</a></li>
      </u1>
</div>
```

可以完全删除 div，直接在列表上应用 ID。

```
<ul id="navi">
      <li><a href="#">首页</a></li>
      <li><a href="#">关于</a></li>
      <li><a hzef="#">联系</a></li>
</u1>
```

过度使用 div 是代码结构不合理且过分复杂的一种表现。一些 CSS 新手会尝试用 div 重建原来的表格结构。但是，这只是用一套不必要的标签替换了另一套不必要的标签。实际上，应该根据条目的意义或功能（而不是根据它们的表现方式或布局）使用 div 对相关条目进行分组。

div 元素可以用来对块级元素进行分组，而 span 元素可以用来对行内元素进行分组或标识。

```
<h2>新闻标题</h2>
<p>新闻内容</p>
<p>发布于<span class="date"> 2011 年 12 月</span>，由<span class="author">张三</span>编辑</p>
```

一般不需要对行内元素进行分组或标识，所以使用 span 的情况比 div 少。在实现图像替换等效果时会看到 span，在这种情况下，它们用做额外的“钩子”，可以应用额外的样式。

尽管编写文档时，要尽量保持代码简洁且有意义，但是有时候为了能够以想要的方式显示页面，无法避免添加额外的无语义的 div 或 span 元素，如果是这种情况，也不必为此过分担心。

1.1.2 文档类型和浏览器模式

Note

DTD（文档类型定义）是一组机器可读的规则，用来定义 XML 或 HTML 的特定版本中允许出现的内容。在解析网页时，浏览器将使用这些规则检查页面的有效性并且采取相应的措施。浏览器通过分析页面的 DOCTYPE 声明来了解要使用哪个 DTD，由此知道要使用 HTML 的哪个版本。

DOCTYPE 声明是 HTML 文档开头处的一行或两行代码，用来描述使用哪个 DTD。例如，在下面的示例代码中，定义使用的 DTD 是 XHTML 1.0 Strict 的 DTD。

```
<!DOCTYPE html PUBLIC "-//W3C//DTD XHTML 1.0 strict//EN" "http://www.w3.org/TR/xhtml1/DTD/xhtml1-strict.dtd">
```

DOCTYPE 通常包含指定的 DTD 文件的 URL。浏览器一般不读取这些文件，而只是识别常见的 DOCTYPE 声明。

1. 有效性检验

除了根据语义和标签之外，HTML 文档还需要用有效的代码来编写。如果代码是无效的，浏览器会尝试解释标签本身，有时候会产生错误的结果。更糟的是，如果发送具有正确的 MIME 类型的 XHTML 文档，理解 XML 的浏览器将不显示无效的页面。因为浏览器需要知道要使用的 DTD，才能正确地处理页面，所以对页面进行有效性检验要求有 DOCTYPE 声明。

可以使用 W3C 检验器检查 HTML 是否有效。现在许多 HTML 编辑器都内置了检验器，还可以在计算机上本地安装 W3C 检验器的副本。检验器会指出页面是否是有效的，如果是无效的页面，它还会指出无效的原因是什么。

有效性检验很重要，因为它有助于找到代码中的 Bug。经常进行有效性检验是个好习惯。但是如果有效性检验太苛刻了，会导致许多好页面由于很小的错误（如“&”符号没有进行编码）或者因为遗留的内容而无法通过有效性检验。所以，尽管有效性检验是很重要的，但是在实际操作中，仍需要具备一些常识，灵活处理。

代码检验工具有很多种。可以访问 http://validator.w3.org/网页并且输入自己的 URL 来对自己的网站进行在线检验。但是，如果要经常进行检验，也可以利用各种网页编辑器提供的功能进行检验，如 Dreamweaver。

2. 浏览器模式

浏览器厂商开始创建与标准兼容的浏览器时，希望确保向后兼容性。为了实现这一点，他们创建了两种表现模式：标准模式和怪异模式。

在标准模式中，浏览器根据规范表现页面。在怪异模式中，页面以一种比较宽松的向后兼容的方式显示。怪异模式通常模拟老式浏览器的行为以防止版本较低的网站无法工作，如 IE4 和 Netscape Navigator 4。

对于这两种模式之间的差异，最显著的例子就是 IE 的盒模型解析。比如 IE6 在标准模式中使用正确的盒模型，在怪异模式中则使用老式的盒模型。为了维持对 IE5 和更低版本的向后兼容性，Opera7 和更高的版本也在怪异模式中使用有缺点的 IE 盒模型。

二者表现方面的其他差异比较小，而且是与特定浏览器相关的，包括对于十六进制颜色值不需要“#”号、假设 CSS 中没有指定单位的长度的单位是像素，以及在使用关键字时将字号增加一级。

Mozilla 和 Safari 浏览器还有第三种模式，称为几乎标准的模式。除了在处理表格方式方面有一些细微的差异之外，这种模式与标准模式相同。

3. DOCTYPE 切换

浏览器根据 DOCTYPE 是否存在，以及所使用的 DTD 来选择要使用的表现方法。如果 XHTML 文档包含形式完整的 DOCTYPE，那么它一般以标准模式表现。

对于 HTML 1.01 文档，包含严格 DTD 的 DOCTYPE 常常导致页面以标准模式表现，包含过渡 DTD 和 URI 的 DOCTYPE 也导致页面以标准模式表现，但是有过渡 DTD 而没有 URI 会导致页面以怪异模式表现。DOCTYPE 不存在或形式不正确会导致 HTML 和 XHTML 文档以怪异模式表现。

如果使用 Firefox，则可以下载和安装各种插件。在可用的大量检验器插件中，Web Developers Extension 插件是非常实用的，它除了可以检验 HTML 和 CSS 之外，还可以执行许多其他有用的任务，如描述各种 HTML 元素、关闭样式表以及在浏览器中编辑样式，这是使用 Firefox 的 CSS 设计人员必备的插件。

DOCTYPE 切换是浏览器用来区分遗留文档和符合标准文档的手段。无论是否编写了有效的 CSS，如果选择了错误的 DOCTYPE，那么页面就将以怪异模式表现，其表现就可能会有错误或不可预测。因此，一定要在网站的每个页面上包含形式完整的 DOCTYPE 声明，并且在使用 HTML 时选择严格的 DTD。

```
<!DOCTYPE html PUBLIC "-//W3C//DTD HTML 1.01//EN" "http://www.w3.org/TR/html4/strict.dtd">
<!DOCTYPE html PUBLIC "-//W3C//DTD XHTML 1.0 Transitional//EN" "http://www.w3.org/TR/xhtml1/DTD/xhtml1-transitional.dtd">
<!DOCTYPE html PUBLIC "-//W3C//DTD XHTML 1.0 strict//EN" "http://www.w3.org/TR/xhtml1/DTD/xhtml1-strict.dtd">
```

许多 HTML 编辑器会自动添加 DOCTYPE 声明。如果创建 XHTML 文档，它们还可能在 DOCTYPE 声明前面添加 XML 声明，如下面代码所示。

```
<?xml version="1.0" encoding="utf-8"?>
```

XML 声明是 XML 文档使用的可选声明，它定义使用的 XML 版本和字符编码类型等设置。但是，如果 DOCTYPE 声明不是页面上的第一个元素，那么 IE6 会自动切换到怪异模式。因此，除非要将页面用作 XML 文档，否则最好避免使用 XML 声明。

1.2 初识 CSS

CSS 最早是由美国人哈坤提出的。哈坤于 1994 年在芝加哥的一次会议上第一次提出了 CSS 的建议，1995 年他与波斯一起再次提出这个建议。当时 W3C（万维网联盟）组织刚刚创建，并对 CSS 产生了兴趣，为此，W3C 组织了一次技术讨论会。会后，哈坤、波斯和其他一些人（如微软的托马斯·雷尔登）就成为 CSS 项目的主要技术负责人。1996 年 12 月，CSS 1.0 版本规范起草完成，并公布发行。1997 年初，W3C 内组织了专门管理 CSS 的工作组，并于 1998 年 5 月发布 CSS 2 版本。

CSS 1.0 中包含非常基本的属性，如字体、颜色、空白、边框等。CSS 2 在此基础上添加了高级概念，如浮动和定位，以及高级的选择器，如子选择器、相邻同胞选择器和通用选择器等。目前 CSS 3 是 CSS 的最新版本，尽管它早在 2000 年就已经成为推荐标准。

W3C 标准推行的速度是非常缓慢的，所以尽管 CSS 3 的开发工作在新千年开始之前就开始了，但是距离最终的发布还有相当长的路要走。为了提高开发和浏览器实现的速度，CSS 3 被分割为模块，这些模块可以独立发布和实现。CSS 3 包含一些令人兴奋的新特性，包括一个用于多列布局的模块。

但是，选择器模块最接近于完成，在 2006 年已经成为推荐标准。

因为预期从 CSS 2 到 CSS 3 的发布间隔时间会很长，2002 年 W3C 启动了 CSS 2.1 版本的开发。这是 CSS 2 的修订版，在这个版本中，计划纠正一些错误，并且更精确地描述 CSS 的浏览器实现，它更准确地反映了 CSS 当前的状态，也是目前最普及的版本。

1.2.1　为什么学习 CSS

CSS 可以让页面变得更简洁，更容易维护。学习 CSS 能够给广大初学者带来很多好处。

1. 避免使用不必要的标签和属性

每个浏览器对 HTML 的解析都不同，附带的影响使 HTML 每个标签自身所带的属性也不一样。HTML 标签原本被设计用于定义文档内容。通过使用<h1>、<p>、<table>等各类标签，所要表达的是“标题”、“段落”、“表格”之类的信息。但随着各大浏览器的出现，也逐渐出现了歧义，并不断地将新的 HTML 标签和属性（如字体标签以及颜色属性等）添加到 HTML 规范中，以至于创建一个合理的语义化的页面结构变得困难。

通过使用 CSS 样式，可以定义字体、颜色，那么就可以让这些原本可以不需要有的表现形式的标签消失，使合理的语义化的标签得到更好的地位，更好地发挥文档标签的作用。

2. 更有效地控制页面结构和布局

网站重构概念的出现，也使 div 结构布局开始流行，因此出现了 div+css 这样一个对网站布局的叫法。单从 div+css 的叫法来分析，可以了解到 CSS 的作用已经开始被大家认识到并用在页面布局上了。

但一个页面不是只要控制 div 就控制了全部，HTML 的标签有很多，曾经用过 table 布局的页面一样可以用 CSS 来控制。

对于一个页面，要知道如何控制页面的结构，就看如何去理解 CSS 的各个属性，只有了解了 CSS 的各个属性，才能更有效地让 CSS 控制页面的任意一个结构。

3. 提高开发和维护效率

一个网站，如果有很多结构或者样式相同的文件需要修改，所涉及到的工作量是不可小视的。但如果通过修改 CSS 来实现样式以及布局的变化，只需要修改某个样式即可，在效率上也将有很大幅度的提升。

CSS 样式表一般存在于独立的文件中，或者是包含在<style>和</style>标签中，这样仅需要修改 CSS 就可以调整页面的样式以及布局，整个网站的样式会瞬间变化。

1.2.2　CSS 基本语法

CSS 代码可以放在 HTML 文档的<style>标签内，也可以放在网页标签的 style 属性中，但推荐用法是放在单独的样式表文件中，然后通过<link>标签或者@import 命令导入网页文档。CSS 样式表文件是一个文本文件，扩展名为.css，可以使用任何文本编辑器打开，并进行编辑。

CSS 代码被分割为一个个样式，它也是 CSS 代码的最小单元。每一个 CSS 样式（有人也称为规则）都必须由两部分组成：选择器（selector）和声明（declaration）。

声明又包括属性（property）和属性值（value）。在每个声明之后要用分号表示一个声明的结束。其中，在样式的最后一条声明中可以省略分号，但建议使用分号结束每条声明。基本语法如下。

```
Selector { Property:value;}
```

例如：

```
body { padding : 0px; }
```

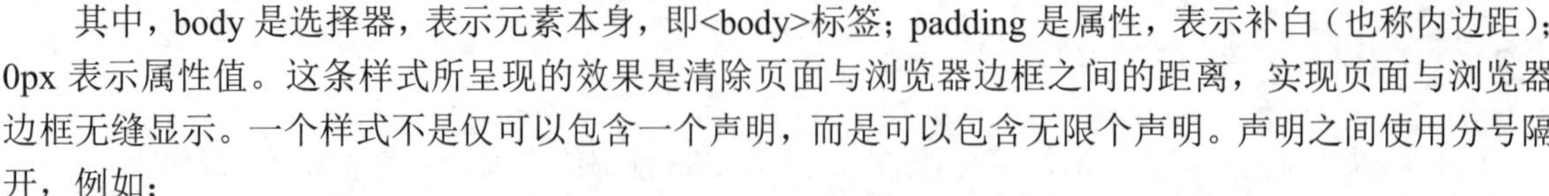

其中，body 是选择器，表示元素本身，即<body>标签；padding 是属性，表示补白（也称内边距）；0px 表示属性值。这条样式所呈现的效果是清除页面与浏览器边框之间的距离，实现页面与浏览器边框无缝显示。一个样式不是仅可以包含一个声明，而是可以包含无限个声明。声明之间使用分号隔开，例如：

```
body {
    font; 14px;
    color:#000;
}
```

上面的样式定义了 body 元素的两个属性，即设置页面字体大小和字体颜色，如图 1.5 所示。

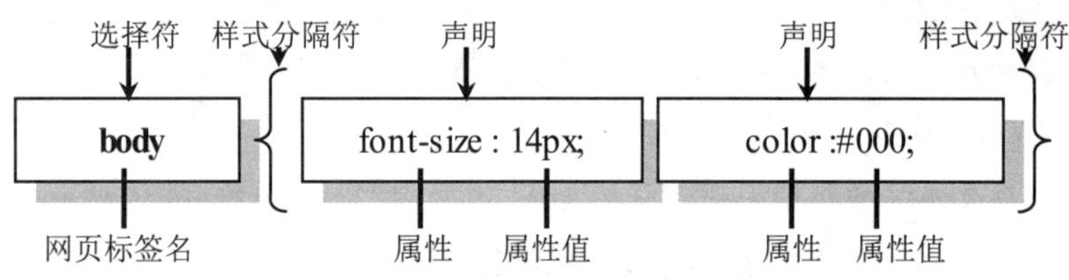

图 1.5　CSS 样式构成

一个或者多个样式就构成了一个样式表，如一个样式表文件所包含的所有样式就可以称为一个样式表，即外部样式表。一个<style>标签包含的所有样式也可以称为一个样式表，即内部样式表。

一个网页文档中可以定义或者绑定多个样式表，外部样式表和内部样式表可以同时存在于一个网页文档中，它们之间通过一定的优先级作用于匹配对象。总之，初学者在学习 CSS 时，一定要注意 CSS 代码结构中的几个特点。

☑ 声明都是紧跟着选择器，并被花括号包含着。
☑ 每个声明的属性跟属性值之间都是冒号隔开、分号结束。
☑ 花括号以及分号前后的空格可有可无。
☑ 属性值名称过长并带有空格，一定要将属性值用引号包含，如"sans serif"。

在 CSS 代码中，空格是不被解析的，因此，读者可以利用空格键、Tab 键、换行符等空白符对样式代码进行排版，即所谓的格式化 CSS 代码。

1.2.3 设计第一个实例

启动 Dreamweaver，在主界面中新建一个网页，如果没有安装 Dreamweaver，则可以使用记事本，在<head>标签中添加一个<style type="text/css">标签，则所有 CSS 样式就可以放置在该标签中。

```
<!DOCTYPE html PUBLIC "-//W3C//DTD XHTML 1.0 Transitional//EN" "http://www.w3.org/TR/xhtml1/DTD/xhtml1-transitional.dtd">
<html xmlns="http://www.w3.org/1999/xhtml">
<head>
<meta http-equiv="Content-Type" content="text/html; charset=gb2312" />
<style type="text/css">
```

```
</style>
<title>上机练习</title>
</head>
<body>
</body>
</html>
```

然后在<style type="text/css">标签中输入下面的样式代码。定义 div 元素显示为方形盒子，显示蓝色边框，且并列显示在一行，同时增加 4px 的边界。

```
div {                                          /*定义 div 元素方形显示*/
    width:200px;
    height:200px;
    border:solid 2px blue;
    float:left;
    margin:4px;
}
.green { background-color: green; }           /*设置背景颜色为绿色*/
.red { background-color: red; }               /*设置背景颜色为红色*/
```

然后保存为 test.html 网页文档，在文档中定义两个 div 元素，并分别设置它们的 class 属性值为 green 和 red，最后的预览效果如图 1.6 所示。

```
<!DOCTYPE html PUBLIC "-//W3C//DTD XHTML 1.0 Transitional//EN" "http://www.w3.org/TR/xhtml1/DTD/
xhtml1-transitional.dtd">
<html xmlns="http://www.w3.org/1999/xhtml">
<head>
<meta http-equiv="Content-Type" content="text/html; charset=gb2312" />
<style type="text/css">
div { width:200px; height:200px; border:solid 2px blue; float:left; margin:4px; }
.green { background-color: red; }
.red { background-color: green; }
</style>
<title>上机练习</title>
</head>
<body>
<div class="red"></div>
<div class="green"></div>
</body>
</html>
```

图 1.6　第一次使用 CSS 控制页面元素效果

1.3 CSS 选择器

有效且结构良好的文档为应用样式提供了一个框架。要想使用 CSS 将样式应用于特定的 HTML 元素，需要想办法找到目标元素。在 CSS 中，执行这一任务的样式规则部分被称为选择器。

1.3.1 CSS 选择器概述

CSS 语言具有两个基本功能：匹配和渲染。当浏览器在解析 CSS 样式时，首先应该确定哪些元素需要渲染，即匹配哪些 HTML 元素，这个操作由 CSS 样式中的选择器负责标识。只有匹配到具体的对象之后，浏览器才能够根据 CSS 样式声明，决定渲染的效果，并及时呈现在页面中。

CSS 样式的强大、灵活首先体现在选择器上，选择器类型的数量与灵巧性决定着应用样式的广度和深度。精致细腻的网页页面需要用户更精确地控制样式应用的对象。灵活选用选择器是 CSS 应用的基础，其中包含很多智慧和技巧，需要读者认真学习、总结和实践。

CSS 选择器包括以下 4 类。

☑ 标签选择器。

☑ ID 选择器。

☑ 类选择器。

☑ 特殊选择器。

表 1.1 显示了常用选择器的简单说明，为方便读者查询，其中兼容列表仅就 IE 浏览器进行说明，符合标准的浏览器（如 Firefox、Opera 等）都支持这些选择器，所以就不再说明。

表 1.1 CSS 选择器列表

选 择 器	CSS 版本	IE 兼容性	语 法	说 明
标签选择器（Type Selectors）	CSS1	IE4+	e1	以文档对象类型的元素作为选择器，如 p、div、span 等
ID 选择器（ID Selectors）	CSS1	IE4+	#id	以作为元素对象的唯一标识符 id 属性作为选择器，例如，在<div><p id=" first" ><span ></span></p></div><p></p>结构中，#first 选择器可以定义第一个 p 元素的样式，但不会影响最后一个 p 元素对象
类选择器（Class Selectors）	CSS1	IE4+	.classname	以作为元素对象分类的 class 属性作为选择器，例如，在<div><p class="red" ><span class="red" ></span></p></div><p></p>结构中，.red 选择器可以定义第一个 p 元素和 span 元素的样式，但不会影响最后一个 p 元素对象
子选择器（Child Selectors）	CSS2	IE7	e1 > e2	选择所有作为 e1 子对象的 e2 元素对象，例如，在<div><p><span></span></p></div>结构中，可以使用 div>p 子选择器定义 p 元素的样式，但不能使用 div>span 子选择器

续表

选　择　器	CSS 版本	IE 兼容性	语　　法	说　　明
相邻选择器（Adjacent Sibling　Selectors）	CSS2	IE7	e1 + e2	选择紧跟在元素对象 e1 之后的所有 e2 元素对象，例如，在<div><p><span></span></p></div><p></p>结构中，div+p 相邻选择器可以定义最后一个 p 元素的样式，但不会影响其内部的 p 元素对象
属性选择器（Attribute Selectors）	CSS2	IE7	e1[attr]	选择具有 attr 属性的 e1 对象，例如，在<div><p id="first"><span></span></p></div><p></p>结构中，p[id]属性选择器可以定义第一个 p 元素的样式，但不会影响最后一个 p 元素对象
包含选择器（Descendant Selectors）	CSS1	IE4+	e1 e2	选择所有被 e1 包含的 e2 元素对象，例如，在 <div><p><span></span></p></div> 结构中，div span 包含选择器可以定义 span 元素的样式
分组选择器（Grouping Selectors）	CSS1	IE4+	e1,e2,e3	将定义了具有相同样式的多个选择器合并为一个样式，并以逗号分隔的方式表示，例如，在<div><p><span></span></p></div><p></p>结构中，如果定义 div 和 p 元素对象宽度都为 774px，则可以合并为一组，如 div,p{width:774px;}
通用选择器（Universal Selector）	CSS2	IE4+	*	确定文档中的所有类型元素作为选择器，表示该样式适用于所有网页元素

CSS 2 定义了较为完善的选择器，虽然 Firefox 和 Safari 等符合标准的浏览器支持这些高级选择器，但是 IE7 以及更低的版本却不支持。好在在创建 CSS 时考虑到了向后兼容性。如果浏览器不理解某个选择器，那么它会忽略整个规则。因此，可以在现代浏览器中应用样式和易用性方面进行改进，同时不必担心它在老式浏览器中造成问题。

1.3.2　标签选择器

最常用的选择器类型是标签选择器。标签选择器可用来寻找特定类型的元素，如段落、超链接或标题元素，只需指定希望应用样式的元素的名称。标签选择器有时候也称为元素选择器或简单选择器。例如，下面 3 个样式分别定义段落字体颜色为黑色，超链接显示为下划线，一级标题显示为粗体效果。

```
p {color:black}
a {text-decoration:underline;}
h1 {font-weight:bold;}
```

使用标签选择器时，应该考虑该类型选择器的优缺点。

☑　优点：能够快速为页面中同类型的标签统一样式。

☑　缺点：不能设计差异化样式，有时候会相互干扰。

例如，如果在网页样式表中定义如下样式，把所有 div 元素对象都定义为宽度为 774px。

```
div { width:774px;}
```

那么当用 div 进行布局时，就需要重新为页面中每个 div 对象定义宽度，因为在页面中并不是每个 div 元素对象的宽度都显示为 774px，否则将是件非常麻烦的事情。

那么在什么情况下选用标签选择器呢？

如果希望为标签定义默认样式时，可以使用标签选择器。例如，使用 ul 元素时，它会自动缩进，并自带列表符号，有时这种样式会给列表布局带来麻烦，此时可以选择 ul 元素作为标签选择器，并清除预定义样式。

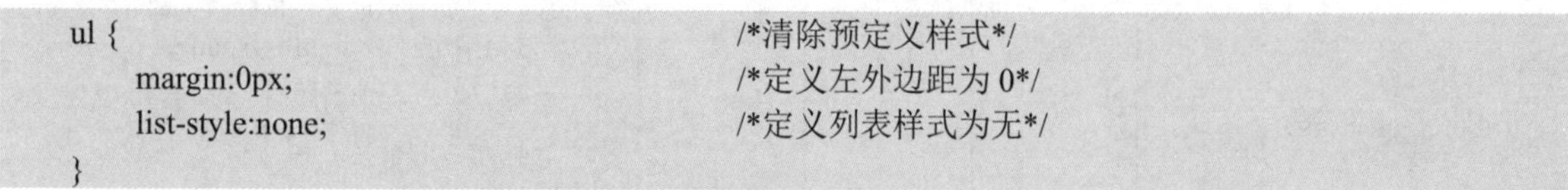

```
ul {                              /*清除预定义样式*/
    margin:0px;                   /*定义左外边距为 0*/
    list-style:none;              /*定义列表样式为无*/
}
```

如果希望统一文档中标签的样式，也可以使用标签选择器。例如，在下面样式表片段中通过 body 标签选择器统一文档字体大小、行高和字体，通过 table 标签选择器统一表格的字体样式，通过 a 标签选择器清除所有超链接的下划线，通过 img 标签选择器清除网页图像的边框，当图像嵌入 a 元素中，即作为超链接对象时会出现边框，通过 input 标签选择器统一输入表单的边框为浅灰色的实线。

```
body {font:12px/1.6em Arial, Helvetica, sans-serif;}
table {
    font-size:12px;               /*定义字体大小为 12px*/
    color:#666;                   /*定义表格字体颜色为中灰*/
    line-height:200%;             /*定义行高为默认值的 2 倍*/
}
a {text-decoration:none;}
img {border:0px;}
input { border:solid 1px #ddd;}
```

对于 div、span 等通用结构元素，不建议使用标签选择器，因为通用结构元素的应用范围广泛，使用标签选择器会相互干扰。

1.3.3 ID 选择器

ID 选择器使用“#”前缀标识符进行标识，后面紧跟指定元素的 ID 名称，如图 1.7 所示。

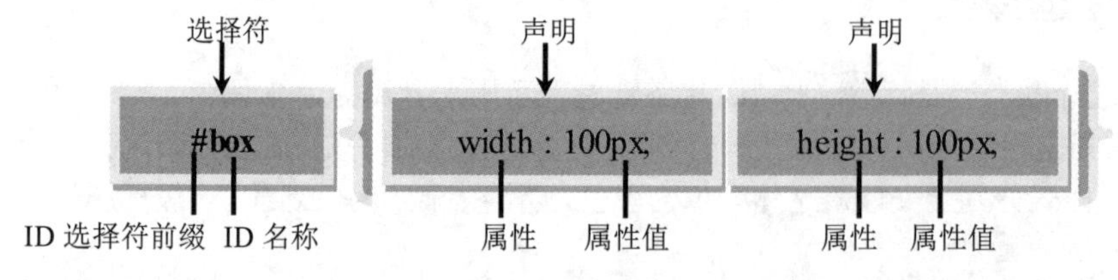

图 1.7 ID 选择器结构

元素的 ID 名称是唯一的，只能对应于文档中一个具体的元素。在 HTML 文档中，用来构建整体框架的标签应该定义 id 属性，因为这些对象一般在页面中都是比较唯一、固定的，不会重复出现，如 Logo 包含框、导航条、主体包含框、版权区块等。

【例 1-1】在下面的页面框架结构中，每个元素对象都定义了 id 属性来标识自己的唯一身份，这样就可以使用 ID 选择器定义它们的样式。

```
<!DOCTYPE html PUBLIC "-//W3C//DTD XHTML 1.0 Transitional//EN" "http://www.w3.org/TR/xhtml1/DTD/xhtml1-transitional.dtd">
<html xmlns="http://www.w3.org/1999/xhtml">
<head>
<meta http-equiv="Content-Type" content="text/html; charset=gb2312" />
<style type="text/css"></style>
<title>上机练习</title>
</head>
<body>
<div id="header"><!--头部模块-->
    <div id="logo"></div><!--网站标识-->
    <div id="banner"></div><!--广告条-->
    <div id="nav"></div><!--导航-->
</div>
<div id="main"><!--主体模块-->
    <div id="left"></div><!--左侧通栏-->
    <div id="content"></div><!--内容-->
</div>
<div id="footer"><!--脚部模块-->
    <div id="copyright"></div><!--版权信息-->
</div>
</body>
</html>
```

有些初学者喜欢为每个元素定义 id 属性，这就有点多余，有悖于 CSS 提倡的代码简化原则。一般建议对模块的外围结构元素使用 id 属性，内部元素可以定义 class 属性，因为外围的结构是唯一的，而内部元素可能会出现重复。

【例 1-2】在下面的页面模块中，外部包含框定义了 id 属性，内部元素定义了 class 属性。

```
<!DOCTYPE html PUBLIC "-//W3C//DTD XHTML 1.0 Transitional//EN" "http://www.w3.org/TR/xhtml1/DTD/xhtml1-transitional.dtd">
<html xmlns="http://www.w3.org/1999/xhtml">
<head>
<meta http-equiv="Content-Type" content="text/html; charset=gb2312" />
<style type="text/css"></style>
<title>上机练习</title>
</head>
<body>
<div id="father"><!--父级元素-->
    <div class="child1"></div><!--子级元素-->
    <div class="child2"></div><!--子级元素-->
    <div class="child2"></div><!--子级元素-->
</div>
</body>
</html>
```

这样就可以通过 ID 选择器精确匹配该包含框中所有的子元素，例如，可以用以下方式定义所有 CSS 样式。

```
#father { }                    /*父级样式*/
#father div {}                 /*所有子 div 元素样式*/
```

```
#father .child1 { }                    /*子级样式 1*/
#father .child2 {}                     /*子级样式 2*/
```

1.3.4 类选择器

Note

类选择器使用“.”（英文点号）进行标识，后面紧跟类名，如图 1.8 所示。

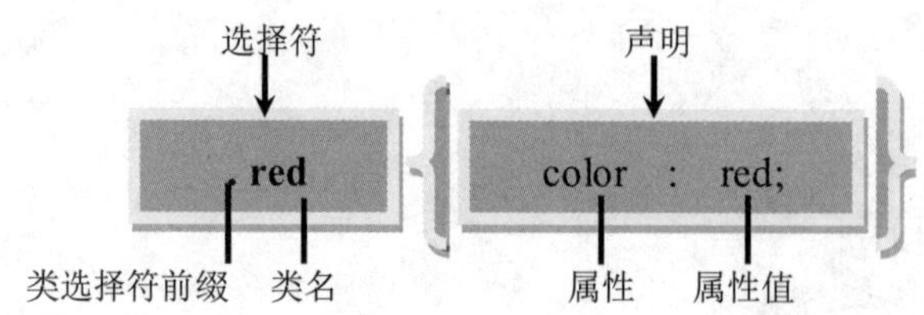

图 1.8 类选择器结构

类样式可以应用于文档中的多个元素，这体现了 CSS 代码的可重用性，帮助用户简化页面控制。

【辨析 1】类选择器与标签选择器都具有一对多的特性，即一个样式可以控制多个元素对象的显示效果，但在选用时应注意以下几点。

☑ 与标签选择器相比，类选择器具有更好的适应性和灵活性，因为可以指定类的样式所应用的元素对象范围。

☑ 与类选择器相比，标签选择器具有操作简单、定义方便的优势，因为不需要为每个元素都定义相同的 class 属性，而使用类选择器之前，需要在 HTML 文档中为要应用类样式的元素定义 class 属性，这样就显得比较麻烦。

☑ 标签选择器适合为元素定义全局显示属性，而类选择器更适合定义类样式；定义了标签选择器的样式之后，肯定会对页面中同一个元素产生影响，而类选择器定义的样式会出现不被应用的情况，具有更大的机动性。

【辨析 2】类选择器与 ID 选择器除了应用范围不同外，它们的优先级也不同。在同等条件下，ID 选择器比类选择器具有更大的优先权。例如：

```
#text { color:Blue; }
.red { color:Red;}
```

如果将第一行的 CSS 样式同时应用到第二行的元素中，则显示效果为蓝色。

如果说命名 id 属性应坚持体现文档结构和位置，如#header、#footer、#left 等，那么命名 class 属性就应该坚持体现名称的样式描述性，使别人一看类名就了解类要定义的样式，如.red 定义一个红色类、.underline 定义一个带有下划线的类等。

在文档中要想寻找特定的元素，最常用的方法是使用 ID 选择器和类选择器。顾名思义，这两种选择器用于寻找那些具有指定 ID 或类名的元素。下面实例中的第一条规则使简介段落中的文本以粗体显示，第二条规则使日期显示为绿色。

```
#intro {font-weight:bold;}
.datePosted {color:green;}
```

【例 1-3】很多 CSS 设计人员过度依赖类选择器和 ID 选择器。如果希望以一种方式对主内容区域中的标题应用样式，而在第二个内容区域中采用另一种方式，那么很可能创建两个类并且在每个标题上应用一个类。一种简单得多的方法是使用类型、后代、ID 或类几种选择器的组合。

```
<!DOCTYPE html PUBLIC "-//W3C//DTD XHTML 1.0 Transitional//EN" "http://www.w3.org/TR/xhtml1/DTD
```

```
/xhtml1-transitional.dtd">
    <html xmlns="http://www.w3.org/1999/xhtml">
    <head>
    <meta http-equiv="Content-Type" content="text/html; charset=gb2312" />
    <style type="text/css">
    #mainContent h1 {font-size:1.8em;}
    #secondaryContent h1 {font-size:1.2em;}
    </style>
    <title>上机练习</title>
    </head>
    <body>
    <div id="mainContent">
            <h1>个人网站</h1>
            ...
    </div>
    <div id="secondaryContent">
            <h1>最新新闻</h1>
            ...
    </div>
    </body>
    </html>
```

这是一个非常简单的实例。使用 4 种选择器就可以成功地找到许多元素。如果在文档中添加了很多不必要的类，那么这可能是文档结构不合理的一个警告信号。这时应该分析这些元素之间的差异。分析后常常会发现唯一的差异是它们在页面上出现的位置。不要给这些元素指定不同的类，而应将一个类或 ID 应用于它们的祖先，然后使用后代选择器进行定位。

1.3.5　伪类和伪对象选择器

伪选择器包括伪类选择器和伪对象选择器，以冒号（:）作为前缀，冒号后紧跟伪类或伪对象名称，冒号前后没有空格，否则将解析为包含选择器，如图 1.9 所示。

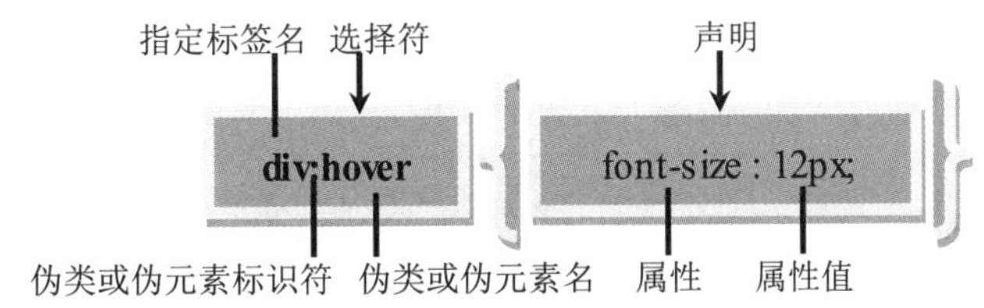

图 1.9　伪类和伪对象选择器结构

伪选择器专门用来选择特殊区域或特殊状态下的元素或者对象，这些特殊区域或特殊状态是无法通过标签选择器、ID 选择器或者类选择器等进行精确控制的。

CSS 2 定义了 6 种伪类选择器，如表 1.2 所示。

表 1.2　CSS 伪类选择器列表

伪　类	说　明
:focus	定义对象在成为输入焦点（该对象的 onfocus 事件发生）时的样式
:first-child	定义对象的第一个子对象的样式

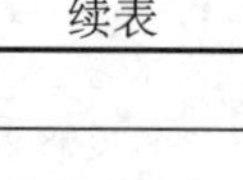

续表

伪　类	说　明
:first	定义页面容器第一页使用的样式，仅适用于 @page 规则
:left	定义页面容器位于装订线左边的所有页面使用的样式，仅适用于@page 规则
:right	定义页面容器位于装订线右边的所有页面使用的样式，仅适用于@page 规则
:lang	定义对象使用特殊语言的内容的样式

CSS 2 定义了 4 种伪对象选择器，如表 1.3 所示。

表 1.3　CSS 伪对象选择器列表

伪 对 象	说　明
:after	与 content 属性一起使用，定义在对象后的内容
:before	与 content 属性一起使用，定义在对象前的内容
:first-letter	定义对象内第一个字符的样式
:first-line	定义对象内第一行的样式

【例 1-4】 当需要根据文档结构之外的其他条件（如表单元素或链接的状态）对元素应用样式时，可以使用伪类选择器来完成。

```
a:link{color: blue;}
a:visited{color: green;}
a:hover, a: active{color: red;}
tr: hover{background-color: red;}
input: focus{background-color: yellow;}
```

:link 和:visited 称为链接伪类，只能应用于锚元素；:hover、:active 和:focus 称为动态伪类，理论上可以应用于任何元素。不幸的是，IE6 及其更低版本只注意应用于锚链接的:active 和:hover 选择器，完全忽略了:focus 选择器。

链接伪类在网页中应用比较广泛，在使用相关的 4 个伪类时应注意几个问题。

☑ 这 4 个伪类选择器可以单独使用。例如，在很多情况下，只需要设置下面两个选择器的样式即可。

```
a {                                         /*默认样式*/
    text-decoration: none;
    color: #FF0000;
}
a:hover { color: #00FF00;}                  /*鼠标经过样式*/
```

☑ 为了简化代码，可以把伪类选择器中相同的声明提出来放在 a 选择器中。例如，在上面的代码中，把去除超链接下划线的声明放在 a 标签选择器的样式中，这样超链接就不会显示下划线，只有单独定义时才会显示。

☑ 当这 4 个链接伪类选择器联合使用时，应注意它们的顺序，错误的顺序会使超链接的样式失效。正常顺序如下。

```
a {text-decoration: none; }                 /*相同的样式都放在这里*/
a:link { color: #FF0000;}                   /*第 1 位置，定义超链接的默认样式*/
a:visited { color: #0000FF; }               /*第 2 位置，定义访问过的样式*/
```

```
a:hover { color: #00FF00;}                    /*第 3 位置，定义经过的样式*/
a:active { color: #CC00CC;}                   /*第 4 位置，定义鼠标按下的样式*/
```

☑ :link 伪类可以定义未访问过的超链接样式，有些浏览器会把它解析为任何超链接，包括访问的和未访问的。因此可以使用 a 选择器样式来代替 a:link 选择器样式。此时，它们之间的排列顺序就变得不是那么重要了。例如，省略 a:link 选择器可以看作是一个技巧，但也存在一个问题：如果文档中存在定位锚记，如<a name="second"></a>，那么超链接的默认样式也会对它们起作用，因此读者在实际使用时要灵活选择使用。

```
a { text-decoration: none; color: #FF0000;}   /*相同的样式都放在这里*/
a:active { color: #CC00CC;}                   /*定义鼠标按下的样式*/
a:visited { color: #0000FF;}                  /*定义访问过的样式*/
a:hover {color: #00FF00;}                     /*定义经过的样式*/
```

使用与超链接相关的伪类选择器时，应为 a 元素定义 href 属性，指明超链接的链接地址，否则在 IE 浏览器中就会失效，但在其他浏览器中还会继续支持该样式显示。

1.3.6 子选择器

子选择器中前后部分之间用一个大于号隔开，前后两部分选择符在结构上属于父子关系，如图 1.10 所示。子选择器是根据左侧选择符指定父元素，然后在该父元素下寻找匹配右侧选择符的子元素。

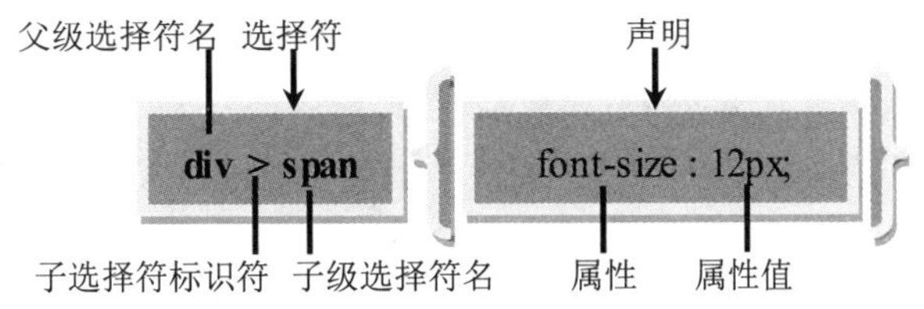

图 1.10 子选择器结构

注意，IE6 及更低版本的浏览器不支持该选择器。

【辨析 1】子选择器与指定选择器一样都是限定性选择器（参阅第 1.3.12 节内容），即在一定元素范围内定义符合限制条件的元素样式。指定选择器是用 class 和 id 属性作为限制条件，来定义某种元素中符合条件的元素样式，而子选择器是用包含的子对象作为限制条件，来定义父对象所包含的部分子元素样式。例如，如果定义主体模块中的表格样式，就可以使用子选择器。

```
#main > table{                    /*定义 id 为 main 的主体模块中子对象 table 的样式*/
    width:778px;
    font-size:12px;
}
#main > .title {                  /*定义 id 为 main 的主体模块中子对象的 class 为 title 的样式*/
    color:red;
    font-style:italic;
}
```

【辨析 2】包含选择器（参阅第 1.3.10 节内容）和子选择器作用对象部分重合，但也存在区别，包含选择器可以控制所有包含元素，不管它处于什么层次级别，子选择器却只能控制最近的子元素。例如，下面这个结构：

```
<div>
```

```
        <p>
            <a></a>
        </p>
    </div>
```

可以使用 p>a 选择器来定义 a 元素的样式，但是使用 div>a 就不合法，因为中间隔了一个 p 元素；而使用 div a 包含选择器就可以控制 p 以及 a 元素的样式。需要注意的是，子选择器中所控制的元素只能是“>”符号前面所指定对象的子元素。

1.3.7 相邻选择器

相邻选择器前后部分之间用一个加号（+）隔开，前后两部分选择符在结构上属于同级关系，如图 1.11 所示。相邻选择器是根据左侧选择符指定相邻元素，然后在该相邻元素后面寻找匹配右侧选择符的相邻元素。

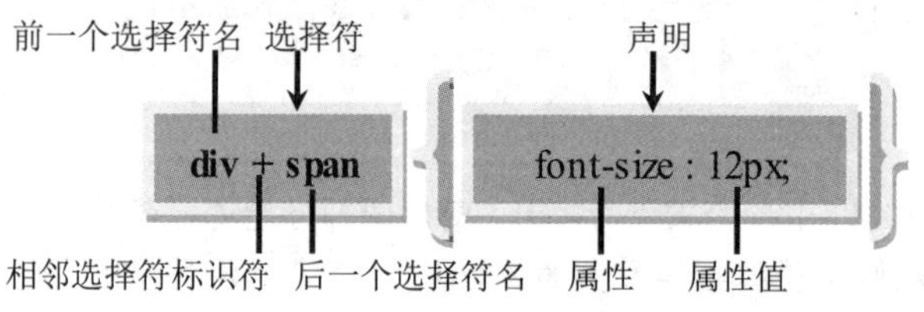

图 1.11　相邻选择器结构

注意，IE6 及更低版本浏览器中不支持相邻选择器。

【例 1-5】相邻选择器的前后元素在文档目录结构树（DOM）中应具有共同的父元素，即它们被同一个元素包含，例如：

```
<!DOCTYPE html PUBLIC "-//W3C//DTD XHTML 1.0 Transitional//EN" "http://www.w3.org/TR/xhtml1/DTD/xhtml1-transitional.dtd">
<html xmlns="http://www.w3.org/1999/xhtml">
<head>
<meta http-equiv="Content-Type" content="text/html; charset=gb2312" />
<style type="text/css"></style>
<title>上机练习</title>
</head>
<body>
<div id="wrap">
    <div id="sub_wrap">
        <h2 class="news"></h2>
        <p class="news"></p>
        <span class="news"></span>
    </div>
    <p></p>
</div>
</body>
</html>
```

对于上面这个结构模块，如果要单独控制最下面这个 p 元素，确实不是件容易的事情，除非为它单独定义一个 class 或 id 属性。不过如果使用相邻选择器，一切都变得简单了，可以使用下面的选择

器来控制它的样式。

```
#sub_wrap + p { font-size:14px;}
```

1.3.8　属性选择器

属性选择器使用中括号进行标识，中括号内包含属性名、属性值或者属性表达式，如 h1[title]、h1[title="Logo"]等，如图 1.12 所示。

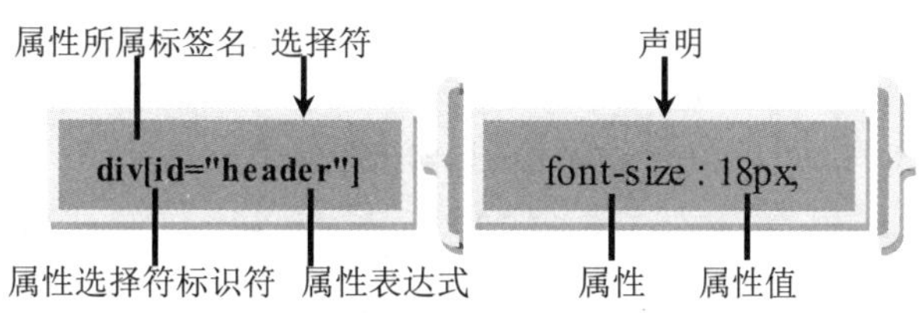

图 1.12　属性选择器结构

注意，IE6 及更低版本的浏览器中不支持属性选择器。

属性选择器也是限定性选择器，它根据指定属性作为限制条件来定义元素的样式，实际上，ID 和类选择器就是属性选择器，只不过是选择了 id、class 的值而已。

属性选择器可以细分为 5 种具体形式，详细说明如下。

1.　匹配属性名

通过匹配存在的属性来控制元素的样式，一般把要匹配的属性包含在中括号内，只列举属性名，但不赋值，这是最简易的属性选择器，例如：

```
[class] { color: red;}
```

上面的样式将会作用于任何带 class 属性的元素，不管 class 的值是什么。当然，这个属性不仅仅是 class 或者 id，也可以是元素所有合法的属性，例如：

```
img[alt]{ border:none;}
```

上面的样式将会作用于任何带有 alt 属性的 img 元素。

```
a[href][title] { font-weight: bold;}
```

上面的样式将会作用于同时带 href 和 title 属性的 a 元素。

2.　匹配属性值

只有当属性完全匹配指定的属性值时，才会应用样式。id 和 class 属性实际上就是精确属性值选择器，如 h1#logo 等价于 h1[id="logo"]。例如：

```
a[href="http:// www.baidu.com/"][title=" css "] { font-size: 12px;}
```

上面的样式将会作用于地址指向 http://www.css.cn/，且提示字符为 css 的 a 元素，即如下所示的超链接。

```
<a href="http://www.baidu.com/" title=" css">百度一下</a>
```

也可以综合使用多个条件，例如：

```
div[id][title="ok"] {
```

```
    color: blue;
    font-style:italic;
}
```

上面的样式将会作用于所有设置了 id 属性，且 title 属性值为 ok 的 div 元素。

3. 前缀匹配

只要属性值的开始字符匹配指定字符串，即可对元素应用样式。前缀匹配选择器使用[^=]的形式来实现，例如：

```
<div class="Mytest">前缀匹配</div>
```

针对上面的 HTML 代码，可以使用下面的选择器来控制其样式。

```
[class^="My"] { color:red;}
```

在上面的样式中，定义了只要 class 属性值开头字符为 My 的元素，都可以应用该样式。读者可以定义任意形式的前缀字符串。

4. 后缀匹配

与前缀匹配相反，只要属性值的结尾字符匹配指定字符串，即可对元素应用样式。后缀匹配选择器使用[$=]的形式来实现，例如：

```
<div class="Mytest">前缀匹配</div>
```

针对上面的 HTML 代码，可以使用下面的选择器来控制其样式。

```
[class$="test"] { color:red;}
```

在上面的样式中，定义了只要元素的 class 属性值结尾字符为 test 即可应用该样式。读者可以定义任何形式的后缀字符串。

5. 模糊匹配

只要属性值中存在指定字符串，就应用定义的样式，子字符串匹配选择器使用[*=]的形式来实现，例如：

```
<div class="Mytest">前缀匹配</div>
```

针对上面的 HTML 代码，可以使用下面的选择器来控制其样式。

```
[class*="est"] {color:red;}
```

在上面的样式中，定义了只要元素的 class 属性值中包含 est 字符串就可以应用该样式。子字符串匹配中的字符串可以是任意长度的字符组合。

【例 1-6】属性选择器根据某个属性是否存在或属性的值来寻找元素。因此能够实现某些非常有意思和功能强大的效果。例如，当光标停留在具有 title 属性的元素上时，大多数浏览器会显示一个工具提示。可以使用这种特性解释某些内容（如缩写词）的含义。

```
<abbr title="Cascading style sheets">CSS</abbr>
```

但是，如果不把光标停留在这个元素上，就没有任何迹象能够表明存在这一额外信息。为了解决这个问题，可以使用属性选择器对具有 title 属性的 abbr 元素应用与其他元素不同的样式。

例如，下面的实例表示在各元素下面加上点。还可以在光标停留在这个元素上时将鼠标指针改为

问号，表示这个元素与众不同，从而提供更多的上下文相关信息。

```
abbr[title] {border-bootom:1px dotted #999;}
abbr[title]:hover {cursor:help;}
```

Note

除了根据某个属性是否存在对元素应用样式之外，还可以根据属性值应用样式。例如，使用 rel 属性值 nofollow 链接的网站无法从 Google 获得评级收益。以下规则在这种链接旁边显示一个图像，以此表示不推荐这个目标网站。

```
a[rel="nofollow"] {
    background-image:url(nofollow.gif);
    padding-right:20px;
}
```

IE6 和更低版本的浏览器不支持属性选择器，而有一种使用属性选择器的方法，可以对 IE 应用一种样式，对更符合标准的浏览器应用另一种样式。例如，IE 在显示 1px 的点边界方面有问题，所以可以将点边界显示为虚线。可以使用属性选择器将点边界只应用于能够正确地表现它的浏览器。这需要寻找 class 属性而不是使用类选择器。

```
.intro {border-style:solid;}
[class="intro"] {border-style:dotted;}
```

一些属性可以有多个值，值之间用空格分隔。属性选择器允许根据属性值寻找元素。例如，一些设计师建议在链接的属性中使用预定义的关键字来定义网站拥有者与其他人的关系。可以利用这一信息将一个图像应用于在 rel 属性中包含关键字 friend 的任何链接。

```
a[rel~="friend"] {background-image:url(friend.gif);}
<a href="http://www.hicksdesign.com/" rel="friend met colleague">John Hicks</a>
```

一旦这些高级的 CSS 2 选择器得到广泛的支持，在代码中添加额外的 div 或类的需求就会大大减少。

1.3.9 通用选择器

通用选择器可能是所有选择器中最强大，却使用最少的。通用选择器的作用就像是通配符，它匹配所有可用元素。与其他语言中的通配符一样，通用选择器由一个星号表示。通用选择器一般用来对页面上的所有元素应用样式。

例如，可以使用以下规则删除每个元素上默认的空白边界。

```
* {
    padding:0;
    margin:0;
}
```

与其他选择器结合使用时，通用选择器可以用来对特定元素的所有后代应用样式，或者跳过一级后代。

1.3.10 包含选择器

包含选择器中前后两部分之间以空格隔开，如图 1.13 所示。包含选择器根据左侧选择符指定祖

Note

先元素，然后在该元素下寻找匹配右侧选择符的下级元素。

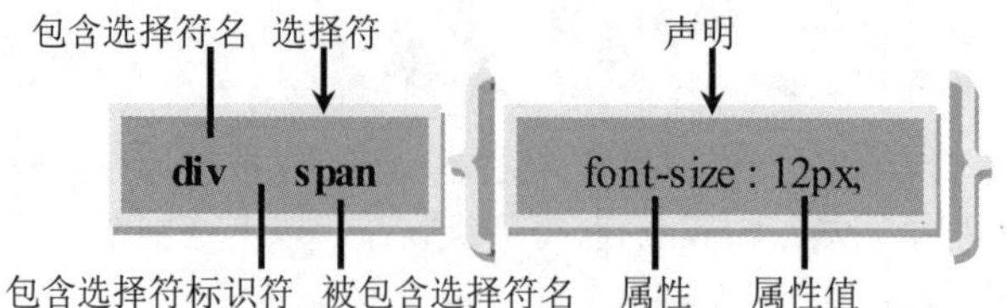

图 1.13　包含选择器结构

定义包含选择器时，必须保证在 HTML 结构中第一个对象能够包含第二个对象。包含选择器是最有用的一类选择器，它能够简化代码，实现更大范围的样式控制，例如，在下面代码中通过两个样式控制了 div1 类中所有的 h2 和 p 元素的显示样式。

```
.div1 h2{                                  /*定义类 div1 中的标题样式*/
    font-size:18px;
}
.div1 p{                                   /*定义类 div1 中的段落样式*/
    font-szie:12px;
}
```

上面的代码中省略了为两个内嵌元素定义 class 属性的过程，使代码看起来更明了，也无需定义 h2 和 p 的 class 属性名称。

包含选择器可以实现多层包含，例如：

```
.div1 h2 p span{                           /*多层包含选择器*/
    font-size:18px;
}
```

【例 1-7】包含选择器也可以实现跨级包含，即父对象可以包含子对象、孙对象或孙的子对象等，例如，搭建如下一个结构。

```
<!DOCTYPE html PUBLIC "-//W3C//DTD XHTML 1.0 Transitional//EN" "http://www.w3.org/TR/xhtml1/DTD/xhtml1-transitional.dtd">
<html xmlns="http://www.w3.org/1999/xhtml">
<head>
<meta http-equiv="Content-Type" content="text/html; charset=gb2312" />
<style type="text/css"></style>
<title>上机练习</title>
</head>
<body>
<!--[多级嵌套模块]-->
<div class="level1"><!--父对象-->
    一级嵌套
    <h2><!--子对象-->
        二级嵌套
    </h2>
    <span><!--子对象-->
        <p><!--孙对象-->
            三级嵌套
        </p>
```

```
        </span>
    </div>
    </body>
    </html>
```

Note

下面使用 CSS 来控制这个模块中的段落样式。

```
.level1 { color:red;}                          /*定义模块颜色为红色*/
.level1 p{ color:#333;}                        /*跨级包含，定义模块内段落的颜色为深灰色*/
```

使用多层包含选择器控制段落颜色。

```
.level1 { color:red;}                          /*定义模块颜色为红色*/
.level1 span p { color:#333;}                  /*多层包含，定义模块内段落的颜色为深灰色*/
```

1.3.11　分组选择器

分组选择器不是一种选择器类型，而是一种选择器使用方法。当多个对象定义了相同的样式时，就可以把它们分成一组，这样能够简化代码读写，例如：

```
h1,h2,h3,h4,h5,h6,p{                           /*定义所有级别的标题和段落行高都为字体大小的 1.6 倍*/
    line-height:1.6em;
}
```

分组选择器，可以使用逗号把同组内不同对象分隔。分组选择器与类选择器在性质上有点类似，都可以为不同元素或对象定义相同的样式。但相比之下，分组选择器具有更大的灵活性，使用好分组选择器会使代码看起来更简洁。例如：

```
.class1{                                       /*类样式 1：大小 13px，红色，下划线*/
    font-size:13px;
    color:Red;
    text-decoration:underline;
}
.class2{                                       /*类样式 2：大小 13px，蓝色，下划线*/
    font-size:13px;
    color:Blue;
    text-decoration:underline;
}
```

上面代码可以分组为如下形式。

```
.class1,class2{                                /*共同样式：大小 13px，下划线*/
    font-size:13px;
    text-decoration:underline;
}
.class1{                                       /*类样式 1：红色*/
    color:Red;
}
.class2{                                       /*类样式 2：蓝色*/
    color:Blue;
}
```

使用分组选择器时应坚持以下两个原则。

☑ 方便原则。不能为了分组而分组，如把每个元素、对象中具有相同的声明都抽取出来分为一组，只能给自己带来麻烦。此时，定义一个类会更方便。

☑ 就近原则。如果几个元素相邻，并同处一个模块内，可以考虑把相同声明提取出来进行分组。理由是便于分组、容易维护，也更容易理解。

1.3.12 指定选择器

有时候用户会希望控制某种元素在一定范围内的对象的样式，这时可以把元素与 class 或 ID 选择器结合起来使用，例如：

```
span.red{                                    /*定义 span 元素中 class 为 red 的元素的颜色为红色*/
    color:Red;
}
div#top{                                     /*定义 div 元素中 id 为 top 的元素的宽度为百分之百*/
    width:100%;
}
```

上面的选择器就是元素指定选择器，它与包含选择器有点相似，但指定选择器的前后对象之间没有空格，且不再要求前后两个对象之间在结构上必须是包含关系。

指定选择器对于定义样式限定为 class 或 id 属性的某种元素非常有用，它对元素的控制精度介于标签选择器与 id 或类选择器之间，是一种非常实用的选择器类型。例如，在下面模块中，包含了 4 个子元素，我们如何精确控制新闻正文的样式呢？

```
<div><!-- 包含框-->
    <h2 class="news"></h2><!- -新闻标题-->
    <p class="news"></p><!-- 新闻正文-->
    <span class="news"></span><!-- 新闻说明-->
    <p></p><!--  其他文本信息 -->
</div>
```

很显然，使用 news 类选择器不行，而直接使用 p 标签选择器或包含选择器也不是很理想，会影响到其他元素对象的样式，此时最好的方法就是使用指定选择器，CSS 代码如下。

```
p.news{                                      /*通过指定选择器实现对新闻正文的样式控制*/
    …
}
```

1.4 CSS 基本特性

继承性和层叠性是 CSS 语言的基本特性，并由此引出一些特殊性的用法。对于网页设计师来说，应该深刻理解和灵活使用这两个概念，它是网页布局的一个关键技术，也是一个很实用的技巧。

1.4.1 层叠和特殊性

即使在不太复杂的样式表中，也可能有两个或更多规则应用在同一元素上。CSS 通过一个称为层叠的过程处理这种冲突。层叠给每个规则分配一个重要度。作者的样式表被认为是最重要的，其次是用户的样式表，最后是浏览器或用户代理使用的默认样式表。为了让用户有更多的控制能力，可以通

过将任何规则指定为!important 来提高它的重要度，让它优先于任何规则，甚至优先于作者加上!important 标志的规则。因此，层叠采用以下重要度次序。

☑ 标为!important 的用户样式。
☑ 标为!important 的作者样式。
☑ 作者样式。
☑ 用户样式。
☑ 浏览器/用户代理应用的样式。

然后，根据选择器的特殊性决定规则的次序。具有更特殊选择器的规则优先于具有比较一般的选择器的规则。如果两个规则的特殊性相同，那么后定义的规则优先。

1. 特殊性

当然，样式的应用并不是这么简单，一个设计庞杂的文档样式表可能会出现很多意想不到的情况，这些特殊性该如何处理？例如，在下面的代码中，浏览器该如何解析 CSS 样式？

```
/*[样式优先级别]*/
body {                                  /*文档样式*/
    color:Red;
}
div {                                   /*元素样式*/
    color:Green;
}
.blue{                                  /*class 样式*/
    color:Blue;
}
#header{                                /*id 样式*/
    color:Gray;
}
#header{                                /*id 样式*/
    color:Black;
}
```

HTML 结构如下。

```
<div id="header" class="blue">
    帮帮我，我到底显示什么颜色？
</div>
```

为了优化排序各种规则的特殊性，CSS 为每一种选择器都分配一个值，然后，将规则的每个选择器的值加在一起，就可以计算出每个规则的特殊性，即优先级别。

根据 CSS 规则，一个简单的选择器，如 h2，具有特殊性 1，类选择器具有特殊性 10，ID 选择器具有特殊性 100。这样计算，#header 选择器就具有最大优先权，因此字体显示为黑色。

如果一个选择器由多个选择器组合而成，则其特殊性就为这些选择器的分配值之和，例如，在下面的代码中，把每个选择器的特殊性进行加权，希望读者好好研究一下，这些代码都比较实用，也比较典型，其他选择器的特殊性也将依此类推。

```
/*[选择器特殊性加权值]*/
div{                                    /*特殊性加权值=1*/
    color:Green;
}
```

```
div h2{                                      /*特殊性加权值：1+1=2*/
    color:Red;
}
.blue{                                       /*特殊性加权值：10=10*/
    color:Blue;
}
div.blue{                                    /*特殊性加权值：1+10=11*/
    color:Aqua;
}
div.blue .dark{                              /*特殊性加权值：1+10+10=21*/
    color:Maroon;
}
#header{                                     /*特殊性加权值：100=100*/
    color:Gray;
}
#header span{                                /*特殊性加权值：100+1=101*/
    color:Black;
}
```

另外，读者还应注意下面几个特殊性的应用。

☑ 在特殊性逻辑框架下，被继承的值具有特殊性 0。即不管父级样式的优先权多大，被子级元素继承时，它的特殊性为 0，也就是说一个元素显示声明的样式都可以覆盖继承来的样式。例如：

```
span{ color:Gray;}
#header{ color:Black;}
```

HTML 结构如下。

```
<div id="header" class="blue">
    <span>遗产继承不如白手起家</span>
</div>
```

在上面代码中，虽然 div 具有特殊性 100，但被 span 继承时，特殊性为 0，而 span 选择器的特殊性虽然仅为 1，但它大于继承样式的特殊性，所以元素最后显示为灰色。

☑ 内联样式优先。带有 style 属性的元素，其内联样式的特殊性可以为 100 或者更高，总之，它拥有比上面提到的选择器更大的优先权，例如：

```
div {                                        /*元素样式*/
    color:Green;
}
.blue{                                       /*class 样式*/
    color:Blue;
}
#header{                                     /*id 样式*/
    color:Gray;
}
```

HTML 结构如下。

```
<div id="header" class="blue" style="color:Yellow">
    内部优先
</div>
```

在上面代码中，虽然通过 id 和 class 属性分别定义了 div 元素的字体属性，但由于 div 元素同时定义了内联样式，内联样式的特殊性大于 id 和 class 属性定义的样式，因此 div 元素最终显示为黄色。

☑ 在特殊性相同的情况下，CSS 将遵循就近原则，也就是说靠近元素的样式具有最大优先权，或者说排在最后的样式具有最大优先权，例如：

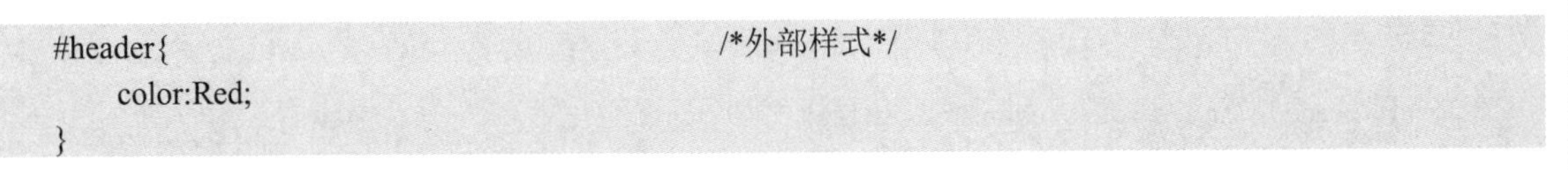

```
#header{                                    /*外部样式*/
    color:Red;
}
```

HTML 文档结构如下。

```
<html>
<head>
<meta http-equiv="Content-Type" content="text/html; charset=gb2312" />
<title>样式特殊性比较</title>
<link href="style.css" rel="stylesheet" type="text/css" /><!--导入外部样式-->
<style type="text/css">
#header{                                    /*内部样式*/
    color:Gray;
}
</style>
</head>
<body>
<div id="header" >
    就近优先
</div>
</body>
</html>
```

上面的页面被解析后，<div>元素显示为灰色。如果此时把内部样式改为：

```
div{                                        /*内部样式*/
    color:Gray;
}
```

则特殊性不同，最终文字显示为外部样式所定义的红色。同样的道理，如果同时导入两个外部样式表，则排在下面的样式表会比上面的样式表具有较大优先权。

☑ CSS 定义了一个!important 命令，该命令被赋予最大权力。也就是说不管特殊性如何以及样式位置的远近，!important 都具有最大优先权。例如：

```
/*CSS 文档，文件名称为 style.css*/
#header{                                    /*外部样式*/
    color:Red!important;
}
```

HTML 文档结构如下。

```
<html>
<head>
<meta http-equiv="Content-Type" content="text/html; charset=gb2312" />
<title>!important 命令最优先</title>
<link href="style.css" rel="stylesheet" type="text/css" /><!--导入外部样式-->
```

Note

```
<style type="text/css">
#header{/*内部样式*/
    color:Gray;
}
</style>
</head>
<body>
<div id="header"  style="color:Yellow"><!--内嵌样式-->
    天王盖地虎，!important 命令最优先
</div>
</body>
</html>
```

该页面被解析后，<div>元素显示为红色。注意，!important 命令必须位于属性值和分号之间，否则无效，IE6 及更低版本的浏览器不支持!important 命令。

2. 在样式表中使用特殊性

在编写 CSS 时，特殊性非常有用，因为它可以对一般元素应用一般样式，然后在更特殊的元素上覆盖它们。例如，假设希望网站上大多数表单的宽度是 30em，但是搜索表单的宽度只有 15em，则可使用以下代码。

```
form {width:30em;}
form#search {width:15em;}
```

在创建新表单时，不需要修改 CSS 中的任何内容，因为浏览器会正确地应用样式。但是，在大型网站上，会发现例外的情况越来越多。例如，希望登录表单的宽度是 20em，而大型应用程序表单的宽度是 40em。每当创建更特殊的样式时，可能需要覆盖一些一般规则，这可能需要一些额外的代码。而且，因为元素可以从许多地方获得样式，情况可能变得非常复杂。

为了避免过分混乱，应尽量保持一般性样式非常一般，特殊样式尽可能特殊，从而不需要覆盖特殊样式。如果发现不得不多次覆盖一般样式，那么从一般规则中删除需要覆盖的声明，并且将它显式地应用于需要它的每个元素，这样可能比较简单。

3. 在主体标签上添加类或 ID

一种有意思的使用特殊性的方法是在主体（body）标签上应用类或 ID。这样就可以根据页面或在网站范围内覆盖样式。例如，如果希望主页具有与网站其余部分不同的布局，那么可以在主页的主体元素上添加一个类名，并且使用它覆盖样式，代码如下。

```
#content {
    float:left;
}
.homepage #content{
    float:right;
}
#nav {
    float:right;
}
.homepage #nav {
    float:left;
}
```

在后面的章节中可以看到如何使用这种技术在网站导航中向访问者突出显示当前页面。

在网站的每个页面上添加一个 ID，这样用户就能够用自己的用户样式表覆盖已有的样式表。网站范围的 ID（俗称为 CSS 签名）一般采用 id="www-sitename-com"格式。用户至少可能希望覆盖已选择的字号或颜色方案，从而让网站更容易阅读。为此，用户可以将以下规则添加到自己的用户样式表中。

```
body#www-andybudd-com {
    font-size:200%
    background-color:black;
    color:white;
}
```

但是，不只如此。CSS 签名使用户能够完全重新设置自己的网站样式，隐藏自己不喜欢的元素，修改布局或采用全新的设计。

1.4.2　继承

很多初学者常常将继承和层叠混为一谈。尽管它们有相似之处，但是这两个概念是不同的。继承是一个非常容易理解的概念。应用样式的元素的后代会继承样式的某些属性，如颜色或字号。例如，如果将主体元素的文本颜色设置为黑色，那么主体元素的所有后代也显示黑色的文本；字号也是如此，如果将主体的字号设置为 14px，那么页面上的所有内容会继承这个字号。

注意，早期 IE 在继承表格中的字号方面有漏洞。为了弥补这个漏洞，必须指定表格应该继承的字号，或者在表格上单独设置字号。

如果在主体上设置字号，而页面上的标题没有采用这个样式。读者可能会认为标题没有继承文本字号，其实是浏览器的默认样式表设置了标题字号。直接应用于元素的样式总会覆盖继承的样式。这是因为继承的样式的特殊性为空。

继承非常有用，因为它使设计师不必在元素的每个后代上添加相同的样式。如果打算设置的属性是一个继承的属性，那么也可以将它应用于父元素。可以按如下方法编写代码。

```
p,div,h1,h2,h3,ul,ol,dl,li {color:black;}
```

但是下面的写法更简单。

```
body {color:black;}
```

恰当地使用层叠可以简化 CSS，恰当地使用继承也可以减少代码中选择器的数量和复杂性。但是，如果大量元素继承各种样式，那么判断样式的来源就会变得困难。

并不是所有的 CSS 属性都可以继承。试想如果边框样式也能够继承，那么在 body 中定义 margin 为 0，则所有子元素的边界都会为 0，这样的页面将都挤在一起。为了避免这种错误，CSS 强制规定部分属性不具有继承特性。例如，下面的属性就不具有继承性。

- ☑ 边框属性。
- ☑ 边界属性。
- ☑ 补白属性。
- ☑ 背景属性。
- ☑ 定位属性。
- ☑ 布局属性。
- ☑ 元素宽高属性。

继承是非常重要的，使用它可以简化代码，降低 CSS 样式的复杂性。但是，如果在网页中所有元素都大量继承样式，那么判断样式的来源就会变得很困难，所以对于字体、文本类属性等涉及到网页中通用属性的样式可以使用继承。例如，网页显示字体、字号、颜色、行距等可以在 body 元素中统一设置，然后通过继承影响文档中所有文本。

Note

1.5 样式表规划、组织和维护

网站越大、越复杂，图形越丰富，CSS 就越难管理。在本节中，将讨论管理代码的方法，包括将文件分割为多个样式表、按逻辑对样式进行分组以及通过添加注释使代码更容易阅读。

1.5.1 对文档应用样式

CSS 代码可以很灵活地在 HTML 网页中应用。用户可以把 CSS 样式作为元素属性的一部分与结构融为一体，也可以使用 style 元素在 HTML 文档中单独定义，或者把 CSS 代码保存在单独的样式表文件中，再导入到 HTML 文档中。

1. 内联样式

内联样式也称为嵌入式样式，就是利用 style 属性来设置元素样式，例如：

```
<!--内联样式-->
<div style="color:Red; font-size:12px;">内联样式</div>
```

其中 style 是 div 元素的属性，实际上 HTML 中每个元素都拥有 style 属性，用来设置内联样式。style 属性的取值与 CSS 样式定义的规则相同。

这与 HTML 设置各种描述属性没有本质的区别，因此，在标准网页中不建议使用这种应用方式。但是在只需要简单地将一些样式应用于某个独立的元素，而不需要嵌入或使用外部样式时，可以采用这种方式。

2. 内部样式

内部样式与内联样式一样，都是把 CSS 代码放在 HTML 文档中，但内部样式是利用 style 元素来设置元素样式，例如：

```
<html>
<head>
<meta http-equiv="Content-Type" content="text/html; charset=gb2312" />
<title>内部样式</title>
<style type="text/css"><!--样式专用元素，不要忘记指定 type 属性-->
body {                                          /*页面样式*/
    padding:0px;
    font:12px/1.6em Arial, Helvetica, sans-serif;
}
h2 {                                            /*标题样式*/
    text-align:center;
    font-size:24px;
    color:#FF0000;
}
```

```
/*可以添加更多的样式*/
</style>
</head>
<body>
    <h2>内部样式</h2><!--标题结构元素-->
</body>
</html>
```

style 元素一般放在<head>和</head>中，也可以把它放在网页中的任何地方，但由于浏览器是从上到下不断解析和显示代码，把 CSS 代码放在头部便于提前被下载和解析，以避免网页内容下载后没有样式来控制页面的尴尬。

使用 style 元素定义样式时，必须保证设置 type 属性值为“text/css”，这样浏览器才知道 style 元素包含的是 CSS 代码，因为 style 元素还可以包含其他代码，如 JavaScript 代码等。

如果仅设计一个页面，使用内部样式还是不错的选择，但作为一个网站，是不建议使用这种方式的，因为它不能充分发挥 CSS 代码的重用优势。

3. 外部样式

可以将样式放在<style>标签之间，从而直接在文档头上添加样式，但是，这不是对文档应用样式的最佳方法。如果要创建使用相同样式的另一个页面，那么就必须在新页面上复制 CSS。如果以后要修改样式，那么就不得不在两处进行修改，而不是在一处。幸运的是，CSS 允许将所有样式放在一个或多个外部样式表中。

外部样式一般把 CSS 代码存在一个单独的文本文件中，再保存扩展名为.css 的文件即可。最后利用 link 元素把样式表文件导入到 HTML 文档中。

将外部样式表附着到网页有两种方法。可以链接它们，也可以导入它们，代码如下。

链接方式：

```
<link href="/css/basic.css" rel="stylesheet" type="text/css" />
```

导入方式：

```
<style type="text/css">
<!--
@import url("/css/basic.css");
-->
</style>
```

Netscape 4 等老式浏览器不理解导入。因此，可以使用导入的方法对老式浏览器隐藏它们不理解的复杂样式。在前面的示例中，链接了一个简单的样式表，其中包含大多数浏览器都能理解的基本样式，然后导入了一个比较高级的样式表，其中包含比较复杂的样式，如浮动和定位布局。可以利用这种方法分别为老式浏览器和比较现代的浏览器创建不同的设计。

并非只能导入到 HTML 文档中，还可以从另一个样式表导入样式表。因此，可以从 HTML 页面链接基本样式表，然后将复杂的样式表导入这个样式表，如下所示。

```
@import url("/css/layout.css");
@import url("/css/typography.css");
@import url("/css/color.css");
```

这可以降低 HTML 文档的复杂性，并且允许在一个位置管理所有样式表。导入规则需要放在样式表的最前面，否则它们可能不能正常工作。因为先考虑导入的样式表，然后再考虑链接的样式表，

Note

所以一定要记住链接的样式表中的规则会覆盖导入的规则。

尽管从理论上说，可以将样式表导入到本身也被导入的样式表中，但是对这种链式结构或多层嵌套的支持不完善。因此，应该避免两层以上的嵌套导入。现在使用 Netscape 4 的人已经非常少了，所以可能不需要太为这种浏览器操心。可以省去简单的链接样式表，直接导入样式。但是 Windows 的 IE5 和 IE6 有一种奇怪的特性，它会影响只使用导入规则的页面。当装载受影响的页面时，在最终显示样式之前，页面暂时以无样式的形式显示。这个 bug 称为 Flash of Unstyled Content（简称为 FOUC）。在文档头中放一个 link 或 script 元素可以避免该 bug，所以即使不为支持 Netscape 4 操心，可能仍然需要链接基本的样式表，然后再从那里导入样式。

在网页文档中，导入外部样式表需要设置 style 元素的 3 个重要属性。

☑ href：定义样式表文件 URL。

☑ type：定义导入文件类型，同 style 元素一样。

☑ rel：用于定义文档关联，这里表示关联样式表。

也可以在 link 元素中添加 title 属性，设置可选样式表的标题，即当一个网页文档导入了多个样式表后，可以通过 title 属性值选择所要应用的样式表文件。

另外，title 属性与 rel 属性存在联系，按 W3C 组织的设想，未来的网页文档会使用多个<link>元素导入不同的外部文件，如样式表文件、脚本文件、主题文件，甚至可以包括个人自定义的其他补充文件。导入这么多不同类型、名称各异的文件后，可以使用 title 属性进行选择，这时 rel 属性的作用就显现出来了，它可以指定网页文件初始显示时应用的导入文件类型，目前只能关联样式表文件。虽然目前的浏览器支持情况不是太好，不过建议读者加上 rel 属性，这在浏览器支持该功能后会非常有用。如果在网页中导入外部样式时没有设置 rel 属性，那么在 Firefox 浏览器中浏览网页时，导入的样式表文件会无效，原因就是在 link 元素中没有用 rel 属性关联样式表。

外部样式是 CSS 应用的最佳方案，一个样式表文件可以被多个网页文件引用，同时一个网页文件可以导入多个样式表，方法是重复使用 link 元素导入不同的样式表文件。

另外，也可以使用@import 命令导入外部文件，例如：

```
<!--[定义内部样式]-->
<style type="text/css">
@import url("style.css");                    /*导入外部样式表文件*/
body {                                       /*内部样式*/
    padding:0px;
    font:12px/1.6em Arial, Helvetica, sans-serif;
}
</style>
```

使用这种方式导入的外部样式表可以被文档执行，但是一些较低级版本的浏览器对它的支持情况不是很好，常被用来实现浏览器的兼容处理。外部样式能够实现 CSS 样式与 HTML 结构的分离，这种分离原则是 W3C 所提倡的，因为它可以更高效地管理文档结构和样式，实现代码优化和重用。

1.5.2 对代码进行注释

在编写自己的样式表时，编写者可能很清楚样式表的结构、曾经遇到的问题以及为什么采用某种方式。但是，如果过一段时间再来看这个样式表，很可能已经忘了许多事情。另外，可能需要将自己的样式表交给其他人去实现，或者其他设计师以后需要编辑这个样式表的代码。因此，对代码进行注释是一种好做法。

在 CSS 中添加注释非常简单，CSS 注释以“/*”开头，以“*/”结束。这种注释称为“C 网格

的注释”，因为 C 语言中也使用这种注释。注释可以是单行的，也可以是多行的，而且可以出现在代码中的任何地方。

在单行内添加注释。例如：

```
.p {
    color: #ff7000;                        /*字体颜色设置*/
    height：30px;                          /*段落高度设置*/
}
```

添加多行注释。例如：

```
/*
网页布局
包括头部和尾部宽度设置
*/
.head{width:960px;}
.footer{width:960px;}
/*end*/
```

为了保持良好的 CSS 编码习惯，建议读者学习添加 CSS 注释。CSS 注释是加快代码编写、利于团队协作的重要手段之一。在网站开发中，注释的格式和规范就更显得重要，一个网站可能会包含很多个样式表，样式需要分模块编写，这时候就必须写清楚注释，否则团队之间的沟通就会存在障碍。

1．添加结构性注释

在创建新的样式表时，可以在开头添加一个注释块，它描述这个样式表的用途、创建日期或版本号、创建者以及如何与创建者联系。

```
/*---------------------------------------
Basic Style Sheet
version: 1.x
author: xxx
email: xxx @163.com
website: http://www. xxx.com/
---------------------------------------*/
```

这使其他设计师能够了解这个文件的概况，了解它是否是最近编写的，如果有某些东西无法理解，可以与原来的作者联系。然后，将样式表分成几大块。首先编写一般规则，如版式、标题和链接。接下来，根据各内容在文档流中出现的次序处理页面的主要部分。这通常包括品牌部分、主要内容、次要内容、主导航、辅助导航和页脚部分。最后，处理在整个网站上无规律地出现的一般元素，包括框样式、表单样式和图形按钮等。与介绍性注释相似，风格统一的大注释块用来分隔每个部分。

```
/*Typography
---------------------------------------*/
```

并非所有代码都能够自然地分成定义明确的块，这需要设计师进行判断。代码的分隔越细致、越合理，就越容易理解，而且能够更快地找到要寻找的规则。

如果 CSS 文件非常长，那么寻找特定的样式时就会很困难。一种改进方法是在每个注释头中添加一个标志。这个标志仅仅是头文本前面的一个额外字符，这个字符一般不会出现在 CSS 文件中。搜索这个标志和注释头中的前几个字母，就可以立即找到要寻找的文件部分。所以，在下面的实例中，搜索“=typ”就会立即找到样式表中的版式部分。

```
/*=Typography
---------------------------------------*/
```

因为许多 CSS 文件可能具有相似的结构，可以创建一个预先加上注释的 CSS 模板供所有项目使用，从而节省时间。还可以添加在所有网站上都使用的常用规则，形成某种原型 CSS 文件，这可以节省更多的时间。这样，在开始新项目时就不必重复以前的工作。

Note

2. 自我提示

有时候，可能需要用某种技巧解决某个问题。在这种情况下，最好记录这个问题、所使用的解决方案和解释这个修复方法的 URL（如果有的话）。

```
/*
Use the star selector hack to give IE a different font size
http://www.info.com.ph/~etan/w3pantheon/style/starhtmlbug.html
*/
* html body {
font-size:75%;
}
```

3. 模块注释

与普通的注释不同，模块注释需要一些更详细的内容，如功能说明、模块版本、关联信息等。例如，当设计师写好一个模块的样式代码后，应该在样式表前面添加如下注释。注意，以下规范仅供参考，格式和规范可根据团队习惯，内部协商来确定。

```
/**
  * @name                    :mode_name_a
  * @author                  :me
  * @version                 :1.0
  * @type                    :基类
  * @explain                 :Demo
 */
/*这儿是样式表代码*/
/*@end **/
/**
  * @name                    :mode_name_b
  * @author                  :me
  * @version                 :1.0
  * @type                    :扩展类
  * @explain                 :Demo
  * @dependent               :mode_name_a
 */
/*这儿是样式表代码*/
/*@end **/
```

通过模块之间的注释，读者可以快速了解 mode_name_b 和 mode_name_a 之间的关系。模块注释以"/**"标签开始，从"/**"到第一个"*/"作为模块相关信息的说明，包含多个关键字，关键字以"@"开头，":"后的内容为相关的值，以"/*@end **/"作为标签模块的结束，模块注释内不可嵌套。主要的关键字说明如下。

☑ @name：标明模块的名称。

☑ @author：标明模块的作者。

Note

- ☑ @version：标明模块的版本。
- ☑ @explain：功能说明。
- ☑ @relating：标明关联的模块。
- ☑ @dependent：标明所依赖的模块。
- ☑ @type：标明模块的类型，包括公共、基类、扩展类。

4. 删除注释和优化样式表

注释会使 CSS 文件显著加大。因此，可能需要从样式表中去掉一些注释。许多 HTML/CSS 和文本编辑器都有“搜索并替换”选项，因此很容易从代码中删除注释。另外，还可以使用几种在线 CSS 优化器之一（如 www.cssoptimiser.com/上提供的优化器）。优化器不但能够删除注释，还可以删除空白，这可以从代码中去掉额外的字节。

有些人尝试以 PHP 格式编写注释，然后将样式表用做 PHP。样式表被发送给 PHP 解析器，解析器去掉所有注释，然后将样式表发送给浏览器。这需要在一个.htaccess 文件中设置 CSS 文件的 MIME 类型，如下所示。

```
addtype appliction/x-httpd-php .css
```

但是，需要确保 CSS 文件被缓存，否则这种方法会减慢而不是提高网站的速度。这可以使用 PHP 来实现，但是比较复杂，所以不建议采用这种方法。比较好的方法是启用服务器端压缩。如果使用 Apache 服务器，那么应该安装 mod_gzip 或 mod_deflate。许多现代浏览器可以处理用 GZIP 压缩的文件并进行即时解压。这些 Apache 模块可以探测浏览器是否能够处理这种文件，如果可以，就发送压缩的版本。服务器端压缩能够将 HTML 和 CSS 文件缩小约 80%，这可以减少对带宽的占用，大大加快页面的下载速度。

1.5.3 样式文档

大多数 Web 网站有多个设计师，大型网站甚至有多个团队负责处理网站的不同方面。程序员、内容管理员和其他前端设计师可能需要了解代码的元素和设计是如何工作的。因此，建立样式文档是一种非常好的做法。样式文档可以是一个文档、网页或小型网站，它们解释代码和网站的视觉设计是如何组合在一起的。好的样式文档应该首先概述网站结构、文件结构和命名约定。它应该详细描述编码标准，设计人员、设计师和内容编辑人员需要遵守这些标准，从而保证网站的质量。这包括所使用的 XHTML/CSS 版本、选择的可访问性级别、浏览器支持细节和一般的编码最佳实践；还应该详细描述布局和样式元素，如各个元素的尺寸、隔离带的尺寸、使用的调色板和相关的十六进制值。另外，还应该给出任何特殊 CSS 样式的说明和示例。例如，如果使用一个类来表示反馈，那么应该说明这个类可以应用于哪些元素以及这些元素的外观是什么样的。

样式文档是帮助多人建立或维护网站的好方法。通过制定一些简单的原则，可以促使网站的开发以可控制的方式进行，同时防止样式随着时间的推移变得散乱。

1.5.4 组织样式表以便简化维护

对于简单的网站，可以只使用一个 CSS 文件。而对于大型的复杂网站，对样式表进行分割以便简化维护是一种好做法。如何分割样式表是需要仔细考虑的。一般用一个 CSS 文件处理基本布局，用另一个文件处理版式和设计修饰。这样，在布局确定之后，就很少需要修改布局样式表，可以防止布局样式表被意外地改动或破坏。

还可以进一步细分，如用单独的 CSS 文件处理颜色。这样，如果希望提供新的颜色方案，就只需要创建一个新的颜色样式表。如果网站上有许多表单，那么可以用单独的 CSS 文件处理所有表单样式。可以只在需要时链接这个文件，从而减少最初的下载开销。如果网站上的一些页面与网站的其余部分很不一样，那么可以考虑让它们使用这部分页面自己的 CSS 文件。例如，如果主页的布局与网站的其余部分不同，那么可以为主页创建单独的 CSS 文件。

Note

记住，每个 CSS 文件都意味着要对服务器进行一次额外的调用。这会影响性能，所以一些设计师喜欢使用一个大型 CSS 文件而不是多个小文件。最终的选择取决于实际情况，而且在某种程度上，这是一个个人喜好问题。

1.6 CSS 属性和属性值

完全掌握 CSS，除了需要精通 CSS 基本语法和用法外，最重要的是要熟悉 CSS 的每个属性，并能够熟悉它们的应用范围和使用技巧。

CSS 2 版本中共有 122 个标准属性（http://www.w3.org/TR/CSS2/propidx.html），CSS 2.1 版本中共有 115 个标准属性（http://www.w3.org/TR/CSS21/propidx.html），其中删除了 CSS 2 版本中的 7 个属性：font-size-adjust、font-stretch、marker-offset、marks、page、size 和 text-shadow。如果再加上 IE 专有属性，共有 153 个。CSS 属性虽然众多，但是非常容易记忆，易于理解和使用。

1.6.1 CSS 属性

CSS 属性很多，本章不准备一一讲解，在后面章节中会分类说明，下面以列表形式分类介绍 CSS 属性，如表 1.4 所示。

表 1.4 CSS 属性分类列表

分　类	说　明	属性数目	使用评价
字体	定义字体属性，包括字体基本属性、行距、字距和文字修饰、大小写等属性	16	排版使用，美化文本时比较有用
文本	定义段落属性，如缩进、文本对齐、书写方式、换行、省略等	25	排版使用，部分属性比较实用，有些属性比较专业、生僻，浏览器支持不是太好
背景	设置对象的背景，如背景色、背景图像及其显示位置	10	修饰使用，比较常用
定位	布局网页，包括定位方式、定位坐标	6	布局使用，比较常用
尺寸	设置对象的大小，包括宽、高、最大宽/高、最小宽/高	6	布局使用，比较常用，IE6 及更低版本对最小或最大宽/高支持不好
布局	布局网页，包括清除、浮动、裁切、显示方式、是否可见、伸缩滚动	8	布局使用，比较常用，技巧比较多
外边距	设置对象的外边距（边框外的空隙），包括全部和4 个方向外边距设置	5	布局使用，比较常用
轮廓	设置对象的轮廓，包括轮廓的样式、颜色和宽度	4	修饰使用，如同外阴影，浏览器支持不好
边框	设置对象的边框，包括边线样式、颜色、宽度	20	布局或修饰使用，比较常用

Note

续表

分　类	说　明	属性数目	使用评价
内容	设置对象的内容，包括插入内容、元素，自动化等	4	不好用，支持也不好
内边距	设置对象的内边距（内容与边框之间的距离），包括全部和 4 个方向内边距设置	5	布局使用，比较常用
列表	设置列表项，包括列表样式、图像样式、显示位置等	5	布局使用，比较常用
表格	设置表格，包括单元格边的显示方式、空隙、标题、是否隐藏空单元格、表格解析方式等	6	个别属性有用，IE 支持不够好
滚动条	设置滚动条，包括滚动条的不同区域颜色	8	修饰使用，IE 支持，其他浏览器不支持
打印	设置打印，包括打印页面、页眉、页脚、打印尺寸、元素等	7	打印使用，浏览器支持不好
声音	设置声音，主要为特殊显示使用，方便残疾人浏览网页	18	特殊显示使用，浏览器支持不好
其他	一些特殊设置，包括鼠标样式、行为、特效、对象缩放	4	特效使用，浏览器支持不错

在网页布局中，网页设计师主要使用如表 1.5 所示的属性。

表 1.5　CSS 常用属性列表

分　类	属　性	取　值	说　明
定位	position	static（默认值）| absolute（绝对）| fixed（固定）| relative（相对）	设置对象的定位方式。取值为 absolute 表示对象脱离文档流动，根据浏览器、具有定位功能的父元素或特殊父元素的左上角为坐标原点来定位；取值为 relative 表示以文档流动中的当前对象自身位置为坐标原点进行定位；取值为 fixed 表示不受任何网页影响，根据浏览器的左上角进行定位，定位之后在窗口中的显示位置就被固定，不随滚动条滚动
	z-index	auto（自动）| number（数字）	设置对象层叠顺序，取值越大，显示越靠上，此属性仅作用于 position 属性值设置为 relative 或 absolute 的元素
	top	auto | length（高度）	设置对象与其最近一个具有定位属性的上级元素顶边框的距离，该属性仅在定位（position）属性被设置时可用，否则会被忽略
	right	auto | length（高度）	设置对象与其最近一个具有定位属性的上级元素右边框的距离，该属性仅在定位（position）属性被设置时可用，否则会被忽略
	bottom	auto | length（高度）	设置对象与其最近一个具有定位属性的上级元素底边框的距离，该属性仅在定位（position）属性被设置时可用，否则会被忽略
	left	auto | length（高度）	设置对象与其最近一个具有定位属性的上级元素左边框的距离，该属性仅在定位（position）属性被设置时可用，否则会被忽略

Note

续表

分　类	属　性	取　值	说　明
尺寸	height	auto | length（长度）	定义对象的高度，注意 IE5.x 及以下版本浏览器对于盒模型的高度解析存在误解
	width	auto | length（长度）	定义对象的宽度，注意 IE5.x 及以下版本浏览器对于盒模型的宽度解析存在误解
	max-height	auto | length（长度）	定义对象的最大高度，现代标准浏览器支持，IE6 及以下版本浏览器不支持
	min-height	auto | length（长度）	定义对象的最小高度，现代标准浏览器支持，IE6 及以下版本浏览器不支持
	max-width	auto | length（长度）	定义对象的最大宽度，现代标准浏览器支持，IE6 及以下版本浏览器不支持
	min-width	auto | length（长度）	定义对象的最小宽度，现代标准浏览器支持，IE6 及以下版本浏览器不支持
布局	clear	none（无） | left（左） | right（右） | both（两侧）	设置对象左右不允许有浮动对象，该属性需要与 float 属性配合使用
	float	none（无） | left（左） | right（右）	设置对象是否浮动以及浮动方向。当被定义为浮动时，对象将被视作块状显示，即 display 属性等于 block，此时浮动对象的 display 属性将被忽略
	clip	auto | rect （ number number number number ）（裁切区域）	设置对象的可视区域，可视区域外的部分是透明的。取值为 rect (number number number number)表示依据上-右-下-左的顺序提供自对象左上角为（0,0）坐标计算的 4 个偏移数值，其中任一数值都可用 auto 替换，即此边不剪切。该属性仅在定位（position）属性值设为 absolute 时才可以使用，目前支持浏览器不是很多
	overflow	visible（可见） | auto | hidden（隐藏） | scroll（显示滚动条）	设置对象内容超过指定高和宽时如何显示内容。所有元素默认为 visible，除了 textarea 元素和 body 元素的默认值是 auto。设置 textarea 元素此属性值为 hidden 将隐藏其滚动条
	overflow-x	visible（可见） | auto | hidden（隐藏） | scroll（显示滚动条）	设置对象内容超过指定高时如何显示
	overflow-y	visible（可见） | auto | hidden（隐藏） | scroll（显示滚动条）	设置对象内容超过指定宽时如何显示
	display	Block（块状） | none（隐藏） | inline（内联） | list-item（列表） | 等（不常用就不再显示）	设置对象显示类型或方式
	visibility	Inherit（继承） | visible | hidden（隐藏） |等（不常用）	设置是否显示对象

编写 CSS 代码，应该养成简洁明了的代码书写习惯。这个习惯的好处不言而喻，CSS 文件小了，且更容易阅读。当然，简写不是毫无规律的压缩，应根据特定的规范将多个属性合并成一个属性，减少代码量，提高代码可读性。

Note

1. 颜色的缩写

CSS 中对于颜色的表现方式有以下 4 种。

（1）十六进制的形式#RRGGBB，如#FF00FF，具体表现如下。

```
p {color:#FF00FF}
```

（2）RGB 函数值的形式 RGB(x,x,x)，其中 x 有两种形式。

☑ 0~255 之间的整数，如 RGB(125,0,255)，具体表现如下。

```
p {color: RGB(125,0,255);}
```

☑ 0%~100%之间的数字，但数字一定是整数，如 RGB(25%,0%,100%)，具体表现如下。

```
p {color: RGB(25%,0%,100%);}
```

（3）颜色名称，如 red，green 等，具体表现如下。

```
p {color:red;}
```

（4）用户系统色盘值，如桌面背景色 background，windowtext 等，具体表现如下。

```
p {color:windowtext;background-color:background;}
```

了解怎么对颜色进行声明后，再进一步了解怎么缩写颜色值。颜色的缩写方式很简单，只能对十六进制形式的颜色进行简单的缩写。十六进制的表现方式是#RRGGBB，如果 RR/GG/BB 这 3 种颜色是由 3 组两个相同的值组成的颜色值，那就可以缩写成#RGB，如#FF00EE 可以缩写成#F0E 的形式。

简写的前提条件是必须成对出现。例如，#FE003F 这样的颜色是不可以缩写的。

2. 单位值的省略

对于 CSS 单位值的省略主要体现在当数值是 0 的时候，无论是什么形式的单位都可以省略。例如，width:0px;可以写成 width:0;。

3. 内/外边距的简写

内边距（padding）和外边距（margin）是使用率很高的属性，对其简写可以减少代码量，提高效率。内/外边距有 4 个属性，分别是上、右、下、左，即 padding-top、padding-right、padding-bottom、padding-left，以及 margin-top、margin-right、margin-bottom、margin-left，将其简写，就是把 4 个属性合并成一个 padding 和 margin 即可。

内/外边距根据上、右、下、左的顺时针方向有以下 4 种简写方式。

☑ property:value1;：表示所有边都是一个值 value1。

☑ property:value1 value2;：表示 top 和 bottom 的值是 value1，right 和 left 的值是 value2。

☑ property:value1 value2 value3;：表示 top 的值是 value1，right 和 left 的值是 value2，bottom 的值是 value3。

☑ property:value1 value2 value3 value4;：表示 top 的值是 value1，right 的值是 value2，bottom 的值是 value3，left 的值是 value4。

Note

4. 边框的简写

边框属性是一个复合属性，相对而言比较特殊，由 border-width、border-style 和 border-color 3 组属性组成，如：

```
div {
    border-width:1px;                    /*定义边框大小为 1px*/
    border-style:solid;                  /*定义边框样式为实线边框*/
    border-color:#FF0000;                /*定义边框颜色为红色*/
}
```

定义页面中任何一个元素的边框都可以通过上面的方法来实现。为避免写法过于累赘，可以将其合并成一个属性，即：

```
div { border:1px solid #FF0000;}
```

只需要记住 border 属性的基本语法是 border:border-width || border-style || border-color 即可。

边框具有 4 个方向的属性，即 border-top、border-right、border-bottom 和 border-left。在 CSS 中定义的样式，若具有上、右、下、左 4 个方向的属性，一般情况下都是按顺时针方向来记忆的。边框的这 4 个方向的属性不具备简写条件，但却可以在 border-width、border-style、border-color 中体现。

```
div {
    border-width:1px;                    /*定义边框 4 个方向的大小都为 1px*/
    border-style:solid dashed double;    /*定义上边框为实线，左、右边框为虚线，下边框为双线*/
    border-color:#FF0000 #000000;        /*定义上、下边框颜色为红色，左、右边框为黑色*/
}
```

在内/外边距的简写部分曾提到过对上、右、下、左 4 个方向的属性简写方式，而边框的宽度、样式、颜色其实就是这 4 个方向所组成的，因此简写方式也是相同的，即按顺时针方向排列。

5. 背景的简写

背景（background）是在页面表现中出现频率很高的属性，页面中的图片很多都是存放在背景中，并不全都是使用<img />标签来实现的。

```
body {
    background-color:#FF0000;                  /*定义背景色为红色*/
    background-image:url(background.gif);      /*定义背景图片*/
    background-repeat:no-repeat;               /*背景图片无平铺*/
    background-attachment:fixed;               /*将背景图片固定，不随页面滚动而滚动*/
    background-position:0 0;                   /*定义背景图片的位置，必须先定义背景图片后才有效*/
}                                              /*定义页面的背景属性*/
```

繁琐的属性写法不仅使编写的代码量加多，更不便于阅读。

```
body {
background:#FF0000 url(background.gif) no-repeat fixed 0 0;
}
```

提高代码的可读性其实并不难，background 是一个复合属性，可以将背景中所有可用到的背景属性一起定义在一个属性中，何乐而不为。background 的基本语法如下所示。

```
background : background-color || background-image || background-repeat || background-attachment || background-position
```

定义背景不需要将所有属性都用上，浏览器会将未定义的相关背景属性用其属性的默认值来表现。背景中各个相关背景属性的默认值如下所示。

```
background-color:transparent
background-images:none
background-repeat:repeat
background-attachment:scroll
background-position:0% 0%
```

Note

6. 字体的简写

字体是一个页面中最基本的属性之一，如何将其以最简短的方式进行编码，在 CSS 代码的编写过程中也是一门学问。

```
body {
    font-style:italic;                          /*定义字体为斜体*/
    font-variant:small-caps;                    /*定义字体为小型的大写字母，针对英文*/
    font-weight:bold;                           /*将文字加粗*/
    font-size:12px;                             /*定义字体大小为 12px*/
    line-height:140%;                           /*定义文字行高为 140%*/
    font-family:"Lucida Grande",sans-serif;     /*定义字体名称*/
}
```

通过对背景属性简写方式的了解，字体的简写方法是显而易见的，那么，是否只需要将所有的字体属性放在一起即可？其实并非完全如此，字体属性中有一个特殊的组合需要注意，这也是很多读者在阅读他人代码时经常感到迷惑的一点。字体（font）属性简写的语法如下。

```
font : font-style || font-variant || font-weight || font-size || line-height || font-family
```

例如：

```
body {font:italic small-caps bold 12px/140% "Lucida Grande",sans-serif;}
```

细心的读者应该发现了，文字的大小以及行高之间并不是以空格隔开，而是用了一个斜杠来隔开，这就是刚刚所提到的特殊的组合。在很多情况下并不是所有的字体属性都需要设置，但 font-size 以及 font-family 是必不可少的，具体原因可以从 font 属性的默认值中得到答案。例如：

```
font-style:normal
font-variant:normal
font-weight:normal
font-size:medium
line-height:normal
font-family:"Times New Roman"
```

7. 列表的简写

有序列表（ol）和无序列表（ul）是页面中经常用到的元素标签，在 CSS 中对其设置的属性必不可少的是 list-style。list-style 属性是复合属性，该属性由 list-style-image（列表项标签的图片）、list-style-position（作为对象的列表项标签的定位）以及 list-style-type（对象的列表项所使用的预设标签）3 个属性组成。语法如下。

```
list-style:list-style-image || list-style-position || list-style-type
```

例如：

Note

```
li {
    list-style-type:square;                    /*将列表的预设标签定义为实心方块*/
    list-style-position:inside;                /*列表项目标签在文本以内，且环绕文本根据标签对齐*/
    list-style-image:url(image.gif);           /*覆盖预设标签用 image.gif 图片代替*/
}
```

根据 list-style 的语法，可以将该列表的属性简写为：

```
li {list-style:url(image.gif) inside square;}
```

list-style 属性的 3 个属性值并不是完全需要，可以省略部分属性值，省略的部分会以相应的默认值来代替。例如：

```
list-style-type:disc;
list-style-position:outside;
list-style-image:none;
```

注意，对于 list-style 的预设列表项在实际中经常是以图片代替，而图片却不是用 list-style-image 属性来实现，而是使用 background 背景属性。当然，前提是需要设置对列表 list-style:none;的属性。

1.6.2 CSS 单位

设置 CSS 属性值的难点在于单位的选用。它覆盖范围很广，从长度单位到颜色单位，再到 URL 地址等。单位的取舍很大程度上依赖于用户的显示器和浏览器，不恰当地使用单位会给页面布局带来很多麻烦。

1. 绝对单位

绝对单位在网页中很少使用，一般多用在传统平面印刷中，但在特殊的场合使用绝对单位是很必要的。绝对单位包括英寸、厘米、毫米、磅和 pica。

- ☑ 英寸（in）：使用最广泛的长度单位。
- ☑ 厘米（cm）：生活中最常用的长度单位。
- ☑ 毫米（mm）：在研究领域使用广泛。
- ☑ 磅（pt）：在印刷领域使用广泛，也称点。CSS 也常用磅为单位设置字体大小，12 磅等于 1/6 英寸。
- ☑ pica（pc）：在印刷领域使用，1pica 等于 12 磅，所以也称 12 点活字。

2. 相对单位

相对单位与绝对单位相比，其显示大小不是固定的，它所设置的对象受屏幕分辨率、可视区域、浏览器设置以及相关元素的大小等多种因素影响。

☑ em

em 单位表示元素的字体高度，它能够根据字体的 font-size 属性值来确定单位的大小，例如：

```
p{                                 /*设置段落文本属性*/
    font-size:12px;
    line-height:2em;               /*行高为 24px*/
}
```

从上面的样式代码中可以看出，一个 em 等于 font-size 的属性值，如果设置 font-size:12px，则 line-height:2em 就会等于 24px。

如果设置 font-size 属性的单位为 em，则 em 的值将根据父元素的 font-size 属性值来确定。例如，

构建一个简单的 HTML 结构。

```
<div id="main">
    <p>em 相对长度单位使用</p>
</div>
```

然后定义如下样式。

```
#main {font-size:12px;}
p {font-size:2em; }                    /*字体大小将显示为 24px*/
```

同理，如果父对象的 font-size 属性的单位也为 em，则将依次向上级元素寻找参考的 font-size 属性值，如果都没有定义，则会根据浏览器默认字体进行换算，默认字体一般为 16px。

☑ ex

ex 单位根据所使用的字体中小写字母 x 的高度作为参考。在实际使用中，浏览器将通过 em 的值除以 2 得到 ex 的值。为什么这样计算呢？

因为 x 的高度计算起来比较困难，且小写 x 的高度值是大写 x 的一半；另一个影响 ex 单位取值的是字体，不同字体的形状差异，也导致相同大小的两段文本由于字体设置的不同，ex 单位的取值存在很大的差异。

☑ px

px 单位是根据屏幕像素点来确定的。这样不同的显示分辨率就会使相同取值的 px 单位所显示出来的效果截然不同。

实际设计中，建议网页设计师多使用相对长度单位 em，且在某一类型的单位上使用统一的单位。如设置字体大小，可根据个人使用习惯，在一个网站中统一使用 px 或 em。更详细的说明可以参考 5.1.2 节中的内容。

3. 百分比

百分比也是一个相对单位值。百分比值总是通过另一个值来计算，一般参考父对象中相同属性的值。例如，如果父元素宽度为 500px，子元素的宽度为 50%，则子元素的实际宽度为 250px。

百分比可以取负值，但在使用中受到很多限制，在第 4 章会介绍如何应用百分比取负值。

4. URL

设置 URL 的值也是读者最容易糊涂的地方，URL 包括绝对地址和相对地址。绝对地址一般不会出错，只要完整输入地址即可，问题在于相对地址的设置。

当 CSS 文件和引用的 HTML 文档不在同一文件夹中时，能否正确输入 URL 对于初学者来说确实是一个不小的考验。如图 1.14 所示，这是一个简单的网站模拟结构，其中在根目录下存在两个文件夹 images 和 css。在 images 文件夹中存放着 logo.gif 图像，在 css 文件夹中存放着 style.css 样式文件。

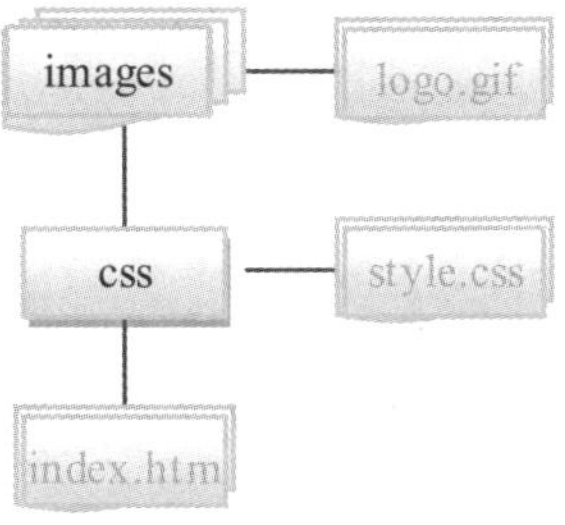

图 1.14　CSS 的路径设置

想一想，如果要在 index.htm 网页文件中显示 logo.gif 图像，该如何设置 URL？

首先，把 style.css 导入 index.htm。

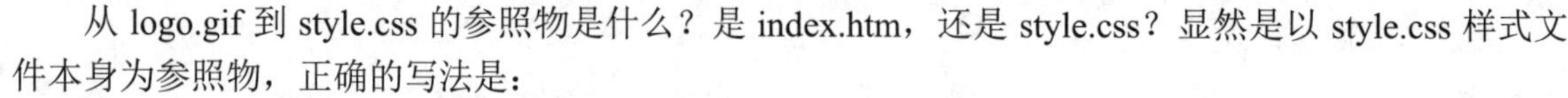

```
<link href="css/style.css" type="text/css" rel="stylesheet" />
```

从 logo.gif 到 style.css 的参照物是什么？是 index.htm，还是 style.css？显然是以 style.css 样式文件本身为参照物，正确的写法是：

```
background:url(../images/logo.gif);
```

这与 JavaScript 的用法截然不同，假设在 CSS 文件夹中有一个.js 文件需要导入到 index.htm 网页中，而.js 文件也引用了 logo.gif 图像，这时，再使用 url(../images/logo.gif)就不对了，而应是 url(images/logo.gif)，因为它们的参照物不同。根本原因是 CSS 样式与 JavaScript 脚本在浏览器中被解析的顺序和方式不同。

1.6.3 设置颜色

设置颜色值可以选用颜色名、百分比、数字和十六进制数值。

☑ 如果读者仅使用几个基本的颜色，使用颜色名是最简单的方法。虽然目前已经命名的颜色约有 184 种，但真正被各种浏览器支持，并且作为 CSS 规范推荐的颜色名称只有 16 种，如表 1.6 所示。

表 1.6 CSS 基本颜色值

名 称	颜 色	名 称	颜 色	名 称	颜 色
black	纯黑	silver	浅灰	navy	深蓝
blue	浅蓝	green	深绿	lime	浅绿
teal	靛青	aqua	天蓝	maroon	深红
red	大红	purple	深紫	fuchsine	品红
olive	褐黄	yellow	明黄	gray	深灰
white	亮白				

设置颜色值时，不建议在网页中使用颜色名，特别是大规模的使用，以避免有些颜色名不被浏览器解析，或者不同浏览器对颜色的解释出现差异。

☑ 使用百分比。这是一种最常用的方法，如：

```
color:rgb(100%,100%,100%);
```

这个声明将红、蓝、绿 3 种原色都设置为最大值，结果组合显示为白色。相反，可以设置 rgb(0%,0%,0%)，结果组合显示为黑色。3 个百分值相等将显示灰色，同理，哪个原色的百分值大，最后的颜色就偏向哪个原色。

☑ 使用数值。数字范围为 0~255，如：

```
color:rgb(255,255,255);
```

上面这个声明将显示白色，如果设置为 rgb(0,0,0)将显示黑色，3 个数值相等将显示灰色，同理，哪个数值大，哪个原色的比重就会加大。

☑ 十六进制颜色。这是最常用的取色方法，如：

```
color:#ffffff;
```

其中，要在十六进制数字前面加一个颜色符号“#”。上面这个声明将显示白色，相反，可以设置 #000000 以显示黑色，用 RGB 来描述则如下所示。

```
color: #RRGGBB;
```

与前面的取色方式相同，实际上十进制的 255 正好等于十六进制的 FF，一个十六进制的颜色值等于 3 组这样的十六进制的值，它们按顺序连接在一起就等于红、蓝、绿 3 种原色。

使用CSS设置字体和文本样式

（视频讲解：2小时12分钟）

文字是网页中传递信息的主要元素，各式各样的文字效果给网页增添了很多魅力，虽然使用图像、动画或视频等多媒体信息也可以表情达意，但是文字仍然是传递信息的最直接、最经典的方式。通过CSS，可以设置文字的样式、颜色和粗细等属性。

学习重点：

- 使用CSS设置字体和文字属性的方法。
- 使用CSS控制边距与段落的方法。
- 灵活使用CSS字体和文字属性设计精美的网页正文版式。

2.1　字体和文本样式基础

字体样式包括类型、大小、颜色等基本效果，另外还包括一些特殊的样式，如字体粗细、下划线、斜体、大小写等。字体样式主要涉及文字本身的型体效果，而文本样式主要涉及多个文字的排版效果。所以 CSS 在命名属性时，特意使用了 font 前缀和 text 前缀来区分两类不同性质的属性。在本节中将分别介绍字体样式和文本样式的属性设置。

2.1.1　定义字体类型

在 CSS 中，一般使用 font-family 属性来定义字体类型，另外，也可使用 font 属性来定义字体类型。

☑　font-family 是字体类型专用属性，用法如下。

```
font-family : name
font-family :ncursive | fantasy | monospace | serif | sans-serif
```

name 表示字体名称，可指定多种字体，多个字体将按优先顺序排列，以逗号隔开。如果字体名称包含空格，则应使用引号括起。第二种声明方式使用所列出的字体序列名称，如果使用 fantasy 序列，将提供默认字体序列。

☑　font 是一个复合属性，所谓复合属性是指该属性能够设置多种字体属性，用法如下。

```
font : font-style || font-variant || font-weight || font-size || line-height || font-family
font : caption | icon | menu | message-box | small-caption | status-bar
```

属性值之间以空格分隔。font 属性中至少应设置字体大小和字体类型，且必须放在后面，否则无效。前面可以自由定义字体样式、字体粗细、大小写和行高，详细讲解将在后面的内容中分别介绍。

【例 2-1】启动 Dreamweaver，新建一个网页，保存为 test.html，在<body>标签内输入一行段落文本。

```
<p>定义字体类型</p>
```

在<head>标签内添加<style type="text/css">标签，定义一个内部样式表，然后输入下面样式，用来定义网页字体的类型。

```
body {
    font-family:Arial, Helvetica, sans-serif;        /*字体类型*/
}
p {                                                   /*段落样式*/
    font:14px "黑体";                                 /*14 像素大小的黑体字体*/
}
```

习惯上，中文网页字体很多都被定义为宋体类型，对于标题或特殊提示信息，如果需要使用特殊字体，则建议采用图像形式来间接实现。原因是中文字体类型比较少，通用的字体类型更少，字体的表现力比较弱，即使存在各种艺术字体，但其应用范围较窄，很少被设计师用来作为网页字体使用。

英文字体类型比较丰富，通用字体的选择余地大、艺术表现力强，在浏览外文网站时，读者会发现页面选用的字体类型就丰富很多。习惯上，标题都使用无衬线字体、艺术字体或手写体等，而网页

正文则多使用衬线字体等。

【拓展】对于英文或其他西文字体来说，CSS 提供了 5 类通用字体。所谓通用字体就是一种备用机制，即指定的所有字体都不可用时，能够在用户系统中找到一个类似字体进行替代显示。这 5 类通用字体的说明如下。

☑ serif：衬线字体，衬线字体通常是变宽的，字体较明显地显示粗与细的笔划，在字体头部和尾部会显示附带一些装饰细线。

☑ sans-serif：无衬线字体，没有突变、交叉笔划或其他修饰线，无衬线字体通常是变宽的，字体粗细笔划的变化不明显。

☑ cursive：草体，表现为斜字型、连笔或其他草体的特征。看起来像是用手写笔或刷子书写，而不是印刷出来的。

☑ fantasy：奇异字体，主要是装饰性的，但保持了字符的呈现效果，换句话说就是艺术字，用画写字，或者说字体像画。

☑ monospace：等宽字体，唯一标准就是所有的字型宽度都是一样的。

提示：常用网页字体分为衬线字体、无衬线字体和等宽字体 3 种。在 Dreamweaver 中设置字体时，会自动提示，读者快速进行选择即可，如图 2.1 所示。通用字体对于中文字体无效，简单比较 3 种通用字体的类型，其效果如图 2.2 所示。

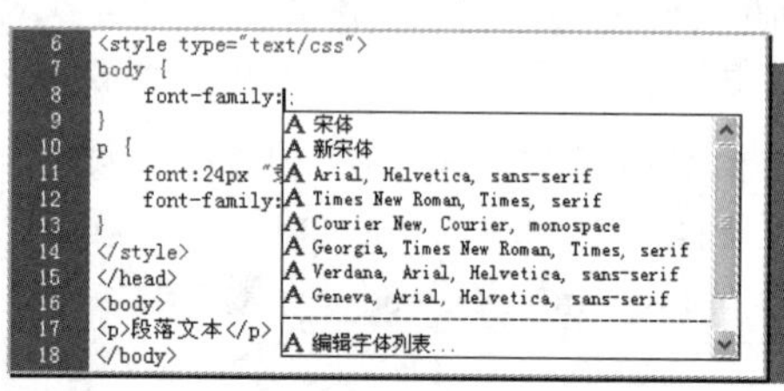

图 2.1　Dreamweaver 的字体类型提示

图 2.2　3 种通用字体比较效果

【例 2-2】在 font-family 和 font 属性中，可以以列表的形式设置多种字体类型。

尝试在上面示例的基础上，为段落文本设置 3 种字体类型，其中第一个字体类型为具体的字体类型，而后面两个字体类型为通用字体类型。

```
p { font-family:"Times New Roman", Times, serif}
```

字体列表以逗号进行分隔，浏览器会按字体名称的顺序逐一在用户的计算机里寻找已经安装的字体，一旦遇到与要求相匹配的字体，就按这种字体显示网页内容，并停止搜索；如果不匹配就继续搜索，直到找到为止，如果样式表里的所有字体都没有安装的话，浏览器就会用自己默认的字体来替代显示网页的内容。

提示：很多网页设计者都喜欢用各式各样的字体给网页添加特殊的效果，但是这些特殊的字体在大多数计算机上都没有安装，因此在设置 CSS 字体时，一定要多添加几种备选字体，以避免浏览器把没有安装的字体替换成默认字体。

2.1.2　定义字体大小

CSS 使用 font-size 属性来定义字体大小，该属性用法如下。

```
font-size : xx-small | x-small | small | medium | large | x-large | xx-large | larger | smaller | length
```

其中 xx-small（最小）、x-small（较小）、small（小）、medium（正常）、large（大）、x-large（较大）、xx-large（最大）表示绝对字体尺寸，这些特殊值将根据对象字体进行调整。

larger（增大）和 smaller（减少）这对特殊值能够根据父对象中的字体尺寸进行相对增大或者缩小处理，使用成比例的 em 单位进行计算。

length 可以是百分数，或者浮点数字和单位标识符组成的长度值，但不可为负值。其百分比取值是基于父对象中字体的尺寸来计算，与 em 单位计算方法相同。

【例 2-3】启动 Dreamweaver，新建一个网页，保存为 test.html，在<body>标签中输入以下内容。

```
<div>
<p class="p1">明月几时有？    0.6in</p>
<p class="p2">明月几时有？    0.8em</p>
<p class="p3">明月几时有？    2cm</p>
<p class="p4">明月几时有？    16pt</p>
<p class="p5">明月几时有？    2pc</p>
</div>
```

在<head>标签内添加<style type="text/css">标签，定义一个内部样式表，然后输入下面的样式，分别设置各个段落中的字体大小。

```
div{font-size:20px;}                    /*以像素为单位设置 div 标签中的字体大小*/
.p1{ font-size: 0.6in; }                /*以英寸为单位设置字体大小*/
.p2{ font-size: 0.8em; }                /*以父辈字体大小为参考设置大小*/
.p3{ font-size: 2cm ; }                 /*以厘米为单位设置字体大小*/
.p4{ font-size: 16pt; }                 /*以点为单位设置字体大小*/
.p5{ font-size: 2pc; }                  /*以皮卡为单位设置字体大小*/
```

显示效果如图 2.3 所示。

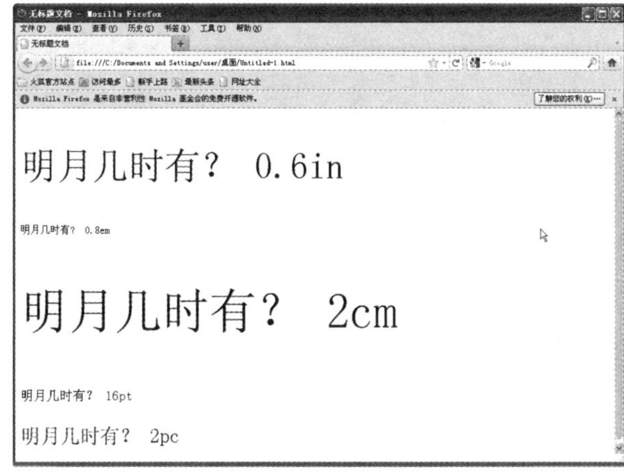

图 2.3　设置段落中的字体大小

Note

【拓展】定义字体大小很容易，但是选择字体大小的单位比较复杂。在网页设计中，常用像素（px）和百分比（%或 em）作为字体大小的单位。

CSS 提供了很多单位，它们都可以被归为两大类：绝对单位和相对单位。

绝对单位所定义的字体大小是固定的，大小显示效果不会受外界因素影响。例如，in（inch，英寸）、cm（centimeter，厘米）、mm（millimeter，毫米）、pt（point，印刷的点数）、pc（pica，1pc=12pt）。此外，xx-small、x-small、small、medium、large、x-large、xx-large 这些关键字也是绝对单位。

相对单位所定义的字体大小一般是不固定的，会根据外界环境而不断发生变化。例如：

☑ px（pixel，像素），根据屏幕像素点的尺寸变化而变化。因此，不同分辨率的屏幕所显示的像素字体大小也是不同的，屏幕分辨率越大，相同像素的字体就显得越小。

☑ em，相对于父元素字体的大小来定义字体大小。例如，如果父元素字体大小为 20px，而子元素的字体大小为 0.8em，则实际的字体大小应该为 16px。

☑ ex，相对于父元素字体的 x 高度来定义字体大小，因此 ex 单位大小既取决于字体的大小，也取决于字体类型。在固定大小的情况下，实际的 x 高度将随字体类型的不同而不同。

☑ %，以百分比的形式定义字体大小，它与 em 效果相同，相对于父元素字体的大小来定义字体大小。

☑ larger 和 smaller 这两个关键字将以父元素的字体大小为参考进行换算。

【例 2-4】在网页设计中，网页设计师常用的字体大小单位包括了像素和百分比，那么怎样选择合适的字体大小单位呢？

☑ 对于网页宽度固定或者栏目宽度固定的布局，使用像素是正确的选择。

☑ 对于页面宽度不固定或者栏目宽度也不固定的页面，使用百分比或 em 是一个正确的选择。

从用户易用性角度考虑，定义字体大小应该以 em（或%）为单位进行设置。主要考虑因素是：一方面有利于客户端浏览器调整字体大小；另一方面，通过设置字体大小的单位为 em 或百分比，使字体能够适应版面宽度的变化。

操作步骤：

第 1 步，启动 Dreamweaver，新建一个网页，保存为 test.html，在<body>标签内输入如下结构。

```
<div id="content">《水调歌头 明月几时有》
    <div id="sub">苏轼
        <p>明月几时有，把酒问青天。</p>
        <p>不知天上宫阙，今夕是何年。</p>
        <p>我欲乘风归去，又恐琼楼玉宇，高处不胜寒。</p>
        <p>起舞弄清影，何似在人间。</p>
        <p>转朱阁，低绮户，照无眠。</p>
        <p>不应有恨，何事长向别时圆？</p>
        <p>人有悲欢离合，月有阴晴圆缺，此事古难全。</p>
        <p>但愿人长久，千里共婵娟。 </p>
    </div>
</div>
```

第 2 步，先在<head>标签内添加<style type="text/css">标签，定义一个内部样式表。然后定义样式，设计页面正文字体大小为 12 px，使用 em 来设置，代码如下。

```
body {                                  /*网页字体大小*/
    font-size:1.2em;                    /*约等于 29 像素*/
}
```

计算方法：浏览器默认字体大小为 16px，用 16px 乘以 1.2 即可得到 29px。同样的道理，预设 14px，则应该是 0.875em；预设 10px，则应该是 0.625em。显示效果如图 2.4 所示。

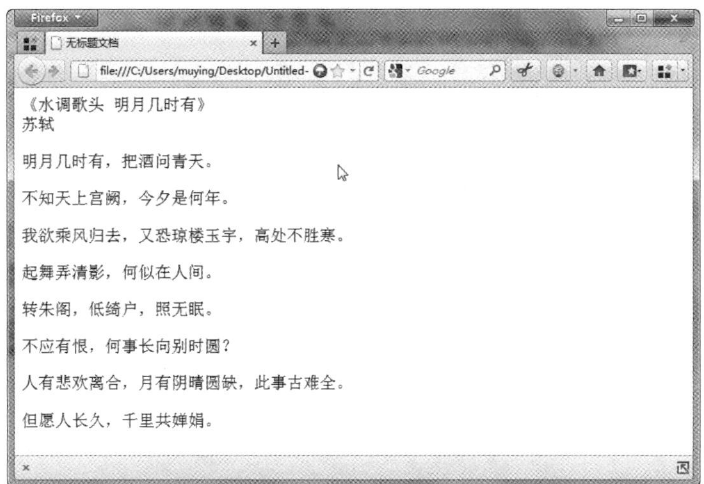

图 2.4　以 em 为单位设置字体大小

第 3 步，在复杂结构中如果反复选择 em 或百分比作为字体大小，可能会出现字体大小显示混乱的状况。如果按以下代码修改实例 4 中的样式，分别定义 body、div 和 p 元素的字体大小为 0.75em，会出现怎样效果呢？

```
body, div, p {
    font-size:0.75em;
}
```

由于 em 单位是以父标签字体大小为参考进行显示，所以如果出现上述情况，就会发现有些文字大小不合适，如图 2.5 所示。

图 2.5　以 em 为单位所带来的隐患

相对大小不像前面所介绍的绝对大小那样文字的大小是固定的，绝对大小不随显示器和父标签的改变而改变，而相对大小会随着浏览器和父标签的改变而自动调整，更具灵活性。

2.1.3　定义字体颜色

CSS 使用 color 属性来定义字体颜色，该属性用法如下。

```
color : color
```

在 CSS 中，颜色的设置统一采用 RGB 格式，即按“红黄蓝”三原色的不同比例组成各种颜色。

比如 RGB(100%，0%，0%)，或者是用十六进制表示为#ff0000，即为红色。

【例 2-5】启动 Dreamweaver，新建一个网页，保存为 test.html，在<body>标签中输入以下内容。

Note

```
<p class="p1">明月几时有？</p>
<p class="p2">明月几时有？</p>
<p class="p3">明月几时有？</p>
<p class="p4">明月几时有？</p>
```

在<head>标签内添加<style type="text/css">标签，定义一个内部样式表，然后输入下面样式，分别定义<p>标签包含的字体颜色。

```
.p1 { color:red;}                              /*使用颜色名*/
.p2 { color:#693333;}                          /*使用十六进制*/
.p3 { color:rgb(120,120,120);}                 /*使用 RGB*/
.p4 { color:rgb(0%,100%,50%);}
```

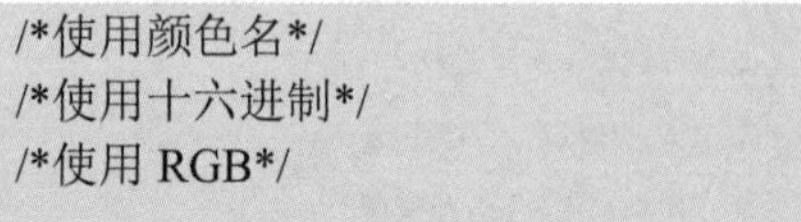

显示效果如图 2.6 所示。

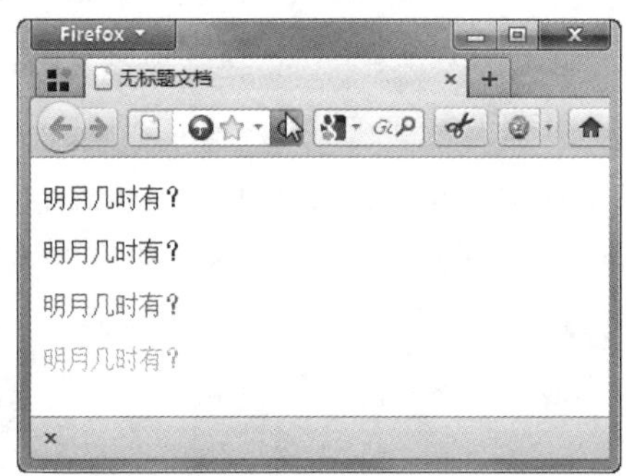

图 2.6　设置字体颜色

2.1.4　定义字体粗细

CSS 使用 font-weight 属性来定义字体粗细，该属性用法如下。

```
font-weight : normal | bold | bolder | lighter | 100 | 200 | 300 | 400 | 500 | 600 | 700 | 800 | 900
```

font-weight 属性取值比较特殊，其中 normal 关键字表示默认值，即正常的字体，相当于取值为 400。bold 关键字表示粗体，相当于取值为 700，或者使用<b>标签定义的字体效果。bolder（较粗）和 lighter（较细）相对于 normal 字体粗细而言。

另外也可以设置值为 100、200、300、400、500、600、700、800、900，它们分别表示字体的粗细，是对字体粗细的一种量化方式，值越大就表示越粗，相反就表示越细。

【例 2-6】启动 Dreamweaver，新建一个网页，保存为 test.html，在<body>标签中输入以下内容。

```
<p>明月几时有？ 文字粗细是 normal</p>
<h1>明月几时有？文字粗细是 700</h1>
<div>明月几时有？ 文字粗细是 bolder</div>
<p class="bold">明月几时有？ 文字粗细是 bold</p>
```

在<head>标签内添加<style type="text/css">标签，定义一个内部样式表，然后输入下面样式，分别定义段落文本、一级标题、<div>标签包含字体的粗细效果，同时定义一个粗体样式类。

```
p { font-weight: normal }                /*等于 400*/
h1 { font-weight: 700 }                  /*等于 bold*/
div{ font-weight: bolder }               /*可能为 500*/
.bold { font-weight:bold; }              /*加粗显示*/
```

显示效果如图 2.7 所示。

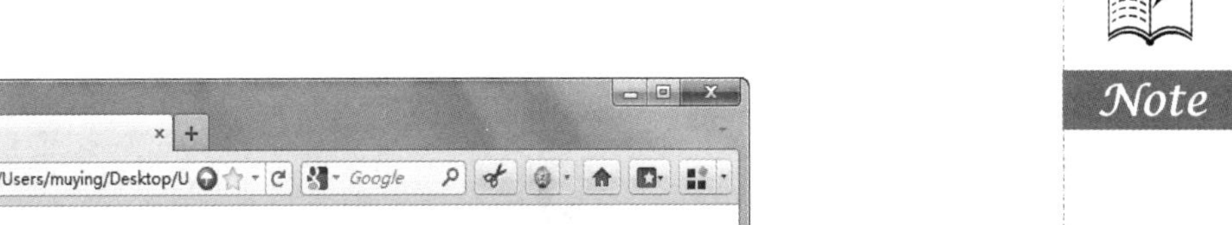

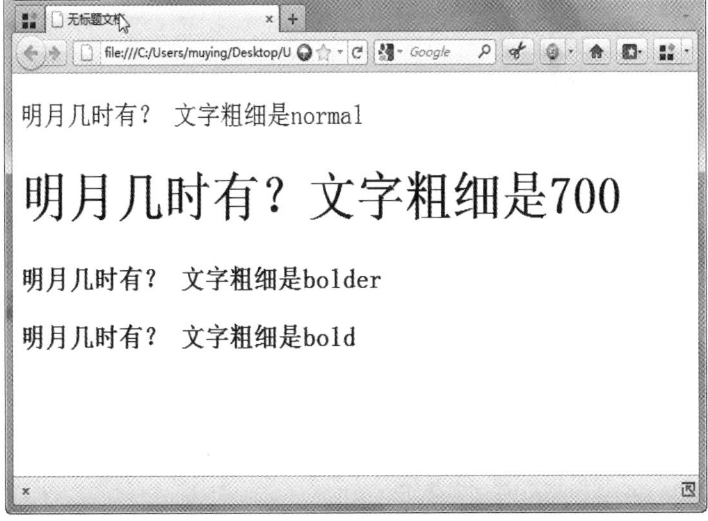

图 2.7　设置字体的粗细

> 提示：设置字体粗细也可以称为定义字体的重量。对于中文网页设计来说，一般仅用到 bold（加粗）、normal（普通）两个属性值即可。

2.1.5　定义斜体字体

CSS 使用 font-style 属性来定义字体倾斜效果，该属性用法如下。

```
font-style : normal | italic | oblique
```

其中，normal 表示默认值，即正常的字体，italic 表示斜体，oblique 表示倾斜的字体。italic 和 oblique 两个取值只能在英文等西方文字中有效。

【例 2-7】启动 Dreamweaver，新建一个网页，保存为 test.html，在<head>标签内添加<style type="text/css">标签，定义一个内部样式表，然后输入下面的样式，定义一个斜体样式类。

```
.italic {
Font-size:24px;
font-style:italic;                       /*斜体*/
}
```

然后在<body>标签中输入一行段落文本，并把斜体样式类应用到该段落文本中。

```
<p>设置<span class="italic">文字斜体 </span></p>
```

显示效果如图 2.8 所示。

图 2.8　设置斜体字

Note

2.1.6　定义下划线、删除线和顶划线

CSS 使用 text-decoration 属性来定义字体下划线、删除线和顶划线效果，该属性用法如下。

```
text-decoration : none || underline || overline || line-through || blink
```

其中，none 表示默认值，即无装饰字体，underline 表示下划线效果，line-through 表示删除线效果，overline 表示顶划线效果，blink 表示闪烁效果。

【例 2-8】启动 Dreamweaver，新建一个网页，保存为 test.html，在<head>标签内添加<style type="text/css">标签，定义一个内部样式表，然后输入下面样式，定义 3 个装饰字体样式类。

```
.underline {text-decoration:underline;}              /*下划线样式类*/
.overline {text-decoration:overline;}                /*顶划线样式类*/
.line-through {text-decoration:line-through;}        /*删除线样式类*/
```

然后在<body>标签中输入 3 行段落文本，并分别应用上面的装饰类样式。

```
<p class="underline">设置下划线</p>
<p class="overline">设置顶划线</p>
<p class="line-through">设置删除线</p>
```

显示效果如图 2.9 所示。

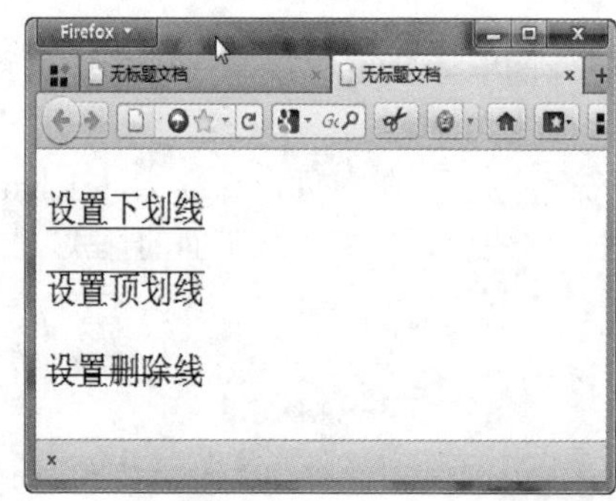

图 2.9　设置字体的下划线、顶划线和删除线

【例 2-9】如果需要文字不仅有下划线，同时还有顶划线和删除线，这时可以将 underline 和 overline 的值同时赋给 text-decoration，并用空格分开。

在<head>标签中定义如下样式。

```
p.one{ text-decoration:underline overline; }                    /*下划线+顶划线*/
p.two{ text-decoration:underline line-through; }                /*下划线+删除线*/
p.three{ text-decoration:overline line-through; }               /*顶划线+删除线*/
p.four{ text-decoration:underline overline line-through; }      /*3 种同时应用*/
```

在<head>标签中输入 4 行段落文本，并把这个上面的样式应该到该段落文本中。

```
<p class="one">下划线文字，顶划线文字</p>
<p class="two">下划线文字，删除线文字</p>
<p class="three">顶划线文字，删除线文字</p>
<p class="four">三种效果同时</p>
```

最后，在浏览器中预览，则可以看到每行文本显示多种修饰效果，如图 2.10 所示。

图 2.10　下划线、删除线和顶划线的多种修饰效果

2.1.7　定义字体大小写

CSS 使用 font-variant 属性来定义字体大小效果，该属性用法如下。

```
font-variant : normal | small-caps
```

其中，normal 表示默认值，即正常的字体，small-caps 表示小型的大写字母字体。

【例 2-10】 启动 Dreamweaver，新建一个网页，保存为 test.html，在<head>标签内添加<style type="text/css">标签，定义一个内部样式表，然后输入下面样式，定义一个类样式。

```
.small-caps {                               /*小型大写字母样式类*/
    font-variant:small-caps;
}
```

然后在<body>标签中输入一行段落文本，并应用上面定义的类样式。

```
<p class="small-caps">font-variant </p>
```

注意，font-variant 仅支持以英文为代表的西文字体，中文字体没有大小写的效果区分。如果设置了小型大写字体，但是该字体没有找到原始小型大写字体，那么浏览器会模拟一个。例如，可通过使用一个常规字体，将其小写字母替换为缩小过的大写字母。

【拓展】 CSS 还定义了一个 text-transform 属性，该属性也能够定义字体大小写效果。不过该属性主要定义单词大小写样式，用法格式如下。

```
text-transform : none | capitalize | uppercase | lowercase
```

其中，none 表示默认值，无转换发生；capitalize 表示将每个单词的第一个字母转换成大写，其余无转换发生；uppercase 表示把所有字母都转换成大写；lowercase 表示把所有字母都转换成小写。

Note

【例 2-11】新建一个网页，保存为 test.html，在<head>标签内添加<style type="text/css">标签，定义一个内部样式表，然后输入下面样式，定义 3 个类样式。

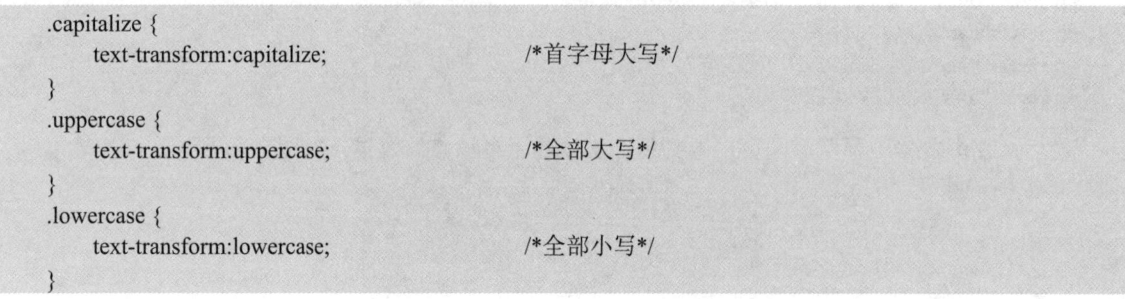

```
.capitalize {
    text-transform:capitalize;                /*首字母大写*/
}
.uppercase {
    text-transform:uppercase;                 /*全部大写*/
}
.lowercase {
    text-transform:lowercase;                 /*全部小写*/
}
```

然后在<body>标签中输入 3 行段落文本，并分别应用上面定义的类样式。

```
<p class="capitalize">text-transform:capitalize;</p>
<p class="uppercase">text-transform:uppercase;</p>
<p class="lowercase">text-transform:lowercase;</p>
```

分别在 IE 和 FF 浏览器中预览，则会发现 IE 浏览器认为只要是单词，就把首字母转换为大写，如图 2.11 所示；而 FF 浏览器认为只有单词通过空格间隔之后，才能够成为独立意义上的单词，所以几个单词连在一起时就算作一个词，如图 2.12 所示。

图 2.11　IE 浏览器中解析的字母大小写效果

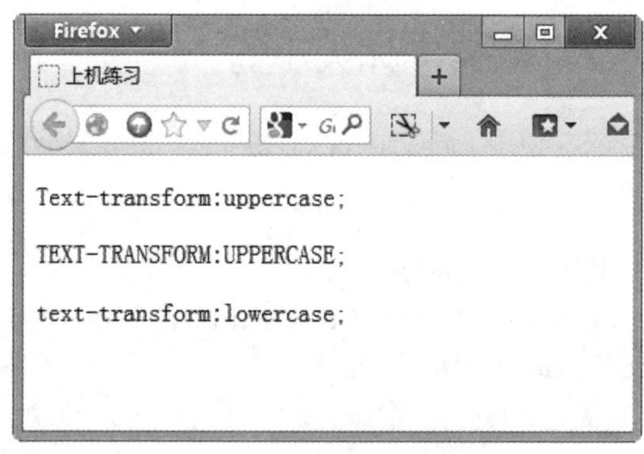

图 2.12　FF 浏览器中解析的字母大小写效果

2.1.8　定义文本对齐

在传统布局中，一般使用 HTML 的 align 属性来定义对象水平对齐，这种用法在过渡型文档类型中依然可以使用。CSS 使用 text-align 属性来定义文本的水平对齐方式，该属性的用法如下。

```
text-align : left | right | center | justify
```

该属性取值包括 4 个：其中 left 表示默认值，左对齐；right 表示右对齐；center 表示居中对齐；justify 表示两端对齐。

【例 2-12】新建一个网页，保存为 test.html，在<head>标签内添加<style type="text/css">标签，

定义一个内部样式表，然后输入下面样式，定义居中对齐类样式。

```
.left{    text-align:left;}                    /*左对齐*/
.center { text-align:center; }                 /*居中对齐*/
.right{ text-align:right;}                     /*右对齐*/
.justify{ text-align:justify;}                 /*两端对齐*/
```

然后在<body>标签中输入两行段落文本，并分别使用传统的 HTML 中的 align 属性和标准设计中的 CSS 的 text-align 属性定义文本居中。

```
<p align="left">左对齐</p>
<p class="center">居中对齐</p>
<p class="right">右对齐</p>
<p class="justify">两端对齐</p>
```

显示效果如图 2.13 所示。

图 2.13　设置文本的水平对齐

【例 2-13】 text-align 是块级属性，只能用于<div>、<p>、<ul>、<h1>~<h6>等标识符中。文本水平对齐不仅可以控制文本的水平对齐，而且可以控制其他块级元素的水平对齐。

下面的练习是将块级元素进行水平居中对齐的设置。新建一个网页，保存为 test.html，在<head>标签内添加<style type="text/css">标签，定义一个内部样式表，然后输入下面样式，定义块级元素的水平居中。

```
div{
text-align:center;                             /*左对齐*/
}
h1{
background:#CC3333;                            /*设置块级元素的背景色*/
width:350px;                                   /*定义 h1 的宽度*/
height:50px;                                   /*定义 h1 的高度*/
margin:20px auto;                              /*定义 h1 的上下左右边界*/
}
```

然后在<body>标签中输入以下内容。

```
<div><h1></h1></div>
```

显示效果如图 2.14 所示。

Note

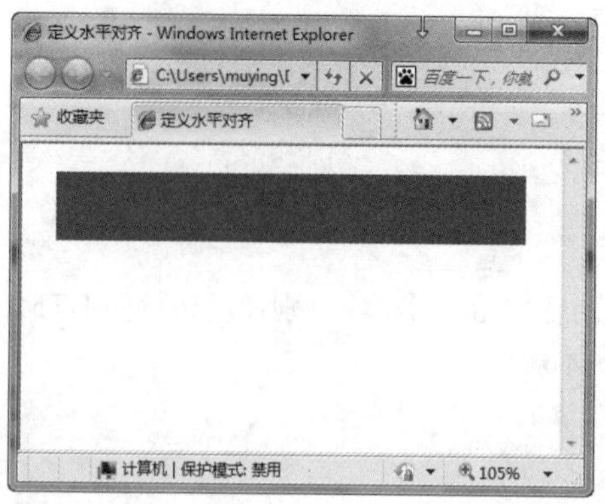

图 2.14　设置块级元素的水平对齐

【拓展】在 CSS 中，让元素居中的方法通常是使用 margin 属性，将元素的 margin-left 和 margin-right 属性设置为 auto。在实际使用中，我们可以将其父级元素的 text-align 属性设置为 center。需要特别注意的一点是，必须为需要居中的元素指定宽度和高度，如下所示。

```
body{text-align:center;}
div{
    width:200px;
    height:30px;
    margin-left:auto;
    margin-right:auto;
    }
```

在<body>标签中，输入以下内容使 div 元素水平居中。

```
<div>设置块级元素 div 的水平居中</div>
```

2.1.9　定义垂直对齐

在传统布局中，一般元素不支持垂直对齐效果，不过在表格中可以实现。例如，在下面表格结构中使用 td 元素的 valign 属性定义单元格内包含的对象垂直居中显示。

```
<table border="1">
    <tr>
        <td valign="middle">垂直对齐</td>
    </tr>
</table>
```

CSS 使用 vertical-align 属性来定义文本垂直对齐问题，该属性的用法如下。

```
vertical-align : auto | baseline | sub | super | top | text-top | middle | bottom | text-bottom | length
```

其中，auto 属性值将根据 layout-flow 属性的值对齐对象内容；baseline 表示默认值，表示将支持 valign 特性的对象内容与基线对齐；sub 表示垂直对齐文本的下标；super 表示垂直对齐文本的上标；top 表示将支持 valign 特性的对象的内容与对象顶端对齐；text-top 表示将支持 valign 特性的对象的文本与对象顶端对齐；middle 表示将支持 valign 特性的对象的内容与对象中部对齐；bottom 表示将支持 valign 特性的对象的内容与对象底端对齐；text-bottom 表示将支持 valign 特性的对象的文本与对象顶端对齐；length 表示由浮点数字和单位标识符组成的长度值或者百分数，可为负数，定义由基线算起

的偏移量，基线对于数值来说为 0，对于百分数来说就是 0%。

【例 2-14】新建一个网页，保存为 test.html，在<head>标签内添加<style type="text/css">标签，定义一个内部样式表，然后输入下面样式，定义上标类样式。

```
.super {
    vertical-align:super;
}
```

然后在<body>标签中输入一行段落文本，并应用该上标类样式。

```
<p>vertical-align 表示垂直<span class=" super ">对齐</span>属性</p>
```

在浏览器中预览，则显示效果如图 2.15 所示。

图 2.15 文本上标样式效果

【例 2-15】vertical-align 属性不支持块级元素对齐，只有当块级元素显示为单元格时才有效。

启动 Dreamweaver，新建一个网页，保存为 test.html，在<body>标签内输入如下结构。

```
<div class="outer">
    <divclass="inner"></div>
</div>
```

在<head>标签内添加<style type="text/css">标签，定义一个内部样式表。然后定义如下两个样式，定义外面盒子为单元格显示，且垂直居中。

```
.outer {
    display:table-cell;                /*单元格显示*/
    vertical-align:middle;             /*垂直居中*/
    width:300px;                       /*宽度*/
    height:200px;                      /*高度*/
    border:solid 1px red;              /*红色边框线*/
}
.inner {
    width:100px;                       /*宽度*/
    height:50px;                       /*高度*/
    background:blue;                   /*蓝色背景*/
}
```

在浏览器中预览测试，则在 FF 浏览器中显示效果如图 2.16 所示。但是在 IE 浏览器中不支持这种方法，如图 2.17 所示。

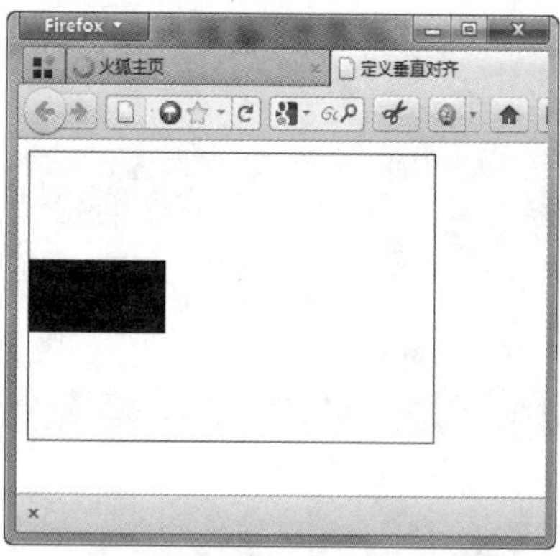

图 2.16　FF 中的效果

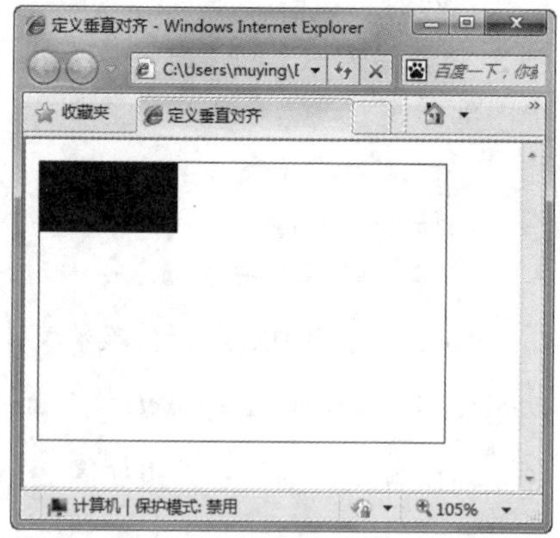

图 2.17　IE 中的效果

不过 IE 支持在表格中定义垂直居中，因此针对上面实例的结构，进行如下修改，把内部盒子放在单元格中，这样就可以实现在 IE 浏览器中垂直对齐的效果。

```
<table>
    <tr>
        <td class="outer"><div class="inner"></div></td>
    </tr>
</table>
```

当然这种方法在实际使用时不是很方便，建议读者尝试使用其他方法。

【拓展】vertical-align 属性提供的值很多，包括 baseline 基线对齐；sub 下标对齐；supper 上标对齐；top 顶端对齐；text-top 与文本的顶端对齐；middle 中部对齐；bottom 底端对齐；text-bottom 文本的底端对齐。但是 IE 浏览器与其他浏览器对于解析 vertical-align 属性的效果却存在很大的分歧。一般情况下，不建议广泛使用这些属性值，实践中主要用到 vertical-align 属性的垂直居中样式，偶尔也会用到上标和下标效果。为了方便读者比较这些取值效果，以下面这个实例做出说明。

新建一个网页，保存为 test.html，在<body>标签内输入如下结构。

```
<p>valign:
<span class="baseline"><img src="images/box.gif" title="baseline" /></span>
<span class="sub"><img src="images/box.gif" title="sub" /></span>
<span class="super"><img src="images/box.gif" title="super" /></span>
<span class="top"><img src="images/box.gif" title="top" /></span>
<span class="text-top"><img src="images/box.gif" title="text-top" /></span>
<span class="middle"><img src="images/box.gif" title="middle" /></span>
<span class="bottom"><img src="images/box.gif" title="bottom" /></span>
<span class="text-bottom"><img src="images/box.gif" title="text-bottom" /></span>
</p>
```

在<head>标签内添加<style type="text/css">标签，定义一个内部样式表。然后定义如下类样式。

```
body {font-size:48px;}
.baseline {vertical-align:baseline;}
.sub {vertical-align:sub;}
.super {vertical-align:super;}
.top {vertical-align:top;}
.text-top {vertical-align:text-top;}
```

```
.middle {vertical-align:middle;}
.bottom {vertical-align:bottom;}
.text-bottom{vertical-align:text-bottom;}
```

在浏览器中预览测试，显示效果如图 2.18 所示。读者可以通过这个效果图直观地比较这些取值的效果。

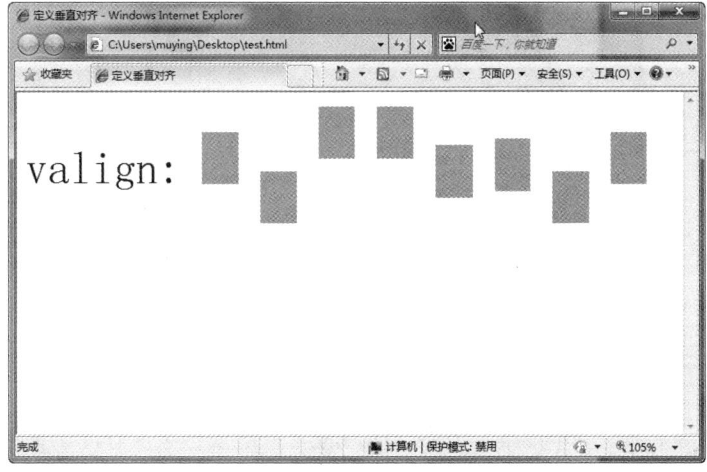

图 2.18　垂直对齐取值效果比较

2.1.10　定义字间距和行间距

CSS 使用 letter-spacing 属性定义字间距，使用 word-spacing 属性定义词间距。这两个属性的取值都是长度值，由浮点数字和单位标识符组成，既可以是绝对数值又可以是相对数值，默认值为 normal，表示默认间隔。

定义词距时，以空格为基准进行调节，如果多个单词被连在一起，则被 word-spacing 视为一个单词；如果汉字被空格分隔，则分隔的多个汉字就被视为不同的单词，word-spacing 属性此时有效。

【例 2-16】新建一个网页，保存为 test.html，在<head>标签内添加<style type="text/css">标签，定义一个内部样式表，然后输入下面样式，定义两个类样式。

```
.lspacing {
    letter-spacing:1em;
}
.wspacing {
    word-spacing:1em;
}
```

然后在<body>标签中输入两行段落文本，并应用上面两个类样式。

```
<p class="lspacing">letter spacing（字间距）</p>
<p class="wspacing"> word spacing（词间距）</p>
```

在浏览器中预览，则显示效果如图 2.19 所示。从图中可以直观地看到，所谓字间距就是定义字母之间的间距，而词间距就是定义西文单词的距离。

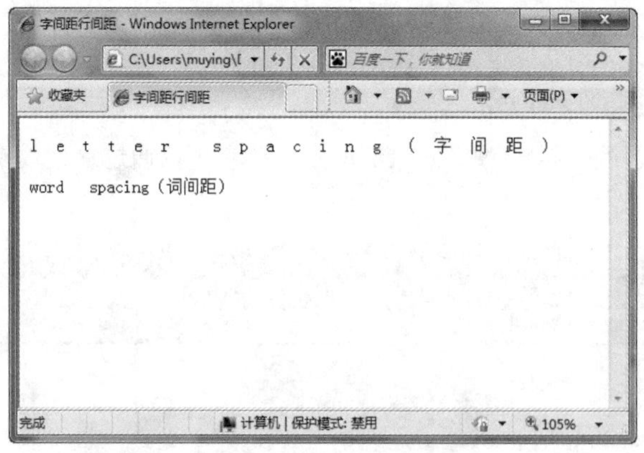

图 2.19　字间距和词间距演示效果比较

注意，字间距和词间距一般很少使用，使用时应慎重考虑用户的阅读习惯和感受。对于中文用户来说，letter-spacing 属性有效，而 word-spacing 属性无效。

2.1.11　定义行间距

行间距，是段落文本行之间的距离。CSS 使用 line-height 属性定义行高，该属性的用法如下。

```
line-height : normal | length
```

其中，normal 表示默认值，一般为 1.2em，length 表示百分比数字，或者由浮点数字和单位标识符组成的长度值，允许为负值。

【例 2-17】新建一个网页，保存为 test.html，在<head>标签内添加<style type="text/css">标签，定义一个内部样式表，然后输入下面样式，定义两个行高类样式。

```
.p1 {
    font-size:12pt;
    line-height:12pt;                    /*行间距为绝对数值*/
}
.p2 {
    font-size:10pt;
    line-height:2em;                     /*行间距为相对数值*/
}
```

然后在<body>标签中输入两行段落文本，并应用上面两个类样式。

```
<h1>社戏</h1>
<h2>鲁迅 </h2>
<p class="p1">我在倒数上去的二十年中，只看过两回中国戏，前十年是绝不看，因为没有看戏的意思和机会，那两回全在后十年，然而都没有看出什么来就走了。</p>
<p class="p2">第一回是民国元年我初到北京的时候，当时一个朋友对我说，北京戏最好，你不去见见世面么？我想，看戏是有味的，而况在北京呢。于是都兴致勃勃的跑到什么园，戏文已经开场了，在外面也早听到冬冬地响。我们挨进门，几个红的绿的在我的眼前一闪烁，便又看见戏台下满是许多头，再定神四面看，却见中间也还有几个空座，，挤过去要坐时，又有人对我发议论，我因为耳朵已经喤的响着了，用了心，才听到他是说“有人，不行！”</p>
```

在浏览器中预览，则显示效果如图 2.20 所示。

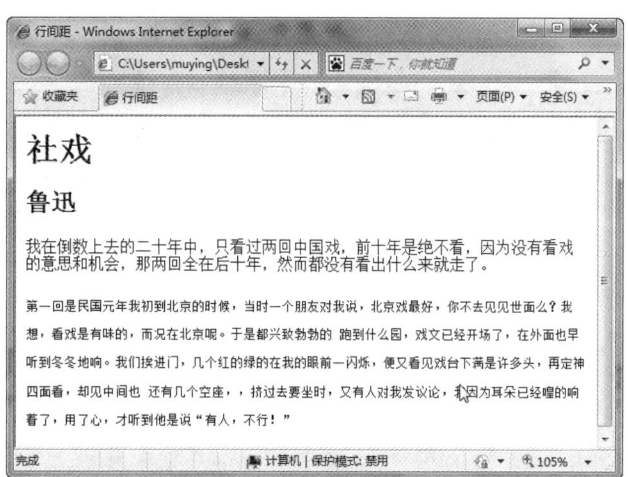

图 2.20 段落文本的行间距演示效果

【例 2-18】行间距取值单位一般使用 em 或百分比，很少使用像素，也不建议使用。

☑ 当 line-height 属性取值小于一个字大小时，就会发生上下行文本重叠的现象。在上面实例的基础上，修改定义的类样式。

```
.p1 { font-size:12pt;line-height:0.5em;}
.p2 { font-size:10pt; line-height:0em;}
```

在浏览器中预览，则显示效果如图 2.21 所示，说明当取值小于字体大小时，多行文本会发生重叠现象。

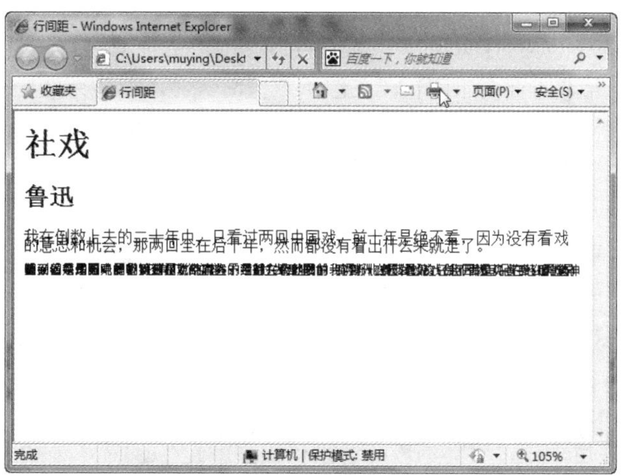

图 2.21 段落文本重叠演示效果

☑ 一般行间距的最佳设置范围为 1.2~1.8em，当然，对于特别大的字体或者特别小的字体，可以特殊处理。因此，读者可以遵循字体越大，行间距越小的原则来定义段落的具体行高。

例如，如果段落字体大小为 12px，则行间距设置为 1.8em 比较合适；如果段落字体大小为 14px，则行间距设置为 1.5~1.6em 比较合适；如果段落字体大小为 16~18px，则行间距设置为 1.2em 比较合适。一般浏览器默认行间距为 1.2em 左右。例如，IE 浏览器默认为 19px，如果除以默认字体大小（16px），则约为 1.18em；而 FF 浏览器默认为 1.12em。

【拓展】读者也可以给 line-height 属性设置一个数值，但是不设置单位。例如：

```
body { line-height:1.6;}
```

Note

这时，浏览器会把它作为 1.6em 或者 160%，由于默认字体大小为 12px，也就是说页面行间距实际为 19px。利用这种特殊的现象，读者可以设计多层嵌套结构中行间距继承出现的问题，如下例所示。

【例 2-19】新建一个网页，保存为 test.html，在<head>标签内添加<style type="text/css">标签，定义一个内部样式表，然后输入下面样式，设置网页和段落文本的默认样式。

```
body {
    font-size:12px;
    line-height:1.6em;
}
p { font-size:30px;}
```

然后在<body>标签中输入如下标题和段落文本。

```
<h1>社戏</h1>
<h2>鲁迅 </h2>
<p >我在倒数上去的二十年中，只看过两回中国戏，前十年是绝不看，因为没有看戏的意思和机会，那两回全在后十年，然而都没有看出什么来就走了。</p>
<p >第一回是民国元年我初到北京的时候，当时一个朋友对我说，北京戏最好，你不去见见世面么？我想，看戏是有味的，而况在北京呢。于是都兴致勃勃的跑到什么园，戏文已经开场了，在外面也早听到冬冬地响。我们挨进门，几个红的绿的在我的眼前一闪烁，便又看见戏台下满是许多头，再定神四面看，却见中间也 还有几个空座,，挤过去要坐时，又有人对我发议论，我因为耳朵已经喤的响着了，用了心，才听到他是说“有人，不行！” </p>
```

上面实例中定义 body 元素的行间距为 1.6em。由于 line-height 具有继承性，因此网页中的段落文本的行间距也继承 body 元素的行高。浏览器在继承该值时，并不是继承 1.6em 这个值，而是把它转换为精确值之后（即 19px）再继承，换句话说；p 元素的行间距为 19px，但是 p 元素的字体大小为 30px，继承的行间距小于字体大小，就会发生文本行重叠现象。

如果在浏览器中预览，则演示效果如图 2.22 所示。

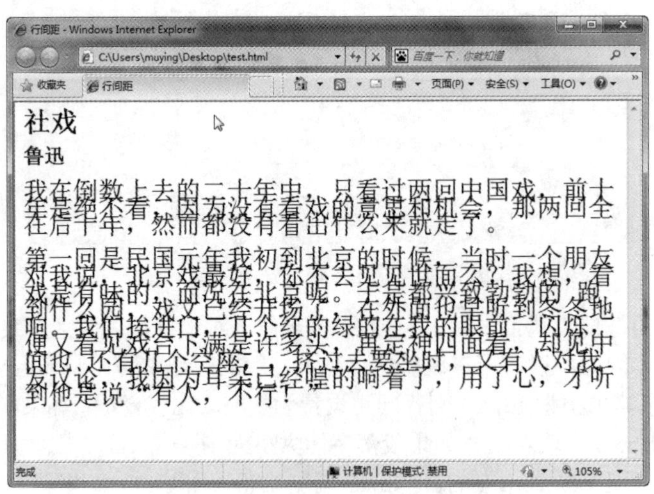

图 2.22　错误的行间距继承效果

为了解决这个问题，读者可以重新为页面中所有元素定义行间距，但是这种方法比较繁琐，不推荐使用。

不过，如果在定义 body 元素的行间距时，不为其设置单位，即直接定义为 line-height:1.6，这样，页面中其他元素所继承的值为 1.6，而不是 19px。则内部继承元素就会为继承的值 1.6 附加默认单位 em，最后页面中所有继承元素的行间距都为 1.6em。

2.1.12　定义缩进

CSS 使用 text-indent 属性定义首行缩进，该属性的用法如下。

```
text-indent : length
```

length 表示百分比数字，或者由浮点数字和单位标识符组成的长度值，允许为负值。建议在设置缩进单位时，以 em 为设置单位，它表示一个字距，这样比较精确确定首行缩进效果。

【例 2-20】 新建一个网页，保存为 test.html，在<head>标签内添加<style type="text/css">标签，定义一个内部样式表，然后输入下面样式，定义段落文本首行缩进两个字符。

```
p {
        text-indent:2em;                    /*首行缩进两个字距*/
}
```

然后在<body>标签中输入如下标题和段落文本。

```
<h1>社戏</h1>
<h2>鲁迅 </h2>
<p >我在倒数上去的二十年中，只看过两回中国戏，前十年是绝不看，因为没有看戏的意思和机会，那两回全在后十年，然而都没有看出什么来就走了。</p>
<p >第一回是民国元年我初到北京的时候，当时一个朋友对我说，北京戏最好，你不去见见世面么？我想，看戏是有味的，而况在北京呢。于是都兴致勃勃的 跑到什么园，戏文已经开场了，在外面也早听到冬冬地响。我们挨进门，几个红的绿的在我的眼前一闪烁，便又看见戏台下满是许多头，再定神四面看，却见中间也 还有几个空座，，挤过去要坐时，又有人对我发议论，我因为耳朵已经嗹的响着了，用了心，才听到他是说“有人，不行！”</p>
```

在浏览器中预览，则可以看到文本缩进效果，如图 2.23 所示。

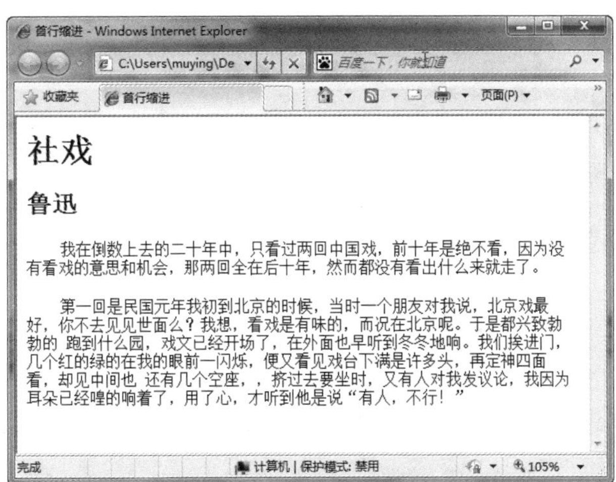

图 2.23　文本缩进效果

Note

【例 2-21】使用 text-indent 属性可以设计悬垂缩进效果。

新建一个网页，保存为 test.html，在<head>标签内添加<style type="text/css">标签，定义一个内部样式表，然后输入下面样式，定义段落文本首行缩进负的两个字符，并定义左侧内部补白为两个字符。

```
p {                                                  /*悬垂缩进两个字距*/
    text-indent:-2em;                                /*首行缩进*/
    padding-left:2em;                                /*左侧补白*/
}
```

text-indent 属性可以取负值，定义左侧补白，防止取负值缩进导致首行文本伸到段落的边界外边。

然后在<body>标签中输入如下标题和段落文本。

```
<h1>社戏</h1>
<h2>鲁迅 </h2>
<p >我在倒数上去的二十年中，只看过两回中国戏，前十年是绝不看，因为没有看戏的意思和机会，那两回全在后十年，然而都没有看出什么来就走了。</p>
<p >第一回是民国元年我初到北京的时候，当时一个朋友对我说，北京戏最好，你不去见见世面么？我想，看戏是有味的，而况在北京呢。于是都兴致勃勃的 跑到什么园，戏文已经开场了，在外面也早听到冬冬地响。我们挨进门，几个红的绿的在我的眼前一闪烁，便又看见戏台下满是许多头，再定神四面看，却见中间也 还有几个空座，，挤过去要坐时，又有人对我发议论，我因为耳朵已经喤的响着了，用了心，才听到他是说“有人，不行！”</p>
```

在浏览器中预览，则可以看到文本悬垂缩进效果，如图 2.24 所示。

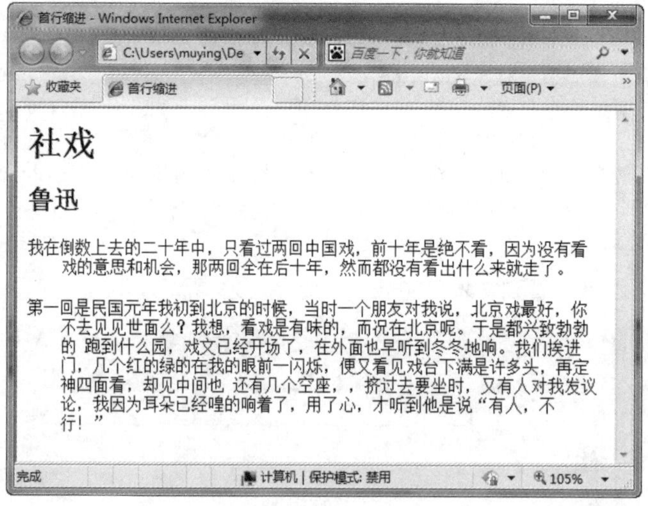

图 2.24　悬垂缩进效果

2.2　案例实战

本节将通过实例的形式帮助读者设计 CSS 的字体和文本样式，以提高实战技法和技巧，快速理解 CSS 字体和文本属性的应用。

2.2.1　设计百度 Logo

在上一节中，对 CSS 的各种文字效果进行了详细的介绍，本节通过一个简单的实例将各种字体样式综合应用，达到基本模拟百度公司 Logo 的效果，整个网页的设计效果如图 2.25 所示。

图 2.25　模拟百度 Logo 效果

实例位置：光盘实例\2\设计百度 Logo \index.htm。

设计步骤：

第 1 步，构建简单的网页结构，其中<p>标签中包含了两个<span>标签和一个<img>标签。如图 2.26 所示。

```
<body>
<p>
    <span class="g1">Bai</span>
    <img src="images/baidu.jpg" border="0">
    <span class="g2">百度</span>
</p>
</body>
```

第 2 步，规划整个页面的基本显示属性，如字体颜色、字体基本类型、网页字体大小等。由于本页面中的字体颜色是一致的，所以在<p>标签中定义了网页的字体颜色。

```
<style type="text/css">
    p{color:#eb0005;}
    </style>
```

第 3 步，分别设置两个<span>标签的样式。由于在本实例中，既有中文又有西文，而中文和西文在显示上差别较大，所以分别进行设置，本实例中对第一个<span>，也就是英文“Bai”的样式设置如下。

```
.g1{
    font-size:60px;                              /*字体大小*/
    font-family:MS Ui Gothic,Arial,sans-serif;   /*字体类型*/
    letter-spacing:-5px;                         /*字间距*/
    font-weight:bold;                            /*字体粗细*/
}
```

此时的显示效果如图 2.27 所示。

图 2.26　构建百度 Logo 示例的页面结构

图 2.27　设置百度 Logo 示例中的英文字母

第 4 步，设置第二个<span>，也就是中文“百度”。

```
.g2{
    font-size:50px;
    font-family:MS Ui Gothic,Arial,sans-serif;
    letter-spacing:-12px;
    font-weight:900;                                /*字体粗细为 900*/
}
```

2.2.2　设置标题样式

对于任何文章，标题的作用是显而易见的。在页面中标题的设计往往决定着整个页面的风格。本实例以设计标题为例，进一步介绍 CSS 在控制文字时的各种方法和技巧。对于本例中使用的一些 CSS 属性，在前面的内容中还没有涉及到，读者不用深究，因为在后面的章节中都会进行详细的介绍。本例展示了一个简单的网页标题样式，演示效果如图 2.28 所示。

图 2.28　设置标题样式的演示效果

实例位置：光盘实例\2\设置标题样式\index.htm。

设计步骤：

第 1 步，构建网页结构。在本实例中使用了<h1>标签，并加入了<img>标签，用于插入图片作为

装饰。

```
<body>
    <h1><img  src="images/logo.gif" >设置 css 标题样式</h1>
</body>
```

第 2 步，定义网页基本属性。定义背景为 bg.jpg 的图片，上下左右的边界为 20px，字体大小为 16px，字体为黑体。

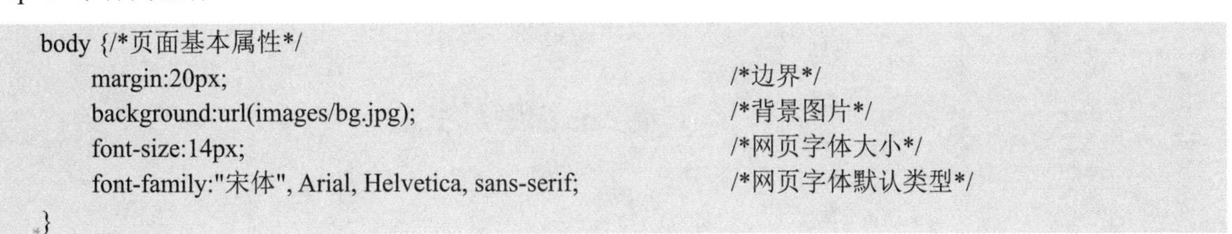

```
body {/*页面基本属性*/
    margin:20px;                                        /*边界*/
    background:url(images/bg.jpg);                      /*背景图片*/
    font-size:14px;                                     /*网页字体大小*/
    font-family:"宋体", Arial, Helvetica, sans-serif;    /*网页字体默认类型*/
}
```

此时的显示效果如图 2.29 所示，仅仅定义了网页的基本属性。

第 3 步，定义标题样式，居中显示，字体颜色为#086916。

```
h1 {
    text-align:center;              /*居中对齐*/
    color:#086916;                  /*字体颜色*/
}
```

此时，<h1>标签加入了简单的 CSS 设置，包括对齐方式和字体颜色，显示效果如图 2.30 所示。

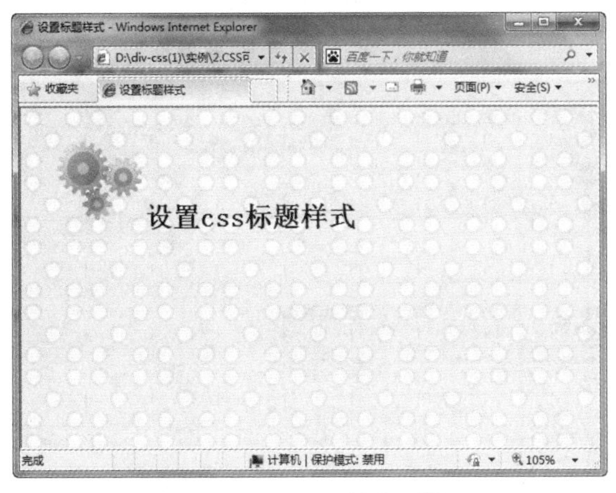

图 2.29　定义网页基本属性

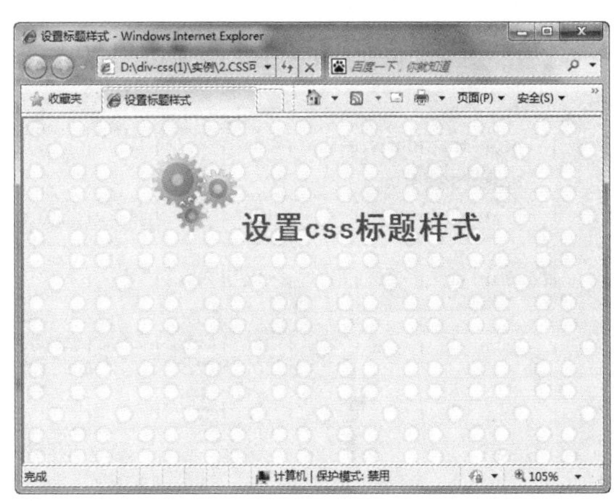

图 2.30　对标题进行简单 CSS 设置

第 4 步，完成了标题的居中，字体颜色的调整后，再在文字下面添加一条 2px 宽的灰色边框，以增强效果，并在文字的下方增加补白，适当调整标题底边界，代码如下。

```
h1{
    color:#086916;
    text-align:center;
    padding-bottom:24px;                    /*定义底边界为 24px * /
    border-bottom:2px solid #cecaca;        /*宽为 2px 的灰色下边框*/
}
```

此时的效果如图 2.31 所示。由于<h1>是一个块级元素，所以它的边界不仅仅作用到文字，而且

Note

与页面的水平宽度灵活地保持一致。需要特别指出的是，这种创建边框的方法（border-bottom:2px solid #cecaca）是一个由 3 个部分组成的语句：宽度、式样、颜色。读者可以试着改变它们的值，看看会产生什么不同的效果。

图 2.31　添加灰色下边框

第 5 步，定义<img>标签的图片样式。为了使图片位置下移，通过 position:relative 对图片进行相对定位，并向下移动 24px。

```
img{
    position:relative;
    bottom:-24px;
    }
```

最终的显示效果如图 2.32 所示。

图 2.32　设置标题样式的最终效果

Note

2.2.3　设置正文样式

上个实例中介绍了标题文本的样式，本例则着重介绍对正文文本样式的设置，并进一步讲述 CSS 文字和段落的排版方法。本例的演示效果如图 2.33 所示。

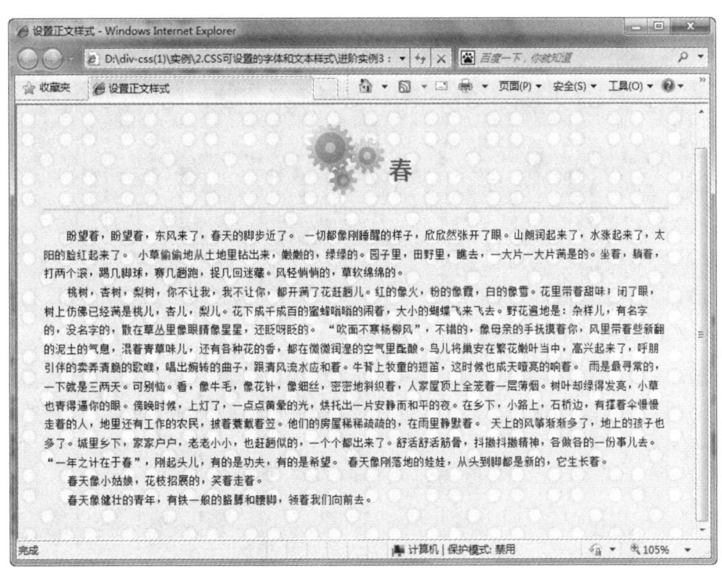

图 2.33　正文样式效果

实例位置：光盘实例\2\设置正文样式\index.htm。

设计步骤：

第 1 步，构建网页结构。本实例中<h1>标签与上例相同，同时增加了 3 个<p>标签，添加段落文本。

```
<h1><img  src="images/logo.gif" >春</h1>
<p>盼望着，盼望着，东风来了，春天的脚步近了。一切都像刚睡醒的样子，欣欣然张开了眼。山朗润起来了，水涨起来了，太阳的脸红起来了。 小草偷偷地从土地里钻出来，嫩嫩的，绿绿的。园子里，田野里，瞧去，一大片一大片满是的。坐着，躺着，打两个滚，踢几脚球，赛几趟跑，捉几回迷藏。风轻悄悄的，草软绵绵的。</p> <p>桃树，杏树，梨树，你不让我，我不让你，都开满了花赶趟儿。红的像火，粉的像霞，白的像雪。花里带着甜味；闭了眼，树上仿佛已经满是桃儿，杏儿，梨儿。花下成千成百的蜜蜂嗡嗡的闹着，大小的蝴蝶飞来飞去。野花遍地是：杂样儿，有名字的，没名字的，散在草丛里像眼睛像星星，还眨呀眨的。 “吹面不寒杨柳风”，不错的，像母亲的手抚摸着你，风里带着些新翻的泥土的气息，混着青草味儿，还有各种花的香，都在微微润湿的空气里酝酿。鸟儿将巢安在繁花嫩叶当中，高兴起来了，呼朋引伴的卖弄清脆的歌喉，唱出婉转的曲子，跟清风流水应和着。牛背上牧童的短笛，这时候也成天嘹亮的响着。 雨是最寻常的，一下就是三两天。可别恼。看，像牛毛，像花针，像细丝，密密地斜织着，人家屋顶上全笼着一层薄烟。树叶却绿得发亮，小草也青得逼你的眼。傍晚时候，上灯了，一点点黄晕的光，烘托出一片安静而和平的夜。在乡下，小路上，石桥边，有撑着伞慢慢走着的人，地里还有工作的农民，披着蓑戴着笠。他们的房屋稀稀疏疏的，在雨里静默着。 天上的风筝渐渐多了，地上的孩子也多了。城里乡下，家家户户，老老小小，也赶趟似的，一个个都出来了。舒活舒活筋骨，抖擞抖擞精神，各做各的一份事儿去。“一年之计在于春”，刚起头儿，有的是功夫，有的是希望。春天像刚落地的娃娃，从头到脚都是新的，它生长着。 </p>
<p>春天像小姑娘，花枝招展的，笑着走着。 </p>
<p>春天像健壮的青年，有铁一般的胳膊和腰脚，领着我们向前去。</p>
```

此时的显示效果极其简单，仅仅是简单的文字和标题，如图 2.34 所示。

Note

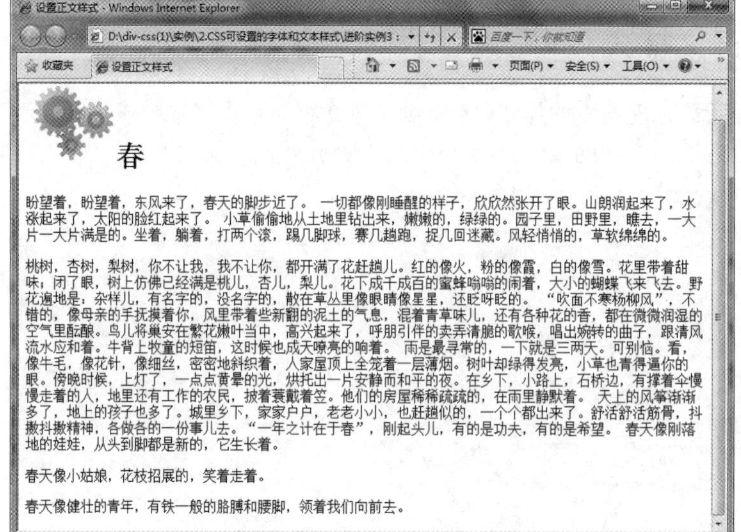

图 2.34　未加入 CSS 语句的网页基本结构效果

第 2 步，定义网页基本属性、标题属性，与上例方法基本相同。

```
body {
    margin:20px;                                                /*边界*/
    background:url(images/bg.jpg);                              /*背景图片*/
    font-size:14px;                                             /*网页字体大小*/
    font-family:"宋体", Arial, Helvetica, sans-serif;           /*网页字体默认类型*/
}
h1{
   font-family:"黑体";
   color:#086916;
   padding-bottom:24px;
   text-align:center;
   border-bottom:2px solid #cecaca;
}
img{
    position:relative;
    bottom:-24px;
}
```

有读者可能会产生这样的疑问，在<body>标签中设置了字体为宋体，为什么在<h1>标签中又设置为黑体呢？到底页面会显示出哪种字体呢？

CSS 是这样规定的，下级标签的属性可以继承其父级的属性，在<body>标签中定义了字体为宋体，如果<h1>标签中没有再定义字体属性，那么<h1>标签的字体属性会继承<body>中的属性，其内容将会以宋体显示，在此例中，<h1>标签又重新定义了字体为黑体，那么标题将会以黑体显示。

第 3 步，设置正文样式，即<p>标签中的段落内容。

```
p{
   line-height:1.6em;                                          /*行间距*/
   font-size:13px;                                             /*字体大小*/
   color:#000;                                                 /*字体颜色*/
```

```
    text-indent:2em;                     /*定义首行缩进两个字*/
    margin:0;                            /*四周补白为 0*/
}
```

此时，<p>标签中加入了 CSS 设置，包括字体大小、字体颜色和行间距等，但是并没有设置字体类型，所以<p>将会继承其父级属性，显示为宋体。最终显示效果如图 2.35 所示。

图 2.35　最终显示效果

2.2.4　设置文本样式

本例进一步讲述 CSS 文字的排版方法。实例演示效果如图 2.36 所示。

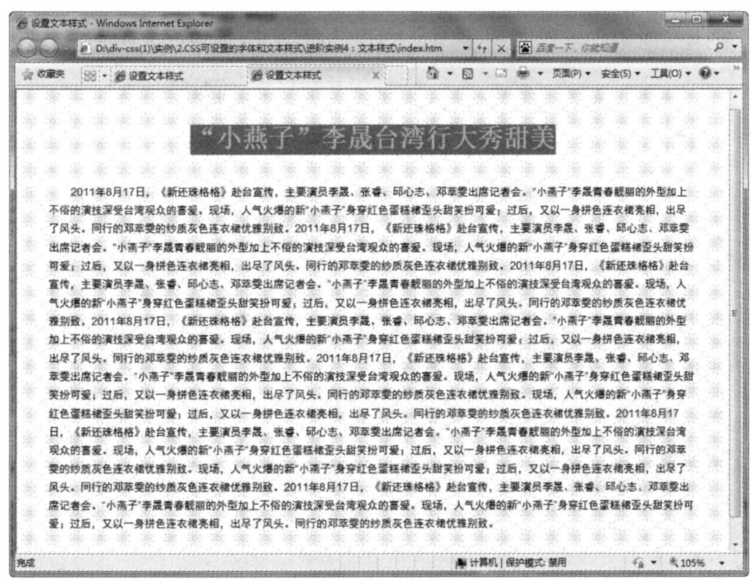

图 2.36　设置文本样式效果图

实例位置：光盘实例\2\设置文本样式\index.htm。

设计步骤：

第 1 步，构建网页结构。考虑到页面中只有标题和正文两部分，所以只需要有<h1>标签<p>标签即可。

Note

```
<h1>“小燕子”李晟台湾行大秀甜美</h1>
<p>2011 年 8 月 17 日，《新还珠格格》赴台宣传，主要演员李晟、张睿、邱心志、邓萃雯出席记者会。“小燕子”李晟青春靓丽的外型加上不俗的演技深受台湾观众的喜爱。现场，人气火爆的新“小燕子”身穿红色蛋糕裙歪头甜笑扮可爱；过后，又以一身拼色连衣裙亮相，出尽了风头。同行的邓萃雯的纱质灰色连衣裙优雅别致。2011 年 8 月 17 日，《新还珠格格》赴台宣传，主要演员李晟、张睿、邱心志、邓萃雯出席记者会。“小燕子”李晟青春靓丽的外型加上不俗的演技深受台湾观众的喜爱。现场，人气火爆的新“小燕子”身穿红色蛋糕裙歪头甜笑扮可爱；过后，又以一身拼色连衣裙亮相，出尽了风头。同行的邓萃雯的纱质灰色连衣裙优雅别致。2011 年 8 月 17 日，《新还珠格格》赴台宣传，主要演员李晟、张睿、邱心志、邓萃雯出席记者会。“小燕子”李晟青春靓丽的外型加上不俗的演技深受台湾观众的喜爱。现场，人气火爆的新“小燕子”身穿红色蛋糕裙歪头甜笑扮可爱；过后，又以一身拼色连衣裙亮相，出尽了风头。同行的邓萃雯的纱质灰色连衣裙优雅别致。2011 年 8 月 17 日，《新还珠格格》赴台宣传，主要演员李晟、张睿、邱心志、邓萃雯出席记者会。“小燕子”李晟青春靓丽的外型加上不俗的演技深受台湾观众的喜爱。现场，人气火爆的新“小燕子”身穿红色蛋糕裙歪头甜笑扮可爱；过后，又以一身拼色连衣裙亮相，出尽了风头。同行的邓萃雯的纱质灰色连衣裙优雅别致。2011 年 8 月 17 日，《新还珠格格》赴台宣传，主要演员李晟、张睿、邱心志、邓萃雯出席记者会。“小燕子”李晟青春靓丽的外型加上不俗的演技深受台湾观众的喜爱。现场，人气火爆的新“小燕子”身穿红色蛋糕裙歪头甜笑扮可爱；过后，又以一身拼色连衣裙亮相，出尽了风头。同行的邓萃雯的纱质灰色连衣裙优雅别致。现场，人气火爆的新“小燕子”身穿红色蛋糕裙歪头甜笑扮可爱；过后，又以一身拼色连衣裙亮相，出尽了风头。同行的邓萃雯的纱质灰色连衣裙优雅别致。2011 年 8 月 17 日，《新还珠格格》赴台宣传，主要演员李晟、张睿、邱心志、邓萃雯出席记者会。“小燕子”李晟青春靓丽的外型加上不俗的演技深台湾观众的喜爱。现场，人气火爆的新“小燕子”身穿红色蛋糕裙歪头甜笑扮可爱；过后，又以一身拼色连衣裙亮相，出尽了风头。同行的邓萃雯的纱质灰色连衣裙优雅别致。现场，人气火爆的新“小燕子”身穿红色蛋糕裙歪头甜笑扮可爱；过后，又以一身拼色连衣裙亮相，出尽了风头。同行的邓萃雯的纱质灰色连衣裙优雅别致。2011 年 8 月 17 日，《新还珠格格》赴台宣传，主要演员李晟、张睿、邱心志、邓萃雯出席记者会。“小燕子”李晟青春靓丽的外型加上不俗的演技深受台湾观众的喜爱。现场，人气火爆的新“小燕子”身穿红色蛋糕裙歪头甜笑扮可爱；过后，又以一身拼色连衣裙亮相，出尽了风头。同行的邓萃雯的纱质灰色连衣裙优雅别致。</p>
```

此时的显示效果极其简单，仅仅是简单的文字和标题，并没有友好的界面，如图 2.37 所示。

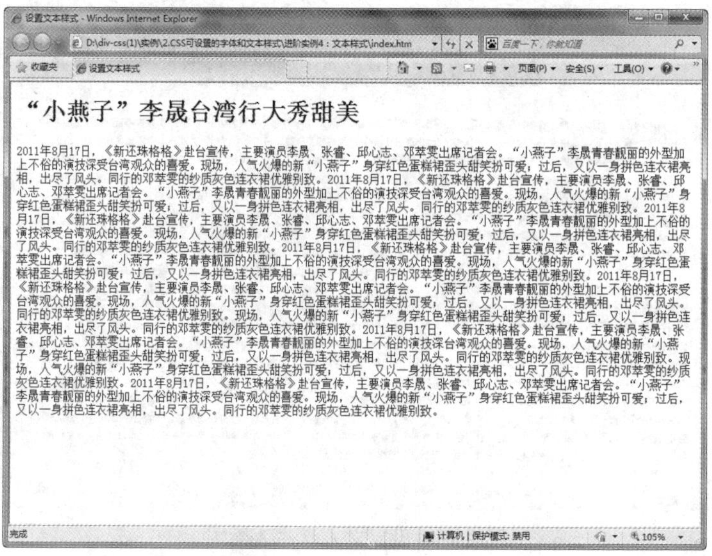

图 2.37　网页基本结构

第 2 步，定义网页基本属性，其中包括网页四周的补白、背景颜色、字体颜色和对齐方式。

```
body {
    margin: 50px 40px;                    /*四周边界*/
    background:url(images/bg.jpg);        /*背景图片*/
    text-align:center;                    /*水平居中*/
    color:#c5c4c4;                        /*字体颜色*/
}
```

margin 表示元素的边界，也就是元素与元素之间的距离。在本例中，body 标签定义了 margin: 50px 40px，表示网页四周的补白分别为：上边界 50px，左边界 40px，下边界 50px，右边界 40px。text-align 属性设置为居中，即 body 中所有元素将继承这一属性。显示效果如图 2.38 所示。

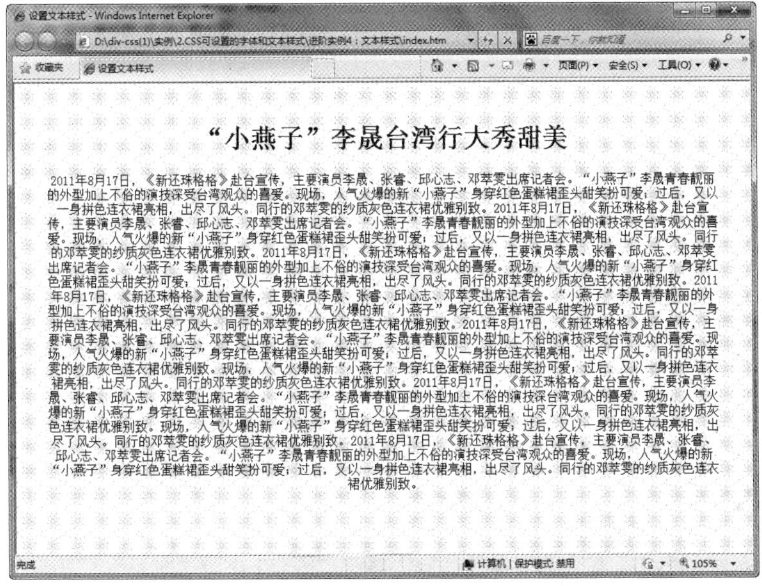

图 2.38　设置网页属性

第 3 步，设置标题样式，即<h1>标签中的内容，分别设置了标题的前景色和背景色。

```
h1{
    color:#c5c4c4;
    background:#009933;
}
```

显示效果如图 2.39 所示。

从图 2.39 中可以看出，由于<h1>是一个块级元素，所以它的背景色不仅仅作用到文字，而是延伸到与页面的水平宽度一致。如果想要使 h1 背景色的宽度只是其文字的宽度，则要在<h1>的 CSS 设置中加入语句 display:inline。

```
h1{
    color:#c5c4c4;
    background:#009933;
    display:inline;                       /*设置为行内元素*/
}
```

Note

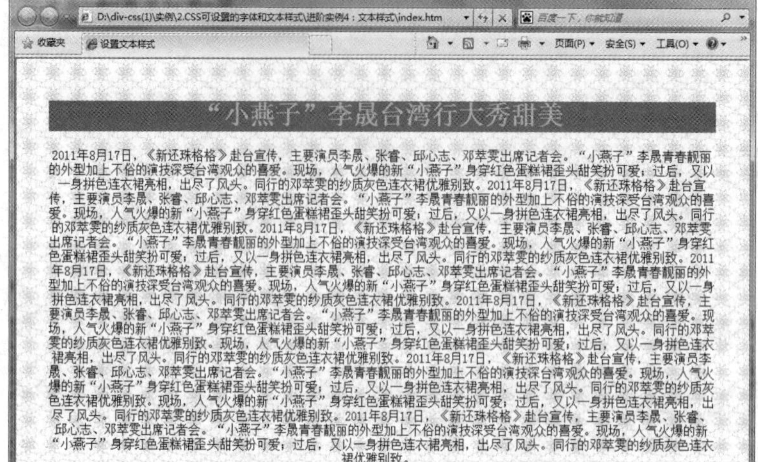

图 2.39　设置标题样式一

显示效果如图 2.40 所示。

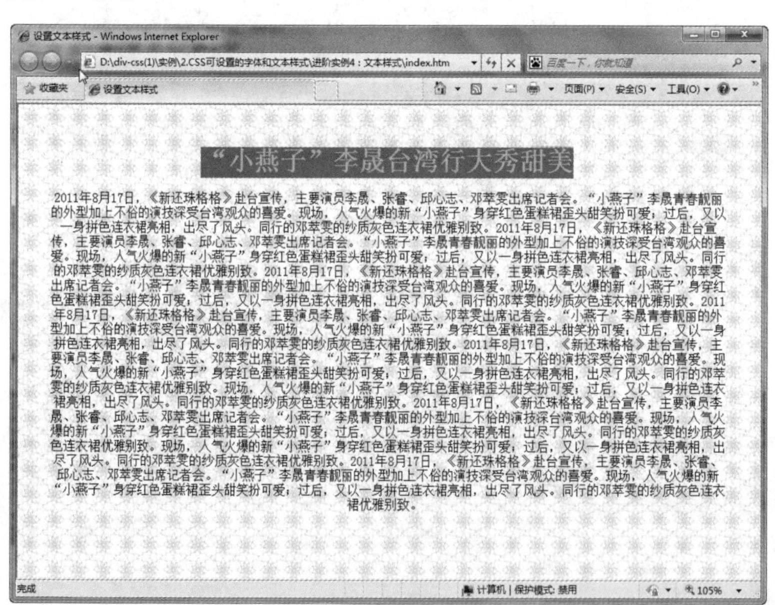

图 2.40　设置标题样式二

display:inline 语句的作用就是把元素设置为行内元素。inline 的特点如下。

☑　和其他元素在同一行上。

☑　行间距及顶和底边距不可改变。

☑　宽度就是其文字或图片的宽度，不可改变。

☑　在常用的元素中，<span>、<a>、<label>、<input>、<img>、<strong>、<em>等都是 inline 元素。

与 display:inline 相对应的是 display:block，把元素设置为块级元素。

第 4 步，设置段落文本<p>。

```
p{
    font-family:Arial,黑体,宋体,sans-serif;
    font-size:14px;
    font-weight:500;                              /*字体粗细*/
    color:#000;
    line-height:1.6em;                            /*行间距*/
    text-align:left;                              /*左对齐*/
    padding-top:20px;                             /*设置文本段与上边距之间的距离*/
    text-indent:2em;                              /*首行缩进*/
}
```

在<body>中，为了使段落居中，设置了 text-align:center 属性，但是由于属性的继承，会导致<p>标签中的文字也会居中对齐，产生错误，所以这里要进行左对齐的设置，使文字进行左对齐。

padding 用于控制内容与边界之间的距离，加入 padding-top:20px 语句使文字的上边距与<p>标签的边界产生 20px 的距离。关于 padding 的内容将会在后面的章节中进行详细介绍。此时<p>标签加入了 CSS 设置，最终显示效果如图 2.41 所示。

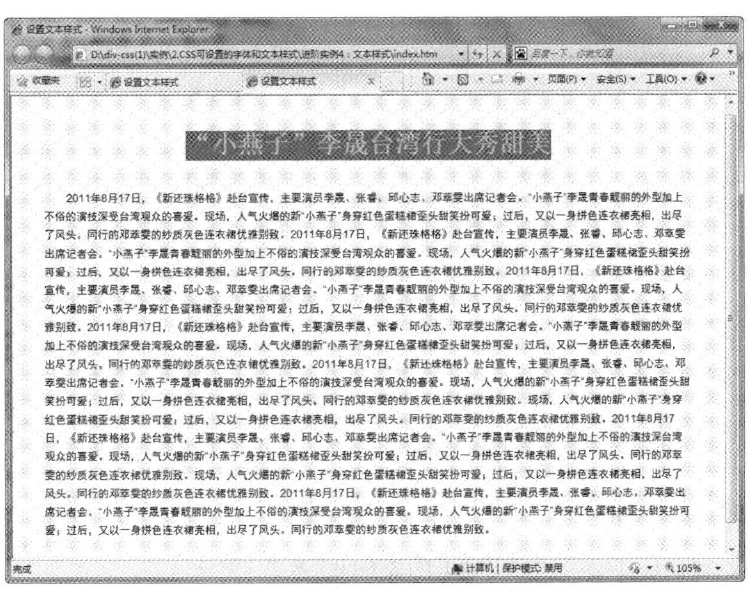

图 2.41　最终显示效果

2.2.5　设置文本段样式

上一个实例，介绍了文本样式的设置，本例将进一步讲述 CSS 段落的排版方法，演示效果如图 2.42 所示。

实例位置：光盘实例\2\设置文本段样式\index.htm。

设计步骤：

第 1 步，首先构建网页结构。考虑到页面中只有标题和正文中两个文本段，所以只需要有<h2>标签和<p>标签即可。

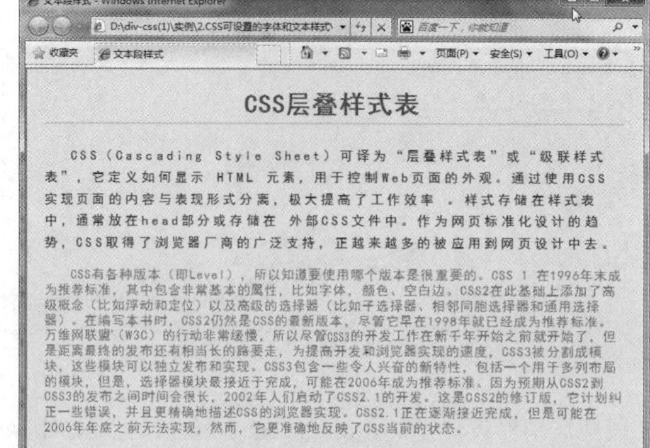

图 2.42　设置文本段样式

```
<body>
<h2>CSS 层叠样式表</h2>
<p class="p1">CSS（Cascading Style Sheet）可译为“层叠样式表”或“级联样式表”，它定义如何显示 HTML 元素，用于控制 Web 页面的外观。通过使用 CSS 实现页面的内容与表现形式分离，极大提高了工作效率 。样式存储在样式表中，通常放在 head 部分或存储在 外部 CSS 文件中。作为网页标准化设计的趋势，CSS 取得了浏览器厂商的广泛支持，正越来越多地被应用到网页设计中去。</p>
<p class="p2">CSS 有各种版本（即 Level），所以知道要使用哪个版本是很重要的。CSS 1 在 1996 年末成为推荐标准，其中包含非常基本的属性，比如字体，颜色、空白边。CSS 2 在此基础上添加了高级概念（比如浮动和定位）以及高级的选择器（比如子选择器、相邻同胞选择器和通用选择器）。在编写本书时，CSS 2 仍然是 CSS 的最新版本，尽管它早在 1998 年就已经成为推荐标准。万维网联盟（W3C）的行动非常缓慢，所以尽管 CSS 3 的开发工作在新千年开始之前就开始了，但是距离最终的发布还有相当长的路要走，为提高开发和浏览器实现的速度，CSS 3 被分割成模块，这些模块可以独立发布和实现。CSS 3 包含一些令人兴奋的新特性，包括一个用于多列布局的模块，但是，选择器模块最接近于完成，可能在 2006 年成为推荐标准。因为预期从 CSS 2 到 CSS 3 的发布之间时间会很长，2002 年人们启动了 CSS 2.1 的开发。这是 CSS 2 的修订版，它计划纠正一些错误，并且更精确地描述 CSS 的浏览器实现。CSS 2.1 正在逐渐接近完成，但是可能在 2006 年年底之前无法实现，然而，它更准确地反映了 CSS 当前的状态。</p>
</body>
```

此时的显示效果极其简单，仅仅是简单的文字和标题，并没有友好的界面，如图 2.43 所示。

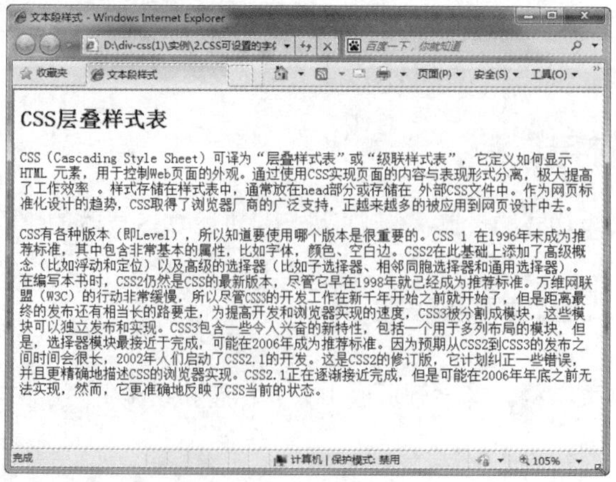

图 2.43　网页基本结构

第 2 步，定义网页和标题的基本属性。

```
body{
    background-color:#dfece0;
    margin:20px;
    font-family:"黑体";
}
h2{
    font-size:30px;
    color:#086916;
    padding-bottom:4px;
    border-bottom:2px solid #cecaca;
    text-align:center;
}
```

以上代码设置了网页四周的补白为 20px，<h2>标签中定义了 padding-bottom，使 h2 中文字内容的下边距与边界有 4px 的距离。text-align 属性设置为居中。显示效果如图 2.44 所示。

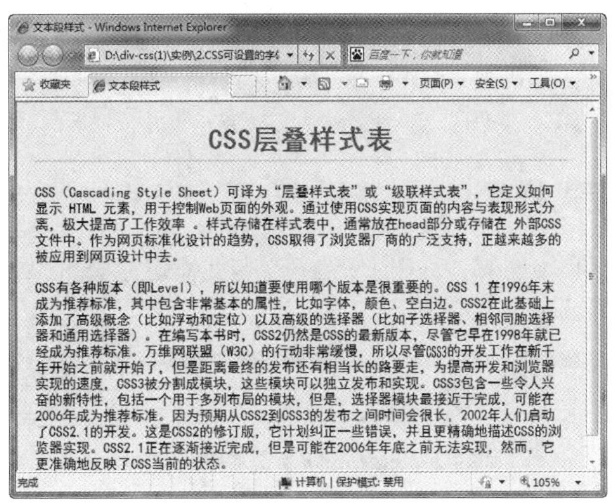

图 2.44　设置网页属性和标题属性

第 3 步，设置文本段样式，定义各个段落的行间距、字间距、字体颜色以及段落间的距离。

```
p{
    text-align:left;
    text-indent:2em;
}
.p1{
    line-height:1.6em;
    letter-spacing:3pt;
    color:#043207;
    padding-bottom:10px;
}
.p2{
    line-height:18px;
    letter-spacing:1pt;
    color:#f3630c;
}
```

在以上代码中，第一个<p>标签定义了所有段落的对齐方式和首行缩进，接着分别用<p1>和<p2>定义了两个段落的行间距、字间距、字体颜色，最终显示效果如图 2.45 所示。

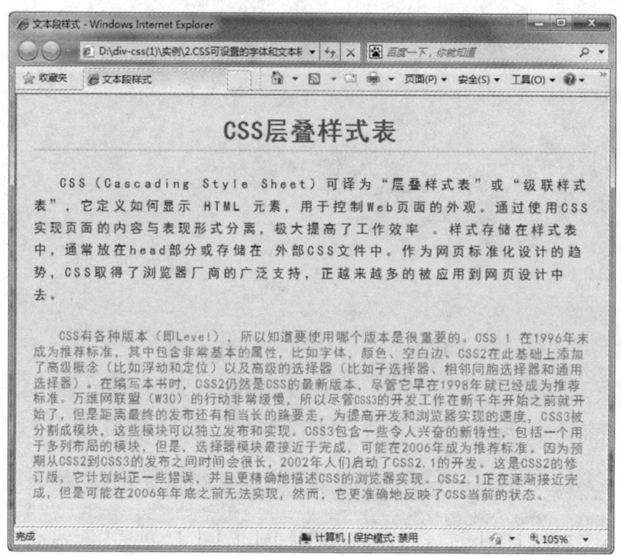

图 2.45　最终显示效果

2.2.6　设置段落版式样式

本实例通过网上常见的一则新闻，介绍了设置段落版式样式的方法，从而进一步讲述 CSS 段落的排版方法。本例的演示效果如图 2.46 所示。

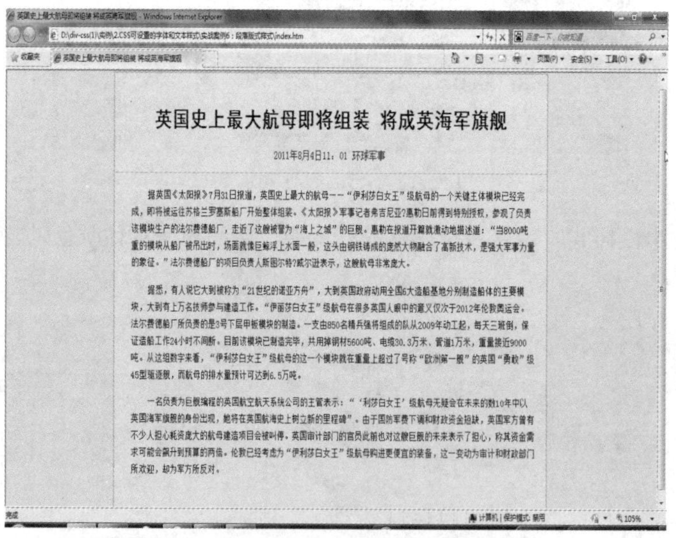

图 2.46　设置段落版式样式

实例位置：光盘实例\2\设置段落版式样式\index.htm。

设计步骤：

第 1 步，构建网页结构。考虑到页面中有标题和正文两部分，所以页面在结构上分为以下两部分，分别是 header 和 main，用<div>标签进行分块。

```
<body>
<div class="container">
    <div class="header">
        <h1>英国史上最大航母即将组装 将成英海军旗舰</h1>
        <p class="headline">2011 年 8 月 4 日 11：01    环球军事</p>
    </div>
    <div class="main">
<p>据英国《太阳报》7 月 31 日报道，英国史上最大的航母——“伊利莎白女王”级航母的一个关键主体模块已经完成，即将被运往苏格兰罗塞斯船厂开始整体组装。《太阳报》军事记者弗吉尼亚•惠勒日前得到特别授权，参观了负责该模块生产的法尔费德船厂，走近了这艘被誉为“海上之城”的巨舰。惠勒在报道开篇就激动地描述道：“当 8000 吨重的模块从船厂被吊出时，场面就像巨鲸浮上水面一般，这头由钢铁铸成的庞然大物融合了高新技术，是强大军事力量的象征。”法尔费德船厂的项目负责人斯图尔特•威尔逊表示，这艘航母非常庞大。</p>
<p>据悉，有人说它大到被称为“21 世纪的诺亚方舟”，大到英国政府动用全国 6 大造船基地分别制造船体的主要模块，大到有上万名技师参与建造工作。“伊丽莎白女王”级航母在很多英国人眼中的意义仅次于 2012 年伦敦奥运会。法尔费德船厂所负责的是 3 号下层甲板模块的制造。一支由 850 名精兵强将组成的队伍从 2009 年动工起，每天三班倒，保证造船工作 24 小时不间断。目前该模块已制造完毕，共用掉钢材 5600 吨、电缆 30.3 万米、管道 1 万米，重量接近 9000 吨。从这组数字来看，“伊利莎白女王”级航母的这一个模块就在重量上超过了号称“欧洲第一舰”的英国“勇敢”级 45 型驱逐舰，而航母的排水量预计可达到 6.5 万吨。</p>
<p>一名负责为巨舰编程的英国航空航天系统公司的主管表示：“‘伊利莎白女王’级航母无疑会在未来的数 10 年中以英国海军旗舰的身份出现，她将在英国航海史上树立新的里程碑”。由于国防军费下调和财政资金短缺，英国军方曾有不少人担心耗资庞大的航母建造项目会被叫停。英国审计部门的官员此前也对这艘巨舰的未来表示了担心，称其资金需求可能会飙升到预算的两倍。伦敦已经考虑为“伊利莎白女王”级航母购进更便宜的装备，这一变动为审计和财政部门所欢迎，却为军方所反对。</p>
</div>
    </div>
</body>
```

在整体的 container 框架下，页面分为 header 和 main 两部分。在 header 部分中，分别定义了<h1>标签和<p>标签。在 main 部分中，分别定义 3 个<p>标签的文本段落。此时的显示效果极其简单，仅仅是简单的文字和标题，并没有友好的界面，如图 2.47 所示。

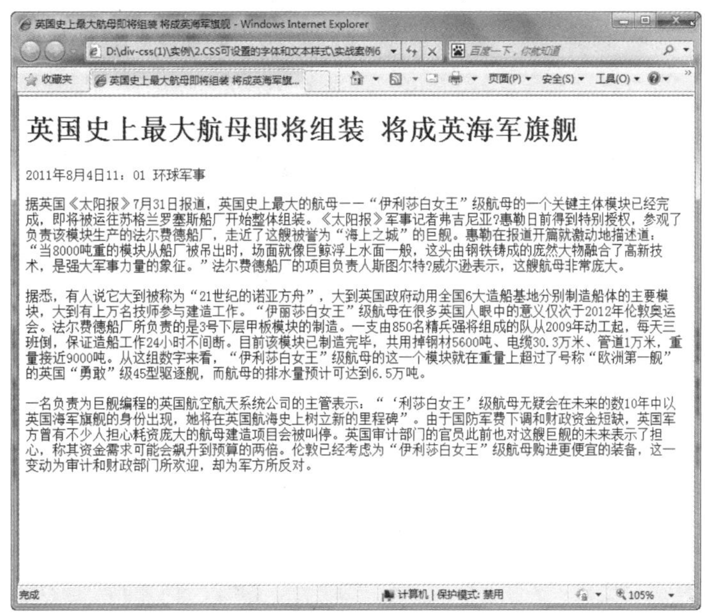

图 2.47　网页基本结构

Note

第 2 步，定义网页基本属性。

```
body{
    background-color:#f1e2d9;
    font-family:"宋体";
    text-align:center;
}
.container{
    width:800px;
    border:2px solid #c1bebc;
    margin:0px auto;
    background-color:#c0f5ef;
}
```

在以上代码中，<body>标签定义了背景色、字体类型和对齐方式等属性。在 container 中定义了 container 容器的宽度为 800px，另外使用 border:2px solid #c1bebc 语句为 container 容器的四周添加了边框，这种添加边框的方法是一个由 3 个部分组成的语句，这 3 个部分分别是宽度、式样和颜色。读者可以试着改变它们的值以产生不同的效果。需要特别指出的是，在<body>标签中定义了 text-align:center，在 container 中定义了 margin:0px auto，两条语句配合使用，目的是使 container 容器水平居中，而且只有两条语句配合使用才使网页有更强的兼容性。显示效果如图 2.48 所示。

注意，只在<body>标签中定义 text-align:center，而不在 container 中定义 margin:0px auto，将只能在 FF 浏览器中居中显示，不能兼容 IE。只在 container 中定义 margin:0px auto，而不在<body>标签中定义 text-align:center，会使有些低版本 IE 无法兼容。

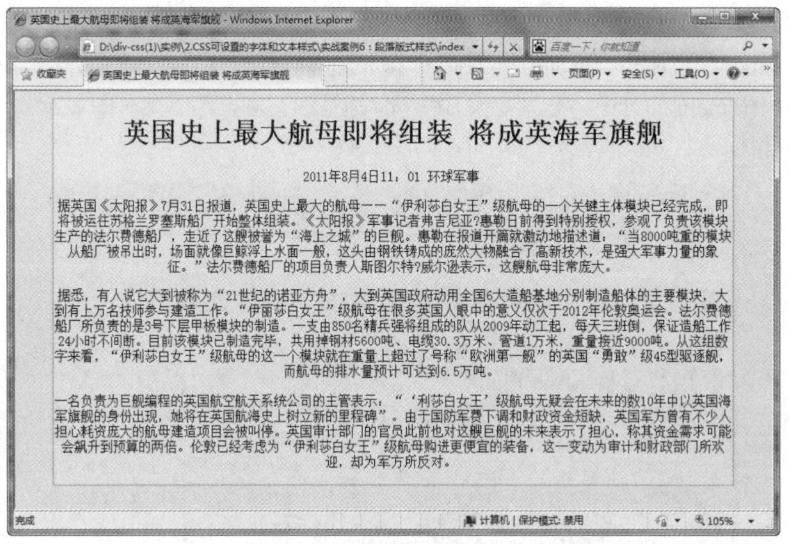

图 2.48　设置网页的基本属性

第 3 步，设置 header 部分样式。

```
.header{
    width:800px;                          /*header 宽度*/
    border-bottom:1px solid #c1bebc;      /*下边框*/
    }
h1{
```

```
    font-family:"黑体";
    margin-top:50px;                          /*标题文字上方补白为 50px*/
    }
.headline{
    color:#000099;
    text-align:center;
    }
```

在上面的代码中，首先定义了 header 容器的样式，并在容器的下方添加一条宽为 1px 的边框。在<h1>标签中定义了标题的字体类型，以及用 margin-top:50px 语句定义标题文字上方补白为 50px。用 headline 定义了副标题样式。显示效果如图 2.49 所示。

图 2.49　设置 header 部分样式

从图 2.49 中可以看出，网页的基本样式已经初显效果，但是段落文本还没有进行设置，接下来对 main 部分的段落添加 CSS 样式控制。

```
.main{
    width:740px;                              /*main 的宽度*/
    text-align:left;
    margin:20px 30px 40px 30px;               /*main 容器四周的补白*/

    }
.main p{
    font-size:15px;
    text-indent:2em;
    line-height:1.6em;
    }
```

在以上代码中，main 定义其宽度为 740px，有的读者可能会问，在 container 中定义了宽度为 800px，这里为什么是 740px 呢？因为在 main 中定义了 margin:20px 30px 40px 30px，也就是上方补白为 20px，右方补白为 30px，下方补白为 40px，左方补白为 30px，左右的补白分别是 30px，相加（740px+60px）

Note

就是 800px。在 main 下的<p>标签中，定义了文本的水平对齐为左对齐。最终显示效果如图 2.50 所示。

英国史上最大航母即将组装 将成英海军旗舰

2011年8月4日11：01 环球军事

据英国《太阳报》7月31日报道，英国史上最大的航母——“伊利莎白女王”级航母的一个关键主体模块已经完成，即将被运往苏格兰罗塞斯船厂开始整体组装。《太阳报》军事记者弗吉尼亚?惠勒日前得到特别授权，参观了负责该模块生产的法尔费德船厂，走近了这艘被誉为“海上之城”的巨舰。惠勒在报道开篇就激动地描述道：“当8000吨重的模块从船厂被吊出时，场面就像巨鲸浮上水面一般，这头由钢铁铸成的庞然大物融合了高新技术，是强大军事力量的象征。”法尔费德船厂的项目负责人斯图尔特?威尔逊表示，这艘航母非常庞大。

据悉，有人说它大到被称为“21世纪的诺亚方舟”，大到英国政府动用全国6大造船基地分别制造船体的主要模块，大到有上万名技师参与建造工作。“伊丽莎白女王”级航母在很多英国人眼中的意义仅次于2012年伦敦奥运会。法尔费德船厂所负责的是3号下层甲板模块的制造。一支由850名精兵强将组成的队从2009年动工起，每天三班倒，保证造船工作24小时不间断。目前该模块已制造完毕，共用掉钢材5600吨、电缆30.3万米、管道1万米，重量接近9000吨。从这组数字来看，“伊利莎白女王”级航母的这一个模块就在重量上超过了号称“欧洲第一舰”的英国“勇敢”级45型驱逐舰，而航母的排水量预计可达到6.5万吨。

一名负责为巨舰编程的英国航空航天系统公司的主管表示：“‘利莎白女王’级航母无疑会在未来的数10年中以英国海军旗舰的身份出现，她将在英国航海史上树立新的里程碑”。由于国防军费下调和财政资金短缺，英国军方曾有不少人担心耗资庞大的航母建造项目会被叫停。英国审计部门的官员此前也对这艘巨舰的未来表示了担心，称其资金需求可能会飙升到预算的两倍。伦敦已经考虑为“伊利莎白女王”级航母购进更便宜的装备，这一变动为审计和财政部门所欢迎，却为军方所反对。

图 2.50 最终显示效果

2.2.7 设计单页图文混排版式

本实例通过网上常见的一则新闻正文页，介绍设计单页图文混排版式的方法，进一步讲述 CSS 段落的排版方法。本例的演示效果如图 2.51 所示。

实例位置：光盘实例\2\设计单页图文混排版式\index.htm。

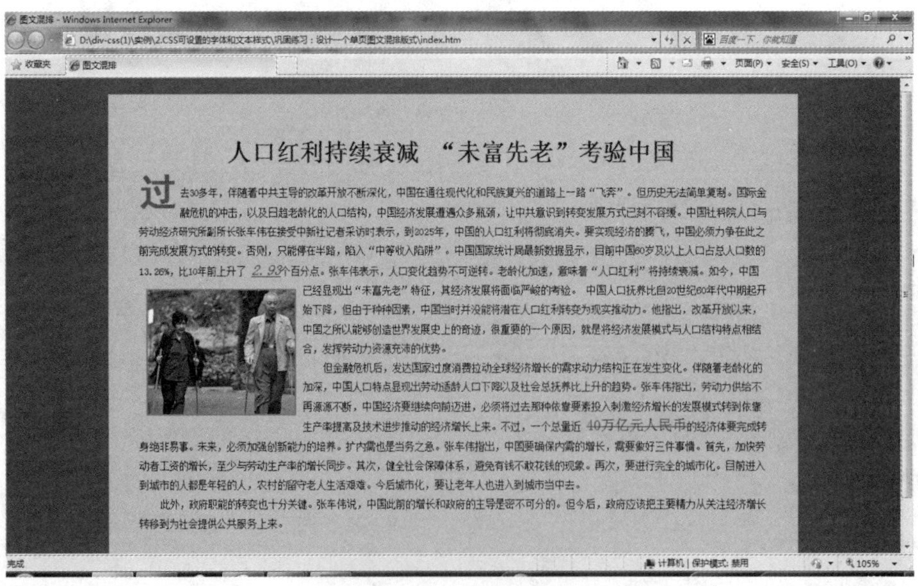

人口红利持续衰减 “未富先老”考验中国

过去30多年，伴随着中共主导的改革开放不断深化，中国在通往现代化和民族复兴的道路上一路“飞奔”。但历史无法简单复制。国际金融危机的冲击，以及日趋老龄化的人口结构，中国经济发展遭遇众多瓶颈，让中共意识到转变发展方式已刻不容缓。中国社科院人口与劳动经济研究所副所长张车伟在接受中新社记者采访时表示，到2025年，中国的人口红利将彻底消失。要实现经济的腾飞，中国必须力争在此之前完成发展方式的转变。否则，只能停在半路，陷入“中等收入陷阱”。中国国家统计局最新数据显示，目前中国60岁及以上人口占总人口数的13.26%，比10年前上升了 2.93个百分点。张车伟表示，人口变化趋势不可逆转。老龄化加速，意味着“人口红利”将持续衰减。如今，中国已经显现出“未富先老”特征，其经济发展将面临严峻的考验。 中国人口抚养比自20世纪60年代中期起开始下降，但由于种种因素，中国当时并没能将潜在人口红利转变为现实推动力。他指出，改革开放以来，中国之所以能够创造世界发展史上的奇迹，很重要的一个原因，就是将经济发展模式与人口结构特点相结合，发挥劳动力资源充沛的优势。

但金融危机后，发达国家过度消费拉动全球经济增长的需求动力结构正在发生变化。伴随着老龄化的加深，中国人口特点显现出劳动适龄人口下降以及社会总抚养比上升的趋势。张车伟指出，劳动力供给不再源源不断，中国经济要继续向前迈进，必须将过去那种依靠要素投入刺激经济增长的发展模式转到依靠生产率提高及技术进步推动的经济增长上来。不过，一个总量近 40万亿元人民币的经济体要完成转身绝非易事。未来，必须加强创新能力的培养。扩内需也是当务之急。张车伟指出，中国要确保内需的增长，需要做好三件事情。首先，加快劳动者工资的增长，至少与劳动生产率的增长同步。其次，健全社会保障体系，避免有钱不敢花钱的现象。再次，要进行完全的城市化。目前进入到城市的人都是年轻的人，农村的留守老人生活艰难。今后城市化，要让老年人也进入到城市当中去。

此外，政府职能的转变也十分关键。张车伟说，中国此前的增长和政府的主导是密不可分的。但今后，政府应该把主要精力从关注经济增长转移到为社会提供公共服务上来。

图 2.51 单页图文混排版式

设计步骤：

第 1 步，构建网页结构。使用<div>标签，设置 container 为页面整体框架，在此框架下分别定义

了<h1>标签、3 个<p>标签，在<p>标签中又定义了<span>标签，目的是为文本添加特殊效果。

```
<body>
  <div class="container">
    <h1>人口红利持续衰减 “未富先老”考验中国</h1>
    <p>
        <span class="sh">过</span>去 30 多年，伴随着中共主导的改革开放不断深化，中国在通往现代化和民族复兴的道路上一路“飞奔”。但历史无法简单复制。国际金融危机的冲击，以及日趋老龄化的人口结构，中国经济发展遭遇众多瓶颈，让中共意识到转变发展方式已刻不容缓。中国社科院人口与劳动经济研究所副所长张车伟在接受中新社记者采访时表示，到 2025 年，中国的人口红利将彻底消失。要实现经济的腾飞，中国必须力争在此之前完成发展方式的转变。否则，只能停在半路，陷入“中等收入陷阱”。中国国家统计局最新数据显示，目前中国 60 岁及以上人口占总人口数的 13.26%，比 10 年前上升了
  <span class="s1">2.93</span>个百分点。张车伟表示，人口变化趋势不可逆转。老龄化加速，意味着“人口红利”将持续衰减。如今，中国已经显现出“未富先老”特征，其经济发展将面临严峻的考验。<img src='images/1.jpg'/>
  中国人口抚养比自 20 世纪 60 年代中期起开始下降，但由于种种因素，中国当时并没能将潜在人口红利转变为现实推动力。他指出，改革开放以来，中国之所以能够创造世界发展史上的奇迹，很重要的一个原因，就是将经济发展模式与人口结构特点相结合，发挥劳动力资源充沛的优势。</p>
    <p class="p1">但金融危机后，发达国家过度消费拉动全球经济增长的需求动力结构正在发生变化。伴随着老龄化的加深，中国人口特点显现出劳动适龄人口下降以及社会总抚养比上升的趋势。张车伟指出，劳动力供给不再源源不断，中国经济要继续向前迈进，必须将过去那种依靠要素投入刺激经济增长的发展模式转到依靠生产率提高及技术进步推动的经济增长上来。不过，一个总量近
      <span class="s2">40 万亿元人民币</span>的经济体要完成转身绝非易事。未来，必须加强创新能力的培养。扩内需也是当务之急。张车伟指出，中国要确保内需的增长，需要做好三件事情。首先，加快劳动者工资的增长，至少与劳动生产率的增长同步。其次，健全社会保障体系，避免有钱不敢花钱的现象。再次，要进行完全的城市化。目前进入到城市的人都是年轻的人，农村的留守老人生活艰难。今后城市化，要让老年人也进入到城市当中去。</p>
    <p class="p1">此外，政府职能的转变也十分关键。张车伟说，中国此前的增长和政府的主导是密不可分的。但今后，政府应该把主要精力从关注经济增长转移到为社会提供公共服务上来。</p>
  </div>
</body>
```

在整体的 container 框架下，分别定义了<h1>标签和 3 个<p>标签的文本段落。此时的显示效果极其简单，仅仅是简单的文字和标题，并没有友好的界面，如图 2.52 所示。

图 2.52　网页基本结构

Note

第 2 步，定义网页基本属性。

```
body{
    font-family:"宋体";
    text-align:center;
    background-color:#445545;
    }
.container{
    width:850px;
    border:1px solid #66CCFF;
    margin:0px auto;
    padding:40px 40px 80px 40px;
    background-color:#CCCCCC;
    }
```

在以上代码中，<body>标签定义了背景色、字体类型和对齐方式等属性。在 container 中定义了 container 容器的宽度为 850px，另外使用 borde 语句为 container 容器的四周添加了边框。与上个实例相同，在<body>标签中定义了 text-align:center，在 container 中定义了 margin:0px auto，两条语句配合使用，目的是使 container 容器水平居中。完成此步骤后，页面中的属性设置完毕，显示效果如图 2.53 所示。

图 2.53　设置网页的基本属性

第 3 步，设置标题样式。

```
h1{
   font-weight:bold;
color:#000066;
margin:20px auto;                         /*标题文字上边界和下边界为 20px*/
}
```

在上面的代码中，首先定义了标题的字体粗细为 bold，用 margin:20px auto 语句定义标题文字上边界和下边界为 20px，左右边界为浏览器自动适应宽度。显示效果如图 2.54 所示。

图 2.54　设置标题样式

第 4 步，从图 2.54 中已经可以看出网页的基本样式，但是段落文本还没有进行设置，接下来对段落添加 CSS 样式控制。

```
.container p{
    font-size:14px;
    text-align:left;
    margin:0;
      padding:0;
      line-height:1.8em;
    }
  .p1{
    text-indent:2em;
    }
```

在以上代码中，<p>标签定义了所有段落的样式，包括字体大小、对齐方式、行间距等，用 margin:0 和 padding:0 来定义段落之间的间距为 0。在 p1 中设置了首行缩进，这一设置专门针对的是第二个<p>标签和第三个<p>标签，因为第一个<p>标签有一个首字下沉的效果，所以不需要进行首行缩进的设置。

显示效果如图 2.55 所示。

图 2.55　设置段落文本

Note

第 5 步，设置图片样式。

```
img{
    width:200px;
    border:#339999 2px solid;
     float:left;
    margin:10px;
  }
```

图片的相关内容在后面的章节会进行详细介绍，这里只做一个简单的叙述：witdth 定义了图片的宽度；border 语句为图片添加了 2px 宽的边框；float:left 是对图片进行左浮动，margin：10px 表示图片四周补白为 10px。显示效果如图 2.56 所示。

图 2.56 设置图片样式

第 6 步，设置首字下沉效果。首字下沉的效果往往能在第一时间吸引人的眼球。在 CSS 中，首字下沉的效果是通过对第一个字进行单独设置样式来实现的。在本例中，通过对<span>标签中的文本首个字进行单独设置实现。

```
.sh{
      font-size:50px;                          /*首字的字体大小*/
      color:green;                             /*首字的字体颜色*/
      float:left;                              /*设置左浮动以实现下沉的效果*/
      padding-bottom:2px;                      /*首字的底部补白*/
      padding-right:5px;                       /*首字的右边界补白*/
      font-weight:bold;                        /*首字的字体粗细*/
      font-family:"黑体";                      /*首字的字体类型*/
   }
```

在以上的代码中，实现首字下沉主要是通过 float 语句来进行控制的，并且用<span>标签，对首字进行了单独的样式设置，以达到突出显示的目的，其显示效果如图 2.57 所示。float 语句的具体用法将会在后面章节中详细介绍。

图 2.57　首字下沉效果

第 7 步，为文本段中的数字设置特殊的显示效果。在段落中有两处数字，为了突出，把这两个数字进行特殊显示，方法同样也是通过<span>标签，对数字进行单独的样式设置。

```
.s1{
    font-size:20px;
    font-style:italic;
    text-decoration:underline;
    color:#FF0000;
  }
  .s2{
    font-size:20px;
    text-decoration:line-through;
    color:#CC0000;
  }
```

上面的代码中，在 s1 中定义了字体为斜体，为字体添加了下划线；在 s2 中定义了字体的颜色，并添加了删除线。最终显示效果如图 2.58 所示。

图 2.58　最终显示效果

使用CSS设置图片样式

（视频讲解：1小时32分钟）

在五彩缤纷的网络世界中，各式各样的图片组成了丰富多彩的页面，能够让人直观地感受到网页所要传达给用户的信息。所以，通过CSS定义好图片的样式是设计网站的一个重要工作。本章介绍了CSS设置图片风格样式的方法，包括图片的边框、对齐方式和图文混排等，并通过具体的实例阐述文字和图片的综合应用。

学习重点：

- CSS设置图片样式的方法。
- CSS控制图片的对齐方式。
- 灵活使用CSS文字和图片属性进行图文混排。

3.1　图片样式设置基础

图片的效果很大程度上影响到网页效果，要使网页图文并茂并且布局结构合理，我们就要注意图片的设置。通过 CSS 统一管理，不但可以更加精确地调整图片的各种属性，还可以实现很多特殊的效果。本节将对图片的边框、图片的大小与缩放、图片对齐等属性进行介绍。

3.1.1　定义图片边框

在 HTML 语法里，可以直接通过<img>标记的 border 属性来为图片添加边框，语法如下所示。

```
<img src="图片路径" border="数值">
```

如：

```
<img src="picture.jpg" border="0">
<img src="picture.jpg" border="1">
<img src="picture.jpg" border="2">
<img src="picture.jpg" border="3">
```

其显示效果如图 3.1 所示。

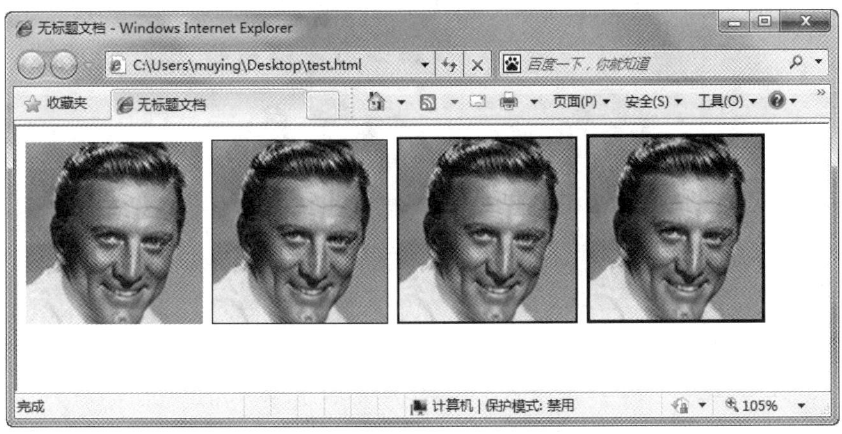

图 3.1　HTML 控制图片边框效果

通过图 3.1 可以看到，仅用 HTML 控制图片边框是无法设计出丰富多彩的图片效果的，还需要使用 CSS 中的 border-style、border-color 和 border-width 3 个属性来定义边框，其语法如下。

```
border-style :参数;
border-color:参数;
border-width:数值;
```

border-style 属性用于设置边框的样式，用的最多的两个参数是："dotted"表示点划线，"dashed"表示虚线，其他的一些值会在后面的章节中详细说明。border-color 属性用于设置边框的颜色。border-width 属性用于设置边框的宽度。

【例 3-1】启动 Dreamweaver，新建一个网页，保存为 test.html，在<body>标签内输入以下

Note

代码。

```
<img src="picture.jpg" class="pic1" />
<img src="picture.jpg" class="pic2" />
```

在<head>标签内添加<style type="text/css">标签，定义一个内部样式表，然后输入下面样式，用来定义图片边框样式。

```
.pic1{
        border-style:dotted;                    /*点划线*/
        border-color:#000066;                   /*边框颜色*/
        border-width:2px;                       /*边框粗细*/
    }
.pic2{
        border-style:dashed;                    /*点划线*/
        border-color:#FF0000;                   /*边框颜色*/
        border-width:10px;                      /*边框粗细*/
    }
```

其显示效果如图 3.2 所示，第一幅图设置的是蓝色、2px 的点划线，第二幅图片设置的是红色、10px 宽的虚线。

图 3.2　设置各种图片边框

【例 3-2】在 CSS 中，还可以分别设置 4 个边框的样式，即分别设置 border-left、border-right、border-top 和 border-bottom 的样式。

启动 Dreamweaver，新建一个网页，保存为 test.html，在<body>标签内输入以下代码。

```
<img src="picture.jpg" />
```

在<head>标签内添加<style type="text/css">标签，定义一个内部样式表，然后输入下面样式，用来定义图片边框样式。

```
img{
        border-left-style:dotted;               /*左点画线*/
        border-left-color:#FF9900;              /*左边框颜色*/
        border-left-width:5px;                  /*左边框粗细*/
```

```
            border-right-style:dashed;
            border-right-color:#33CC33;
            border-right-width:2px;
            border-top-style:solid;                /*上实线*/
            border-top-color:#CC00FF;              /*上边框颜色*/
            border-top-width:10px;                 /*上边框粗细*/
            border-bottom-style:groove;
            border-bottom-color:#666666;
            border-bottom-width:15px;
        }
```

其显示效果如图 3.3 所示，图片的 4 个边框被分别设置了不同的样式。

图 3.3　分别设置 4 个边框

【例 3-3】在上例中介绍了分别设置 4 个边框的方法，border 属性还可以将各个值写到同一语句，用空格分隔，这样可以大大缩短代码长度。

启动 Dreamweaver，新建一个网页，保存为 test.html，在<body>标签内输入以下代码。

```
<img src="picture.jpg" class="pic1" />
<img src="picture.jpg" class="pic2" />
```

在<head>标签内添加<style type="text/css">标签，定义一个内部样式表，然后输入下面样式，用来定义图片边框样式。

```
.pic1{
        border:5px double #FF00FF;                /*将各个值合并*/
    }
.pic2{
        border-right:5px double #000;
        border-left:8px solid #45673A;
    }
```

其显示效果如图 3.4 所示。可以看到代码的长度明显减少，这样不但清晰易读，而且大大加快了网页下载速度。

图 3.4　合并 CSS 代码

【拓展】上例是将 border 的各个属性值写到一起，有的时候还会出现这样的语句：border-style: dotted solid dashed doubel、border-width:5px 10px，这种设置方法也是正确的，但是上面这种语句如果写成这样：border:dotted solid dashed doubel、borderh:5px 10px，就不对了。在设置边框样式时，如果 border-style、border-width、border-color 只设置一个参数，则该参数将作用于 4 条边，即 4 条边的样式风格相同；如果设置两个参数，则第一个参数作用于上、下边框，第二个参数作用于左、右边框；如果设置 3 个参数，则第一个参数作用于上边框，第二个参数作用于左、右边框，第三个参数作用于下边框；如果设置 4 个参数，则按照上—右—下—左的顺序作用于个个边框。例如，如果将上例中的 CSS 按以下代码进行修改，则其显示效果如图 3.5 所示。

```
.pic1{
        border-style:dotted solid;              /*上下边框为 dotted，左右边框为 solid*/
        border-width:5px 10px 8px 3px;          /*上边框为 5px，右边框为 10px，下右边框为 8px，左边框为 3px*/
        border-color:#009966 #000;              /*分别设置上下和左右边框颜色*/
    }
.pic2{
        border:5px double #000;                 /*合并 border 的各个属性*/
    }
```

图 3.5　另一种合并代码的方法

CSS 中很多其他的属性也可以进行类似的操作，例如，margin 和 padding:中可以进行这样的操作：padding:0px 5px、margin:0px 10px 3px 20px。

提示：在设置 border-style、border-color 和 border-width 时，设置的顺序是有讲究的，在设置 border-color 和 border-width 之前必须先设置 border-style，否则 border-color 和 border-width 的效果将不会显示。

3.1.2　定义图片大小

用 CSS 设置图片大小时，只需设置图片的宽度属性 width 和高宽属性 height，设置方法如下。

```
img {
    width:数值;
    height:数值;
    }
```

其中，宽度属性 width 和高宽属性 height 的值既可以是绝对数值，如 200px，也可以是相对数值，如 50%，当 width 设置为 50%时，图片的宽度将调整为父元素宽度的一半。

【例 3-4】启动 Dreamweaver，新建一个网页，保存为 test.html，在<body>标签中输入以下内容。

```
<body>
  <img src="picture.jpg"/>
</body>
```

在<head>标签内添加<style type="text/css">标签，定义一个内部样式表，然后输入下面的样式。

```
img{
    width:50%;                          /*相对宽度*/
}
```

其显示效果如图 3.6 所示。因为设置的是相对大小，这里是相对于<body>标签的宽度，因此图片的大小总是保持相对于 body 的 50%，当改变浏览器大小时，图片的大小也相对变化，但总是保持在 50%的水平。

图 3.6　图片的宽度相对变化

这里需要指出的是，在此例中仅仅设置了图片的 width 属性，而没有设置 height 属性，但是图片的大小会根据纵横比例缩放，如果只设定了 height 属性而没有设置 width 属性，效果也是一样的。

【例 3-5】在设置图片时，如果同时设定了 width 和 height 属性，那么图片将不等比缩放。

启动 Dreamweaver，新建一个网页，保存为 test.html，在<body>标签内输入以下内容。

```
<body>
  <img src="picture.jpg"/>
</body>
```

在<head>标签内添加<style type="text/css">标签，定义一个内部样式表。

```
img{
    width:60%;                          /*相对宽度*/
    height:200px;                       /*绝对宽度*/
}
```

其显示效果如图 3.7 所示。可以看到图片的高度固定为 280px 了，当浏览器窗口变化时，高度并没有随着图片宽度的变化而变化，图片发生了不等比的缩放。

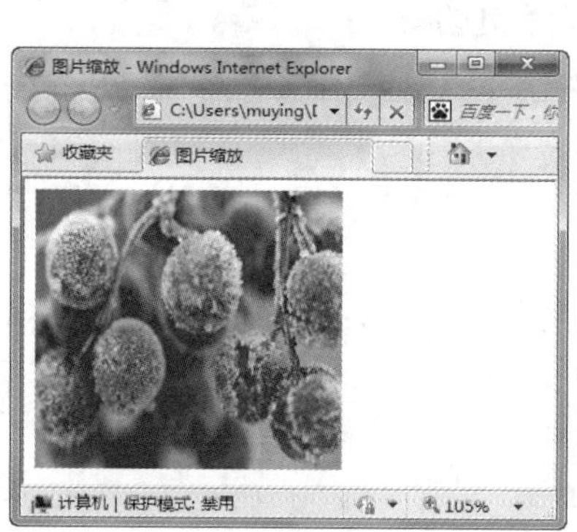

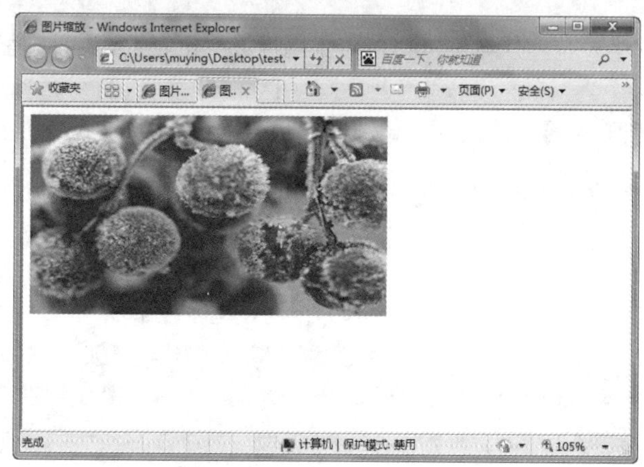

图 3.7　不等比缩放

【拓展】在图片缩放中，等比例地修改图片的宽度值和高宽值，可以保证图片不变形。其实在 CSS 中还有一个参数 max-width，通过设置这个参数，可以保证图片不变形。max-width 用来设置图片的最大值，如果图片的尺寸超过这个图片的最大值，那么就按设置的 max-width 值显示宽度，而图片的高度将做同比例变化。但是，如果图片的尺寸小于最大宽度值，那么图片就按原尺寸来显示，不做缩放。

这个参数的用法如下。

```
img{
    max-width:最大宽度值;
}
```

其中，max-width 属性的值一般为数值类型，只要将其定义为一个固定的数值就可以控制图片的最大宽度了。例如，定义 max-width:400px，那么就定义了图片的最大宽度为 400px，就算超出这个宽度值，也只会显示 400px 大小；如果图片的宽度值小于这个值，则会按图片的原大小显示。

3.1.3　定义图片的横向对齐

图片的横向对齐和文字的横向对齐方法基本相同，分为左、中、右 3 种。不同的是图片的对齐不能直接通过设置图片的 text-align 属性来定义，而是需要通过设置其父元素的该属性属，使其继承该属性来实现。

【例 3-6】新建一个网页，保存为 test.html，在<body>标签中输入以下代码，并分别设置 align 属性调整对齐方式。

```
<body>
  <table width="100%" border="1">
    <tr><td style="text-align:left;"><img src="picture.jpg"></td></tr>
    <tr><td style="text-align:center;"><img src="picture.jpg"></td></tr>
    <tr><td style="text-align:right;"><img src="picture.jpg"></td></tr>
  </table>
</body>
```

显示效果如图 3.8 所示。

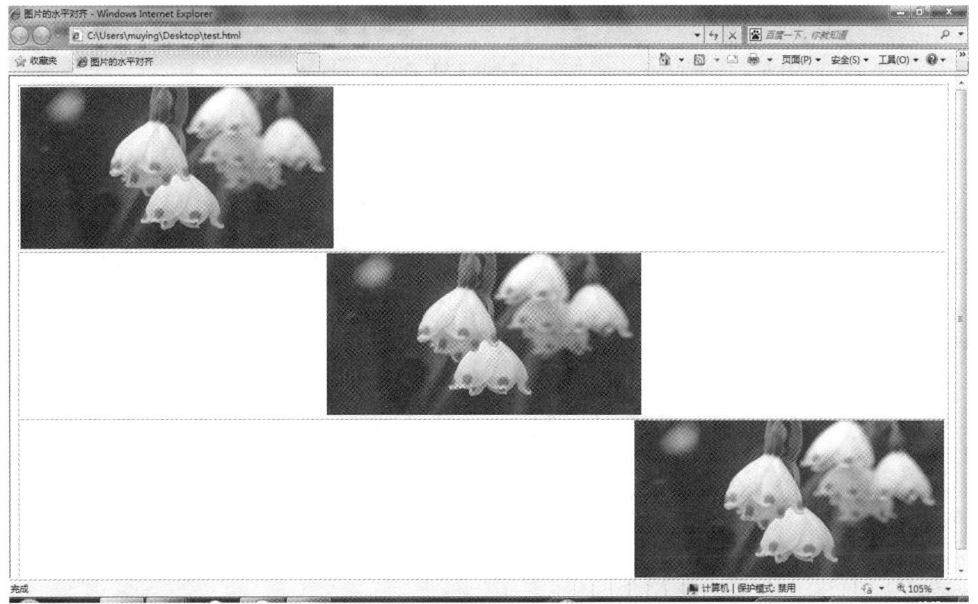

图 3.8　设置图片的水平对齐

3.1.4　定义图片的纵向对齐

图片的纵向对齐主要体现在和文字的搭配使用中，当图片的高度和宽度与文字部分不一致时，可以通过 CSS 中的 vertical-align 属性来设置纵向对齐，如下所示。

```
{vertical-align:参数}
```

【例 3-7】新建一个网页，保存为 test.html，在<head>标签内添加<style type="text/css">标签，定义一个内部样式表，然后输入下面的样式。

```
img{
      border:2px #990000 solid;                    /*设置图片边框*/
      width:20%;                                   /*设置图片宽度*/
      height:20%;                                  /*设置图片高度*/
}
```

然后在<body>标签中输入一行段落文本，并应用该上标类样式。

```
<body>
<p class="baseline">纵向对齐 baseline<img src="picture.jpg" style="vertical-align:baseline" /></p>
<p class="sub">纵向对齐 sub：<img src="picture.jpg" style="vertical-align:sub" /></p>
<p class="super">纵向对齐 super：<img src="picture.jpg" style="vertical-align:super" /></p>
<p class="top">纵向对齐 top：<img src="picture.jpg" style="vertical-align:top" /></p>
<p class="middle">纵向对齐 middle：<img src="picture.jpg" style="vertical-align:middle" /></p>
<p class="bottom">纵向对齐 bottom：<img src="picture.jpg" style="vertical-align:bottom" /></p>
</body>
```

在浏览器中预览，其显示效果如图 3.9 所示。

【例 3-8】与文字的纵向对齐相似，图片的纵向对齐也可以设置具体的数值。

启动 Dreamweaver，新建一个网页，保存为 test.html，在<body>标签内输入如下内容。

```
<body>
    <p>纵向对齐<img src="picture.jpg" style="vertical-align:5px;">方式: 5px</p>
    <p>纵向对齐<img src="picture.jpg" style="vertical-align:-20px;">方式: -20px</p>
    <p>纵向对齐<img src="picture.jpg" style="vertical-align:15px;">方式: 15px</p>
</body>
```

在<head>标签内添加<style type="text/css">标签，定义一个内部样式表，然后定义如下两个样式。

```
p{font-size:20px;}
img{
    border:2px #990000 solid;
    width:20%;
    height:20%;
}
```

在浏览器中预览，其显示效果如图 3.10 所示。可以看出，图片在垂直方向上发生了位移，当设置的值为正数时，图片向上移动相应的数值，当设置为负数时，图片向下移动相应的数值。

图 3.9　图片的纵向对齐效果

图 3.10　用数值调整纵向对齐

Note

3.1.5　设置文字环绕效果

CSS 使用 float 属性来实现图片的文字环绕，另外，除了 float 属性以外，再配合使用 padding 属性和 margin 属性，使图片和文字达到一种最佳的效果。

float 属性的作用是使对象产生浮动，其语法如下。

```
{float:left|right|none;}
```

float 属性共有 3 个值，其作用分别如下。

- ☑ none：默认值，对象不浮动。
- ☑ left：左浮动，对象向其父元素的左侧紧靠。
- ☑ right：右浮动，对象向其父元素的右侧紧靠。

【例 3-9】新建一个网页，保存为 test.html，在<head>标签内添加<style type="text/css">标签，定义一个内部样式表，然后输入下面样式，定义两个类样式。

```
body {
    font-family:"宋体";
    font-size:14px;
    text-align:center;
    color:#000066;
}
.container {
    width:500px;                  /*容器 container 的宽度*/
    margin:20px auto 0 auto;      /*container 四周边界，左右设为 auto 同时起到居中作用*/
    padding:20px 10px;            /*容器 container 的内边距*/
    border:#990000 1px solid;     /*容器 container 的边框*/
}
img{
    border:2px #009966 solid;     /*图片的边框*/
    float:left;                   /*图片的左浮动*/
    width:150px;                  /*图片的宽度*/
     }
p{
    line-height:2em;              /*行间距*/
    text-align:left;              /*左对齐*/
    text-indent:2em;              /*首行缩进*/
}
```

然后在<body>标签中输入代码，并应用上面的类样式。

```
<body>
<div class="container">
   <h1>北湖诗韵</h1>
  <p>可是熏风吹来的季节？秋是蓝色的。蓝的苍穹，蓝的泥土，蓝的微风……。静谧、清凛的早晨，是你最妩媚的时刻；清丽世界，蓝的柔情，轻轻簇拥着你，像流溢着蓝色秋思的明眸，深邃、沉静。什么时候，燃烧的云霞迸现了。<img src="picture.jpg" alt=""   />你羞涩的面庞，透出淡淡的红晕，而后来又隐去了。你不喜欢浓妆艳抹，你不钟爱飘渺的烟云？尽管它一度那么诱人，你却重新找回了宁静；像一幅泼墨如云的画卷，天与湖的组合，风与情的融汇，蓝色太浓，太多。远处，一群孩童在船上嬉戏，还撑起了荷叶的小伞；博大的蓝色锦绣，瞬间缀上几点绿色的希冀，于是，你心底流出一首诗，很长很长；关于童年，关于绚丽的梦幻……
```

```
阿波罗——不是你爱恋许久的太阳神么？你却等它升到了极点，才坦露出那环抱你的、蓊郁的绿树；那篱笆或栅栏似的苇丛，那依稀点缀的苦江草。南面那巍巍的影子，是黄山、白山……。四周淡淡的雾气笼罩着，或银灰、米黄，或淡青、浅蓝。在映日荷花安葬的地方，亭亭的荷叶依然伫立着，几多深情，几多眷念。那荷叶编织的屏障后面，却传来喁喁私语，萧萧瑟瑟，触动了你多情的心弦，于是，你心底飘来一首歌，很美很美；关于初恋，关于大自然……</p>
</div>
</body>
```

在浏览器中预览，其显示效果如图 3.11 所示。本例中运用了 float:left 使图片移至页面右边，从而文字在左边环绕。

图 3.11　文字环绕效果

【例 3-10】在上面的实例中，可以看到文字紧紧环绕在图片周围，如果希望图片本身与文字有一定的距离，只需要给<img>标记添加 padding 和 margin 属性即可，将上例中的<img>标记做如下修改。

```
img{
    border:2px #009966 solid;
    float:left;
    width:150px;
    padding:10px;
    margin:10px;
}
```

在浏览器中预览，则显示效果如图 3.12 所示。可以看到图片的边框离文字有 10px 的距离，这是由于添加了 margin:10px 语句，而图片的边框离图片也有 10px 的内边距，这是由于添加了 padding:10px 语句。这样设置使文字与图片的距离明显变大，显示效果更佳。至于 margin 和 padding 属性的详细用法，在后面的章节中会陆续提到。

图 3.12　文字环绕与图文间距效果

3.2　案例实战

本节将通过实例的形式帮助读者设计 CSS 的图片样式，以提高实战技法和技巧，快速理解 CSS 图片属性的应用。

3.2.1　图文混排

本节通过一个具体的实例，进一步巩固图文混排方法的使用，并把该方法运用到实际的网站制作中。本实例以介绍中国的传统节日为题材，利用图文混排的方法，实现页面的图文效果。整个网页的设计效果如图 3.13 所示。

图 3.13　图文混排

实例位置：光盘实例\3\图文混排\index.htm。

设计步骤：

第 1 步，构建整体的网页结构。第一个<p>标记的内容是网页的首段，在首段中用<span>标记设置了首字下沉效果。然后是各个分标题，每个分标题都由两个<p>标记、一个<img>标记组成，分别是分标题中的标题、图片和段落内容。具体代码如下所示。

Note

```
<body>
<p><span class="first">中</span>国的传统节日形式多样，内容丰富，是我们中华民族悠久的历史文化的一个组成部分。传统节日的形成过程，是一个民族或国家的历史文化长期积淀凝聚的过程，下面列举的这些节日，无一不是从远古发展过来的，从这些流传至今的节日风俗里，还可以清晰地看到古代人民社会生活的精彩画面。</p>
<p class="title1">春节</p>
<img src="images/chunjie.jpg" class="pic1">
<p class="content">春节是我国一个古老的节日，也是全年最重要的一个节日，如何庆贺这个节日，在千百年的历史发展中，形成了一些较为固定的风俗习惯，有许多还相传至今。扫尘：“腊月二十四，掸尘扫房子”。贴春联：每逢春节，无论城市还是农村，家家户户都要精选一幅大红春联贴于门上，为节日增加喜庆气氛。贴窗花和倒贴“福”字：在民间人们还喜欢在窗户上贴上各种剪纸——窗花。窗花不仅烘托了喜庆的节日气氛，也集装饰性、欣赏性和实用性于一体。剪纸在我国是一种很普及的民间艺术，千百年来深受人们的喜爱，因它大多是贴在窗户上的，所以也被称为“窗花”。在贴春联的同时，一些人家要在屋门上、墙壁上、门楣上贴上大大小小的“福”字。守岁：除夕守岁是最重要的年俗活动之一，守岁之俗由来已久。拜年：新年的初一，人们都早早起来，穿上最漂亮的衣服，打扮得整整齐齐，出门去走亲访友，相互拜年，恭祝来年大吉大利。拜年的方式多种多样，有的是同族长带领若干人挨家挨户地拜年；有的是同事相邀几个人去拜年。</p>
<p class="title2">清明节</p>
<img src="images/qingming.jpg" class="pic2">
<p class="content">清明是我国的二十四节气之一。由于二十四节气比较客观地反映了一年四季气温、降雨、物候等方面的变化，所以古代劳动人民用它安排农事活动。《淮南子·天文训》云：“春分后十五日，斗指乙，则清明风至。”按《岁时百问》的说法：“万物生长此时，皆清洁而明净。故谓之清明。”清明一到，气温升高，雨量增多，正是春耕春种的大好时节。故有“清明前后，点瓜种豆”、“植树造林，莫过清明”的农谚。可见这个节气与农业生产有着密切的关系。清明节是我国传统节日，也是最重要的祭祀节日，是祭祖和扫墓的日子。扫墓俗称上坟，祭祀死者的一种活动。汉族和一些少数民族大多都是在清明节扫墓。清明节，英文标准译名：Tomb-sweeping Day 或者 Pure Brightness。是中国的二十四节气之一，每年的阳历四月五日。（此节日现已列入国假 3 天）。由于二十四节气比较客观地反映了一年四季气温、降雨、物候等方面的变化，所以古代劳动杜牧的《清明》人民用它安排进行农事活动。《淮南子·天文训》云：“春分后十五日，斗指乙，则清明风至。”按《岁时百问》的说法：“万物生长此时，皆清洁而明净。故谓之清明。”清明一到，气温升高，雨量增多，正是春耕春种的大好时节。故有“清明前后，种瓜点豆”、“植树造林，莫过清明”的农谚。可见这个节气与农业生产有着密切的关系。
</p>
<p class="title1">中秋节</p>
<img src="images/zhongqiu.jpg" class="pic1">
<p class="content">每年农历八月十五日，是传统的中秋佳节。这时是一年秋季的中期，所以被称为中秋。在中国的农历里，一年分为四季，每季又分为孟、仲、季三个部分，因而中秋也称仲秋。八月十五的月亮比其他几个月的满月更圆，更明亮，所以又叫做“月夕”，“八月节”。此夜，人们仰望天空如玉如盘的朗朗明月，自然会期盼家人团聚。远在他乡的游子，也借此寄托自己对故乡和亲人的思念之情。所以，中秋又称“团圆节”。因中秋节的主要活动都是围绕“月”进行的，所以又俗称“月节”、“月夕”、“追月节”、“玩月节”、“拜月节”；在唐朝，中秋节还被称为“端正月”。中秋节的盛行始于宋朝，至明清时，已与元旦齐名，成为我国的主要节日之一。关于中秋节的起源，大致有三种：起源于古代对月的崇拜、月下歌舞觅偶的习俗，古代秋报拜土地神的遗俗。为传承民族文化，增强民族凝聚力，中秋节从 2008 年起被国务院列为国家法定节假日。国家非常重视非物质文化遗产的保护，2006 年 5 月 20 日，该节日经国务院批准列入第一批国家级非物质文化遗产名录。 </p>
</body>
```

第 2 步，规划整个页面的基本显示属性。为网页选择一个合适的背景颜色，设置<p>标记的字体大小，即所有段落的字体大小，并设置首字下沉效果。

```
<style type="text/css">
  body{
    background-color:#d8c7b4;                /*页面背景色*/
    }
  p{
    font-size:12px;                          /*段落文字大小*/
    }
  span.first{                                /*首字放大*/
    font-size:60px;
    font-family:黑体;
    float:left;
    font-weight:bold;
    color:#59340a;                           /*首字颜色*/
    }
</style>
```

此时的显示效果如图 3.14 所示。

图 3.14　首字下沉

第 3 步，考虑到整体的图文排版采用一左一右的形式，所以图文混排的 CSS 分为左右两段，分别定义为 img.pic1 和 img.pic2，不同的是一个在左边，一个在右边。

```
img.pic1{
        float:left;                          /*左侧图片混排*/
      margin-right:10px;                     /*图片右端与文字的距离*/
      margin-bottom:5px;                     /*图片底端与文字的距离*/
    }
img.pic2{
      float:right;                           /*右侧图片混排*/
```

```
margin-left:10px;                              /*图片左端与文字的距离*/
margin-bottom:5px;
}
```

Note

此时的显示效果如图 3.15 所示。

图 3.15　图片处于左右两边

第 4 步，设置正文的文字。文字本身不需要做太多调整，但是每一个段落的标题同样是分为左右两侧的，要根据图片的位置做出变化。所以小标题也和图片一样进行左右两个 CSS 设置，分别为 tittle1 和 tittle2。

```
.title1{                                       /*左侧标题*/
    text-decoration:underline;                 /*下划线*/
    font-size:18px;
    font-weight:bold;                          /*粗体*/
    text-align:left;                           /*左对齐*/
    color:#59340a;                             /*标题颜色*/
}
.title2{                                       /*右侧标题*/
    text-decoration:underline;
    font-size:18px;
    font-weight:bold;
    text-align:right;
    color:#59340a;
}
p.content{                                     /*正文内容*/
    line-height:1.2em;                         /*正文行间距*/
}
```

从代码中可以看出，两段标题的代码不同之处就在于文字的对齐方式，当图片应用 img.pic1 而位于左侧时，标题则使用 tittle1，也相应地在左侧。当图片应用 img.pic2 而位于右侧时，标题则使用 tittle2，也相应地在右侧。p.content 设置了段落正文的样式。

本例主要是通过图文混排的技巧，使文字和图片一左一右地应用两种不同的对齐方式，采用两组不同的 CSS 类样式标记，合理地将图片和文字融为一体。

3.2.2　图片布局

Note

本例模仿淘宝网上的网页布局，进一步展示了图片与文字之间混排和用图片布局的方法，演示效果如图 3.16 所示。

图 3.16　图片布局的演示效果

实例位置：光盘实例\3\图片布局\index.htm。

设计步骤：

第 1 步，构建网页结构。在本实例中首先用<div>标记设置 container 容器，在此页面中，所有内容分为 4 个部分，每个部分用 one 和 two 分为两块，one 中又分为 left 和 right 两部分，分别定义了图片和下边框，two 中也分为 left 和 right 两部分，分别定义了图片和文字列表。如图 3.17 所示。

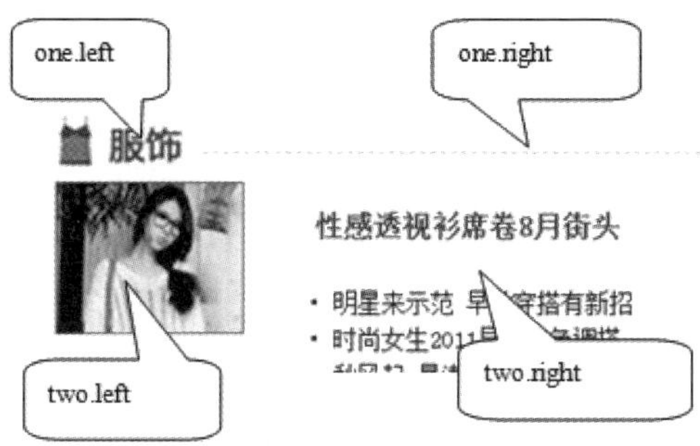

图 3.17　网页内容部分截图

以下为部分代码，其余代码请浏览光盘的相应位置。

Note

```
<body>
<div class="container">
  <div class="one">
    <div class="left">
        <img src="images/001.jpg"/>
    </div>
  <div class="right"> </div>
  </div>
        <div class="two">
    <div class="left">
            <img src="images/002.jpg"/>
        </div>
        <div class="right">
            <h3>性感透视衫席卷 8 月街头</h3>
                <ul>
                    <li>明星来示范  早秋穿搭有新招</li>
                    <li>时尚女生 2011 早秋的色调搭</li>
                    <li>秋风起  最潮手袋购入必读美容</li>
                </ul>
        </div>
    </div>
</div>
</body>
```

此时的显示效果如图 3.18 所示，可以看到，网页的基本结构已经搭建好了，但是由于没有进行 CSS 样式设置，界面并不美观。

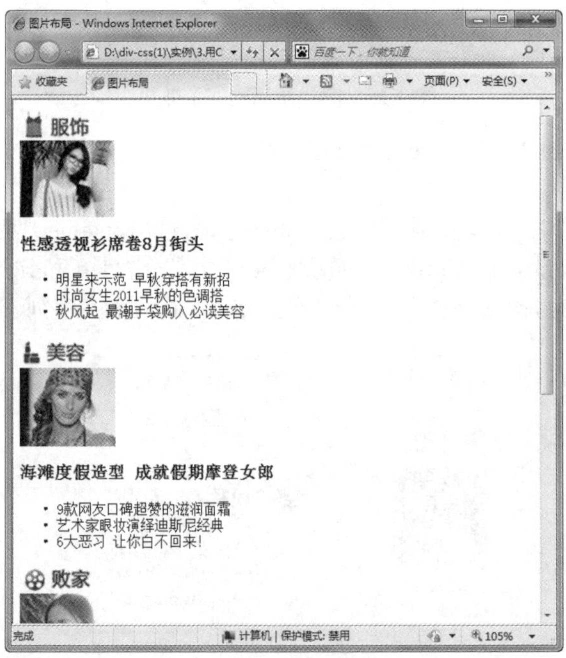

图 3.18　构建网页的基本结构

第 2 步，定义网页基本属性以及 container 容器的宽度和左侧内边距。

```
*{
    margin:0px;
    padding:0px;
  }
.container{
    width:430px;
    padding-left:30px;
    }
```

以上代码中，*｛margin:0px;padding:0px｝表示将网页中所有标签的 padding 和 margin 都设定为 0px，“*”可以理解为一个通配符，指的是所有标签。

第 3 步，定义第一部分内容中的 one 部分，即 one.left 和 one.right。

```
.one .left{
    float:left;                              /*左浮动*/
    width:85px;                              /*宽度*/
    height:30px;                             /*高度*/
    margin-top:10px;                         /*顶部补白*/
    }
.one .right{
    float:right;
    width:345px;
    border-bottom:#CCCCCC 1px dashed;        /*底部边框*/
    height:35px;
    margin-bottom:15px;
    }
```

.left 中的内容包含了一个<img>标签<img src="images/002.jpg"/>，left 类样式定义了其浮动为左浮动。.right 中没有实际的内容，只是在 right 类样式中定义了底部边框，此时显示效果如图 3.19 所示。

图 3.19　one 部分的 CSS 设置

第 4 步，上一步实现了 one 部分的设置，接下来进行 two.left 和 two.right 部分的设置。

Note

```
.two .left{
    float:left;
    width:120px;
    height:85px;
    }
.two .right{
    float:right;
    width:280px;
    height:85px;
    padding-left:30px;
    }
.two .left.img{
    border:#FF3300 1px solid;                    /*图片边框*/
    margin-left:5px;
    }
```

two.left 与 one.left 一样，都包含了一个<img>标签，同样将图片设置为左浮动。two.right 标签中包含了一个<h3>标签和一个<ul>标签，分别定义了标题和文字列表。另外，在 left.img 中定义了图片样式。此时的显示效果如图 3.20 所示。

图 3.20　two 部分的 CSS 设置

从图中可以看出，页面的基本样子已经建好，最后完成标题和文字部分的样式设置。

第 5 步，定义<h3>标签的标题样式和<ul>标签的列表样式。

```
h3{
  color:#FF0000;
  padding-bottom:10px;
  font-size:16px;
  }
ul{
  padding-left:10px;
```

```
        font-size:14px;
    }
li{
    padding-bottom:5px;
    }
```

在<h3>标签中定义了标题的字体大小和颜色，并设置了底部补白。<ul>标签定义了文字列表，关于对<ul>标签的样式定义会在后面的章节中进行详细介绍。

最终的显示效果如图 3.21 所示。

图 3.21　最终显示效果

3.2.3　多图排列

在网页中，经常能见到多张图片排列的情况，在本实例中，将介绍对于多图排列的设置，并进一步了解 CSS 设置图片的方法。本例的演示效果如图 3.22 所示。

图 3.22　多图排列效果

Note

实例位置：光盘实例\3\多图排列 Logo \index.htm。

设计步骤：

第 1 步，构建网页的基本结构。本例中首先用<div>标记设置 container 容器，然后分别用<div>标记将页面分为 4 块，每一块中包含一个<img>标记、一个<a>标记和一个<p>标记。

```
<body>
 <div class="container">
       <div><a href="#"><img src="images/1.jpg"><p>老虎</p></a></div>
       <div><a href="#"><img src="images/2.jpg"><p>大熊猫</p></a></div>
       <div><a href="#"><img src="images/3.jpg"><p>大象</p></a></div>
       <div><a href="#"><img src="images/4.jpg"><p>野马</p></a></div>
 </div>
</body>
```

此时的显示效果极其简单，仅仅是简单的图片和标题，如图 3.23 所示。

图 3.23　网页基本结构，未加入 CSS 语句

第 2 步，定义网页基本属性及 container 容器的样式。

```
body{
      margin:20px;
      padding:0;
   }
.container{
      text-align:center;
      idth:800px;
      height:240px;
      background-image:url(images/bg.jpg);
      border:1px #000 solid;
}
```

首先，在 body 中定义了四周补白以及内边距为 0。在 container 中定义了其下所有元素的水平对齐方式为居中对齐，定义了 container 的宽度、高度以及边框样式。background-image:url(bg.jpg)语句的作用是为<container>标记添加名为 bg.jpg 的背景图片，这部分知识将在下一章中详细介绍。此时页面的显示效果如图 3.24 所示。

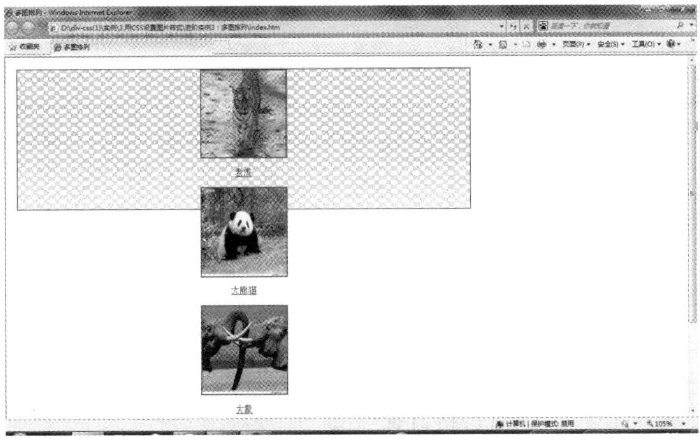

图 3.24　定义网页基本属性

此时的网页效果似乎与我们想要的效果还有些差距，请不要着急，我们接着进行下一步的设置。

第 3 步，设置 container 容器下的<div>标记，以及在<div>标记下的<p>标记的样式。

```
.container div{
    float:left;
                                        margin-top:30px;
    margin-left:35px;
}
.container p{
    font-size:20px;
    font-family:黑体;
}
```

<div>标记中包含一个<img>标记、一个<a>标记和一个<p>标记，首先将<div>块设置为左浮动，并设置其顶部补白与左侧补白。<p>标记中显示的是标题，设置其字体大小为 20px、字体为黑体。此时显示效果如图 3.25 所示。

图 3.25　设置 container 容器下的<div>标记

Note

第 4 步，设置<a>标记样式。

```
a{
    text-decoration:none;                    /*不显示超链接的下划线*/
    color:#204402;                           /*字体颜色*/
}
a:hover{
    text-decoration:underline;               /*鼠标悬停时显示下划线*/
    color:red;                               /*鼠标悬停时字体颜色*/
}
a:hover img{
    border:4px #0b35ce solid;                /*鼠标悬停时图片的边框样式*/
}
```

<a>标记的样式设置了下划线，a:hover 定义了当鼠标悬停时链接的样式。a:hover img 定义了图片在鼠标悬停时的样式。关于<a>标记的 CSS 样式将在后面章节中详细介绍。鼠标悬停时的效果如图 3.26 所示。

图 3.26　鼠标悬停时的效果

3.2.4　阴影图片

在网页中插入图片是再平常不过的事情了，有的时候为了使页面美观，我们要给图片加上阴影，让图片有一种特殊的效果，CSS 可以为图片加上阴影吗？答案是肯定的，在本例中将给读者介绍为图片加阴影的方法。实例演示效果如图 3.27 所示。

图 3.27　图片阴影效果

实例位置：光盘实例\3\阴影图片\index.htm。

设计步骤：

第 1 步，构建网页基本结构。页面的结构很简单，只有两个<div>标签，在每个<div>标签中都包含了一个<div>标记和一个<img>标记，分别定义了一左一右两幅图片。

```
<body>
    <div class="pic"><div class="left"><img src="images/2.jpg" border=0 alt="pic" /></div></div>
    <div class="pic"><div class="right"><img src="images/1.jpg" border=0 alt="pic" /></div></div>
</body>
```

此时的页面极其简单，只有两张图片，没有任何样式的设置，如图 3.28 所示。

图 3.28　构建网页基本结构

第 2 步，定义图片的阴影。其实给图片加阴影的原理很简单，就是运用两个<div>块的相对位置偏移来实现，阴影的宽度和颜色深浅的值可由用户决定，也就是 CSS 中的相对定位属性 position:relative;。

```
.pic{
        position:relative;
        background:#CCC;
        margin:10px;
        margin-right:50px;
        float:left;
    }
.pic div{
        position:relative;
        border:1px solid #333;
        background:#FFF;
        padding: 3px;
```

Note

```
    }
    .right {
        top:-6px;                               /*阴影在右边时*/
        left:-6px;
    }
    .left {
        top:-6px;                               /*阴影在左边时*/
        right:-6px;
    }
```

首先，给外层的<div>定义一个类样式 pic，设置其 position 属性为 relative，也就是相对定位，关于 position 的知识会在后面的章节中详细介绍。

然后，设置其背景色为#CCC，四周补白为 10px，并使两图之间距离为 50px。最后，定义其为左浮动。然后对内层的<div>进行设置，首先仍然是设置其 position 属性为 relative，这也是本实例最关键的一步，之后设置内层 div 的背景色为#FFF，并设置边框样式和内边距 padding。left 和 right 类样式分别定义了左侧和右侧图片的内侧<div>的偏移量，即必须让内侧的<div>进行位移，而左侧图片的位移方向与右侧图片是不同的，所以分别用 left 和 right 来进行设置。

3.2.5 圆角图片

页面中圆角的实现一直是个很难解决的问题，虽然现在有很多种实现方法，但都是比较麻烦的，这里想通过此例介绍一种 CSS 新技术，即通过 CSS 新的属性 border-radius 来实现图片的圆角化。本例的演示效果如图 3.29 所示。

图 3.29　设置圆角图片

实例位置：光盘实例\3\圆角图片\index.htm。

设计步骤：

第 1 步，构建网页结构。网页结构非常简单，仅仅是在网页添加了 4 张图片。

```
<body>
    <img class="a" src="images/1.jpg"/>
    <img class="a" src="images/2.jpg"/>
```

```
        <img class="a" src="images/3.jpg"/>
        <img class="a" src="images/4.jpg"/>
</body>
```

第 2 步，定义网页的基本属性。

```
body{
        margin:20px;
        padding:20px;
}
```

在以上的代码中设置了网页四周的补白为 20px，用 padding 设置了网页的内边距为 20px，居中显示。显示效果如图 3.30 所示。

图 3.30　设置网页属性

第 3 步，运用 border-radius 属性设置圆角图片。

```
.a{
    width:150px;
    height:150px;
    border:1px solid gray;
    -moz-border-radius:10px;                    /*仅 Firefox 支持，实现圆角效果*/
    -webkit-border-radius:10px;                 /*仅 Safari,Chrome 支持，实现圆角效果*/
    -khtml-border-radius:10px;                  /*仅 Safari,Chrome 支持，实现圆角效果*/
    border-radius:10px;                         /*Firefox,Opera,Safari,Chrome 支持，实现圆角效果*/
    }
```

在以上代码中，首先定义了图片的宽度和高度，接着设置了图片的边框样式，然后用 border-radius 定义了图片的圆角。

border-radius 属性的作用分别如下。

☑ 最多可以设置 4 个值，分别是矩形 4 个圆角的半径，如 border-radius:10px，表示 4 个角都为圆角，且每个圆角的半径都为 10px。

☑ 也可以设置两个值，如 border-radius:10px 5px，第 1 个值代表左上圆角和右下圆角，第 2 个值代表右上圆角和左下圆角。

Note

- ☑ 如果设置 3 个值，如 border-radius:10px 5px 1px，第 1 个值代表左上圆角，第 2 个值代表右上圆角和左下圆角，第 3 个值代表右下圆角。
- ☑ 如果设置了 4 个值，如 border-radius:10px 9px 8px 7px，4 个值分别代表左上圆角、右上圆角、右下圆角和左下圆角。
- ☑ 也可以将 4 个角拆分成 4 个单独的属性来设置，如左上圆角（border-top-left-radius）、右上圆角（border-top-right-radius）、右下圆角（border-bottom-right-radius）和左下圆角（border-bottom-left-radius）。

不过由于 CSS 3 尚未真正普及，所以目前有些浏览器还不支持它，如 IE8 及其以下版本的浏览器就不能支持这种技术，所以在使用 border-radius 属性时，还要考虑到浏览器的兼容问题。

3.2.6 设计圆角栏目

栏目圆角化是网上常见的一种美化网页的方法，本实例运用上个实例中介绍的图片圆角化方法，通过设置一个名为《精品文摘》的网页进一步讲述 CSS 设置图片的方法。本例的演示效果如图 3.31 所示。

图 3.31 设置圆角栏目

实例位置：光盘实例\3\设计圆角栏目\index.htm。

设计步骤：

第 1 步，构建网页结构。本例中首先用<div>标记设置 container 容器，然后分别用<div>标记将页面分为 heder 和 main 两部分。以下为部分代码，完整代码请参考光盘相应位置。

```
<body>
<div class="container">
    <div class="header">
    <img class="bgimg" src="images/bg.jpg">
    </div>
    <div class="main">
        <div class="lanmu">
                <div class="headline"><img class="c" src="images/bg1.gif"></div>
```

```
                <div class="content1">
                    <h3>散文随笔</h3>
                    <ul class="topic">
                        <li>[生活感悟]　晴，----简单生活，感受美好，期待明天</li>
                        <li>[生活感悟]　多年后，我们或许会嫁给这样的他 </li>
                        <li>[生活感悟]　从今以后，试着做个这样的人</li>
                        <li>[生活感悟]　人最大的不幸，就是不知道自己是幸福的</li>
                        <li>[生活感悟]　人生至境是不争，恬静出尘心自宁 </li>
                        <li>[生活感悟]　没有如意的生活，只有看开的人生</li>
                    </ul>
                    <p class="more"><a href="#">更多内容</a></p>
                </div>
            </div>
            <div class="lanmu">
                <div class="headline"><img class="c" src="images/bg2.gif"></div>
                <div class="content2">
                    <h3>散文随笔</h3>
                    <ul class="topic">
                        <li>[生活感悟]　晴，----简单生活，感受美好，期待明天</li>
                        <li>[生活感悟]　多年后，我们或许会嫁给这样的他 </li>
                        <li>[生活感悟]　从今以后，试着做个这样的人</li>
                        <li>[生活感悟]　人最大的不幸，就是不知道自己是幸福的</li>
                        <li>[生活感悟]　人生至境是不争 恬静出尘心自宁 </li>
                        <li>[生活感悟]　没有如意的生活，只有看开的人生</li>
                    </ul>
                    <p class="more"><a href="#">更多内容</a></p>
                </div>
            </div>
        </div>
    </body>
```

在整体的 container 框架下，页面分为 header 和 main 两部分。在 header 下，定义了<img>标记，用于设置 banner 图片。在 main 下，又分为 4 部分，分别定义了 4 个栏目。在“lanmu”中定义了每个栏目的具体内容。每个栏目的显示效果截图如图 3.32 所示。

图 3.32　栏目效果截图

如图 3.32 所示，每一个栏目是一个<div>块，在此块下又分为两部分，分别是 headline 和 content，也就是圆角图片和栏目的文字信息。

第 2 步，定义网页的基本属性。

```
*{/*定义页面中所有标签的统一样式*/
    margin:0;
    padding:0;
    font-size:12px;
    text-align:center;
 }
body{
    background:#d3d3d3;                          /*页面背景色*/
    }
.container{
width:844px;
    margin:0 auto;                               /*居中显示*/
    }
.bgimg{
    width:840px;
    border:2px #fff solid;                       /*给 header 部分图片定义 2px 宽的边框*/
}
```

在以上代码中，“*{}”表示将页面中所有的标签都设置为此样式。<body>标签定义了背景色。在 container 中定义了 concainer 容器的宽度为 844px，另外在 container 中定义了 margin:0px auto，目的是使 container 容器水平居中。bgimg{border:2px #fff solid}设置了 header 部分图片的边框，在这里可以很容易的理解为什么把 container 容器的宽度设置为 844px 了，因为 header 部分的图片宽是 840px，而其边框宽为 2px，所以 border-left+border-right=4px，结果相加为 844px。此时的显示效果如图 3.33 所示。

图 3.33　设置网页的基本属性

第 3 步，设置栏目的样式。以上的效果离我们想要的网页还有一定差距，请读者不要着急，网页结构搭建好以后，可以逐步设置每个部分的样式，以实现最终的效果。

```
.lanmu{
        width:422px;
```

```
        float:left;
    }
  .yuanjiao{
        border:1px solid gray;
        border-top-left-radius:10px;
        border-top-right-radius:10px;                /*Firefox 支持，IE 不支持，实现圆角效果*/
        }
```

在上方代码中，首先定义了 lanmu 容器的样式，设置了容器的宽度为 422px，也就是 container 宽度的一半。在 yuanjiao 类样式中定义了图片的圆角化，在此例中，只设置了左上和右上的圆角，这在上一个实例中已经介绍过，这里不再赘述。显示效果如图 3.34 所示。

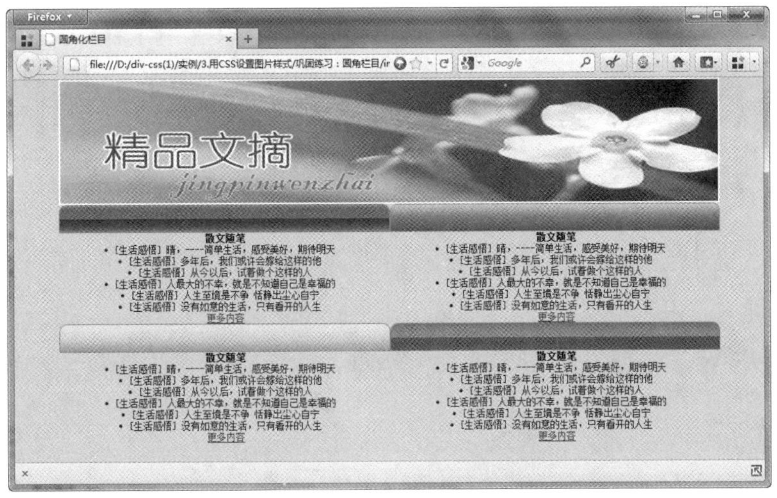

图 3.34　设置栏目的样式

从图 3.34 中可以看出，由于在 lanmu 样式中设置了 float:left，使得各个栏目可以水平显示，又由于 container 宽度为 844px，而 lanmu 宽度为 422px，所以宽度决定了每行只可以显示两个栏目，关于 float 的知识在后面内容还会有所涉及。

第 4 步，设置 content1 和 content2 容器的样式。此容器中包含了<h3>标签和<ul>标签，分别是标题和栏目内容。

```
  .content1{
          height:250px;
          background:#fff;
          margin-right:2px;
      }
  .content2{
          height:250px;
          background:#fff;
      }
```

在以上代码中，分别设置了 content1 和 content2 容器的样式，这里为什么还要分为 content1 和 content2 呢？由于本例中的栏目分为左右两边，为了让左右两边的栏目有一个 2px 宽的间隙，在这里设置了左边栏目也就是 content1 的右侧补白为 2px。而右边栏目也就是 content2 并没有如此设置。显示效果如图 3.35 所示。

Note

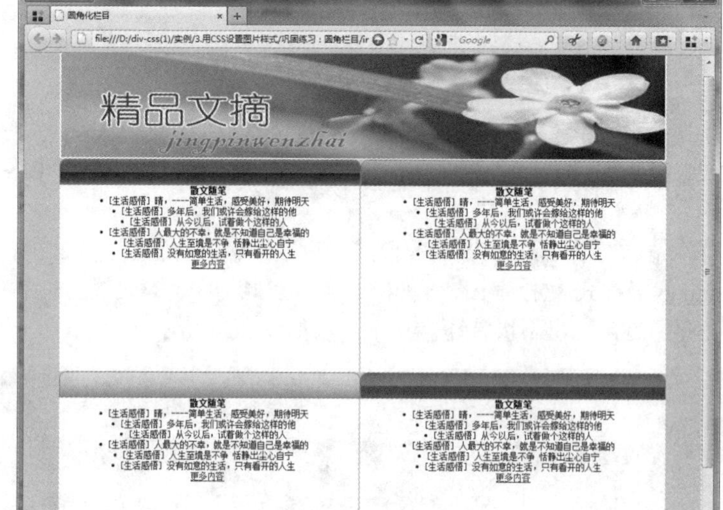

图 3.35　设置 content1 和 content2 容器

第 5 步，定义栏目中的标题样式。

```
h3{
    padding:20px 30px;
    font-size:16px;
    color:#000066;
    text-align:left;
}
```

在以上代码中，padding:20px 30px 定义了上下内边距为 20px，左右内边距为 30px，对齐方式为左对齐。完成此步骤后，显示效果如图 3.36 所示。

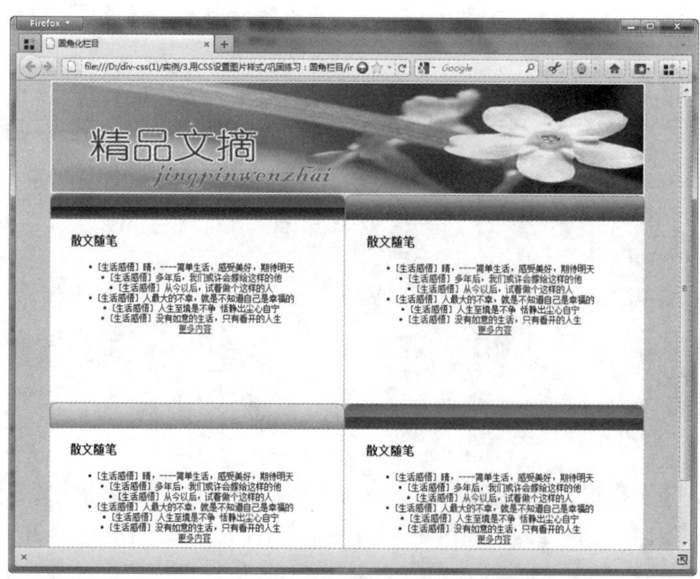

图 3.36　设置栏目中的标题样式

第 6 步，设置栏目中的文本样式，其中包括一个<ul>标记的样式、一个<li>标记的样式和一个<p>标记的样式，代码如下。

```
ul{
    padding-left:40px;
}
li{
    text-align:left;
    list-style:disc;
    line-height:1.8em;
}
.more{
    text-align:right;
    padding-right:20px;
}
```

在上方代码中，首先定义了列表<ul>的样式 padding-left:40px，即左侧内边距为 40px。<li>标记中定义了 list-style:disc 样式，也就是列表前的项目符号为实心圆。在 more 类样式中，定义了栏目右下角的“更多内容”文字的样式。其最终显示效果如图 3.37 所示。

图 3.37 最终显示效果

注意，该圆角效果在 IE 浏览器中不支持，而在 Firefox 浏览器中是支持的，所以使用时应使用合适的浏览器才能使网页正常显示。

使用 CSS 控制背景图像

（视频讲解：1 小时 38 分钟）

网站能通过背景图像给人留下第一印象，如节日题材的网站一般采用喜庆祥和的图片来突出效果，所以在网页设计中，控制网页的背景颜色和背景图片是一个很重要的步骤，本章将在合理运用文字和图片等方法的基础上，重点介绍 CSS 控制背景颜色和背景图片的方法。

学习重点：

- CSS 设置背景颜色的方法。
- CSS 控制背景图片的方法。
- 综合运用 CSS 的背景样式进行网页设计。

Note

4.1 背景样式设置基础

CSS 可设置的背景样式，一个是背景颜色的样式，一个是背景图片的样式。任何一个页面，都由它的背景颜色或背景图片来突出其基调，在本节中将通过实例，分别介绍这两种背景样式的属性设置。

4.1.1 设置页面背景颜色

CSS 使用<body>标记的 background-color 属性来定义字体类型背景颜色。

```
background-color:color;
```

具体颜色值的设置方法与文字颜色的设置方法是一样的，可以采用十六进制、RGB 分量和颜色的英文单词等。

【例 4-1】 启动 Dreamweaver，新建一个网页，保存为 test.html，在<body>标签内输入如下代码。

```
<body>
    <img src="picture.jpg" >
    <span>秋</span>
    <p>你悄悄的走来，默默无声，一眨眼，大地披上了金色衣裳。</p>
  <p>你悄悄的走来，走进田间，麦子香味四飘，那亩亩庄稼，远看好似翻滚的千层波浪；近看，麦子笑弯了腰，高粱涨红了脸，玉米乐开了怀。地里的人忙极了，“唱一曲呀收获的歌，收了麦子，收高粱啊，收了玉米，收大豆啊，收获完了送国家啊。”悠扬的歌声道出了农家秋收的喜悦。</p>
  <p>你悄悄的走来，带来一件黄衣裳，一件红衣裳，瞧着边的山，像是镀上了一层金色。飘飘悠悠从上面飞下无数黄蝴蝶，一伙在半空中盘旋。不知过了多长时间，深黄的衣裳变成了浅黄，浅黄又变成了赫石，你看，它多像一个顽皮的小鬼。瞧那边的山上，高粱如醉，简直是一片红海，遮盖了半个天际，和霞光连在一起，红的像火焰似的燃烧。这一黄一红的连成一片，给人一种说不出的温暖，甚至都忘了再过几天，寒冬就要来临了。</p>
  <p>你悄悄的走来，带来了美丽的秋光美景，带来了丰硕的果实，听，锣鼓喧天，好热闹，忙了一年的人们脸上露出了内心压抑不住的喜悦：“又迎来了一个丰收年。”
  我迷恋着秋！秋，绚丽多彩的时节，果实收获的时节，欣欣向荣的时节。</p>
  </p>
  </body>
```

在<head>标签内添加<style type="text/css">标签，定义一个内部样式表，然后输入下面的样式，用来定义网页字体的类型。

```
body{                                       /*页面基本属性*/
    background-color:#FF8040;               /*设置页面背景颜色*/
    margin:0px;
    padding:0px;
}
img{ /*图片样式*/
   width:350px;
   float:right;                             /*右浮动*/
   }
p{  /*段落样式*/
    font-size:15px;                         /*正文文字大小*/
```

```
        padding-left:10px;
        padding-top:8px;
        line-height:1.6em;
        text-align:center;
    }
    span{                                       /*首字放大*/
        font-size:80px;                         /*定义大字体，实现占据 3 行下沉效果*/
        font-family:黑体;                       /*设置黑体字，首字下沉更醒目*/
        float:left;                             /*左浮动，脱离文本行限制*/
        padding-right:5px;                      /*定义下沉字体周围空隙*/
        padding-left:10px;
        padding-top:8px;
    }
```

显示效果如图 4.1 所示。背景颜色为#FF8040，而字体颜色为黑色，再加上图片以及文字内容，将秋天的感觉跃然表现在网页中。

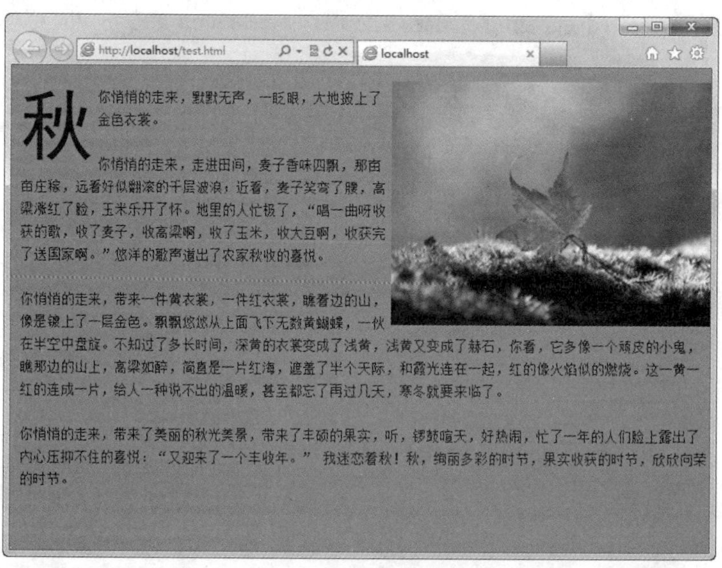

图 4.1　设置背景颜色

> **提示：** 背景颜色取值#000000~#FFFFFF 都可以，但是为了避免出现喧宾夺主的效果，背景颜色不要使用特别鲜艳的颜色，当然这也要取决于网站的个性化需求，不能一概而论。

4.1.2　设置背景颜色给页面分块

通过 background-color 属性，不仅可以设置页面的背景颜色，还可以设置其他 HTML 元素的背景颜色。很多网页通过设置<dir>块的背景颜色来实现给页面分块的目的。

【例 4-2】启动 Dreamweaver，新建一个网页，保存为 test.html，在<body>标签内输入如下内容。

```
<body>
    <div class="container">
        <div class="header"></div>
        <table width="800px" cellpadding="2" cellspacing="2" class="chara" align="center">
```

```
            <tr><td>首页</td><td>我的博文</td><td>班级故事</td><td>我的收藏</td>
            <td>成长心得</td><td>我爱挑战</td><td>友情链接</td></tr>
        </table>
        <div class="main">
        <div class="leftbar"></div>
        <div class="content"></div>
        </div>
    </div>
</body>
```

在以上代码中，分别用<div>块和<table>标记定义了网页的结构。

在<head>标签内添加<style type="text/css">标签，定义一个内部样式表，然后输入下面的样式，用来定义网页中不同部分的颜色样式。

```
body{                                       /*页面基本属性*/
    margin:0px;
    padding:0px;
    text-align:center;
    }
.container{                                 /*container 容器的样式*/
    width:800px;
    margin:0 auto;
    }
.header{                                    /*页面 banner 部分的样式*/
    width:800px;
    height:200px;
    background:url(images/bg.jpg);          /*页面背景图片*/
    }
.chara{                                     /*导航栏样式*/
    font-size:16px;
    background-color:#90bcff;               /*导航栏的背景颜色*/
    }
.leftbar{                                   /*左侧栏目样式*/
    width:200px;
    height:600px;
    background-color:#d4d7c6;               /*左侧栏目背景颜色*/
    float:left;
    }
.content{                                   /*正文部分的样式*/
    width:600px;
    height:600px;
    background:#e5e5e3 ;                    /*正文部分的背景颜色*/
    float:left;
    }
```

以上代码中，在顶端的 banner、导航栏、左侧栏目和正文部分分别运用了图片背景和 3 种不同的背景颜色实现了页面的分块，显示效果如图 4.2 所示。这种分块的方法在网页中极为常见。

Note

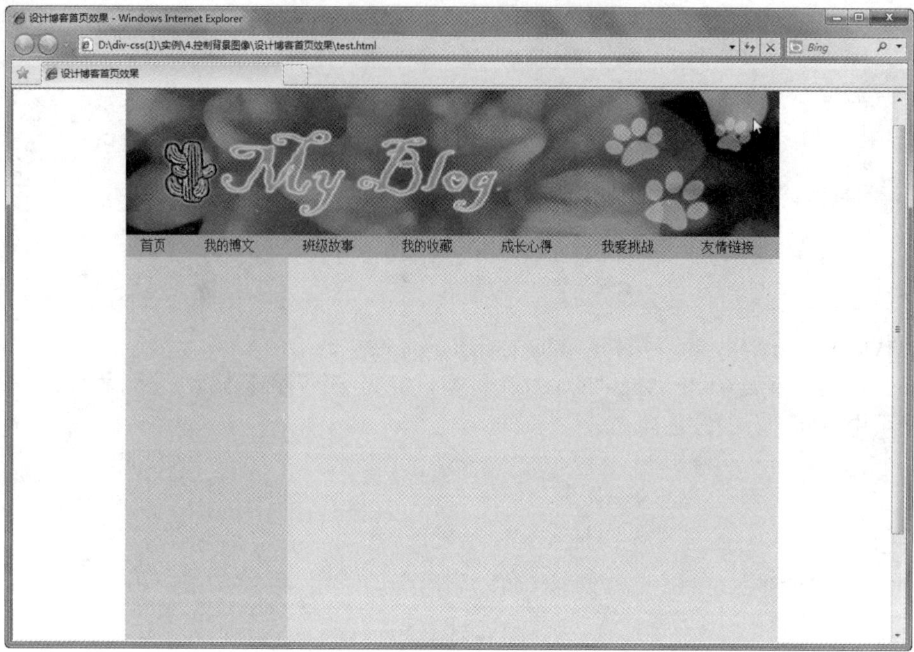

图 4.2　用背景色给网页分块

4.1.3　定义背景图片

CSS 使用 background-imagc 属性来定义背景图片样式，该属性用法如下。

```
background-image: url;
```

其作用是给页面添加背景图片，其中 url 是图片的路径，可以是绝对路径，也可以是相对路径。导入的图片其默认属性是在横向和纵向上重复，如果不希望重复，则需要设置 no-repeat 属性，其具体用法会在下面讲到。

【例 4-3】 启动 Dreamweaver，新建一个网页，保存为 test.html，输入以下内容。

```
<!DOCTYPE html PUBLIC "-//W3C//DTD XHTML 1.0 Transitional//EN"
"http://www.w3.org/TR/xhtml1/DTD/xhtml1-transitional.dtd">
<html xmlns="http://www.w3.org/1999/xhtml">
<head>
<meta http-equiv="Content-Type" content="text/html; charset=gb2312" />
<title>无标题文档</title><title>背景图片</title>
<style>
<!--
body{
    background-image:url(picture.jpg);              /*页面背景图片*/
}
-->
</style>
    </head>
<body>
</body>
</html>
```

以上代码中，图片默认会在横向和纵向上重复，本例中图片的原型如图 4.3 所示。

图 4.3　图片原型

其在网页中平铺的效果如图 4.4 所示。

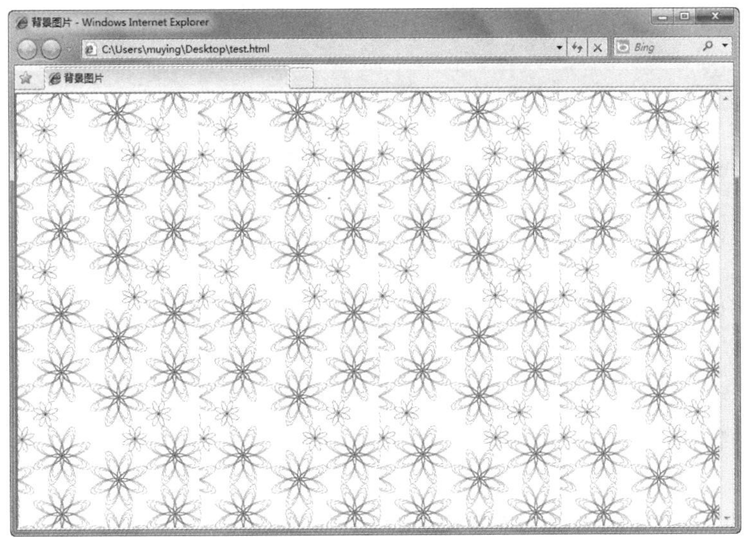

图 4.4　为网页添加背景图片

【例 4-4】如果网页中使用的背景图片是.gif 格式的透明图片，那么此时再设置网页的背景颜色 background-color，则背景图片和背景颜色将同时生效。

启动 Dreamweaver，新建一个网页，保存为 test.html，输入以下内容。

```
<!DOCTYPE html PUBLIC "-//W3C//DTD XHTML 1.0 Transitional//EN"
"http://www.w3.org/TR/xhtml1/DTD/xhtml1-transitional.dtd">
<html xmlns="http://www.w3.org/1999/xhtml">
<head>
<meta http-equiv="Content-Type" content="text/html; charset=gb2312" />
<title>无标题文档</title><title>背景图片</title>
<style>
body{
    background-image:url(picture.jpg);              /*页面背景图片*/
    background-color:#A7D3A0;                        /*页面背景颜色*/
}
</style>
    </head>
```

```
<body>
</body>
</html>
```

其显示效果如图 4.5 所示。可以看到淡绿色的背景颜色和背景图片同时显示在网页中。

图 4.5　同时设置背景图片和背景颜色

4.1.4　背景图片的重复

CSS 使用 background-repeat 属性来定义背景图片的重复，该属性用法如下。

```
background-repeat:repeat-x|repeat-y|no-repeat
```

background-repeat 属性的 3 个取值作用如下。

- ☑ repeat-x：图片在 x 轴方向上重复。
- ☑ repeat-y：图片在 y 轴方向上重复。
- ☑ no-repeat：不平铺，图片只显示一次。

【例 4-5】启动 Dreamweaver，新建一个网页，保存为 test.html，输入以下内容。

```
<!DOCTYPE html PUBLIC "-//W3C//DTD XHTML 1.0 Transitional//EN"
"http://www.w3.org/TR/xhtml1/DTD/xhtml1-transitional.dtd">
<html xmlns="http://www.w3.org/1999/xhtml">
<head>
<meta http-equiv="Content-Type" content="text/html; charset=gb2312" />
<title>背景图片重复</title>
<style>
body{
    background-image:url(bg.jpg);                    /*页面背景图片*/
    background-repeat:repeat-y;                      /*页面背景图片纵向重复*/
}
</style>
    </head>
<body>
```

Note

```
</body>
</html>
```

显示效果如图 4.6 所示，背景图片在纵向上进行了重复显示。背景的原图如图 4.7 所示（其实际高度为 8px，这里为了让读者看得清楚，将图片放大了，实际上图片的高度可以小到只有 1px）。

图 4.6　背景图片的纵向重复

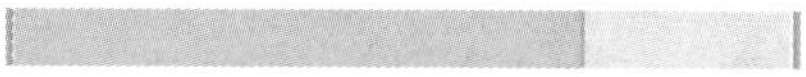

图 4.7　背景图片原图

> **提示：** 如果是要设置两个方向上的平铺，就不需要设置属性值，这时 CSS 会采用默认的向横向和纵向两个方向重复的效果。但是，如果手动地设置 repeat-x 和 repeat-y，那么系统会自动认定后设的一种平铺方式有效，只会向一个方向平铺。

4.1.5　定义背景图片的位置

默认情况下，背景图片都是从设置了 background 属性的标记的左上角开始出现，但实际制作网页过程中，可能希望图片出现在指定的位置。在 CSS 中使用 background-position 属性来调整图片的位置，该属性用法如下。

```
background-position : position|数值
```

其中，position 可以是 center，center center，top left，top center，top right，center left，center right，bottom left，bottom center，bottom right；数值可以是百分数，如 background-position:40% 60%，表示背景图片的中心点在水平方向上处于 40%的位置，在竖直方向上处于 60%的位置，此时，如果改变浏览器的大小，背景图片也会相应地进行调整，但始终处于 40%和 60%的位置，除了百分数，还可以是具体的数值，如 background-position:200px 40px，表示距离页面左侧 200px，距离页面顶部 40px，但是此时如果浏览器大小改变，图片不会做出相应调整，可能会出现图片显示不全的现象。

【例 4-6】 启动 Dreamweaver，新建一个网页，保存为 test.html，在<head>标签内添加<style type="text/css">标签，定义一个内部样式表，然后输入下面的样式。

```
body{                                          /*页面基本属性*/
    padding:0px;
    margin:0px;
    background-image:url(picture.jpg);         /*背景图片*/
    background-repeat:no-repeat;               /*不重复*/
    background-position:bottom right;          /*背景位置，右下*/
```

Note

```
        background-color:#0066CC;
    }
    p{                                              /*段落样式*/
        line-height:1.6em;
        margin:0px; font-size:14px;
        padding-top:10px;
        padding-left:6px; padding-right:8px;
    }
```

然后在<body>标签中输入如下代码。

```
<h1>可爱的企鹅</h1>
<p>去南极，第一个想到的就是企鹅，那毛茸茸的肉嘟嘟的样子非常可爱。我们第一次登陆就是去看它，兴奋的心情和期待的心情交织在一起，但是，真正踏上南极半岛的一瞬间不是因为看到企鹅而兴奋，而是因为企鹅在自己的脚边而惊讶。
看惯在围栏里的动物，第一次如此近距离的接触如此可爱的温柔的动物，心底的柔情会不由的升起来。这和在美国看到野牛和鹿还不一样，那些大家伙给你一些恐惧感：自己不敢过于亲近。而企鹅却让人想抱抱。但是，这样的想法是不能实现的，在南极，投放食物都是违法的。
企鹅是鸟纲企鹅目（拉丁文：Sphenisciformes）所有种类的通称。主要生活在地球的南半球，目前已知全世界的企鹅共有十八种。特征为不能飞翔；脚生于身体最下部，故呈直立姿势；趾间有蹼；跖行性（其他鸟类以趾着地）；前肢成鳍状；羽毛短，以减少摩擦和湍流；羽毛间存留一层空气，用以绝热。背部黑色，腹部白色。各个种的主要区别在于头部色型和个体大小。
我们在南极看到三种，遗憾的是没有看到最大的一种——帝企鹅，它也是最漂亮的一种。而这三种企鹅，我们都不知道叫什么名字，因为我们听不懂船上开的科考课。如果哪位网友知道的话，麻烦给大家讲讲。</p>
```

显示效果如图 4.8 所示。从图中可以看出，图片位于页面右下方。

图 4.8　设置图片位置

【例 4-7】启动 Dreamweaver，新建一个网页，保存为 test.html，在<head>标签内添加<style type="text/css">标签，定义一个内部样式表，然后输入下面的样式。

```
    body{
        padding:0px; margin:0px;
        background-image:url(picture.jpg);          /*背景图片*/
        background-repeat:no-repeat;                /*不重复*/
        background-position:400px 40px;             /*背景位置，具体数值*/
```

```
}
p{                                              /*文本段样式*/
    padding:10px;
    margin:5px;
    line-height:1.5em;
}
```

Note

然后在<body>标签中输入一行段落文本，并分别应用上面的样式。

```
<p>蛙类是指青蛙（黑斑蛙）、蟾蜍（俗称癞蛤蟆）、波动青蛙等没有尾巴的两栖动物，它们在分类上是属于脊索动物门、脊椎动物亚门、两栖纲。由于皮肤裸露，不能有效地防止体内水分的蒸发，因此它们一生离不开水或潮湿的环境，怕干旱和寒冷。所以大部分生活在热带和温带多雨地区，分布在寒带的种类极少。我国的蛙——幼年青蛙类有 130 种左右，它们几乎都是消灭森林和农田害虫的能手。</p>
```

显示效果如图 4.9 所示。

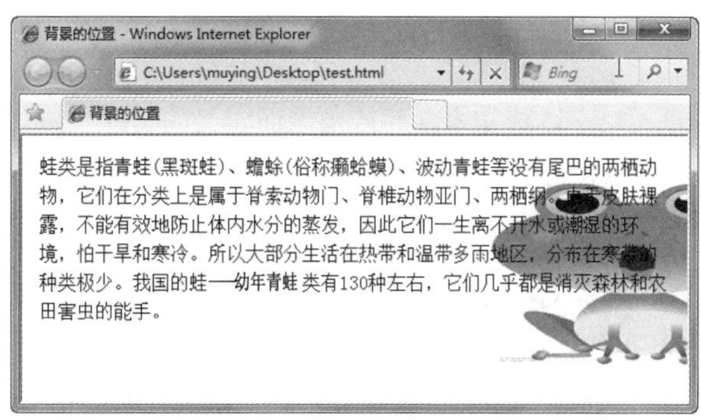

图 4.9　设置图片位置为具体数值效果

从图 4.7 中可以看到，当设置图片位置为具体数值时，可能会出现图片显示不全的情况，如果将上面的 CSS 代码 background-position:400px 40px 改为 background-position:40% 60%，则会显示如图 4.10 所示的效果。

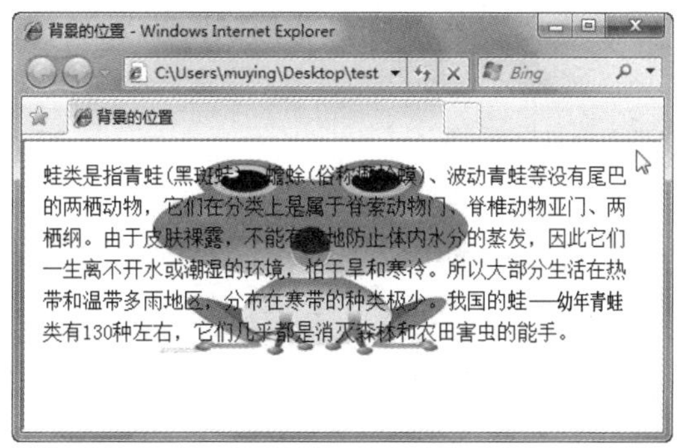

图 4.10　设置图片位置为百分数效果

4.1.6　固定背景图片

对于大幅的背景图片，当浏览器出现滚动条时，通常希望图片不要随着文字的移动而移动，而是固定在一个位置上。CSS 使用 background-attachment 属性来定义背景图片的固定，该属性用法如下。

```
background-attachment: scroll | fixed
```

其中，scroll 指背景图片随着对象内容滚动，fixed 则是将背景图片固定。

【例 4-8】启动 Dreamweaver，新建一个网页，保存为 test.html，在<head>标签内添加<style type="text/css">标签，定义一个内部样式表，然后输入下面的样式，定义一个类样式。

Note

```
body{                                          /*网页属性样式*/
    padding=0;
    margin=0;
    background-image:url(bg.jpg);
    background-repeat:no-repeat;
    background-attachment:fixed;
}
p{                                             /*定义段落样式*/
   line-height:1.6em;
   color:#FFFFFF;
   font-size:18px;
   }
```

然后在<body>标签中输入以下段落文本，并应用上面定义的类样式。

```
<p>古代有一位农夫的女儿名叫明姑，她憨厚老实，长得俊俏，却被后娘“女霸王”视为眼中钉，受到百般凌辱虐待。一次，因一件小事，顶撞了后娘一句，惹怒了后娘，使用皮鞭抽打她，可一下失手打到了前来劝解的亲生女儿身上，这让后娘又气又恨，夜里趁明姑熟睡之际挖掉了她的眼睛。明姑疼痛难忍，破门出逃，不久死去，死后在她坟上开着一盘鲜丽的黄花，终日面向阳光，它就是向日葵。表示明姑向往光明，厌恶黑暗之意，这传说激励人们痛恨暴力、黑暗，追求光明。这向日葵便繁衍至今。</p>
```

从其显示效果可以看出，当拖动浏览器的滚动条时，背景图片是固定的，不会随着滚动条的移动而改变。

【拓展】与 font 和 border 属性一样，background 属性也可以将各种关于背景的设置集中到一个语句中来，这样不但可以减少代码量，还可以加快网页的下载速度。例如，有如下设置背景的语句。

```
background-color：#7876ea;
background-image：url(bg.jpg);
background-repeat：repeat-x;
background-position：10px 5px;
background-attachment：fixed;
```

以上代码可以统一用下面一句语句代替。

```
background：#7876ea url(bg.jpg) repeat-x 10px 5px fixed;
```

两种属性声明的方法在显示效果上完全一样，第一种方法代码长，但是可读性好；第二种代码简洁，可以提高页面下载速度，所以两种方法各有优点，读者可以根据自己的喜好进行选择。

4.2 案例实战

本节将通过实例的形式帮助读者设计 CSS 的图片样式，以提高实战技法和技巧，快速理解 CSS 图片属性的应用。

4.2.1 设置网页背景颜色

在 4.1 节中，详细介绍了 CSS 可设置的背景样式，本节通过一个简单的实例来介绍 CSS 设置背景颜色的方法，整个网页设计效果如图 4.11 所示。

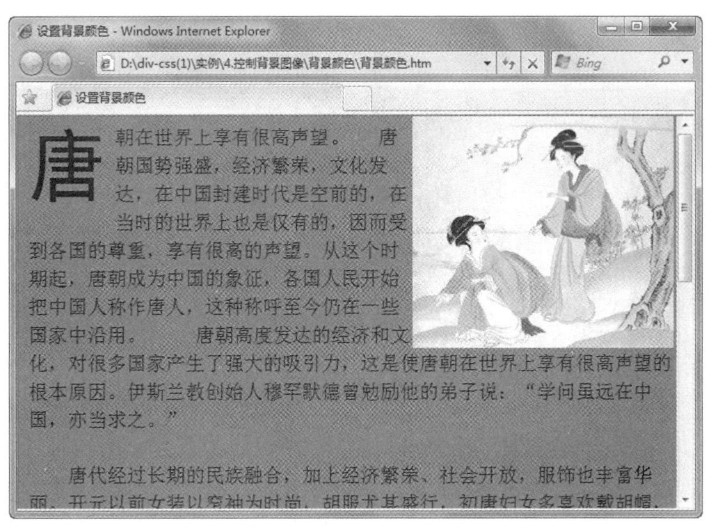

图 4.11 设置网页背景颜色效果

实例位置：光盘实例\4\设置网页背景颜色\index.htm。

设计步骤：

第 1 步，构建网页结构，在<body>标签中输入以下内容。

```
<body>
<img src="images/2.jpg" style="float:right;">
<span>唐</span>
<p>朝在世界上享有很高声望。唐朝国势强盛，经济繁荣，文化发达，在中国封建时代是空前的，在当时的世界上也是仅有的，因而受到各国的尊重，享有很高的声望。从这个时期起，唐朝成为中国的象征，各国人民开始把中国人称作唐人，这种称呼至今仍在一些国家中沿用。</p>
<p>唐代经过长期的民族融合，加上经济繁荣、社会开放，服饰也丰富华丽。开元以前女装以窄袖为时尚，胡服尤其盛行，初唐妇女多喜欢戴胡帽，穿翻领窄袖袍、条纹小口裤，着软靴、系蹀躞带。中唐以后衣衫又趋于宽大。唐代社会上思想比较开放，常有妇女穿着男装，还流行袒胸的低领衣服，喜欢在襦衫外面罩一件对襟短袖衣，叫做半臂或半袖，肩部搭一条披帛。唐代女裙的式样繁多、色彩艳丽，尤其流行像石榴花那样的红裙，诗人称之为石榴裙。</p>
<p>唐朝绘画不仅名家辈出，而且在题材内容、作画技法方面都有很大进步。盛唐以后，随着庶族地主经济的发展，题材大大开阔，画法也有新的创造，人物画开始以世俗生活为内容，山水画也日益兴盛起来。最有成就的画家是吴道玄，他是画工出身，对人物画和山水画都有很高的造诣，有“画圣”之称。李思训、李昭道父子以画金碧山水著名，设色绚丽，描绘工细，景物逼真，是山水画北派之祖。</p>
</body>
```

第 2 步，规划整个页面的基本显示属性，如字体颜色、背景颜色等。

```
body{   /*网页基本样式类*/
    background-color:#d97638;                /*设置页面背景颜色*/
    margin:0px;
    padding:0px;
```

```
    color:黑色;                                /*设置页面文字颜色*/
}
```

此时的显示效果如图 4.12 所示。可以看到，网页背景颜色和图片都已添加，接下来设置段落文本样式。

图 4.12　设置网页基本属性

第 3 步，设置<span>标签的样式，实现首字下沉。

```
pan{                                           /*首字放大*/
    font-size:80px;
    font-family:黑体;
    float:left;                                /*左浮动*/
    padding-right:5px;
    padding-left:10px;
    padding-top:8px;
    }
```

第 4 步，设置<p>中段落文本样式。

```
p{
    font-size:20px;                            /*正文文字大小*/
    padding-left:10px;
    padding-top:8px;
    line-height:140%;                          /*字体粗细为 900*/
    text-indent:2em;                           /*首行缩进*/
    }
```

4.2.2　设置带花纹边框

为页面添加边框，只要使用 border 属性就可以做到，但是，如果想要给页面添加一个带花纹的边框，使用 border 属性是无法完成的。本例利用图片背景来实现为页面添加带花纹的边框，示例效果如图 4.13 所示。

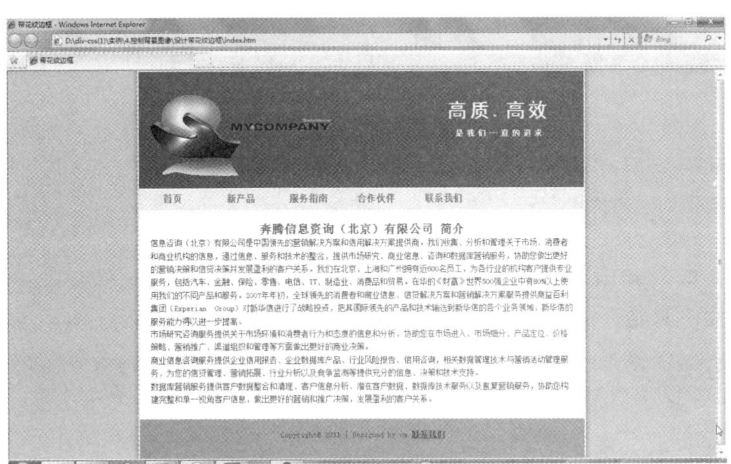

图 4.13 设置带花纹的边框

实例位置：光盘实例\4\设置带花纹边框\index.htm。

设计步骤：

第 1 步，构建网页结构。在本实例中，首先用<div>标记设置 container 容器，在此页面中，所有内容分为 4 个部分，分别用<div>定义为 header、menu、content 和 footer。

```
<body>
  <div id="container">
   <div id="header">
        <div class="logo"><img src="images/logo.gif"/></div>
        <div id="title">高质.高效 <span>是我们一直的追求</span> </div>
   </div>
   <div id="menu">
        <ul>
          <li><a href="#" class="current"><span></span>首页</a></li>
          <li><a href="#" target="_parent"><span></span>新产品</a></li>
          <li><a href="#" target="_blank"><span></span>服务指南</a></li>
          <li><a href="#"><span></span>合作伙伴</a></li>
          <li><a href="#"><span></span>联系我们</a></li>
        </ul>
      </div>
    <div id="content">
         <h2>奔腾信息资询（北京）有限公司 简介</h2>
         <p>信息咨询（北京）有限公司是中国领先的营销解决方案和信用解决方案提供商。我们收集、分析和管理关于市场、消费者和商业机构的信息，通过信息、服务和技术的整合，提供市场研究、商业信息、咨询和数据库营销服务，协助您做出更好的营销决策和信贷决策并发展盈利的客户关系。我们在北京、上海和广州拥有近 600 名员工，为各行业的机构客户提供专业服务，包括汽车、金融、保险、零售、电信、IT、制造业、消费品和贸易。在华的《财富》世界 500 强企业中有 80%以上使用我们的不同产品和服务。2007 年年初，全球领先的消费者和商业信息、信贷解决方案和营销解决方案服务提供商益百利集团（Experian Group）对新华信进行了战略投资，把其国际领先的产品和技术输送到新华信的各个业务领域，新华信的服务能力得以进一步提高。</p>
         <p>市场研究咨询服务提供关于市场环境和消费者行为和态度的信息和分析，协助您在市场进入、市场细分、产品定位、价格策略、营销推广、渠道组织和管理等方面做出更好的商业决策。</p>
         <p>商业信息咨询服务提供企业信用报告、企业数据库产品、行业风险报告、信用咨询，相关数据管理技术与营销活动管理服务，为您的信贷管理、营销拓展、行业分析以及竞争监测等提供充分的信息、决策和技术支持。</p>
```

```
        <p>数据库营销服务提供客户数据整合和清理、客户信息分析、潜在客户数据、数据库技术服务以及直复营销服务，协助您构建完整和单一视角客户信息，做出更好的营销和推广决策，发展盈利的客户关系。</p>
        </div>
        <div id="footer"> Copyright@ 2011   | Designed by us <a href="#/" target="_parent">联系我们</a> </div>
    </div>
</body>
```

此时的显示效果如图 4.14 所示，可以看到，网页的基本结构已经搭建完成，但是由于没有进行 CSS 样式设置，界面中只是把图片和文字内容罗列起来，没有任何修饰。

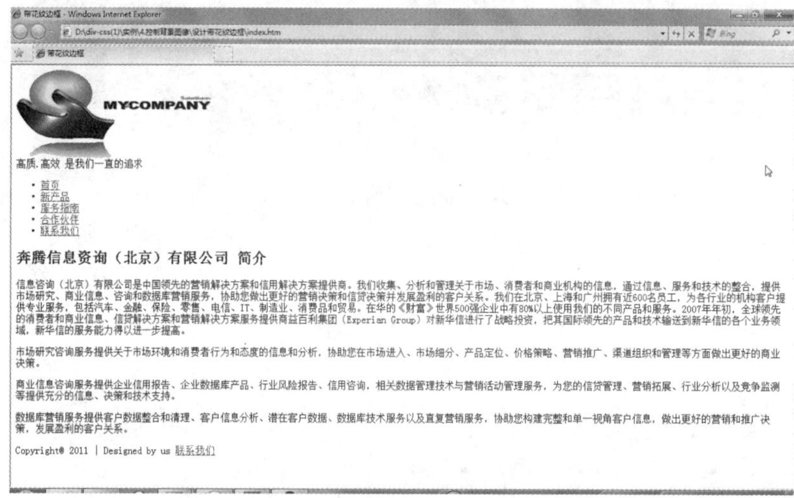

图 4.14 构建网页的基本结构

第 2 步，定义网页的基本属性、container 容器的样式以及所有段落的共有样式。

```
* {
    padding : 0;
    margin : 0;
    }
body {                                          /*网页基本样式*/
    font-family : 宋体,Arial, Helvetica, sans-serif;
    color : #024977;
    font-size : 14px;
    background:#dfbfc0;
    text-align:center;
    }
p {                                             /*段落文本样式*/
    margin: 0px;
    padding: 0 20px;                            /*段落之间的间距*/
    line-height:1.6em;
    text-align:justify;                         /*两端对齐*/
    text-indent:2em;                            /*首行缩进*/
}
#container {
    width: 810px;                               /*容器宽度*/
    margin: 0 auto;                             /*居中*/
```

```
    background:url(images/bg1.jpg) repeat-y;        /*网页背景图片*/
}
```

以上代码中，*{padding:0;margin:0; }将网页中所有标签的 padding 和 margin 都设定为 0px，在 body 中定义了页面的背景颜色，在 container 中设置了容器宽度为 810px，并为其添加了图片背景。此时的显示效果如图 4.15 所示。

图 4.15　设置网页基本属性

第 3 步，定义网页 header 部分样式。

```
#header {
    width: 790px;                          /*header 部分<div>块的宽度*/
    height: 200px;                         /*高宽*/
    margin: 0 auto;                        /*header 居中*/
    background:#3f4857;                    /*背景颜色*/
    border-top:#FFFFFF 2px solid;          /*header 上边框*/
  }
#header .logo{                             /*logo 图片样式*/
    float:left;                            /*左对齐*/
    margin-top:40px;                       /*顶端补白*/
    margin-left:20px;                      /*左侧补白*/
}
#header #title {
    float: right;
    color: #fff;
    font-size: 34px;
    font-weight: bold;                     /*文字粗细*/
    letter-spacing: 5px;                   /*字间距*/
    font-family:黑体;
    margin-top:50px;
    margin-right:60px;
  }
#header #title span {
```

```
    display: block;                          /*定义为块级元素*/
    margin: 10px 0 0 5px;
    font-size: 14px;
    color: #fff;
    font-weight: bold;
    letter-spacing: 5px;
}
```

Note

以上代码中，首先定义了 header 样式，其宽度为 790px，这样设置正是实现页面两侧带花纹边框的关键，因为图片背景（container）的宽度是 810px，也就是说在 header 的左右两侧会各显示 10px 的背景图片，这就是带花纹边框；在 logo 中设置了 logo 图片的样式；title 中定义了文字“高质.高效”的样式；在 span 样式中定义了文字“是我们一直的追求”的样式，由于<span>标记是行内元素，但是在这里需要按块级元素来设置其样式，所以 display: block 表示将<span>标记中的内容定义为块级元素。

块级元素的特点如下。

☑ 总是在新行上开始。

☑ 行间距以及顶和底边距都可控制。

☑ 如果不设置宽度，则其宽度会默认为整个容器的 100%；如果设置了宽度，其宽度为设置的值。

☑ <p>、<h1>、<form>、<ul>、<li>标签都是块级元素。

此时网页的显示效果如图 4.16 所示。

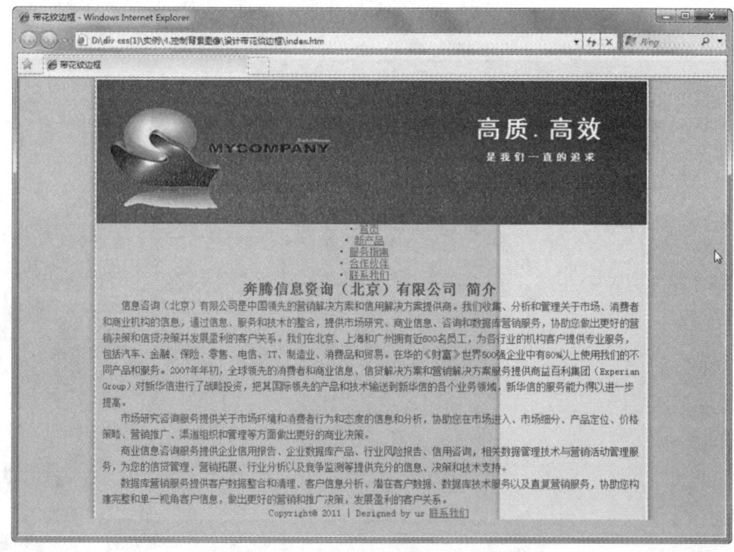

图 4.16 header 部分的 CSS 设置

第 3 步实现了 header 部分的设置，但是网页的菜单部分还是如图 4.17 所示的样式。

图 4.17 没有添加 CSS 的菜单样式

第 4 步，为 menu 部分添加 CSS 样式。

```
#menu {                                    /*menu 容器样式*/
    clear: both;                           /*清除左浮动和右浮动*/
    width: 790px;                          /*menu 宽度*/
    margin: 0 auto;                        /*menu 容器居中*/
    height:36px;                           /*menu 容器的高度*/
  }
#menu ul {                                 /*ul 样式*/
    float: left;
    width:790px;                           /*ul 宽度*/
    height:36px;
    list-style: none;                      /*不显示项目符号*/
    border-top:#FFFFFF 2px solid;          /*设置菜单的上边框*/
    border-bottom:#FFFFFF 2px solid;       /*设置菜单的下边框*/
    background:#f7f392;                    /*ul 的背景颜色*/
  }
#menu ul li a {                            /*设置链接样式*/
    float: left;                           /*左浮动*/
    height: 28px;
    width: 100px;
    padding: 10px 0 0 10px;
    font-size: 16px;
    font-weight: bold;
    text-decoration: none;
    color: #f54f06;                        /*字体颜色*/
  }
```

以上代码中，首先设置了 menu 的宽度为 790px，同样比 container 容器的宽度左右两侧各少 10px，目的同样是为了显示出 container 的背景图片，clear:both 语句是为了清除浮动，由于前面的代码中使用了浮动，所以为了消除左右浮动的影响，使用此语句；在 ul 样式中定义了菜单的样式，其中用 border 语句定义了 ul 的上下边框；在 a 中定义了菜单的链接样式，其中 float:left 语句在这里的作用是使列表项目横向显示。此时的显示效果如图 4.18 所示。

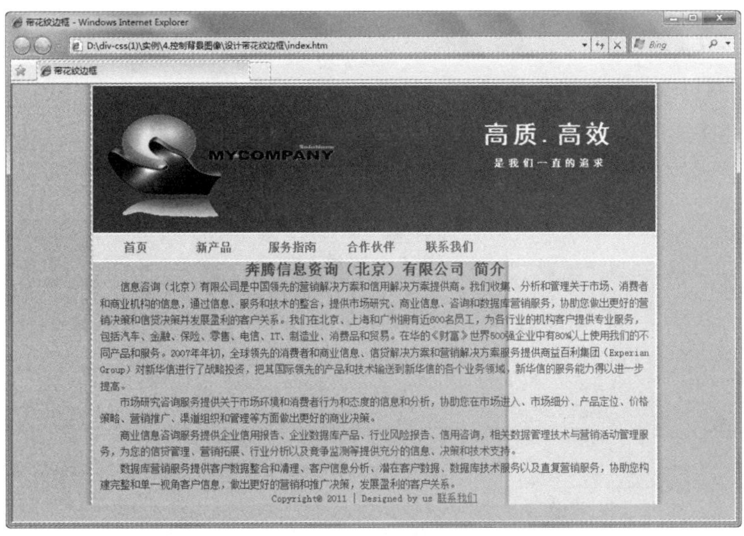

图 4.18　menu 部分的 CSS 设置

第 5 步，从图 4.18 中可以看出，网页已初见效果，接下来要定义 content 样式和<h2>标题样式。

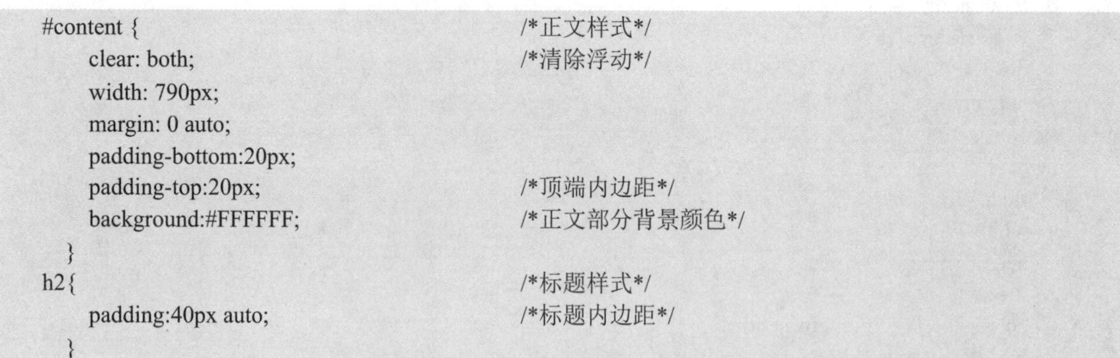

```
#content {                              /*正文样式*/
    clear: both;                        /*清除浮动*/
    width: 790px;
    margin: 0 auto;
    padding-bottom:20px;
    padding-top:20px;                   /*顶端内边距*/
    background:#FFFFFF;                 /*正文部分背景颜色*/
  }
h2{                                     /*标题样式*/
    padding:40px auto;                  /*标题内边距*/
  }
```

Note

在 content 中定义了正文容器的样式，用 clear:both 语句清除了左右浮动，然后设置正文容器的宽度为 790px，再配置 h2 中的标题样式。此时的显示效果如图 4.19 所示。

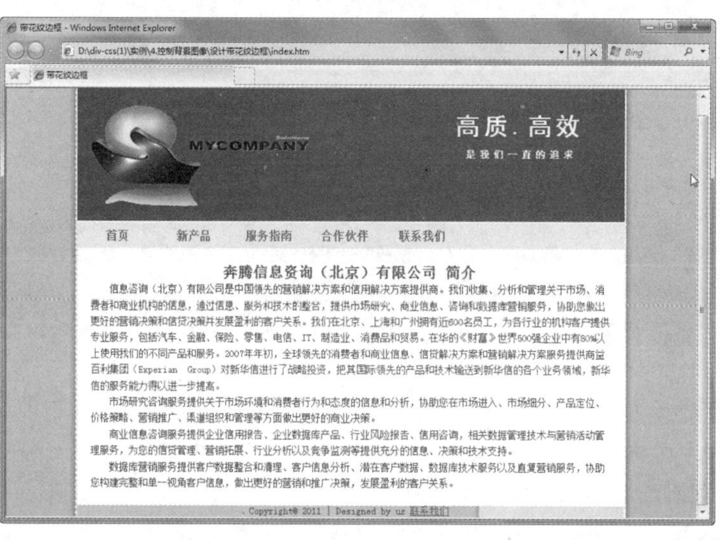

图 4.19　设置正文部分样式

第 6 步，设置网页 footer 部分的样式。

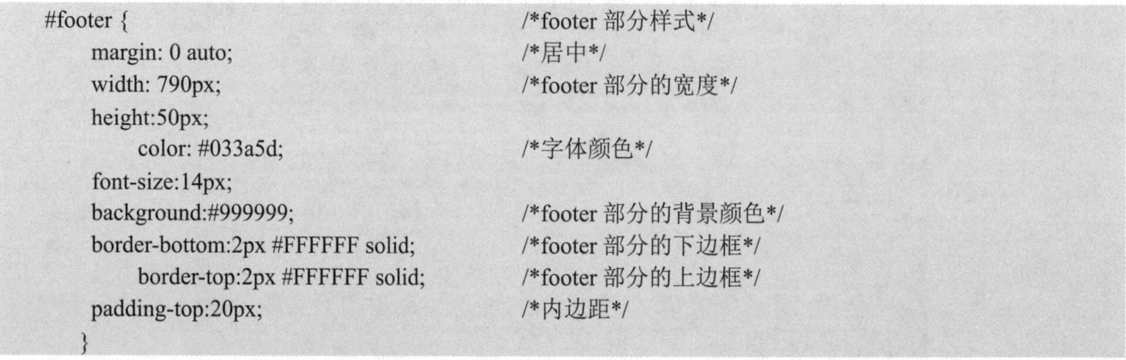

```
#footer {                               /*footer 部分样式*/
    margin: 0 auto;                     /*居中*/
    width: 790px;                       /*footer 部分的宽度*/
    height:50px;
        color: #033a5d;                 /*字体颜色*/
    font-size:14px;
    background:#999999;                 /*footer 部分的背景颜色*/
    border-bottom:2px #FFFFFF solid;    /*footer 部分的下边框*/
        border-top:2px #FFFFFF solid;   /*footer 部分的上边框*/
    padding-top:20px;                   /*内边距*/
  }
```

提示：在本例中，网页的结构是：在 container 容器中包含 header、menu、content 和 footer 4 部分，设计带花纹边框的原理就是 container 的宽度设置比 header、menu、content 和 footer

的宽度设置大，并让这 4 部分居中显示，那么 container 中的背景图片就会在左右各露出一部分，我们所看到的似乎就是页面左右各有两条带花纹的边框，如果是设置上、下、左、右边框，道理是一样的。本例的网页结构示意图如图 4.20 所示。

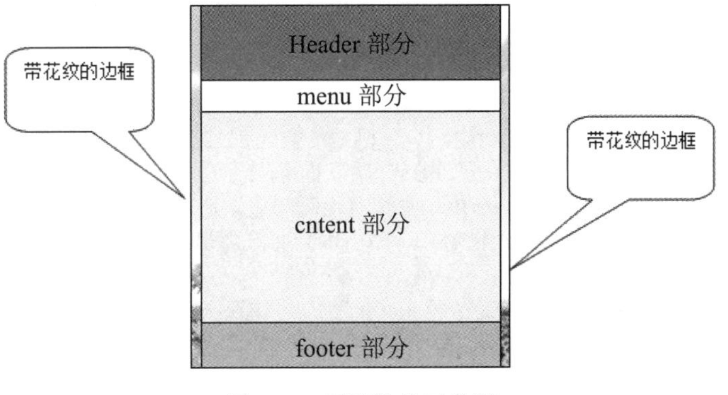

图 4.20　网页结构示意图

4.2.3　设置永远固定的背景

在网页中，如果背景图片很大，浏览器出现滚动条时，通常不希望图片随着滚动条的滚动而移动，这种效果在 CSS 中很容易实现，4.1.6 节中已经有所介绍，本节将以实例的形式进一步说明这种设置图片背景的方法。本例的演示效果如图 4.21 所示。

图 4.21　永远固定的背景

实例位置：光盘实例\4\设置永远固定的背景\index.htm。

设计步骤：

第 1 步，构建网页的基本结构。本例中的结构非常简单，分别用 3 个<p>标记添加了 3 段文本。

```
<body>
<p>唐朝在世界上享有很高声望。唐朝国势强盛，经济繁荣，文化发达，在中国封建时代是空前的，在当时的世界上也是仅有的，因而受到各国的尊重，享有很高的声望。从这个时期起，唐朝成为中国的象征，各国人民
```

Note

```
开始把中国人称作唐人，这种称呼至今仍在一些国家中沿用。唐朝高度发达的经济和文化，对很多国家产生了强大的吸引力，这是使唐朝在世界上享有很高声望的根本原因。伊斯兰教创始人穆罕默德曾勉励他的弟子说：“学问虽远在中国，亦当求之。”</p>
    <p>唐代经过长期的民族融合，加上经济繁荣、社会开放，服饰也丰富华丽。开元以前女装以窄袖为时尚，胡服尤其盛行，初唐妇女多喜欢戴胡帽，穿翻领窄袖袍、条纹小口裤，着软靴、系蹀躞带。中唐以后衣衫又趋于宽大。唐代社会上思想比较开放，常有妇女穿着男装，还流行袒胸的低领衣服，喜欢在襦衫外面罩一件对襟短袖衣，叫做半臂或半袖，肩部搭一条披帛。唐代女裙的式样繁多、色彩艳丽，尤其流行像石榴花那样的红裙，诗人称之为石榴裙。</p>
    <p>唐朝绘画不仅名家辈出，而且在题材内容、作画技法方面都有很大进步。盛唐以后，随着庶族地主经济的发展，题材大大开阔，画法也有新的创造，人物画开始以世俗生活为内容，山水画也日益兴盛起来。最有成就的画家是吴道玄，他是画工出身，对人物画和山水画都有很高的造诣，有“画圣”之称。李思训、李昭道父子以画金碧山水著名，设色绚丽，描绘工细，景物逼真，是山水画北派之祖。</p>
    <p>唐三彩是一种盛行于唐代的陶器，以黄、褐、绿为基本釉色，后来人们习惯地把这类陶器称为“唐三彩”。唐代是中国封建社会的鼎盛时期，经济上繁荣兴盛，文化艺术上群芳争艳，唐三彩就是这一时期产生的一种彩陶工艺品，它以造型生动逼真、色泽艳丽和富有生活气息而著称。唐三彩的生产已有1300多年的历史了，它吸取了中国国画、雕塑等工艺美术的特点，采用堆贴、刻画等形式的装饰图案，线条粗犷有力。</p>
    </body>
```

第2步，定义网页基本属性。

```
body{                                          /*网页样式*/
    background-image:url(images/bg.jpg);       /*背景图片*/
    background-repeat:no-repeat;               /*背景图片不重复*/
    background-attachment:fixed;               /*背景图片固定*/
}
```

在body中首先为页面添加了名为bg.jpg的背景图片，并将background-repeat属性设置为不重复，然后用background-attachment属性定义了背景图片固定的效果。

第3步，设置<p>标记的样式。

```
p{                                             /*段落样式*/
    line-height:1.5em;                         /*行间距*/
    color:#FF5577;                             /*字体颜色*/
    font-size:18px;                            /*字体大小*/
    text-indent:2em;                           /*首行缩进*/
}
```

<p>标记中显示的是正文内容，设置其字体大小为18px、行间距为1.5em。

4.2.4 设置圆润的栏目模块

在网页中常常可以看到整个页面或者某些模块是圆角的，这使网页和模块显得更圆润，本例继第3章介绍了图片的圆角化后，继续运用<div>块的圆角化，使模块看起来更圆润。本例演示效果如图4.22所示。

实例位置：光盘实例\4\设置圆润的栏目模块\index.htm。

设计步骤：

第1步，构建网页基本结构。在本实例中首先用<div>标记设置container容器，在此容器中，分别用<div>定义了header、menu、content和footer 4部分。

图 4.22　设置圆润的栏目模块

```
<body>
<div class="container">
  <div class="header"></div>
  <div class="menu">
        <ul>
          <li>首页</li>
          <li>热门推荐</li>
          <li>精华帖</li>
          <li>交流区</li>
          <li>经典收藏</li>
          <li>历史记录</li>
          <li>通讯录</li>
          <li>关于我们</li>
        </ul>
    </div>
    <div class="content"></div>
    <div class="footer">@2011  版权所有   |关于我们   |联系我们|</div>
</div>
</body>
```

此时，没有设置 CSS 样式时的显示效果如图 4.23 所示。

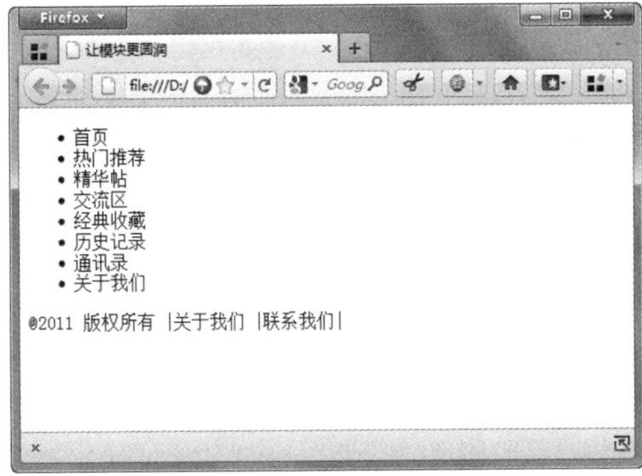

图 4.23　网页基本结构

Note

第 2 步，定义网页基本属性、container 容器的样式。

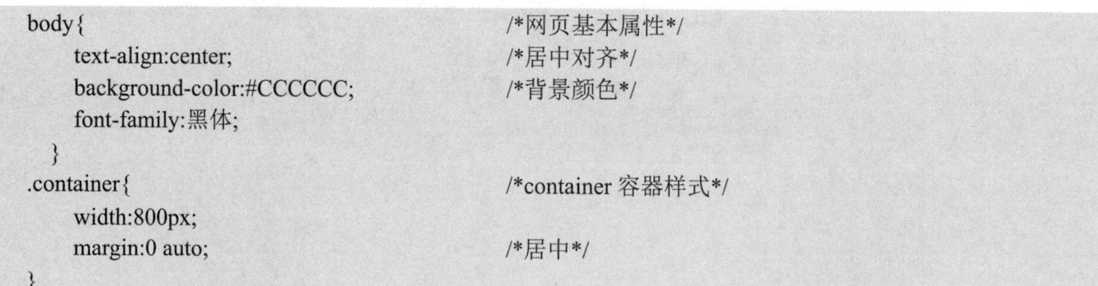

```
body{                                            /*网页基本属性*/
    text-align:center;                           /*居中对齐*/
    background-color:#CCCCCC;                    /*背景颜色*/
    font-family:黑体;
  }
.container{                                      /*container 容器样式*/
    width:800px;
    margin:0 auto;                               /*居中*/
}
```

以上代码中，首先设置了 body 的背景颜色，在 container 中设置了容器宽度为 800px。此时的显示效果如图 4.24 所示。

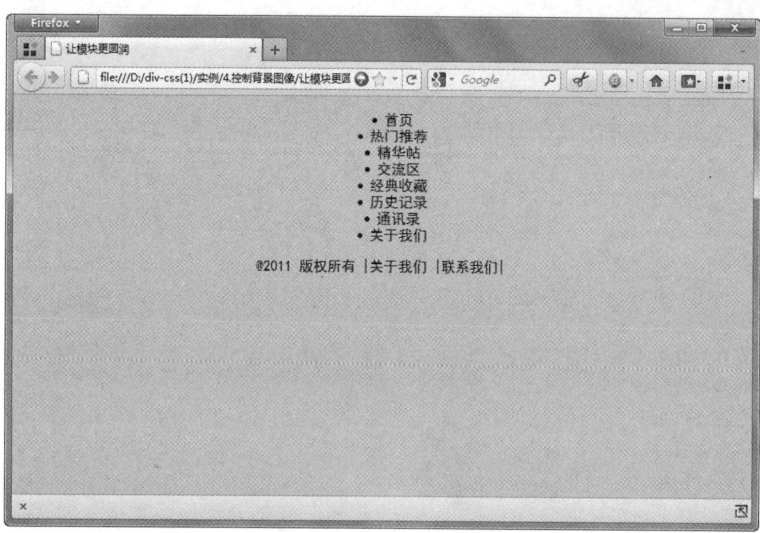

图 4.24　设置网页基本属性

第 3 步，定义网页 header 部分样式。

```
.header{                                         /*header 样式*/
        width:100%;                              /*相对宽度*/
        height:200px;
        background-image:url(images/bg.jpg);     /*定义背景图片*/
        border-top-left-radius:10px;             /*左上角圆角化*/
        border-top-right-radius:10px;            /*右上角圆角化*/
        border:green 2px solid;                  /*给 header 加边框*/
    }
```

以上代码中，首先定义了 header 样式，其宽度为相对宽度，即父标记的 100%，border-top-left-radius:10px 和 border-top-right-radius:10px 两句定义了 header 模块的左上角和右上角显示为圆角。虽然这种方法比其他实现圆角的方法简单，但是由于此方法的兼容性差，所以请读者谨慎使用。此时网页的显示效果如图 4.25 所示。从图中可以看到，header 部分的左上和右上角变为圆角，使 header 显得圆润了许多。

图 4.25　head 部分的 CSS 设置

第 4 步，为 menu 部分添加 CSS 样式。

```
.menu{                                    /*menu 样式*/
    width:800px;                          /*宽度*/
    height:35px;
    padding-top:5px;
    text-align:center;
    border-left:green 2px solid;          /*左侧边框*/
    border-right:green 2px solid;         /*右侧边框*/
    background-color:#f0d835;             /*背景颜色*/
}
ul{
    margin:0px;
    padding:0px;
    list-style-type:none;                 /*不显示项目标记*/
}
li{
    float:left;                           /*左浮动*/
    padding:0px 20px;                     /*内边距*/
  }
```

在以上代码中，首先设置了 menu 的宽度为 800px；在 ul 中定义了菜单的样式，其中用 list-style-type:none 语句定义了列表不显示项目符号；在 li 中定义了标签<li>的样式，其中 float 语句的作用是使项目列表中的各项左浮动，在这里使用此语句，可以达到使原本纵向排列的列表各项横向排列。此时的显示效果如图 4.26 所示。

第 5 步，从图 4.26 中可以看出，网页的菜单部分已经设置完毕，接下来定义 content 样式。

```
.content{                                 /*正文样式*/
     width:800px;
     height:300px;
     background-color:#FFFFFF;            /*正文部分背景颜色*/
```

Note

```
        border-left:green 2px solid;              /*左侧边框*/
        border-right:green 2px solid;             /*右侧边框*/
        border-top:green 2px solid;               /*顶部边框*/
}
```

图 4.26　menu 部分的 CSS 设置

在 content 中定义了正文容器的样式。此时的显示效果如图 4.27 所示。

图 4.27　设置正文部分样式

第 6 步，设置网页的 footer 部分的样式。

```
.footer{                                          /*footer 部分样式*/
    width:800px;
    height:80px;
    background:url(images/footer_bg.jpg);         /*footer 部分的背景图片*/
```

```
    border-bottom-left-radius:10px;          /*设置左下边框的圆角化*/
    border-bottom-right-radius:10px;         /*设置右下边框的圆角化*/
    border:green 2px solid;                  /*边框*/
    padding-top:20px;
    }
```

提示：以上网页由于使用了 border -radius 属性，所以对浏览器的兼容性有一定要求，在 IE 浏览器中无法显示圆角，所以请读者在 Firefox 浏览器中浏览。

4.2.5　设计分栏版式

分栏版式的网页简洁，分栏清晰、条理清楚，更易阅读，所以分栏版式是网页设计者十分青睐的一种网页结构。在本例中，每一个栏目的图片放置在左边，所配文字放置在右边，并运用背景图片做分栏和视觉的引导，使网页看起来清新、简洁。本例的演示效果如图 4.28 所示。

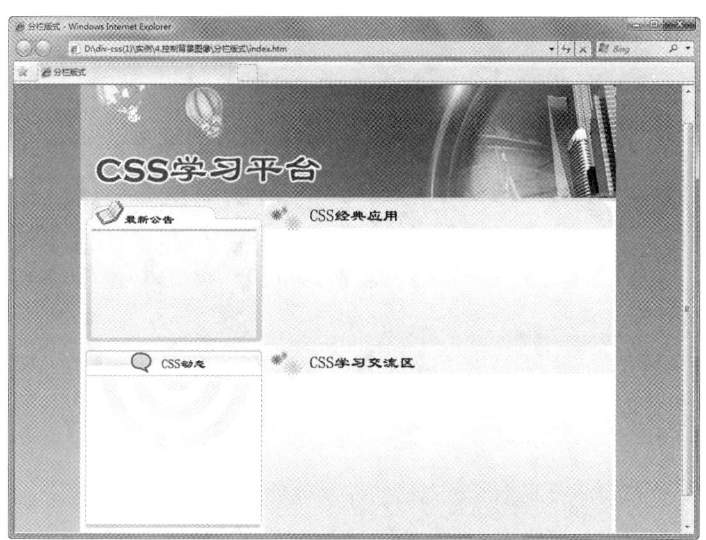

图 4.28　设置分栏版式

实例位置：光盘实例\4\设计分栏版式\index.htm。

设计步骤：

第 1 步，首先构建网页结构。

```
<body>
  <div class="container">
    <div class="header"><img src="images/banner.jpg" /></div>
        <div class="content">
        <table   cellspacing="0" cellpadding="0">
                <tr><td class="l1"></td><td class="r1"></td></tr>
                <tr><td class="l2"></td><td class="r2"></td></tr>
        </table>
    </div>
</body>
```

在本实例中仍然是先用<div>标记设置 container 容器，在此容器中，分别用<div>定义了 header

和 content 两部分，在 content 中又用表格进行排版，定义了 4 部分，分别是 l1、l2、r1 和 r2。

第 2 步，定义网页的基本属性和 container 容器的样式。

Note

```
body{                                           /*网页基本属性*/
    background-image:url(images/bg.jpg);        /*添加背景图片*/
    background-repeat: repeat-x;                /*背景图片横向重复*/
        text-align:center;
}
.container{                                     /*网页 container 样式*/
        background-color:#d3eeeb;               /*container 容器的背景颜色*/
        width:800px;
        height:720px;
        margin:0 auto;                          /*居中*/
}
```

在以上代码中设置了网页的背景图片，用 background-repeat 属性设置背景图片为横向居中。在 container 容器中设置容器的宽度、高度和居中等样式。显示效果如图 4.29 所示。

图 4.29　设置网页属性

第 3 步，设置 header 和 content 样式以及通过设置 content 容器下的 table 样式来实现分栏。

```
.header,.content{                               /*header 和 content 样式*/
    width:800px;
    }
.content table{                                 /*content 容器下的表格样式*/
    text-align:center;                          /*居中*/
    width:790px;                                /*表格宽度*/
    margin:5px;                                 /*四周补白*/
  }
```

在以上代码中，首先定义了 header 和 content 的宽度，接着通过设置 content 下的 table 表格样式，

最终实现分栏效果。

第 4 步，设置 header 和 content 样式以及通过设置 content 容器下的 table 样式来实现分栏。

```
.l1{                                                    /*第一行左列单元格样式*/
    width:270px;                                        /*宽度*/
    height:210px;                                       /*高宽*/
    background-image:url(images/left1.jpg);             /*背景图片*/
}
.l2{                                                    /*第二行左列单元格样式*/
    width:270px;
    height:270px;
    background-image:url(images/left2.jpg);
}
.r1{                                                    /*第一行右列单元格样式*/
    width:520px;
    height:210px;
    background-image:url(images/right1.gif);
}
.r2{                                                    /*第二行右列单元格样式*/
    width:520px;
    height:270px;
    background-image:url(images/right2.gif);
}
```

在以上代码中，分别对表格中的 4 个单元格进行了样式设置，在每个单元格中添加了背景图片，从而实现了分栏的目的。

4.2.6　设计滑动门菜单

在 CSS 中，一个经常被人们讨论的先进技术就是使背景图像具有可层叠性，并允许它们在彼此之上进行滑动，以创造一些特殊的效果，这就是滑动门技术。本例就是应用了这种技术，设计了滑动门菜单。本例的演示效果如图 4. 30 所示。

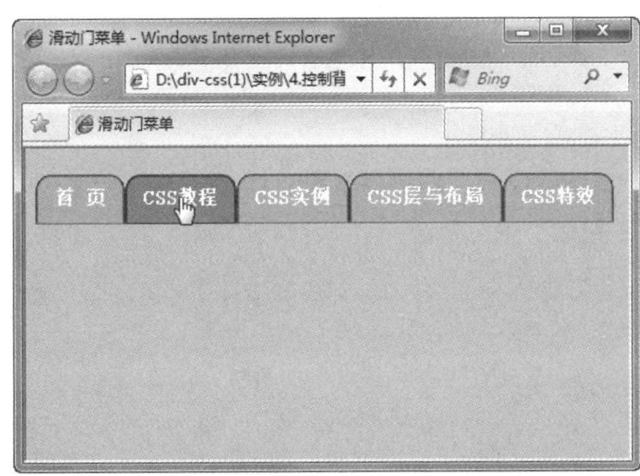

图 4.30　设置滑动门菜单效果

实例位置：光盘实例\4\设计滑动门菜单\index.htm。

所谓滑动门菜单，可以这样理解，菜单的背景图会根据文字的多少而自动变长（变短），这好像一个可以滑动的门一样，根据文本自身适应大小，进行滑动。这可以用背景图片来实现，把两张图片想象成可以滑动的门，一个在左，一个在右，当文本较少时，两张图片重叠的就多些，当文本较多时，两张图片就滑动开，重叠的部分就少一些，也就是两张图片中间部分重叠，两端不重叠。滑动门实现的原理如图 4.31 所示。

Note

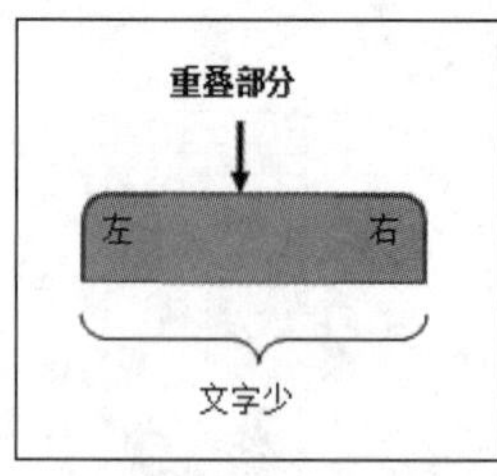

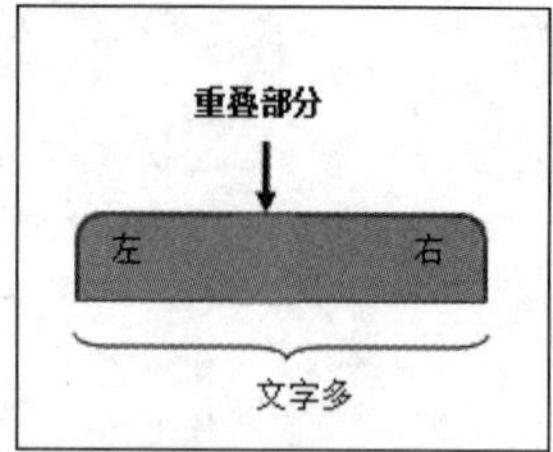

图 4.31　滑动门实现原理

设计步骤：

第 1 步，构建网页结构。本例中首先用<div>标记设置 menu 容器，然后通过<ul>标记创建网页菜单。

```
<body>
  <div class="menu">
    <ul>
      <li ><a href="#"><span>首　页</span></a></li>
      <li><a href="#"><span>CSS 教程</span></a></li>
      <li ><a href="#"><span>CSS 实例</span></a></li>
      <li><a href="#"><span>CSS 层与布局</span></a></li>
      <li><a href="#"><span>CSS 特效</span></a></li>
    </ul>
  </div>
</body>
```

在整个 menu 框架下，菜单分为 5 个项目，分别用<li>标记定义，请读者注意，在每个<li>标记中，又嵌套了<a>和<span>标记，这是为了能添加两张背景图片，所以在<li>中设有两个 HTML 元素。

第 2 步，定义网页中 menu 的样式和菜单样式。

```
body {                                   /*网页基本属性*/
    background-color:#CCCCCC;
    }
.menu ul {                               /*ul 标记样式*/
    margin:20px auto 0px 0px;            /*四周补白*/
    padding:0;
    list-style-type:none;                /*不显示项目符号*/
    }
.menu li {
    float:left;                          /*左浮动*/
    }
```

在以上代码中，首先定义了网页基本属性；由于<li>中默认项目是竖向排列的，所以用 float:left;语句使其在一行中显示。此时的显示效果如图 4.32 所示。

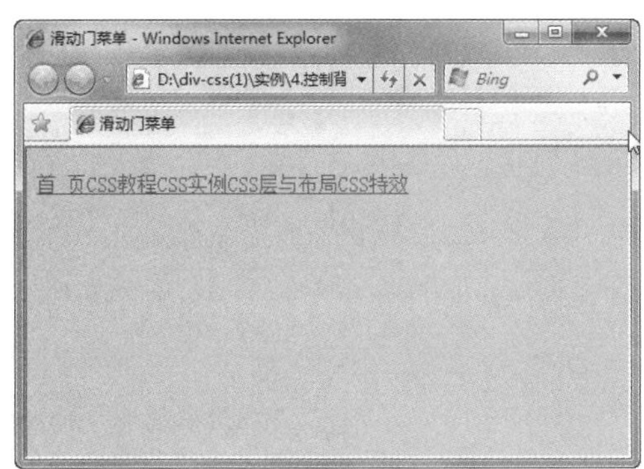

图 4.32　设置网页的基本属性

第 3 步，为菜单设置滑动门效果。实现滑动门效果的关键是<a>标记和<span>标记的样式设置。

```
.menu li a {                                              /*a 标记样式*/
    display:block;                                        /*定义为块级元素*/
    background:url(images/13.gif) no-repeat left top;     /*添加背景图片*/
    padding-left:15px;                                    /*左侧内边距*/
    font-size:15px;                                       /*字体大小*/
    color:#fff;                                           /*字体颜色*/
    font-weight:800;                                      /*字体粗细*/
    text-decoration:none;                                 /*不显示文字下划线*/
    height:38px;                                          /*高度*/
}
.menu li a span{                                          /*span 标记样式*/
    display:block;
    background:url(images/14.gif) no-repeat right top;
    padding-right:15px;
    height:38px;
    padding-top:10px;
    }
```

在上面的代码中，首先定义了<a>标记的样式，a 默认是行内元素，但是由于这里需要添加背景图片，所以用 display:block;语句将其设置为块级元素，用 background:url(images/13.gif) no-repeat left top;语句设置了背景图片的样式；在 span 样式中，同样将其改为块级元素。由于在滑动门效果中需要一左一右两张背景图片，所以为了添加两张背景图片，这里设置了两个 HTML 标记，分别是<a>和<span>。显示效果如图 4.33 所示。

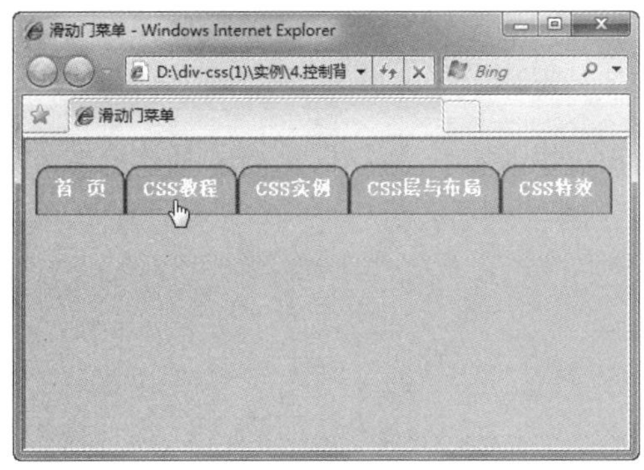

图 4.33　实现滑动门效果

从图 4.33 可以看出，滑动门菜单已经完成，但是我们希望在光标悬停时，菜单的样式能有所变化，下面设置光标悬停效果。

第 4 步，设置光标悬停时的菜单效果。

Note

```
.menu li a:hover {                                              /*光标悬停时的 a 样式*/
    display:block;
    background:url(images/1.gif) no-repeat left top;            /*背景图片样式*/
    padding-left:15px;
    }
.menu li a:hover span{                                          /*光标悬停时的 span 样式*/
    display:block;
    background:url(images/12.gif) no-repeat right top;
    padding-right:15px;
}
```

在以上代码中，分别设置了 a:hover 和 a:hover span 样式，其中 hover 是 CSS 中的伪类，表示当光标悬停时的样式表属性，这部分内容将在后面的章节中详细介绍。在这里，定义了当光标悬停时左右图片的样式。

4.2.7 设计灯箱广告

在网页上随处可见的灯箱广告，有效地提高了网页的视觉冲击力，不断变换的图片和文字，给浏览者带来不同的感受，灯箱广告的动静结合，能引起人们的注意，从而吸引人们的眼球，以获得最好的经济效益。本例介绍了用 CSS 设置最简单的灯箱广告的方法。演示效果如图 4.34 所示。

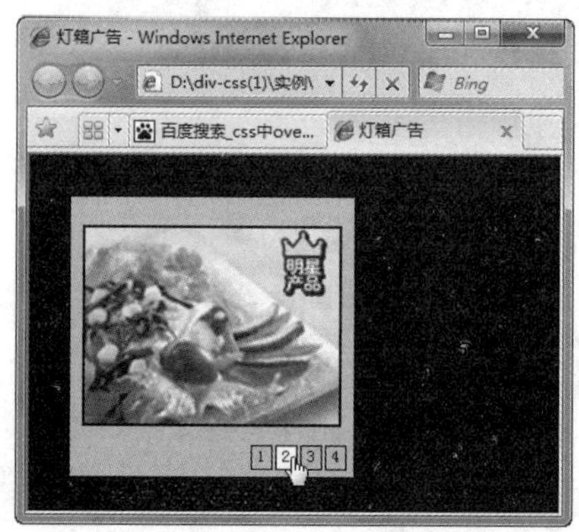

图 4.34 灯箱广告效果

实例位置：光盘实例\4\设计灯箱广告\index.htm。

设计步骤：

第 1 步，首先构建网页结构。在本例中，应用<dl>标记创建列表，从而实现灯箱广告效果。

```
<body>
<dl id="menu">
    <dt>
        <a href="#img1">1</a>
        <a href="#img2">2</a>
        <a href="#img3">3</a>
        <a href="#img4">4</a>
    </dt>
```

```
        <dd>
            <img src="images/1.JPG" id="img1"/>
            <img src="images/2.JPG" id="img2"/>
            <img src="images/3.JPG" id="img3"/>
            <img src="images/4.JPG" id="img4"/>
        </dd>
    </dl>
    </body>
```

在本实例中应用<dl></dl>标记来创建列表，并创建 menu 类来声明其样式，在列表中添加 4 张图片，从而实现灯箱广告。

第 2 步，接下来定义网页的基本属性和 menu 类样式。

```
*{ margin:0; padding:0;}
body{                                   /*网页基本属性*/
    margin:30px auto auto 30px;         /*四周补白*/
    background-color:#000000;           /*网页背景颜色*/
  }
#menu{                                  /*dl 标记类样式*/
    position:relative;                  /*相对定位*/
    height:180px;                       /*高度*/
    width:210px;                        /*宽度*/
    background:#ccc;                    /*dl 标记的背景颜色*/
    text-align:center;
    padding-top:20px;
  }
```

在以上的代码中用*{ margin:0; padding:0;}语句设置了网页中所有标签的 margin 和 padding 属性，并设置了网页背景颜色。在 menu 类样式中，首先设置其定位为相对定位，关于定位的内容在后面的章节中会详细介绍，读者在这里可以不用深究。此时的显示效果如图 4.35 所示。

图 4.35　设置网页属性

从图 4.35 中可以看到，由于没有设置<dl></dl>中 dt 和 dd 的样式，使得 4 幅图片以及数字“1”、

“2”、“3”、“4”的位置错乱，接下来对 dt 样式进行设置。

第 3 步，设置 dt 样式类和 dt 标记中的 a 样式类，从而实现设置 dl 列表中的项目标题“1”、“2”、“3”和“4”。

```
#menu dt{                                   /*dt 样式类*/
        position:absolute;                  /*绝对定位*/
    right:5px;                              /*右边框离父级元素的距离*/
    bottom:5px;                             /*下边框离父级元素的距离*/
    }
#menu dt a{                                 /*a 样式类*/
        float:left;                         /*左对齐*/
    display:block;                          /*定义为块级元素*/
    padding:1px 4px;
    border:1px solid #ccc;                  /*为列表项加边框*/
    margin-left:2px;
    text-decoration:none;                   /*不显示下划线*/
    color:#309;                             /*字体颜色*/
    font-size:12px;
    }
#menu dt a:hover {                          /*光标悬停时的 a 样式类*/
    background:#fff;
    color:#FF0000;
    }
```

以上代码实现了如图 4.36 所示的样式。

图 4.36　dt 样式类

首先定义了 dt 样式类，其中 position:absolute 语句表示绝对定位，也就是其定位参照父级元素的原点，进行上、下、左、右的移动。在 dt 样式类的<a>标记下，首先利用 float:left;语句，使列表项横向显示，由于<a>标记默认是行内元素，所以用 display:block;语句将其定义为块级元素，在 a:hover 中定义了光标悬停时的背景颜色和字体颜色。此时显示效果如图 4.37 所示。

图 4.37　设置 dt 样式

第 4 步，设置 dd 样式类。

```
#menu dd{                                    /*dd 样式类*/
    width:210px;                             /*宽度*/
  height:144px;                              /*高度*/
  overflow:hidden;                           /*隐藏溢出*/
  }
```

Note

在 dd 样式类中，应用 overflow:hidden 语句实现图片的溢出隐藏，即把超过所设置的高度和宽度的部分隐藏起来。在本例中，设置了图片的宽度为 210px，高度为 144px，但是由于在 dd 中添加了 4 张图片，而只需要显示一张，不能让 4 张图片同时显示，所以在这里使用了 overflow:hidden 语句，让其他 3 张图片隐藏起来。

4.2.8　设计博客首页效果

个人博客是记录和展示自己的一种很好的形式，它可以作为宣传自己的方式，也可以记录生活中的乐闻趣事，汇总心得体会，很多网友在网络上都注册了自己的博客。本例通过介绍如何建立博客首页，进一步学习 CSS 设置网页背景在实际应用中的运用方法。本例的演示效果如图 4.38 所示。

图 4.38　博客首页效果

实例位置：光盘实例\4\设计博客首页效果\index.htm。

设计步骤：

第 1 步，构建网页结构。本例中首先用<div>标记设置 container 容器，然后通过<div>标记创建网页的 header 和 main 两部分，再通过<table>标记创建了菜单部分。

```
<body>
    <div class="container">
        <div class="header"></div>
        <table class="menu">
            <tr><td>首页</td><td>我的博文</td><td>班级故事</td><td>我的收藏</td><td>成长心得
          </td><td>我爱挑战</td><td>友情链接</td></tr>
        </table>
        <div class="main">
          <div class="leftbar">
```

```
                <p><img src="images/1.jpg" class="pic1">
                <br>我的博文</p>
                <p><img src="images/2.jpg" class="pic1">
                <br>班级故事</p>
                <hr style=" borber:1px solid; " />
                <h2 >My Favorite Sites</h2>
                <ul class="favlinks">
                    <li><a href="#">妈妈的博客</a></li>
                    <li><a href="#">好友的微博</a></li>
                    <li><a href="#" >班级的博客</a></li>
                    <li><a href="#">我们的天空</a></li>
                </ul>
            </div>
            <div class="content">
            <h4>用一段话激励自己</h4>
            <p>我们最深的恐惧并非是我们力不能及。</br>
                我们最深的恐惧是我们的力量无可限量。</br>
                令我们恐惧的是我们的光芒，</br>
                而不是我们的黑暗。</br>
                我们都会扪心自问</br>
                我是谁，怎样才能灿烂夺目，才华横溢？</br>
                其实，你要问，你怎么能不是谁？你就是神之子。</br>
                你的碌碌无为无益于世界。</br>
                退缩并非明智之举，</br>
                以为这样就不会让人们不安。</br>
                我们注定要光彩照人，就像孩子一样。</br>
                我们生来就是为了展现我们心中上帝的荣耀。</br>
                它并非只是少数人拥有；而是藏在每个人的心中。</br>
                当我们让自己的光芒闪耀，</br>
                我们就在无意中默许他人去做同样的事。</br>
                当我们从自己的恐惧中解放，</br>
                我们就自然而然地解放他人！</p>
                <p><img src="images/hua.gif"></p>
            </div>
        </div>
    </div>
</body>
```

在整个 container 框架下，分为 header、menu 和 main 3 块，在 main 块下，又包含了 leftbar 和 content 两部分。其中<table>标记下，定义了网页菜单。在定义 leftbar 部分时，使用了 CSS 的行内样式<hr style=" borber:1px solid; " />来定义水平线样式。

第 2 步，定义网页中 menu 的样式和菜单样式。

```
body {                                  /*网页基本属性*/
    margin:0px;
    padding:0px;
    text-align:center;
    }
.container{                             /*container 容器样式*/
    width:800px;
    margin:0 auto;                      /*居中*/
    }
```

在以上代码中，首先定义了网页基本属性；container 容器样式类中定义了容器宽度和居中对齐。

第 3 步，为菜单设置滑动门效果。要实现滑动门效果，关键是<a>标记和<span>标记的样式设置。

```
.header{                                    /*header 样式类*/
    width:800px;                            /*宽度*/
    height:200px;                           /*高度*/
    background:url(images/bg.jpg);          /*header 部分的背景图片*/
    }
.menu{                                      /*定义<table>标签样式*/
    font-size:16px;
    background-color:#90bcff;               /*背景颜色*/
    text-align:center;                      /*居中对齐*/
    fond-weight:800;
}
```

以上代码可完成如图 4.39 所示的样式设置。

图 4.39　设置网首 header 部分和 menu 部分

在上面的代码中，首先定义了 header 的样式，用 background 语句为其添加背景图片；在 menu 样式中，定义了其背景颜色、字体、对齐方式等属性，此时的显示效果如图 4.40 所示。

图 4.40　设置 header 和 menu 的 CSS

从图 4.40 可以看出，网页上面的部分已经设置完毕，接下来对网页的 main 部分进行 CSS 设置，网页主体用 div 块分成左右两部分，左边用稍深一些的灰色背景进行分割，右边用稍浅的灰色背景置于右下方。

Note

第 4 步，设置 main 中的左侧导航条样式，其中包括<p>、<img>、<h2>标记的样式和 favlinks 部分的样式。

```
.leftbar{                                          /*leftbar 样式*/
    width:199px;                                   /*宽度*/
    height:650px;
    background-color:#d4d7c6;                      /*背景颜色*/
    text-align:center;                             /*水平对齐为居中*/
    vertical-align:top;                            /*垂直对齐为顶端对齐*/
    border-right:1px #FFFFFF solid;                /*右边框样式*/
    float:left;                                    /*使 leftbar 块左浮动，居于页面左侧*/
}
.pic1{
    border:3px solid #f393a5;                      /*leftbar 中图片样式*/
}
.leftbar p{                                        /*leftbar 中文本样式*/
    font-size:20px;
}
```

上面代码实现了如图 4.41 所示的效果。

图 4.41　leftbar 中部分内容

以下代码实现 favlinks 样式。

```
h2 {                                               /*leftbar 中标题样式*/
    font-weight:bold;
    color: #c223c8;
    font-size:18px;
    padding: 0;
    width: 199px;
}
.favlinks {                                        /*favlinks 样式*/
    margin: 0;
    padding: 0;
    width: 199px;
```

```
}

ul.favlinks li {                                  /*favlinks 中 li 列表样式*/
      padding-left: 12px;
      line-height:25px;
      font-size:14px;
}

.favlinks a:link {                                /*favlinks 中链接样式*/
      color: #A5ffffB;
      text-decoration: none;
      border-bottom: 1px dotted #A5003B;          /*底部边框样式*/
}
```

通过以上代码，实现了如图 4.42 所示的样式。

图 4.42　favlinks 样式

第 5 步，为菜单设置滑动门效果。实现滑动门效果的关键是<a>标记和<span>标记的样式设置。

```
.content{                                         /*contenta 样式类*/
      width:600px;                                /*宽度*/
      height:650px;
      background:#e5e5e3 ;                        /*背景颜色*/
      vertical-align:top;                         /*垂直对齐方式为顶端对齐*/
      font-size:12px;
      text-align:center;
      float:left;                                 /*左浮动*/
}
h4{                                               /*正文标题样式*/
      text-decoration:underline;                  /*显示下划线*/
      color:#0078aa;
      padding-top:15px;
      font-size:16px;
}
.content p{                                       /*正文段落样式*/
      line-height:2em;
            font-size:13px;
      }
```

以上代码设置了博客 content 部分的样式，在 content 容器中，首先定义了其宽度为 600px，读者是否还记得，container 容器的宽度是 800px，而 leftbar 的宽度为 199px，这里 199px+600px=799px，还少了 1px 哪里去了呢？细心的读者可能发现了，在 leftbar 中定义 border 的宽度是 1px，加上这一像素正好是 800px。此时，就得到了最终的页面效果，如图 4.43 所示。

Note

图 4.43　最终页面效果

第5章 使用CSS控制列表样式

（视频讲解：55分钟）

人们天生喜欢组织有序的事物，生活中经常会编写采购列表、任务列表，网页中也经常会用到列表。通过列表能够对相关的元素进行分组，并由此给各元素添加意义和结构。大多数网页都包含某种形式的列表，比如最近的新闻列表、喜欢的网页的链接列表或到站点其他部分的链接列表。将这些条目标识为列表并且加上标记会在HTML文档中增加结构，提供应用样式的钩子。

HTML提供了项目列表的基本功能，包括顺序列表的<ol>标签和无顺序列表的<ul>标签等。当引入CSS后，项目列表被赋予了很多新的功能。本章主要围绕项目列表的基本CSS属性进行介绍，同时结合网页设计中经常应用的列表结构栏目，配合CSS进行多样化样式设计。

学习重点：

- CSS设置项目列表符号的方法。
- CSS控制项目列表横竖的方法。
- 综合运用项目列表进行网页中的菜单设计。

5.1 列表样式设置基础

Note

CSS 可设置的列表样式，包括各种无序列表和有序列表的符号和编号、列表的横向显示等。在本节中将通过实例，介绍 CSS 可设置的列表的样式。

5.1.1 设置列表项符号

在 CSS 里，使用 list-style-type 属性来定义列表的项目符号。具体用法如下。

```
list-style-type : disc | circle | square | decimal | lower-roman | upper-roman | lower-alpha | upper-alpha | none | armenian | cjk-ideographic | georgian | lower-greek | hebrew | hiragana | hiragana-iroha | katakana | katakana-iroha | lower-latin | upper-latin
```

该属性的参数值说明如表 5.1 所示。

表 5.1 list-style-type 属性的参数及其显示效果

列表类型	参数	显示效果
无序列表	disc	实心圆
无序列表	circle	空心圆
无序列表	square	正方形
有序列表	decimal	阿拉伯数字 1，2，3，4，…
有序列表	upper-alpha	A，B，C，D，E，…
有序列表	lower-alpha	a，b，c，d，e，…
有序列表	upper-roman	I，II，III，IV，V，VI，VII，…
有序列表	lower-roman	i，ii，iii，iv，v，vi，vii，…
无序列表、有序列表	none	不显示任何符号

【例 5-1】启动 Dreamweaver，新建一个网页，保存为 test.html，在<body>标签内输入如下代码。

```
<body>
        <h2>北京最吸引人的地方</h2>
    <ul>
        <li>什刹海</li>
        <li>故宫</li>
        <li>音乐会古钢琴咖啡厅</li>
        <li>北海公园泛舟</li>
        <li>秋天的香山公园赏红叶</li>
    </ul>
</body>
```

在<head>标签内添加<style type="text/css">标签，定义一个内部样式表，然后输入下面样式，用来定义网页属性和列表样式。

```
body{                                    /*页面基本属性*/
    background-color:#CCCCCC;            /*设置页面背景颜色*/
}
```

```
ul{                                         /*列表样式*/
    color:#CC0000;
    list-style-type:square;                 /*项目符号*/
    }
```

显示效果如图 5.1 所示。网页背景颜色为#CCCCCC，list-style-type:square 语句设置了项目符号为正方形。

在 CSS 中，无论是<ol>还是<ul>标签都可以使用相同的属性值，而且效果是完全相同的。例如，本实例中修改<ul>标签的样式为项目编号。

```
ul{                                         /*列表样式*/
   color:#CC0000;
   list-style-type:decimal;                 /*项目编号*/
   }
```

显示效果如图 5.2 所示。可以看到，项目列表按阿拉伯数字显示编号，这本身是有序列表<ol>的属性参数，但是由于在 CSS 中<ul>和<ol>的分界并不十分严格，只要利用 list-style-type 属性，二者就可以通用。

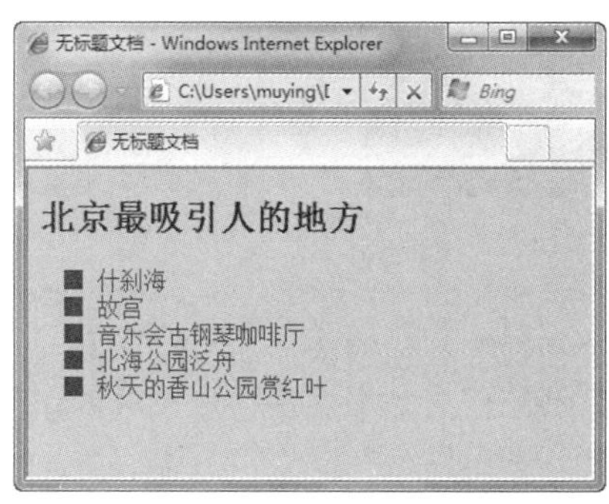

图 5.1　设置项目列表符号

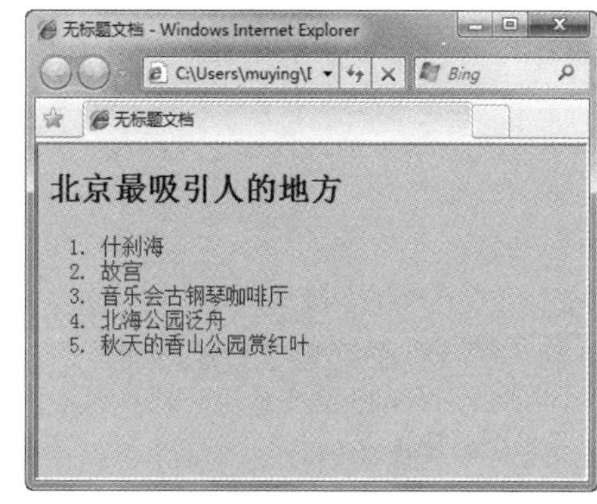

图 5.2　项目编号效果

【例 5-2】当给<ul>或<ol>标签设置 list-style-type 属性时，在它们中间的所有<li>标签也都默认设置为该属性，而如果单独运用某个<li>标签设置 list-style-type 属性时，则仅仅作用在该条项目上。

启动 Dreamweaver，新建一个网页，保存为 test.html，在<body>标签内输入如下代码。

```
<body>
      <h2>北京最吸引人的地方</h2>
   <ul>
      <li>什刹海</li>
      <li>故宫</li>
      <li class="special">音乐会古钢琴咖啡厅</li>
      <li>北海公园泛舟</li>
      <li>秋天的香山公园赏红叶</li>
   </ul>
</body>
```

在<head>标签内添加<style type="text/css">标签，定义一个内部样式表，然后输入下面样式，用来定义网页属性和列表样式。

```
body{                                       /*页面基本属性*/
```

```
    background-color:#CCCCCC;                    /*设置页面背景颜色*/
    }
ul{                                              /*列表样式*/
    color:#CC0000;
    list-style-type:disc;                        /*项目符号为实心圆*/
    }
.special{
    list-style-type:square;                      /*单独设置项目符号为正方形*/
    }
```

显示效果如图 5.3 所示。可以看到，单独设置的<li>标签和其他标签的符号是不同的。

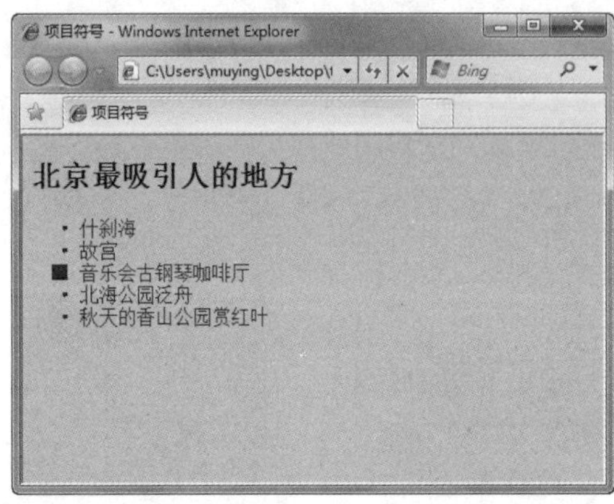

图 5.3　单独设置项目列表符号

提示：list-style-type 属性在<ul>标签中默认的参数是实心圆，如果没有设置 list-style-type 属性，列表的项目符号将显示为实心圆，在<ol>标签中默认的项目编号是阿拉伯数字，如果希望列表不显示任何符号或编号，需要添加语句 list-style-type:none。

5.1.2　定义项目的图片符号

CSS 使用 list-style-image 属性来定义项目的图片符号样式。用法如下。

```
list-style-image : none | url ( url )
```

其作用是给列表添加项目图片，其中 url 是图片的路径，可以是绝对路径，也可以是相对路径。

【例 5-3】启动 Dreamweaver，新建一个网页，保存为 test.html，输入以下内容。

```
<h2>京郊采摘好去处</h2>
<ul>
    <li>顺义大胡子采摘园</li>
    <li>静逸清农业生态观光园</li>
    <li>英龙果园</li>
    <li>永新源生态农业有限公司</li>
    <li>金海湖观光采摘园</li>
</ul>
```

在<head>标签内添加<style type="text/css">标签，定义一个内部样式表，然后输入下面样式，用来定义列表项目图片符号样式。

```
ul{                                           /*列表样式*/
    color:#CC0000;
    list-style-image:url(icon.jpg);           /*项目符号图片*/
    }
```

以上代码定义了项目图片符号，显示效果如图 5.4 所示。

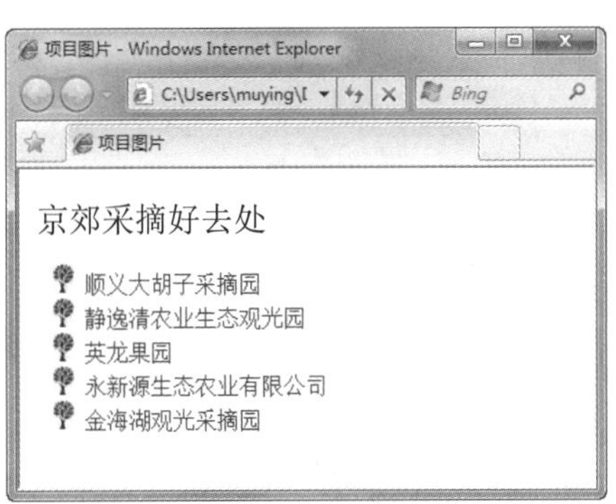

图 5.4　图片符号

为了添加定制的列表符号，可以使用 list-style-image 属性。但是，这种方法对符号图像的位置的控制能力不强。更常用的方法是关闭列表符号，并且将定制的符号作为背景添加在列表元素上。然后可以使用背景图像的定位属性精确地控制定制符号的对准方式。

IE 和 Opera 浏览器使用左空白边控制列表的缩进，而 Safari 和 Firefox 浏览器则选择使用左填充。因此，首先需要将列表的空白边（margin）和填充（padding）设置为 0，去掉这个缩进。要去掉默认的符号，只需将列表样式类型设置为 none。

```
ul {
    margin:0;
    padding:0;
    list-style-type:none;
}
```

添加定制的符号非常简单。在列表项左边添加填充，为符号留出所需的空间。然后将符号图像作为背景图像应用于列表项。如果列表项跨越多行，用户可以将符号放在接近列表项顶部的位置，但是，如果知道列表项的内容不会跨越多行，则可以将垂直位置设置为 middle 或 50%，使符号垂直居中。

```
li{
    background: url(icon.jpg) no-repeat 0 50%;
    padding-left:30px;
}
```

5.1.3　列表的横竖转换

CSS 定义的<ul>标签中的列表项默认是竖向显示的，有的时候需要列表项横向显示。通过 CSS 的控制，可以轻松实现项目列表的横竖转换。

【例 5-4】 启动 Dreamweaver，新建一个网页，保存为 test.html，输入以下内容。

```
<div class="container">
<ul>
    <li><a href="#">FILE</a></li>
```

```
    <li><a href="#">INSERT</a></li>
    <li><a href="#">TOOLS</a></li>
    <li><a href="#">WINDOWS</a></li>
    <li><a href="#">HELP</a></li>
</ul>
</div>
```

在<head>标签内添加<style type="text/css">标签，定义一个内部样式表，然后输入下面样式，用来定义列表样式。

```
body{
        background:#CCCCCC;                     /*页面背景色*/
    }
.container{                                     /*container 容器样式*/
        font-family:Arial, Helvetica, sans-serif;
    }
.container ul{                                  /*列表样式*/
        list-style-type:none;                   /*不显示项目符号*/
        margin:0px;
        padding:0px;
    }
```

以上代码定义了项目列表样式，显示效果如图 5.5 所示。

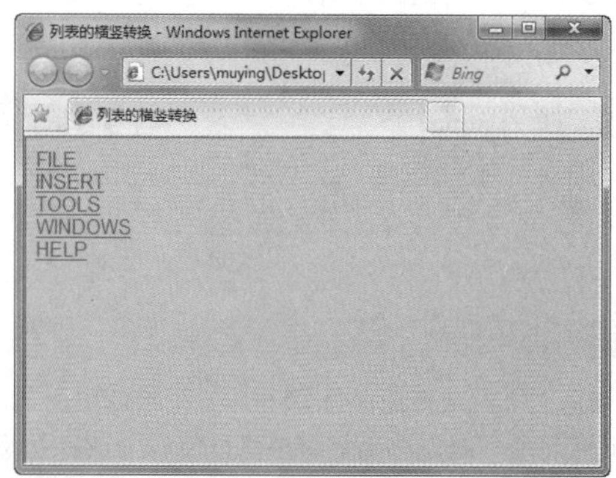

图 5.5　项目列表

为了让列表横向显示，在<li>标签里添加 float:left 语句，使各个列表项都水平显示，并设置<a>标签的相关属性，代码如下。

```
.container li{
        float:left;                             /*左浮动，实现列表项的横向显示*/
    }
.container li a{                                /*a 标签的样式*/
        display:block;                          /*定义为块级元素*/
        padding:3px 6px;                        /*上下左右内边距*/
        margin:2px;                             /*四周补白*/
        text-decoration:none;                   /*无下划线*/
        border:1px solid #996600;               /*边框样式*/
        background:#CCFF66;                     /*背景颜色*/
    }
```

以上代码实现了列表的横向显示，需要指出的是，display:block 语句将超链接设置成了块级元素，当鼠标进入该块的任何部分时都会被激活，而不仅仅是在文字上方才被激活。显示效果如图 5.6 所示。

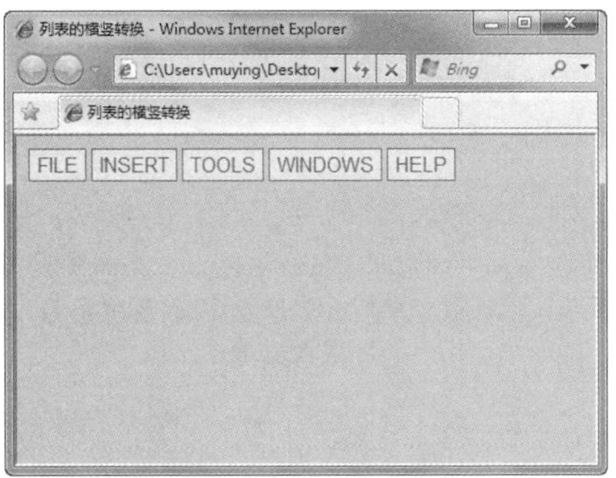

图 5.6　横向显示列表

5.2　案例实战

本节将通过实例的形式帮助读者设计 CSS 的列表样式，以提高实战技法和技巧，快速理解 CSS 列表属性的应用。

5.2.1　设计新闻栏目

在前面的内容中，详细介绍了 CSS 可设置的列表样式，本节通过新闻栏目这一实例来感性认识 CSS 设置列表的方法，以及列表在网页中的应用。实例效果如图 5.7 所示。

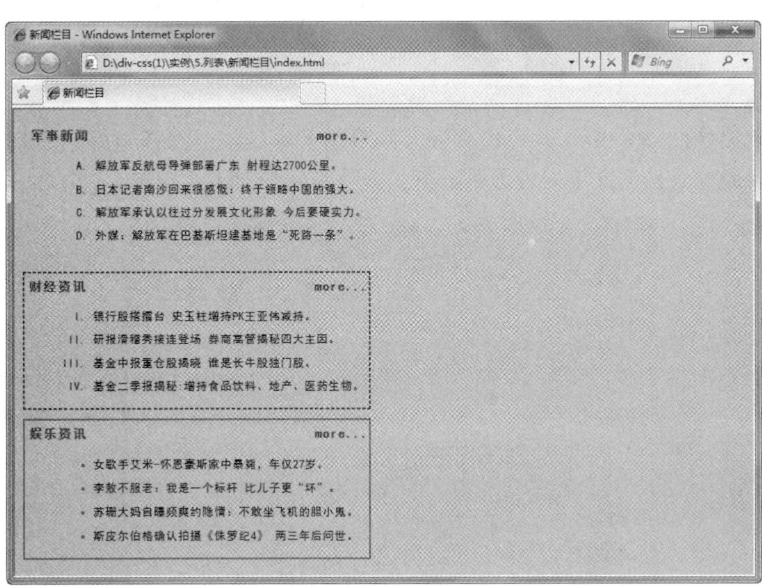

图 5.7　新闻栏目

实例位置：光盘实例\5\设计新闻栏目\index.htm。

设计步骤：

第 1 步，构建网页结构。在本实例中首先用 3 个<div>标签设置了新闻栏目的容器，在每一个<div>块中分别用<ul>标签和<li>标签定义了新闻栏目和新闻标题。

```
<body>
  <div class="part1">
    <p>军事新闻<span>more...</span></p>
    <ul>
        <li><a href="#">解放军反航母导弹部署广东  射程达 2700 公里。</a> </li>
      <li><a href="#"> 日本记者南沙回来很感慨：终于领略中国的强大。</a></li>
      <li><a href="#">解放军承认以往过分发展文化形象  今后要硬实力。</a> </li>
      <li><a href="#">外媒：解放军在巴基斯坦建基地是“死路一条”。</a></li>
    </ul>
  </div>
  <div class="part2">
    <p>财经资讯<span>more...</span></p>
    <ol>
        <li><a href="#">银行股搭擂台  史玉柱增持 PK 王亚伟减持。</a> </li>
        <li> <a href="#">研报滑稽秀接连登场  券商高管揭秘四大主因。  </a></li>
        <li><a href="#">基金中报重仓股揭晓  谁是长牛股独门股。  </a></li>
        <li> <a href="#">基金二季报揭秘:增持食品饮料、地产、医药生物。</a></li>
    </ol>
  </div>
  <div class="part3">
     <p>娱乐资讯<span>more...</span></p>
     <ul>
        <li><a href="#">女歌手艾米-怀恩豪斯家中暴毙，年仅 27 岁。</a> </li>
        <li><a href="#"> 李敖不服老：我是一个标杆  比儿子更“坏”。  </a></li>
        <li><a href="#">苏珊大妈自曝频爽约隐情：不敢坐飞机的胆小鬼。</a> </li>
        <li><a href="#"> 斯皮尔伯格确认拍摄《侏罗纪 4》  两三年后问世。</a></li>
     </ul>
  </div>
</body>
```

此时的显示效果如图 5.8 所示，可以看到，网页的基本结构已经搭建好了，但是由于没有进行 CSS 样式设置，界面中只是把文字内容罗列起来，没有任何修饰。

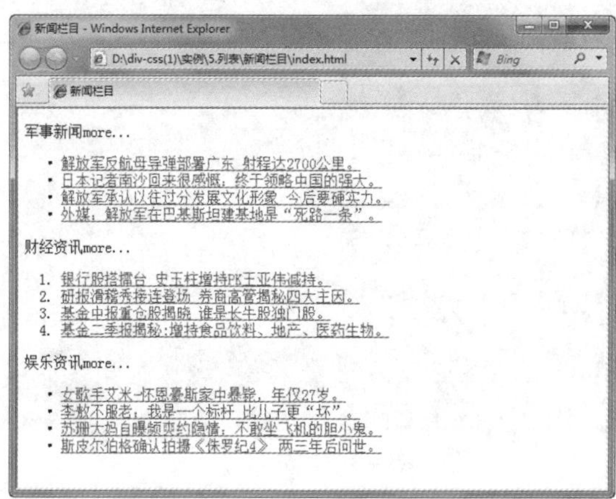

图 5.8　构建网页的基本结构

第 2 步，定义网页基本属性、新闻栏目的样式以及文字“more...”样式。

```
body {                                    /*网页基本属性*/
    font:13px "黑体";                       /*字体样式*/
    background-color:#99CCFF;
 }
p {                                       /*新闻栏目的文本样式*/
    margin:5px 0 0 5px;                   /*新闻栏目文字上下补白*/
    color:#3333FF;
    font-size:15px;
    font-weight:bold;
  }
p span{                                   /*文字“more...”的显示样式*/
      color:#FF0000;
      float:right;                        /*右对齐*/
    }
```

以上代码设置了页面的基本属性，<p>标签的内容是新闻的栏目，设置了其字体颜色、大小、加粗等属性。<span>标签的内容是文字“more...”，此时的显示效果如图 5.9 所示。

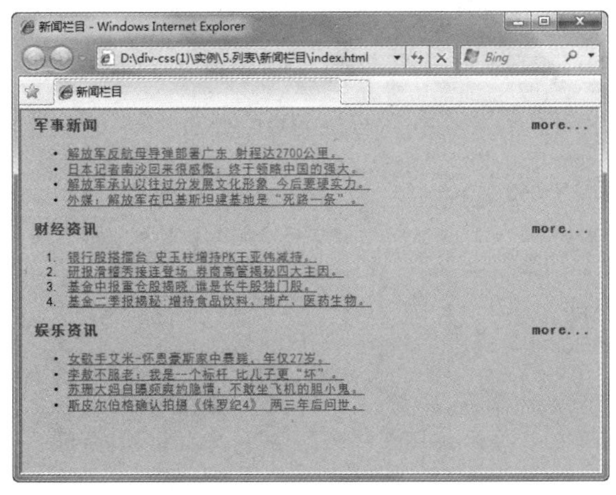

图 5.9　设置网页基本属性

第 3 步，定义网页<div>块，也就是新闻栏目块的共有属性和 3 个栏目的特有属性。

```
div{                                      /*每一个新闻栏目块的样式*/
      line-height:16pt;                   /*行间距*/
      width:400px;                        /*块的宽度*/
      margin:10px 0 0 10px;               /*各个新闻块之间距离*/
      }
.part1{                                   /*第一个栏目的样式*/
      border:5px #FFcc00 dotted;          /*边框样式*/
      }
.part2 {                                  /*第二个栏目的样式*/
      border:2px #FF0000 dashed;
      }
.part3 {                                  /*第三个栏目的样式*/
      border:2px #ff33FF solid;
      }
```

此时网页的显示效果如图 5.10 所示。从图中可以看到，每个新闻栏目都添加了设置的边框。由于<ol>的项目编号默认是阿拉伯数字，所以虽然没有设置项目符号和编号，这里也会显示列表默认的效果。

Note

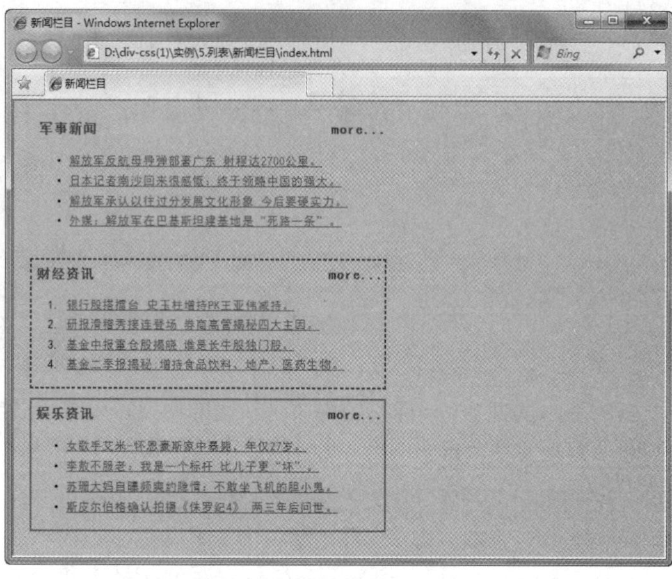

图 5.10　新闻栏目块的 CSS 设置

第 4 步，为列表<ul>和<ol>添加 CSS 样式。

```
.part1 ul{                                  /*第一个新闻块的列表样式*/
    margin-left:40px;                       /*文字左侧离边框的距离*/
    list-style-type:upper-alpha;            /*项目符号是大写字母*/
}
.part2 ol {                                 /*第二个新闻块的列表样式*/
    margin-left:40px;
    list-style-type: upper-roman;           /*项目符号是大写罗马字母*/
}
.part3 ul {                                 /*第三个新闻块的列表样式*/
    margin-left:40px;
    list-style-type: circle;                /*项目符号是空心圆*/
}
```

以上代码中，分别设置了 3 个新闻栏目的列表样式。此时的显示效果如图 5.11 所示。可以看到，项目符号和编号按设置的样式进行了显示。

第 5 步，从图中可以看出，网页已初见效果，最后定义<li>标签和<a>标签的样式。

```
li {/*li 标签样式，也就是新闻标题样式*/
    margin:5px 0 5px 0;                     /*每条新闻标题之间间隔*/
    }
    a {/*链接样式*/
        text-decoration:none;               /*不显示下划线*/
        color:#000;
}
```

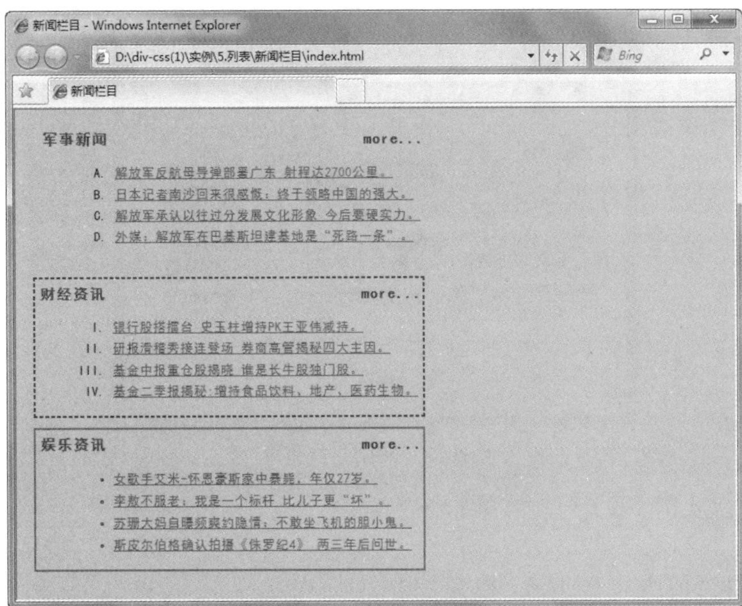

图 5.11　列表的 CSS 设置

此时新闻栏目示例完成，最终显示效果如图 5.12 所示。

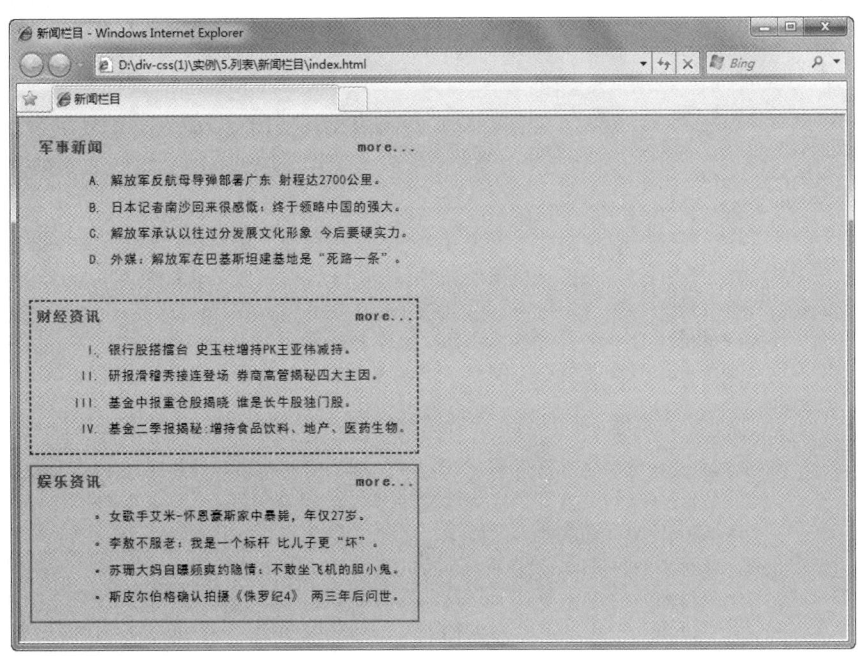

图 5.12　最终显示效果

5.2.2　设计导航菜单

在网页中，导航菜单随处可见，大多都是通过设置 CSS 列表样式创建的，本例以介绍网页中常见的导航菜单制作方法，来说明列表网页菜单在网页中的应用。整个网页设计效果如图 5.13 所示。

图 5.13　网站导航菜单

实例位置：光盘实例\5\设计导航菜单\index.htm。

设计步骤：

第 1 步，构建网页结构，在<body>标签中输入以下内容。

```
<body>
    <dl>
        <dt>
            <a href="#a">娱乐健身</a>
            <a href="#b">餐饮服务</a>
            <a href="#c">购物指南</a>
        </dt>
        <dd>
            <ul id="a">
                <li><a href="#">博纳悠唐国际影城博纳悠唐国际影城</a></li>
                <li><a href="#">家富富侨足疗（右安门店）家富富侨足疗（右安门店）</a></li>
                <li><a href="#">朱国凡良子（长虹桥店）朱国凡良子（长虹桥店）</a></li>
                <li><a href="#">昆泰大酒店游泳馆昆泰大酒店游泳馆</a></li>
                <li><a href="#">奥力健身俱乐部（亚运村旗舰店）</a></li>
                <li><a href="#">炫力骄阳健身（玺萌丽苑店）炫力骄阳健身（玺萌丽苑店）</a></li>
            </ul>
            <ul id="b">
                <li><a href="#">家富富侨足疗（右安门店）家富富侨足疗（右安门店）</a></li>
                <li><a href="#">中秋宴预定火爆食材涨幅异常</a></li>
                <li><a href="#">餐饮业升级转型：要人才资源也要文化</a></li>
                <li><a href="#">79 元的“总统套餐”火了 79 元的“总统套餐”火了</a></li>
                <li><a href="#">湖南餐饮大佬抢滩快餐业湖南餐饮大佬抢滩快餐业</a></li>
                <li><a href="#">第四届云南火锅美食节开幕第四届云南火锅美食节开幕</a></li>
            </ul>
            <ul id="c">
                <li><a href="#">网上购物，凡客诚品促销中!优质低价，超值网购!</a></li>
                <li><a href="#">蓝色港湾购物蓝色港湾购物</a></li>
                <li><a href="#">走秀网-全球品牌网络旗舰店：正品，支持货到付款 </a></li>
                <li><a href="#">昆泰大酒店游泳馆昆泰大酒店游泳馆</a></li>
                <li><a href="#">英国出现少女购物狂掀起网络炫富潮</a></li>
                <li><a href="#">炫力骄阳健身（玺萌丽苑店）炫力骄阳健身（玺萌丽苑店）</a></li>
```

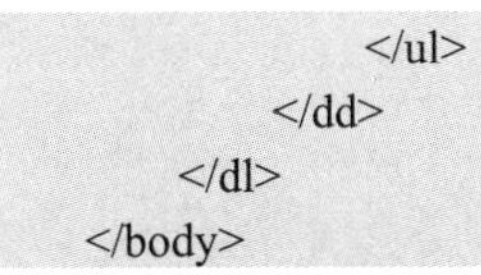

```
                </ul>
            </dd>
        </dl>
    </body>
```

在上面的代码中，首先用<dl>标签创建了一个定义列表，在<dt>标签中，定义 3 个项目，分别是“娱乐健身”、“餐饮服务”和“购物指南”，在<dd>标签中包含了 3 个<ul>标签，用于创建<ul>无序列表，分别对应于上面的 3 个项目“娱乐健身”、“餐饮服务”和“购物指南”的内容。此时的显示没有任何 CSS 样式设置，效果如图 5.14 所示。

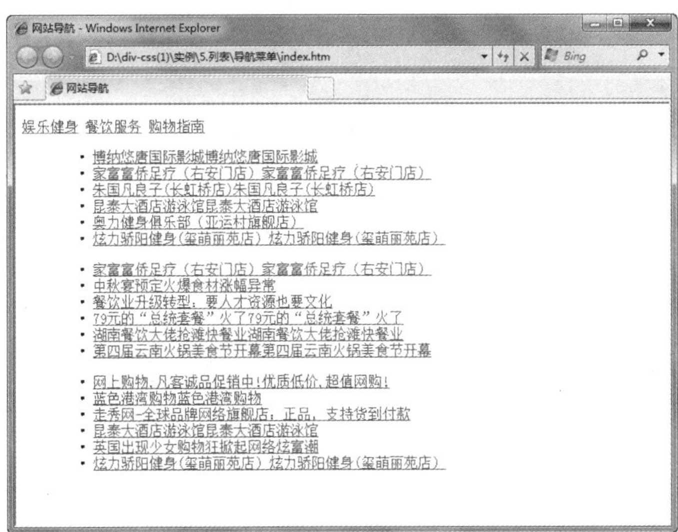

图 5.14　网页基本结构

第 2 步，规划整个页面的基本显示属性，如字体颜色、背景颜色等。

```
dl {                                    /*定义列表样式*/
    position:absolute;                  /*定义元素的绝对定位*/
    width:460px;
    height:170px;
    border:10px solid #eee;             /*定义元素的边框样式*/
}
dt {                                    /*定义 dt 标签（菜单）的样式*/
    position:absolute;                  /*定义元素的绝对定位，以父元素的原点为原点*/
    right:1px;                          /*右边框离父标签 1px*/
}
dd {                                    /*定义 dd 标签（菜单内容）样式*/
    margin:0;
    width:460px;
    height:170px;
    overflow:hidden;                    /*溢出隐藏*/
}
```

在以上代码中，定义了<dl>列表的样式。在<dd>样式中，overflow:hidden 语句的作用是将超出其设置的高度和宽度部分隐藏起来，如果缺少这句，那么 3 个<ul>标签中的内容将全部显示出来，此时的显示效果如图 5.15 所示。

Note

第 3 步，设置菜单项的链接样式。

```
dt a {                                /*dt（菜单项）的链接样式*/
  display:block;                      /*设置为块级元素*/
  margin:1px;                         /*四周补白为 1px，这样设置可使菜单项有 1px 间隔*/
  width:80px;                         /*菜单项的宽度*/
  height:56px;                        /*菜单项的高度*/
  text-align:center;
  font:700 12px/55px "宋体";          /*用 font 属性综合设置字体样式*/
  color:#fff;                         /*字体颜色*/
  text-decoration:none;               /*不显示项目符号*/
  background:#666;                    /*背景颜色*/
  }
dt a:hover {                          /*鼠标悬停时菜单项的样式*/
   background:orange;                 /*鼠标悬停时背景色改为橙色*/
  }
```

在以上代码中，设置了菜单项<dt>中的链接样式，其中 display:block 将本是行内元素的<a>标签改为了块元素，通过该语句，当鼠标进入到该块的任何部分时都会被激活，而不仅仅是在文字上方时才被激活，即如图 5.16 所示，鼠标进入菜单区域时，变为橙色。

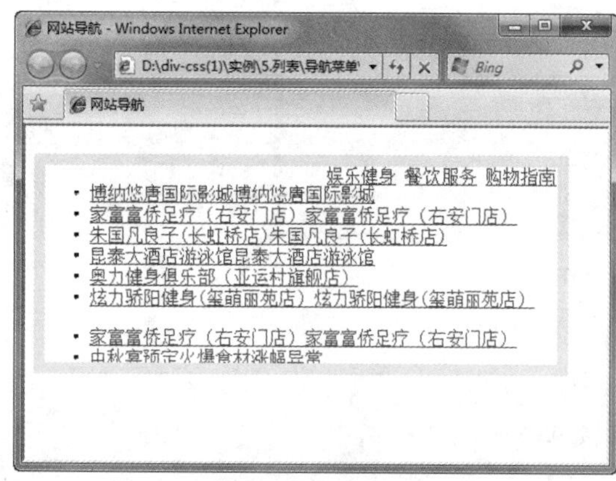

图 5.15　设置 dl 列表属性

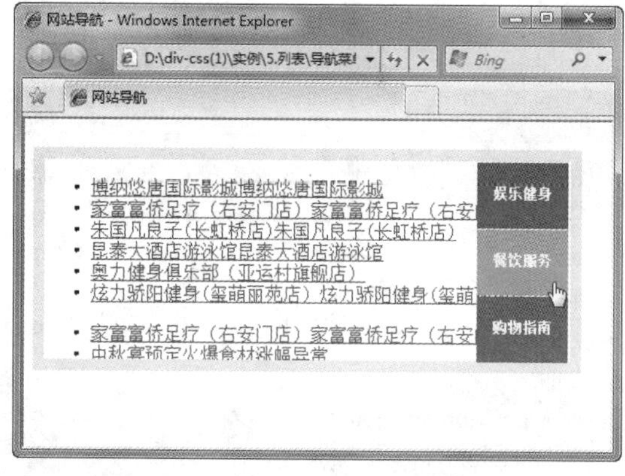

图 5.16　设置<dt>中<a>标签的样式

第 4 步，设置<ul>列表和<li>标签的样式。

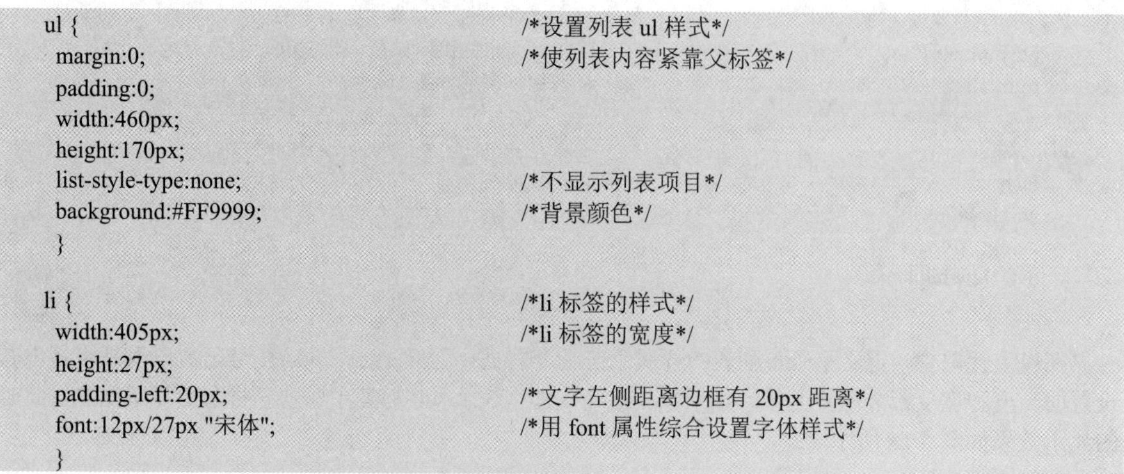

```
ul {                                  /*设置列表 ul 样式*/
  margin:0;                           /*使列表内容紧靠父标签*/
  padding:0;
  width:460px;
  height:170px;
  list-style-type:none;               /*不显示列表项目*/
  background:#FF9999;                 /*背景颜色*/
  }

li {                                  /*li 标签的样式*/
  width:405px;                        /*li 标签的宽度*/
  height:27px;
  padding-left:20px;                  /*文字左侧距离边框有 20px 距离*/
  font:12px/27px "宋体";              /*用 font 属性综合设置字体样式*/
  }
```

在以上代码中，定义了<ul>列表和<li>标签的样式，其中有一个语句读者可能有些陌生：font:12px/27px "宋体"，这里的 12px/27px 表示字体大小为 12px，行间距为 27px，相当于 font-size:12px;line-height:27px。此时，网站导航完成设置，最终效果如图 5.17 所示。

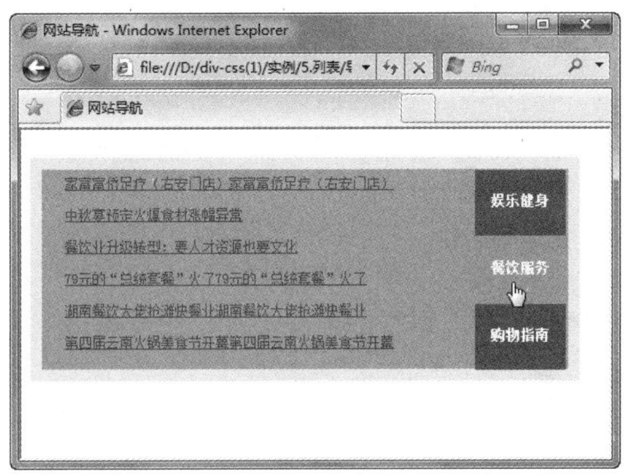

图 5.17　最终效果

5.2.3　设计多级菜单

多级下拉菜单在一些企业网站中应用非常广泛，它有使用方便，占用空间小等特点。本节将向读者介绍横向导航菜单的二级菜单的制作方法，从而进一步说明列表在制作导航菜单上的应用。本例的演示效果如图 5.18 所示。

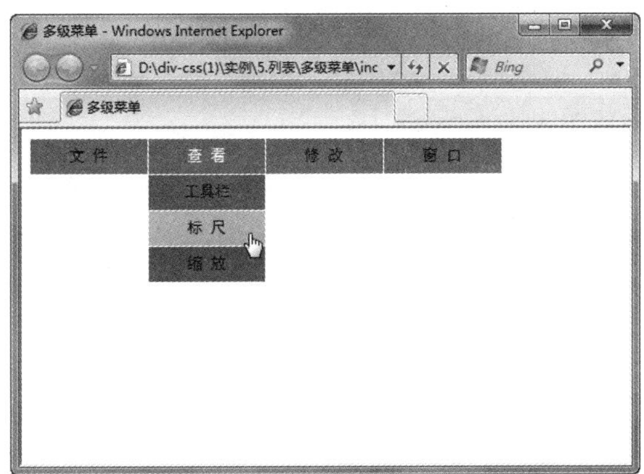

图 5.18　多级菜单

实例位置：光盘实例\5\设计多级菜单\index.htm。

设计步骤：

第 1 步，构建网页的基本结构。本例中由两层嵌套的<ul>标签定义了二级菜单。

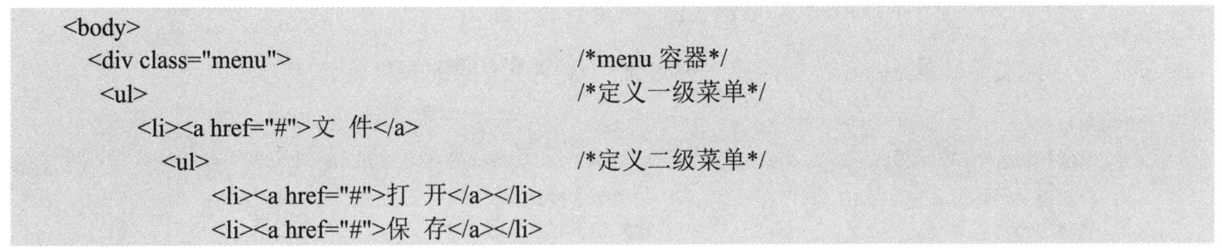

```
<body>
  <div class="menu">                              /*menu 容器*/
   <ul>                                           /*定义一级菜单*/
      <li><a href="#">文  件</a>
        <ul>                                      /*定义二级菜单*/
            <li><a href="#">打  开</a></li>
            <li><a href="#">保  存</a></li>
```

Note

```
                <li><a href="#">新  建</a></li>
            </ul>
        </li>
        <li><a href="#">查 看</a>
            <ul>
                <li><a href="#">工具栏</a></li>
                <li><a href="#">标  尺</a></li>
                <li><a href="#">缩  放</a></li>
            </ul>
        </li>
        <li><a href="#">修 改</a>
            <ul>
                <li><a href="#">属  性</a></li>
                <li><a href="#">样  式</a></li>
            </ul>
        </li>
        <li><a href="#"> 窗  口</a>
            <ul>
                <li><a href="#">历史记录</a></li>
                <li><a href="#">颜  色</a></li>
                <li><a href="#">时间轴</a></li>
            </ul>
        </li>
    </ul>
    <div class="clear"> </div>
  </div>
</body>
```

此时的网页，显示效果如图 5.19 所示。

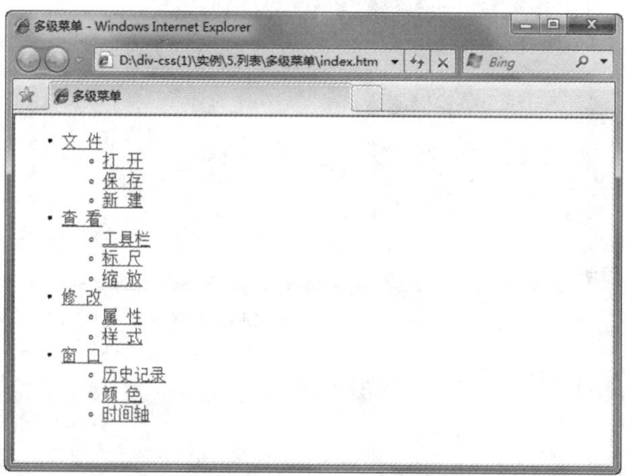

图 5.19　网页基本结构

第 2 步，定义网页的 menu 容器样式，并定义一级菜单中的列表样式。

```
.menu {                                 /*menu 样式类*/
        font-family:"黑体";             /*定义整个 menu 容器中的字体为黑体*/
        width:440px;                    /*menu 容器宽度*/
        margin:0;                       /*定义四周补白为 0*/
```

```
    }
.menu ul {                              /*定义一级菜单中列表样式*/
    padding:0;                          /*一级菜单中列表的内边距为 0*/
    list-style-type: none;              /*不显示项目符号*/
    }
.menu ul li {
    float:left;                         /*使菜单项横向显示*/
    position:relative;                  /*定义一级菜单中列表的定位方式为相对定位*/
    }
```

在以上代码中，定义了一级菜单的样式。其中，在<li>标签中，通过 float:left 语句使原来竖向显示的列表项横向显示，并用 position:relative 语句设置其 position 属性为相对定位。此时的显示效果如图 5.20 所示。

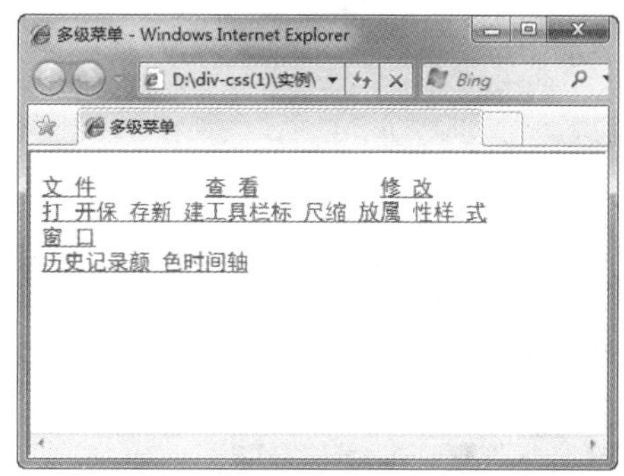

图 5.20　设置一级菜单样式

第 3 步，设置一级菜单中的<a>标签的样式和<a>标签在已访问过时和鼠标悬停时的样式。

```
.menu ul li a, .menu ul li a:visited {     /*定义一级菜单中 a 对象样式及 a 对象在已访问过时的样式*/
        display:block;                     /*定义为块级元素*/
        text-align:center;                 /*居中对齐*/
        text-decoration:none;              /*不显示下划线*/
        width:104px;                       /*定义菜单的宽度*/
        height:30px;                       /*高宽*/
        color:#000;                        /*字体颜色*/
        border:1px solid #fff;             /*定义边框*/
        border-width:1px 1px 0 0;          /*边框线条宽度，顶端为 1px，右边框为 1px*/
        background:#5678ee;                /*背景颜色*/
        line-height:30px;                  /*行间距*/
        font-size:14px;                    /*字体大小*/
    }
.menu ul li:hover a {                      /*鼠标悬停时 a 标签样式*/
        color:#fff;                        /*鼠标悬停时改变字体颜色为#fff*/
}
```

在以上代码中，首先定义了 a 对象为块级元素，border: 1px solid #fff 语句虽然定义了菜单项的边框样式，但是由于 border-width:1px 1px 0 0 语句的作用，这里只显示上边框和右边框，下边框和左边框由于宽度为 0，所以不显示任何效果。在这里值得注意的是，既定义了 height：30px，又定义了 line-height：30px，两者的区别在于 height 定义的是整个<a>块的高度，而 line-height 定义的是文字的行高。在这里，line-height 还有一个作用，就是设定一行为 30px，文字会相对于这 30px 垂直居

中显示。此时，网页的显示效果如图 5.21 所示。如果这里不设置 line-height:30px，显示效果则如图 5.22 所示。

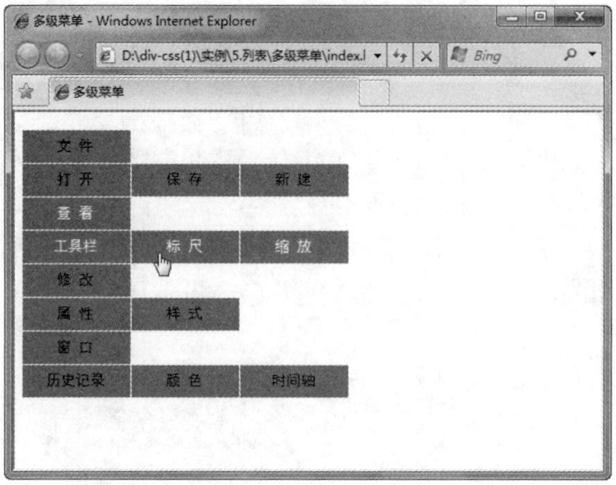

Note

图 5.21　设置 a 对象的链接样式和鼠标悬停、已访问过时的样式

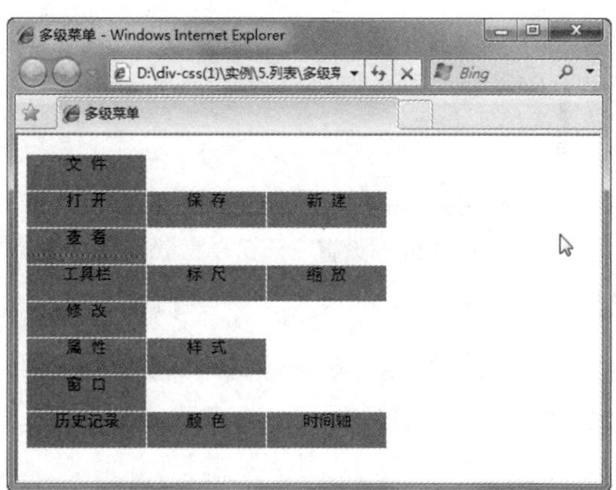

图 5.22　不设置 line-height:30px 时的效果

第 4 步，设置二级菜单样式。

```
.menu ul li ul {                          /*二级菜单中 ul 样式*/
    display: none;                        /*将二级菜单设置为不显示*/
    }
.menu ul li:hover ul {                    /*鼠标划过一级菜单的 ul 时，二级菜单才显示*/
    display:block;                        /*定义为块级元素*/
    position:absolute;                    /*绝对定位*/
    top:31px;                             /*相对其父标签的位置*/
    left:0px;                             /*相对其父标签的位置*/
    width:105px;                          /*宽度*/
    }
```

在以上代码中，首先定义了二级菜单的<ul>标签样式，display:none 语句的作用是将其所有内容隐藏，并且使其不再占用文档中的空间；然后定义了一级菜单中<li>标签的伪类，当鼠标经过一级菜单时，二级菜单开始显示，这就实现了我们想要的效果，目前 IE6 只支持 a 的伪类，其他标签的伪类则不支持。在 menu ul li：hover ul 中设置了 position:absolute 属性，也就是绝对定位，它将脱离原来

的文档流，以其父标签的原点为原点定位，其定位为 top:31px;left:0px。为什么是 31px 呢？因为其父级标签的 height 属性为 30px，所以，如果想要在一级菜单下显示，就应该是 31px 的位置；此处的 width:105px，是由于一级菜单的 width 是 104px，加上右边框的 1px，正好是 105px。此时的显示效果如图 5.23 所示。

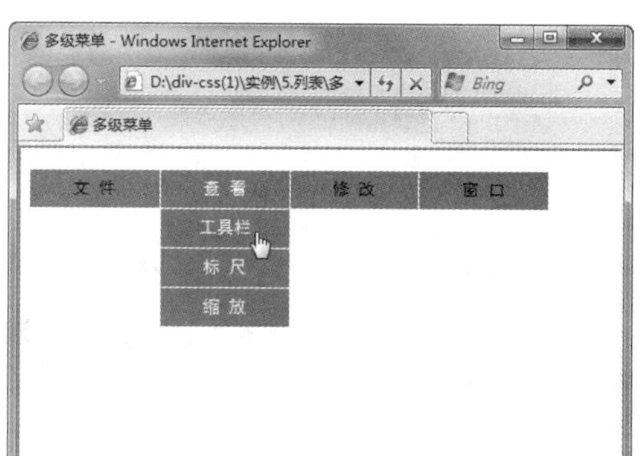

图 5.23 设置二级菜单样式

第 5 步，设置二级菜单的链接样式和鼠标悬停时的效果。

```
.menu ul li:hover ul li a {                    /*二级菜单链接样式*/
        display:block;
        background:#ff4321;                    /*二级菜单背景颜色*/
        color:#000;                            /*二级菜单字体颜色*/
        }
.menu ul li:hover ul li a:hover {              /*二级菜单的鼠标悬停样式*/
        background:#dfc184;                    /*二级菜单的鼠标悬停时背景颜色*/
        color:#000;                            /*二级菜单的鼠标悬停时的字体颜色*/
        }
```

在以上代码中，设置了二级菜单的背景颜色、字体颜色和鼠标悬停时的背景颜色、字体颜色。此时的显示效果如图 5.24 所示。

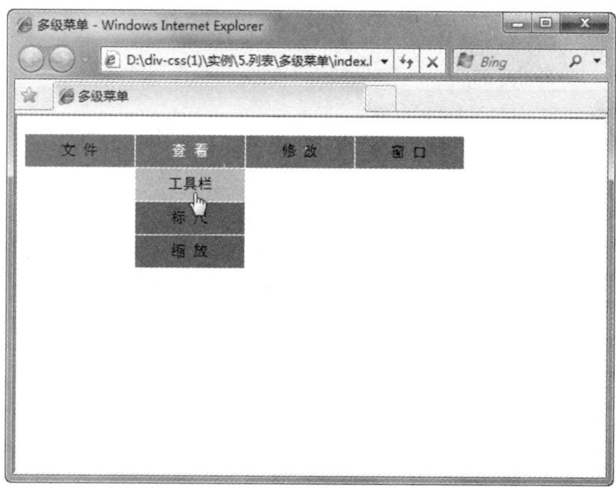

图 5.24 设置二级菜单样式

Note

5.2.4 列表排版的应用

在前面的示例中，展示了用列表制作新闻栏目、菜单等网页元素，实际上，运用列表还能在网页中进行简单的排版，尤其是对图文的排列，是网络中经常见到的形式。本例以名为“世界十大名车欣赏”的网页为例，介绍列表排版的应用。演示效果如图 5.25 所示。

图 5.25 列表排版的应用

实例位置：光盘实例\5\列表排版的应用\index.htm。

设计步骤：

第 1 步，首先构建网页结构。在本例中，应用<ul>标签，创建列表，在每一个<li>标签中添加图片，从而实现本例效果。

```
<body>
  <h3><a href="#/">世界十大名车欣赏</a></h3>
  <ul>
    <li>
        <a href="#"><img src="images/1.jpg" alt="1" />
        <span>世界十大名车之一：恩佐.法拉利</span></a></li>
    <li>
        <a href="#">
        <img src="images/2.jpg" alt="2" />
        <span>世界十大名车之二：兰博基尼</span></a></li>
    <li>
        <a href="#">
        <img src="images/3.jpg" alt="3" />
        <span>世界十大名车之三：奔驰 SLR</span></a></li>
    <li>
        <a href="#">
        <img src="images/4.jpg" alt="4" />
        <span>世界十大名车之四：布加迪.威龙</span></a></li>
    <li>
```

```
            <a href="#">
            <img src="images/5.jpg" alt="5" />
            <span>世界十大名车之五：福特 GT</span></a></li>
        <li>
            <a href="#">
            <img src="images/6.jpg" alt="6" />
            <span>世界十大名车之六：克莱斯勒 ME-Four-Twelve</span> </a></li>
        <li>
            <a href="#">
            <img src="images/7.jpg" alt="7" />
            <span>世界十大名车之七：阿斯顿.马丁 DB9</span> </a></li>
        <li>
            <a href="#">
            <img src="images/8.jpg" alt="8" />
            <span>世界十大名车之八：保时捷 CarreraGT</span> </a></li>
        <li>
            <a href="#">
            <img src="images/9.jpg" alt="9" />
            <span>世界十大名车之九：宾利欧陆 GT</span> </a></li>
        <li>
            <a href="#">
            <img src="images/10.jpg" alt="10" />
            <span>世界十大名车之十：帕格尼一风之子</span> </a></li>
        <div style="clear:both;"></div>
    </ul>
</body>
```

此时，网页的基本结构已经创建完成，由于没有进行 CSS 设置，所以界面效果与我们所希望的样式还相差甚远，显示效果如图 5.26 所示。

图 5.26　设置网页基本结构

第 2 步，定义网页的基本属性和标题样式。

Note

```
body,h3,ul {                        /*设置页面、h3 标签、ul 标签的四周补白和内边距都为 0*/
    margin:0;
    padding:0;
    }
h3 {                                /*h3 标题样式*/
    width:800px;                    /*宽度*/
    height:30px;                    /*高度*/
    margin:20px auto 0 auto;        /*设置顶部补白为 20px，左右距离为 auto，实现 h3 块的居中显示*/
    font-size:20px;                 /*字体大小*/
    text-indent:10px;               /*首行缩进*/
    line-height:30px;               /*行间距，可实现文字的垂直居中*/
    background:#E4E1D3;             /*背景颜色*/
    text-align:center;              /*h3 标签中文字的居中*/
  }
h3 a {                              /*标题的链接样式*/
    color:#c00;                     /*字体颜色*/
    text-decoration:none;           /*不显示下划线*/
  }
h3 a:hover {                        /*鼠标悬停时标题的样式*/
    color:#000;                     /*字体颜色*/
  }
```

在以上代码中用 body,h3,ul{ margin:0; padding:0;}语句设置了<body>、<h3>和<ul>标签的 margin 和 padding 属性；在 a 样式类和 a：hover 样式中，分别定义了标题的链接样式和鼠标经过时的样式。此时的显示效果如图 5.27 所示。

图 5.27 设置网页属性和标题样式

从图中可以看到，由于没有设置<ul>和<li>的样式，使得图片的位置错乱，接下来对列表样式进行设置。

第 3 步，设置 ul 样式类和<li>标签的样式，从而实现对网页中图文的排版。

```
ul {                                /*ul 列表样式*/
```

```
    width:774px;                          /*ul 列表宽度*/
    margin:0 auto;                        /*ul 中所有内容居中显示*/
    padding-left:20px;                    /*左侧内边距*/
    border:3px solid #E4E1D3;             /*边框样式*/
  }
ul li {                                   /*li 标签样式*/
    float:left;                           /*li 标签中的内容横向显示*/
    margin:5px 10px 3px 0px;              /*四周的外边距*/
    list-style-type:none;                 /*不显示项目标签*/
  }
ul li a {                                 /*设置 li 中的 a 标签样式*/
    display:block;                        /*定义为块级元素，使鼠标进入块中任何位置链接就被激活*/
    width:370px;                          /*宽度*/
    height:175px;                         /*高度*/
    text-decoration:none;                 /*不显示下划线*/
  }
```

以上代码，定义了 ul 的宽度为 774px，边框样式为宽 3px 的实线，774px 加两条 3px 的边框恰好和前面定义的 h3 宽度 800px 一致。

第 4 步，设置<li>标签下的<img>标签样式和<span>标签样式。

```
ul li a img {                             /*设置 li 中图片样式*/
    width:370px;                          /*图片宽度*/
    height:150px;                         /*图片高度*/
    border:1px #000099 solid;             /*1px 宽的边框*/
  }
ul li a span {                            /*每个图片标题的样式*/
    display:block;
    width:370px;                          /*宽度是 370px*/
    height:23px;                          /*高宽*/
    line-height:20px;                     /*行间距*/
    font-size:14px;                       /*字体大小*/
    text-align:center;                    /*文字居中*/
    color:#333;                           /*文字颜色*/
  }
```

以上代码实现的列表效果如图 5.28 所示。

世界十大名车之一：恩佐.法拉利

世界十大名车之二：兰博基尼

世界十大名车之三：奔驰SLR

世界十大名车之四： 布加迪.威龙

图 5.28 实现列表排版效果

Note

在上述代码中，设置了图片的高度是 150px，图片的上下边框均为 1px，图片标题高宽是 23px，三者相加正好是前面讲的设置<li>的高度为 175px。此时网页的最终显示效果如图 5.29 所示。

图 5.29　最终显示效果

5.2.5　使用列表实现图文混排效果

在上个实例中，详细讲述了用列表进行排版的方法，本例就用列表实现图文混排的效果进行进一步的说明，从而继续学习列表的相关知识。本例的演示效果如图 5.30 所示。

图 5.30　用列表实现图文混排效果

实例位置：光盘实例\5\使用列表实现图文混排效果\index.htm。

设计步骤：

第 1 步，构建网页结构。本例中首先用<div>标签设置 container 容器，然后通过<div>标签创建网

页的 title 和 content 两部分，又通过<ul>标签分别创建这两个部分的列表。

```
<body>
  <div id="container">
    <div class="title">                              /*title 部分*/
        <h3>最新最快的财经资讯</h3>              /*title 部分的标题*/
        <ul>                                     /*title 部分的新闻栏目*/
            <li><a href="#">最新资讯</a></li>
            <li><a href="#">国际财经</a></li>
            <li><a href="#">汽车房产</a></li>
        </ul>
    </div>
    <div class="content">                        /*content 部分*/
        <p>                                      /*content 部分的标题*/
            <a href="#"><img src="images/1.jpg"/></a>
            <span><a href="#">最新资讯</a></span>
        </p>
        <ul>                                     /*content 部分的新闻内容*/
            <li><a href="#">A 股恐慌式跳水重挫 3.68%  大盘跌回</a></li>
            <li><a href="#">股指缓慢企稳  黄金板块逆市上涨</a></li>
            <li><a href="#">港股后市堪忧  韩国股市暂停交易</a></li>
            <li><a href="#">中国万亿美债或面临缩水</a></li>
            <li><a href="#">日经指数收低</a></li>
            <li><a href="#">七国集团发联合声明称将保证金融</a></li>
            <li><a href="#">标普或再降美信用评级</a></li>
        </ul>
    </div>
    <div class="content">
        <p>
            <a href="#"><img src="images/2.jpg"/></a>
            <span><a href="#">国际财经</a></span>
        </p>
        <ul>
            <li><a href="#">埃及股市跌至两年来最低点  </a></li>
            <li><a href="#">默多克传媒帝国经济根基稳固</a></li>
            <li><a href="#">G7 将商讨美国国债降级问题</a></li>
            <li><a href="#">贸易保护剑指“中国制造”</a></li>
            <li><a href="#">欧洲央行出手购入意西两国国债</a></li>
            <li><a href="#">以色列股市 7 日暴跌</a></li>
        </ul>
    </div>
    <div class="content">
        <p>
            <a href="#"><img src="images/3.jpg"/></a>
            <span><a href="#">汽车房产</a></span>
        </p>
        <ul>
            <li><a href="#">发改委称成品油价暂不具备下调条件</a></li>
            <li><a href="#">一汽-大众取缔二级经销商</a></li>
            <li><a href="#">英菲尼迪首款车 M 系</a></li>
            <li><a href="#">前 7 月北京豪宅成交逆市增两成</a></li>
```

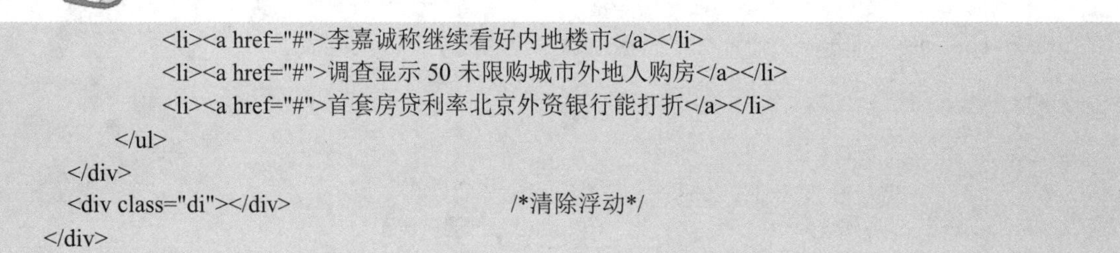

```
                <li><a href="#">李嘉诚称继续看好内地楼市</a></li>
                <li><a href="#">调查显示 50 未限购城市外地人购房</a></li>
                <li><a href="#">首套房贷利率北京外资银行能打折</a></li>
            </ul>
        </div>
        <div class="di"></div>                     /*清除浮动*/
    </div>
</body>
```

Note

整个 container 框架由 title 和 content 两块组成，在<title>块下，又包含了 h3 和 ul 两部分。在<content>块下，定义了<p>标签和<ul>标签。此时的显示效果如图 5.31 所示。

图 5.31　网页基本结构

从图 5.31 中可以看出，由于没有进行 CSS 设置，网页中的各个元素就是简单地罗列到一起，没有任何美感。

第 2 步，定义网页基本属性和 container 样式。

```
* {                                          /*网页中所有标签的共同样式*/
    margin:0;                                /*外边框为 0*/
    padding:0;                               /*内边框为 0*/
    font-size:12px;                          /*字体大小*/
    color:#000;                              /*字体颜色*/
    list-style:none;                         /*不显示项目符号*/
  }
a {                                          /*定义网页中所有的 a 标签样式*/
    color:#03c;
    text-decoration:none;                    /*不显示下划线*/
  }
a:hover{
    text-decoration:underline;               /*当鼠标经过时，显示下划线*/
  }
```

```
#container {                              /*container 容器样式*/
    width:418px;                          /*宽度*/
    margin:30px auto;                     /*上下补白是 30px，左右为 auto，显示为居中的效果*/
    border:1px solid #999;                /*边框样式*/
}
```

在以上代码中，首先定义了网页基本属性；container 容器样式类中定义了容器宽度和居中对齐等属性。此时的显示效果如图 5.32 所示。

图 5.32　设置网首 container 部分和<a>标签样式

第 3 步，设置 title 部分样式。

```
.title {                                  /*定义 title 样式*/
    width:418px;                          /*title 块的宽度*/
    height:32px;                          /*title 块的高宽*/
    border-bottom:1px solid #999;         /*添加底部边框*/
    background:#f2f9fd;                   /*背景颜色*/
    }
.title h3 {                               /*定义 title 部分*/
    float:left;                           /*左浮动*/
    line-height:32px;                     /*行间距，实现文字垂直居中*/
    padding-left:20px;                    /*左侧内间距*/
    }
.title ul {                               /*title 中列表样式*/
    float:right;                          /*右浮动*/
    width:230px;                          /*列表宽度*/
    }
.title ul li {                            /*li 标签样式*/
    float:left;
    line-height:32px;                     /*行间距*/
    padding:0 5px;                        /*左右补白 5px*/
    }
```

```
.title ul li a {                         /*a 标签样式*/
    color:#333;                          /*字体颜色*/
    }
```

Note

以上代码完成了如图 5.33 所示的样式设置。

最新最快的财经资讯　　最新资讯　国际财经　汽车房产

图 5.33　title 部分样式

第 4 步，设置 content 样式。

```
.content {                               /*content 块样式*/
      height:100px;                      /*块高宽*/
      margin-left:15px;                  /*左侧补白*/
      padding:15px 0 8px 0;              /*顶部内边距 15px  底部内边距 8px*/
      border-bottom:1px dotted #9AC4E9;  /*底部边框*/
}
```

第 5 步，完成<content>块中<p>标签样式的设置，在<p>标签中，包含了<a>标签、<img>标签和<span>标签，分别定义了新闻栏目的图片和栏目标题。完成效果如图 5.34 所示。

图 5.34　content 中<p>标签样式

```
.content p {                             /*content 块中 p 标签样式*/
    float:left;                          /*左浮动，使 p 标签下的图片和标题靠左*/
    width:156px;                         /*p 标签的宽度*/
    }
.content p a {                           /*a 标签样式*/
    display:block;                       /*定义 a 标签为块级元素*/
    }
.content p a:hover {
    border:1px dashed #00f;              /*当鼠标经过时显示边框*/
    }
.content span a {                        /*content 块下的 span 标签样式也就是标题样式*/
    height:22px;                         /*高宽*/
    line-height:22px;                    /*文字实现垂直居中*/
    text-align:center;                   /*水平居中*/
  }
.content span a:hover {                  /*鼠标经过时的 span 标签样式*/
   border:0;                             /*清除边框*/
   color:#c00;                           /*字体颜色*/
    }
```

在以上代码中，定义了 content 中的<p>标签样式，在<p>标签中分别包含了一幅图片和一个标题，在这里关键是<a>标签和<span>标签的样式设置。其中<a>和 a:hover 样式是针对图片的设置，span a 和 span a:hover 是针对标题的样式，其中，border:0 的作用是清除边框，因为在语句 content p a:hove{ border:1px dashed #00f;}样式类中定义了<p>标签下所有的<a>标签显示边框，所以在这里需要

清除边框。此时网页的显示效果如图 5.35 所示。

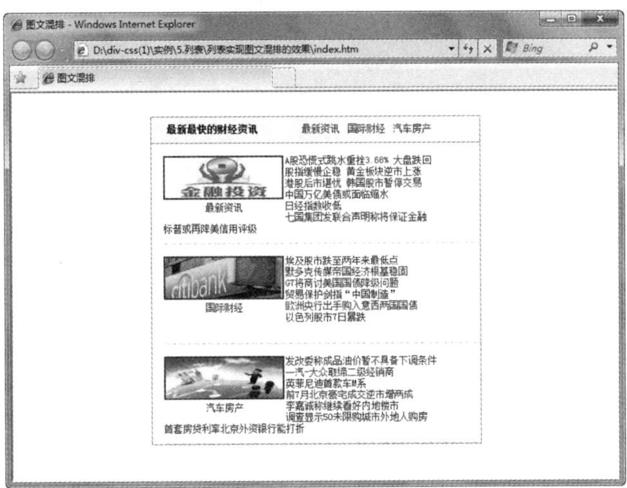

图 5.35　对<p>标签样式的设置

第 6 步，从图 5.35 中可以看到，网页基本已经完成，最后再设置 content 中的<ul>标签。

```
.content ul {                              /*content 中 ul 样式*/
    float:right;                           /*右浮动*/
    width:216px;                           /*ul 宽度*/
    margin:5px 0px;                        /*设置上下补白*/
  }
.content ul li a:hover{                    /*鼠标经过时的 li 效果*/
    color:red;
  }
.clear {                                   /*清除左右浮动*/
    clear:both;
  }
```

以上代码设置了 content 中 ul 列表样式。此时，网页的创建全部完成，其最终效果如图 5.36 所示。

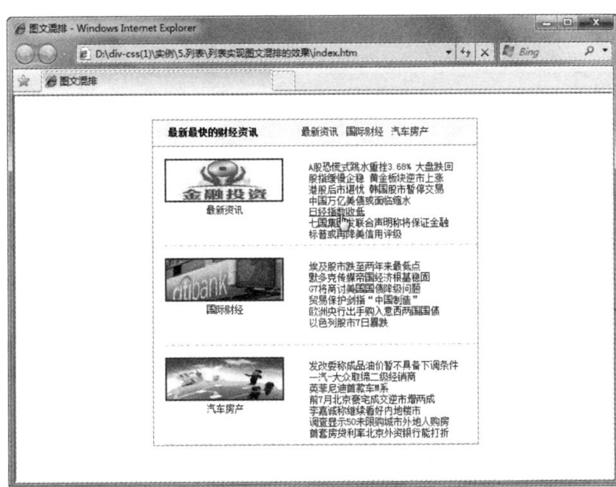

图 5.36　最终效果

使用 CSS 设计表格样式

（视频讲解：45 分钟）

表格作为传统的HTML元素，一直受到网页设计者的青睐。表格除了用于显示数据外，还常常被用来进行排版。目前，虽然出现DIV替换表格的趋势，但是不可否认的是，表格在网页开发中的作用仍然是不可取代的。本章重点介绍用CSS来设置表格的样式。

学习重点：

- CSS 控制表格样式的方法。
- 在实际应用中用CSS美化表格的方法。

6.1　表格样式设置基础

在网页中，表格能综合地向访问者展示信息。使用 CSS 可以实现对表格样式的控制，其中，表格样式包括边框宽度、边框颜色、边框样式以及表格背景等效果，还可使用 CSS 控制表格特性。

6.1.1　设置表格颜色

CSS 使用 color 属性设置表格中文字的颜色，通过 background-color 属性来设置表格的背景颜色。

【例 6-1】启动 Dreamweaver，新建一个网页，保存为 test.html，在<body>标签内输入如下代码。

```
<body>
  <table width="300" border="1">
    <tr>
        <td>姓名</td>
        <td>性别</td>
        <td>地址</td>
        <td>单位</td>
        <td>邮编</td>
    </tr>
    <tr>
        <td> </td>
        <td> </td>
        <td> </td>
        <td> </td>
        <td> </td>
    </tr>
    <tr>
        <td> </td>
        <td> </td>
        <td> </td>
        <td> </td>
        <td> </td>
    </tr>
    <tr>
        <td> </td>
        <td> </td>
        <td> </td>
        <td> </td>
        <td> </td>
    </tr>
  </table>
</body>
```

在<head>标签内添加<style type="text/css">标签，定义一个内部样式表，然后输入下面样式，用来定义网页字体的类型。

```
table{                                    /*设置表格的 CSS 样式*/
    background-color:#00CCFF;             /*表格的背景颜色*/
    color:#FF0000;                        /*表格的字体颜色*/
}
```

Note

上面的代码中，用<table>标签创建了一个表格，设置表格的宽度为 300，表格的边框宽度为 1，这里没有给出单位，默认为 px。使用<tr>和<td>标签创建了一个 4 行 5 列的表格。可以看到，表格的背景颜色和字体颜色通过 CSS 进行了设置。显示效果如图 6.1 所示。

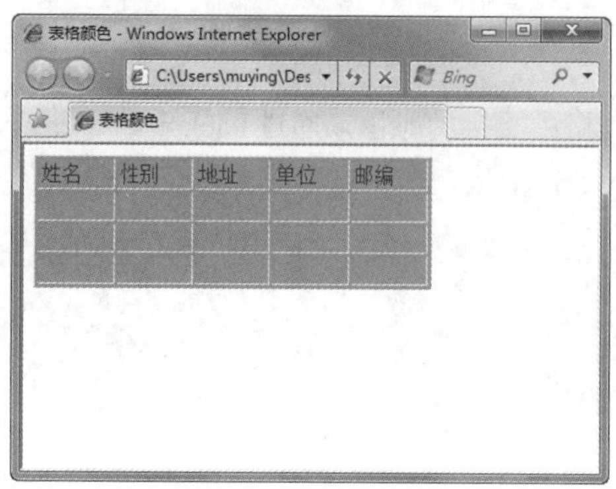

图 6.1　设置表格、字体颜色

6.1.2　设置表格边框

在 CSS 中，设置表格边框同样是通过 border 属性，设置方法与设置图片边框完全一样，只不过要特别注意单元格边框的设置。

【例 6-2】启动 Dreamweaver，新建一个网页，保存为 test.html，在<body>标签内输入如下内容。

```
<body>
<table>
    <caption>2007-2010 年招生情况</caption>
    <tr>
    <th></th>
    <th scope="col">2007</th>
    <th scope="col">2008</th>
    <th scope="col">2009</th>
    <th scope="col">2010</th>
</tr>
<tr>
    <th scope="row">招生总数</th>
    <td>980</td>
    <td>650</td>
    <td>700</td>
    <td>600</td>
</tr>
<tr>
    <th scope="row">男生</th>
    <td>480</td>
    <td>300</td>
    <td>400</td>
```

```
        <td>290</td>
    </tr>
    <tr>
        <th scope="row">女生</th>
        <td>500</td>
        <td>350</td>
        <td>300</td>
        <td>310</td>
    </tr>
</body>
```

在以上代码中，用<caption>标签定义了表格的标题，该标签可以出现在<table>与</table>标签之间的任意位置，不过通常习惯放在表格的第一行，紧接着<table>标签。<th>标签在表格中主要用于定义行或列的名称，在本例中，行的名称为“2007”、“2008”等，列的名称为“招生总数”、“男生”、“女生”，在<th>标签中的 scope 属性就是用来区分行名称和列名称的，分别设置 scope 的值为 row 或 col，分别代表行名称或列名称。

在<head>标签内添加<style type="text/css">标签，定义一个内部样式表，然后输入下面的内容。

```
body{                                   /*网页基本样式*/
    margin:0px;
    padding:4px;
    }
table{
    color:#0046a6;                      /*表格文字颜色*/
    font-family:Arial;                  /*表格字体*/
    border:#006666 solid 1px;           /*表格边框*/
    }
table caption{
    font-size:18px;                     /*标题文字大小*/
    font-weight:bold;                   /*标题文字粗体*/
    }
```

在以上代码中，设置了表格边框，显示效果如图 6.2 所示。

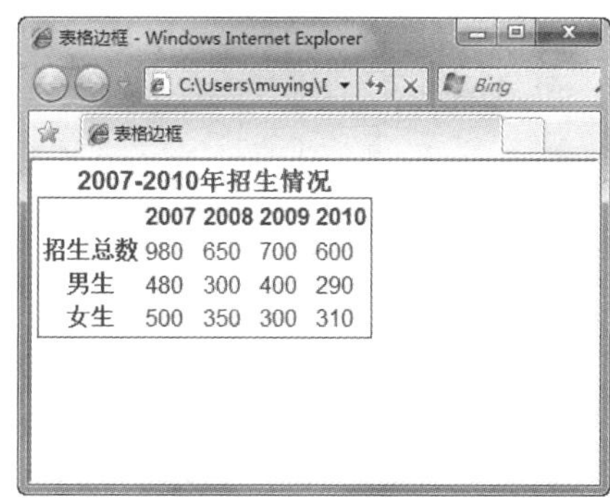

图 6.2　表格边框

从图 6.2 中可以看到，虽然给表格设置了边框，但是单元格并没有任何边线，所以，在设置表格边框时，还要注意给单元格也单独设置相应的边框，在以上 CSS 设置中，添加下列代码。

```
table th,table td{
    color:#003e7e;                      /*行、列名称颜色*/
```

```
        border:#006666 solid 1px;                    /*单元格边框*/
    }
```

显示效果如图 6.3 所示。

	2007	2008	2009	2010
招生总数	980	650	700	600
男生	480	300	400	290
女生	500	350	300	310

图 6.3　为单元格设置边框

读者会发现，如上所述设置完成后，单元格的边框之间会有空隙，这时候需要设置 CSS 中整个表格的 border-collapse 属性，使得边框重合到一起，具体代码如下所示。

```
    table{
        color:#0046a6;                               /*表格文字颜色*/
        font-family:Arial;                           /*表格字体*/
        border:#006666 solid 1px;                    /*表格边框*/
        border-collapse:collapse;                    /*边框重叠*/
    }
```

显示效果如图 6.4 所示。

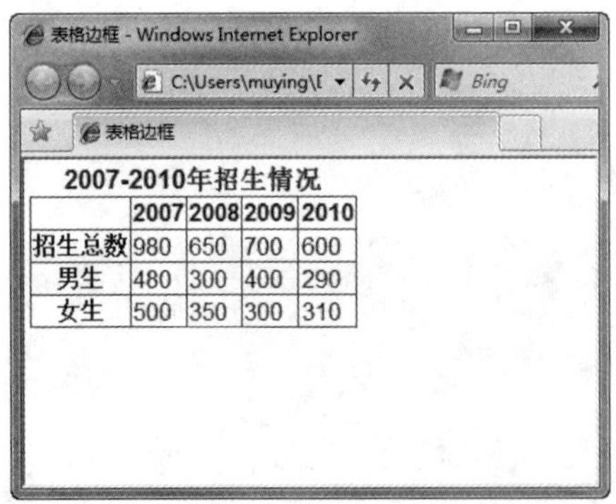

	2007	2008	2009	2010
招生总数	980	650	700	600
男生	480	300	400	290
女生	500	350	300	310

图 6.4　边框重叠

6.2　案例实战

本节将通过实例的形式帮助读者设计 CSS 的表格样式，以提高实战技法和技巧，快速理解 CSS 表格属性的应用。

6.2.1　美化表格

6.1 节中介绍了 CSS 可设置的表格颜色和表格边框样式，本节将通过一个简单的实例来介绍用 CSS 美化表格的方法。整个网页设计效果如图 6.5 所示。

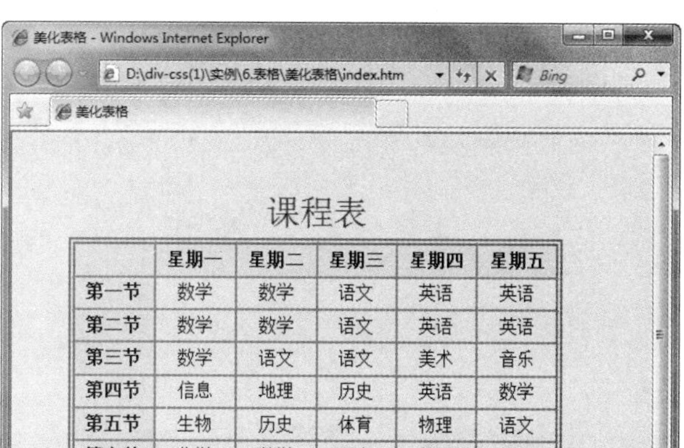

	星期一	星期二	星期三	星期四	星期五
第一节	数学	数学	语文	英语	英语
第二节	数学	数学	语文	英语	英语
第三节	数学	语文	语文	美术	音乐
第四节	信息	地理	历史	英语	数学
第五节	生物	历史	体育	物理	语文
第六节	化学	数学	历史	英语	地理
第七节	生物	数学	语文	美术	英语

图 6.5　美化表格

实例位置：光盘实例\6\美化表格\index.htm。

设计步骤：

第 1 步，构建网页结构，在<body>标签中输入以下内容。

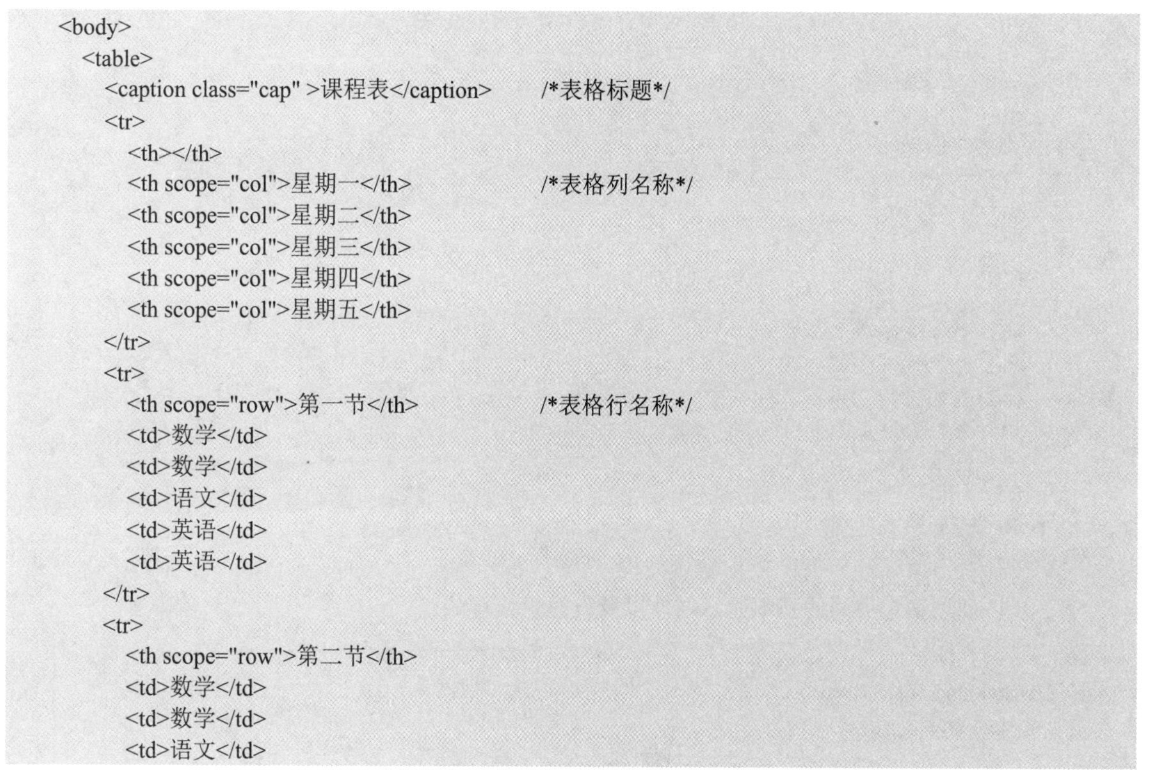

```
<body>
  <table>
    <caption class="cap" >课程表</caption>        /*表格标题*/
    <tr>
      <th></th>
      <th scope="col">星期一</th>                  /*表格列名称*/
      <th scope="col">星期二</th>
      <th scope="col">星期三</th>
      <th scope="col">星期四</th>
      <th scope="col">星期五</th>
    </tr>
    <tr>
      <th scope="row">第一节</th>                  /*表格行名称*/
      <td>数学</td>
      <td>数学</td>
      <td>语文</td>
      <td>英语</td>
      <td>英语</td>
    </tr>
    <tr>
      <th scope="row">第二节</th>
      <td>数学</td>
      <td>数学</td>
      <td>语文</td>
```

Note

```
            <td>英语</td>
            <td>英语</td>
        </tr>
        <tr>
            <th scope="row">第三节</th>
            <td>数学</td>
            <td>语文</td>
            <td>语文</td>
            <td>美术</td>
            <td>音乐</td>
        </tr>
        <tr>
            <th scope="row">第四节</th>
            <td>信息</td>
            <td>地理</td>
            <td>历史</td>
            <td>英语</td>
            <td>数学</td>
        </tr>
        <tr>
            <th scope="row">第五节</th>
            <td>生物</td>
            <td>历史</td>
            <td>体育</td>
            <td>物理</td>
            <td>语文</td>
        </tr>
        <tr>
            <th scope="row">第六节</th>
            <td>化学</td>
            <td>数学</td>
            <td>历史</td>
            <td>英语</td>
            <td>地理</td>
        </tr>
        <tr>
            <th scope="row">第七节</th>
            <td>生物</td>
            <td>数学</td>
            <td>语文</td>
            <td>美术</td>
            <td>英语</td>
        </tr>
    </table>
</body>
```

第 2 步，规划整个页面的基本显示属性以及设置表格样式。

```
body{                                        /*网页基本样式类*/
    background-color:#f8e6e6;                /*网页背景颜色*/
    margin:50px;                             /*表格四周补白*/
    }
```

```
table{                                       /*表格样式*/
    border:6px double #3186dd;               /*表格边框*/
    font-family:Arial;
    text-align:center;                       /*表格中文字水平居中对齐*/
    border-collapse:collapse;                /*边框重叠*/
    }
```

此时的显示效果如图 6.6 所示。可以看到，网页的背景颜色发生了改变，并且表格已添加了边框。

第 3 步，设置表格标题的样式。

```
.cap{                                        /*设置表格标题*/
    padding-top:3px;                         /*设置表格标题的顶部边距*/
    padding-bottom:4px;                      /*设置表格标题的底部边距*/
    font-size:30px;                          /*表格标题字体大小*/
    color:red;                               /*表格标题字体颜色*/
}
```

显示效果如图 6.7 所示。

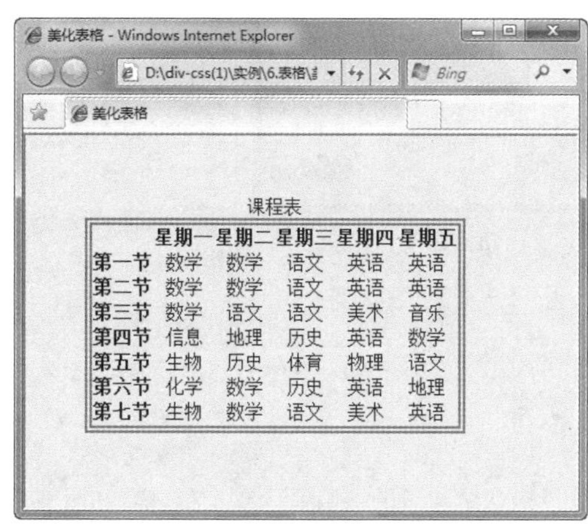

图 6.6　设置网页基本属性及表格样式

图 6.7　设置表格标题

第 4 步，接下来设置表格中的单元格样式。

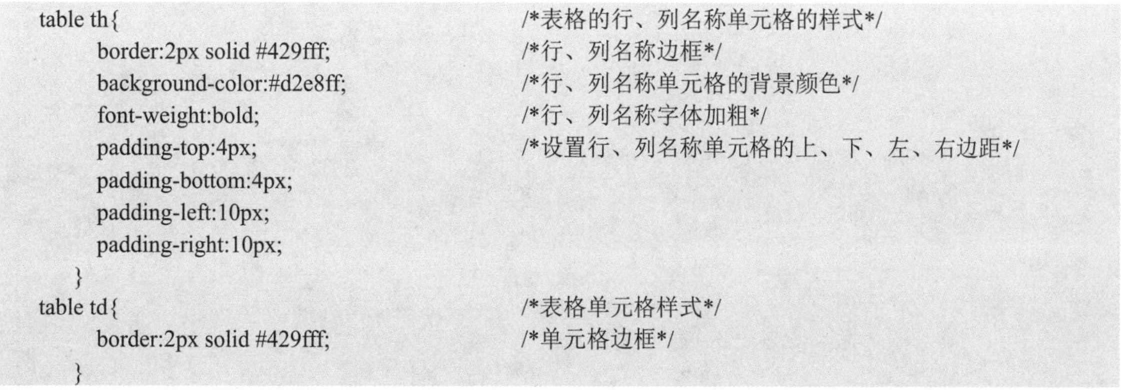

```
table th{                                    /*表格的行、列名称单元格的样式*/
     border:2px solid #429fff;               /*行、列名称边框*/
     background-color:#d2e8ff;               /*行、列名称单元格的背景颜色*/
     font-weight:bold;                       /*行、列名称字体加粗*/
     padding-top:4px;                        /*设置行、列名称单元格的上、下、左、右边距*/
     padding-bottom:4px;
     padding-left:10px;
     padding-right:10px;
   }
table td{                                    /*表格单元格样式*/
     border:2px solid #429fff;               /*单元格边框*/
   }
```

以上代码中，分别设置了<th>和<td>标签的样式，对表格的单元格进行了背景颜色、边框样式的设置，从而达到美化表格的目的。

Note

6.2.2 设计高效的表格

当表格的行和列比较多时，如果表格采用相同的背景颜色，用户就会感到凌乱，那么可以设置隔行变色的效果，使奇数行和偶数行背景颜色不同，就能使表格看起来清晰且一目了然，从而达到高效浏览的目的。实例效果如图 6.8 所示。

财经2000级毕业生通讯录

姓名	出生日期	电话	单位
王明	1978.1.4	137563443	中国铁道部
李丽	1977.5.7	13893212	北京市朝阳区街道办事处
刘丽敏	1978.4.23	13345678	北京市11中学
李松	1977.11.31	139432567	北京东城区防汛办
赵艳	1978.7.3	1355613234	北京深华新股份有限公司
杜征	1978.6.19	1368395322	酷6网
王朋	1978.9.22	13567890	adobe公司
杨小东	1978.1.3	1354983611	朝阳区将台东路乐天玛特
杨秀燕	1977.12.3	1354353623	朝阳区教委
张小光	1978.10.24	134567831	铁路第二中学

图 6.8　设计高效的表格效果

实例位置：光盘实例\6\设计高效的表格\index.htm。

设计步骤：

第 1 步，构建网页结构，在<body>标签中输入以下内容。

```
<body>
  <table id="mytable" cellspacing="0" summary="财经 2000 级毕业生通讯录">
      <caption> 财经 2000 级毕业生通讯录</caption>
      <tr>
          <th scope="col">姓名</th>
          <th scope="col">出生日期</th>
          <th scope="col">电话</th>
          <th scope="col">单位</th>
      </tr>
      <tr>
          <th scope="row" class="spec">王明</th>
          <td>1978.1.4</td>
          <td>137563443</td>
          <td>中国铁道部</td>
      </tr>
       <tr>
           <th scope="row" class="specalt">李丽</th>
           <td class="alt">1977.5.7</td>
           <td class="alt">13893212</td>
           <td class="alt">北京市朝阳区街道办事处</td>
       </tr>
       <tr>
```

```
            <th scope="row" class="spec">刘丽敏</th>
            <td>1978.4.23</td>
            <td>13345678</td>
            <td>北京市 11 中学</td>
        </tr>
        <tr>
            <th scope="row" class="specalt">李松</th>
            <td class="alt">1977.11.31</td>
            <td class="alt">139432567</td>
            <td class="alt">北京东城区防汛办</td>
        </tr>
        <tr>
            <th scope="row" class="spec">赵艳</th>
            <td>1978.7.3</td>
            <td>1355613234</td>
            <td>北京深华新股份有限公司</td>
        </tr>
        <tr>
            <th scope="row" class="specalt">杜征</th>
            <td class="alt">1978.6.19</td>
            <td class="alt">1368395322</td>
            <td class="alt">酷 6 网</td>
         </tr>
         <tr>
            <th scope="row" class="spec">王朋</th>
            <td>1978.9.22</td>
            <td>13567890</td>
            <td>adobe 公司</td>
         </tr>
    </table>
</body>
```

以上代码中，将奇数行名称定义为 spec 类，偶数行名称定义为 specalt 类，并通过<td class="alt">定义了偶数行中的单元格，此时的显示效果如图 6.9 所示。可以看到，表格的基本结构已经搭建好了，但是由于没有进行 CSS 样式设置，界面中只把数据罗列起来，没有任何修饰。

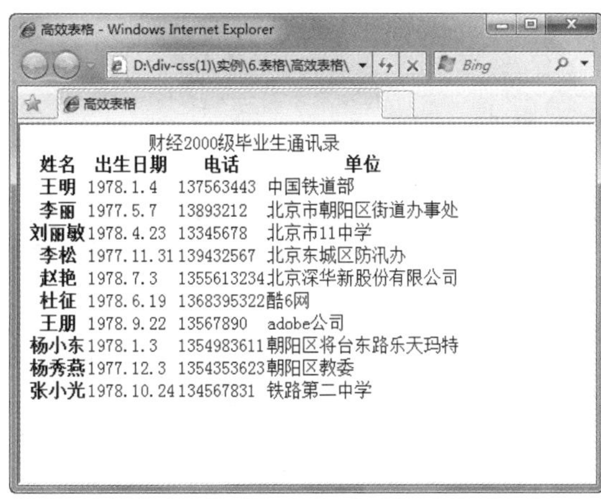

财经2000级毕业生通讯录

姓名	出生日期	电话	单位
王明	1978.1.4	137563443	中国铁道部
李丽	1977.5.7	13893212	北京市朝阳区街道办事处
刘丽敏	1978.4.23	13345678	北京市11中学
李松	1977.11.31	139432567	北京东城区防汛办
赵艳	1978.7.3	1355613234	北京深华新股份有限公司
杜征	1978.6.19	1368395322	酷6网
王朋	1978.9.22	13567890	adobe公司
杨小东	1978.1.3	1354983611	朝阳区将台东路乐天玛特
杨秀燕	1977.12.3	1354353623	朝阳区教委
张小光	1978.10.24	134567831	铁路第二中学

图 6.9　构建表格结构

第 2 步，定义网页基本属性、表格#mytable 样式以及表格标题样式。

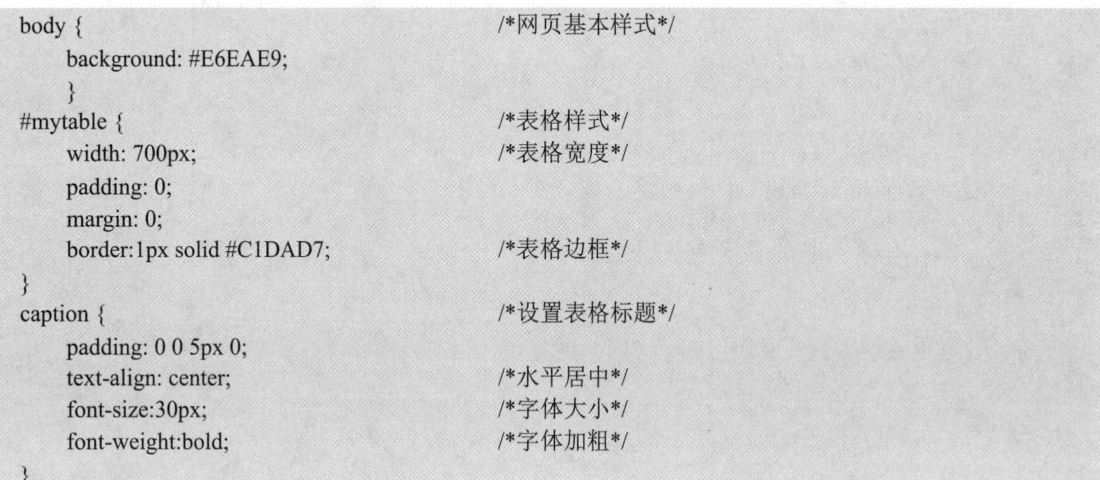

```
body {                                    /*网页基本样式*/
      background: #E6EAE9;
      }
#mytable {                                /*表格样式*/
      width: 700px;                       /*表格宽度*/
      padding: 0;
      margin: 0;
      border:1px solid #C1DAD7;           /*表格边框*/
}
caption {                                 /*设置表格标题*/
      padding: 0 0 5px 0;
      text-align: center;                 /*水平居中*/
      font-size:30px;                     /*字体大小*/
      font-weight:bold;                   /*字体加粗*/
}
```

在以上代码中，首先定义了页面的背景颜色，在#mytable 中设置了表格的宽度为 700px，并为其添加了表格边框。此时的显示效果如图 6.10 所示。

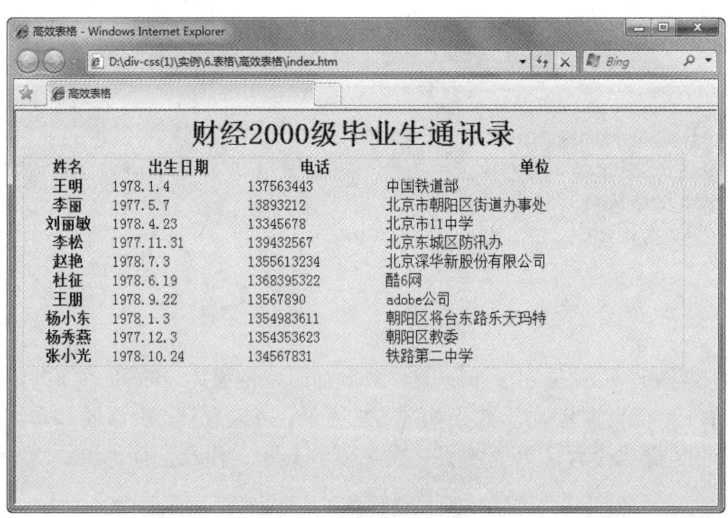

财经2000级毕业生通讯录

姓名	出生日期	电话	单位
王明	1978.1.4	137563443	中国铁道部
李丽	1977.5.7	13893212	北京市朝阳区街道办事处
刘丽敏	1978.4.23	13345678	北京市11中学
李松	1977.11.31	139432567	北京东城区防汛办
赵艳	1978.7.3	1355613234	北京深华新股份有限公司
杜征	1978.6.19	1368395322	酷6网
王朋	1978.9.22	13567890	adobe公司
杨小东	1978.1.3	1354983611	朝阳区将台东路乐天玛特
杨秀燕	1977.12.3	1354353623	朝阳区教委
张小光	1978.10.24	134567831	铁路第二中学

图 6.10　设置表格的基本属性

第 3 步，定义单元格的共有属性。

```
th {                                      /*表格名称样式*/
      color: #4f6b72;                     /*表格名称的字体颜色*/
      letter-spacing: 2px;                /*字间距*/
      text-align: center;                 /*水平居中*/
      padding: 6px 6px 6px 12px;          /*名称单元格的内边距*/
      background: #CAE8EA;                /*名称单元格的背景颜色*/
      border: 1px solid #C1DAD7;          /*名称单元格的边框*/
   }
td {                                      /*表格单元格样式*/
      background: #fff;                   /*单元格背景色*/
      padding: 6px 6px 6px 12px;
```

```
    color: #4f6b72;
  text-align: center;
    border: 1px solid #C1DAD7;                    /*单元格边框*/
  }
```

在以上代码中，定义了表格中所有单元格的共有样式。此时网页的显示效果如图 6.11 所示。从图中可以看到，表格已经呈现出来，但是还没有实现隔行变色。

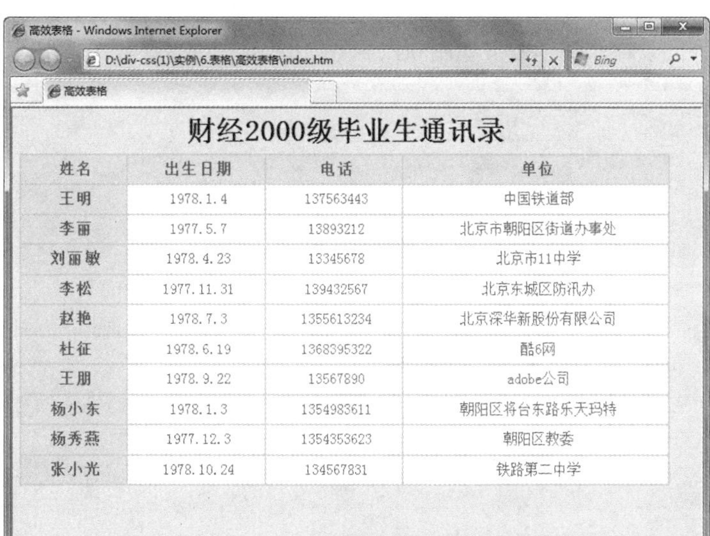

财经2000级毕业生通讯录

姓名	出生日期	电话	单位
王明	1978.1.4	137563443	中国铁道部
李丽	1977.5.7	13893212	北京市朝阳区街道办事处
刘丽敏	1978.4.23	13345678	北京市11中学
李松	1977.11.31	139432567	北京东城区防汛办
赵艳	1978.7.3	1355613234	北京深华新股份有限公司
杜征	1978.6.19	1368395322	酷6网
王朋	1978.9.22	13567890	adobe公司
杨小东	1978.1.3	1354983611	朝阳区将台东路乐天玛特
杨秀燕	1977.12.3	1354353623	朝阳区教委
张小光	1978.10.24	134567831	铁路第二中学

图 6.11　单元格的 CSS 设置

第 4 步，实现表格的隔行变色。

```
.spec {                                           /*奇数行名称样式*/
    background: #fff;                             /*背景颜色*/
    }
.specalt {                                        /*偶数行名称样式*/
    background: #f5fafa;
    color: #797268;                               /*字体颜色*/
  }
.alt {                                            /*偶数行单元格样式*/
    background: #F5FAFA;
    color: #797268;
  }
```

以上代码中，首先通过 spec 设置了奇数行中<th>标签的样式，通过 specalt 设置了偶数行中<th>标签的样式，最后在 alt 中设置了偶数单元格，也就是<td>标签的样式。

提示： 在 CSS 中，设置隔行变色十分简单，主要在于给奇数行和偶数行设置不同的背景颜色，为奇数行和偶数行的<th>标签添加相应的类以及为单元格<td>标签添加相应的类，代码如下。

```
<th scope="row" class="spec">
<th scope="row" class="specalt">
<td class="alt">
```

然后在 CSS 样式表中对奇数行和偶数行进行单独的样式设置，主要是在配合整体设计协调的基础上，改变背景颜色、字体颜色等。

6.2.3 让表格更易用

对于长时间浏览大量表格数据的用户来说，即使是隔行变色的表格，阅读时间长了仍然会感到疲劳。如果数据行能动态地根据鼠标来变色，就会大大减少用户的疲劳感，也会使表格更易用，本例介绍了鼠标经过时变色的表格，演示效果如图 6.12 所示。

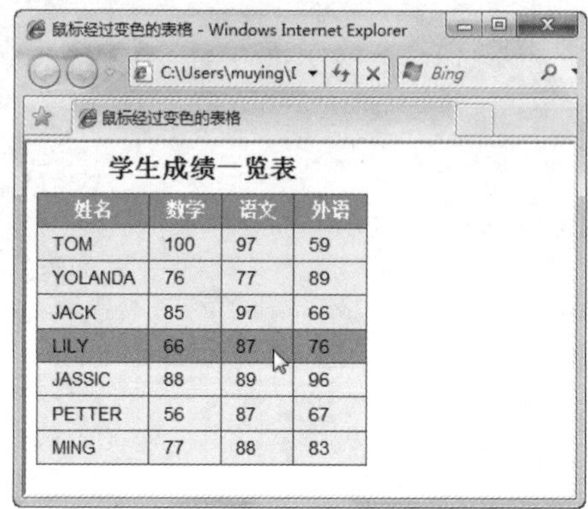

图 6.12　鼠标经过时变色的表格

实例位置：光盘实例\6\让表格更易用\index.htm。

设计步骤：

第 1 步，构建网页基本结构。本实例中构建了一个 8 行 4 列的表格。

```
<body>
    <table class="chart" summary="list of members in EE Studay">
        <caption>学生成绩一览表</caption>
        <tr>
            <th scope="col">姓名</th>
            <th scope="col">数学</th>
            <th scope="col">语文</th>
            <th scope="col">外语</th>
        </tr>
        <tr>
            <td>TOM</td>
            <td>100</td>
            <td>97</td>
            <td>59</td>
        </tr>
        <tr>
            <td>YOLANDA</td>
            <td>76</td>
            <td>77</td>
            <td>89</td>
        </tr>
        <tr>
            <td>JACK</td>
```

```
            <td>85</td>
            <td>97</td>
            <td>66</td>
        </tr>
        <tr>
            <td>LILY</td>
            <td>66</td>
            <td>87</td>
            <td>76</td>
        </tr>
        <tr>
            <td>JASSIC</td>
            <td>88</td>
            <td>89</td>
            <td>96</td>
        </tr>
        <tr>
            <td>PETTER</td>
            <td>56</td>
            <td>87</td>
            <td>67</td>
        </tr>
        <tr>
            <td>MING</td>
            <td>77</td>
            <td>88</td>
            <td>83</td>
        </tr>
    </table>
</body>
```

此时，在没有设置 CSS 样式时的显示效果如图 6.13 所示。

第 2 步，定义表格和表格标题样式。

```
.chart{                                   /*表格样式*/
    border:1px solid #0058a3;             /*表格边框*/
    font-family:Arial;
    border-collapse:collapse;             /*边框重叠*/
    background-color:#eaf5ff;             /*表格背景色*/
    font-size:14px;
  }
.chart caption{                           /*表格标题样式*/
    padding-bottom:5px;
    font-size:20px;
    font-weight:bold;
    text-align:center;
  }
```

以上代码中，首先设置了表格的样式，然后设置了表格的边框，并对表格标题样式进行了定义。此时的显示效果如图 6.14 所示。

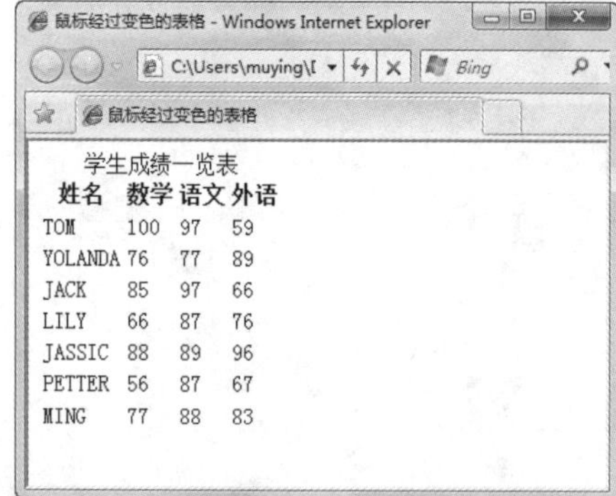

图 6.13　构建表格结构

图 6.14　设置表格样式

第 3 步，定义表格的行名称样式和单元格样式。

```
.chart th{                                    /*行名称样式*/
    border:1px solid #0058a3;                 /*行名称边框*/
    background-color:#4bacff;                 /*行名称背景色*/
    color:#FFFFFF;                            /*行名称颜色*/
    font-weight:bold;
    padding-top:4px;
    padding-bottom:4px;
    padding-left:12px;
    padding-right:12px;
    text-align:center;                        /*水平对齐*/
}
.chart td{                                    /*单元格样式*/
    border:1px solid #0058a3;                 /*单元格边框*/
    text-align:center;                        /*水平对齐*/
    padding-top:4px;
    padding-bottom:4px;
    padding-left:10px;
    padding-right:10px;
}
```

以上代码中，首先定义了<th>标签样式和<td>标签样式，此时网页的显示效果如图 6.15 所示。从图中可以看到，整个表格样式已经形成，但还未实现动态变色。

第 4 步，实现动态变色。

```
.chart tr:hover{
    background-color:#CC9999;                 /*动态变色*/
}
```

从以上代码可以看到，实现动态变色时，可以直接调用<tr>标签的伪类 hover。最终效果如图 6.16 所示。

提示： FF 浏览器支持<tr>标签的伪类，但是在 IE 浏览器中，只有 IE8 以上的版本才支持，所以请读者注意浏览器的兼容性。

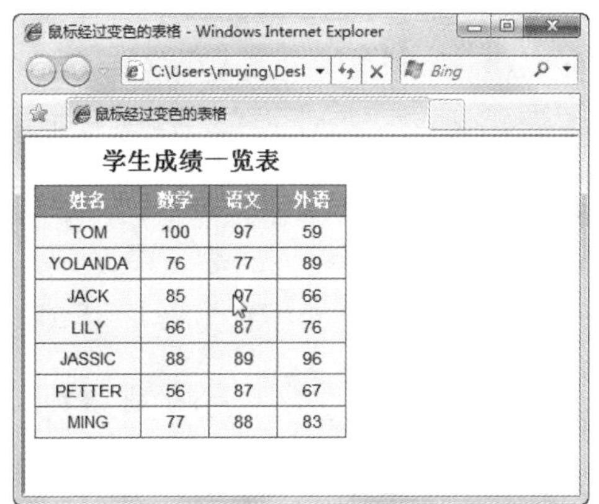

姓名	数学	语文	外语
TOM	100	97	59
YOLANDA	76	77	89
JACK	85	97	66
LILY	66	87	76
JASSIC	88	89	96
PETTER	56	87	67
MING	77	88	83

图 6.15　<th>和<td>标签的 CSS 设置

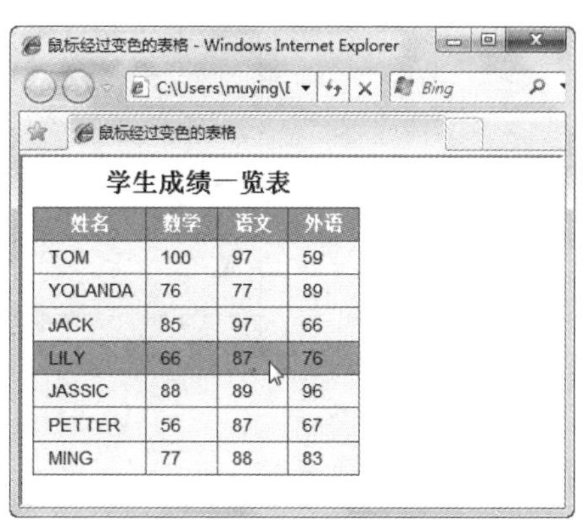

姓名	数学	语文	外语
TOM	100	97	59
YOLANDA	76	77	89
JACK	85	97	66
LILY	66	87	76
JASSIC	88	89	96
PETTER	56	87	67
MING	77	88	83

图 6.16　实现动态变色后的最终效果

6.2.4　表格布局

表格除了用于显示数据外，还常常被用来进行排版。虽然如今比较流行用 DIV 布局页面，但是由于表格容易上手，使用起来快捷、兼容性好，所以表格布局仍然受到不少设计者的青睐。本例的演示效果如图 6.17 所示。

图 6.17　表格布局

实例位置：光盘实例\6\表格布局\index.htm。

设计步骤：

第 1 步，构建网页结构。本例中应用了表格嵌套，设置了外层表格 outer 和内层表格 inner 进行布局，表格嵌套示意图如图 6.18 所示。

Note

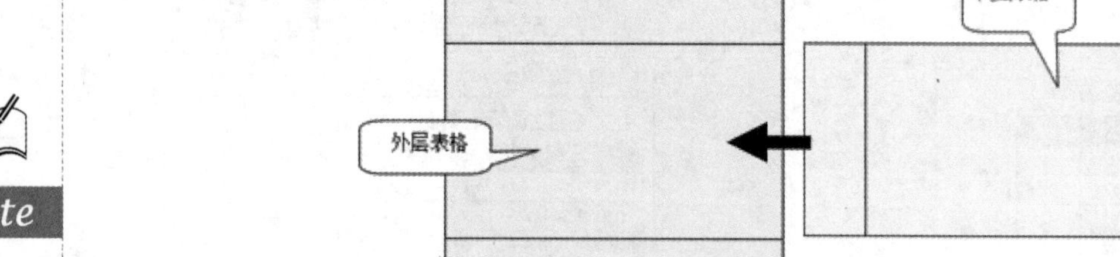

图 6.18　表格嵌套示意图

从图中可以看出，外层表格是一个 3 行 1 列的表格，在外层表格的第二行中，又嵌套了一个 1 行 2 列的表格。

```
<body>
  <table class="outer">
    <tr>
      <td><img src="images/bg.jpg"/>
      </td>
    </tr>
    <tr>
      <td>
        <table class="inner">
           <tr>
             <td class="left">
              <ul>
                <li><a href="#">首页</a></li>
                <li><a href="#">古典音乐</a></li>
                <li><a href="#">现代流行</a></li>
                <li><a href="#">爵士音乐</a></li>
                <li><a href="#">70 后音乐</a></li>
                <li><a href="#">80 后音乐</a></li>
                <li><a href="#">90 后音乐</a></li>
              </ul>
             </td>
             <td class="right">这里是内容</td>
           </tr>
        </table>
       </td>
    </tr>
    <tr>
      <td class="footer">
          <p>|联系我们    | 关于我们   |</p>
          <p>感谢您的支持，希望明天会更好!! </p>
      </td>
    </tr>
  </table>
</body>
```

以上代码定义了表格的结构，外层表格的 3 行分别是：第一行设置了 banner 图片，第二行是网页正文部分，嵌套了另一个表格，第三行定义了网页的 footer 部分；内层表格是一个 1 行 2 列的表格，

左侧单元格设置了<ul>列表，定义网页的导航栏，右侧单元格是网页的内容部分。

第 2 步，定义网页的基本属性和外层表格的样式。

```
body {                              /*网页基本属性*/
    background:#e9e8dd;             /*网页背景颜色*/
    text-align:center;
  }
.outer{                             /*外层表格样式*/
    width:800px;                    /*表格宽度*/
    border:1px #999999 solid;       /*表格边框*/
    margin:0 auto;                  /*与父标签中的 text-align:center 配合实现水平居中*/
  }
.footer{                            /*外层表格第三行单元格样式*/
    background-color:#999999;       /*单元格背景颜色*/
    text-align:center;              /*水平居中*/
    font-size:12px;                 /*字体大小*/
    color:#0033FF;                  /*字体颜色*/
  }
```

在以上代码中，首先定义了网页基本属性；在 outer 中首先定义了表格宽度，并定义了表格的外边框，margin:0 auto 与 body 中的 text-align:center 语句可实现 IE 与 FF 浏览器中的水平居中。在 footer 中，定义了外层表格中第三行单元格的样式。此时，外层表格的所有样式设置完毕，显示效果如图 6.19 所示。

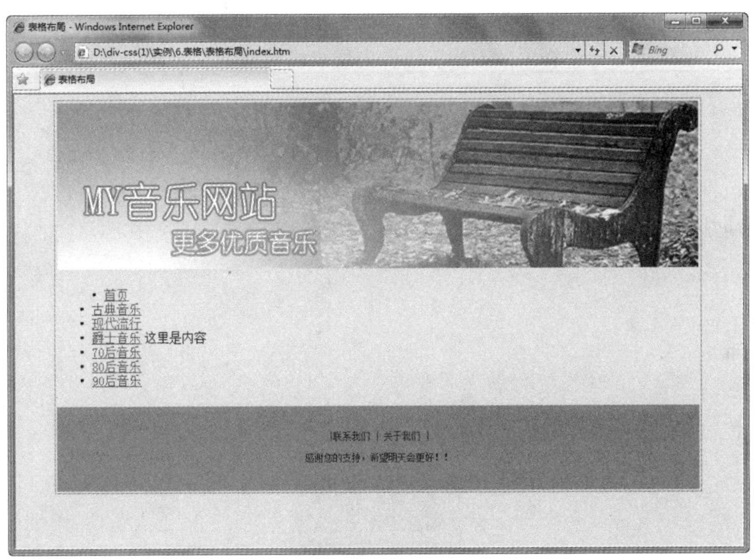

图 6.19　网页基本属性及外层表格样式设置

第 3 步，设置内层表格 inner 样式。

```
.left{                              /*内层表格左侧单元格样式*/
      width:150px;                  /*左侧单元格宽度*/
      background-color:#FF3300;     /*背景颜色*/
      border:1px red solid;         /*单元格边框*/
      text-align:center;            /*水平居中*/
      }
```

```
.right{                                     /*内层表格右侧单元格样式*/
        width:650px;                        /*右侧单元格宽度*/
        background-color:#FFFF99;           /*背景颜色*/
        border:1px red solid;               /*单元格边框*/
        text-align:center;                  /*水平居中*/
        }
```

Note

以上代码完成了内层表格中两个单元格样式的设置，显示效果如图 6.20 所示。

图 6.20　设置内层表格样式

第 4 步，设置内层表格中的左侧导航条样式。

```
ul{                                         /*列表样式*/
        list-style-type:none;               /*不显示列表项目符号*/
        font-weight:bold;                   /*字体加粗*/
        font-size:16px;                     /*字体大小*/
    }
li{
        height:40px;                        /*列表项的高宽*/
   }
```

上面代码实现了导航栏的样式，效果如图 6.21 所示。

图 6.21　导航栏效果

使用CSS设计表单样式

（视频讲解：1小时45分钟）

表单是网页中最常用的组件之一，主要负责把用户信息传递给服务器，实现数据的动态交互。表单设计的最终目的是提供更具亲和力的用户体验，更人性化的交互设计，更方便的界面操作。任何网站都会用到表单，设计表单样式也是网页设计师的重要工作。下面就来学习如何使用CSS来控制表单的表现效果。

学习重点：

- CSS控制表单样式的方法。
- 在实际应用中用CSS美化表单的方法。

7.1 表单样式设置基础

Note

了解表单元素在浏览器中所具备的特殊性，以及 CSS 样式所能触及到的范围，就能更清晰地明白如何利用合适的表单元素，以及如何利用 CSS 样式美化表单元素。设计表单样式可以从下面几个方面来入手实现：字体样式、背景样式、边框样式、补白和边界样式等。

7.1.1 表单基本结构

完整的表单结构应该包括以下 3 个组成部分。

- ☑ 表单域：这里面包含了处理表单数据所用 CGI 程序的 URL 以及数据提交到服务器的方法。
- ☑ 表单控件（对象）：包含了文本框、密码框、隐藏域、多行文本框、复选框、单选框、下拉选择框、文件上传框、提交按钮、复位按钮和一般按钮等。
- ☑ 提示信息：同时一个表单中还应该添加一些说明性文字，提示用户填写操作。

【例 7-1】在页面中输入以下完整的表单结构代码。

```
<form action="http://www.mysite.cn/index.asp" method="get">    <!-- 表单域    -->
        姓名:                                                   <!-- 提示信息 -->
        <input type="text" name="name">                         <!-- 表单控件 -->
        <input type="submit" value="提交">                      <!-- 表单控件 -->
</form>
```

表单中可以包括下列表单域元素，如表 7.1 所示。

表 7.1　表单结构组成元素

表 单 控 件	说　　明
input type="text"	单行文本输入框
input type="password"	密码输入框（输入的文字用点号表示）
input type="checkbox"	复选框
input type="radio"	单选框
input type="file"	文件域
input type="submit"	将表单（form）里的信息提交给表单属性 action 所指向的文件
input type="reset"	将表单（form）里的信息清空，重新填写
button	普通按钮
select	下拉框/下拉式菜单
textarea	多行文本输入框

使用 HTML 设计表单时，常用的标签包括<form>、<input>、<option>、<select>和<textarea>等。

1. 定义表单域

用于定义采集数据的范围，即设定表单的起止位置，并指定处理表单数据程序的 URL 地址。其基本语法结构如下。

```
<form
```

```
        action=url
        method=get|post
        name=value
        onreset=function
        onsubmit=function
        target=window enctype=cdata>
</form>
```

具体属性说明如下。

- ☑ action：用于设定处理表单数据文件 URL 的地址。这个文件通常是后台服务器应用程序文件，也可以是一个电子邮件地址。采用电子邮件方式时，用 action="mailto:邮件地址"表示。
- ☑ method：指定数据传送到服务器的方式。主要包括以下两种方式。
  - ➢ 当 method=get 时，将输入数据加在 action 指定的地址后面传送到服务器，一般采用名称/值对的形式加在 action 的 URL 后面并且把新的 URL 送至服务器，这是过去兼容的默认值，现在不推荐使用。
  - ➢ 当 method=post 时，则将输入数据按照 HTTP 传输协议中的 post 传输方式传送到服务器，用电子邮件接收用户信息采用这种方式。
- ☑ name：用于设定表单的名称。可在其他地方引用表单内的值。
- ☑ onrest 和 onsubmit：主要针对 reset 按钮和 submit 按钮，分别设定了在按下相应的按钮之后要执行的子程序。
- ☑ target：指定输入数据结果显示在哪个窗口，这需要与<frame>标签配合使用。它包括下面 4 个值。
  - ➢ blank，在一个新浏览器窗口中打开指定文件。
  - ➢ _self，在当前浏览器窗口中打开指定文件。
  - ➢ _parent，在当前框架窗口的父框架窗口中打开指定文件，如果没有父框架，这个值等价于_self。
  - ➢ _top，在顶部浏览器窗口中打开指定文件，如果没有框架，这个值等价于_self，相当于取消所有其他框架。
- ☑ enctype：指明用来把表单提交给服务器时（当 method 值为 post）的互联网媒体形式，该属性的默认值是 application/x-www-form-urlencoded。

2. 定义输入域

输入控件在表单中使用比较频繁，主要使用<input>标签，然后通过 type 属性指定输入控件的类型完成。其语法如下。

```
<input
        aligh="left|righ|top|middle|bottom"
        name="name"
        type="text|password|checkbox|radio|submit|reset|file|hidden|image|button"
        value="value"
        src="url"
        checked
        maxlength="n"
        size="n"
        onclick="function"
onselect="function" />
```

Note

具体属性说明如下。

- ☑ align：设定控件的排列位置，包括靠左（left）、靠右（right）、居中（middle）、靠上（top）、靠底（bottom）。
- ☑ name：定义控件的名称，可以是除了 submit 和 reset 之外的任何名字，用于在其他地方引用该控件的值。
- ☑ type：定义控件输入数据的类型。读者可以参考上面的表格说明，其中 type=hidden 表示隐藏域，用来传递一些隐藏信息；type=image 表示插入一个图像按钮，使用该控件用户可以自定义按钮样式；type=button 表示普通按钮。
- ☑ value：定义控件的默认值或初始值，即当没有输入值时，使用该默认值。
- ☑ src：定义 type=image 控件的图像文件地址。
- ☑ checked：定义选择控件默认被选中的项。
- ☑ maxlength：定义单行文本框最多可以输入的字符个数。
- ☑ size：定义单行或多行文本框的输入字符宽度，相当于采用 width 属性。
- ☑ onclick：定义在单击时将触发的事件。
- ☑ onselect：定义当前项被选中时将触发的事件。

【例 7-2】在页面中输入下面的代码，设计一个表单。

```
<form id=formname name=formname action=#>
        <h2>表单输入控件</h2>
        <ul>
                <li>单行文本框：
                        <input id="name" name="name" />
                <li>密码框：
                        <input id="passwd" type="password" name="passwd" />
                <li>上传文件域：
                        <input id="file" type="file" name="file" />
                <li>复选框：
                <li>
                    <input id="check1" type="checkbox" name="check" />选项一
                <li>
                    <input id="check2" type="checkbox" name="check" />选项二
                <li>
                    <input id="check3" type="checkbox" name="check" />选项三
                <li>单选按钮组：
                <li>
                    <input id="radio1" type="radio" name="radio" />按钮 1
                    <input id="radio2" type="radio" name="radio" />按钮 2
                    <input id="radio3" type="radio" name="radio" />按钮 3
                <li>
                    <input id="submit" type="submit" value="提交" name="submit" />
                    <input id="reset" type="reset" value="重置" name="reset" />
                    <input id="button" type="button" value="其他需要交互的按钮" name="button" />
                </li>
        </ul>
</form>
```

在浏览器中预览，其效果如图 7.1 所示。

Note

图 7.1　定义输入域表单结构

- ☑ 单行文本框常用来输入简短的单行信息，如用户姓名、证件号码等。
- ☑ 复选框可以在一组选项里选择多个选项，常用于多项选择，如兴趣、爱好、身份等。
- ☑ 单选框允许在一组选项里仅选择一个选项，常用来选择操作项或进行判断，如性别、类型、是否操作等。
- ☑ 文件域主要用来上传文件。

关于表单输入控件还有一些不常用属性，但这些属性在特殊的场合中比较实用，下面列举出来供读者参考。

- ☑ disabled 属性可以定义控件禁止可用。
- ☑ readonly 属性可以定义文本框为只读。
- ☑ alt=""属性定义控件的描述信息。
- ☑ usemap=""定义到客户端图形镜像的 URL。
- ☑ tabindex=""通过定义的 tabindex 值确定在不同元素之间获得焦点的顺序，取值为正整数。
- ☑ onfocus=""定义当控件获取焦点时所触发的事件。
- ☑ onblur=""定义当控件失去焦点时所触发的事件。
- ☑ onchange=""定义当控件内容改变时所触发的事件。
- ☑ accept=""定义允许上传的文件类型。

3. 定义选择域

用<select>标签可以在表单中插入一个下拉菜单或列表，需与<option>标签联合使用，因为下拉菜单中的每个选项要用<option>标签来定义。其语法如下。

```
<select name="select" size="n" multiple    >
    <option value="" selected="selected">选项</option>
    <option value="">选项</option>
    <option value="">选项</option>
</select>
```

具体属性说明如下。

- ☑ name：定义下拉式菜单或列表的名称。
- ☑ size：定义列表框的高度，即显示几个列表项，默认值为 1。
- ☑ multiple：定义列表框可以多选。
- ☑ selected：定义当前项为默认选中项。
- ☑ value：定义该项对应的值，在该项被选中之后，这个值就会被送到服务器进行处理。

4. 定义文本区域

文本区域也称多行文本框控件，用<textarea>标签实现。这是一个建立多行文本输入框的专用标签，其语法如下。

```
<textarea
        name="name"
        cols="n"
        rows="n"
        wrap="off|hard|soft">
</textarea>
```

具体属性说明如下。

☑ name：定义文本框名称。

☑ los：定义文本域的宽度，以字符为单位。

☑ ows：定义文本域的高度，即行数。

☑ wrap：换行控制，off 表示不自动换行，hard 表示自动硬回车换行，换行标签一同被传送到服务器中去，soft 表示自动软回车换行，换行标签不会被传送到服务器中去。

5. 定义辅助表单域

表单布局需要设计师从更高的角度来考虑表单设计，如表单域与页面整体布局和色彩的协调，表单域的易用性等。要很好地控制表单的各个控件，需要使用合适的布局元素来组织各个表单控件，HTML 为设计师提供了几个专用元素来组织表单控件。

☑ fieldset

定义字段集，相当于一个方框，在字段集中可以包含文本和其他元素。该元素用于对表单中的元素进行分组并在文档中区别标出文本。fieldset 元素与窗口框架的行为有些相似。fieldset 元素可以嵌套，在其内部可以再设置多个 fieldset 对象。

☑ legend

legend 元素可以在 fieldSet 对象绘制的方框内插入一个标题。legend 元素必须是 fieldset 内的第一个元素。但该元素不需要关闭标签。legend 元素与 fieldset 元素一样都是块元素。

☑ label

label 元素用来定义标签，为页面上的其他元素指定提示信息。要将 label 元素绑定到其他控件上，可以将 label 元素的 for 属性值设置为与该控件的 id 属性值相同，而将 label 绑定到控件的 name 属性则毫无用处。但是，要提交表单，读者必须为 label 元素所绑定到的控件指定 name。

如果单击 label，则会先触发 label 上的 onclick 事件，然后触发由 htmlfor 属性所指定的控件上的 onclick 事件。该元素是内嵌元素，不允许嵌套。

7.1.2 设置基本样式

使用 CSS 控制表单样式与其他元素没有区别，可以直接为任意一个表单对象定义样式。但是由于大部分表单对象都是用 input 元素定义的，且表单名称被用来传递数据的句柄，所以建议读者多采用类来定义表单样式。

【例 7-3】新建一个页面，在页面中输入下面的代码，构建一个完整的表单结构。

```
<form id="form1" name="form1" method="post" action="">
    <p> 文本框:
```

```
            <input type="text" name="textfield" id="textfield" />
        </p>
        <p>文本区域：
            <textarea name="textarea" id="textarea" cols="45" rows="5"></textarea>
        </p>
        <p>复选框：
            a<input type="checkbox" name="checkbox" id="checkbox" />
            b<input type="checkbox" name="checkbox2" id="checkbox2" />
            c<input type="checkbox" name="checkbox3" id="checkbox3" />
        </p>
        <p>单选按钮：
            a<input type="radio" name="radio" id="radio" value="radio" />
            b<input type="radio" name="radio2" id="radio2" value="radio2" />
            c<input type="radio" name="radio3" id="radio3" value="radio3" />
        </p>
        <p>下载菜单：
            <select name="select" id="select">
                <option value="1">a</option>
                <option value="2">b</option>
                <option value="3">c</option>
            </select>
        </p>
        <p>
            <input type="submit" name="button" id="button" value="提交" />
            <input type="reset" name="button2" id="button2" value="重置" />
        </p>
    </form>
```

一个合格的表单不仅要语法严谨，同时还要考虑用户的使用习惯，当用户想选中并填写表单选项时，可以有以下 3 种选择。

☑　直接单击文本框等元素对象本身。

☑　直接单击文本框前面的提示文本。

☑　利用 Tab 功能键和提示文本后的字母来实现快捷键选中文本框。

因此，可以利用 HTML 提供的辅助标签<fieldset>、<legend>和<label>提高表单的易用性。对于上面的表单结构，可以做进一步的优化。

```
    <form id="form1" name="form1" method="post" action="">
        <fieldset>
        <legend>表单结构</legend>
        <p>
            <label for="textfield">文本框：</label>
            <input type="text" name="textfield" id="textfield" />
        </p>
        <p>
            <label for="textarea">文本区域：</label>
            <textarea name="textarea" id="textarea" cols="45" rows="5"></textarea>
        </p>
        <p>复选框：
            <label for="checkbox">a</label>
            <input type="checkbox" name="checkbox" id="checkbox" />
```

Note

```
        <label for="checkbox2">b</label>
        <input type="checkbox" name="checkbox2" id="checkbox2" />
        <label for="checkbox3">c</label>
        <input type="checkbox" name="checkbox3" id="checkbox3" />
    </p>
    <p>单选按钮：
        <label for="radio">a</label>
        <input type="radio" name="radio" id="radio" value="radio" />
        <label for="radio2">b</label>
        <input type="radio" name="radio2" id="radio2" value="radio2" />
        <label for="radio3">c</label>
        <input type="radio" name="radio3" id="radio3" value="radio3" />
    </p>
    <p>
        <label for="select">下载菜单：</label>
        <select name="select" id="select">
            <option value="1">a</option>
            <option value="2">b</option>
            <option value="3">c</option>
        </select>
    </p>
    <p>
        <input type="submit" name="button" id="button" value="提交" />
        <input type="reset" name="button2" id="button2" value="重置" />
    </p>
    </fieldset>
</form>
```

在上面代码中利用<fieldset>和<legend>标签来组织表单，以方便管理，然后利用<label>标签来设置每个表单元素的提示信息，这样能够保证提示信息与对应的表单对象紧密联系在一起，在浏览器中演示效果如图 7.2 所示。在使用<label>标签时可以定义 for 属性，设置为表单对象的 name 属性值，从而实现与对应的表单对象进行绑定，如下面代码中<label>就与<input type="radio" />绑定在一起。

```
<label for="radio2">b</label>
        <input type="radio" name="radio2" id="radio2" value="radio2" />
```

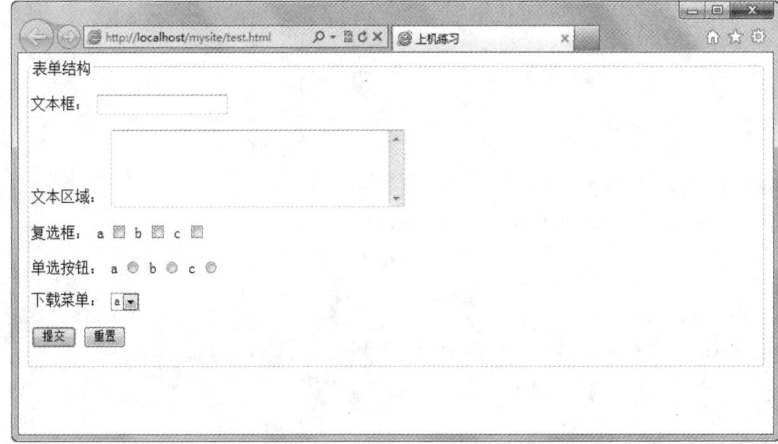

图 7.2　优化表单结构

从图 7.2 所示的表单效果中可以看到，整个表单不美观也不适合使用，下面要做的工作就是如何使用 CSS 来控制表单的显示样式。

首先，把左侧的提示信息进行对齐处理。长短不一的提示文本，如文本框、单选按钮和其他表单对象的不同尺寸，使整个表单看起来很难阅读。这种情况下，可以为<label>标签定义一个类样式，统一提示文本的长度并自动右对齐。

```
.title {
    width:100px;                    /*宽度*/
    float:left;                     /*向左浮动*/
    text-align:right;               /*文本右对齐*/
    font-weight:bold;               /*加粗提示文本*/
}
```

然后定义一个文本居中类，设计按钮居中显示。

```
.center { text-align:center;   }
```

定义表单元素 form 居中显示，并定义该表单包含的 fieldset 元素居中对齐、宽度和文本左对齐，整体效果如图 7.3 所示。

```
#form1 {
    text-align:center;              /*定义表单内对象居中显示*/
}
#form1 fieldset {
    width:500px;                    /*定义表单区域宽度*/
    margin:0 auto;                  /*文本对象居中显示*/
    text-align:left;                /*文本左对齐*/
}
```

图 7.3　设计表单整体效果

最后，定义表单中包含的各个元素对象的基本样式。当然，可以根据具体页面的整体设计效果来设计所需要的表单效果。设置基本样式后的表单效果如图 7.4 所示。

```
#form1 #textfield {                 /*文本框样式*/
    width:16em;                     /*文本框的宽度*/
    border:solid 1px #aaa;          /*文本框的边框样式*/
    font-size:14px;                 /*字体大小*/
```

Note

```
    color:#666;                          /*字体颜色*/
    position:relative;                   /*相对定位*/
    top:-3px;                            /*向上移动位置*/
}
#form1 #textarea {/*文本区域样式*/
    width:30em;                          /*文本区域宽度*/
    height:8em;                          /*高度*/
    border:solid 1px #aaa;               /*边框样式*/
    font-size:12px;                      /*字体大小*/
    color:#666;                          /*字体颜色*/
}
.checkbox {/*复选框样式*/
    border:solid 1px #fff;               /*边框样式*/
    position:relative;                   /*相对定位*/
    top:3px;                             /*向下移动位置*/
    left:-2px;                           /*向左移动位置*/
}
#radio {/*单选按钮样式*/
    border:solid 1px #fff;               /*边框样式*/
    position:relative;                   /*相对定位*/
    top:3px;                             /*向下移动位置*/
    left:-1px;                           /*向左移动位置*/
}
```

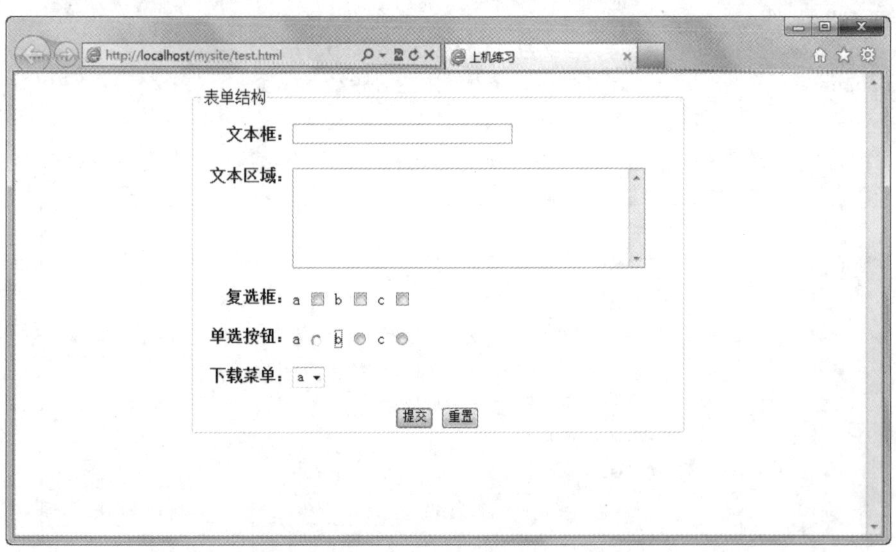

图 7.4　设置基本样式后的表单效果

在定义表单对象的样式时，应该注意如下几点问题。

☑ 定义文本框或文本区域的宽度时，建议使用 em 作为单位，这样能够准确计算一行中所能接纳的字符数。

☑ 通过相对定位来移动原始位置，这样可以避免由于表单对象具有特殊性而无法与同行的文本居中对齐的问题。定义相对定位之后，就可以通过 top 和 left 属性来设置表单对象的偏移位置。取正值表示向下或向右移动，取负值表示向左或向上移动。

☑ 设置单选按钮和复选框边框为白色边框，目的是使其与背景色相融合，这样就可以设计个

性的单选按钮和复选框效果。

7.1.3　定义字体样式

适当变换一下表单对象的显示字体或提示字体样式，能够使表单显得更好看。CSS 字体属性都可以被应用到所有表单对象上。

【例 7-4】在页面中输入如下代码，创建表单框架。

```
<form name="form1" action="#" method="post" id="form1">
    <input maxlength="10" size="10" value="加粗" name="bold" id="bold"m>
    <input type="password" maxlength="12" size="8" name="blue" id="blue">
    <br>
    <select size="1" name="select">
        <option value="2" selected>sina.com</option>
        <option value="1">sohu.com</option>
    </select>
    <br>
    <textarea name="txtarea" rows="5" cols="30" align="right">下划线样式</textarea>
    <br>
    <input type="submit" value="提交" name="submit" id="submit">
    <input type="reset" value="清除" name="reset">
</form>
```

在网页头部区域添加<style type="text/css">标签，输入下面的 CSS 代码。

```
#form1 #bold {
    font-weight: bold;
    font-size: 14px;
    font-family:"宋体";
     }
#form1 #blue {
    font-size: 14px;
    color: #0000ff;
 }
#form1 select {
    font-size: 13px;
    color: #ff0000;
    font-family: verdana,arial;
 }
#form1 textarea {
    font-size: 14px;
    color: #000099;
    text-decoration: underline;
    font-family: verdana, arial;
}
#form1 #submit {
    font-size: 16px;
    color:green;
    font-family:"方正姚体";
}
```

Note

在浏览器中预览，其效果如图 7.5 所示。

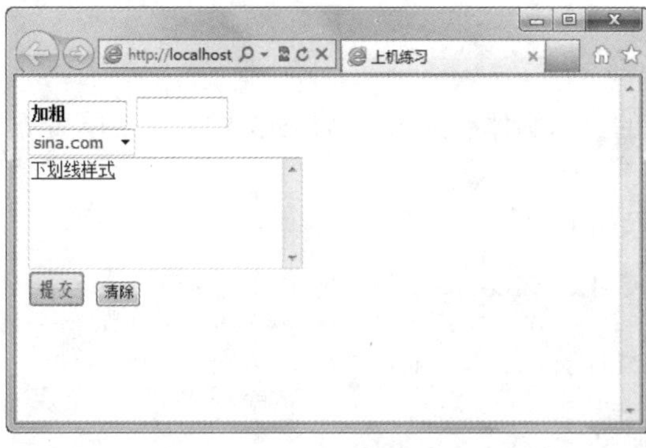

图 7.5　设置表单字体样式

在为表单对象定义样式时，要注意以下几个问题。

☑ 由于输入的表单控件都是 input 元素，因此应分别定义其中不同对象的样式，建议使用类选择符。

☑ 要对多个按钮定义不同的样式，可以使用类选择符。

☑ 定义列表框时，可以针对 select 元素或 option 元素，这两种方法定义后的效果是一样的；但如果以下拉菜单显示，则 select 和 option 选择符所作用的对象是不同的，option 选择符只定义下拉菜单项中的样式，而 select 只定义所选项的样式。

7.1.4　定义边框样式

在表单设计中，设计师最喜欢设计表单对象的边框，以便实现表单与页面整体效果的融合。CSS 盒模型适用任何表单对象，所以可以使用任何盒模型属性来定义表单对象。注意，除了 form 元素是块状元素外，其他元素都以内联元素显示。

【例 7-5】在页面中输入下面的 HTML 代码，创建表单框架。

```
<form   id=form1 action=#public method=post enctype=multipart/form-data>
    <h2>个人信息注册表单</h2>
    <ul>
        <li class="label">姓名
        <li>
            <input id=field1 size=20 name=field1>
        <li class="label">职业
        <li>
            <input name=field2 id=field2 size="25">
        <li class="label">详细地址
        <li>
            <input name=field3 id=field3 size="50">
        <li class="label">邮编
        <li>
            <input name=field4 id=field4 size="12" maxlength="12">
        <li class="label">省市
        <li>
            <input id=field5 name=field5>
        <li class="label">国家
```

```
        <li>
            <select id=field6 name=field6>
                <option value=china>china</option>
                <option value=armenia>armenia</option>
                <option value=australia>australia</option>
                <option value=italy>italy</option>
                <option value=japan>japan</option>
            </select>
        <li class="label">Email
        <li>
            <input id=field7 maxlength=255 name=field11>
        <li class="label">电话
        <li>
            <input maxlength=3 size=6 name=field8>-
            <input maxlength=8 size=16 name=field8-1>
        <li class="label">
            <input id=saveform type=submit value=提交>
        </li>
    </ul>
</form>
```

在网页头部区域添加<style type="text/css">标签，输入下面的 CSS 代码。

```
body {
    background: #ffff99;
    margin: 0;
    padding:0;
    font-family: "lucida grande", tahoma, arial, verdana, sans-serif;
    text-align: center;
}
#form1 {
    width:450px;
    background:#fff;
    text-align:left;
    padding:12px 32px;
    margin:0 auto;
    font-size:12px;
}
#form1 h2 {
    border-bottom:dotted 1px #ddd;
    text-align:center;
    font-weight:normal;                    /*清除标题加粗默认样式*/
}
ul {
    padding:0;
    margin:0;
    list-style-type:none;                  /*清除列表样式 */
}
input {
    border:groove #ccc 1px;                /*定义 3D 凹槽立体效果*/
}
```

```
.field6 {
    color:#666;
    width:32px;
}
.label {
    font-size:13px;
    font-weight:bold;
    margin-top:0.7em;
}
```

在浏览器中预览，其效果如图 7.6 所示。

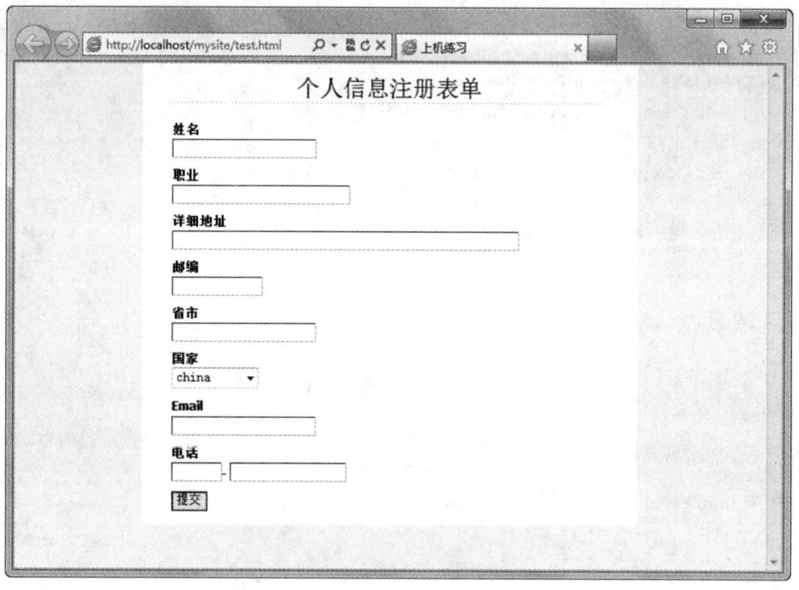

图 7.6　设置表单边框样式

结合边框宽度、颜色和样式，设计师能够设计出很多个性十足的表单样式，如立体、凸凹等不同效果。

- ☑ none：无边框。
- ☑ dotted：点线。
- ☑ dashed：虚线。
- ☑ solid：实线边框。
- ☑ double：双线边框。
- ☑ groove：3D 凹槽。
- ☑ ridge：边框突起。
- ☑ inset：3D 凹边。
- ☑ outset：3D 凸边。

另外，也可以为某条边框进行设计，实现单边框或残缺边框样式。

7.1.5　定义背景样式

很多时候网页设计需要利用背景颜色和背景图像来艺术化表单样式。根据网页色彩搭配，设计师

可以对表单的背景颜色和图像样式进行设计，背景颜色利用 background-color 属性，背景图像利用 background-image 属性，颜色和图像同样能够得到意想不到的效果。

【例 7-6】在页面中输入下面的 HTML 代码，创建表单框架。

```
<form id="fieldset" action="default.asp" method="post">
      <h2>联系表单</h2>
      <label for=name>姓名</label>
      <input class="textfield" id="name" name="name">
      <br>
      <label for=email>email</label>
      <input class="textfield" id="email" name="email">
      <br>
      <label for=website>网址</label>
      <input class="textfield" id="website" value="http://" name="website">
      <br>
      <label for=comment>反馈</label>
      <textarea class="textarea" id="comment" name="comment" rows="15" cols="30">
</textarea>
      <br>
      <label for=submit> </label>
      <input class="submit" id="submit" type="submit" value="提交" name="submit">
</form>
```

CSS 版式代码如下。

```
body {                                                  /*定义页面属性*/
      font-size: 0.8em;                                 /*定义字体大小，等于 13px*/
      margin: 50px;                                     /*定义边界，避免顶部跑到页面外边*/
      color: #666;                                      /*定义颜色*/
      font-family: 宋体, verdana, arial, helvetica, sans-serif;   /*定义字体*/
}
#fieldset {                                             /*定义表单属性*/
      border: #fff 0px solid;                           /*清除边框*/
      width: 300px;                                     /*定义表单域宽度*/
      background-color: #ccc;                           /*定义浅灰色背景*/
}
#fieldset h2 {                                          /*定义表单标题属性*/
      padding: 0.2em;                                   /*定义补白，增加边缘空隙*/
      margin:0;                                         /*清除标题预定义边界*/
      position: relative;                               /*相对定位*/
      top: -1em;                                        /*在现有流位置向上移动一个字体距离*/
      background: url(h2_bg.gif) no-repeat;             /*定义背景图像，圆角显示*/
      width: 194px;                                     /*定义宽度，该宽度与背景图像宽相同*/
      font-size: 2em;                                   /*定义字体大小*/
      color: #fff;                                      /*定义字体颜色*/
      white-space: pre;                                 /*保留标题预定义格式，可以保留多行显示*/
      letter-spacing: -1px;                             /*收缩字距*/
      text-align:center;                                /*居中显示*/
}
#fieldset label {                                       /*定义表单标签属性*/
      padding: 0.2em;                                   /*增加边距空隙*/
```

Note

Note

```
    margin: 0.4em 0px 0px;                          /*增加顶部边界，即加大与上一个控件的间距*/
    float: left;                                    /*向左浮动*/
    width: 70px;                                    /*定义宽度*/
    text-transform: uppercase;                      /*英文大写显示*/
    text-align: right;                              /*右对齐*/
}
.br {                                               /*隐藏换行标签，也不占据位置*/
    display: none;
}
.textfield {                                        /*定义输入表单控件*/
    border: #fff 0px solid;                         /*清除边框*/
    padding: 3px 8px;                               /*增加内容边距空隙*/
    margin: 3px;                                    /*定义边界距离*/
    width: 187px;                                   /*定义宽*/
    height: 20px;                                   /*定义高*/
    background: url(textfield_bg.gif) no-repeat;    /*定义输入表单控件背景图像*/
    color: #FF00FF;                                 /*定义表单显示字体颜色*/
    font: 1.1em verdana, arial, helvetica, sans-serif;  /*定义字体属性*/
}
textarea {                                          /*定义文本域控件属性*/
    border: #fff 0px solid;                         /*清除边框*/
    padding:4px 8px;                                /*增加内容边距空隙，避免内部显示文本顶到边框边*/
    margin: 3px;                                    /*定义边界距离*/
    height: 165px;                                  /*定义高*/
    width: 190px;                                   /*定义宽*/
    background: url(textarea_bg.gif) no-repeat;     /*定义文本域表单控件背景图像*/
    color: #FF00FF;                                 /*定义表单显示字体颜色*/
    font: 1.1em verdana, arial, helvetica, sans-serif;  /*定义字体属性*/
}
.submit {                                           /*定义按钮控件属性*/
    border: #fff 0px solid;                         /*清除边框*/
    margin: 6px;                                    /*定义边界距离 *
    width: 80px;                                    /*定义宽*/
    height: 20px;                                   /*定义高*/
    background: url(submit.gif) no-repeat;          /*定义按钮控件背景图像*/
    text-transform: uppercase;                      /*英文大写显示*/
    font: 1.1em verdana, arial, helvetica, sans-serif;  /*定义字体属性*/
    color: #666;                                    /*定义字体颜色*/
}
```

在浏览器中预览，其效果如图 7.7 所示。

为表单定义背景图像以实现艺术表单效果，应注意下面的几个问题。

- ☑ 应事先设计好背景图像，要考虑背景图像与页面的融合问题，同时要把握好图像的宽和高，建议背景图像的宽和高应与表单控件大小相同。
- ☑ 为表单控件定义背景图像时，应避免图像的铺展，可以设置 no-repeat 属性值，禁止铺展，也可以定义 fixed 属性值固定背景图像的位置。
- ☑ 要清除表单的预定义边框样式，使其不显示边框，或定义与背景图像协调的边框样式。
- ☑ IE6 及更低版本浏览器对 select 元素的背景图像支持不是很好。

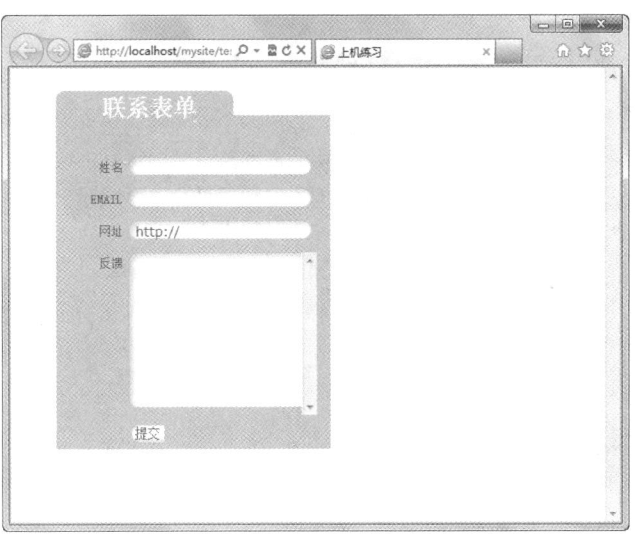

图 7.7　设置表单背景样式

【例 7-6】背景图像的应用还是比较灵活的，读者可以充分发挥想象力，设计出更具创意的表单效果。当制作带有动态特效的表单效果时，先制作好动态的 gif 图像，然后将其引入即可。

首先，在页面中输入下面的 HTML 代码，创建表单框架。

```
<form id="fieldset" action="default.asp" method="post">
    <dl>
    <dt>注册表单</dt>
    <dd> 姓名
        <input id="name" name="name">
        <input id="submit" type="submit" value="提交" name="submit">
    <dd> 密码
        <input id="password" name="password">
        <input id="reset" type="reset" value="取消" name="reset">
    </dd>
    </dl>
</form>
```

在网页头部区域添加<style type="text/css">标签，输入下面的 CSS 代码。

```
#fieldset {                                 /*定义表单基本属性*/
    color:#6D8B1E;
    font-size:12px;
}
#fieldset input {                           /*定义输入表单控件基本属性*/
    border:solid 1px #339900;
    width:6em;
}
#fieldset dt {                              /*定义标题属性*/
    font-size:16px;
    color:#333;
    }
#fieldset dd {                              /*定义输入控件行高*/
    line-height:1em;
```

Note

```
}
#fieldset #submit {                                /*定义提交按钮属性*/
    text-indent:999px;                             /*隐藏显示的 value 属性*/
    border:0;                                      /*清除边框*/
    width:53px;                                    /*定义宽，与背景图像要一致*/
    height:19px;                                   /*定义高，与背景图像要一致*/
    background:url(submit1.gif) no-repeat;         /*定义背景图像*/
}
#fieldset #reset {                                 /*定义重置按钮属性，具体说明与上面提交按钮相同*/
    text-indent:999px;
    border:0;
    width:53px;
    height:19px;
    background:url(reset.gif) no-repeat;
}
```

在浏览器中预览，其效果如图 7.8 所示。

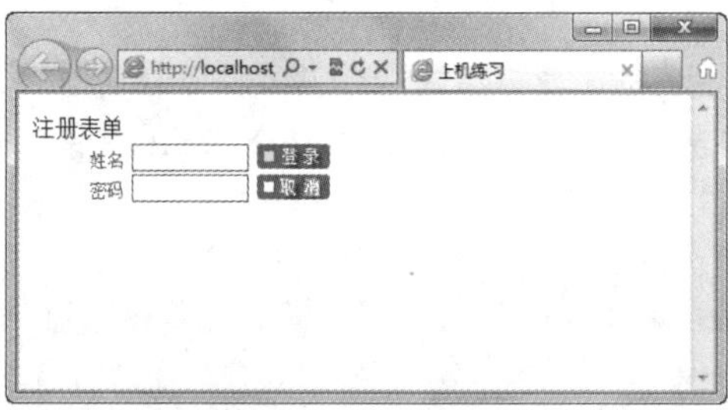

图 7.8　设置表单背景动态样式

从预览效果中可以看出，右侧的提交按钮中的小灯会不断闪动，动态效果比较好。也可以使用<input type="image" name="" src="url" width="" height="" border="">标签导入背景图像，如果只有一个提交按钮的时候，可以简单实现提交，但当有多个按钮时，需要加事件函数，定义按钮的行为。例如，实现提交功能的代码如下所示。

```
<input type="image" name="" src="" onClick="document.formname.submit()">
```

实现重置功能的代码如下。

```
<a href="javascript:document.formname.reset();"><img border=0 src=""></a>
```

其中，formname 表示表单域 form 的 name 属性值。

7.2　案 例 实 战

本节将通过实例的形式帮助读者设计 CSS 的表单样式，以提高实战技法和技巧，快速理解 CSS 表单属性的应用。

7.2.1　设计多彩下拉菜单样式

7.1 节中介绍了 CSS 可设置表单背景颜色和表单边框样式，本节通过一个简单的实例介绍通过

CSS 美化下拉菜单，设计效果如图 7.9 所示。

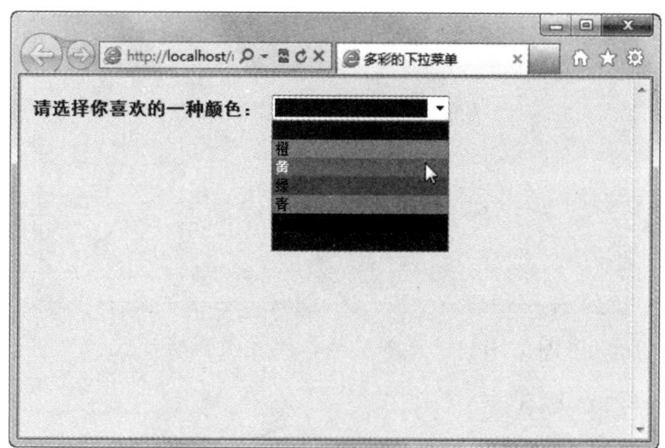

图 7.9　设计多彩下拉菜单样式

实例位置：光盘实例\7\多彩下拉菜单样式\index.htm。

设计步骤：

第 1 步，构建网页结构，在<body>标签中输入以下内容。

```
<body>
<form>
    <label for="color"> 请选择你喜欢的一种颜色：</label>
    <select name="" id="clolr">
        <option>红</option>
        <option>橙</option>
        <option>黄</option>
        <option>绿</option>
        <option>青</option>
        <option>蓝</option>
        <option>紫</option>
    </select>
</form>
</body>
```

第 2 步，规划整个页面的基本显示属性，设置表单样式。

```
body { background-color:#f5f0c2;}
select { width:160px;}
form {
    color:#0c12f5;
    font-size:16px;
    font-weight:800;
    font-family:黑体;
}
```

此时的显示效果如图 7.10 所示。可以看到，网页背景颜色发生了改变，并且表单包含的字体颜色、字体样式都发生了变化，同时定义下拉列表框的宽度为 160px 的固定宽度。

Note

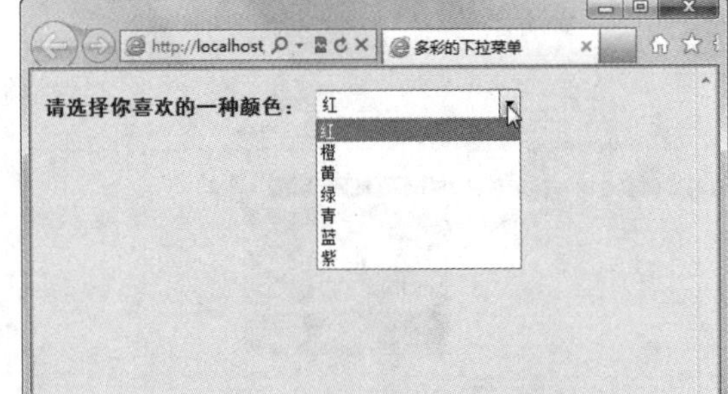

图 7.10　设置网页基本属性及表格样式

第 3 步，定义 7 种背景颜色样式类。

```
.r { background-color:#FF0000; color:#000; }
.o { background-color:#FF9900; color:#000; }
.y { background-color:#FFFF00; color:#000; }
.g { background-color:#009900; color:#000; }
.q { background-color:#21b9b4; color:#000; }
.b { background-color:#0000FF; color:#000; }
.z { background-color:#7c176a; color:#000; }
```

第 4 步，把这 7 种背景颜色样式类绑定到下拉列表项中即可。

```
<form>
    <label for="color"> 请选择你喜欢的一种颜色：</label>
    <select name="" id="clolr">
        <option class="r">红</option>
        <option class="o">橙</option>
        <option class="y">黄</option>
        <option class="g">绿</option>
        <option class="q">青</option>
        <option class="b">蓝</option>
        <option class="z">紫</option>
    </select>
</form>
```

7.2.2　设计注册表单

注册表单是网站开发中最常用的表单形式，也是用户管理系统必不可少的一种表单。本例将借助 CSS 3 技术设计一个带有阴影效果的表单样式。实例效果如图 7.11 所示。

实例位置：光盘实例\7\设计注册表单\index.htm。

设计步骤：

第 1 步，构建网页结构，在<body>标签中输入以下内容，此时的显示效果如图 7.12 所示。

```
<body>
<div id="container">
    <h1>用户注册</h1>
    <form >
        <fieldset>
            <label for="name">用户名:</label>
```

```
            <input type="text" id="name" placeholder="Enter your full name" />
            <label for="email">Email:</label>
            <input type="email" id="email" placeholder="Enter your email address" />
            <label for="password">密码:</label>
            <input type="password" id="password" placeholder="Enter your password" />
            <label for="password">重复密码:</label>
            <input type="password" id="password" placeholder="Enter your password again" />
            <p>
                <input type="submit" value="重新填写" />
                <input type="submit" value="注　册" />
            </p>
        </fieldset>
    </form>
</div>
</body>
```

图 7.11　设计注册表单效果

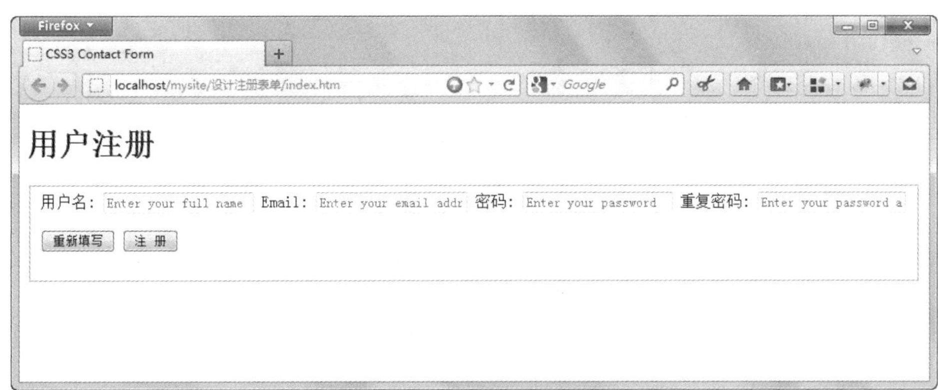

图 7.12　构建表单结构

以上代码中，使用<fieldset>标签对表单对象进行分组，使用<label>标签为每个表单对象定义提示文字，然后通过 for 属性绑定到对应的表单域上，for 的属性值为对应表单域的 id 属性值。

Note

提示：placeholder 属性是 HTML5 表单新增的属性，很多网站在填表单或者是站内搜索的时候都会看到占位符效果，这种提示性的占位符可以给出一些友好的提示，告诉用户这里填什么样的内容最合适。这种效果在 HTML5 之前一般都是用 JavaScript 来实现，但是如今 HTML5 提供了使用起来更方便、更简单的方式来实现这个效果。目前，IE 浏览器还不支持 placeholder 属性，所以使用 IE 浏览器不能看到具体效果。

该属性目前仅支持 moz 和 webkit 内核浏览器，这样就不需要再使用一段 JavaScript 代码来另外控制占位符的样式了。当然，针对不支持 HTML5 的浏览器，最好使用正常的 JavaScript 方式来表现。

第 2 步，定义网页基本属性、表单样式以及表单标题样式。

```
body, div, h1, form, fieldset, input, textarea {
    margin: 0;
    padding: 0;
    border: 0;
    outline: none;
}
html { height: 100%;}
body {
    background: #728eaa;
    font-family: 宋体;
    margin-bottom:20px;
    padding-bottom:40px;
}
#container {
    width: 430px;
    margin: 30px auto;
    padding: 60px 30px;
    background: #c9d0de;
    border: 1px solid #e1e1e1;
}
h1 {
    font-size: 35px;
    color: #445668;
    text-align: center;
    margin: 0 0 35px 0;
    text-shadow: 0px 2px 0px #f2f2f2;
}
```

在以上代码中，首先定义了页面的背景颜色，然后在#container 中设置了表单的宽度为 430px，并为其添加了边框和背景色。此时的显示效果如图 7.13 所示。

提示：text-shadow 是 CSS 3 新增加的属性，用来定义文本阴影。具体用法如下。

```
text-shadow :   none | <length> none | [<shadow>, ] * <shadow>
```

或

```
text-shadow :   none | <color> [, <color> ]*
```

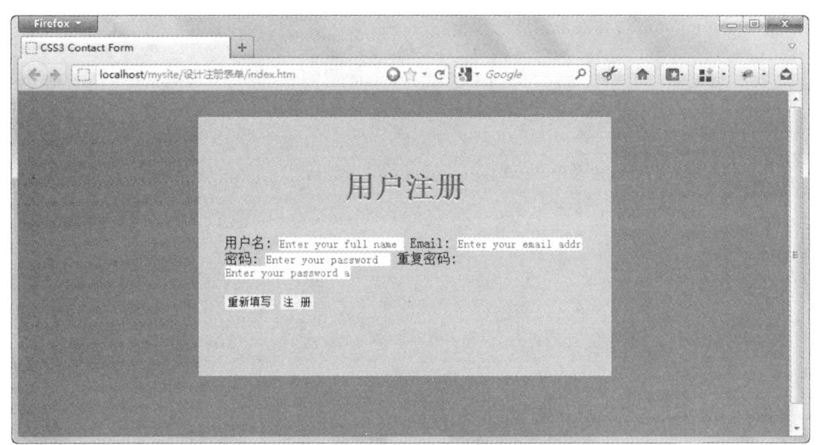

图 7.13　设置表单基本属性

各取值的简单说明如下。

☑　<color>表示颜色。

☑　<length>表示由浮点数字和单位标识符组成的长度值，可为负值，指定阴影的水平延伸距离。

☑　<opacity>表示由浮点数字和单位标识符组成的长度值，不可为负值，指定模糊效果的作用距离。如果仅需要模糊效果，则将前两个<length>全部设定为 0 即可。

text-shadow 属性的阴影偏移由两个<length>值指定到文本的距离。第一个长度值指定距离文本右边的水平距离，负值将会把阴影放置在文本的左边。第二个长度值指定距离文本下边的垂直距离，负值将会把阴影放置在文本上方。在阴影偏移之后，可以指定一个模糊半径。模糊半径是一个长度值，用于指出模糊效果的范围。计算模糊效果的具体算法并没有指定。在阴影效果的长度值之前或之后还可以选择指定一个颜色值。颜色值会被用作阴影效果的基础。如果没有指定颜色值，那么将使用 color 属性值来替代。

第 3 步，定义标签浮动显示，并清除左侧浮动，避免上下标签显示在同一行内，同时设置标签宽度为 95px，并定义文本右对齐，定义文本显示为阴影特效。此时网页的显示效果如图 7.14 所示。

图 7.14　定义标签样式

Note

```
label {
    float: left;
    clear: left;
    margin: 11px 20px 0 0;
    width: 95px;
    text-align: right;
    font-size: 18px;
    font-family:宋体;
    color: #445668;
    text-shadow: 0px 1px 0px #f2f2f2;
}
```

第 4 步，实现表单对象样式。

```
input {
    width: 210px;
    height: 35px;
    padding: 5px 20px 0px 20px;
    margin: 0 0 20px 0;
    background: #5E768D;
    border-radius: 5px;
    font-family: 宋体, sans-serif;
    font-size: 16px;
    color: #a1b2c3;
    text-shadow: 0px -1px 0px #38506b;
}
textarea {
    width: 210px;
    height: 170px;
    padding: 12px 20px 0px 20px;
    margin: 0 0 20px 0;
    background: #5E768D;
    font-family: 宋体, sans-serif;
    font-size: 16px;
    color: #f2f2f2;
    text-shadow: 0px -1px 0px #334f71;
}
textarea {
    color: #a1b2c3;
    text-shadow: 0px -1px 0px #38506b;
}
input:focus, textarea:focus { background: #728eaa;}
p {margin-left:140px;}
input[type=submit] {
    width: 105px;
    height: 42px;
    border: 1px solid #556f8c;
    cursor: pointer;
    color:#FFFFFF;
}
```

以上代码中，首先统一 input 和 textarea 元素的默认样式，设置文本框的固定宽和高，增加补白，定义背景色，并设置圆角和阴影效果。最后，使用伪类选择器 input:focus、textarea:focus 激活表单定义样式；使用属性选择器 input[type=submit]提交按钮定义样式。

提示：border-radius 也是 CSS 3 新定义的属性，该属性能够为元素定义圆角边框效果，具体用法如下。

```
border-radius : none | <length>{1,4} [ / <length>{1,4} ]?
```

各参数的简单说明如下。

☑ none：默认值，表示元素没有圆角。

☑ <length>：由浮点数字和单位标识符组成的长度值，不可为负值。

为了方便设计师更灵活地定义元素的 4 个顶角圆角，派生了 4 个子属性。

☑ border-top-right-radius：定义右上角的圆角。

☑ border-bottom-right-radius：定义右下角的圆角。

☑ border-bottom-left-radius：定义左下角的圆角。

☑ border-top-left-radius：定义左上角的圆角。

目前，Webkit 引擎（包括 Safari 和 Google Chrome 浏览器等）支持-webkit-borderradius 私有属性，Mozilla Gecko 引擎（包括 Firefox 浏览器等）支持-moz-border-radius 私有属性，Presto 引擎（包括 Opera 浏览器等）和 IE9 支持 border-radius 标准属性。IE8 及较低版本的浏览器暂时不支持 border-radius 属性。相应地，Webkit 和 Gecko 引擎还支持下面几种私有属性。

☑ -moz-border-radius-bottomleft -webkit-border-bottom-left-radius

☑ -moz-border-radius-bottomright -webkit-border-bottom-right-radius

☑ -moz-border-radius-topleft -webkit-border-top-left-radius

☑ -moz-border-radius-topright -webkit-border-top-right-radius

border-radius 属性可包含两个参数值：第一个值表示圆角的水平半径，第二个值表示圆角的垂直半径，如图 7.15 所示，两个参数值通过斜线分隔。如果仅包含一个参数值，则第二个值与第一个值相同，表示这个角就是一个四分之一圆角。如果参数值中包含 0，则这个角就是矩形，不会显示为圆角。定义 border-radius 属性的示意图如图 7.15 所示。

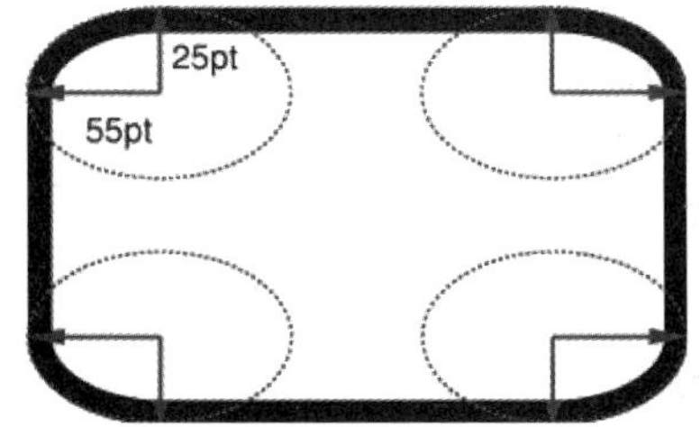

图 7.15　定义 border-radius 属性示意图

7.2.3　设计调查表

调查表设计的好坏直接关系到调查工作的成败。一般网上的调查表单都设计得比较简洁，避免给被调查人员带来额外的负担，调查的问题也尽量简单，方便用户回答。当然，调查内容的设计需要与设计目标一致，否则调查就失去了意义。本例介绍了简单的调查表单设计，演示效果如图 7.16 所示。

Note

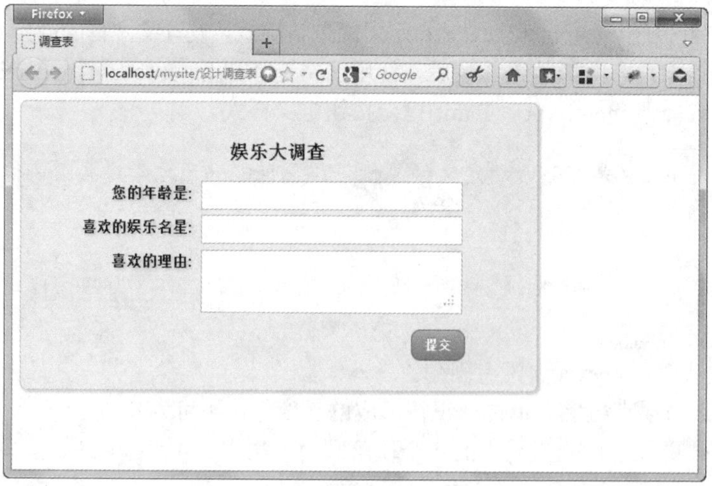

图 7.16 设计调查表

实例位置：光盘实例\7\设计调查表\index.htm。

设计步骤：

第 1 步，构建网页基本结构。设计一个表单，包含两个单行文本框和一个多行文本框，分别用来接收年龄、喜欢的明星，以及喜欢的理由。

```
<body>
<form id="myform" class="rounded" method="post" action="">
    <h3>娱乐大调查</h3>
    <div class="field">
        <label for="name">您的年龄是:</label>
        <input type="text" class="input" name="name" id="name" />
    </div>
    <div class="field">
        <label for="email">喜欢的娱乐名星:</label>
        <input type="text" class="input" name="email" id="email" />
    </div>
    <div class="field">
        <label for="message">喜欢的理由:</label>
        <textarea class="input textarea" name="message" id="message"></textarea>
    </div>
    <input type="submit" name="Submit"    class="button" value="提交" />
</form>
</body>
```

此时没有设置 CSS 样式，其显示效果如图 7.17 所示。

第 2 步，定义表单框样式。

```
#myform {
    width: 500px;
    padding: 20px;
    background: #f0f0f0;
    overflow:auto;
    border: 1px solid #cccccc;
    -moz-border-radius: 7px;
```

```
        -webkit-border-radius: 7px;
        border-radius: 7px;
        -moz-box-shadow: 2px 2px 2px #cccccc;                /*边框阴影*/
        -webkit-box-shadow: 2px 2px 2px #cccccc;
        box-shadow: 2px 2px 2px #cccccc;
}
div { margin-bottom:5px;}
```

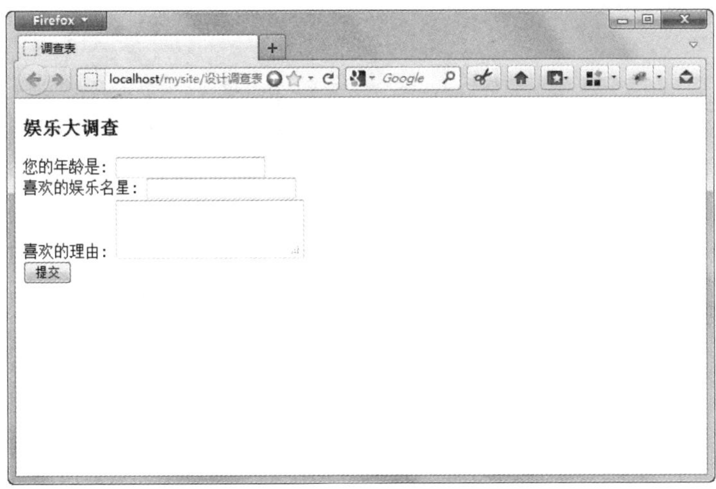

图 7.17　构建表单结构

以上代码中，首先设置了表单宽度为 500px，然后定义背景色、补白，并添加深色边框线，为表单框定义阴影效果。此时的显示效果如图 7.18 所示。

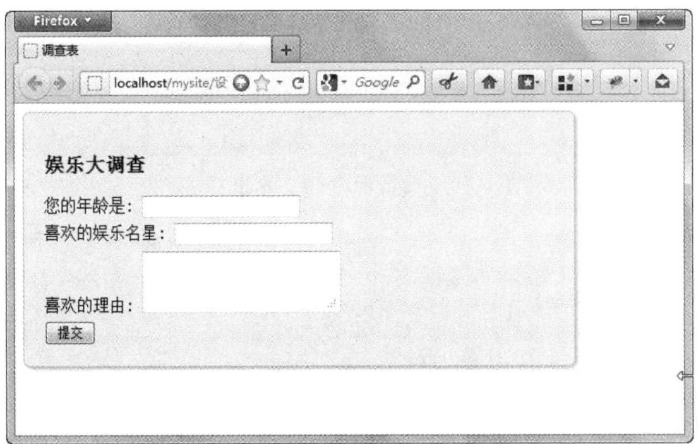

图 7.18　设置表单样式

第 3 步，定义表单的标签和文本框样式。

```
label {
        font-family: Arial, Verdana;
        text-shadow: 2px 2px 2px #ccc;
        display: block;
        float: left;
        font-weight: bold;
```

Note

```
        margin-right:10px;
        text-align: right;
        width: 160px;
        line-height: 25px;
        font-size: 15px;
}
.input {
        font-family: Arial, Verdana;
        font-size: 15px;
        padding: 5px;
        border: 1px solid #b9bdc1;
        width: 260px;
        color: #797979;
}
```

在上面的代码中，首先定义了<label>标签样式和<.input>标签样式，主要设置标签浮动显示，以便与右侧的文本框同行显示，通过 line-height 属性定义文本垂直居中，使用 text-shadow 属性添加文本阴影效果。此时，网页的显示效果如图 7.19 所示。

图 7.19　设置标签和文本框样式

第 4 步，设计圆角按钮样式。

```
.button {
        float: right;
        margin:10px 55px 10px 0;
        font-weight: bold;
        line-height: 1;
        padding: 6px 10px;
        cursor:pointer;
        color: #fff;
        text-align: center;
        text-shadow: 0 -1px 1px #64799e;
        background: #a5b8da;
        background: -moz-linear-gradient(top, #a5b8da 0%, #7089b3 100%);
        background: -webkit-gradient(linear, 0% 0%, 0% 100%, from(#a5b8da), to(#7089b3));
        border: 1px solid #5c6f91;
        -moz-border-radius: 10px;
```

```
    -webkit-border-radius: 10px;
    border-radius: 10px;
    -moz-box-shadow: inset 0 1px 0 0 #aec3e5;              /*阴影*/
    -webkit-box-shadow: inset 0 1px 0 0 #aec3e5;
    box-shadow: inset 0 1px 0 0 #aec3e5;
}
```

在上面的代码中，使用 text-shadow 属性定义文本阴影，使用 border-radius 属性定义圆角效果，同时使用 background 属性定义渐变背景色，以上 3 个属性都是 CSS 3 新添加的功能。最终效果如图 7.20 所示。

图 7.20　设置圆角按钮效果

提示： 渐变背景是网页设计中不可或缺的审美元素。一直以来网页设计师必须依赖现成的图片来实现，这是一种笨拙的方法，为了显示一个渐变而专门制作一个图片的做法是不灵活的，而且很快会成为视觉优化、网页升级的阻碍物。但遗憾的是，网页设计师暂时还必须采取这种做法，以确保网页效果能够安全地呈现给所有浏览者。

基于 CSS 的渐变与图片渐变相比，最大的优点是便于修改，同时支持无级缩放，过渡更加自然。目前，实现 CSS 渐变的只有基于 Webkit（如 Chrome、Safari 浏览器）和 Gecko（如 Firefox 浏览器）引擎的浏览器，基于 Presto 引擎的 Opera 浏览器暂时不支持渐变，基于 Trident 引擎的 IE 浏览器虽然可以通过滤镜的方式实现，但并不提倡。

目前，CSS 渐变设计还没有统一的标准，用法差异也很大。不同的渲染引擎实现渐变的语法不同，均为私有属性，这给用户应用带来诸多不便。虽然 W3C 最后提出标准的渐变设计方法，但是还没有获得各主流浏览器的认可。下面我们将分别针对不同的实现方法进行讲解。

Webkit 和 Gecko 引擎对于 CSS 3 属性一般都采取同样的语法，但是对于渐变，目前还无法达成一致，最新推出的 W3C 标准语法也是千差万别。

Webkit 是第一个支持渐变的浏览器引擎（Safari 4 及其以上版本支持），Webkit 引擎支持的渐变方法如下。

```
-webkit-gradient(<type>, <point> [, <radius>]?, <point> [, <radius>]? [,<stop>]*)
```

该函数的参数说明如下。

☑　<type>：定义渐变类型，包括线性渐变（linear）和径向渐变（radial）。

☑　<point>：定义渐变起始点和结束点坐标，即开始应用渐变的 x 轴和 y 轴坐标，以及结束渐

Note

变的坐标。该参数支持数值、百分比和关键字，如（0 0）或者（left top）等。关键字包括 top、bottom、left 和 right。

☑ <radius>：当定义径向渐变时，用来设置径向渐变的长度，该参数为一个数值。

☑ <stop>：定义渐变色和步长。包括 3 个类型值，即开始的颜色，使用 from(clorv alue)函数定义；结束的颜色，使用 to(clorvalue)函数定义；颜色步长，使用 colorstop(value, clor value)定义。color-stop()函数包含两个参数值，第一个参数值为一个数值或者百分比值，取值范围在 0~1.0 之间（或者 0%~100%之间），第二个参数值表示任意颜色值。

例如，下面的实例演示了 Webkit 引擎的直线渐变实现方法。

```
div {
    width:400px;
    height:200px;
    border:2px solid #FCF;
    padding: 4px;
    background: -webkit-gradient(linear,left top, left bottom,from(blue), to(red));
    -webkit-background-origin: padding-box;
    -webkit-background-clip: content-box;
}
```

Gecko 引擎与 Webkit 引擎在渐变设计时用法不同，Gecko 引擎定义了两个私有函数，分别用来设计直线渐变和径向渐变。基本语法说明如下。

```
-moz-linear-gradient( [<point> || <angle>,]? <stop>, <stop> [, <stop>]* )
```

该函数的参数说明如下。

☑ <point>：定义渐变起始点，取值包含数值、百分比，也可以使用关键字，其中 left、center 和 right 关键字定义 x 轴坐标，top、center 和 bottom 关键字定义 y 轴坐标。用法与 background-position 和-moz-transform-origin 属性中定位方式相同。当指定一个值时，则另一个值默认为 center。

☑ <angle>：定义直线渐变的角度。单位包括 deg（度，一圈等于 360deg）、grad（梯度、90deg 等于 100grad）、rad（弧度，一圈等于 2*PI rad）。

☑ <stop>：定义步长，用法与 Webkit 引擎的 color-stop()函数相似，但是该参数不需要调用函数，直接传递参数即可。其中第一个参数值设置颜色值，可以为任何合法的颜色值，第二个参数设置颜色的位置，取值为百分比（0%~100%）或者数值，也可以省略步长位置。

例如，下面的实例演示了 Gecko 引擎的直线渐变实现方法。

```
div {
    width:400px;
    height:200px;
    border:2px solid #FCF;
    padding: 4px;
    background: -moz-linear-gradient(red, blue);
}
```

7.2.4 设计反馈表

反馈表与调查表一样，也是一种比较常用的表单形式，特别是在网站建设初期，设计者经常需要与用户进行沟通，以便了解用户的意见和建议。本例以个性化的方式来设计表单，并灵活使用背景图

像艺术化表单样式，演示效果如图 7.21 所示。

图 7.21　设计反馈表

实例位置：光盘实例\7\设计反馈表\index.htm。

设计步骤：

第 1 步，构建网页结构。本例中应用了结构嵌套，设置了外层 div 元素的 id 值为 container，内层表单 form 元素的 id 值为 myform 进行布局，结构示意图如图 7.22 所示。

```
<div id="container">
    <form id="myform">
        <h3>反馈表</h3>
        <fieldset>
            <p>姓名:
                <input class="special" type="text" name="name"   />
            </p>
            <p>性别:
                <input class="radio" type="radio"   name="" value=""/>
                男
                <input class="radio" type="radio"   name="" value=""/>
                女  </p>
            <p>邮箱:
                <input   class="special" type="text" name="email"   />
            </p>
            <p>主页网址:
                <input    class="special"type="text" name="web"    />
            </p>
            <p>意见反馈:
                <textarea name="message" cols="30" rows="10"></textarea>
```

```
                </p>
                <p class="submit">
                    <button type="submit"></button>
                </p>
            </fieldset>
        </form>
    </div>
</body>
```

图 7.22 设计反馈表结构

第 2 步，定义网页基本属性和表单框样式。

```
body {
    background:#f8f8f8;
    font:13px Trebuchet MS, Arial, Helvetica, Sans-Serif;
    color:#333;
    line-height:160%;
    margin:0;
    padding:0;
    text-align:center;
}
#container {
    margin:0 auto;
    background:#fff;
    width:600px;
    padding:20px 40px;
    text-align:left;
}
#myform {
```

```
        margin:1em 0;
        padding-top:1.5em;
        color:#246878;
        width:350px;
        background:#fbfaf4 url(images/bg.gif) repeat-y;
}
```

在以上代码中，首先定义了网页基本属性；在#container 选择器中首先定义了反馈表外框样式，固定宽度和背景色，并定义了表单框样式，导入一个背景图，并设置为垂直平铺，显示效果如图 7.23 所示。

图 7.23　网页基本属性及表单框样式设置

第 3 步，设置标题和表单域内的分组框样式。

```
#myform h3 {
        margin:0 20px;
        height:28px;
        text-indent:-8000px;
        background:url(images/heading.gif) no-repeat;
}
#myform fieldset {
        margin:0;
        padding:0;
        border:none;
        padding-bottom:1em;
}
```

以上代码完成了表单标题的设置，这里主要通过背景图像替换标题文本，通过 text-indent 属性把标题文本隐藏在元素框之外，同时隐藏 fieldset 默认的边框效果，显示效果如图 7.24 所示。

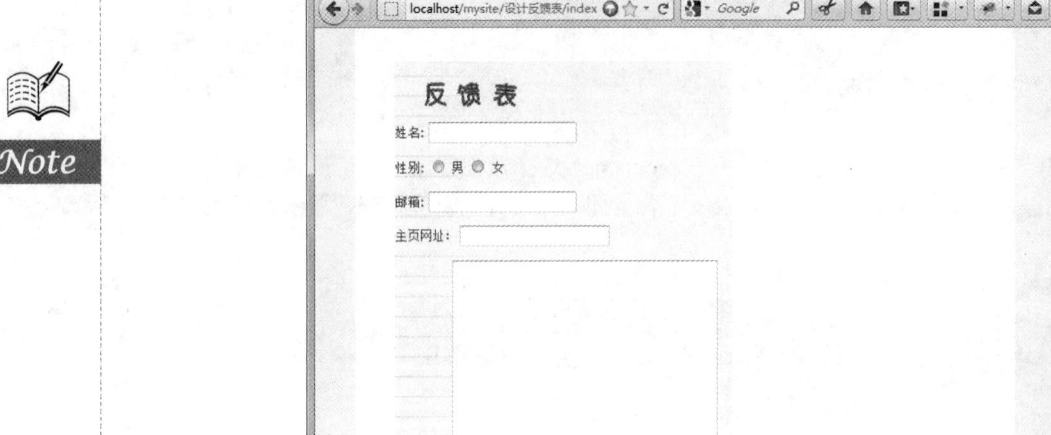

图 7.24　设置表单标题和分组框样式

第 4 步，设置表单域对象样式。

```
.special, #myform textarea {
    width:302px;
    border:1px solid #dfdfdf;
    background:#fff;
    padding:5px 3px;
}
.radio { width:30px;}
#myform textarea {
    height:125px;
    overflow:auto;
}
#myform p.submit { text-align:right;}
#myform button {
    margin:0;
    padding:0;
    text-indent:-8000px;
    overflow:hidden;
    width:88px;
    height:56px;
    border:none;
    background:url(images/button.gif) no-repeat 0 0;
    cursor:pointer;
    text-align:left;
}
```

上面的代码实现了文本框和按钮的样式，其中，按钮样式主要通过背景图像替换而成，实现方法

与标题样式类似，使用 text-indent 属性隐藏按钮文本；overflow 属性隐藏超出按钮区域的内容；cursor 属性改变按钮指针样式，显示效果如图 7.25 所示。

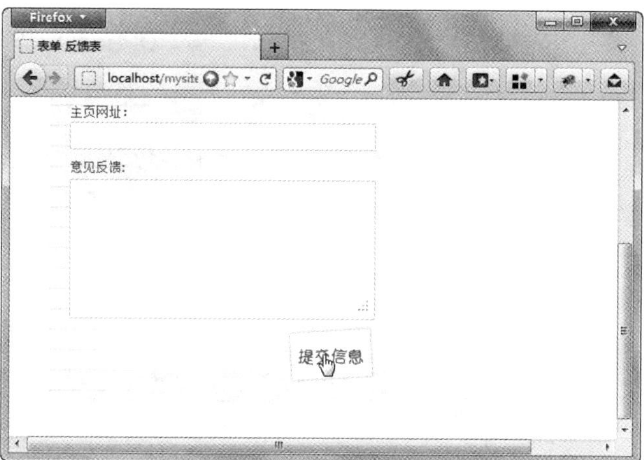

图 7.25　设置文本框和按钮样式

使用CSS定义链接样式

（视频讲解：1小时12分钟）

链接是指从一个网页指向一个目标的连接关系。在网页中用来进行链接的对象，可以是一段文本或者是一个图片，当浏览者单击已经链接的文字或图片后，链接目标将显示在浏览器上，并且根据目标的类型来打开或运行。按照链接路径的不同，网页链接一般分为3种类型：内部链接、锚点链接和外部链接。如果按照使用对象的不同，网页链接又可以分为：文本超链接、图像超链接、Email链接、锚点链接、多媒体文件链接、空链接等。

链接是网页跳转的桥梁，众多链接放在一起，就可以组成导航菜单，导航菜单是网站的控制中枢，在每个页面中都会看到它，因此，设计链接样式以及导航菜单样式就成为网页设计中很重要的组成部分。

学习重点：

- 定义链接的基本样式。
- 设计链接下划线样式。
- 使用属性选择器对外部链接应用样式。
- 使链接表现得像按钮。
- 创建已访问链接样式。

8.1　链接样式设置基础

链接是互联网的基础。这种机制使网页可以相互连接，浏览时可以在页面之间进行切换。链接的默认样式没有吸引力，但只要使用一点 CSS 技术就可以产生令人吃惊的效果。

8.1.1　设置链接样式

对链接应用样式最容易的方式是使用类型选择器。例如，以下规则将使所有链接显示为红色。

```
a{
    color:red;
}
```

但是，锚可以作为内部引用，也可以作为外部链接，所以，使用类型选择器的效果并不总是理想的。例如，下面的第一个锚包含一个片段标识符，当用户单击这个锚时，页面将跳转到第二个锚的位置。

```
<p><a href="#mainContent">跳转到标题位置</a></p>
<h1><a name="mainContent"> </a></h1>
```

虽然只想让真正的链接变成红色，但是标题的内容也成了红色。为了避免这个问题，CSS 提供了两个特殊的选择器，即链接伪类选择器。

☑　:link 伪类选择器用来寻找没有被访问过的链接。

☑　:visited 伪类选择器用来寻找被访问过的链接。

【例 8-1】在本例中定义两个样式，设置所有没有被访问过的链接为蓝色，所有被访问过的链接为绿色。

```
a:link{
    color:blue;
}
a:visited{
    color:green;
}
```

可以用来对链接应用样式的另外两个选择器是:hover 和:active 动态伪类选择器。

☑　:hover 动态伪类选择器用来寻找鼠标停留处的元素。

☑　:active 动态伪类选择器用来寻找被激活的元素。

对于链接来说，激活链接发生在链接被单击时。所以，在下面的实例中，当鼠标停留在链接上或单击链接时，链接将变成红色。

```
a:hover,a:active {
    color:red;
}
```

很多设计师最初使用这些选择器的目的之一是去掉链接的下划线，然后当鼠标停留在链接上或单击链按时打开下划线。实现的方法是将未访问和已访问的链接的 text-decoration 属性设置为 none，将鼠标停留和激活的链接的 text-decoratlon 属性设置为 underline。

```
a:link,a:visited {
    text-decoration:none;
}
a:hover,a:acriove {
    text-decoration:undexline;
}
```

Note

在上面的实例中，选择器的排列顺序是非常重要的。如果颠倒顺序，鼠标停留和激活样式就不起作用了。

```
a:hover,a:active {
    text-decoration:undexline;
}
    a:link,a:visited {
    text-decoration:none;
}
```

这是由层叠造成的。当两个规则具有相同的特殊性时，后定义的规则优先。在这个实例中，两个规则具有相同的特殊性，所以:link 和:visited 样式将覆盖:hover 和:active 样式。为了确保不会发生这种情况，最好按照以下顺序应用链接样式。

- ☑ a:link。
- ☑ a:visited。
- ☑ a:hover。
- ☑ a:active。

8.1.2 设计下划线样式

从易用性和可访问性的角度分析，通过颜色之外的某些方式让链接区别于其他内容是很重要的。这是因为有视觉障碍的人很难区分对比不强烈的颜色，尤其是在文本比较小的情况下。例如，有色盲症的人无法区分具有相似亮度或饱和度的某些颜色。因此，链接在默认情况下会加上下划线。

但是，设计人员往往不喜欢链接的下划线，因为下划线让页面看上去比较乱。如果决定去掉链接的下划线，那么可以让链接显示为粗体。这样的话，可以使页面看起来没那么乱，而且链接仍然醒目。

```
a:link, a:visited{
    text-decoration:none;
    font-weight:bold;
}
```

当鼠标停留在链接上或激活链接时，可以重新应用下划线，从而增强其交互状态。

```
a:hover, a:active{
    text-decoration:underline;
}
```

但是，也可以使用边框创建不太影响美观的下划线。

【例 8-2】在本例中，取消默认的下划线，将它替换为不太刺眼的点线。当鼠标停留在链接上或激活链接时，这条线变成实线，从而为用户提供视觉反馈。

```
a:link, a:visited{
    text-decoration: none;
```

```
        border-bottom: 1px dotted #000;
    }
    a:hover,a:active{
        border-bottom-style:solid;
    }
```

使用图像创建链接下划线，可以产生非常有意思的效果。例如，创建了一个非常简单的下划线图像，它由点线组成，可以使用以下代码将这个图像应用于链接，显示效果如图 8.1 所示。

```
a:link, a:visited{
    color:#f00;
    font-weight:bold;
    text-decoration: none;
    background:url(images/dashed1.gif) left bottom repeat-x;
}
```

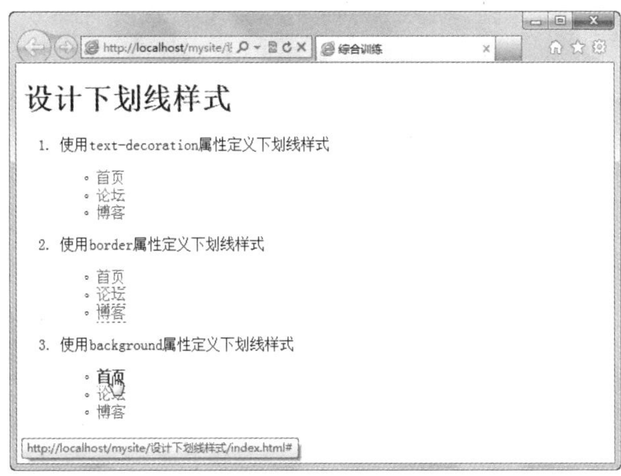

图 8.1　设计下划线样式

这种方式并不限于 link 和 visited 样式。下面的实例中，为 hover 和 active 状态创建了一个 GIF 动画，然后使用以下 CSS 应用它。

```
a:hover, a:active{
    background-image:url(images/underline1-hovez.gif);
}
```

当鼠标停留在链接上或单击链接时，点线从左到右滚动出现，这就产生了一种有意思的效果。并非所有浏览器都支持背景图像动画，但是不支持这个特性的浏览器常常会显示动画的第一帧，这确保效果在老式浏览器中可以平稳退化。当然，使用动画时要谨慎，因为它会对某些用户造成可访问性问题。

8.1.3　设置类型指示样式

在很多网站中，很难看出链接是指向网站中另一个页面，还是指向另一个站点。读者也可能有过这样的经历：单击一个链接，期望浏览器转到当前站点上的另一个页面，却被带到了别处。为了解决这个问题，许多站点在新窗口中打开外部链接。但是，这不是好办法，因为它使用户失去了控制能力，而且这些多余的窗口可能会弄乱用户的桌面。

最好的解决方案是让外部链接看起来不一样，让用户自己选择是离开当前站点，还是在新窗口或新的标签页中打开这个链接。为此，可以在外部链接的旁边添加一个小图标，而且离站链接的图标已经出现了一种形式：一个框加一个箭头。实现这种效果最简单的方法是在所有外部链接上加一个类，然后将图标作为背景图像应用。

Note

【例 8-3】在本例中，给链接设置少量的右填充，从而给图标留出空间，然后将图标作为背景图像应用于链接的右上角，如图 8.2 所示。

```
.external{
    background:url(images/externalLink.gif) no-repeat right top;
    padding-right:l0px;
}
```

图 8.2　设置类型链接样式

尽管这个方法是有效的，但是不够优雅，因为必须手动地在每个外部链接上添加类。有办法让 CSS 判断链接是否为外部链接吗？确实有办法，那就是使用属性选择器。

属性选择器允许根据特定属性是否存在或属性值来寻找元素。CSS 3 扩展了它的功能，提供了子字符串匹配属性选择器。顾名思义，这些选择器允许通过对属性值的一部分和指定的文本进行匹配来寻找元素。CSS3 还没有成为正式的规范，所以使用这些高级选择器可能会使代码失效。但是，许多符合标准的浏览器（如 Firefox 和 Safad）已经支持这些 CSS3 选择器了，所以从最终规范中去掉它们的可能性是很小的。这种技术的工作方式是使用[att^=val]属性选择器寻找以文本“http:”开头的所有链接。

```
a[href^="http:"] {
    background: url(images/externalLink.gif) no-repeat right top;
    padding-right: 10px;
}
```

这应该会突出显示所有外部链接。但是也会选中使用绝对 URL 而不是相对 URL 的内部链接。为了避免这个问题，需要重新设置指向网站内部的所有链接，删除它们的外部链接图标。方法是匹配指向自己网站域名的链接，删除外部链接图标，重新设置右填充。

```
a[href^="http://www.yoursite.com"], a[href^="http://yoursite.com"]{
    background-image:none;
    padding-right: 0;
}
```

大多数符合标准的浏览器都支持这种技术，而老式浏览器（如 IE6 及更低版本）则会忽略它。

还可以扩展这种技术，如对邮件链接也进行突出显示。在下面的示例中，要在所有 mailto 链接上添加一个小的邮件图标。

```
a[href^="mailto:"] {
    background: url(images/email.png) no-repeat right top;
    padding-right: 10px;
}
```

甚至可以突出显示非标准的协议，如用小的图标突出显示。

```
a[href^="aim:"] {
    background: url(images/im.png) no-repeat right top;
    padding-right: 10px;
}
<a href="aim:goim?screenname=andybudd">链接内容</a>
```

突出显示可下载的文档和提要时，另一种常见情况是，单击一个链接，本以为会进入另一个页面，却开始下载一个 PDF 或 Word 文档，这种情况常常会扰乱用户的正常使用。幸运的是，CSS 也可以帮助区分这些类型的链接。这要使用[att$=val]属性选择器，它寻找以特定值（如.pdf 或.doc）结尾的属性。

```
a[href$=".pdf"] {
    background: url(images/PdfLink.gif) no-repeat right top;
    padding-right: 10px;
}
a[href$=".doc"]{
    background: url(images/wordLink.gif) no-repeat right top;
    padding-right: 10px;
}
```

可以采用与前面实例相似的方式，用不同的图标突出显示 Word 和 PDF 文档。这样访问者就知道它们是文档下载，而不是链接到另一个页面的超链接。为了避免发生混淆，读者还可以通过类似的方法用 RSS 图标突出显示链接的 RSS 提要。

```
a[href$=".rss"], a[href$=".rdf"] {
    background: url(images/feedLink.gif) no-repeat right top;
    padding-right: 10px;
}
```

所有这些技术都有助于改进用户在站点上的浏览体验。通过提醒用户注意离站链接或可下载的文档，让他们明确地了解在单击链接时会发生的情况，避免了不必要的操作和烦恼。

8.1.4　定义按钮样式

a 是行内元素，只有在单击链接的内容时才会激活超链接。但是，有时候希望它显示为按钮样式，因此可以将 a 的 display 属性设置为 block，然后修改 width、height 和其他属性来创建需要的样式和单击区域。

【例 8-4】在页面中为所有链接定义按钮样式效果，由于链接现在显示为块级元素，单击块中的任何地方都会激活链接。

```
a{
    display: block;
```

Note

```
        width: 6em;
        padding:0.2em;
        line-height: 1.4:
        background-color: #g488E9;
        border: lpx solid black;
        color: #000;
        text-decoration: none;
        text-align: center;
}
```

在上面的代码中，宽度是以 em 为单位显式设置的。由于块级元素会扩展，填满可用的宽度，所以如果父元素的宽度大于链接所需的宽度，那么就需要将所希望的宽度应用于链接。如果希望在页面的主内容区域中使用这种样式的链接，就很可能出现这种情况。但是，如果这种样式的链接出现在宽度比较窄的地方（如边栏中），那么可能只需设置父元素的宽度，而不需要为链接的宽度担心。

为什么使用 line-height 属性定义按钮的高度，而不使用 height 属性呢?

这实际上是一个小技巧，能够使按钮中的文本垂直居中。如果设置 height，就必须使用填充将文本压低，模拟出垂直居中的效果。但是，文本在行框中总是垂直居中的，所以如果使用 line-height 属性，文本就会出现在框的中间。可是，有一个缺点。如果按钮中的文本占据两行，按钮的高度就是需要的高度的两倍。避免这个问题的唯一方法是调整按钮和文本的尺寸，让文本不换行，至少在文本字号超过合理值之前不会换行。

曾经设计师习惯使用 JavaScript 实现翻转效果。现在，使用:hover 伪类就可以创建翻转效果，不需要 JavaScript。如在鼠标停留时设置链接的背景和文本颜色，从而实现非常简单的动态效果。

```
a:hover {
        background-color:#369;
        color:#fff;
}
```

【例 8-5】修改背景颜色对于简单的按钮很合适，但是对于比较复杂的按钮，最好使用背景图像。在下面的实例中，创建了两个按钮图像，一个用于正常状态，一个用于鼠标停留状态，也可以添加激活状态，即使用:active 动态伪类触发。预览效果如图 8.3 所示。

```
a:link,a:visited {
        display:block;
        width:200px;
        height:40px;
        line-height:40px;
        color:#000;
        text-decoration:none;
        background:#9488E9 url(images/button.gif) no-repeat left top;
        text-indent:50px;
}
a:hover{
        background:#369 url(images/butten_over.gif) no-repeat left top;
        color:#fff;
}
```

上面的代码与前面实例的代码相似，主要的差异是使用背景图像而不是背景颜色，同时使用固定宽度和高度的按钮，所以在 CSS 中需要设置显式的像素尺寸。但是，也可以创建特大的按钮图像，

或者结合背景颜色和图像创建流体的或弹性的按钮。

图 8.3　设置按钮样式

【例 8-6】多图像方法的主要缺点是在浏览器第一次装载鼠标停留图像时有短暂的延迟。这会造成闪烁效果，让按钮看上去有些反应迟钝。可以将鼠标停留图像作为背景应用于父元素，从而预先装载它们。但是，还有另一种方法，这种方法并不切换多个背景图像，而是使用一个图像并切换它的背景位置。使用单个图像的好处是减少了服务器请求的数量，而且可以将所有按钮状态放在一个地方。

首先，创建组合的按钮图像，如图 8.4 所示。

图 8.4　设计背景图像

在这个实例中，只使用正常状态和鼠标停留状态，也可以使用激活状态和已访问状态。代码几乎与前面的实例相同。在正常状态下，将翻转图像对准左边，而在鼠标停留状态下则对准右边。

```
a:link,a:visited{
    display:block;
    width:200px;
    height:40px;
    line-height:40px;
    color:#000;
    text-decoration:none;
    background:#9488E9 url(images/pixy-rollover.gif) no-repeat left top;
    text-indent:50px;
}
a:hover{
    background-color:#369;
    background-position:right top;
    color:#fff;
}
```

即便使用这种方式，由于 IE 仍然会向服务器请求新的图像，还会产生轻微的闪烁。为了避免闪烁，需要将翻转状态应用于链接的父元素，如包含该链接的段落。

```
p {
    background:#g488Eg url(images/pixy-rollover.gif) ;
    no-repeat right top;
}
```

在图像重新装载时，仍然会消失一段时间。但是，由于提前加载，现在会显示出相同的图像，消除了闪烁。

8.1.5　定义已访问样式

Note

设计人员和开发人员常常忘记处理已访问链接样式，导致已访问的链接和未访问的链接采用同样的样式。然而，不同的已访问链接样式可以帮助用户，让他们知道哪些页面或站点已经访问过了，避免了不必要的操作。

【例 8-7】 通过在每个已访问链接的旁边添加一个提示框，就可以创建一种非常简单的已访问链接样式，如下所示。

```
a:visited {
    padding-right:20px;
    background:url(check.gif)right middle;
}
```

假设在边栏中有如下一系列外部链接。

```
<ul>
    <li><a href="http://www.baidu.com/" target="_blank">百度</a></li>
    <li><a href="http://www.google.com.hk/" target="_blank">谷歌</a></li>
    <li><a href="http://www.sina.com/" target="_blank">新浪</a></li>
    <li><a href="http://www.sohu.com/" target="_blank">搜狐</a></li>
</ul>
```

为未访问状态和已访问状态创建单一图像，然后按照与前面一样的方式应用背景图像。背景图像给锚和已访问状态添加了样式。

```
ul{list-style:none; }
li{margin:5px; }
li a{
    display:block;
    width:300px;
    height:30px;
    line-height:30px;
    color:#000;
    text-decoration: none;
    background:#9488E9 url(images/visited.gif) no-repeat left top;
    text-indent:10px;
}
li a:visited{
    background-position:right top;
}
```

每个已访问站点的旁边显示一个图标标记，这个反馈图标表示访问者已经访问过该链接。

8.1.6　链接提示样式

链接提示是当鼠标停留在具有 title 属性的元素上时，一些浏览器弹出的黄色小文本框。一些开发人员综合使用 JavaScript 和 CSS 创建了样式独特的链接提示。但是，通过使用 CSS 定位技术，可以创建纯 CSS 链接提示。这种技术，需要采用符合标准的现代浏览器（如 Firefox）才能正常地工作。因此，它不是日常使用的技术，却演示了高级 CSS 的能力，可以设想一下当 CSS 得到更好的支持之

后会是什么情况。

【例 8-8】先创建结构良好且有意义的 HTML 结构。

```
<p>
<a href="http://www.baidu.com/" class="tooltip">百度<span>（百度一下，你就知道）</span></a>
</p>
```

这个链接设置类名为 tooltip，以便从其他链接中区分出来。在这个链接中，添加希望显示为链接文本的文本，然后是包围在 span 中的链接提示文本。将链接提示包围在圆括号中，这样的话在样式关闭时，这个句子仍然是有意义的。

首先，将 a 的 position 属性设置为 relative。这样就可以相对于父元素的位置对 span 的内容进行绝对定位。不希望链接提示在最初就显示出来，所以应该将它的 display 属性设置为 none。

```
a.tooltip{
    position:relative;
}
a.tooltip span{
    display:none;
}
```

当鼠标停留在这个锚上时，希望显示 span 的内容。方法是将 span 的 display 属性设置为 block，但是只在鼠标停留在这个链接上时这样做。如果现在测试此代码，当鼠标停留在这个链接上时，链接的旁边会出现 span 文本。

为了让 span 的内容出现在锚的右下方，需要将 span 的 position 属性设置为 absolute，并且将它定位到距离锚顶部 lem，距离左边 2em。

```
a.tooltip:hover span {
    display:block;
    position:absolute;
    top:lem;
    left:2em;
}
```

这就是这种技术的主体部分。余下的工作是添加一些样式让 span 看起来像链接提示。可以给 span 加一些填充、一个边框和背景颜色。最后的演示效果如图 8.5 所示。

图 8.5　链接提示样式

```
a.tooltip:hover span{
    display:block;
    position:absolute;
    top:lem;
```

```
        left:2em;
        padding:0.2em 0.6em;
        border:1px solid #996633;
        background-color:#FFFF66;
        color:#000;
    }
```

Note

注意，绝对定位元素的定位相对于最近的已定位祖先元素，如果没有，就相对于根元素。在这个实例中，已经定位了 a，所以 span 相对于 a 进行定位。

```
    a.tooltip:hover{
        font-size:100%;
    }
```

8.2 案例实战

本节将通过实例的形式帮助读者设计 CSS 的链接样式，以提高实战技法和技巧，快速理解 CSS 链接属性的应用。

8.2.1 鼠标样式

与链接样式相关联的还有鼠标光标样式，在网页设计中经常需要为不同超链接设计个性化的鼠标样式，这种个性风格在个人网站比较受欢迎。在默认状态下，鼠标移过超链接则显示为箭头样式，如果链接显示为按钮样式，我们还可以把光标设计为手形样式，这样能够提高用户使用体验。设计鼠标样式的效果如图 8.6 所示。

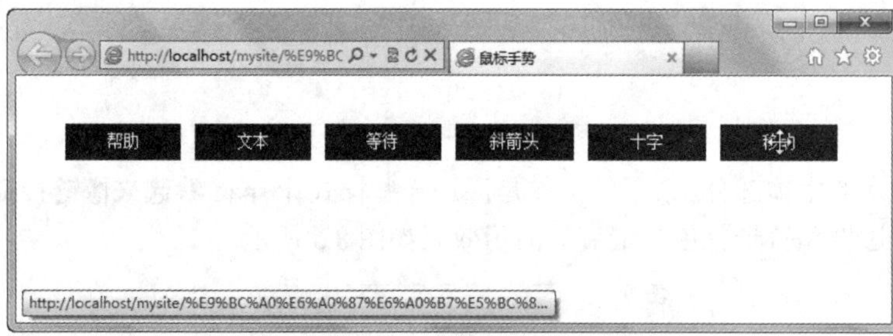

图 8.6　鼠标样式

实例位置：光盘实例\8\鼠标样式\index.htm。

设计步骤：

第 1 步，构建网页结构，在<body>标签中输入以下内容。

```
<body>
  <ul>
      <li> <a href="#">帮助</a></li>
      <li> <a href="#">文本</a></li>
      <li> <a href="#" >等待</a></li>
      <li> <a href="#">斜箭头</a></li>
      <li> <a href="#">十字</a></li>
```

```
    <li> <a href="#">移动</a></li>
</ul>
</body>
```

第 2 步，规划整个页面的基本显示属性以及统一所有元素的默认样式。

```
* {
    margin:10px 0 0 10px;
    padding:0px;
}
body {
    font-size:14px;
    font-family:"宋体";
}
```

第 3 步，定义水平显示的导航菜单样式。在 ul 类型选择器中清除列表项目符号，通过 li 选择器让所有列表项并列显示，通过添加左侧边界 2px，实现为列表项目之间留有一点距离。定义 a 元素为块显示，设计背景色为亮蓝色，通过固定高和宽设置方形样式，利用 line-height 属性实现文本垂直居中，清除默认的下划线样式，设置字体为白色。显示效果如图 8.7 所示。

```
ul {
    list-style-type:none;
}
li {
    float:left;
    margin-left:2px;
}
a {
    display:block;
    background-color:#3424ff;
    width:100px;
    height:30px;
    line-height:30px;
    text-align:center;
    color:#FFFFFF;
    text-decoration:none;
}
```

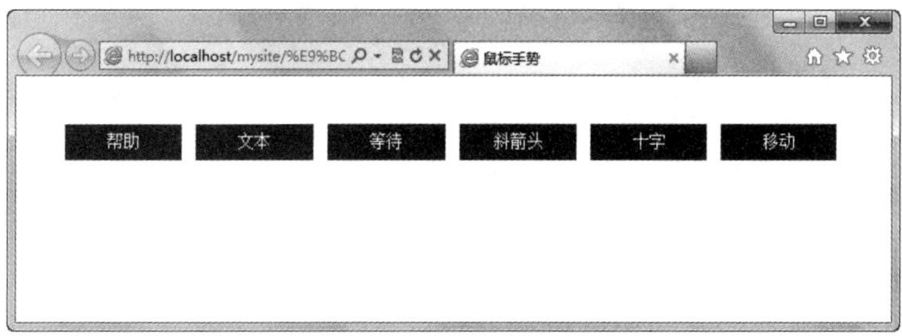

图 8.7　设置水平导航样式

第 4 步，定义光标样式类，利用 CSS 的 cursor 属性定义多个光标样式类。

```
.help {
    cursor:help;
```

Note

```
}
.text {
    cursor:text;
}
.wait {
    cursor:wait;
}
.sw-resize {
    cursor:sw-resize;
}
.crosshair {
    cursor:crosshair;
}
.move {
    cursor:move;
}
```

提示：cursor 是 CSS 2 定义的一个属性，具体用法如下。

cursor : auto | all-scroll | col-resize| crosshair | default | hand | move | help | no-drop | not-allowed | pointer | progress | row-resize | text | vertical-text | wait | *-resize | url (url)

该属性的取值说明如表 8.1 所示。

表 8.1　cursor 取值说明

属　性　值	说　　明
auto	默认值。浏览器根据当前情况自动确定鼠标光标类型
all-scroll	IE 6.0 有上下左右 4 个箭头，中间有一个圆点的光标。用于标示页面可以向上下左右任何方向滚动
col-resize	IE 6.0 有左右两个箭头，中间由竖线分隔开的光标。用于标示项目或标题栏可以被水平改变尺寸
crosshair	简单的十字线光标
default	客户端平台的默认光标。通常是一个箭头
hand	竖起一只手指的手形光标。就像通常用户将光标移到超链接上时那样
move	十字箭头光标。用于标示对象可被移动
help	带有问号标记的箭头。用于标示有帮助信息存在
no-drop	IE 6.0 带有一个被斜线贯穿的圆圈的手形光标。用于标示被拖起的对象不允许在光标的当前位置被放下
not-allowed	IE 6.0 禁止标记（一个被斜线贯穿的圆圈）光标。用于标示请求的操作不允许被执行
pointer	IE 6.0 和 hand 一样。竖起一只手指的手形光标。就像通常用户将光标移到超链接上时那样
progress	IE 6.0 带有沙漏标记的箭头光标。用于标示一个进程正在后台运行
row-resize	IE 6.0 有上下两个箭头，中间由横线分隔开的光标。用于标示项目或标题栏可以被垂直改变尺寸
text	用于标示可编辑的水平文本的光标。通常是大写字母 I 的形状
vertical-text	IE 6.0 用于标示可编辑的垂直文本的光标。通常是大写字母 I 旋转 90° 的形状
wait	用于标示程序忙用户需要等待的光标。通常是沙漏或手表的形状
*-resize	用于标示对象可被改变尺寸方向的箭头光标。w-resize | s-resize | n-resize | e-resize | ne-resize | sw-resize | se-resize | nw-resize
url (url)	IE 6.0 用户自定义光标。使用绝对或相对 url 地址指定光标文件（后缀为.cur 或者.ani）

第 5 步，把以下样式类绑定到列表项目中包含的链接 a 元素上即可。

```
<ul>
    <li> <a href="#" class="help">帮助</a></li>
    <li> <a href="#" class="text">文本</a></li>
    <li> <a href="#" class="wait">等待</a></li>
    <li> <a href="#" class="sw-resize">斜箭头</a></li>
    <li> <a href="#" class="crosshair">十字</a></li>
    <li> <a href="#" class="move">移动</a></li>
</ul>
```

8.2.2 设计菜单样式

菜单是网页组成的核心部件，随意访问一个页面，都能够看到菜单。当然，菜单样式也是千变万化、丰富多彩的，有图形的、文字的，也有 JavaScript 控制的，完全 CSS 设计的菜单样式更是数不胜数。菜单样式风格不一、种类繁多，该用什么样式，需要结合网页的设计风格。上面一节中曾经介绍了按钮样式，下面就以按钮样式为基础，设计一个水平显示的菜单样式，实例效果如图 8.8 所示。

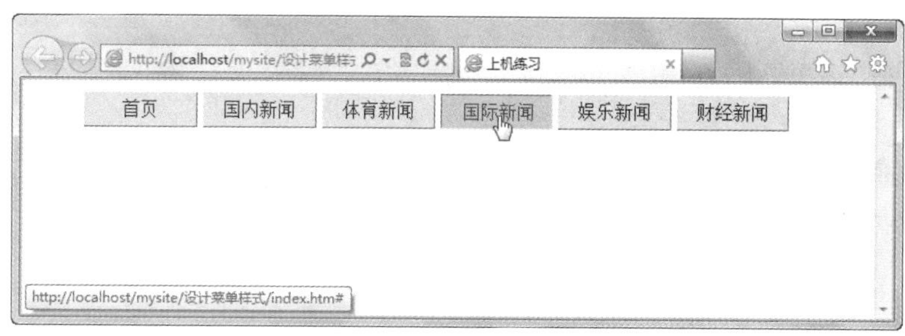

图 8.8　设计菜单样式

实例位置：光盘实例\8\设计菜单样式\index.htm。

设计步骤：

第 1 步，构建网页结构，在<body>标签中输入以下内容。

```
<body>
<div>
    <ul>
        <li><a href="#">首页</a></li>
        <li><a href="#">国内新闻</a></li>
        <li><a href="#">体育新闻</a></li>
        <li><a href="#">国际新闻</a></li>
        <li><a href="#">娱乐新闻</a></li>
        <li><a href="#">财经新闻</a></li>
    </ul>
</div>
</body>
```

整个菜单结构以无序列表为基础，使用<ul>和<li>标签配合，设计每个菜单项，在每个菜单项中包含一个链接，此时的显示效果如图 8.9 所示。可以看到，无序列表结构呈现垂直显示，并带有项目符号，每个项目以缩进呈现。

图 8.9 构建列表结构

第 2 步，定义网页基本属性，设置列表默认样式，清除项目符号，并让菜单文本居中显示。

```
body {
    margin:0px;
    padding:0px;
    font-size:16px;
    font-family:"宋体";
}
div {
    margin:10px auto auto 10px;
}
ul {
    list-style-type:none;
    text-align:center;
}
li {
    float:left;
    margin-left:5px;
}
```

在以上代码中，首先定义了页面边界为 0，清除页边距，统一字体大小为 16px，字体类型为宋体，为 div 元素定义左右 margin 为 auto，上下为 10px。此时的显示效果如图 8.10 所示。

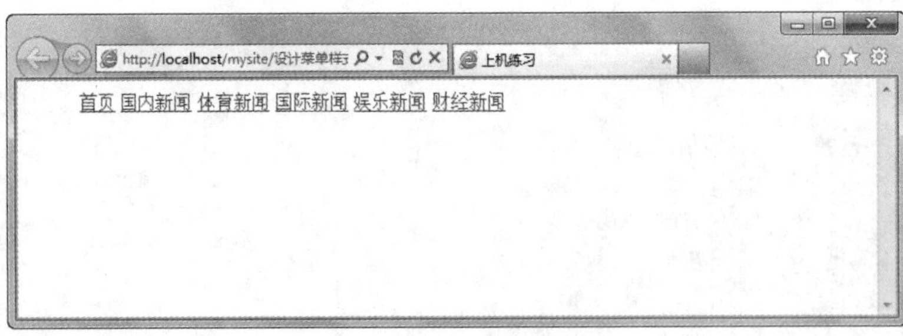

图 8.10 设置网页基本属性

第 3 步，定义按钮样式。

```
a:link, a:visited {                          /*超链接正常状态、被访问过的样式*/
    color: #000;
    display:block;
    width:100px;
    height:20px;
    line-height:20px;
```

```
    padding:4px 10px 4px 10px;
    background-color: #ffd8db;
    text-decoration: none;
    border-top: 1px solid #ece0e0;              /*边框实现阴影效果*/
    border-left: 1px solid #ece0e0;
    border-bottom: 1px solid #636060;
    border-right: 1px solid #636060;
}
a:hover {                                       /*鼠标经过时的超链接*/
    color:#821818;                              /*改变文字颜色*/
    padding:5px 8px 3px 12px;                   /*改变文字位置*/
    background-color:#e2c4c9;                   /*改变背景色*/
    border-top: 1px solid #636060;              /*边框变换，实现“按下去”的效果*/
    border-left: 1px solid #636060;
    border-bottom: 1px solid #ece0e0;
    border-right: 1px solid #ece0e0;
}
```

在上面代码中定义超链接在默认状态下显示为黑色，顶部边框线和左侧边框线为浅色效果，而右侧和底部边框线颜色为深色。当鼠标经过时，则重新设置四边边框线的颜色，把上下和左右边框线颜色调换，这样就利用人的错觉设计出了一个凸凹立体效果，此时网页的显示效果如图 8.11 所示。

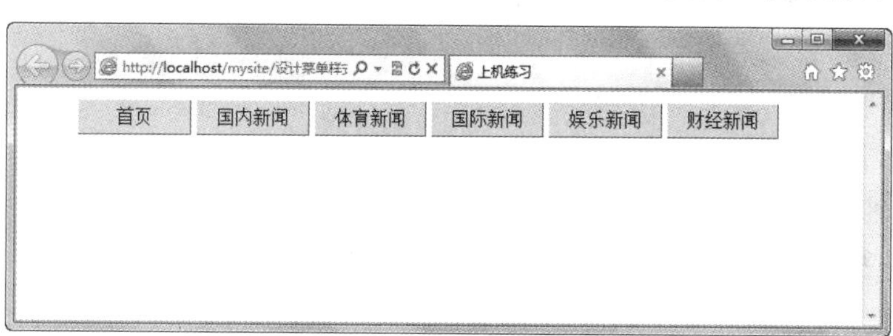

图 8.11　设计立体按钮样式

提示： 设计立体样式的技巧就是借助边框样式的变化（主要是颜色的深浅变化）来模拟一种凸凹变化的过程，即营造一种立体变化效果。使用 CSS 设计立体效果有如下 3 种技巧。

- ☑ 利用边框线的颜色变化来制造视觉错觉。可以把右边框和底部边框结合，把顶部边框和左边框结合，利用明暗色彩的搭配来设计立体变化效果。
- ☑ 利用超链接背景色的变化来营造凸凹变化的效果。超链接的背景色可以设置相对深色效果，以营造凸起效果，当鼠标经过时，再定义浅色背景来营造凹下效果。
- ☑ 利用环境色、字体颜色（前景色）来烘托这种立体变化过程。

8.2.3　设计苹果导航菜单

苹果系列大部分产品的设计都是画龙点睛之笔。简洁、优雅、圆润的设计风格将产品本身的结构升华为一种装饰，所谓“越是简单，越是丰富”，第一眼看上去，很简约却又很注重完美细节的展现。苹果页面也采用了这种简约的设计风格。本实例模仿苹果导航菜单样式，演示如何使用 CSS 设计简单、精致的导航样式。演示效果如图 8.12 所示。

Note

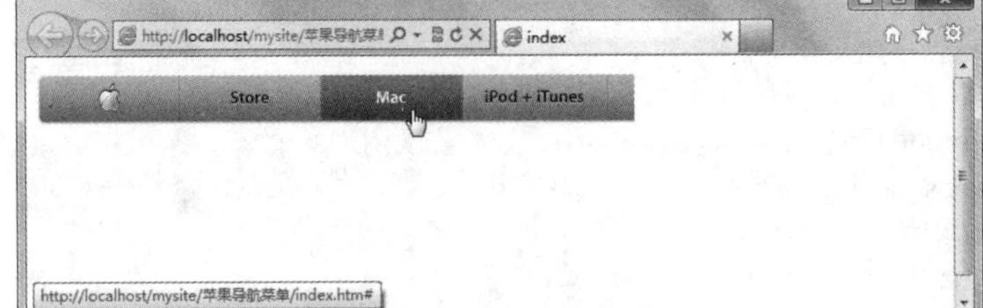

图 8.12　设计苹果导航菜单

实例位置：光盘实例\8\设计苹果导航菜单\index.htm。

设计步骤：

第 1 步，构建网页基本结构。在本实例中构建了一个无序列表结构。

```
<body>
<div id="nav">
    <ul>
        <li class="n01"><a href="#">index</a></li>
        <li class="n02"><a href="#">Store</a></li>
        <li class="n03"><a href="#">Mac</a></li>
        <li class="n04"><a href="#">iPod + iTunes</a></li>
        <li class="n05"><a href="#">iPhone</a></li>
        <li class="n06"><a href="#">Downloads</a></li>
    </ul>
</div>
</body>
```

此时，没有设置 CSS 样式的显示效果如图 8.13 所示。

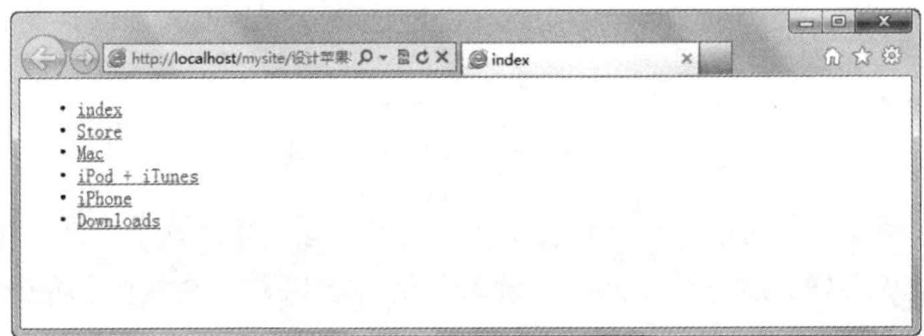

图 8.13　构建网页基本结构

第 2 步，设置标签默认样式。

```
html, body {
    height:100%;
    background:#fff;
}
body {
    font:12px "宋体", Arial, sans-serif;
    color:#333;
}
body, form, menu, dir, fieldset, blockquote, p, pre, ul, ol, dl, dd, h1, h2, h3, h4, h5, h6 {
    padding:0;
    margin:0;
}
```

```
ul, ol, dl {
    list-style:none;
}
```

以上代码中，首先设置了 html 和 body 样式，然后统一常用标签的样式，将它们的边界都设置为 0，并清除列表结构的项目符号。此时的显示效果如图 8.14 所示。

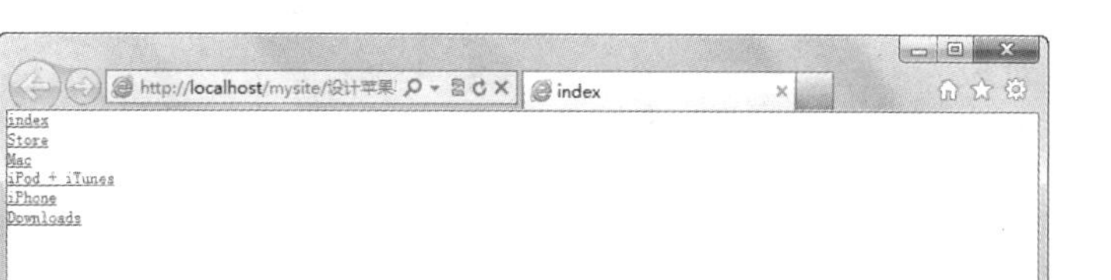

图 8.14 设置标签默认样式

第 3 步，定义导航菜单样式。

```
#nav {
    width:490px;
    height:38px;
    margin:15px 0 0 10px;
    overflow:hidden;
    background:url(images/globalnavbg.png) no-repeat;
}
#nav li, #nav li a {
    float:left;
    display:block;
    width:117px;
    height:38px;
    background:#fff;
}
#nav li a {
    width:100%;
    text-indent:-9999px;
    background:url(images/globalnavbg.png) no-repeat 0 0;
}
```

以上代码中，首先定义了导航菜单包含框样式，定义固定宽度和高度，设置背景图，通过 overflow:hidden 声明隐藏超出区域的内容。设置列表项目和锚点浮动显示，实现并列显示，设置 display 为块显示，同时为锚点设置背景图像，通过 text-indent 属性隐藏文字。此时的显示效果如图 8.15 所示。

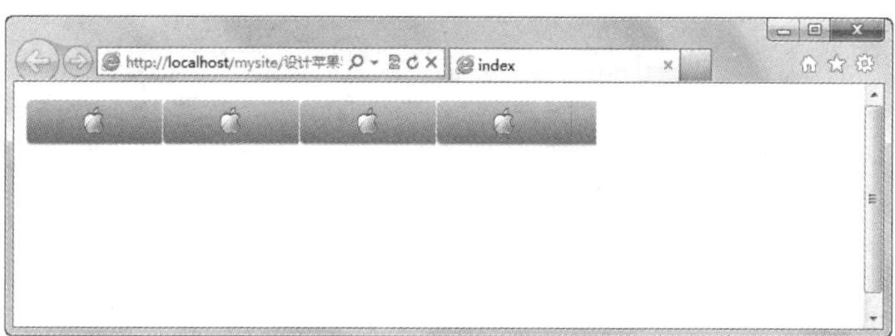

图 8.15 设置导航菜单样式

第 4 步，为每个列表项目定位背景图像的显示位置。

```
#nav .n01 { width:118px; }
#nav .n01 a:visited { background-position:0 -114px; }
#nav .n01 a:hover { background-position:0 -38px; }
#nav .n01 a:active { background-position:0 -76px; }
#nav .n02 a:link { background-position:-118px 0; }
#nav .n02 a:visited { background-position:-118px -114px; }
#nav .n02 a:hover { background-position:-118px -38px; }
#nav .n02 a:active { background-position:-118px -76px; }
#nav .n03 a:link { background-position:-235px 0; }
#nav .n03 a:visited { background-position:-235px -114px; }
#nav .n03 a:hover { background-position:-235px -38px; }
#nav .n03 a:active { background-position:-235px -76px; }
#nav .n04 a:link { background-position:-352px 0; }
#nav .n04 a:visited { background-position:-352px -114px; }
#nav .n04 a:hover { background-position:-352px -38px; }
#nav .n04 a:active { background-position:-352px -76px; }
#nav .n05 a:link { background-position:-469px 0; }
#nav .n05 a:visited { background-position:-469px -114px; }
#nav .n05 a:hover { background-position:-469px -38px; }
#nav .n05 a:active { background-position:-469px -76px; }
#nav .n06 a:link { background-position:-586px 0; }
#nav .n06 a:visited { background-position:-586px -114px; }
#nav .n06 a:hover { background-position:-586px -38px; }
#nav .n06 a:active { background-position:-586px -76px; }
```

以上代码中定义了 6 个样式类，利用包含选择器，为每个锚点定义不同伪类状态下的样式。最终效果如图 8.16 所示。

图 8.16　定位背景图像效果

提示：在以用户体验为中心的网页设计时代，很多用户会因为打开网页速度太慢而关闭网页。将网页提速有很多的方法，其中一种就是减少 HTTP 请求。每一个网站都会用到图片，当一个网站有 10 张单独的图片时，就意味着在浏览网站时会向服务器提出 10 次 HTTP 请求来加载图片。在 CSS 设计中，一般通过使用 CSS Sprites 技巧减少图片请求，该方法也被称为“CSS 精灵”。

简单地讲，就是将多张小图片合成为一张大图片，减少 HTTP 请求次数来实现网页提速。下面以淘宝网为例，为大家讲解一下 CSS Sprites。例如，要在网页上显示“今日淘宝活动”这个图片，如图 8.17 所示。

图 8.17 拼合的背景图像

实现代码如下。

```
<div style="width:107px; height:134px; background:url(sprites.gif) no-repeat -133px -153px"></div>
```

- ☑ width：要定位图片的宽度。
- ☑ height：要定位图片的高度。CSS Sprites 要求必须定义容器的大小，不然会显示出错。
- ☑ background：url(sprites.gif)定义背景图片的路径，no-repeat 定义背景不重复，-133px 定义 x 坐标的位置，-153px 定义 y 坐标的位置。

此处的-133px 和-153px，分别是小图片在大图片中的 x 坐标和 y 坐标，如图 8.18 所示。红色点在大图上的 x 坐标为 133px，y 坐标为 153px。坐标也可以用百分比表示，如 50% 50%。有人会提出，为什么坐标是正数，这里却写成了负数呢？

因为用 background 定义背景图片，默认 x、y 坐标是（0,0）。如图 8.18 所示，“今日淘宝活动”图片的坐标是（133px,153px），所以要记为-133px、-153px 才能正确显示图片。

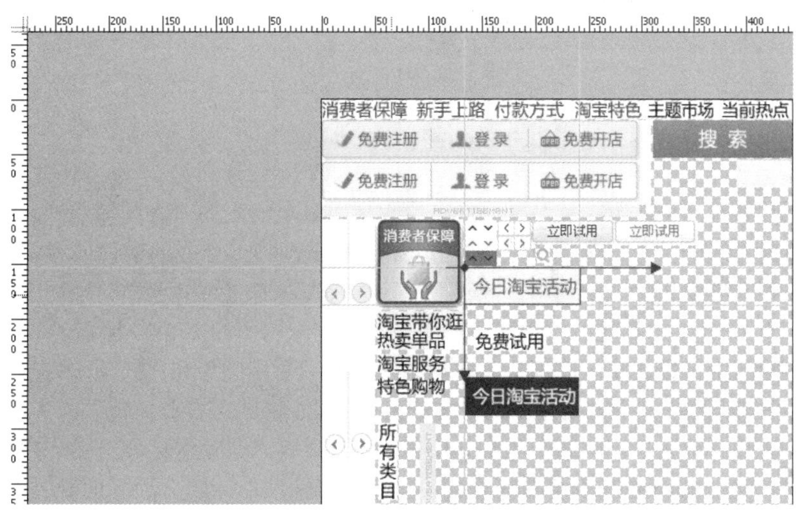

图 8.18 定位背景图像在大图中的坐标位置

Note

CSS Sprites 有优点也有缺点。要不要使用，具体要看网页是以加载速度为主，还是以维护方便、容易为主。

☑ CSS Sprites 的优点：可以减少 HTTP 的请求数，如 10 张单独的图片就会发出 10 次 HTTP 请求，合成为一张大的图片，只会发出一次 HTTP 请求，从而提高了网页加载速度。

☑ CSS Sprites 的缺点：由于每次图片改动都要往这张图片添加内容，图片的坐标定位要很准确，稍显繁琐。坐标定位要固定为某个绝对值，因此会失去一些灵活性。

8.2.4 块状选项卡

随着网站规模的不断扩大，每个网站都开始将页面中的内容集合到一个位置，以最小的空间显示更多的内容，最佳的方式莫过于选项卡。这也是目前选项卡能广泛流传，出现在各个大小网站的原因之一。

选项卡，也称为标签页，通过点击相应的标签名后将内容显示在固定的区域。在网页中，可以以多种不同的形式表现。一般通过 JavaScript 脚本辅助显示需要浏览的内容，隐藏暂时不需要浏览的内容。当然，使用纯 CSS 也可以设计出这种效果。本例的演示效果如图 8.19 所示。

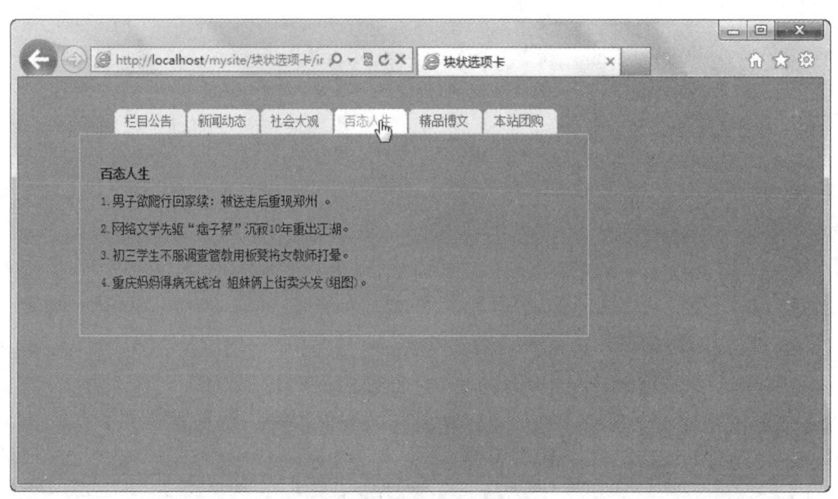

图 8.19 块状选项卡

实例位置：光盘实例\8\块状选项卡\index.htm。

设计步骤：

第 1 步，设计原理。这类选项卡主要是由选项卡标题以及相应的内容区域组成，并且由多个性质相同或者类似的内容组成了一个选项卡群体，通过鼠标单击选项卡标题的事件或者鼠标经过选项卡标题的事件触发选项卡标题相对应的内容区域显示。下面以选项卡的效果示意图分析一下选项卡是如何通过 CSS 样式，实现最终效果图中的布局方式的。选项卡示意图如图 8.20 所示。

从上面的示意图中可以看出，选项卡主要由多个“选项卡标题”和“选项卡内容区域”组成。通过 CSS 样式中的浮动（float）属性或者定位（position）属性将“选项卡标题”和“选项卡内容区域”分别控制在某个区域。例如，可以通过浮动（float）的方式将“选项卡标题”横向排列在一排，再通过定位（position）的方式将“选项卡内容区域”定位在“选项卡标题”的下面。

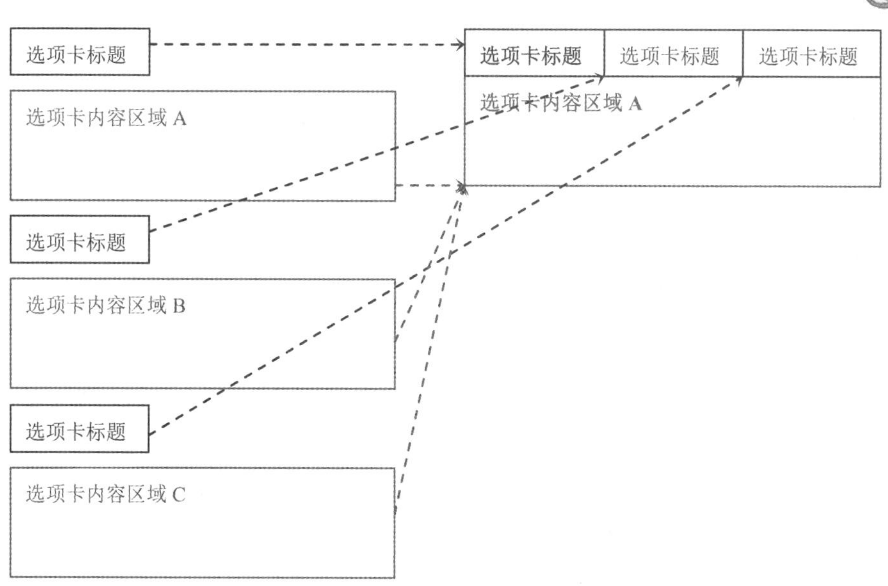

图 8.20 选项卡示意图

第 2 步，设计选项卡结构。首先利用一个<div>标签将所有的内容包含在一个容器中，再根据示意图所展示的效果书写“选项卡标题”和“选项卡内容区域”的代码结构。在“选项卡标题”（<div class="tab_1">包含框）区域包含一个列表结构，在“选项卡内容区域”（<div class="content">）中包含多个内容框。

```
<body>
<div class="tab">
    <div class="tab_1">
        <ul>
            <li><a href="#a"><span>栏目公告</span></a></li>
            <li><a href="#b"><span>新闻动态</span></a></li>
            <li><a href="#c"><span>社会大观</span></a></li>
            <li><a href="#d"><span>百态人生</span></a></li>
            <li><a href="#e"><span>精品博文</span></a></li>
            <li><a href="#f"><span>本站团购</span></a></li>
        </ul>
    </div>
    <div class="content">
        <div class="tab_2"   id="a">
            <h3>栏目公告</h3>
            <p>1.2011 年第一季度优秀作者 06-10 •《来稿精选》第四期推出。</p>
            <p>2.动画片,动画梦工场...文集信息 标题:栏目公告 简介: 创建：2008-01-09。</p>
            <p>3.栏目旨在为广大河南网友提供一个发表建议、反映社会各层面问题的公共网络平台。</p>
            <p>4.VIP 用户资费即日开始调整[gongxm][2009-07-23] 即日开始 VIP 栏目实现限制访问。</p>
        </div>
        <div class="tab_2" id="b">
            <h3>新闻动态</h3>
            <p>•南方五省区电力供应告急，紧张情况或持续</p>
            <p>•二三线城市限购名单呼之欲出“金九银十”</p>
            <p>•华电新疆公司亚欧博览会保电工作准备就绪</p>
            <p>•住建部正研究相关政策使房地产“去投”</p>
```

Note

```
            </div>
            <div class="tab_2" id="c">
                <h3>社会大观</h3>
                <p>1.2011 年第一季度优秀作者 06-10 •《来稿精选》第四期推出。</p>
                <p>2.动画片,动画梦工场...文集信息 标题:栏目公告 简介: 创建：2008-01-09。</p>
                <p>3.栏目旨在为广大河南网友提供一个发表建议、反映社会各层面问题的公共网络平台。</p>
                <p>4.VIP 用户资费即日开始调整[gongxm][2009-07-23] 即日开始 VIP 栏目实现限制访问。</p>
            </div>
            <div class="tab_2" id="d">
                <h3>百态人生</h3>
                <p>1.男子欲爬行回家续：被送走后重现郑州 。</p>
                <p>2.网络文学先驱“痞子蔡”沉寂 10 年重出江湖。</p>
                <p>3.初三学生不服调查管教用板凳将女教师打晕。</p>
                <p>4.重庆妈妈得病无钱治 姐妹俩上街卖头发（组图）。</p>
            </div>
            <div class="tab_2" id="e">
                <h3>精品博文</h3>
                <p>1.济缘算命，哪种八字适合嫁入豪门？命理点评。</p>
                <p>2.楼市新政引发海外购房热 国人恋房情结令人担忧。</p>
                <p>3.佛教在线精品博文频道，汇集佛教界法师博客中的精品文章，为大家提供的平台。</p>
                <p>4 远离黑暗的提示不要让情感乱了心智，在“假相、妄想”中“求不得”。</p>
            </div>
            <div class="tab_2" id="f">
                <h3>本站团购</h3>
                <p>1.世界知名品牌 Swissgear 专场！仅 48 元全国包邮。</p>
                <p>2.上网一族必备！仅 39.9 元，原价 228 元香港 RAKISH 电脑防辐。</p>
                <p>3.2011 新款 9726，第一团首发震撼全新上市！99 元全国包邮。</p>
                <p>4.世界知名品牌 Swissgear 专场！仅 48 元全国包邮，即享原价 1 折。</p>
            </div>
        </div>
    </div>
</body>
```

第 3 步，定义网页基本属性和外层包含框样式。

```
* {font-size:12px;}
html, body {
    margin:0;
    text-align:center;
    overflow:hidden;
    height:100%;
    width:100%;
    padding-left:30px;
    background:#999999;
}
ul {
    list-style-type:none;
    margin:0px;
}
.tab {
    width:500px;
    clear:both;
```

```
    height: 200px;
    margin: 20px 0 2px 0;
}
```

在以上代码中，首先定义了网页基本属性，统一网页字体大小为 12px，并定义网页背景色为灰色。清除列表结构的项目符号，清除列表缩进，设置选项卡包含框宽度为500px，固定高度。显示效果如图 8.21 所示。

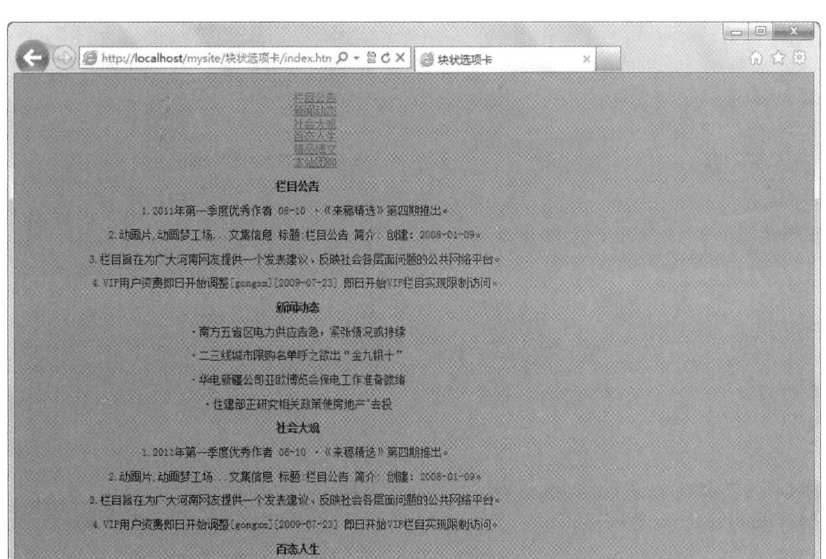

图 8.21　设计网页基本样式和外层包含框样式

第 4 步，设置内层包含框和内容样式。

```
.tab_1 {
    width:100%;
    background:#f1b1de;
    font-size:93%;
    line-height:normal;
}
.tab_1 ul {
    margin:0;
    padding:10px 10px 0 35px;
    list-style:none;
    float:left;
}
.tab_1 li {
    display:inline;
    margin:0;
    padding:0;
    cursor: pointer;
}
.tab_1 a {
    float:left;
    background:url("images/1.gif") no-repeat left top;
    margin:0;
```

```
        padding:0 0 0 4px;
        text-decoration:none;
}
.tab_1 a span {
        float:left;
        display:block;
        background:url("images/2.gif") no-repeat right top;
        padding:5px 15px 4px 6px;
        color:#666;
}
div.content{
        margin:0px;
        width:500px;
        height:190px;
        overflow:hidden;
        border: 1px solid #CCCCCC;
}
.tab_1 a:hover span {
        color:#FF9834;
        display:block;
        background-position:100% -42px;
}
.tab_1 a:hover {
        background-position:0% -42px;
}
.tab_2 {
        height:auto;
        padding:20px;
        clear:both;
        text-align:left;
}
```

以上代码包括 3 部分：第一部分是前 5 个样式，逐层定义选项卡标题包含框样式，从外到内，逐层设置；第二部分是定制内容包含框样式；第三部分定义鼠标经过标题栏时，选项卡的样式，显示效果如图 8.22 所示。

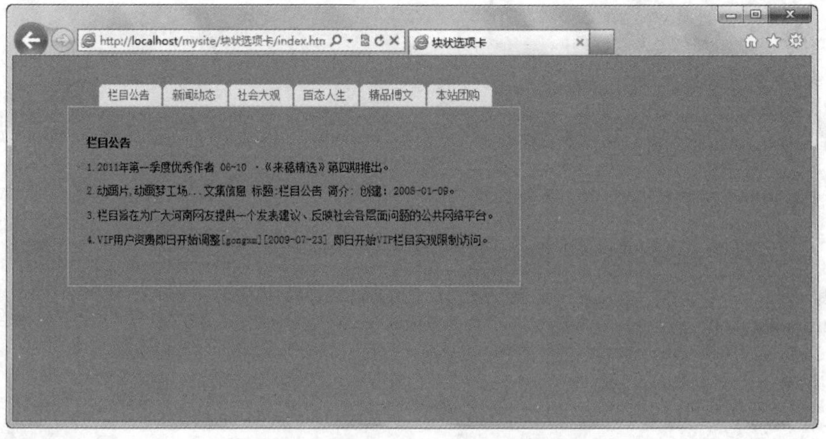

图 8.22　设置完毕的选项卡效果图

8.2.5　图片浏览

图片浏览的功能主要是展示相片，也称为电子相册，让图片以特定的方式展现在浏览者的面前。如今是电子科技时代，拥有数码相机之类的产品已经不再是新奇的事情，用相片的方式记录生活的点点滴滴，并与好友分享自己的生活，依赖的全是网络中出现的相册功能。功能齐全的电子相册需要依赖于一定的程序才能完成，这里分享的是利用 CSS 样式完成的相册，操作十分简单。实例的演示效果如图 8.23 所示。

如此简单的相册和选项卡，其中所蕴含的 CSS 技巧以及思维却并不简单，讲解该实例是希望读者能够了解应该如何去挖掘 CSS 样式的潜在能力，拓展思维，延伸 CSS 样式的功能。

图 8.23　图片浏览

实例位置：光盘实例\8\图片浏览\index.htm。

设计步骤：

第 1 步，设计原理。简易的 CSS 相册功能分析如下。

- ☑ 相册在默认状态情况下以缩略图的形式展现给浏览者，并且不压缩相片的原有宽度和高度属性，而是取相片的某个部分作为缩略图展示。
- ☑ 当鼠标悬停于某张缩略图时，相册列表中的缩略图恢复为原始相片的宽度和高度，展现在相册的某个固定区域。
- ☑ 当鼠标移开缩略图区域时，缩略图列表恢复原始形态。
- ☑ 保持相册的 HTML 结构为最简洁、最合理的结构，不出现多余的相片内容。

根据以上几个关于CSS样式制作的简易相册功能要求，可以归纳出以下几个在HTML结构与CSS样式上需要把握的重点。

- ☑ 结构清晰明了，无冗余的 HTML 结构代码。
- ☑ 鼠标悬停效果在 CSS 样式中就只能利用:hover 伪类才能完成，而 IE6 浏览器在解释:hover

伪类时只能将其使用在锚点<a>标签中才有效。

了解整个 CSS 相册中需要把握的重点，还需要分析如何实现以下两个效果。

☑ 不压缩图片，而是将相片中的某个部分作为缩略图显示在缩略图列表区域。

☑ 当鼠标悬停缩略图时，如何将图片以完整的图片形式显示在相片展示区域。

第 2 步，设计选项卡结构。使用 a 元素包含一个缩微图和一个大图，通过<span>标签包含动态显示的大图和提示文本，此时的页面显示效果如图 8.24 所示。

```
<body>
<div class="container">
    <a class="picture" href="#"><img class="small-pic" src="images/small-1.jpg" /><span><img src="images/1.jpg" /><br />卤煮火烧 北京的传统小吃</span></a>
    <a class="picture" href="#"><img class="small-pic" src="images/small-2.jpg" /><span><img src="images/2.jpg" /><br />台湾菜式 药材米酒香气的烧酒鸡</span></a> <br />
    <a class="picture" href="#"><img class="small-pic" src="images/small-3.jpg" /><span><img src="images/3.jpg" /><br />福建菜 十香醉排骨</span></a>
    <a class="picture" href="#"><img class="small-pic" src="images/small-4.jpg" /><span><img src="images/4.jpg" /><br /> 家常菜 宫保鸡丁</span></a> <br />
    <a class="picture" href="#"><img class="small-pic" src="images/small-6.jpg" /><span><img src="images/6.jpg" /><br />中华美食 东坡肘子</span></a>
    <a class="picture" href="#"><img class="small-pic" src="images/small-5.jpg" /><span><img src="images/5.jpg" /><br />毛主席爱吃的毛氏红烧肉 </span></a> </div>
</body>
```

图 8.24 设计结构效果图

第 3 步，定义图片浏览样式。

```
body {
    background-color:#CCCCCC;
}
.container {
    position: relative;
    margin-left:50px;
    margin-top:50px;
}
.picture img {
    border: 1px solid white;
    margin: 0 5px 5px 0;
}
.picture:hover {
    background-color: transparent;
}
.picture:hover img {
    border: 2px solid blue;
}
.picture .small-pic {
    width:100px;
    height:60px;
    border:#FF6600 2px solid;
}
.picture span {
    position: absolute;
    background-color:#FFCC33;
    padding: 5px;
    left: -1000px;
    border: 1px dashed gray;
    visibility: hidden;
    color: black;
    font-weight:800;
    text-decoration:none;
    text-align:center;
}
.picture span img {
    border-width: 0;
    padding: 2px;
    width:400px;
    height:300px;
}
.picture:hover span {
    visibility: visible;
    top: 0;
    left: 230px;
}
```

在以上代码中，首先定义了包含框样式，用“position: relative;”语句设置包含框定位为相对定位，这样，其中包含的各个绝对定位元素都是以当前包含框为参照物进行定位。默认设置 a 元素中包含的

span 元素为绝对定位显示，并隐藏起来，而当鼠标经过时，重新恢复显示 span 元素，以及其包含的大图。鼠标移出之后，重新隐藏起来。由于 span 元素是绝对定位，可以把所有大图都固定到一个位置，并统一大小，默认情况下这些大图重叠在一起，并隐藏显示。

Note

本实例中所提到的两个重点，其实是对于 CSS 样式的两种应用方式：相对定位应用以及绝对定位应用时的参照对象。对这个图片浏览实现方式有兴趣的读者可以通过尝试调整相册列表的布局方式、显示的位置等 CSS 样式来巩固、加深对 CSS 样式的理解，拓展一下思路。

网页排版和DIV+CSS布局

（视频讲解：2小时47分钟）

网页排版和DIV+CSS布局与设置样式是两个不同的思维过程，网页布局更多的是关注整个页面的呈现效果，而CSS样式更多的是实现各种具体效果。同时，页面布局需要读者掌握更多复杂的概念和技术，并要考虑各种浏览器的兼容问题。本章主要讲解网页排版的基本方法，以及如何使用DIV+CSS技术灵活实现各种网页布局效果。

学习重点：

- 了解并领会CSS盒模型原理和用法。
- 能够对早期网页进行重构。
- 掌握网页基本排版方法。
- 理解并灵活应用DIV+CSS布局。

9.1 CSS 盒模型

Note

盒模型是学习 CSS 网页布局的基础，只有掌握了盒模型的各种规律和特性，才可以更好地控制页面中每个元素所呈现的效果。

9.1.1 认识盒模型

盒模型是 CSS 布局最基本的组成部分，用于指定页面元素如何显示以及在某种方式上如何交互。页面上的每个元素都是以矩形的表现形式存在的，每个矩形都是由元素的内容、内边距（padding）、边框（border）和外边距（margin）组成的，如图 9.1 所示。

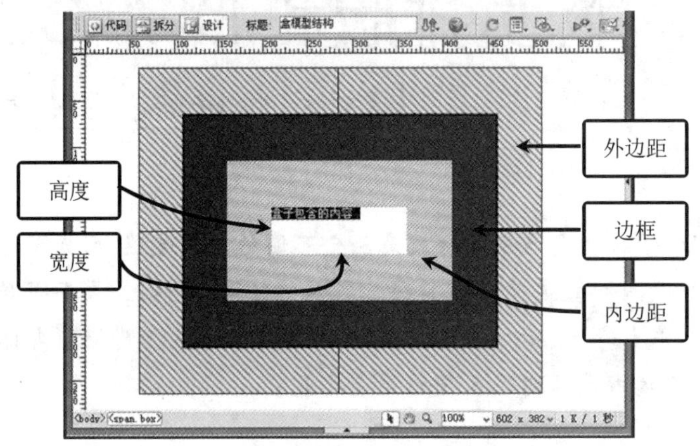

图 9.1 盒模型结构

从图 9.1 中可以清楚地看到任何一个元素的内容区域都被内边距（padding）、边框（border）和外边距（margin）这 3 个属性所包含。一个元素的盒模型有多大，该元素在页面中所占用的空间也将会有多大。

内边距（padding）出现在内容区域的周围。如果给某元素加上背景色或者背景图片，那么该元素的背景色或者背景图片也将出现在内边距（padding）之中。为了避免视觉上的混淆，可以利用边框（border）和外边距（margin）在该元素的周围创建一个隔离带，避免该元素的背景色或者背景图片与其他元素相混淆。这就是内边距（padding）、边框（border）和外边距（margin）这 3 个属性出现在内容周围，产生一个盒模型的基本作用。

网页中的所有元素和对象都是由这种基本结构构成，并呈现出方形的盒子效果。例如，段落（p 元素）是个方盒子，即使整个段落呈现为多边形；超链接（a 元素）是一个方盒子，即使它没有边、也没有形状；虽然插入图像是一个椭圆形，但是图像本身（img 元素）依然是一个方盒子，无论用户怎么调整图像的形状，如图 9.2 所示。为了方便读者直观地观看，这里把所有元素都增加了描边。

实际上，网页中的每个元素就像是一块块砖，砌起了完整的网页。因此，盒模型是 CSS 的基础，也是网页布局的根基。理解了盒模型的结构后，才能够自由地驾驭每个元素，随心所欲地设置每个标签的样式。

Note

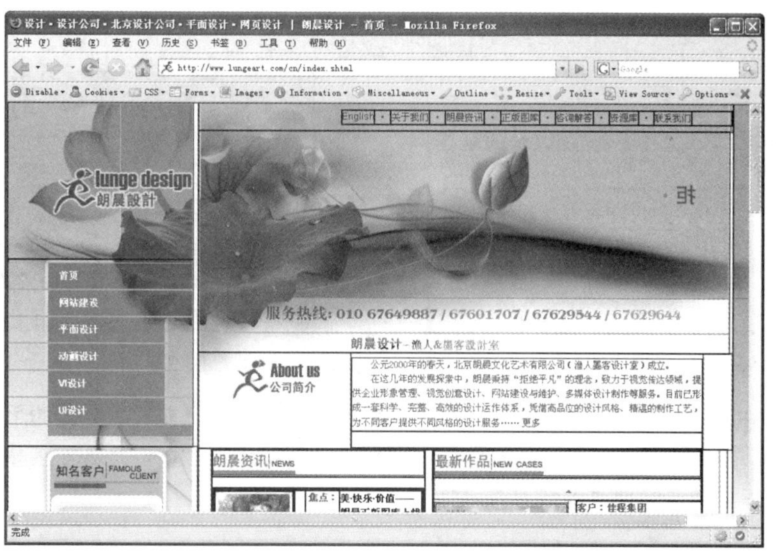

图 9.2　网页中无处不在的方盒子

如果在 Dreamweaver 中随意定义一个元素，请注意，要保证元素以块状显示，这样就会很直观地看到该元素的完整盒模型结构（如图 9.1 所示）。

```
<style type="text/css">
.box {                                  /*盒模型结构*/
    display:block;                      /*定义元素盒状显示，或者说是块状显示*/
    width:150px;                        /*盒宽*/
    height:50px;                        /*盒高*/
    margin:50px;                        /*盒的外边距，也称为边界*/
    padding:50px;                       /*盒的内边距，也称为补白*/
    border:solid 50px red;              /*盒边框*/
}
</style>

<span class="box">盒子包含的内容</span>
```

因此，我们可以这样来描述：盒模型是一个显示为方形的，可以拥有外边距、内边距和边框，并能够定义宽和高的方形区域，盒模型内部可以包含其他盒模型或者对象。

在 CSS 中，虽然每个元素都必须以方形显示，当给它定义边框时，所显示的都是矩形，而不是椭圆形或者多边形。但是并不是每个元素都必须显示外边距、内边距、宽和高。举个简单的例子，如果针对上面的实例代码，删除其中的 display:block;声明，会看到什么情景呢？显示效果如图 9.3 所示。

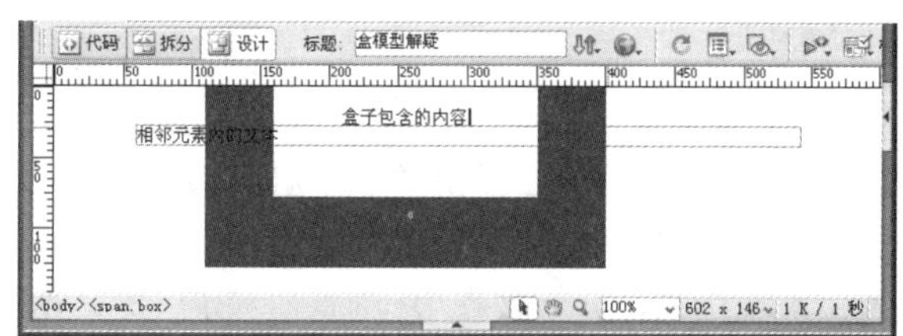

图 9.3　残缺的盒模型

如果元素不以块状显示，定义盒模型结构属性将不会直观地呈现，如图 9.4 和图 9.5 所示为分别

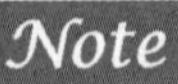

在不同的浏览器中预览的效果，在这里看不到它的外边距。

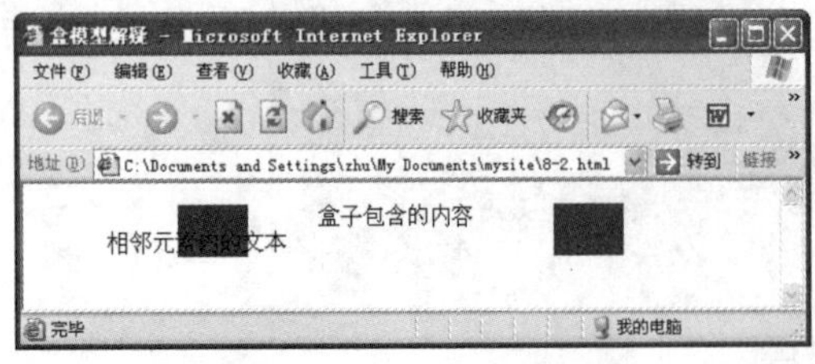

图 9.4　IE 中解析效果

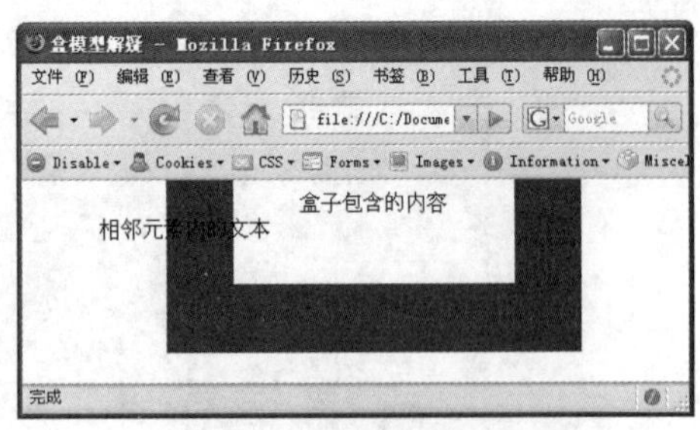

图 9.5　FF 中解析效果

总之，盒模型是以方形为基础进行显示的，不管其最终形状，还是边距、边框和大小，都显示为方形。盒模型可以拥有外边距、边框、内边距、宽和高这些基本属性，但是并不要求每个元素都必须定义这些属性，或者都必须拥有这些属性。

9.1.2　外边距

外边距如同页边距，是元素边框外边沿与相邻元素之间的距离，主要用来分隔各种元素，设置元素之间的距离。没有设置外边距的网页，所有网页对象都被堆放在一起，无法进行布局。

定义外边距可以使用 margin 属性，该属性可以取负值，正因为如此，你可以利用负值来设计各种复杂的网页布局，在下面的内容中我们将详细讲解。

margin 属性的默认值为 0。如果你没有定义元素的 margin 属性，则浏览器会认为元素的外边距为 0，或者说不存在外边距。换句话说，元素可以与其他元素零距离接触。网页正是借助外边距来调节网页布局的疏密和对齐，当然，这不是唯一的方法，后面我们还会讲解盒模型的内边距。

定义盒模型的外边距有多种方法，概括起来有如下 7 种。可以任意选择其中一种来定义元素的外边距。当混合定义时，要注意取值的先后顺序，一般是从顶部外边距开始，按顺时针分别定义。定义方法如下所示。

```
<style type="text/css">
margin:10px;                  /*快速定义盒模型的外边距都为 10 像素*/
margin:5px 10px;              /*定义上下、左右外边距分别 5 像素和 10 像素*/
margin:5px 10px 15px;         /*定义上为 5 像素，左右为 10 像素，底为 15 像素*/
margin:5px 10px 15px 20px;    /*定义上为 5 像素，右为 10 像素，下为 15 像素，左为 20 像素*/
margin-top:5px;               /*单独定义上外边距为 5 像素*/
margin-right:10px;            /*单独定义右外边距为 10 像素*/
margin-bottom:15px;           /*单独定义底外边距为 15 像素*/
margin-left:20px;             /*单独定义左外边距为 20 像素*/
</style>
```

1. 行内元素的外边距

当为行内元素定义外边距时，读者只能看到左右外边距对于版式的影响，但是上下外边距犹如不存在一般，不会对周围的对象产生影响。

例如，设计一个如下的模型和样式，并分别在 IE 浏览器和 FF 浏览器中预览，将会看到如图 9.6 和图 9.7 所示的解析效果。这说明行内元素没有发挥外边距应有的功能，用户不能使用外边距来调节行内元素与其他对象的位置关系，但是可以调节行内元素之间的水平距离。

```
<style type="text/css">
.box1 {                                 /*行内元素样式*/
    margin:50px;                        /*外边距为 50 像素*/
    border:solid 20px red;              /*20 像素宽的红色边框*/
}
.box2 {                                 /*块状元素样式*/
    width:400px;                        /*宽度*/
    height:20px;                        /*高度*/
    border:solid 10px blue;             /*10 像素宽的蓝边框*/
}
</style>
<div class="box2">相邻块状元素</div>
<div>外部文本<span class="box1">行内元素包含的文本</span>外部文本</div>
<div class="box2">相邻块状元素</div>
```

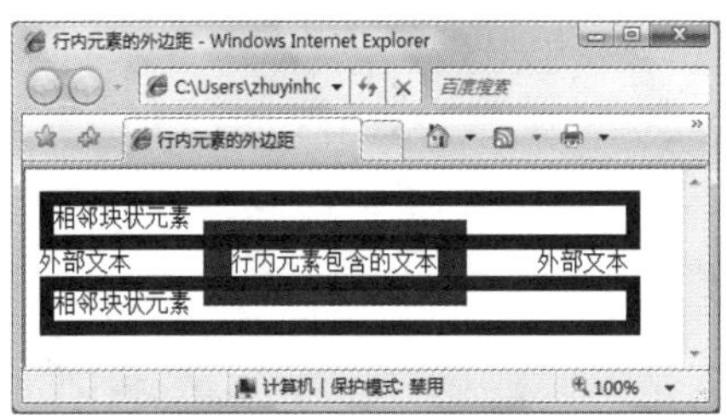

图 9.6　IE 中的解析效果

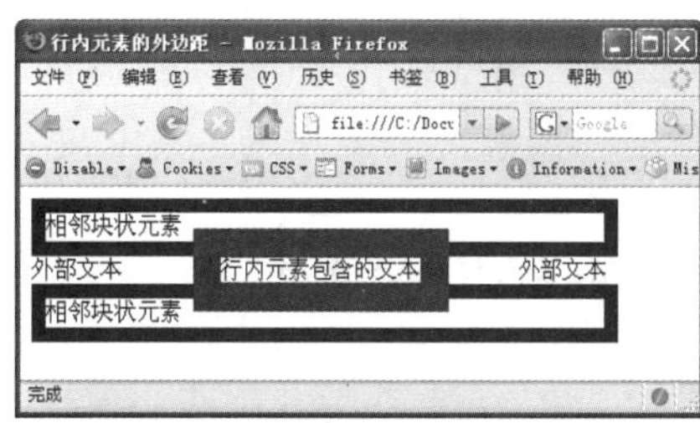

图 9.7　FF 中的解析效果

span 元素默认为行内元素显示，div 元素默认为块状元素显示。当然，通过 display 属性可以改变它们的默认显示属性。

2. 块状元素的外边距

对于块状元素来说，外边距都能够很好地被解析。例如，如果把上面实例中的 span 元素定义为块状显示，则将看到另外一种效果，如图 9.8 和图 9.9 所示。

```
.box1 {
    display:block;                      /*块状显示*/
    margin:50px;                        /*外边距*/
    border:solid 20px red;              /*红色实线边框*/
}
```

图 9.8　IE 中的解析效果

图 9.9　FF 中的解析效果

从上图可以看出，对于块状元素来说，可以自由使用外边距来调节网页版式和元素之间的距离。

3. 浮动元素的外边距

Note

元素浮动显示与块状、行内等显示是两个不同的概念。不管是什么元素，一旦被定义为浮动显示，就拥有了完整的盒模型结构，读者可以自由使用外边距、内边距、边框、高和宽来控制它的大小以及与其他对象之间的位置关系。

注意，浮动布局的概念将在下面的章节中详细讲解，如果读者不是很明白，可以先跳过本小节。

由于浮动是从网页布局的角度来定义元素的显示，而行内和块状属性主要是从元素自身的性质来定义其显示，因此，当为浮动元素定义外边距后，所呈现的效果会很复杂，与我们的设想会大不相同。不同的浏览器对此解析的效果也是千差万别的。

【例 9-1】 定义如下的模型结构和样式，然后在 IE 和 FF 浏览器中预览，则显示效果如图 9.10 和图 9.11 所示。

```
<style type="text/css">
.box1 {
    float:left;                         /*向左浮动显示*/
    margin:50px;                        /*外边距*/
    border:solid 20px red;              /*红色实线边框*/
}
.box2 {
    width:400px;                        /*块状元素宽度*/
    height:20px;                        /*块状元素高度*/
    border:solid 10px blue;             /*块状元素边框*/
}
</style>
<div class="box2">相邻块状元素</div>
<div>外部文本<span class="box1">浮动元素</span>外部文本</div>
<div class="box2">相邻块状元素</div>
```

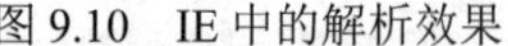

图 9.10　IE 中的解析效果

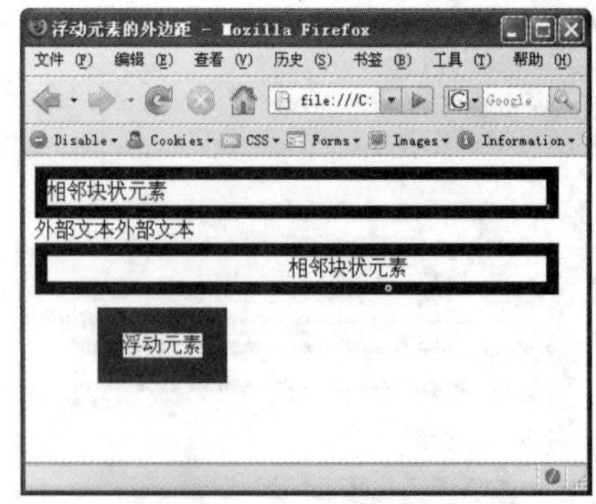

图 9.11　FF 中的解析效果

因此，对于浮动元素来说，可以自由使用外边距来调节浮动元素与其他元素之间的距离。但是由于浮动元素与其他元素之间存在复杂的交错现象，使用外边距调节元素之间的距离时，会存在很多不确定性，也就是说调节距离与实际显示距离会存在一定的误差，且不同浏览器对此的解析标准不同，会导致布局出现很多预想不到的问题。

Note

4. 绝对定位元素的外边距

绝对定位是与浮动显示相对应的概念，它能够精确设置元素在页面中的显示状态。如果我们再尝试把上节示例中的浮动显示改为绝对定位显示，会得到怎样的效果呢？

注意，由于绝对定位将在后面一章进行详细讲解，如果此处看不明白，读者可以跳过本小节的讲解。

```
.box1 {
    position:absolute;                    /*绝对定位显示*/
    top:0;                                /*距离页面顶部的距离*/
    left:0;                               /*距离页面左边框的距离*/
    margin:50px;
    border:solid 20px red;
}
```

绝对定位元素依然拥有外边距，虽然这些外边距不会影响其他元素的位置，其他元素也不会影响外边距的位置，但是仍然可以看到外边距在定位中的作用。浏览器都不是以元素外边距左上角的顶点作为移动点来决定元素的位置的。IE 和 FF 浏览器中的解析效果分别如图 9.12 和图 9.13 所示。

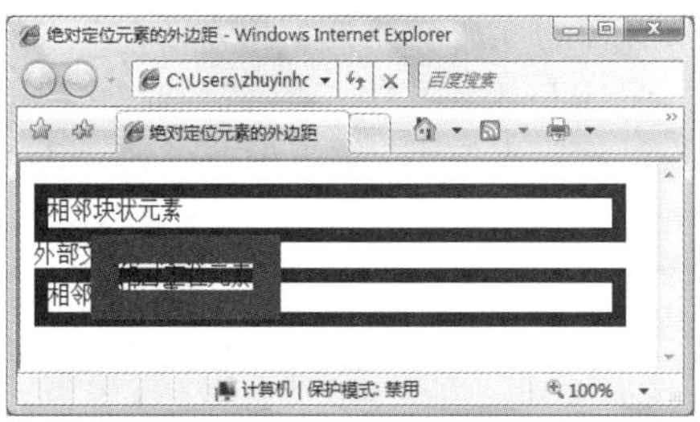

图 9.12　IE 中的解析效果

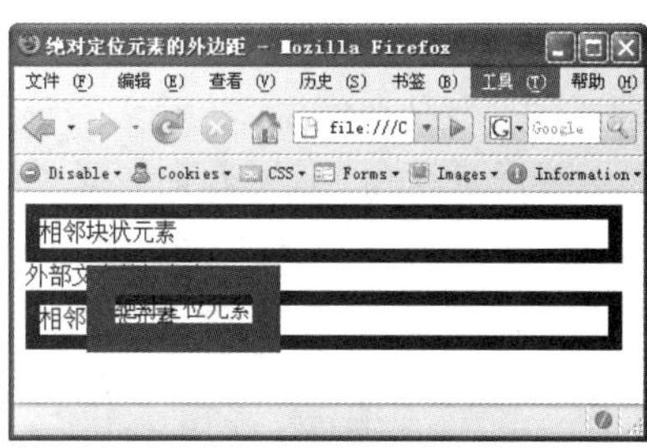

图 9.13　FF 中解析效果

考虑到外边距在绝对定位中没有实际作用，我们完全可以使用元素边框来定位，因此可以忽略设置该属性。例如，将上面的实例改写为如下样式，所得效果是相同的。

```
.box1 {
    position:absolute;                    /*绝对定位显示*/
    top:50px;                             /*距离页面顶部的距离*/
    left:50px;                            /*距离页面左边框的距离*/
    border:solid 20px red;
}
```

但是，这并不能说明绝对定位不可以定义外边距，也不能说绝对定位元素的外边距不起作用。

9.1.3　内边距

内边距就是元素包含的内容与元素边框内边沿之间的距离。盒模型的内边距主要功能就是用来调整元素所包含的内容在元素中的显示位置。

【例 9-2】输入如下元素和样式，则可以把包含的文本推挤到元素右下角显示，如图 9.14 所示；但是如果没有内边距的作用，则只能在元素左上角显示，如图 9.15 所示。

```
<style type="text/css">
.box1 {
    display:block;                        /*块状显示*/
    padding-left:160px;                   /*左内边距*/
```

Note

```
        padding-top:60px;                          /*顶部内边距*/
        width:100px;                               /*元素的宽度*/
        height:30px;                               /*元素的高度*/
        border:solid 20px red;                     /*元素的边框*/
    }
</style>
<span class="box1">包含文本</span>
```

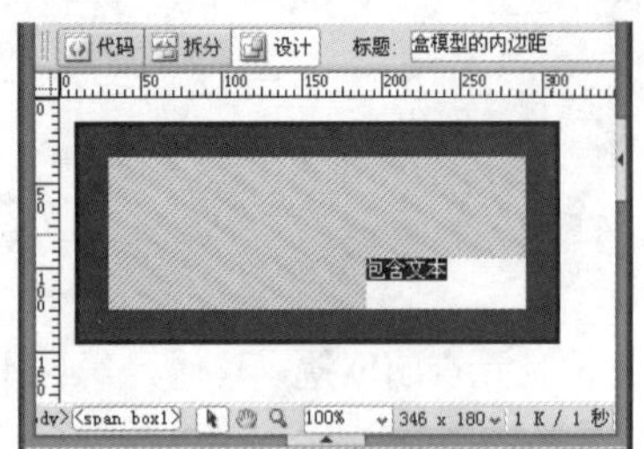

图 9.14　用内边距调节包含内容的显示位置

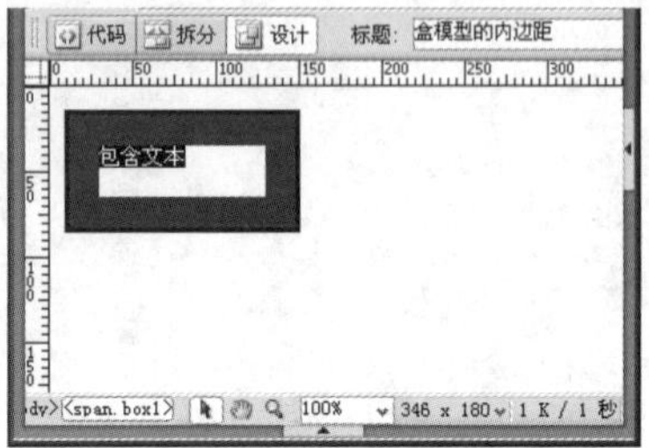

图 9.15　包含内容默认显示在左上角

盒模型的内边距与外边距在用法上有很大的相似性，如果掌握了外边距的使用方法，内边距就比较容易理解了。但是在使用时，读者应该了解内边距的几个不同的特性。

第一，当元素没有定义边框时，读者可以把内边距当作外边距来使用，用来调节元素与其他元素之间的距离。由于外边距相邻时会出现重叠现象，而且比较复杂，使用内边距来调节元素之间的距离往往不用担心边距重叠问题。

例如，在下面这个简单模型中，读者可以看到上下元素之间的距离很近（为 50px，而不是 100px），如图 9.16 所示。这是因为上下相邻元素的外边距发生了重叠现象。

```
<style type="text/css">
.box1 { margin-bottom:50px; }                      /*底部外边距*/
.box2 { margin-top:50px;}                          /*顶部外边距*/
</style>
<div class="box1">第一个元素</div>
<div class="box2">第二个元素</div>
```

但是如果其中一个元素使用内边距来定义，效果就会截然不同，如图 9.17 所示，可以看到使用内边距调节元素之间的距离时，不会出现重叠问题。

```
<style type="text/css">
.box1 { padding-bottom:50px; }                     /*底部内边距*/
.box2 { margin-top:50px;}                          /*顶部外边距*/
</style>
```

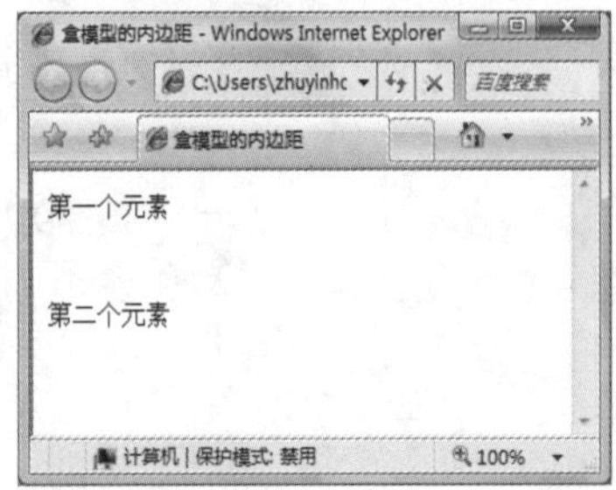

图 9.16　用外边距调节会发生重叠

图 9.17　用内边距调节不会重叠

第二，当为元素定义背景图像时，对于外边距区域来说，背景图像是不显示的，它永远表现为透明状态；而内边距区域内却可以显示背景图像。利用内边距的这个特性，可以为元素增加各种修饰性背景图像。

例如，输入如下的代码，可以设计一个图文并茂的画面，如图 9.18 所示。

```
<style type="text/css">
.box1 {
    padding:50px 100px;                        /*内边距*/
    width:518px;                               /*宽度*/
    height:113px;                              /*高度*/
    background:url(images/bg1.jpg) no-repeat;  /*背景图像*/
    border:solid 10px #522917;                 /*边框*/
}
</style>
<div class="box1">历史的记忆</div>
```

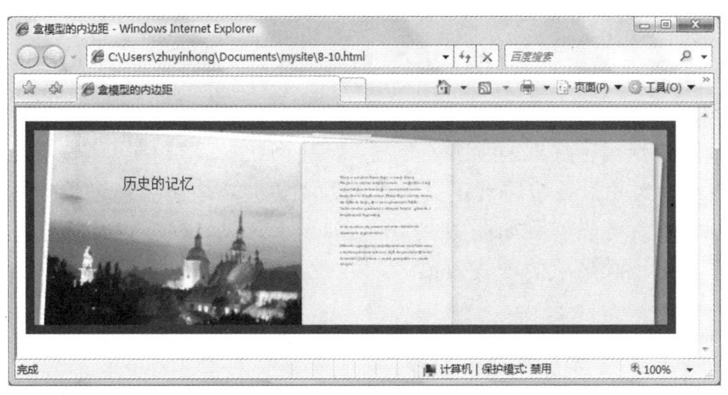

图 9.18　内边距区域显示的背景图像

第三，行内元素的内边距能够影响元素边框的大小，而外边距不存在这样的问题。行内元素的外边距对于任何对象都不会产生影响。

例如，输入下面的代码，将会看到如图 9.19 所示的效果。

```
<style type="text/css">
.box1 {
    padding:50px;                              /*内边距*/
    border:solid 20px red;                     /*红色实线边框*/
}
.box2 {
    width:400px;                               /*块状元素宽度*/
    height:20px;                               /*块状元素高度*/
    border:solid 10px blue;                    /*块状元素边框*/
}
</style>
<div class="box2">相邻块状元素</div>
<div>行内文本行内文本行内文本行内文本行内文本行内文本行内文本行内文本行内文本行内文本行内文本
<span class="box1">行内元素包含的文本</span>行内文本行内文本行内文本行内文本行内文本行内文本行内文本行内文本行内文本行内文本</div>
<div class="box2">相邻块状元素</div>
```

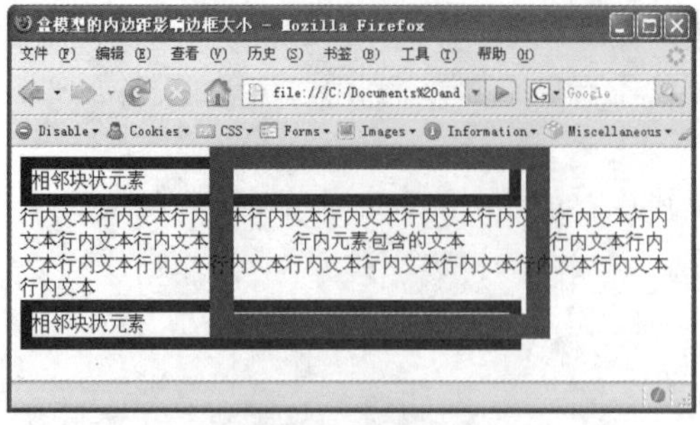

图 9.19　内边距影响元素边框的大小效果

9.1.4　边框

任何元素都可以定义边框，并都能够很好地显示出来。边框在网页布局中的作用就是用来分隔模块。与内外边距不同的是，边框包含 3 个基本属性。

☑　样式（border-style）。

☑　颜色（border-color）。

☑　宽度（border-width）。

读者可以为元素的边框指定样式、颜色或宽度，其中颜色和宽度可以省略。这时，浏览器就会根据默认值来解析。注意，当元素各边边框定义为不同的颜色时，边角会以平分来划分颜色的分布。例如，输入下面的代码，读者可以看到如图 9.20 所示的显示效果。很多设计师正是利用边框的这个特殊的效果，设计出了很多不同形状的样式效果。

```
<style type="text/css">
.box {
    border:solid 100px;                          /*边框样式和宽度*/
    border-color:red blue green;                 /*定义不同边框显示为不同颜色*/
    line-height:0;                               /*定义行内文本高度为 0，这样就避免元素内出现空隙*/
}
</style>
<div class="box"></div>
```

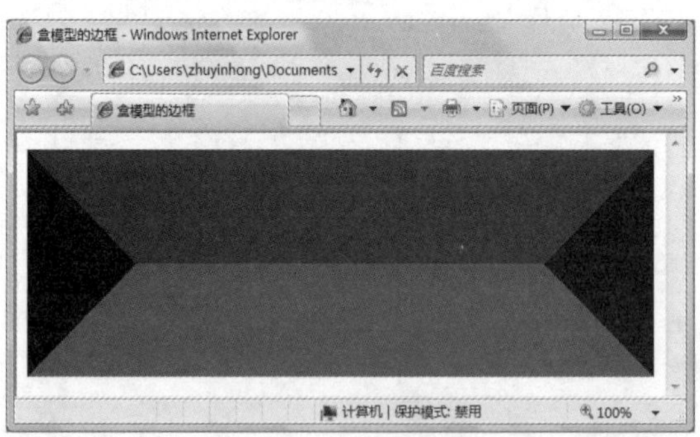

图 9.20　元素的边框效果

9.1.5　宽和高

在 IE6 以下版本的浏览器中，对 width 和 height 属性的解析规则与 W3C 的标准完全不同，不过从 IE6 开始，微软更正了这个错误，按 W3C 所倡导的标准来解析 width 和 height 属性。但是，设置

元素的宽和高时很容易出错，主要原因是在网页布局中，高和宽的概念区分上。

☑ 元素的总高度和总宽度。

☑ 元素的实际高度和实际宽度。

☑ 元素的高度和宽度。

【例 9-3】请输入下面代码，预览效果如图 9.21 所示。

```
<style type="text/css">
div {
    float:left;                          /*向左浮动*/
    height:100px;                        /*元素高度*/
    width:160px;                         /*元素宽度*/
    border:10px solid red;               /*边框*/http://client.pptv.com/index/user_center.html
    margin:10px;                         /*外边距*/
    padding:10px;                        /*内边距*/
}
</style>
<div class="left">左侧栏目</div>
<div class="mid">中间栏目</div>
<div class="right">右侧栏目</div>
```

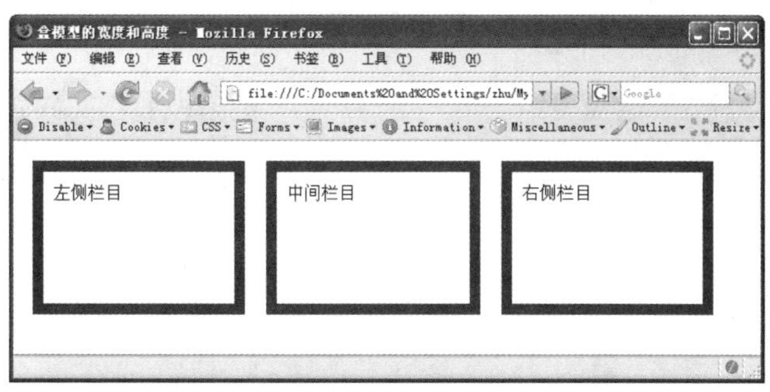

图 9.21 元素的宽和高

在上面这个简单的布局中，如果问左侧栏目的宽度是多少，你可能不假思索地说是 160px。实际上这是不对的，栏目的宽度也是左侧<div class="left">元素的实际宽度，应该是 200px。计算方法是：

（边框宽度+内边距宽度）*2+元素的宽度=（10px+10px）*2+160px = 200px

注意，元素的宽度是指 width 属性值，即元素包含内容的宽度。但是对于整个栏目来说，元素的实际宽度就不能仅指 width 属性所包含的值了。

那么元素的总宽度是多少呢？这时还应该考虑元素的外边距，虽然它不是栏目的实际宽度，仅用来调节元素之间的距离，但是在计算元素总宽度时，还应该包括它的值，如图 9.22 所示。

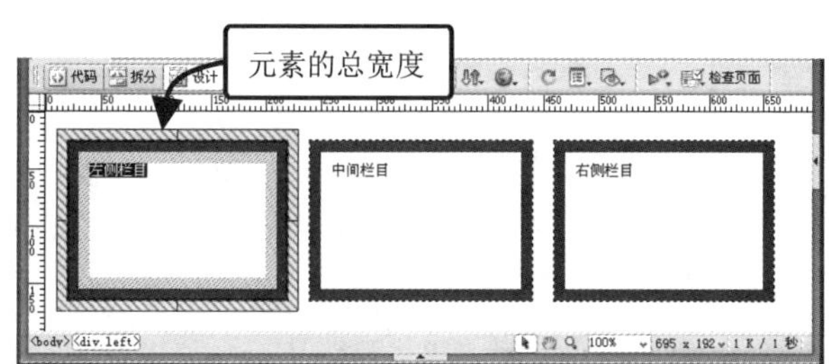

图 9.22 元素的总宽度

还有一个问题，如果元素没有定义边框，所定义的内边距仅用来分隔与其他元素的距离，这时计算元素的实际宽度时，我们就应该根据布局栏目的实际情况，确定它的实际宽度为元素的宽度，不能盲目地把内边距都算作栏目的宽度。

Note

IE 5.5 及以下版本的浏览器在解析 width 和 height 属性时，会错误地把边框和内边距也算进去，这就导致了元素宽度计算的混乱。好在目前大部分用户都使用 IE6 及以上版本的浏览器，这个问题的破坏性也就不是那么严重了，但是建议读者了解一下如何处理这个问题，以实现在 IE 5.5 及以下版本中能够正确地解析网页。

【例 9-4】输入下面一段简单的实例代码，然后分别在 IE6 和 IE 5.5 中预览，其显示效果如图 9.23 和图 9.24 所示。

```
<style type="text/css">
div {
    height:100px;                          /*元素的高度*/
    width:200px;                           /*元素的宽度*/
    border:20px solid red;                 /*边框*/
    margin:20px;                           /*外边距*/
    padding:20px;                          /*内边距*/
}
</style>
<div>IE 5.5 及以下版本浏览的盒模型 Bug</div>
```

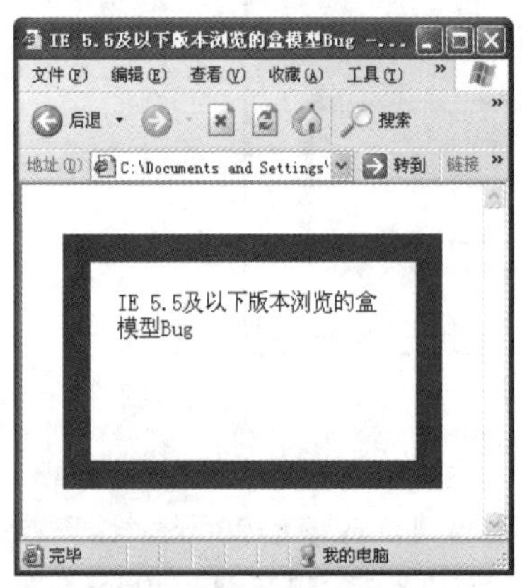

图 9.23　IE6 中的解析效果

图 9.24　IE 5.5 中的解析效果

从上面的图示可以比较出，在 IE 5.5 及以下版本中，width 属性的值就是指元素的实际宽度，也就是说 width 属性值中包含 padding 和 border 属性值。所以 IE 5.5 版本的浏览器解析的对象显得要小很多。解决此类问题，可以使用浏览器兼容技术。例如，可以使用 voice-family 方法来解决，具体代码如下。

```
<style type="text/css">
div {
    height:180px;                          /*IE 5.5 及以下版本中解析的宽度*/
    width:280px;                           /*IE 5.5 及以下版本中解析的高度*/
    border:20px solid red;                 /*边框*/
    margin:20px;                           /*外边距*/
    padding:20px;                          /*内边距*/
    voice-family:"\"}\"";                  /*设置播放的声音*/
```

```
        voice-family:inherit;                    /*设置播放的声音*/
        width:200px;                             /*非 IE 5.5 及以下版本中解析的宽度*/
        height:100px;                            /*非 IE 5.5 及以下版本中解析的高度*/
    }
</style>
```

由于 IE 5.5 及以下版本的浏览器不能识别 voice-family 属性，当解析"\"}\"";时，浏览器认为该样式已经结束，于是忽略掉后面所定义的规则，但是非 IE 5.5 及以下版本的浏览器能够识别 voice-family 属性，并继续解析后面所定义的属性，通过这种方法为 width 和 height 属性设置不同的值，从而使所有浏览器都能够解析为相同的效果，如图 9.25 和图 9.26 所示。

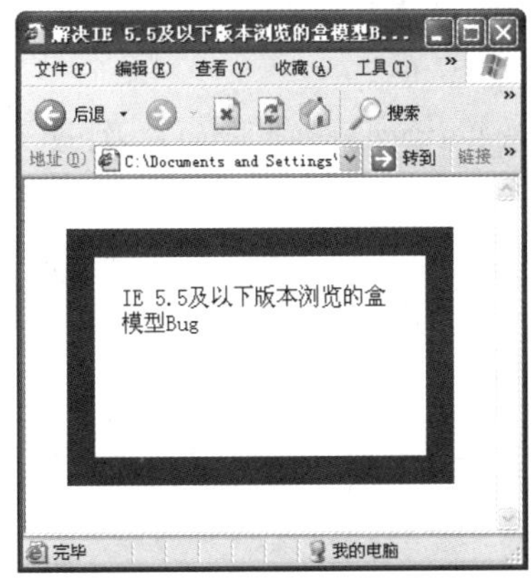

图 9.25　IE6 中的解析效果

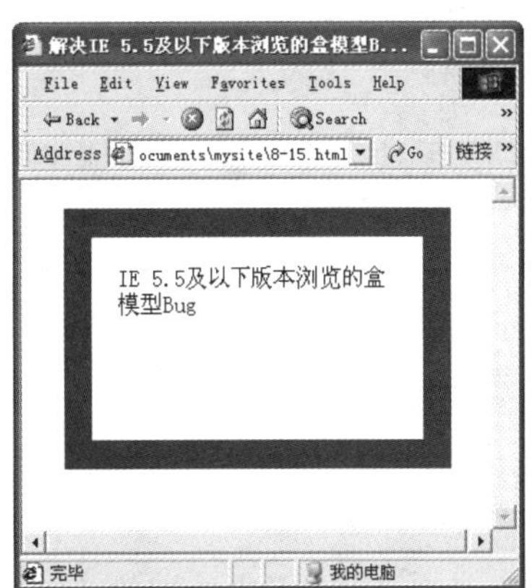

图 9.26　IE 5.5 中的解析效果

9.2　网页重构

网页重构是 CSS 网页布局的第一步。所谓网页重构，就是编写适合 CSS 控制的网页结构，即编写 HTML 标签和文本信息。本节将重点介绍网页重构中如何设置文档类型，以及如何合理选用 HTML 标签。

9.2.1　设置文档类型

DOCTYPE 是 Document Type（文档类型）的简写，称之为 DTD 声明，在页面中，用来指定页面所使用的 XHTML（或者 HTML）的版本。制作符合标准的页面，关键组成部分就是 DOCTYPE 声明。只有确定了一个正确的 DOCTYPE，HTML 里的标签和 CSS 才能正常生效，甚至对 JavaScript 脚本都会有所影响。

在编写 HTML 代码时，源代码的第一行一般都是以下代码。

```
<!DOCTYPE html PUBLIC "-//W3C//DTD XHTML 1.0 Transitional//EN" "http://www.w9.org/TR/xhtml1/DTD/xhtml1-transitional.dtd">
```

HTML 代码必须有“<!DOCTYPE>”标签，主要用于 HTML 文档的类型声明。在默认情况下，FF 和 IE 浏览器的解释标准是不一样的，也就是说，如果一个网页没有 DOCTYPE 声明，就会以默认的 DOCTYPE 解释下面的 HTML 代码。在同一种标准下，不同浏览器的解释模型都有所差异，如果声明标准不同，浏览器对页面的 HTML 的解析也会有所不同。学习网页标准，浏览器的兼容性，认识 DOCTYPE 都是必要的。

目前使用的 HTML 版本都是 XHTML 1.0 版本。XHTML1.0 中存在如下 3 种 DOCTYPE 文档类型。

Note

☑ 严格类型

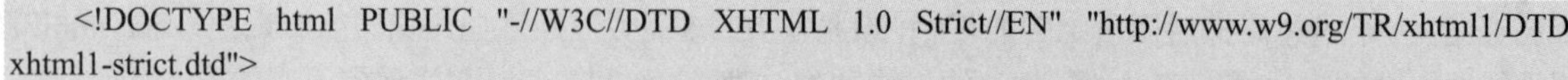

```
<!DOCTYPE html PUBLIC "-//W3C//DTD XHTML 1.0 Strict//EN" "http://www.w9.org/TR/xhtml1/DTD/xhtml1-strict.dtd">
```

在该文档类型中，需要使用符合该类型的 HTML 标签，避免添加过多无意义的标签属性，页面表现避免使用标签属性，而选择 CSS 样式表。

☑ 过渡类型

```
<!DOCTYPE html PUBLIC "-//W3C//DTD XHTML 1.0 Transitional//EN" "http://www.w9.org/TR/xhtml1/DTD/xhtml1-transitional.dtd">
```

在该文档类型中，需要使用符合该类型的 HTML 标签，可适当添加标签属性用于页面的表现，目前使用的最普遍的是该 DOCTYPE 类型。

☑ 框架类型

```
<!DOCTYPE html PUBLIC "-//W3C//DTD XHTML 1.0 Frameset//EN" "http://www.w9.org/TR/xhtml1/DTD/xhtml1-frameset.dtd">
```

该文档类型应用于 HTML 框架页面。

使用严格类型的 DOCTYPE 类型来制作页面，当然是最理想的方式。但是，对于没有深入了解 Web 标准的网页设计师而言，比较合适的方法是使用过渡型的 DOCTYPE 类型。因为这种 DOCTYPE 类型还允许使用表现层的标识、元素和属性，比较适合大多数网页制作人员。

DOCTYPE 类型声明将会影响 IE 浏览器对标准的理解。IE 浏览器存在两种渲染方式：Quirks（怪异模式）和 Standard（标准模式）。在 Standard（标准模式）中，浏览器根据规范表现页面，在 Quirks（怪异模式）中，页面以一种比较宽松的向后兼容的方式显示。Quirks（怪异模式）常模拟老式浏览器（如 IE6）的行为以防止老站点无法工作。

在 DOCTYPE 类型前加上一个字符，或者删除 DOCTYPE 类型声明，都会触发 IE 浏览器的 Quirks（怪异模式）。

```
a<!DOCTYPE html PUBLIC "-//W3C//DTD XHTML 1.0 Transitional//EN" "http://www.w9.org/TR/xhtml1/DTD/xhtml1-transitional.dtd">
```

在 FF 浏览器与 IE 浏览器中查看 DOCTYPE 类型声明修改后的页面，将发现 IE 浏览器触发 Quirks（怪异模式）后宽度变小了。换言之，触发 Quirks（怪异模式）的 IE 浏览器的盒模型的计算方式变化了。

为方便读者更直观地了解触发 Quirks（怪异模式）的 IE 浏览器如何计算盒模型的宽高，我们来看一个实例。

```
<html xmlns="http://www.w9.org/1999/xhtml">
<head>
<meta http-equiv="Content-Type" content="text/html; charset=gb2312" />
<style type="text/css">
div {
```

```
        width:200px;
        height:200px;
        padding:20px;
        margin:50px;
        border:10px solid #FF0000;
        background-color:#000000;
    }
    </style>
    <title>怪异模式的盒模型</title>
    </head>
    <body>
    <div></div>
    </body>
    </html>
```

以上代码是将<div>标签元素的样式设置为宽 200px，高 200px，内边距 20px，外边距 50px，边框 10px，颜色为红色的实线边框，并加上黑色的背景色，删除 DOCTYPE 类型声明（主要是让 IE 浏览器触发怪异模式）。分别在 FF 浏览器和 IE 浏览器中浏览页面效果，如图 9.27 所示。

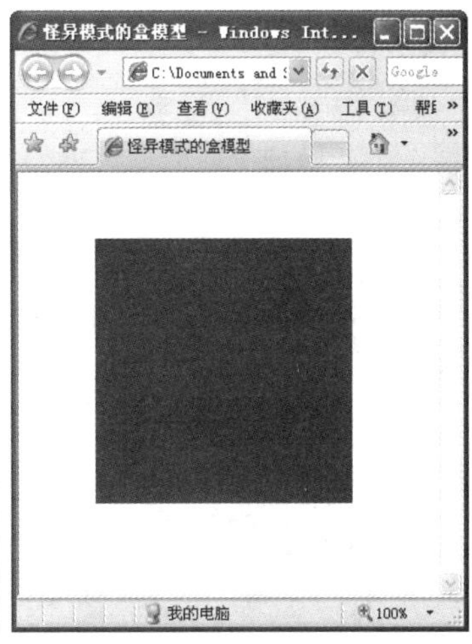

图 9.27　怪异模式的盒模型在 FF 浏览器（左）以及 IE 浏览器（右）中的表现

为了能更好地理解触发 Quirks（怪异模式）的 IE 浏览器的盒模型的计算方式，下面我们将修改<div>标签元素的属性值，并分别在 FF 浏览器以及 IE 浏览器中浏览页面效果。

首先修改边框（border）属性的属性值。

```
border:40px solid #FF0000;                /*将边框的粗细改为 40px*/
```

如图 9.28 所示，读者也可从随书光盘根据源代码的效果亲身体验，很明显感觉到 FF 浏览器中的盒模型变大了，而 IE 浏览器中只是边框加大了，但并没有因此改变盒模型的宽度。

然后在边框修改过后的基础上，修改内边距（padding）的值。

```
padding:50px;                             /*将内边距的属性值修改为 50px*/
border:40px solid #FF0000;                /*将边框的粗细改为 40px*/
```

Note

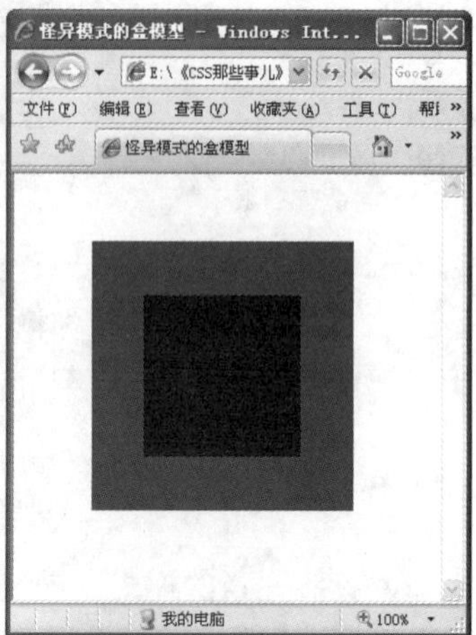

图 9.28　怪异模式的盒模型在 FF 浏览器（左）以及 IE 浏览器（右）中的表现

如图 9.29 所示，在保留 40px 边框大小的基础上加大了内边距（padding）的属性值后，FF 浏览器中的盒模型又一次变大了，而 IE 浏览器中还是保持原样。

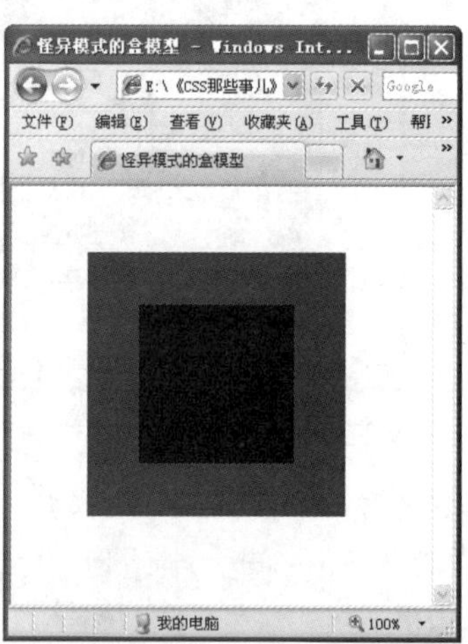

图 9.29　怪异模式的盒模型在 FF 浏览器（左）以及 IE 浏览器（右）中的表现

根据以上两点可以总结出触发 Quirks（怪异模式）后的 IE 浏览器的盒模型的计算方式是将边框（border）和内边距（padding）的数值归入盒模型的宽度（width）以及高度（height）中，也就是盒模型的总宽度以及总高度为：盒模型的宽度=margin-left 的值+width 的值+margin-right 的值，盒模型的高度=margin-top 的值+width 的值+margin-right 的值。

最后修改边框（border）以及内边距（padding）的属性。

```
padding:50px;                          /*将内边距的属性值修改为 50px*/
border:60px solid #FF0000;             /*将边框的粗细改为 60px*/
```

如图 9.30 所示，同时修改边框（border）和内边距（padding）的属性值后，FF 浏览器以及 IE 浏览器中的盒模型都发生了变化。既然边框（border）和内边距（padding）都已经融入到盒模型中，为什么 IE 浏览器在触发了怪异模式的情况下还会增加盒模型的宽度跟高度呢，盒模型又增大了多少呢？

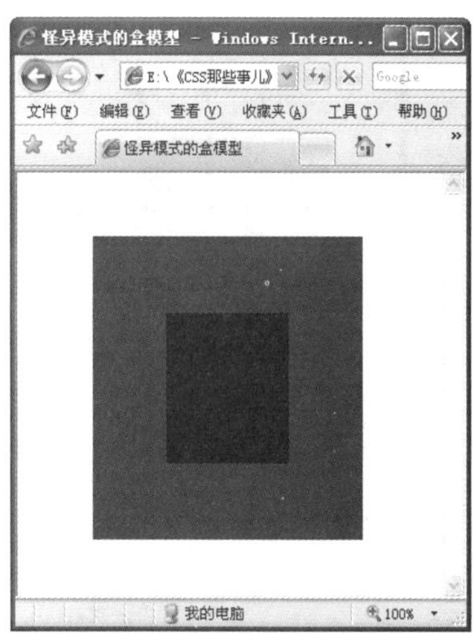

图 9.30 怪异模式的盒模型在 FF 浏览器（左）以及 IE 浏览器（右）中的表现

通过使用 FastStone Capture 软件中的“量尺”功能可以了解到目前该<div>标签元素的宽为 220px，高为 238px。而最初针对该<div>标签元素设置的宽高属性分别都是 200px，并且该标签元素是一个空标签，并无内容，为什么在怪异模式下设置内边距为 50px，边框为 60px 的红色实线边框会让该盒模型的宽和高增大呢。

第一，padding:50px 是指上右下左的内边距都为 50px，border:60px solid #FF0000，以盒模型的宽度为例，通过标准模式的计算方式，该盒模型的宽度（外边距 margin 不计算的情况）应该为 60px+50px+200px+50px+60px=220px。220px 就是图 9.31 中的盒模型的宽度，比该盒模型最初定义的宽度 200px 多了 20px。

第二，根据第一步的分析，空的<div>标签元素的宽度是多了 20px，那么高度不是也应该多 20px，为什么会多了 38px 呢？这是因为 IE 浏览器对空标签的解析。IE 浏览器对于空标签会带有一个空的占位符，该占位符是以默认的文字高度为基准，即 18px 的高度，因此才会显示如图 9.31 中所示高度为 238px 的盒模型。

在修改过边框（border）和内边距（padding）的属性值后，对空的<div>标签元素添加尽量多的内容，以至于超过宽度为 200px，高度为 200px 的范围。

```
<style type="text/css">
color:#FFFFFF; /*为了测试，修改文字颜色为白色*/
</style>

<div>
<p>现在为了测试一下添加很多内容后，这个怪异模式下的盒模型在 FF 浏览器跟 IE 浏览器之间会产生什么
```

```
效果。<br />或许又是一个“新大陆”<br />或许只是一个失败的测试。<br />不论结果如何，请大家拭目以待！
</p>
    <p>内容好像还不够多，请别介意我多废话几句。<br />在此感谢一下大家对小志这本书的支持，谢谢！<br
/>真的十分感谢！</p>
    </div>
```

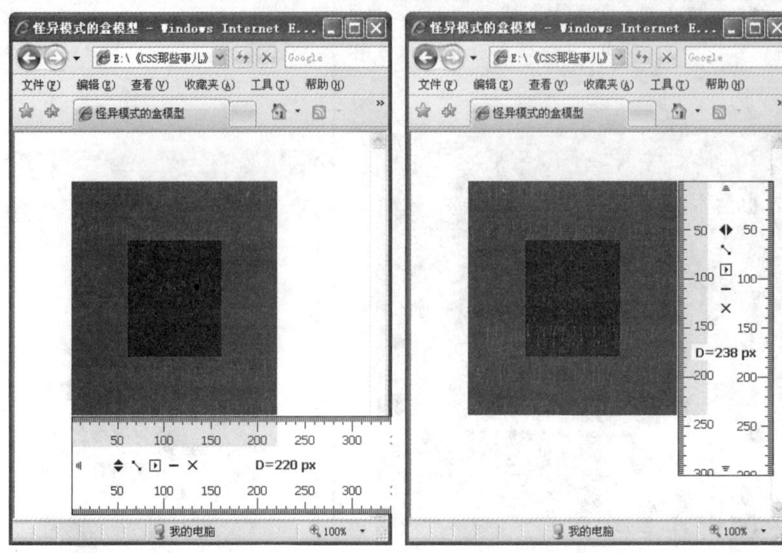

图 9.31　使用 FastStone Capture 软件查看 IE 浏览器中盒模型的变化

如图 9.32 所示，在触发 Quirks（怪异模式）后，FF 浏览器的高度继续保持在 200px，内容溢出了<div>标签元素的范围；IE 浏览器则是将<div>标签元素的高度撑开，不再保持是空的<div>标签元素状态时的高度了。注意，IE 浏览器中还有内边距（padding）的属性。

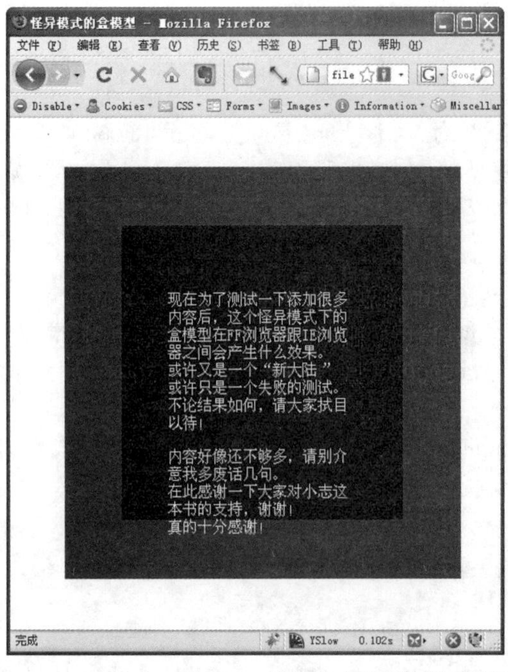

图 9.32　添加文字信息后的盒模型在怪异模式下的表现

以上两点主要说明了在触发 Quirks（怪异模式）后，IE 浏览器对盒模型的解析将根据盒模型的边框（border）以及内边距（padding）的变化而变化，更重要的是会根据盒模型的内容而产生高度的变化，即自适应高度。

9.2.2　选择标签

Note

设置好文档类型之后，就应该选择标签编写文档结构了。当然，选择标签不是随意的，读者需要考虑标签的语义性和结构性。例如，<p>负责组织文本段，<h2>负责标题行，<ul>负责项目列表。另外还有一些标签是用来表现网页效果的，如<em>表示斜体，<b>表示粗体，<s>表示删除线，<font>用来定义字体显示属性等。表现网页效果的元素一部分已被废弃，或者不再提倡使用，另一些作为语义标签使用，但是在网页布局中一般使用结构标签来进行结构设计。

选择结构标签的标准有两个：标签的语义性和标签元素的显示性。

所谓语义性，就是不同标签都代表一定的意思。例如，<table>、<tr>和<td>表示数据表结构，<ul>、<ol>、<dl>、<dt>、<dd>和<li>表示项目列表结构，<p>表示段落结构，<h1>、<h2>、<h3>等表示标题结构，<div>表示模块包含框结构，<span>表示行内包含框结构等。

根据不同的网页内容选择与之对应的语义结构标签会更利于网页结构的优化和识别，特别是搜索引擎的识别。

在前面的章节中曾经多次提及块状元素和行内元素，实际上它们都是网页元素的两种基本显示属性。简单比较两者，区别如下。

☑　不管块状元素的宽度是多少，它总会自动占据一行，这是因为它在末尾附加了一个换行符，而行内元素没有这一特征。所以块状元素只能单行显示，而不能并列显示。

☑　块状元素拥有完整的盒模型结构，因此可以给它定义宽度和高度，而行内元素就没有这样的特性，无法通过高度来改变文本行的行高。

块元素的典型代表是 div 元素，它表示包含结构块，是网页布局中使用频率最高的一个结构标签。基本上标准网页的结构主要是由 div 元素负责实现的。

行内元素的典型代表是 span 元素，它表示行内包含结构，一般多用于修饰文本行内元素的属性，不具备组织结构框架。

当然，可以使用 display 属性来改变它们的显示属性，但是在网页布局中不建议这样使用，除非在必要的条件下，否则会根据元素默认显示属性来执行相应的任务。实际上，CSS 所提供的 display 属性还包含更多的属性，例如：

☑　none：隐藏元素显示。该值与 visibility 属性的 hidden 值不同，因为它会自动隐藏元素所占据的网页空间，而 visibility 属性的 hidden 值仅是让元素不可见。

☑　inline-block：行内显示，但是对象的内容可以作为块状呈现。

☑　list-item：将块状元素设置为列表项，并可以添加项目符号。li 元素默认为该属性显示。

☑　table：将对象作为块元素级的表格显示。table 元素默认为该属性显示。

☑　table-cell：将对象作为表格单元格显示。td 元素默认为该属性显示。

☑　table-row：将对象作为表格行显示。tr 元素默认为该属性显示。

为了方便读者更好地理解每个 HTML 标签，下面列表进行说明，如表 9.1 所示。更详细的说明请参阅 w3school 网站（http://www.w3school.com.cn/tags/index.asp）的页面信息。其中，表格中每列标题说明如下。

☑　标签：HTML4.01/XHTML1.0 中的标签元素。

☑　描述：对该标签的简要说明。

☑ DTD：描述标签在哪一种 DOCTYPE 文档类型是允许使用的。S=Strict，T=Transitional，F=Frameset。

表 9.1　不同 DOCTYPE 文档类型中使用的标签说明

标　　签	描　　述	DTD
<!--...-->	定义注释	STF
<!DOCTYPE>	定义文档类型	STF
<a>	定义锚	STF
<abbr>	定义缩写	STF
<acronym>	定义只取首字母的缩写	STF
<address>	定义地址元素	STF
<applet>	不建议使用。定义 applet	TF
<area>	定义图像映射内部的区域	STF
<b>	不建议使用。定义粗体字	STF
<base>	定义页面当中的所有链接的基准链接	STF
<basefont>	不建议使用。定义基准字体	TF
<bdo>	定义文字显示的方向	STF
<big>	不建议使用。定义大号字	STF
<blockquote>	定义长的引用	STF
<body>	定义 body 元素	STF
 	插入一个回车（折行）	STF
<button>	定义按钮（push button）	STF
<caption>	定义表格标题	STF
<center>	不建议使用。定义居中文本	TF
<cite>	定义引用（citation）	STF
<code>	定义计算机代码文本	STF
<col>	定义用于表格列的属性	STF
<colgroup>	定义表格的列组	STF
<dd>	定义自定义的描述	STF
<del>	定义被删除的文本	STF
<dir>	不建议使用。定义目录列表	TF
<div>	定义文档中的节	STF
<dfn>	定义自定义的项目	STF
<dl>	定义自定义列表	STF
<dt>	定义自定义的项目	STF
<em>	定义强调文本	STF
<fieldset>	定义域结构	STF
<font>	不建议使用。定义文字的字体、尺寸和颜色	TF
<form>	定义表单	STF
<frame>	定义框架的子窗口	F
<frameset>	定义框架集	F
<h1> to <h6>	定义标题 1~标题 6	STF

续表

标　　签	描　　述	DTD
<head>	定义关于文档的信息	STF
<hr>	定义水平线	STF
<html>	定义 HTML 文档	STF
<i>	不建议使用。定义斜体字	STF
<iframe>	定义内联框架	TF
<img>	定义图像	STF
<input>	定义输入域	STF
<ins>	定义被插入文本	STF
<isindex>	不建议使用。定义单行的输入域	TF
<kbd>	定义键盘文本	STF
<label>	定义针对表单控件的标签	STF
<legend>	定义框架集的标题	STF
<li>	定义列表的项目	STF
<link>	定义资源引用（resource reference）	STF
<map>	定义图像映射	STF
<menu>	不建议使用。定义菜单列表	TF
<meta>	定义元信息	STF
<noframes>	定义无框架的节	TF
<noscript>	定义无脚本的节	STF
<object>	定义内嵌对象	STF
<ol>	定义有序列表	STF
<optgroup>	定义选项组	STF
<option>	定义下拉列表中的选项	STF
<p>	定义段落	STF
<param>	定义用于对象的参数	STF
<pre>	定义预格式文本	STF
<q>	定义短的引用	STF
<s>	不建议使用。定义加删除线的文本	TF
<samp>	定义计算机代码样本	STF
<script>	定义脚本	STF
<select>	定义选择列表	STF
<small>	不建议使用。定义小字体文本	STF
<span>	定义文档中的节	STF
<strike>	不建议使用。定义加删除线文本	TF
<strong>	定义强调文本	STF
<style>	定义样式的定义	STF
<sub>	定义下标文本	STF
<sup>	定义上标文本	STF
<table>	定义表格	STF

Note

续表

标　签	描　述	DTD
<tbody>	定义表格的主体（部分）	STF
<td>	定义表格单元	STF
<textarea>	定义文本区域	STF
<tfoot>	定义表格的页脚（脚注）	STF
<th>	定义表格的页眉（表头单元格）	STF
<thead>	定义表格的标题	STF
<title>	定义文档的标题	STF
<tr>	定义表格的行	STF
<tt>	定义打字机文本	STF
<u>	不建议使用。定义下划线文本	TF
<ul>	定义无序列表	STF
<var>	定义变量	STF
<xmp>	不建议使用。定义预格式文本	

9.2.3　案例实战：尝试重构禅意花园

禅意花园（http://www.csszengarden.com/）的整个页面包含在<body id="css-zen-garden">和<divid="container">嵌套框中。

```
<body id="css-zen-garden">
    <div id="container"> </div>                    <!-- 网页包含框 -->
</body>
```

包含框内包含了3个二级模块，分别是介绍、支持文本和链接列表。介绍模块的内容主要包括网页标题信息、网页内容概括和引言内容；支持文本模块是整个网页内容的主体，详细说明参与禅意花园活动的要求、好处，以及页脚信息；链接列表模块主要包括各种链接信息。

```
<body id="css-zen-garden">
    <div id="container">                           <!-- 网页包含框 -->
        <div id="intro"></div>                     <!-- 介绍 -->
        <div id="supportingText"></div>            <!-- 支持文本 -->
        <div id="linkList"></div>                  <!-- 链接列表-->
    </div>
</body>
```

介绍模块中又包含网页标题、简明概括和导言3个三级模块。

```
<body id="css-zen-garden">
    <div id="container">                           <!-- 网页包含框 -->
        <div id="intro"></div>                     <!-- 介绍 -->
            <div id="pageHeader"></div>            <!-- 网页标题 -->
            <div id="quickSummary"></div>          <!-- 简明概括 -->
            <div id="preamble"></div>              <!-- 导言 -->
        </div>
    </div>
</body>
```

支持文本模块中又包含说明、参与、益处、要求和页脚5个三级模块。它主要包括活动的说明、邀请您参与、参与活动的益处，以及对参与者的要求和网页页脚信息。

```
<body id="css-zen-garden">
    <div id="container">                              <!-- 网页包含框 -->
        <div id="supportingText">                     <!-- 支持文本 -->
            <div id="explanation"></div>              <!-- 说明 -->
            <div id="participation"></div>            <!-- 参与 -->
            <div id="benefits"></div>                 <!-- 益处 -->
            <div id="requirements"></div>             <!-- 要求 -->
            <div id="footer"></div>                   <!-- 页脚 -->
        </div>
    </div>
</body>
```

链接列表模块中嵌套了一个包含框，这主要是为了方便CSS控制而设计的。在其下面包含了3个子模块：作品选择列表、作品档案列表和资源列表。在这些列表模块中又利用ul项目列表元素来组织链接列表。

```
<body id="css-zen-garden">
    <div id="container">                              <!-- 网页包含框 -->
        <div id="linkList">                           <!-- 链接列表 -->
            <div id="linkList2">                      <!-- 链接列表 2-->
                <div id="lselect"></div>              <!-- 作品选择列表 -->
                <div id="larchives"></div>            <!-- 作品档案列表 -->
                <div id="lresources"></div>           <!-- 资源列 表-->
            </div>
        </div>
    </div>
</body>
```

在所有三级或者四级模块中都包含了一个或多个标题行和段落行。标题行遵循页标题为一级标题，页副标题为二级标题，模块内标题为三级标题的思路来设计。

在网页结构中，标题级别越大，其影响力就越大，搜索引擎也是按着一级标题、二级标题、三级标题等的顺序来搜索的。

在整个网页的最后面又增加了6个额外的结构标签，这些结构默认为隐藏显示，主要是为了方便设计师扩展网页的设计效果而增加的。

```
<div id="extraDiv1"><span></span></div>
<div id="extraDiv2"><span></span></div>
<div id="extraDiv3"><span></span></div>
<div id="extraDiv4"><span></span></div>
<div id="extraDiv5"><span></span></div>
<div id="extraDiv6"><span></span></div>
```

整个网页的结构用示意图演示如图9.33所示。

Note

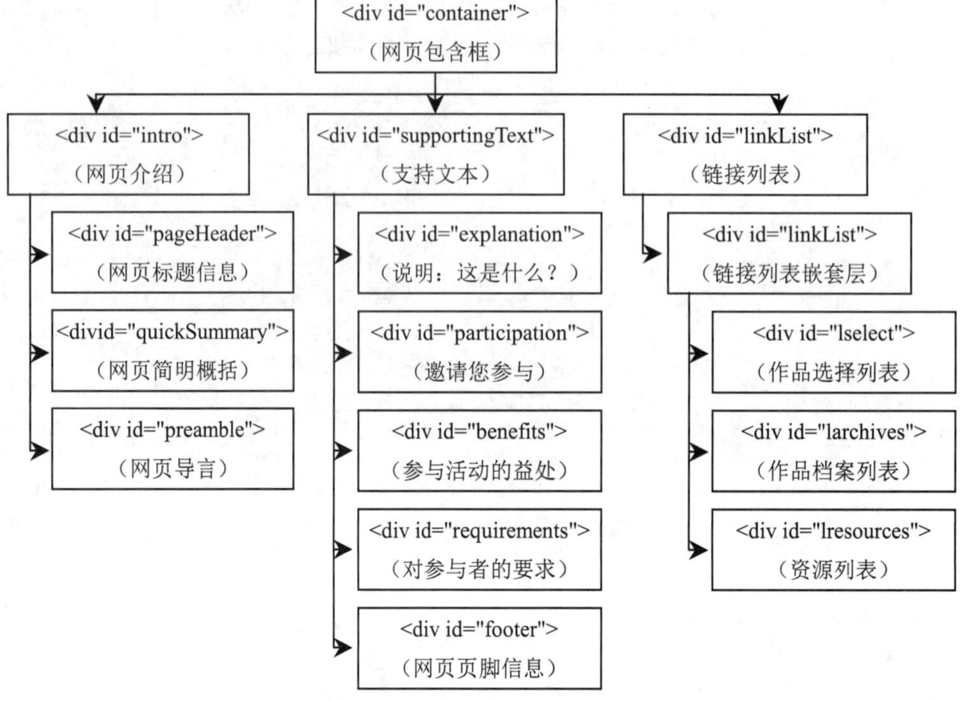

图 9.33　禅意花园网页结构示意图

由于 CSS 对于大小写是敏感的，当我们使用大小字母来命名 id 或 class 属性值时，必须注意 CSS 中大小写的问题，否则样式表无效。

通过禅意花园的网页结构，我们也可以看到，在构建网页主体框架时，一般使用 id 属性来区分不同的结构标签。这是因为网页的结构一般都是唯一的。例如，一个网页只能包含一个页眉信息块，也只能够包含一个页脚信息块等。而 id 属性值一般要求也是唯一的，一个页面内不能够同时定义两个相同名称的 id 属性。

但类样式就不同了，读者可以定义一个类样式，然后在页面中多次应用。所以，当对结构体内的对象定义样式时，建议多采用类样式来实现。例如，在下面的“网页简明概括”模块子结构中就是通过定义 p1、p2 类样式来控制段落格式，而这两个类样式还可以在其他模块中应用。

```
<div id="quickSummary">
    <p class="p1"><span>展示以<acronym
title="cascading style sheets">CSS</acronym>技术为基础，并提供超强的视觉冲击力。只要选择列表中任意一个样式表，就可以将它加载到本页面中，并呈现不同的设计效果。</span></p>
    <p class="p2"><span>下载<a title="这个页面的 HTML 源代码不能够被改动。"
href="http://www.csszengarden.com/zengarden-sample.html">HTML 文档</a> 和 <a
title="这个页面的 CSS 样式表文件，你可以更改它。"
href="http://www.csszengarden.com/zengarden-sample.css">CSS 文件</a>。</span></p>
</div>
```

类样式帮助设计师减少了大量的 CSS 代码的编写工作，加快了开发速度。同时学会利用子选择符，就不需要为每个标签定义 id 属性值或者类名。只要知道它位于的模块，利用模块的 id 值加包含标签即可准确定义该模块下对应标签的样式。例如，如果要控制<div id="quickSummary">模块下的段落样式，使用如下子选择符即可。

```
# quickSummary p {       }
```

如果要控制第 1 段中<span>标签的样式，则可以使用如下子选择符。

```
# quickSummary p1 span {       }
```

总之，这样设计的最终目的，是用最简洁明了的结构，实现更完整精确的样式控制。整个页面的结构效果如图 9.34 所示。

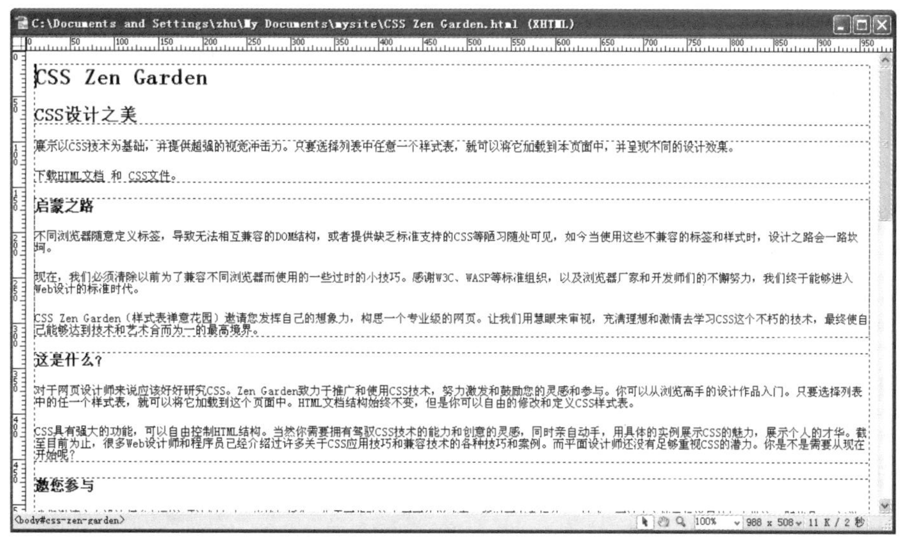

图 9.34　禅意花园网页结构效果

9.3　网页排版

如果仔细观察网上的网页，会发现它们基本上是以浮动布局的方式来实现的。浮动布局能够在网页设计中被广泛应用，得益于它的灵活性和实用性。当然，浮动布局的灵活性，也导致了使用浮动布局时会出现很多意想不到的结果，再加上不同浏览器对于浮动布局解析的不一致，有时会带来很多麻烦。

9.3.1　网页排版基本原则

网页排版的设计跟盒模型息息相关。在 9.1 节的内容中已经就盒模型向读者做了详细的说明。在了解如何掌握网页布局之前，需要明白网页布局中应该注意的几个问题。

☑　样式的重用性。

网页排版最大的特点就是样式的可重用性。利用 class 选择符重复将某个样式属性多次应用到网页中，以减少不断定义样式属性的繁琐工作，增强页面的可维护性。例如，某处标题的样式、版块的整体样式、文字颜色；甚至可以扩展到页面的模块化处理。

☑　浮动与清除浮动。

浮动是网页排版中永恒的话题，很多浏览器的兼容性问题都是由浮动导致的，例如，IE6 的双倍间距问题。浮动也是一把双刃剑，兼容性的问题为其而生也为其而灭，善于利用浮动将会给网页布局带来很大的帮助，例如，使用负边距的方式对页面进行布局设计。

读者要清楚浮动会随着浮动的出现而出现；由于清除浮动而导致的诸多问题；清楚浮动有很多方式。

☑ 定位方式的页面布局。

Note

定位方式的布局一般是指绝对定位的方式，这种布局方式对页面布局的设计精确性十分高，遗憾的是绝对定位的布局方式，盒模型都是固定宽高，无法自适应。读者在选择布局方式的时候需要考虑页面的后期发展会有什么改变而决定是否采用定位方式的页面布局。

☑ 过度使用 ID 选择符。

ID 在一个页面中出现的次数应该是一次，过度使用将失去样式可重用性的特性，对于页面的可维护性也将大打折扣。

☑ 类选择符（class）以及 ID 选择符使用“字母+数字”的方式命名。

类选择符（class）以及 ID 选择符的命名方式很多，最好的方式是针对某个模块的功能做阐释性的命名，例如，针对主要内容区域，可以使用#mainBox 或者.mainBox，而不是使用#box1 或者.box1。

不使用“字母+数字”的方式命名，后期维护中则可以对某个模块主要针对的对象一目了然。

☑ 合理使用 CSS 版式，切勿盲目使用。

CSS 样式的主要功能是对页面的结构样式进行处理，要避免只是为了试验某种技术或新技巧而采用 CSS 中的技巧，使其他语言脚本失去作用。例如，使用 CSS 样式制作的二级弹出导航，而不使用主要功能为页面中动作行为的 JavaScript 脚本。

9.3.2 标准网页版式基本形式

Dreamweaver 把网页布局分为固定宽度、弹性宽度、液态宽度和混合宽度 4 种类型。这种分类方法是根据网页的易用性来确定的。还有的设计师根据网页的版面结构，把网页布局分为 1 行 1 列、2 行 3 列、3 行 3 列等不同结构块。但是不管怎么分，设计师都应该考虑网页的易用性和可读性，怎样能使自己设计的网页更加适应不同的屏幕显示器，如手机屏幕（如 128px*160px）、传统电脑显示屏（640px*480px），到现在的液晶显示屏（15 英寸的为 1280px*800px，30 英寸的为 5000000px*4300000px）。

但是从网页布局的解析方式来考察，网页布局主要包括 3 种：自然布局、浮动布局和定位布局。

☑ 自然布局：是根据标签在网页中的排列顺序，自动从上到下进行解析和显示。

☑ 浮动布局：不再完全根据标签在网页中的排列顺序，而是根据标签的显示属性来决定它的解析和显示顺序和位置。

☑ 定位布局：是用一种模拟图像定位的方法来解析和显示标签在屏幕上的位置和大小，它不再遵循标签在网页结构中位置关系和排列顺序，完全以精确到像素的程度来解析和显示标签。

9.3.3 网页排版基本方法

网页排版主要通过 float 属性来实现。float 属性包含 3 个值：left（浮向左侧）、right（浮向右侧）和 none（禁止浮动）。为了方便学习 CSS 布局的方法，这里我们使用 3 个简单的 div 盒子进行模拟。

```
<div id="box1">模块 1</div>
<div id="box2">模块 2</div>
<div id="box3">模块 3</div>
```

然后在 CSS 样式表中设置这 3 个 div 盒子的形式和样式。

```
div {
    height:100px;                                    /*模块高度*/
```

```
    color:white;                              /*包含文本的字体颜色*/
    text-align:center;                        /*包含文本水平居中*/
    line-height:100px;                        /*包含文本垂直居中*/
}
#box1 { background:red; }                     /*红色背景*/
#box2 { background:blue; }                    /*蓝色背景*/
#box3 { background:green; }                   /*绿色背景*/
```

在默认状态下，这 3 个盒子是按顺序垂直显示的，当然，读者也可以让它们按照①②③的顺序水平布局在页面中。浮动样式的设计如下。

```
div {
    float:left;                               /*全部向左浮动*/
    height:300px;                             /*调整模块高度*/
    width:150px;                              /*调整模块宽度*/
}
```

改变它们的水平排列顺序，使其按照②③①的顺序水平布局在页面中，如图 9.35 所示，则在①②③的顺序水平布局基础上，设计模块 1 向右浮动，增加样式如下。

```
#box1 {
    float:right;                              /*调整模块 1 向右浮动*/
}
```

为了美观，这里适当调整了 3 个模块的宽度，但是从图 9.35 中可以看出，当采用这种布局时，中间很容易出现一道缝隙，影响美观，在后面实例中我们将讲解如何解决这道缝隙的问题。

如果想改变布局顺序，即按照③②①的顺序水平布局，如图 9.36 所示，则可以定义 3 个模块都向右浮动，再定义模块 3 向左浮动，重新设计的样式如下。

```
div {
    float:right;                              /*调整 3 个模块向右浮动*/
    width:184px;                              /*调整所有模块宽度*/
    height:300px;                             /*调整所有模块高度*/
}
#box3 {
    float:left;                               /*调整模块 3 向左浮动*/
}
```

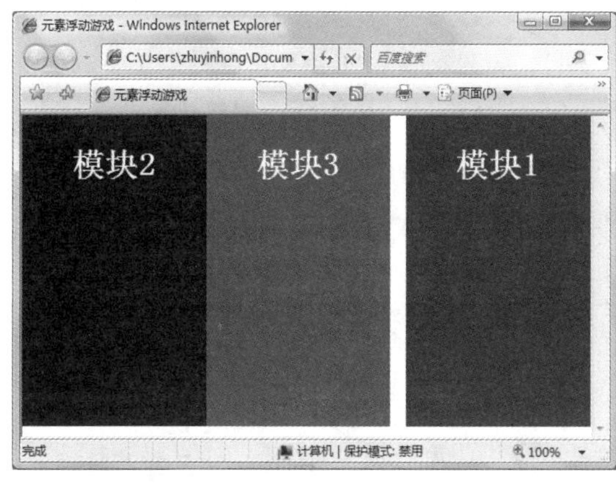

图 9.35　②③①水平布局

图 9.36　③②①水平布局

按照这样的思路，你还可以设计出①③②顺序的水平布局效果，如图 9.37 所示，设计的样式如下。

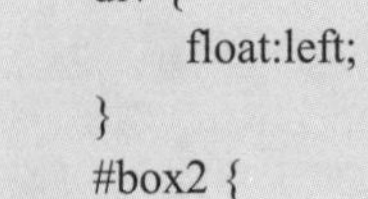

```
div {
    float:left;                         /*调整 3 个模块向左浮动*/
}
#box2 {
    float:right;                        /*调整模块 2 向右浮动*/
}
```

如果要设计②①③顺序的水平布局，则应该让模块 2 向左浮动，然后让模块 1 和模块 3 向右浮动。但是由于模块 1 在模块 3 的前面，也就是说它们在网页中的位置是固定的，如果都向右浮动，则模块 1 先贴近最右侧，模块 3 跟在模块 1 的左侧浮动。

要解决这个问题，我们不妨换位思考。读者还记得我们曾经说过 margin 可以取负值吗，现在我们就利用 margin 取负值的方法来颠倒模块的排列顺序。

首先，来设计②①③顺序的水平布局。让所有模块都向左浮动，再让模块 3 向右浮动，形成①②③顺序的水平布局效果，如图 9.38 所示，请注意这个效果与图 9.36 所示的略有不同。

```
div {
    float:left;                         /*调整 3 个模块向左浮动*/
}
#box3 {
    float:right;                        /*调整模块 3 向右浮动*/
}
```

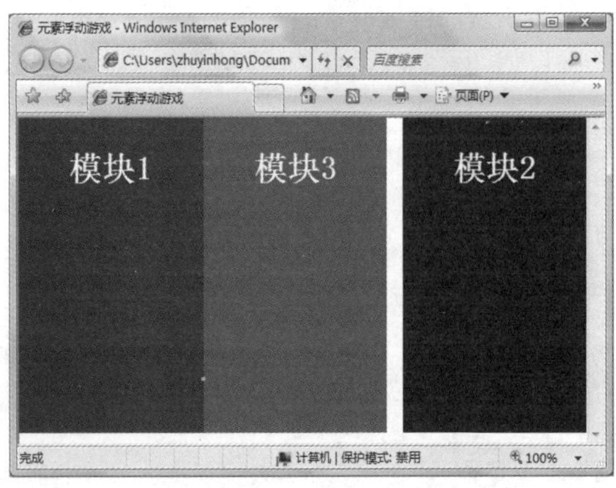

图 9.37　①③②水平布局

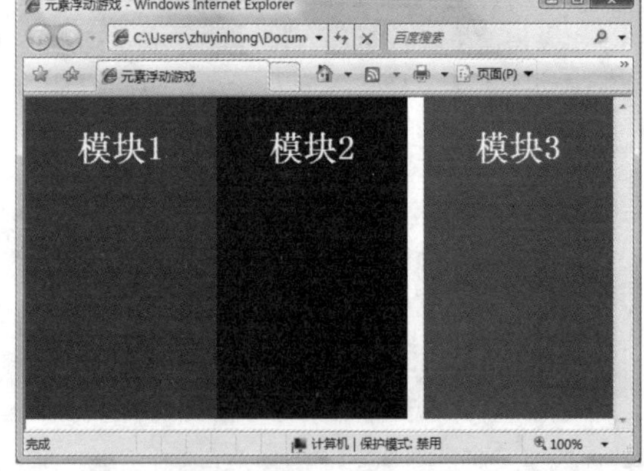

图 9.38　①②③水平布局

然后设置模块 1 的左外边距值等于模块 1 的宽度值，使其位置向右移到模块 2 的位置。

```
#box1 {
    margin-left:184px;                  /*调整模块 1 左外边距*/
}
```

这时模块 2 被迫移到模块 3 的位置。设置模块的左外边距为-368px，即其取值等于模块 2 被挤到模块 3 位置之后，原来的模块 1 和模块 2 的总宽度。

```
#box2 {
    margin-left:-368px;                 /*调整模块 2 左外边距*/
}
```

此时，如果在 IE 或者其他标准浏览器中预览，则达到了我们的最初设想效果，如图 9.39 所示。但是在 IE6 及其以下版本中预览，则显示如图 9.40 所示效果。

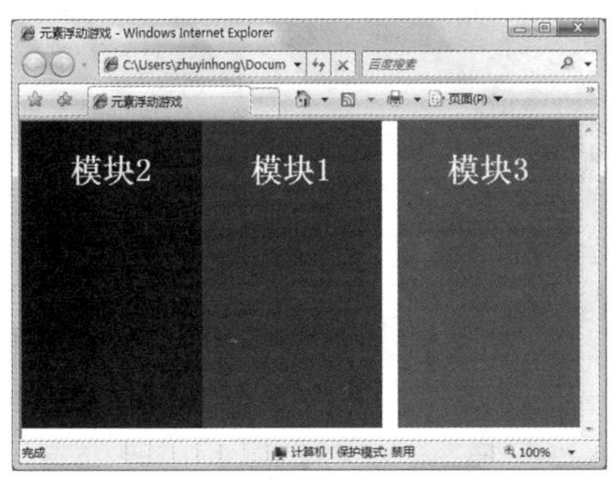

图 9.39　在 IE 中②①③水平布局效果

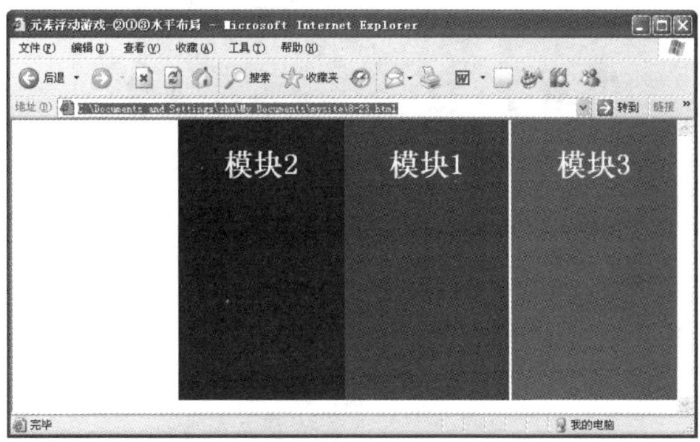

图 9.40　在 IE6 中②①③水平布局效果

看来这样设计还存在兼容性问题。这是因为 IE6 在解析 margin 取负值时还存在 Bug。解决的方法是在模块 1 中添加如下声明即可。

```
#box1 {
    margin-left:184px;
    display:inline;                    /*声明模块 1 为行内元素显示，则就可以清除这个 Bug*/
}
```

同样的道理，如果要设计③①②顺序的水平布局，则应该让模块 3 向左浮动，然后让模块 1 和模块 2 向右浮动。但是由于模块 1 在模块 2 的前面，也就是说它们在网页中的位置是固定的，如果都向右浮动，则模块 1 先贴近最右侧，模块 2 跟在模块 1 的左侧浮动。

也许要设计③①②顺序的水平布局，我们可以取与②①③顺序反向的操作，即设计如下的样式表。

```
div {
    float:right;                       /*全部右浮动*/
    width:184px;                       /*统一宽度*/
    height:300px;                      /*统一高度*/
}
#box1 {
     margin-left:-368px;               /*模块 1 取负 2 倍宽度的左外边距*/
}
#box2 {
    margin-left:184px;                 /*模块 2 增加 1 倍宽度的左外边距*/
    display:inline;                    /*声明行内显示*/
}
#box3 {
    float:left;                        /*模块 3 向左浮动*/
}
```

上面这种设计思路完全是根据②①③顺序的水平布局进行取反操作，设计的效果在 IE 浏览器下能够正确地显示，如图 9.41 所示。但是无法在非 IE 浏览器中正常预览，如图 9.42 所示即为在 FF 浏览器中的预览效果。

图 9.41　在 IE 中③①②水平布局效果

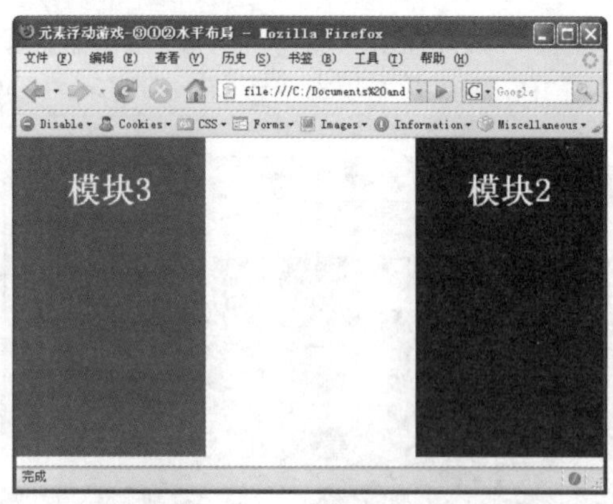

图 9.42　在 FF 中③①②水平布局效果

但是只有当我们按照①②③水平布局的设计思路时，才能够正确实现在不同浏览器中出现相同的显示效果。大致设计思路是这样的：让所有元素向左浮动，再让模块 2 向右浮动，然后利用负外边距的方法调换模块 1 与模块 3 的位置即可。核心 CSS 样式表如下。

```
div {
    float:left;                          /*全部左浮动*/
    width:184px;                         /*统一宽度*/
    height:300px;                        /*统一高度*/
}
#box1 {
    margin-left:184px;                   /*模块 1 增加 1 倍宽度的左外边距*/
    display:inline;                      /*声明行内显示*/
}
#box2 {
    float:right;                         /*模块 2 向右浮动*/
}
#box3 {
     margin-left:-368px;                 /*模块 3 取负 2 倍宽度的左外边距*/
}
```

看来上下样式表只不过是样式的选择符位置换了一下，所声明的属性和值没有改变。最后在 IE 和 FF 浏览器中的显示效果分别如图 9.43 和图 9.44 所示。

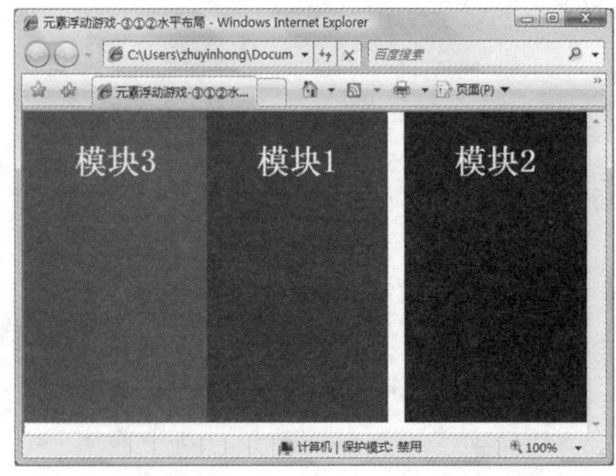

图 9.43　在 IE 中③①②水平布局效果

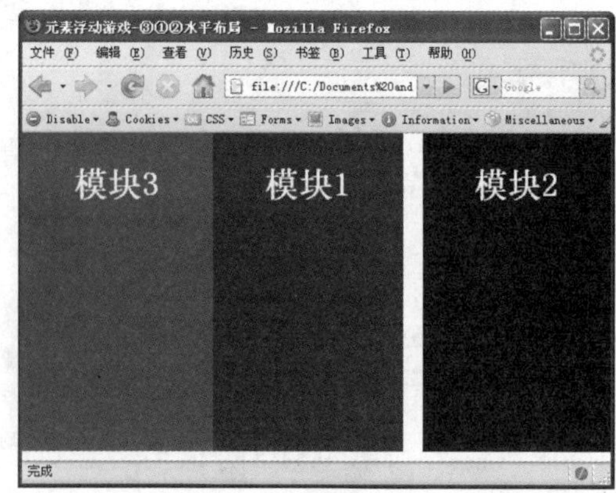

图 9.44　在 FF 中③①②水平布局效果

上面的布局思路都是针对一行内模块布局模式进行研究，下面我们来探索如何实现多行布局。设想模块 1 在第 1 行满屏显示，模块 2 和模块 3 在第 2 行显示，如图 9.45 所示。要实现这样的布局，我们不妨让模块 1 自然流动显示，而让模块 2 和模块 3 浮动显示，即设计如下的样式。

```
div {height:150px;}                    /*统一模块的高度*/
#box1 { }                              /*模块 1 自然流动*/
#box2 {
    width:50%;                         /*模块 2 宽度*/
    float:left;                        /*模块 2 向左浮动*/
}
#box3 {
    width:50%;                         /*模块 3 宽度*/
    float:left;                        /*模块 3 向左浮动*/
}
```

读者也可以让模块 3 向右浮动，这样的页面布局显得更为稳健。当然，模仿前面介绍的游戏规则，还可以让模块 2 和模块 3 调换位置，形成①-③②结构布局样式。当然，还可以让 3 个模块都浮动起来，然后在中间增加一个清除属性，把它们强制切分为两行显示。或者尝试让模块 1 和模块 2 浮动，模块 3 自然流动显示，则会得到①②-③结构的布局效果，如图 9.46 所示。

图 9.45　在 IE 中①-②③水平布局效果

图 9.46　在 IE 中①②-③水平布局效果

9.4　DIV+CSS 布局

上一节通过一个简单的模型演示了各种网页版式效果的实现方法，然而实战并不完全如此，读者可能会遇到各种复杂的问题。因此，还要求广大初学者在已有的基础上不断深入研究 CSS 布局中更复杂的内容。本节将在上节基础上讲解 CSS 布局中的一些高级技巧，解决网页布局中可能遇到的各种问题。

9.4.1　布局空间

当网页中的一个元素被定义为浮动显示时，该元素就会收缩自身体积为最小状态。

☑　如果该元素被定义了高度或宽度，则元素将以该高度或宽度值所设置的大小进行显示。

☑ 如果浮动元素包含了其他对象，则元素的体积会自动收缩到仅能容纳所包含对象的大小。

☑ 如果没有设置大小或者没有任何包含对象，浮动元素将会缩小为一个点，甚至为不可见。

Note

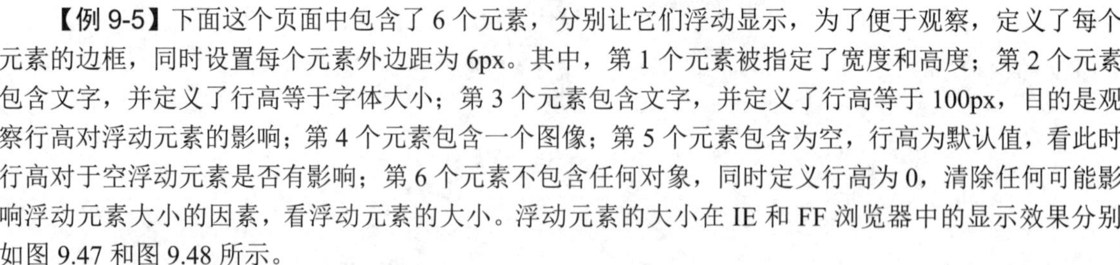

【例 9-5】下面这个页面中包含了 6 个元素，分别让它们浮动显示，为了便于观察，定义了每个元素的边框，同时设置每个元素外边距为 6px。其中，第 1 个元素被指定了宽度和高度；第 2 个元素包含文字，并定义了行高等于字体大小；第 3 个元素包含文字，并定义了行高等于 100px，目的是观察行高对浮动元素的影响；第 4 个元素包含一个图像；第 5 个元素包含为空，行高为默认值，看此时行高对于空浮动元素是否有影响；第 6 个元素不包含任何对象，同时定义行高为 0，清除任何可能影响浮动元素大小的因素，看浮动元素的大小。浮动元素的大小在 IE 和 FF 浏览器中的显示效果分别如图 9.47 和图 9.48 所示。

```
<style type="text/css">
div {
    float:left;                          /*浮动元素*/
    margin:6px;                          /*增加外边距，便于区分*/
    border:solid 1px red;                /*增加边框，便于查看*/
}
#box1 {
    width:100px;                         /*定义宽度*/
    height:100px;                        /*定义高度*/
}
#box2 {
    line-height:30px;                    /*与字体同高的行高*/
    font-size:30px;                      /*字体大小*/
}
#box3 {
    line-height:100px;                   /*超大行高*/
    font-size:30px;                      /*字体大小*/
}
#box5 {}                                 /*空样式*/
#box6 {line-height:0px;}                 /*0 行高*/
</style>
<div id="box1">模块 1</div>
<div id="box2">模块 2</div>
<div id="box3">模块 3</div>
<div id="box4"><img src="images/cr2.gif" /></div>
<div id="box5"></div>
<div id="box6"></div>
```

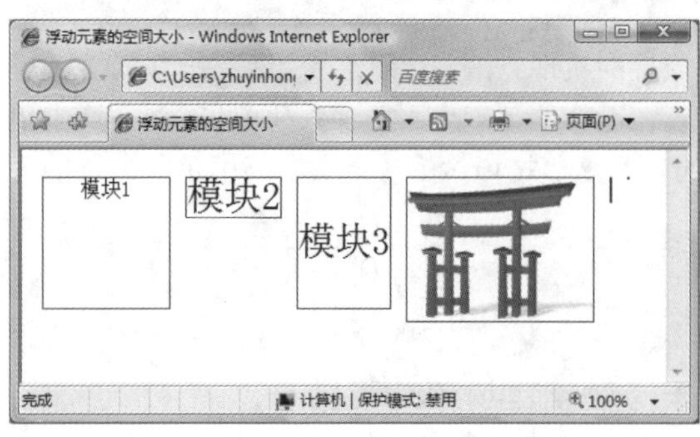

图 9.47 在 IE 中浮动元素的大小

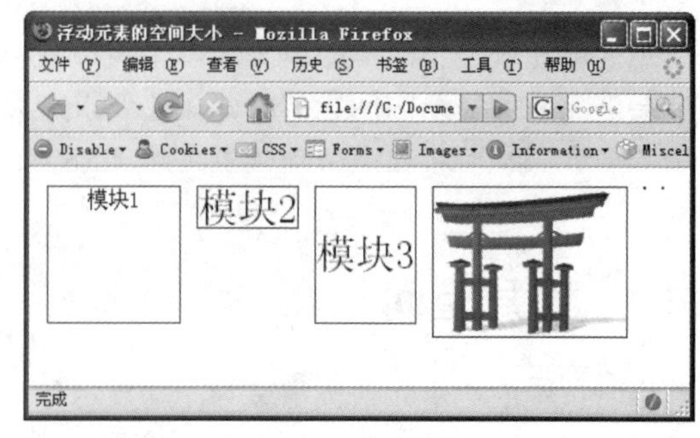

图 9.48 在 FF 中浮动元素的大小

通过图 9.47 和图 9.48 可以看出浮动元素的大小是如何显示的，但是有一点需要注意：在 IE 浏览器中，即使浮动元素包含为空，默认的行高仍然会影响浮动元素的高度，如果显式定义了一个行高，则也会对浮动元素产生影响。但是在非 IE 的标准浏览器中，如果浮动元素没有包含任何元素，则浏览器会认为该元素没有行存在，即显示为一个点。如果清除浮动元素的边框，则会看不到任何内容，但是元素仍然存在，并占据一个最小的空间（如同一个透明的点），这时，如果在后面再增加一个浮动元素，就会感觉到这个元素的存在。

因此，当准备浮动一个元素时，应该显式定义浮动元素的大小。如果元素包含有形的对象，则可以考虑不定义大小，让浮动元素紧紧包含有形的对象。利用浮动元素的这个特性，就可以为对象嵌套一层外包含框，实现一些特殊的设计效果。

9.4.2　布局位置

当网页中的一个元素浮动显示时，由于所占空间大小的收缩或者变化，它会在包含元素内部自动向左或者向右浮动，直到碰到包含元素（或者说父元素）的边框或内边距，或者碰到相邻浮动元素的外边距或边框时才会停下来，而不管所碰到的边框、内边距或外边距是什么类型的元素。

【例 9-6】请输入下面的样式和结构代码。

```
<style type="text/css">
p {
    width:90%;                                /*宽度*/
    border:solid 2px red;                     /*增加边框*/
}
</style>
<p class="p2"><span><acronym title="cascading style sheets">CSS</acronym><span class="class1">具有强大的功能，可以自由控制 HTML 结构。</span>当然你需要拥有驾驭 CSS 技术的能力和创意的灵感，同时亲自动手，用具体的实例展示 CSS 的魅力，展示个人的才华。<span class="class2">截至目前为止，</span>很多 Web 设计师和程序员已经介绍过许多关于 CSS 应用技巧和兼容技术的各种技巧和案例。而平面设计师还没有足够重视 CSS 的潜力。你是不是需要从现在开始呢？</span></p>
```

在上面这个文本段中，p 元素以 90%的宽度显示，为了方便观察，通过粗线边框进行显示。当定义 acronym 元素向右浮动时，它会一直浮动到 p 元素（包含元素）的右边框内侧，如图 9.49 所示。

```
acronym {
    float:right;                              /*向右浮动*/
    background:#FF33FF;                       /*增加背景色以方便观看*/
}
```

现在，再定义 acronym 元素后面的<span>也向右浮动，则此时它就不是停靠在 p 元素的内侧边框上，而是在 acronym 元素左侧的外壁上，如图 9.50 所示。

```
.class1 {
    float:right;                              /*向右浮动*/
    border:solid 2px blue;                    /*增加边框以方便观看*/
    height:50px;                              /*高度*/
    width:120px;                              /*宽度*/
}
```

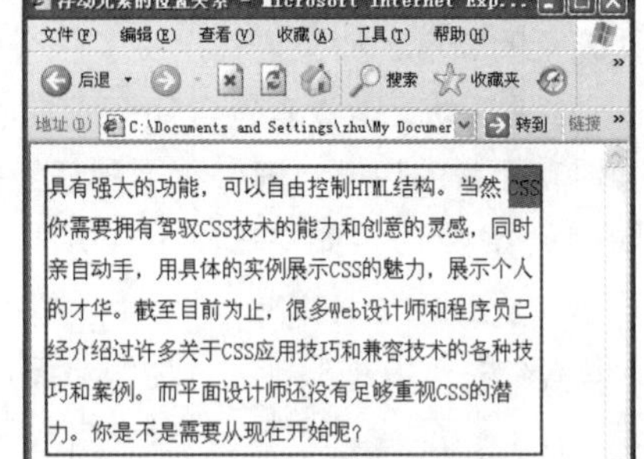

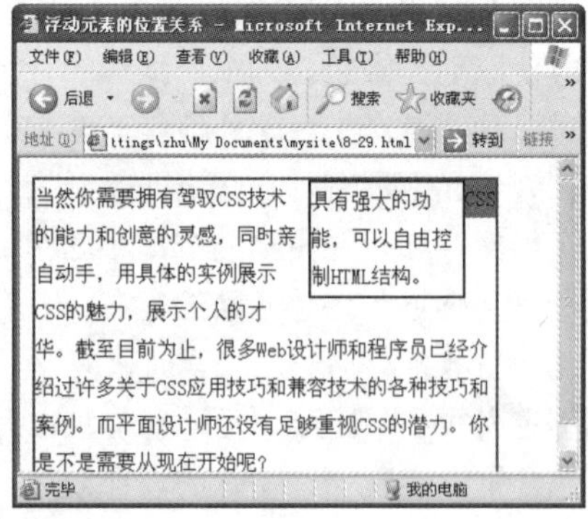

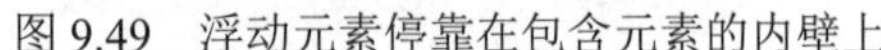

图 9.49　浮动元素停靠在包含元素的内壁上　　　图 9.50　浮动元素停靠在相邻元素的外壁上

浮动元素在浮动时会遵循向左右平行浮动，或者向左右下错平行浮动的规则。决不会在当前位置的基础上向上错移到左右边。

例如，针对上面的文本段，定义<span class="class2">元素所包含的文本向左浮动。

```
.class2 {
    float:left;                      /*向左浮动*/
    background:#FF33FF;              /*加背景色以方便观看*/
}
```

如果<span class="class2">元素的左侧没有任何文本，则它会直接平移到左侧的 p 元素内壁上，如图 9.51 所示。但是如果其左侧有其他文本或对象，则该浮动元素会向下错一行，再向左平移，如图 9.52 所示。

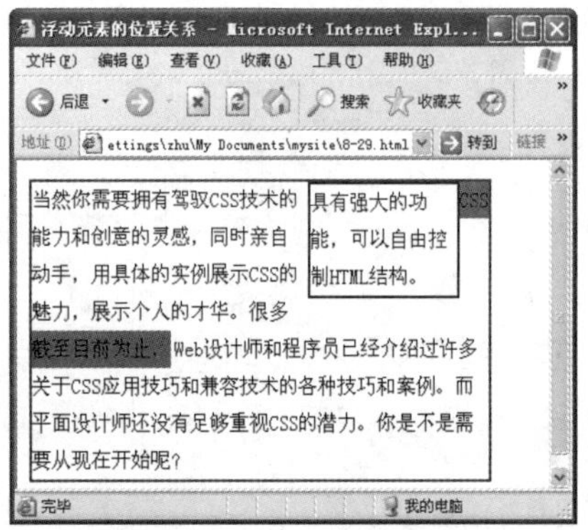

图 9.51　浮动元素平移

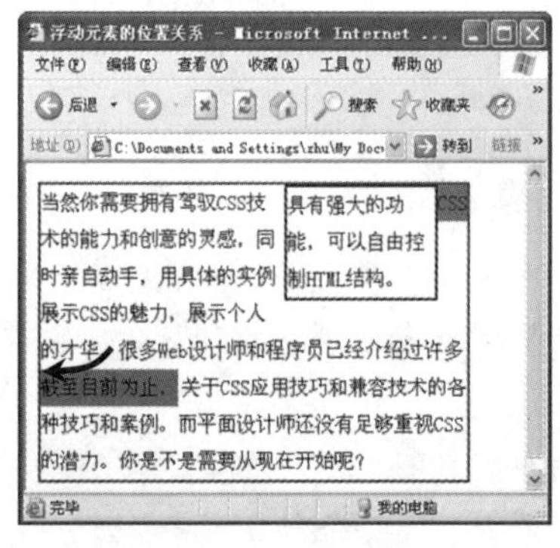

图 9.52　浮动元素下错移动

了解浮动元素的移动规律，对于网页布局非常重要。虽然说浮动元素能够自由浮动，但是并不等于它能随意移动。浮动元素是在原有行位置的基础上左右移动，因此要调整浮动元素在网页布局中的上下位置关系，特别是希望浮动元素调整到上面显示，建议调整网页结构中浮动元素与其他元素之间的位置关系。

当然，还可以使用外边距取负值的方法把浮动元素移动到上面。例如，针对上面的示例，输入以下代码为<span class="class2">元素定义一个负外边距值。

```
.class2 {
    margin-top:-100px;               /*通过取负外边距值，强迫浮动元素向上移动*/
}
```

这时可以看到浮动元素移动到上面去。但是这在不同的浏览器中，显示效果是不同的。在 IE6 中浮动元素遮盖了其他对象，如图 9.53 所示，而 FF 中却被其他对象遮盖了，如图 9.54 所示。

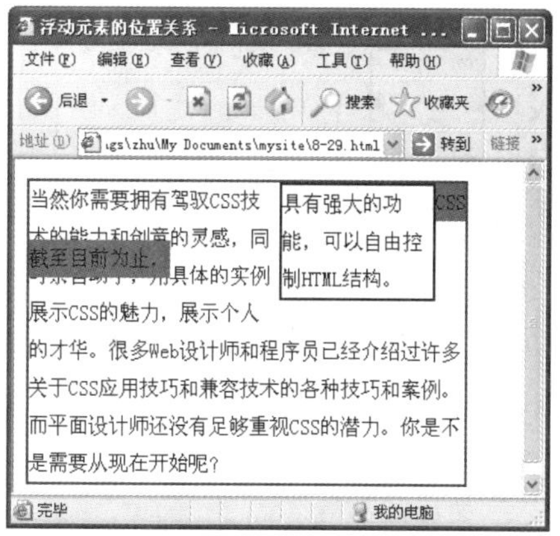

图 9.53　IE6 中浮动元素向上移动

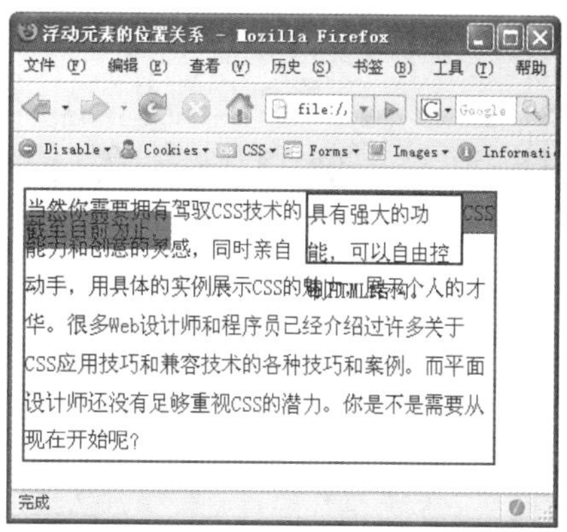

图 9.54　FF 中浮动元素向上移动

9.4.3　布局环绕

当元素浮动之后，它原来的位置就会被下面的对象上移填充掉。这时上移对象会自动围绕在浮动元素周围，形成一种环绕关系。

【例 9-7】对于如下结构，在 IE6 中，段落文本会自动环绕在浮动元素的右侧，虽然 p 元素是一个块状元素，如图 9.55 所示。

```
<style type="text/css">
#box1 {
    width:100px;                    /*宽度*/
    height:100px;                   /*高度*/
    border:solid 4px blue;          /*边框*/
    float:left;                     /*向左浮动*/
}
p { border:solid 2px red;}          /*段落边框*/
</style>
<div id="box1">浮动元素</div>
<p class="p2"><span><acronym title="cascading style sheets">CSS</acronym><span class="class1">具有强大的功能，可以自由控制 HTML 结构。</span>当然你需要拥有驾驭 CSS 技术的能力和创意的灵感，同时亲自动手，用具体的实例展示 CSS 的魅力，展示个人的才华。<span class="class2">截至目前为止，</span>很多 Web 设计师和程序员已经介绍过许多关于 CSS 应用技巧和兼容技术的各种技巧和案例。而平面设计师还没有足够重视 CSS 的潜力。你是不是需要从现在开始呢？</span></p>
```

通过调整浮动元素的外边距来调整它与周围环绕对象的间距，如输入下面样式，则可以得到如图 9.56 所示的效果。

```
#box1 {
    margin:16px;                    /*调整浮动元素的外边距*/
}
```

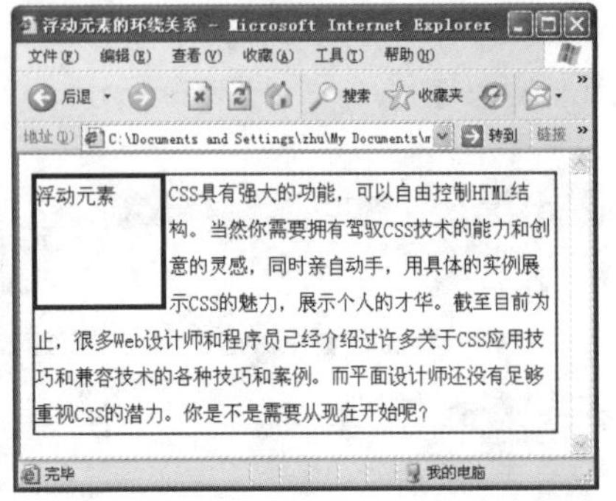

图 9.55　IE6 中浮动元素的环绕关系

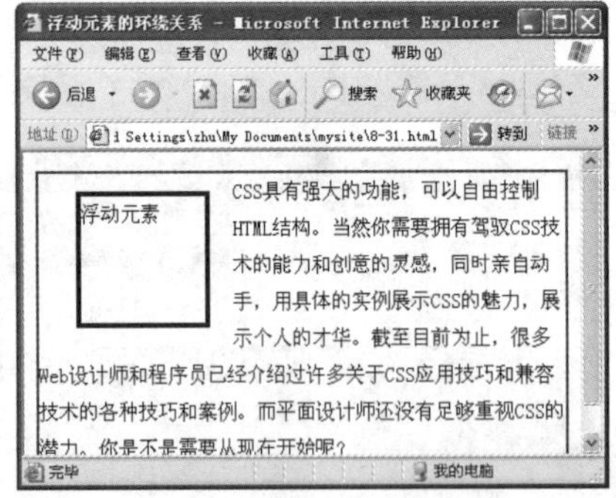

图 9.56　调整浮动元素与周围环绕对象的间距

注意，如果想通过设置 p 元素（环绕对象）的内边距或者外边距来调整环绕对象与浮动元素之间的间距，则要确保外边距或内边距的宽度大于或等于浮动元素的总宽度。虽然采用这种设计能产生相同的效果，但是如果环绕对象包含有边框或者背景，所产生的效果就截然不同了。

例如，针对上面实例清除浮动元素的外边距，然后为浮动对象 p 元素定义一个左内边距和背景图像，则会显示如图 9.57 所示的效果。但是如果把左内边距改为左外边距，则所得效果如图 9.58 所示。一个设置的差别可能对网页布局产生重大影响，所以读者务必注意这些细节问题。

```
p {
    padding-left:120px;                     /*调整环绕对象左内边距*/
    border:solid 2px red;                   /*环绕对象的边框*/
    background:url(images/bg4.jpg);         /*背景图像*/
}
```

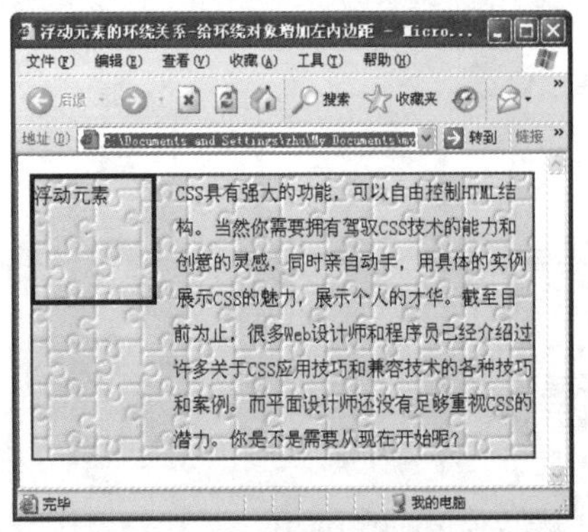

图 9.57　IE6 中调整环绕对象左内边距

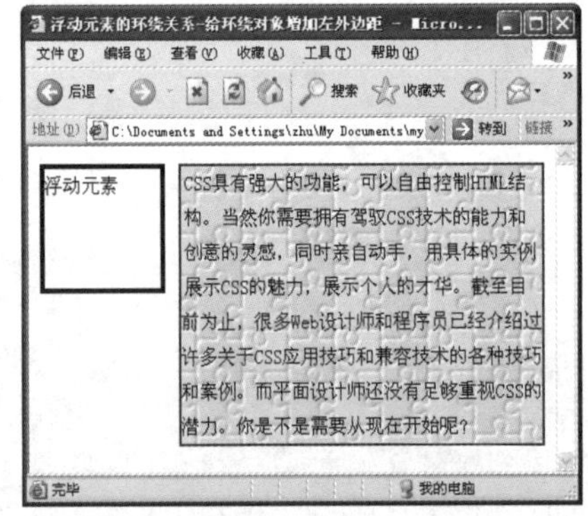

图 9.58　IE6 中调整环绕对象左外边距

如果为 p 元素定义宽度和高度，浏览器的解析效果就会发生分歧。例如，在 IE6 版本下解析效果如图 9.59 所示，在 FF 下解析效果如图 9.60 所示。这个时候如果要定义环绕元素的边框或者外边距，就要避免使用这种方法来布局，可以将它设置为浮动显示，这样就能够解决浏览器的兼容问题了。

```
p {
    width:300px;                            /*宽度*/
    height:160px;                           /*高度*/
}
```

注意，当元素被定义为浮动显示时，它会自动成为一个块状元素，相当于定义了“display:block;”。但是块状元素会自动伸展宽度，占据一行的位置，且块状元素会附加换行符，所以在同一行内只能显

示一个块状元素。而浮动元素虽然拥有块状元素的特性，但是它没有上述表现，这时它更像行内元素那样收缩显示。

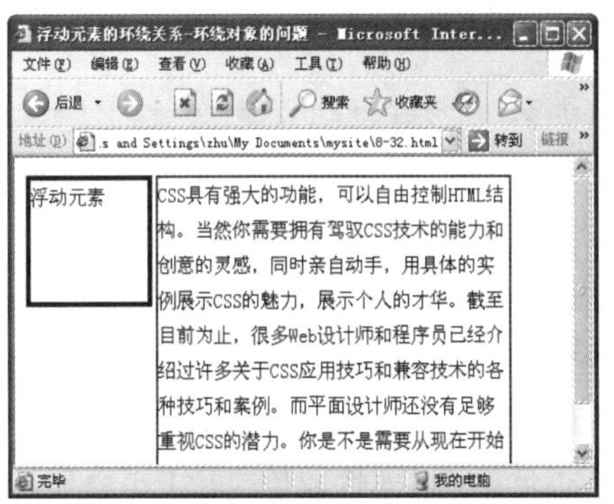

图 9.59　IE6 中浮动元素的环绕关系

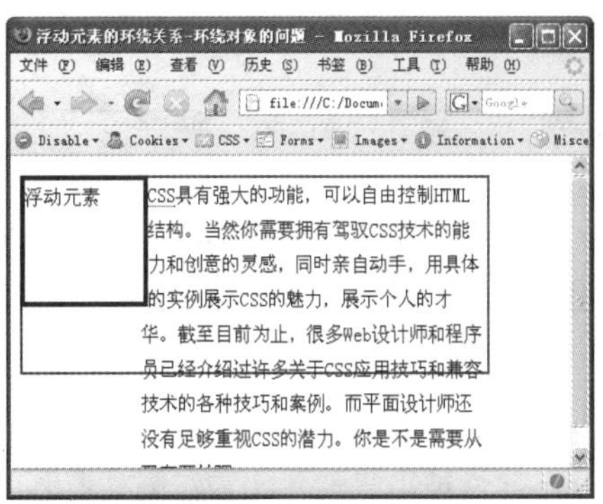

图 9.60　FF 中浮动元素的环绕关系

9.4.4　清除浮动

在自然状态下，网页元素都会很自然地依照固有的位置，按顺序显示在网页上。但是浮动布局会打破这种布局顺序，于是各种布局问题接踵而至。CSS 为了解决这个问题，又定义了 clear 属性，希望使用这个属性来清除浮动布局中页面杂乱无章的局面。

【例 9-8】在下面这个简单的 3 行 3 列的页面结构中，设置中间 3 栏平行浮动显示。根据下面的样式，在 IE6 中可以显示如图 9.61 所示的效果。

```
<style type="text/css">
div {
    border:solid 1px red;                    /*增加边框，以方便观察*/
    height:50px;                             /*固定高度，以方便比较*/
}
#left,#middle,#right {
    float:left;                              /*定义中间 3 栏向左浮动*/
    width:33%;                               /*定义中间 3 栏等宽*/
}
</style>
<div id="header">头部信息</div>
<div id="left">左栏信息</div>
<div id="middle">中栏信息</div>
<div id="right">右栏信息</div>
<div id="footer">脚部信息</div>
```

但是如果设置左栏高度大于中栏和右栏高度，读者会发现脚部信息栏上移并环绕在左栏右侧，如图 9.62 所示。

```
#left {height:100px; }                       /*定义左栏高出中栏和右栏*/
```

这种环绕包含浮动元素的现象当然不是我们所希望的，浮动布局所带来的影响由此可见一斑。这时 clear 属性就可以派上用场了，为<div id="footer">元素定义一个清除样式，代码如下。

```
#footer {
    clear:left;                              /*为脚部栏目元素定义清除属性*/
}
```

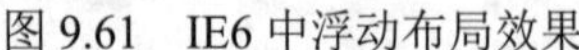

图 9.61 IE6 中浮动布局效果

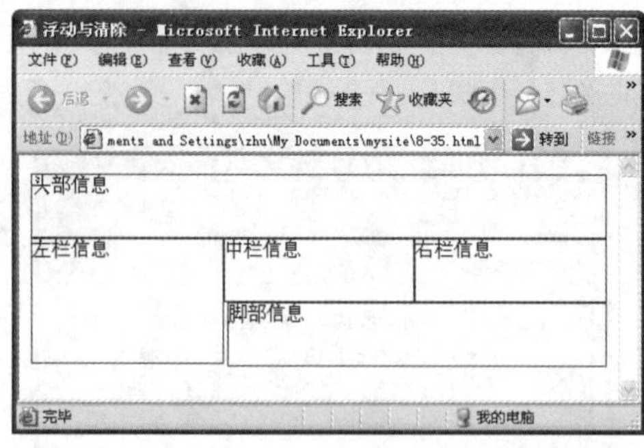

图 9.62 调整部分栏目高度后发生的错位现象

如果在浏览器中预览，则又恢复到预想的 3 行 3 列的布局效果，如图 9.63 所示。

clear 属性被用来清除元素左侧、右侧或左右两侧的浮动元素。该属性取值包括 left（清除左侧浮动元素）、right（清除右侧浮动元素）、both（清除左右两侧浮动元素）和 none（不清除浮动元素）。

clear 属性是专门针对 float 属性而设计的，因此仅能够对左右两侧浮动元素有效，对于非浮动元素是无效的。例如，对于两个并列显示的行内元素（如下所示），不管是为 span 元素，还是为 img 元素定义了清除属性，都不能够把它们分成两行显示。

```
<span>行内文本</span><img src="images/cr2.gif" />
```

注意，上面所谓的浮动元素是指与元素相邻的左右两侧的对象，而不是定义 clear 属性的对象自身。对于非浮动元素来说，仍然可以对其使用 clear 属性，并影响它的显示位置，如图 9.63 所示。

清除不是清除别的浮动元素，而是清除自身。如果左右两侧存在有浮动元素，则当前元素就把自己清除到下一行显示。而不是把前面的浮动元素清除走，或者清除到上一行显示。

根据 HTML 解析规则，当前元素前面的对象（已经被解析）不会再受后面元素属性的影响，但是当前元素能够根据前面对象的显示属性来决定自身的显示位置，这就是 clear 属性的作用。同样的道理，不管当前元素设置如何清除属性，后面的对象都不会受到影响。

例如，针对上面的实例，如果我们定义左栏、中栏和右栏包含如下的样式，会有怎样的效果呢？

```
#left,#middle,#right {
    clear:right;                          /*清除右侧浮动元素*/
}
```

虽然说左栏栏目右侧有浮动元素，中间栏目右侧也有浮动元素，但是这些浮动都是在当前元素的后面，所以“clear:right;”规则就不会对它们产生影响，效果如图 9.64 所示。

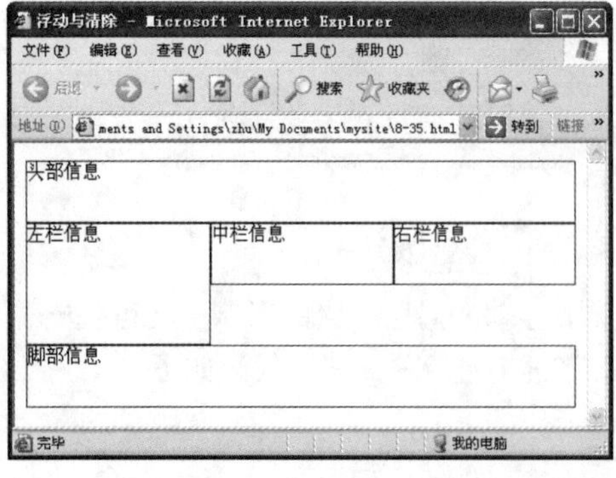

图 9.63 IE6 中浮动布局清除效果

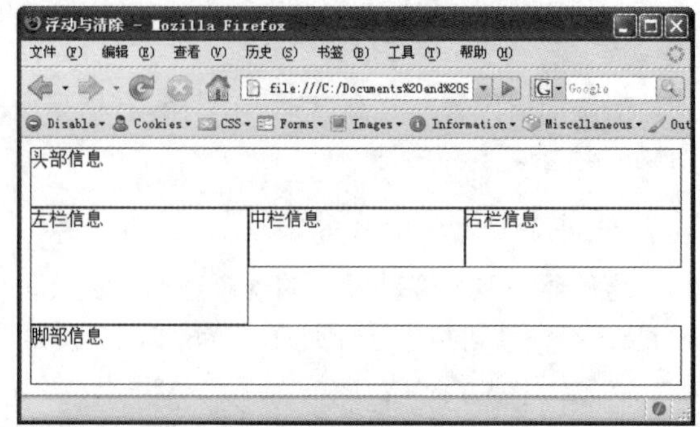

图 9.64 FF 中清除右侧浮动元素效果

9.4.5　布局嵌套

由于浮动布局的复杂性，浮动布局与不同元素之间的布局关系也是很复杂的。元素之间的关系只有两种：包含关系（或者称为父子关系）和并列关系（或者称为相邻关系）。

1. 浮动的外包含框

浮动元素能够很好地包含任何行内元素、块状元素或者其他浮动元素，这种包含关系在不同浏览器中都能够被很好地解析和显示，且解析效果基本相同。但是如果元素包含对象的大小超出了浮动元素的大小，则在不同浏览器中就会出现不同的情况。

【例 9-9】在下面这个浮动的 p 元素中包含了一个行内显示的 span 元素。由于 span 元素包含的文本超出了 p 元素的大小，在 IE6 及其以下版本的浏览器中，浮动元素自动调整大小来适应文本区域，显示效果如图 9.65 所示；而在 FF 浏览器中，浮动元素依然按照自己的大小显示，而超出的文本会显示到浮动元素的外边，显示效果如图 9.66 所示。

```
<style type="text/css">
p {
    border:solid 2px red;                  /*边框*/
    float:left;                            /*浮动显示*/
    width:260px;                           /*固定宽度*/
    height:100px;                          /*固定高度*/
}
span {background:#FF99FF;}                 /*行内元素背景色*/
</style>
<p class="p3"><span>CSS Zen Garden（样式表禅意花园）邀请您发挥自己的想象力，构思一个专业级的网页。让我们用慧眼来审视，充满理想和激情去学习 CSS 这个不朽的技术，最终使自己能够达到技术和艺术合而为一的最高境界。</span></p>
```

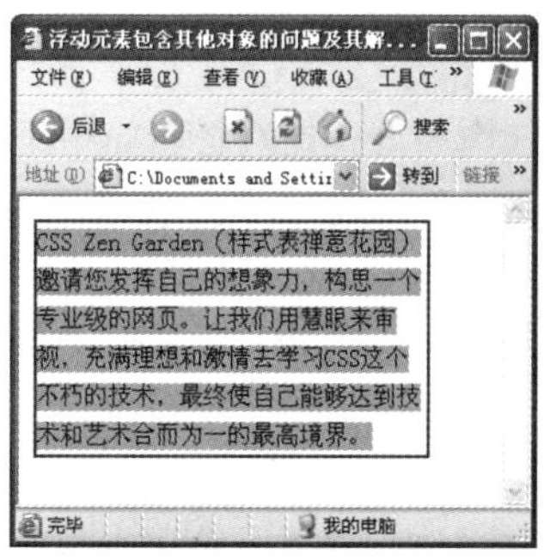

图 9.65　IE6 中效果

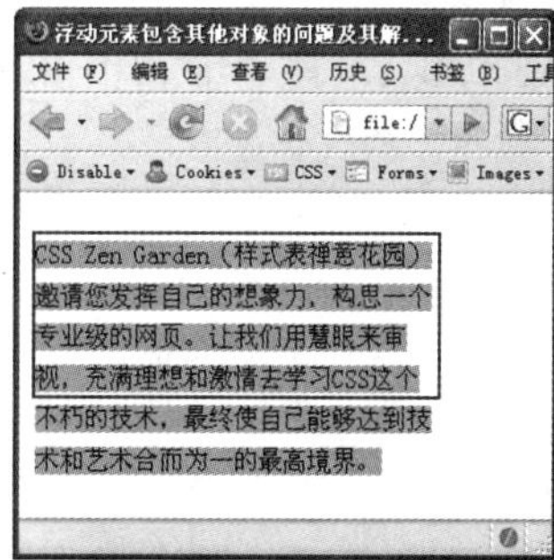

图 9.66　FF 中效果

解决方法：

由于 IE6 及其以下版本的浏览器不支持 min-height 和 min-width 属性，因此我们可以为 IE 以及其他标准浏览器定义该属性，强制它们显示大小，这样，IE 以及其他标准浏览器就能够随包含内容的大小不断调整自己的大小。具体兼容样式如下。

```
p {
    min-height:100px;                      /*最低显示高度*/
}
* html p {                                 /*兼容 IE6 及其以下版本浏览器*/
```

```
    height:100px;                              /*显示高度*/
}
```

上面样式的设计思路是这样的：对于 IE6 及其以下版本的浏览器来说，由于它们不识别 min-height 属性，因此就省略了这个声明，而执行* html p{ }样式。同样的道理，由于 IE 以及其他标准浏览器不识别“* html p”这样复杂的选择符，所以也就无法解析 height:100px;这个声明。此时，如果再在 FF 浏览器中预览，则显示效果如图 9.67 所示。

图 9.67　经过处理后在 FF 中的效果

2. 浮动的内包含框

思考一下相反的情况，如果浮动元素被其他对象包含时会出现什么情况呢？我们不妨在上面实例的基础上做一个试验，让 span 元素浮动显示，禁止 p 元素浮动显示，具体代码如下。

```
<style type="text/css">
p {
    border:solid 2px red;                      /*定义包含框的边框*/
}
span {
    float:left;                                /*子元素浮动显示*/
    width:80%;                                 /*显示宽度*/
    background:#FF99FF;                        /*背景色*/
}
</style>
<p class="p3"><span>CSS Zen Garden（样式表禅意花园）邀请您发挥自己的想象力，构思一个专业级的网页。让我们用慧眼来审视，充满理想和激情去学习 CSS 这个不朽的技术，最终使自己能够达到技术和艺术合而为一的最高境界。</span></p>
```

这时我们可以看到，在任何浏览器中都会显示如图 9.68 所示的效果。父元素（浮动元素的包含框）自动收缩为一条直线，该直线为它的边框。由于这种布局结构和方式在网页布局中比较实用，所以这个问题在实践中会经常遇到；没有经验的初学者往往会对这个问题感到不知所措。

解决方法：

方法一，可以模仿上节实例的解决方法，分别为不同浏览器定义不同的显示样式，实现浏览器的兼容显示。

对于 IE6 及其以下版本的浏览器来说，只要包含框拥有了高度，它就能够自动调整自身的高度来适应所包含的对象。因此，我们可以在 IE6 及其以下版本的浏览器中定义 p 元素的高度为 1px。

```
* html p {                                     /*兼容 IE6 及其以下版本浏览器*/
    height:1px;                                /*显式定义高度*/
}
```

对于 IE 版本浏览器来说，可以使用 min-height 属性定义 p 元素的最低高度为 1px，这样它就能够自动调整高度来包含其他对象。

```
p {                                            /*兼容 IE 版本浏览器*/
    min-height:1px;                            /*定义最低高度*/
}
```

Note

对其他标准浏览器（如 FF 等），则可以定义如下样式来强制包含框调整自身高度，以实现包含对象。

```
p:after {                                   /*兼容标准浏览器*/
    content:"";                             /*增加显示内容*/
    display:block;                          /*定义显示内容的显示属性*/
    height:0;                               /*定义高度为 0，强制隐藏*/
    clear:both;                             /*清除浮动*/
}
```

在上面样式中，首先使用了 p:after 选择符，它只能够被标准浏览器所支持，表示在 p 元素的后面增加显示内容；然后使用 content 属性声明在 p 元素最后显示一个空内容，并定义为块状显示，这样才能够准确控制；再使用 height 属性声明该空行的高度为 0，即强制隐藏它的显示；最后为这个空行元素增加一个清除属性，以强迫撑开包含框。最后显示效果如图 9.69 所示。

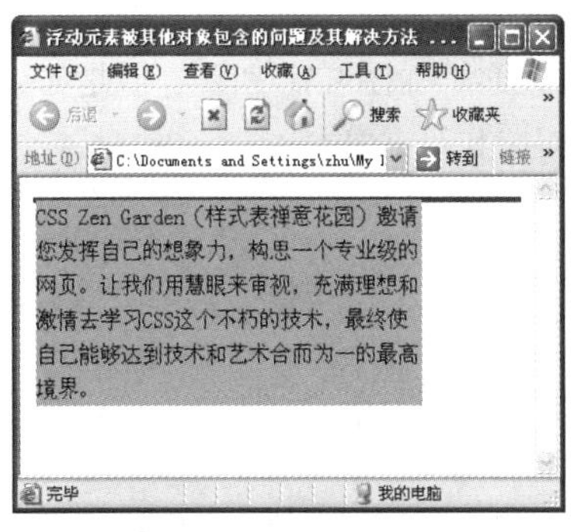

图 9.68　在 IE6 中显示效果

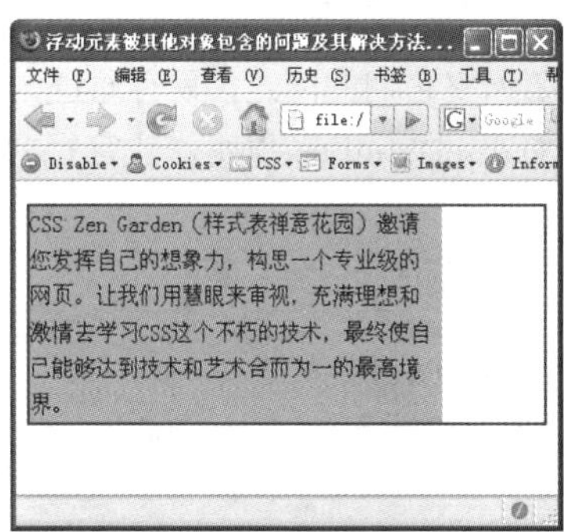

图 9.69　调整后在 FF 中显示效果

方法二，如果认为第一种方法比较麻烦，那么这种方法就是最简单的，但是需要调整 HTML 的结构，也就是在包含块的末尾增加一个清除元素。另外，由于 p 元素无法兼容这种方法，所以还必须把 p 元素替换为 div 元素。完整的代码如下。

```
<style type="text/css">
.p3 {
    border:solid 2px red;                   /*定义包含框边框*/
}
span {
    float:left;                             /*向左浮动*/
    width:80%;                              /*宽度*/
    background:#FF99FF;                     /*背景色*/
}
.clear {                                    /*定义清除类*/
    clear:both;                             /*清除浮动*/
    }
</style>
<div class="p3"><span>CSS Zen Garden（样式表禅意花园）邀请您发挥自己的想象力，构思一个专业级的网页。让我们用慧眼来审视，充满理想和激情去学习 CSS 这个不朽的技术，最终使自己能够达到技术和艺术合而为一的最高境界。</span>
<div class="clear"></div>
</div>
```

方法三，定义包含框浮动显示。这样包含框会自动调整大小，包含所有子对象。这种方法虽然比较简单，但是它改变了包含框的显示性质，会影响到其他版面布局。所以，建议不要使用该方法。

Note

9.4.6 调整布局间距

1. 垂直间距

在正常情况下，由于行内元素的外边距不影响任何元素，因此可以忽略它的存在。这时文本行的间距只能够通过行高来调节，而其他类型的元素与行内元素的间距则可以通过其他元素的边距来调节。

【例 9-10】对于如下两个相邻元素，span 以行内样式显示，div 以默认的块状样式显示。

```
<span>CSS Zen Garden（样式表禅意花园）邀请您发挥自己的想象力，构思一个专业级的网页。让我们用慧眼来审视，充满理想和激情去学习 CSS 这个不朽的技术，最终使自己能够达到技术和艺术合而为一的最高境界。</span>
<div class="box">参考元素</div>
```

如果要调整它们的间距，只有通过定义 div 元素的边距来实现，如图 9.70 所示。但是如果在下面样式中增加 display:inline;声明，让它行内显示，则显示效果如图 9.71 所示。

```
.box {
    width:200px;                    /*宽度*/
    height:50px;                    /*高度*/
    background:#FF66CC;             /*背景*/
    margin-top:40px;                /*顶部外边距*/
}
```

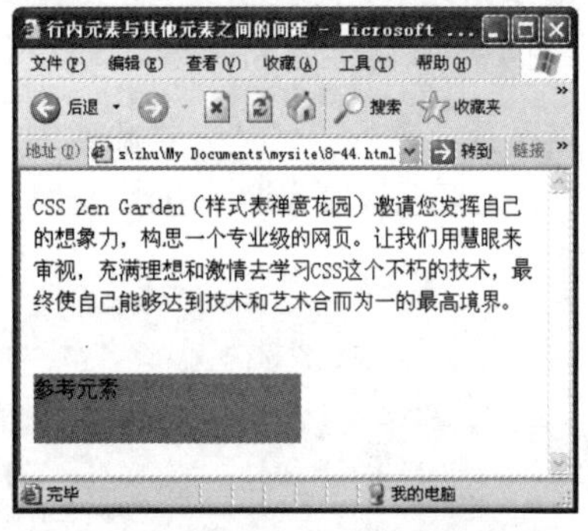

图 9.70　行内元素与块状元素间距

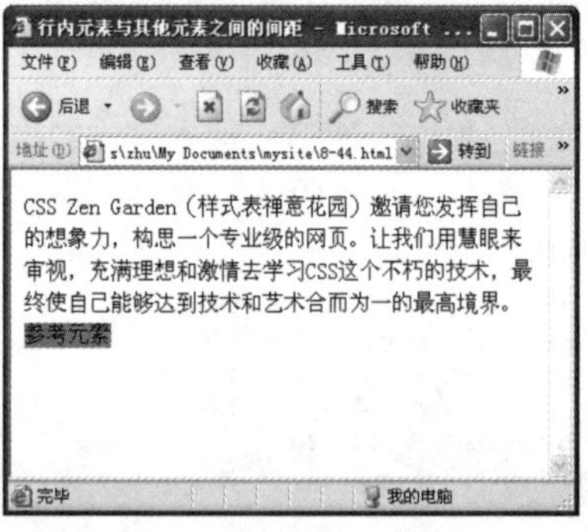

图 9.71　行内元素与行内元素间距

对于块状元素与块状元素来说，一般会存在边界重叠现象。例如，针对上面的实例，如果定义 span 元素块状显示，则上下元素之间的间距为 40px。但是如果为 span 元素再定义 40px 的顶部外边距，就会发现它们的间距并没有改变，依然为 40px。

```
span {
    display:block;                  /*转换为块状显示*/
    border:solid 1px blue;          /*边框线*/
    margin-bottom:40px;             /*顶部外边距*/
}
```

这说明上下块状元素的外边距会发生重叠。重叠的幅度是上下元素的外边距中最小的那边。例如，如果上边元素的外边距为 40px，下边元素的外边距为 20px，则它们的间距为 40px，重叠大小为 20px；如果上边元素的外边距为 40px，下边元素的外边距为 60px，则它们的间距为 60px，重叠大小为 40px。

对于浮动元素与浮动元素来说，它们之间不会存在边界重叠问题。例如，针对上面的实例，如果定义上下元素都向左浮动，则它们之间的垂直间距为上下外边距的和，即为 80px。

浮动元素与块状元素之间的间距为上下外边距之和。但是，如果浮动元素在上面，块状元素在下面，由于浮动环绕关系使得它们之间的间距变得很复杂。对于 IE 浏览器来说，不管上下位置的关系如何，它们的间距仍然为上下外边距的和，如图 9.72 所示。而在其他版本浏览器中，由于在解析浮动环绕问题上的差异，它们之间的间距就变得很复杂了。

为了更直观地说明这个问题，此处举一个简单的实例。例如，针对上面的 HTML 结构，定义如下的样式。

```
span {
    border:solid 1px blue;                /*边框*/
    margin-bottom:40px;                   /*底部外边距*/
    display:block;                        /*转换为块状显示*/
    float:left;                           /*设置为浮动显示*/
}
.box {
    width:200px;                          /*宽度*/
    height:50px;                          /*高度*/
    background:#FF66CC;                   /*背景色*/
    margin-top:40px;                      /*顶部外边距*/
}
```

如果在 FF 版本浏览器中解析，则显示效果如图 9.73 所示。上下间距实际上仅取浮动元素的外边距，而下边的块状元素的顶部外边距和背景色都移动到了页面顶部，出现块状元素与内容分离的状态。因此读者在设计此类的网页布局时一定要小心。

解决方法：

为块状元素增加清除属性。强制其不要越过浮动元素。但是它们的间距仍然为浮动元素的底部外边距。

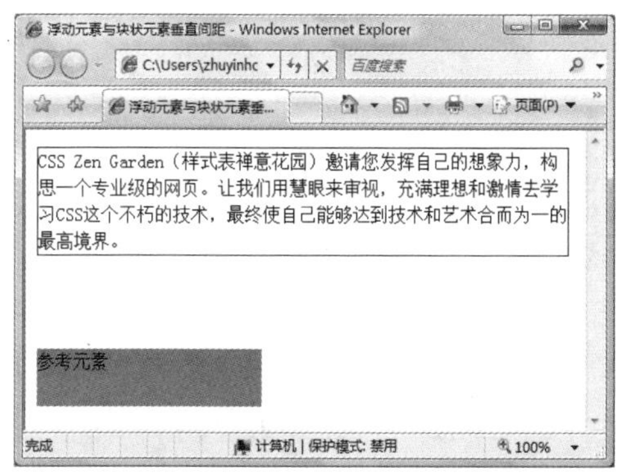

图 9.72　IE 中浮动元素与块状元素间距

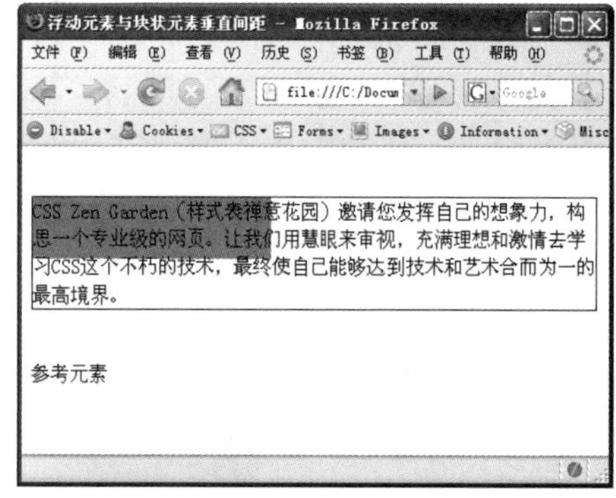

图 9.73　FF 中浮动元素与块状元素间距

对于浮动元素与行内元素之间的间距，由于行内元素的外边距不影响任何元素，因此它们之间的垂直距离可以取浮动元素的外边距。

2. 水平间距

浮动布局中元素的水平间距没有垂直间距复杂，一般不会出现边界重叠现象。但是由于 IE 浏览器的 Bug，特别是 IE6 及其以下版本浏览器的 Bug 太多，从而产生很多布局的兼容问题。下面我们就

针对这个问题进行讲解。

如果给一个浮动元素定义了外边距，则浮向一边的外边距会加倍显示。这个问题在IE6及其以下版本的浏览器中存在。

Note

【例9-11】尝试输入下面的实例代码。

```
<style type="text/css">
body {                                   /*清除页边距*/
    padding:0;                           /*清除标准浏览器页边距*/
    margin:0;                            /*清除 IE 页边距*/
}
div {                                    /*公共样式*/
    margin-left:50px;                    /*左侧外边距*/
    width:200px;                         /*宽度*/
    height:100px;                        /*高度*/
    border:solid 1px red;                /*边框*/
}
.box2 {
    float:left;                          /*向左浮动*/
}
</style>
<div class="box1">参考元素</div>
<div class="box2">浮动元素</div>
```

如果分别在IE6和IE7中预览，则显示效果分别如图9.74和图9.75所示。从图中可以很直观地看到两者解析的差异。

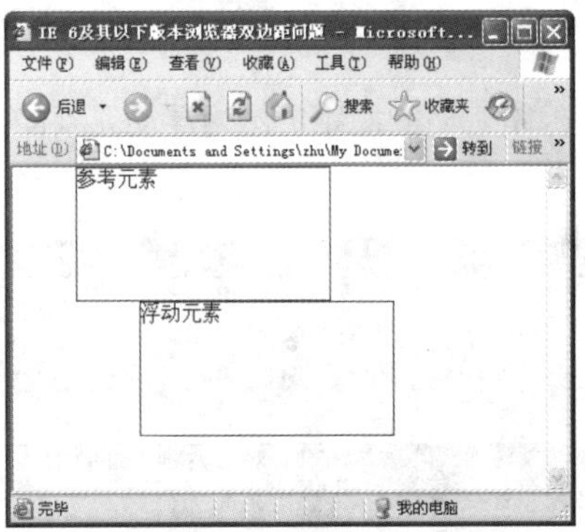

图9.74　IE6中解析效果

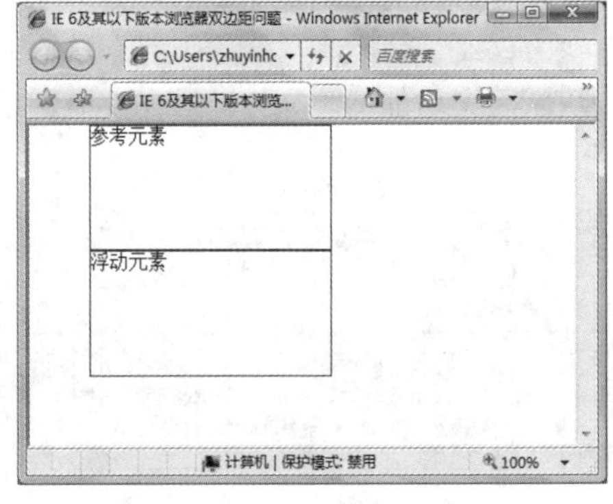

图9.75　IE7中解析效果

解决方法：

此类问题的解决方法比较简单，只需要在浮动元素中增加display:inline;规则即可。

```
.box2 {
    float:left;                          /*浮动显示*/
    display:inline;                      /*行内显示*/
}
```

此时，display:inline;规则不能改变浮动元素的显示状态，仅起到消除IE浏览器的Bug的作用，浮动元素依然显示为一个块状元素。

当浮动元素与一个非浮动元素并列显示时，元素之间就会多出3个像素的缩进空隙。这个问题在

IE6 及其以下版本的浏览器中存在。例如，尝试输入下面的实例代码。

```
<style type="text/css">
div {
    width:140px;                    /*宽度*/
    height:100px;                   /*高度*/
    border:solid 1px red;           /*边框*/
    float:left;                     /*向左浮动*/
}
p {
    margin-left:140px;              /*增加左外边距*/
}
</style>
<div>浮动元素</div>
<p>CSS Zen Garden（样式表禅意花园）邀请您发挥自己的想象力，构思一个专业级的网页。让我们用慧眼来审视，充满理想和激情去学习 CSS 这个不朽的技术，最终使自己能够达到技术和艺术合而为一的最高境界。</p>
```

这时，如果在 IE6 及其以下版本的浏览器中预览，则显示效果如图 9.76 所示。如果在 FF 浏览器中预览，则显示效果如图 9.77 所示。

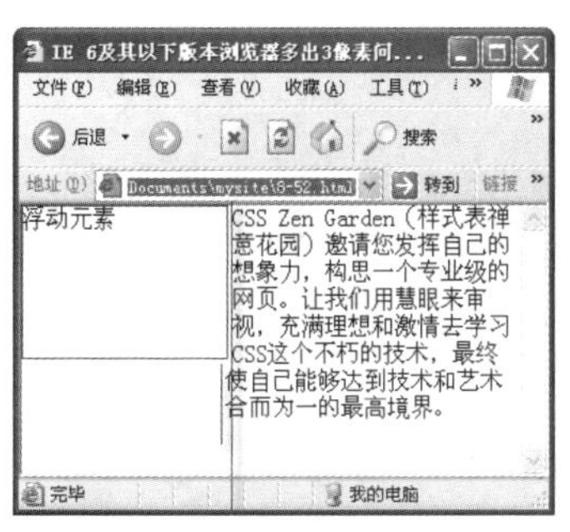

图 9.76　IE6 中解析效果

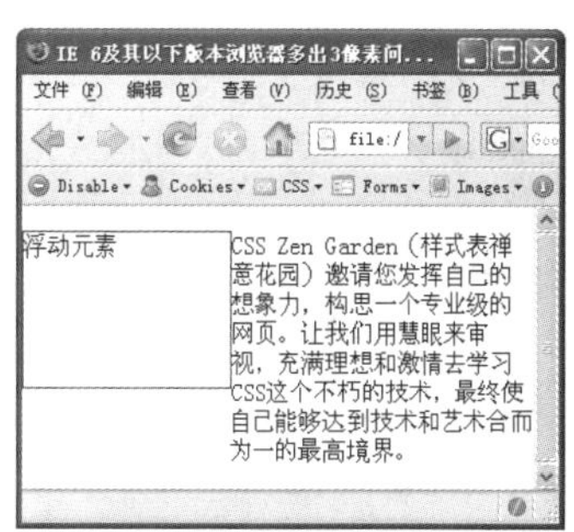

图 9.77　FF 中解析效果

解决方法：

在网页布局中，此类问题一般不会破坏页面的整体效果，如果不仔细观察，读者可能不会注意到这个细节。如果要求不是很苛刻，可以不管它。当然，也可以使用如下兼容方法解决这个问题。

```
* html div {                        /*兼容 IE6 及其以下版本浏览器*/
    margin-right:-3px;              /*取浮动元素右外边距为负值，收缩缩进*/
}
* html p {                          /*兼容 IE6 及其以下版本浏览器*/
    height:1px;                     /*为环绕元素添加布局，强制左对齐*/
}
```

3. 水平错位

在进行网页布局时，可能遇到过这样的问题：当多列并列浮动时，最后一列突然移到下面去了，如图 9.78 所示。

出现这种情况的原因有以下两种。

第一，浮动列宽度固定，当浏览器改变窗口大小时，导致窗口宽度太窄，容不下所有列的宽度，则最后一列被迫挤到下面一行显示。这是经常遇到的情况，解决的方法是设置一个“外套”，并固定这个“外套”的总宽度。

Note

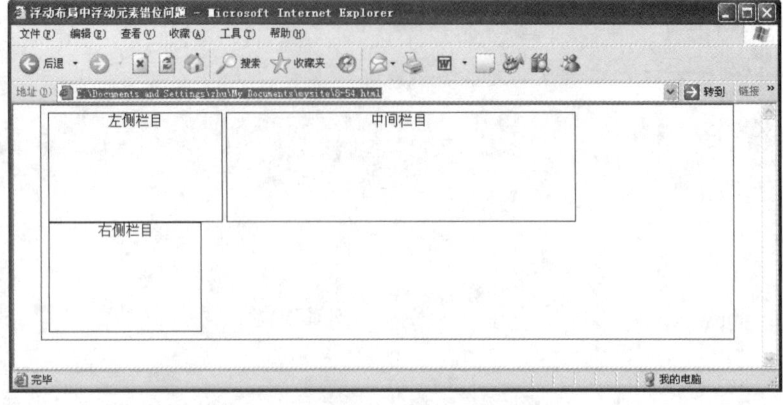

图 9.78 浮动布局错位问题

第二，浮动列总宽度之和超出了网页设置的宽度，则最后一列被追挤到下面一行显示。对于这种情况，解决的方法是精确计算每列的总宽度，然后计算所有列的总宽度，要求这个和必须小于或等于网页或包含框的宽度。

【例 9-12】请尝试输入下面的网页模型结构。

```
<style type="text/css">
#main {
    width:400px;                          /*包含框的宽度*/
    padding:4px;                          /*内边距*/
    border:solid 2px red;                 /*边框*/
}
#main div {
    float:left;                           /*向左浮动所有列*/
    height:160px;                         /*高度*/
}
#left {
    width:100px;                          /*左栏宽度*/
    background:red;                       /*左栏背景色*/
}
#middle {
    width:200px;                          /*中间栏宽度*/
    background:blue;                      /*中间栏背景色*/
}
#right {
    width:100px;                          /*右栏宽度*/
    background:green;                     /*右栏背景色*/
}
.clear {clear:both; }                     /*定义清除类*/
</style>
<div id="main">
    <div id="left">左侧栏目</div>
    <div id="middle">中间栏目</div>
    <div id="right">右侧栏目</div>
    <br class="clear" />
</div>
```

在上面这个结构模型中，包含框的宽度为400px，所以其包含的栏目总宽度不能够超过这个宽度。例如，针对上面的栏目样式，可以很容易地计算出各个栏目的总宽度。

这样计算起来可能比较简单，但如果各个栏目增加了外边框、内边框之后，计算各个栏目的总宽度时就需要小心了。只要细心，就不会出现总宽度超过包含框或页面宽度的问题，自然也不会出现错位现象。不过下面这些问题需要读者特别注意。

☑　百分比宽度问题

当将栏目宽度的单位设置为百分比时，由于不同浏览器对于小数值的处理方式不同，可能会出现栏目实际总宽度大于所设置的宽度的现象，从而导致栏目错位。例如，假设包含框的宽度为401px，左栏宽度为50%，右栏宽度为50%，则左右栏宽度为200.5px，有些浏览器（如IE6等）会进行四舍五入，认为左右栏的宽度分别为201px，这样，左右栏的实际总宽度就等于402px，由于实际总宽度大于原定宽度，此时就会出现错位现象。因此，在为栏目设置百分比宽度时，一定要特别注意，建议适当设置小一点的百分比取值。

☑　双边距问题

针对上面的实例，假设定义左栏的宽度为90px，而左外边距为10px，应该说该栏目的总和依然为100px，但是在IE6中的显示效果却如图9.79所示。这是因为IE6及其以下版本浏览器的一个Bug造成的。但是在其他浏览器中都能够正常解析，如图9.80所示即为在FF中的解析效果。

```
#left {
    width:90px;                         /*减小宽度*/
    margin-left:10px;                   /*增加左外边距*/
}
```

另外，IE的3px Bug也可能导致出现页面布局错位问题，详细请参阅后面章节介绍。

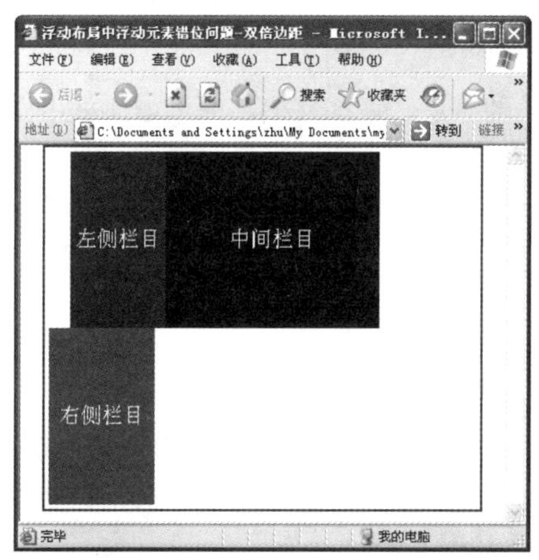

图9.79　IE6中因双倍边距问题错位

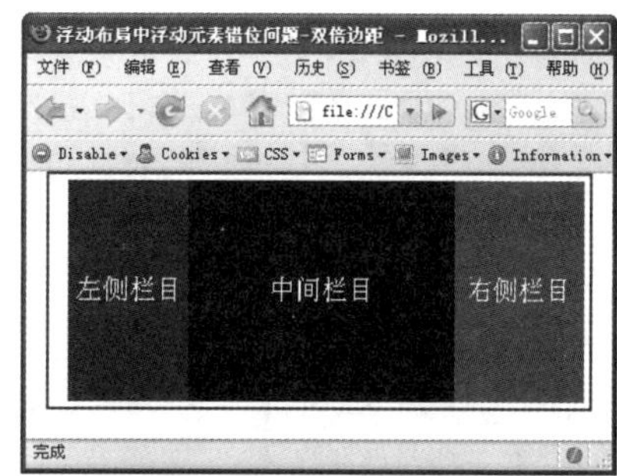

图9.80　FF中的解析效果

9.5　案例实战

本节将通过两个典型实例讲解 CSS 网页布局的实战技巧，帮助读者把握网页布局的设计思路和使用技巧。

9.5.1 两列布局

“深红色咖啡馆”是禅意花园第179号作品（http://www.csszengarden.com/?cssfile=179/179.css），设计效果如图9.81所示。页面以深红色为主色调，按照主辅两栏式来设计。左栏显示主要信息，右栏显示链接信息。画面以背景图像特写和圆滑的模块为网格分显不同模块信息。

图9.81 “深红咖啡馆”页面效果图

在该页面原来的设计中采用了“流动布局+绝对定位”的方法。下面我们将演示如何采用完全浮动布局的方法来设计这个效果。

在前面的章节中我们曾经详细解析了禅意花园的页面结构。整个页面包含在一个包含框中（<div id="container">），在包含框中从上到下自然排列了3个模块：第1个模块为活动介绍，第2个模块为支持文本，第3个模块为超链接列表。页面结构的直观示意图如图9.82所示。

根据禅意花园的HTML结构，我们所要设计的结构布局是让第1个模块和第2个模块向左浮动，定义第3个模块向右浮动，设想的示意图如图9.83所示。

首先，定义包含框为固定宽度。固定宽度包含框对于浮动布局来说是非常重要的，甚至说是必须的。因为在多列并列浮动的布局中，如果允许包含框的宽度为百分比，那么内部浮动的模块就很容易出现错位现象，因为我们无法保证所有浏览器窗口的大小都是固定的。

```
div#container { /*包含框*/
    width: 760px;                    /*固定包含框宽度*/
    margin-left: auto;               /*实现水平居中*/
    margin-right: auto;              /*实现水平居中*/
    margin-top: 0;                   /*顶部外边距*/
    padding: 0;                      /*内边距*/
    text-align: left;                /*文本左对齐*/
}
```

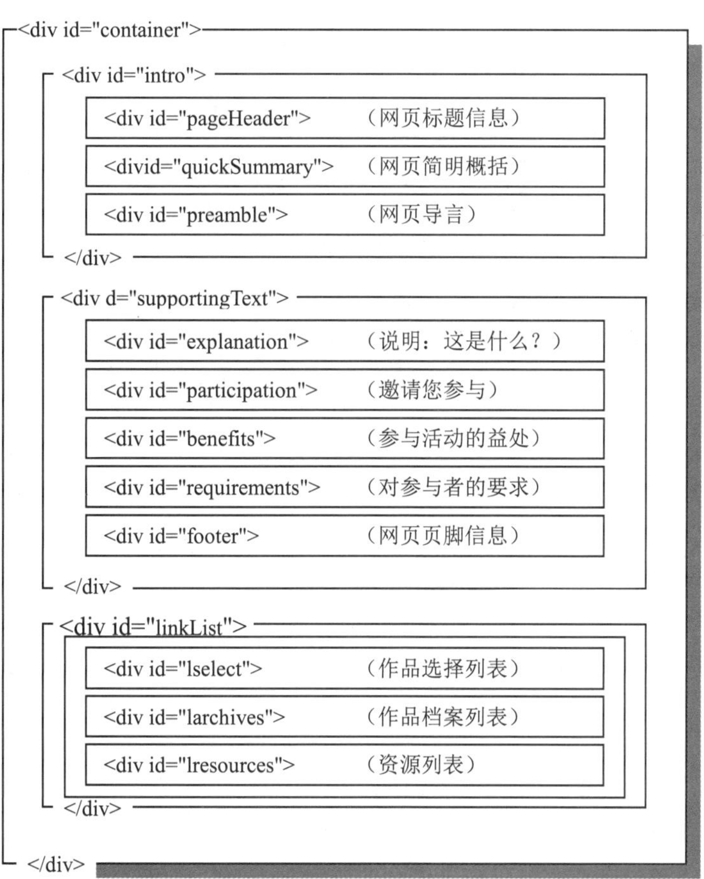

图 9.82　禅意花园的 HTML 结构

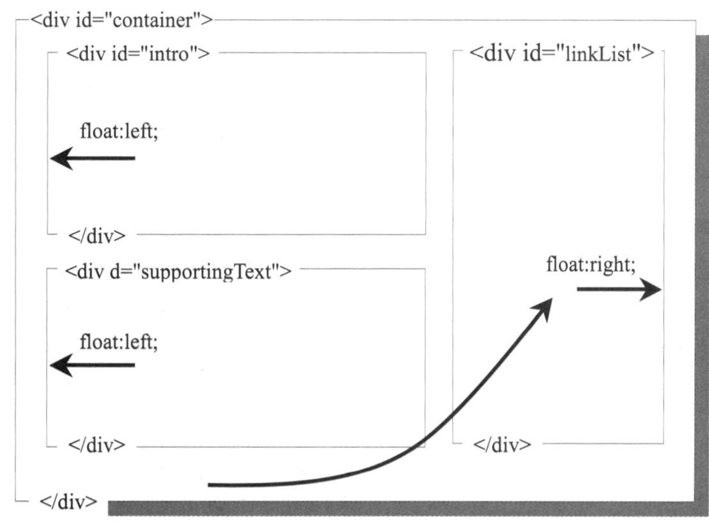

图 9.83　“深红咖啡馆”CSS 布局示意图

然后，让第 1 个模块和第 2 个模块向左浮动，第 3 个模块向右浮动。同时设置好 3 个模块的宽度。注意，模块的总宽度不能够超过包含框的宽度。

Note

```
div#intro {                              /*第 1 个模块*/
    width: 580px;                        /*第 1 模块的宽度*/
    margin: 0;                           /*清除外边距*/
    padding: 0;                          /*清除内边距*/
}
div#supportingText {                     /*第 2 个模块*/
    width: 580px;                        /*第 2 模块的宽度*/
    margin: 0;                           /*清除外边距*/
    padding: 0;                          /*清除内边距*/
    float: left;                         /*向左浮动*/
}
div#linkList {                           /*第 3 个模块*/
    width: 155px;                        /*第 3 个模块的宽度*/
    padding: 0;                          /*清除内边距*/
    float: right;                        /*向右浮动*/
}
```

这时，页面布局呈现如图 9.84 所示的效果。第 3 个模块向右浮动之后，只能够保持与第 2 个模块平行显示，而不是向上浮动到与第 1 个模块保持平行。

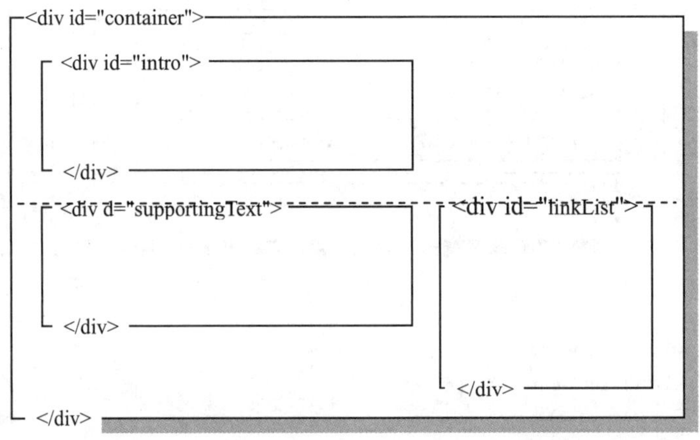

图 9.84 “深红咖啡馆”CSS 浮动布局存在的问题示意图

解决这个问题可以有两种方法。

第一种方法，可以设置第 3 个模块的顶部外边距为负值。把第 3 个模块强拉到顶部，保持与第 1 个模块的平行对齐。

```
div#linkList {                           /*第 3 个模块*/
    margin-top: -320px;                  /*取负值向上移动模块*/
    margin-right:5px;                    /*增加右外边距，调整模块显示位置*/
}
```

第二种方法，为第 2 个模块增加清除左侧浮动属性，这样就阻断了第 1 个模块与第 2 个模块可能并列显示的关系。这时，第 3 个模块就可以长驱直入，向上浮动并保持与第 1 个模块对齐显示。这时就可以利用外边距来调节第 3 个模块的显示位置。在调节左右外边距时，要注意模块的总宽度不能够超过包含框所设置的固定宽度。

```
div#supportingText {                     /*第 2 个模块*/
    clear:left;                          /*清除左侧浮动*/
```

```
}
div#linkList {                                    /*第 3 个模块*/
    margin-right:5px;                             /*增加右侧外边距*/
    margin-top:290px;                             /*增加顶部外边距*/
}
```

Note

页面主体框架布局完成之后，我们再来研究如何设计二级模块和局部板块效果。

第 1 步，设计页面整体色调和默认样式。这个可以在 body 元素中实现。实际上设计师都有这样的设计习惯：在 body 元素中定义页面字体样式、段落样式、网页背景色、页边距和页面对齐问题。

```
body {                                                        /*定义页面基本属性*/
    background: #371212 url(background.gif) top repeat-x;     /*水平平铺背景图像*/
    font-family: Tahoma, Arial, Helvetica, sans-serif;        /*字体*/
    color: #F7F5D9;                                           /*字体颜色*/
    font-size: 0.75em;                                        /*字体大小*/
    line-height: 1.6em;                                       /*行高*/
    padding: 0;                                               /*清除页边距*/
    margin: 0;                                                /*清除页边距*/
    text-align: center;                                       /*页面居中*/
}
```

设置网页背景时，建议将背景色和背景图像配合使用，如果背景图像无法显示，可以使用风格类似的颜色来代替，避免页面以白色背景显示时所遇到的尴尬。使用背景图像可以设计渐变背景效果，一般采用水平平铺来实现。

第 2 步，在页面包含框中再定义一个背景图像作为顶部背景图像，该图像如图 9.85 所示。设计师把网页标题和头部主要信息都封装在背景图像中。

```
div#container {                                                         /*包含框*/
    background: #000000 url(background_header.gif) top center no-repeat;  /*背景图像*/
    text-align: left;                                                   /*页面居中*/
}
```

图 9.85　顶部背景图像

这种把网页信息部分封装在背景图像的设计思路有以下两大优势。

☑　简化了 CSS 设计的难度。

☑　增加了页面的艺术设计效果，毕竟使用图像更能够设计出 CSS 所无法实现的效果。

当然这种做法也在一定程度增加了页面的传输负担，因为图像一般都比较大，特别是大幅图像所占用的带宽更是明显。

如果把页面部分信息封装在背景图像中，就必须使用 CSS 隐藏 HTML 部分结构和信息。

Note

```
div#pageHeader {                    /*第 1 模块的第 1 个子模块——网页标题信息*/
    display: none;                  /*隐藏结构和信息*/
}
div#quickSummary p.p1 {             /*第 1 模块的第 2 个子模块第 1 段——网页概括信息*/
    display: none;                  /*隐藏结构和信息*/
}
```

对于第 1 个模块的第 2 个子模块第 2 段链接信息，可通过内边距和外边距来调节它在页面中的位置，如图 9.86 所示。

图 9.86　使用外边距调整未隐藏信息的显示位置

```
div#quickSummary {                  /*第 1 模块的第 2 个子模块*/
    width: 260px;                   /*固定宽度*/
    height: 20px;                   /*固定高度*/
    padding: 220px 0 0 0;           /*增加顶部内边距*/
    margin: 0 0 30px 310px;         /*增加左侧和底部外边距*/
}
```

最后，我们再看看其他模块的设计效果，如图 9.87 所示。这种设计效果主要通过 3 幅背景图像来完成，与前面讲解过的圆角设计方法是相同的，这里就不再详细分析。

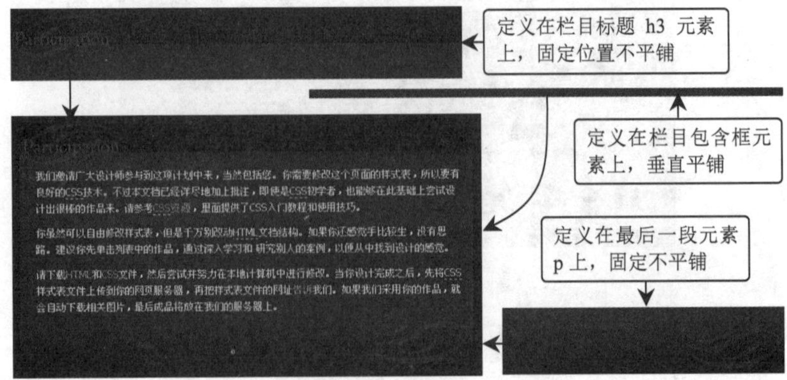

图 9.87　网页模块设计效果

9.5.2　三列布局

“阳光灿烂喜洋洋”是禅意花园第181号作品（http://www.csszengarden.com/?cssfile=181/181.css），设计效果如图9.88所示。页面以灿烂的大红色为主色调，以固定宽度的3列进行设计。左右两侧列目以大红色为背景色衬托喜庆的氛围，中间窄条栏目以白色为背景，通过明暗、色度的反差以吸引人的注意力。

左栏显示标题和页面概括信息，右栏显示主体信息，中栏显示链接信息。画面左上角以灿烂的光线暗示页面的情绪。所有二级模块都以深色背景标题栏进行简单分隔，避免过分破坏页面的三栏条线型主体结构效果。

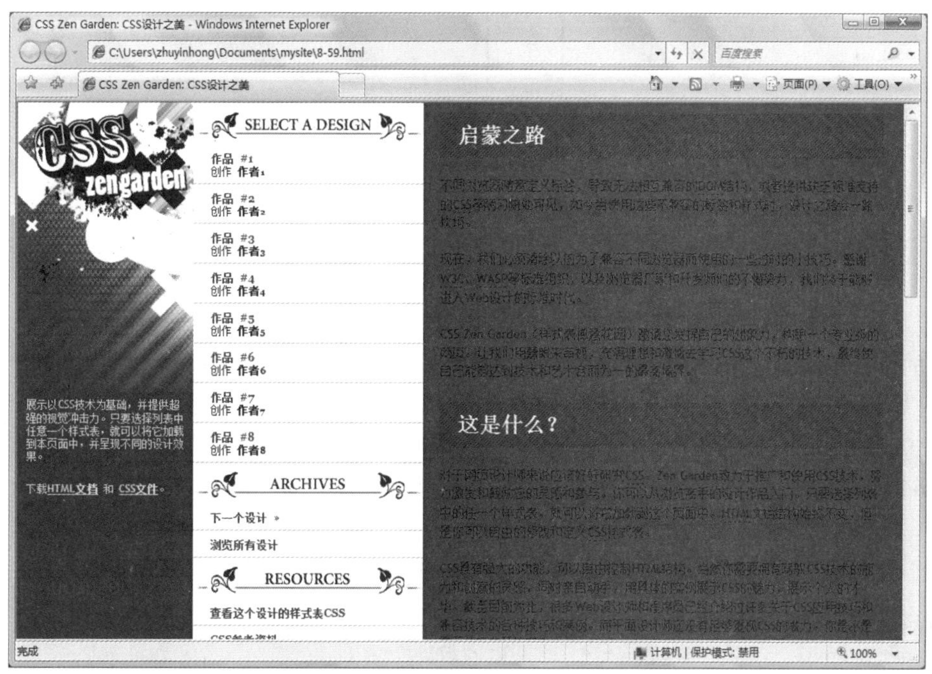

图9.88　“阳光灿烂喜洋洋”页面效果图

原页面采用绝对定位的布局方法来完成本作品的设计。下面我们采用浮动布局的方法来设计这个效果。

在设计这个作品之前，请读者先温习一下禅意花园的HTML结构，然后我们一块来分析本作品的主要框架实现思路和过程。

在设计的过程中，设想让第1个模块的第3个子模块浮动到右侧，而其他两个子模块则顺势自然流动到左侧显示，并在这些模块之间拉出一个空当，准备预留给第3个模块来显示（如图9.88中的白色的区域），第2个模块向右浮动，然后通过顶部外边距来调整它的位置；第3个模块向左浮动，然后再通过负外边距来强迫其位于中间白色区域内。整个设计思路和结构如图9.89所示。

其中，虚线箭头表示通过外边距取负值来实现的强制位置移动效果；实线箭头表示模块从原来应该排列的位置浮动到页面新的位置；虚线框表示第一个模块的包含框；虚点线框表示浮动前模块的位置。

Note

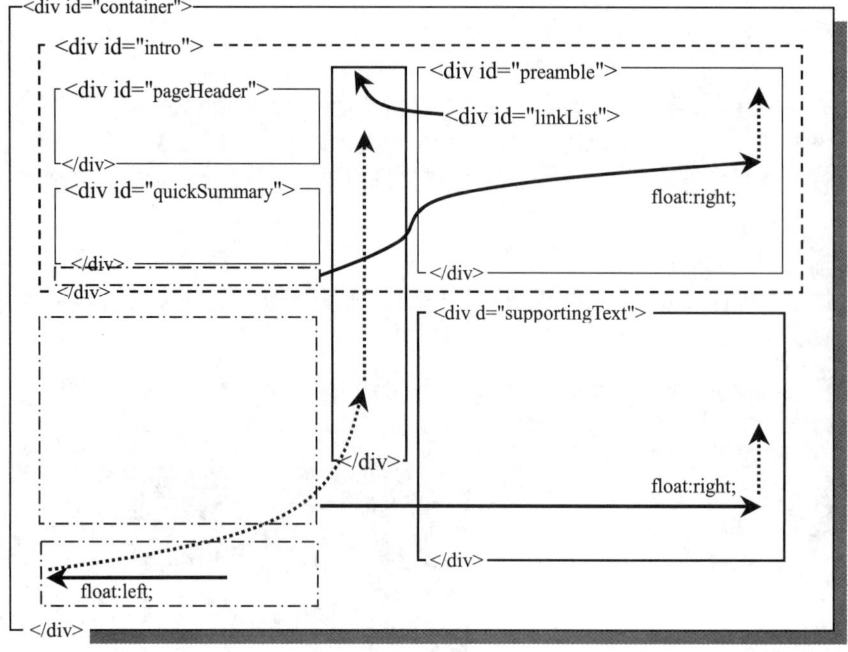

图 9.89 “阳光灿烂喜洋洋”CSS 布局示意图

设计的第一步是先固定页面包含框的宽度。这一步很重要，否则后面的操作都将受到影响。宽度的大小可以根据情况而定，这里以 1024px*768px 屏幕分辨率作为基础，扣除 20px 宽度的滚动条。

```
div#container {                         /*页面包含框*/
    width:1002px;                       /*固定宽度*/
}
```

第 1 个模块（<div id="intro">）可以不进行设置，直接设置其包含的 3 个子模块。

```
div#pageHeader {                        /*第 1 个子模块*/
    width: 200px;                       /*固定宽度*/
    height: 320px;                      /*固定高度*/
}
div#quickSummary {                      /*第 2 个子模块*/
    width: 185px;                       /*固定宽度*/
}
div#preamble {                          /*第 3 个子模块*/
    float: right;                       /*向右浮动*/
    width: 510px;                       /*固定宽度*/
    clear: right;                       /*清除右侧浮动元素*/
}
```

第 3 个子模块向右浮动，但是第 1、2 个子模块默认显示为块状元素，占据一行的空间，所以在默认的状态下浮动元素显示在第 2 个子模块的右下侧方向上。为了使模块向上与第 1 个子模块水平显示，可以通过负外边框来实现。设计效果如图 9.90 所示。

```
div#preamble {
    margin-top:-440px;                  /*负外边框，强制模块向上移动*/
}
```

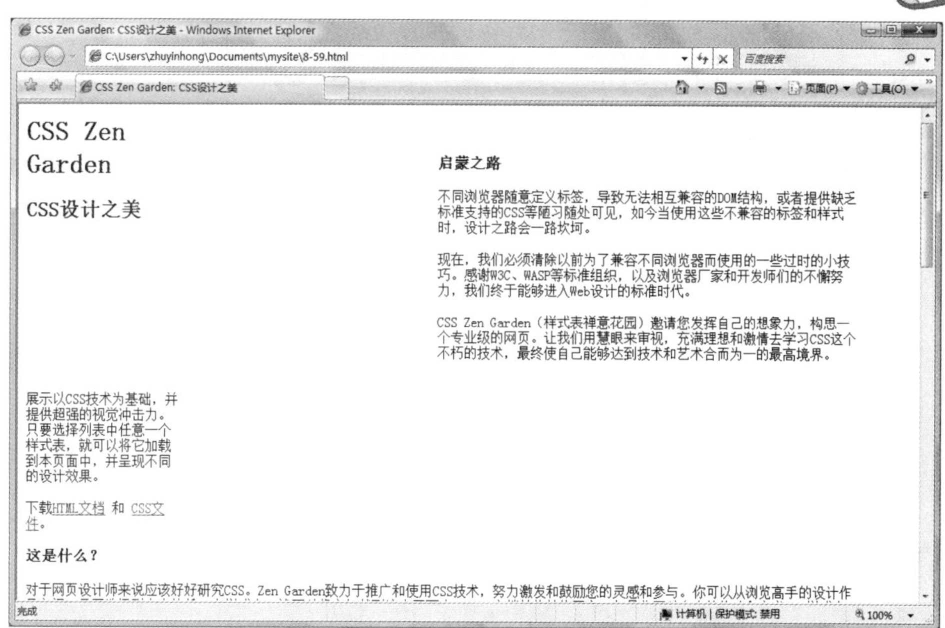

图 9.90 第 1 个模块的结构效果

设置第 2 个模块（<div id="supportingText">）向右浮动，并固定宽度。

```
div#supportingText {                     /*第 2 个模块*/
    float: right;                        /*向右浮动*/
    width: 510px;                        /*固定宽度*/
    clear: right;                        /*清除右侧浮动*/
}
```

把第 2 个模块浮动到右侧之后，再通过负外边距向上移动该模块。

```
div#supportingText {
    margin-top:-120px;                   /*向上移动模块*/
}
```

设计第 3 个模块（<div id="linkList">）向左浮动，并定义固定宽度。

```
div#linkList {                           /*第 3 个模块*/
    width: 263px;                        /*固定宽度*/
    float: left;                         /*向左浮动*/
}
```

然后通过外边距来定位第 3 个模块的位置。

```
div#linkList {
    margin-left:200px;                   /*增加左侧外边距，向右移动*/
    margin-top:-1670px;                  /*取负外边距，向上移动*/
    display:inline;                      /*解决 IE 下浮动显示时的双倍边距问题*/
}
```

由于负外边距的取值在 IE 和非 IE 浏览器中的解析存在一定的误差，所以还需要单独为非 IE 浏览器设置一个负外边距值。这些样式应该放在对应样式的后面，只能够被非 IE 浏览器识别并解析。其中“html>/**/body”前缀只能够被符合标准的浏览器解析。

```
html>/**/body div#preamble {                    /*第 1 个模块的第 3 个子模块*/
    margin-top:-470px;
}
html>/**/body div#supportingText {              /*第 2 个模块*/
    margin-top:-170px;
}
html>/**/body div#linkList {                    /*第 3 个模块*/
    margin-top:-1570px;
}
```

如果模块内容的显示位置不准确，还可以通过内边距进行调整，详细代码不再列出。主体布局完成之后，下一步是来设计二级模块的布局以及页面显示样式。

首先，定义页面基本属性。本案例的页面背景设计得比较巧妙，它模仿伪列布局的设计思路来设计网页背景效果，通俗地说，就是使用背景图像来设计分栏效果，如图 9.91 所示。

```
html, body {                                        /*网页属性*/
    background: url(bg.gif) left top repeat-y #F06;  /*网页背景图像*/
    background-attachment: fixed;                   /*固定背景图像位置*/
    margin: 0;                                      /*清除页边距*/
    padding: 0;                                     /*清除页边距*/
}
```

上面代码在设计时有两个小技巧值得读者借鉴。

☑ 背景图像不必设计为满屏大小，只需要把渐变、阴影效果处用图像设计，其他部分可以使用背景颜色来代替。

☑ 通过 background-attachment 属性把背景图像固定在页面中，这样就不需要将图像平铺整个页面，因为只固定为显示窗口大小，当滚动条滚动时，背景图像不动，避免滚动条滚动时，系统不断平铺背景图像。

图 9.91　网页背景图像效果

然后隐藏不需要的页面结构和信息。如果感觉使用背景图像来设计页面结构和信息会更方便、设计效果更好，那么不妨采用这种方法。

```
div#pageHeader h1, div#pageHeader h2, div#linkList h3 {
    display: none;                                  /*隐藏页面结构*/
}
```

设计页面标题。页面标题以背景的形式来实现，这样会更容易设计个性标题效果。

```
div#pageHeader {
    width: 200px;                                   /*固定宽度*/
    height: 320px;                                  /*固定高度*/
    background: url(logo.gif) left top no-repeat;   /*背景图像*/
}
```

第 2 个模块的子栏目标题显示为麻点区域效果，如图 9.92 所示，它是通过背景图像平铺来实现的。

```
div#preamble h3, div#supportingText h3 {
    display: block;                                      /*块状显示*/
    background: url(hbg.gif) left top repeat #000;       /*背景图像平铺显示*/
    margin: 0;                                           /*清除默认边距*/
    padding: 0;                                          /*清除默认边距*/
    padding-left: 20px;                                  /*增加左侧边距*/
}
```

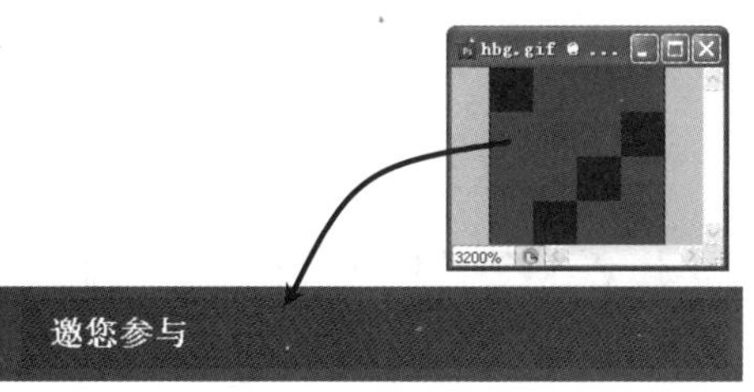

图 9.92　第 2 个模块子栏目背景图像

第 3 个模块的子栏目标题显示效果如图 9.93 所示，这是通过先把标题文本隐藏，直接使用一个背景图像来代替整个标题信息的方法实现的。

```
div#linkList div#lselect h3 span, div#linkList div#larchives h3 span, div#linkList div#lresources h3 span {
    display: none;
}
div#linkList div#lselect h3 {
    background: url(ll_selectadesign.gif) left top no-repeat;
}
div#linkList div#larchives h3 {
    background: url(ll_archives.gif) left top no-repeat;
}
div#linkList div#lresources h3 {
    background: url(ll_resources.gif) left top no-repeat;
}
```

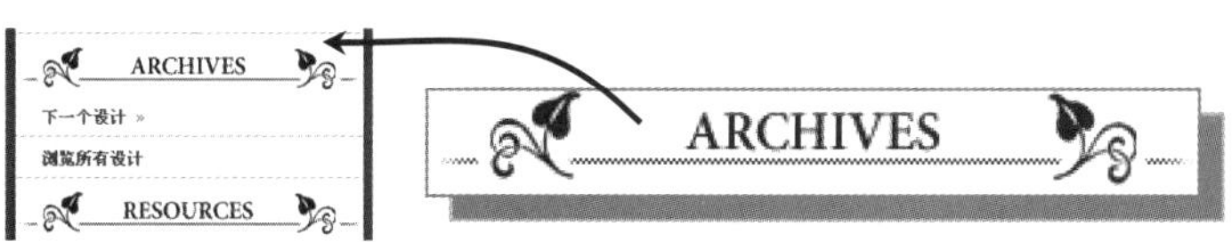

图 9.93　第 3 个模块子栏目背景图像

用 CSS 定位控制网页布局

（视频讲解：1 小时 53 分钟）

浮动布局的优势在于灵活，但是却无法实现精确控制。由于缺乏精确性，很多布局效果都无法实现。用 CSS 定位（CSS Position）可以实现精确控制网页对象，用户能够借助 CSS 定位属性精确定位网页中每个元素的位置（可精确到像素级别）。本章将详细讲解如何精确定位网页元素，并结合浮动布局，设计更加复杂的网页布局效果。

学习重点：

- 了解 CSS 定位法。
- 能够使用 CSS 定位属性定义网页元素的显示方式。
- 理解并灵活应用 CSS 定位布局。
- 能够把握定位参照物，以及定位层叠的内涵和应用。

10.1　CSS 定位

CSS 定义了 position 属性来控制网页元素的定位显示，它与 float 属性协同作用，实现了网页布局的精确性和灵活性高度统一，因此它们也是 CSS 布局中两个最基本、最重要的技术概念。

10.1.1　认识 position

position 的中文意思为位置，该属性的功能就是用来确定元素的位置，借助该属性可以把图片放置到栏目的右上角，或者把置顶工具条始终固定在网页的顶部等。

CSS 定位的核心正是基于这个属性来实现的，可以简称之为 CSS-P。CSS-P 一般用在 div 元素上，当把文本、图像或其他元素放在 div 元素中时，可以称其为包含块（Div Block）、包含元素（Div Element）或 CSS 层（CSS-Layer），因此，有时候可以简称它为层（Layer），这与图像编辑器中的图层功能类似。

【例 10-1】在 Dreamweaver 中选择“插入记录”|“布局对象”|AP Div 命令，可以在当前网页的当前位置插入一个默认大小的 CSS 层，如图 10.1 所示。这里的 AP Div 是 Absolute Position Div 的简写，可以翻译为“绝对定位的 div 元素”。如果切换到“代码”视图，可以看到该层的 CSS 源代码。

```
<style type="text/css">
<!--
#apDiv1 {                                /*插入层*/
    position:absolute;                   /*绝对定位*/
    width:200px;                         /*宽度*/
    height:115px;                        /*高度*/
    z-index:1;                           /*层叠顺序*/
}
-->
</style>
<div id="apDiv1"></div>
```

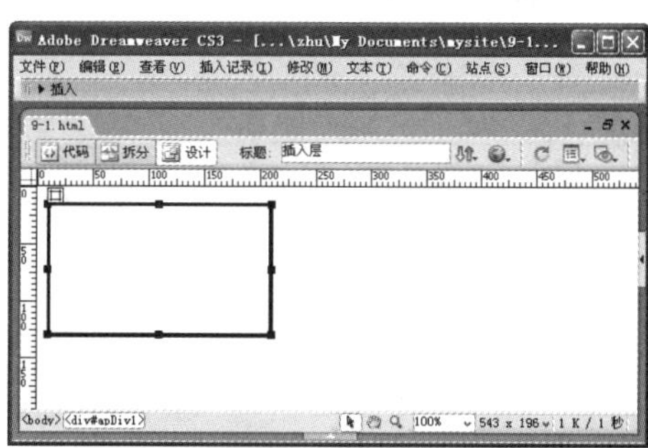

图 10.1　在 Dreamweaver 中插入层

position 属性包括 4 个取值：static（静态）、absolute（绝对）、relative（相对）和 fixed（固定）。下面将分节详细说明。

10.1.2　静态定位

当 position 属性的取值为 static 时，可以将元素定位于静态位置。所谓静态位置就是各个元素在

HTML 文档流中应有的位置。根据 HTML 超文本传输协议，浏览器在接收和解析网页信息时，是遵循从上到下的顺序来实现的，每个元素以及对象在网页中的位置决定了它们被解析和显示的顺序，使每个元素如同流水一样连续有序地向下解析和显示。

Note

静态定位能够根据元素或对象的这种自然顺序来定位元素的位置。例如，在下面的代码块中，如果没有特殊的 CSS 声明，它们都以静态定位确定自己的位置并进行显示。<h1>和<h2>按先后顺序排列在一起，它们的位置始终位于<div id="pageHeader">对象包围的区域之中，如图 10.2 所示。

```
<div id="pageHeader">
    <h1><span>CSS Zen Garden</span></h1>
    <h2><span><acronym title="cascading style sheets">CSS</acronym>设计之美</span></h2>
</div>
```

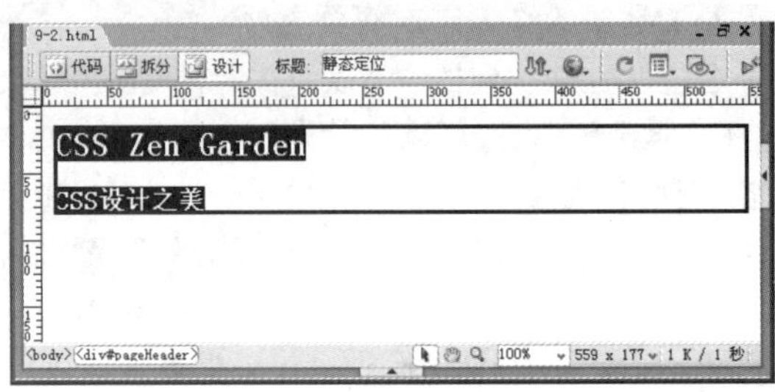

图 10.2　静态定位的元素

任何元素在默认状态下都会以静态定位来确定自己的位置，所以当没有定义 position 属性时，并不说明该元素没有自己的位置，它会遵循默认值显示为静态位置。在静态定位状态下，用户无法通过坐标值（top、bottom、left 或 right）来改变它的位置。

10.1.3　绝对定位

当 position 属性取值为 absolute 时，程序会把元素从文档流中拖出来，根据某个参照物坐标来定位它的显示位置。例如，针对如下的结构，我们使用绝对定位的方法把元素 h2 从文档流中拖离出来，固定在窗口的（100px,100px）坐标位置处，如图 10.3 所示。

图 10.3　绝对定位的元素

```
<style type="text/css">
#pageHeader h2 {
    position:absolute;                 /*绝对定位*/
    left:100px;                        /*x 轴坐标*/
    top:100px;                         /*y 轴坐标*/
}
</style>
```

```
<div id="pageHeader">
    <h1><span>CSS Zen Garden</span></h1>
    <h2><span><acronym title="cascading style sheets">CSS</acronym>设计之美</span></h2>
</div>
```

从图 10.3 中可以看出 h2 元素已经完全不受文档流的影响，始终显示在指定坐标的位置。此时，h2 元素与<div id="pageHeader">对象没有任何关系。h2 元素的大小和位置不会影响<div id= "pageHeader">对象的大小和位置，反过来，<div id="pageHeader">对象的大小和位置也不会影响 h2 元素的大小和位置。

绝对定位是网页精确定位的基本方法。如果结合 left、right、top 和 bottom 坐标属性进行精确定位，结合 z-index 属性排列元素的覆盖顺序，结合 clip 和 visiblity 属性裁切、显示或隐藏元素对象或部分区域，就可以设计出更强大的网页布局效果。

10.1.4　相对定位

相对定位是一种折中的定位方法，是在静态定位和绝对定位之间取一个平衡点。所谓相对定位，就是使被应用的元素不脱离文档流，却能够通过坐标值以原始位置为参照物进行偏移。

【例 10-2】在本实例中，h2 元素被定义了相对定位，坐标偏移值为（100px,100px），这时的显示效果如图 10.4 所示。虽然从显示位置看，h2 元素在包含元素<div id="pageHeader">的外边，但是它们之间的父子关系依然存在，并相互影响。

```
<style type="text/css">
#pageHeader h2 {
    position:relative;                    /*相对定位*/
    left:100px;                           /*x 轴坐标*/
    top:100px;                            /*y 轴坐标*/
}
</style>
<div id="pageHeader">
    <h1><span>CSS Zen Garden</span></h1>
    <h2><span><acronym title="cascading style sheets">CSS</acronym>设计之美</span></h2>
</div>
```

图 10.4　相对定位的元素

如果定义<div id="pageHeader">的顶部和左侧外边距，并向右下角移动元素，则相对定位元素 h2 也随之变化，如图 10.5 所示。

```
#pageHeader {
    margin-top:50px;                      /*顶部外边距*/
```

```
    margin-left:50px;                    /*左侧外边距*/
}
```

反过来，如果增加相对定位元素 h2 的高度，则包含元素的高度也会随之增加，如图 10.6 所示。

```
#pageHeader{
    border:solid 1px red;                /*边框*/
}
#pageHeader h2 {
    height:100px;                        /*增加相对定位元素的高度*/
}
```

图 10.5　相对定位元素与包含框的位置关系

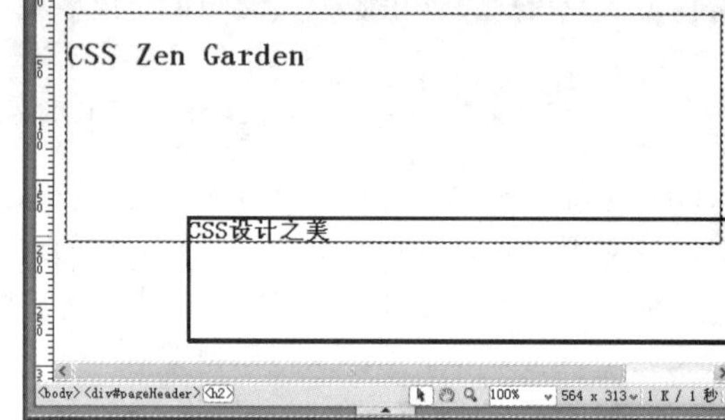

图 10.6　相对定位元素的高度对包含元素的影响

这时，从图 10.6 中可以看到，相对定位元素虽然偏移了原始位置，但是它的原始位置所占据的空间仍保留，并没有被其他元素所挤占。认识并理解相对定位的这一特点对于进行网页布局来说非常重要，因为很多时候设计师需要相对定位来校正元素的显示位置，但并不希望因为校正位置而影响到其他元素的位置变化。

【例 10-3】在本实例中，偏移 acronym 元素包含的 CSS 字符串到“设计之美”字符串右侧显示，同时原来的位置并没有被后面的字符串“设计之美”所占用，如图 10.7 所示。

```
<style type="text/css">
#pageHeader {
    border:solid 1px red;                /*定义包含框的边框*/
}
#pageHeader acronym {                    /*相对定位元素样式*/
    position:relative;                   /*相对定位*/
    left:240px;                          /*x 轴坐标*/
    top:20px;                            /*y 轴坐标*/
    font-size:80px;                      /*字体大小*/
    color:red;                           /*字体颜色*/
}
</style>
<div id="pageHeader">
    <h1><span>CSS Zen Garden</span></h1>
    <h2><span><acronym title="cascading style sheets">CSS</acronym>设计之美</span></h2>
</div>
```

如果相对定位元素遇到文档流对象，它就会覆盖文档流中的对象。例如，针对上面的实例，如果

修改其中 h2 元素的偏移位置，使其向上移动与 h1 元素重合，则相对定位元素 h2 就会覆盖自然流动元素 h1，如图 10.8 所示。

```
#pageHeader acronym {
    position:relative;                          /*相对定位*/
    top:-70px;                                  /*向上偏移位置*/
}
```

图 10.7　相对定位元素原始位置与偏移位置关系

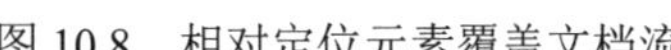
图 10.8　相对定位元素覆盖文档流

另外，相对定位元素之间也存在覆盖现象。例如，在下面代码中，分别定义 3 个不同背景色的盒子，通过相对定位使它们重合在一起。这时可以看到位于后面的相对定位元素会覆盖前面的相对定位元素，如图 10.9 所示。

```
<style type="text/css">
#box1, #box2, #box3 {                           /*公共属性*/
    height:100px;                               /*高度*/
    width:200px;                                /*宽度*/
    position:relative;                          /*相对定位*/
    color:#fff;                                 /*字体颜色*/
}
#box1 {/*红盒子*/
    background:red;                             /*背景色*/
    top:150px;                                  /*x 轴坐标*/
    left:50px;                                  /*y 轴坐标*/
}
#box2 {/*蓝盒子*/
    background:blue;                            /*背景色*/
    top:0;                                      /*x 轴坐标*/
    left:100px;                                 /*y 轴坐标*/
}
#box3 {/*绿盒子*/
    background:green;                           /*背景色*/
    top:-150px;                                 /*x 轴坐标*/
    left:150px;                                 /*y 轴坐标*/
}
</style>
<div id="box1">红盒子</div>
<div id="box2">蓝盒子</div>
<div id="box3">绿盒子</div>
```

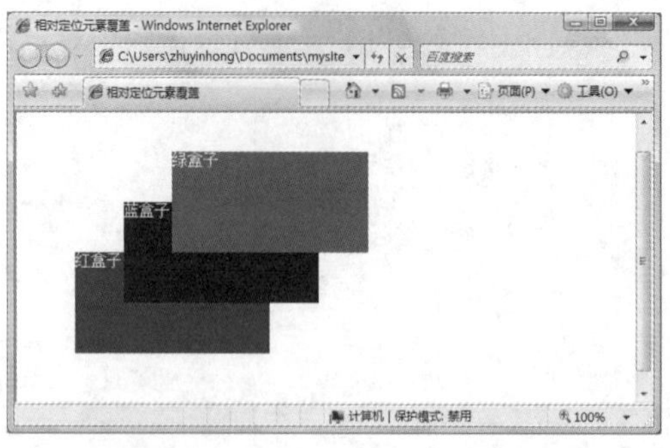

图 10.9　相对定位元素之间覆盖关系

10.1.5　固定定位

固定定位是绝对定位的一种特殊形式，它是以浏览器窗口作为参照物来定义网页元素的。如果定义某个元素固定显示，则该元素不受文档流的影响，也不受包含块的位置影响，它始终以浏览器窗口来定位自己的显示位置。不管浏览器滚动条如何滚动，也不管浏览器窗口大小变化，该元素都会显示在浏览器窗口内。通俗地说，就是以浏览器窗口的 4 条边作为坐标系来定位元素的位置。

【例 10-4】在本实例中定义<div id="pageHeader">对象固定在浏览器窗口顶部显示，宽度为100%。然后在下面定义一个超高元素，强迫浏览器显示滚动条。这时如果在浏览器中拖动滚动条，就会发现<div id="pageHeader">元素包含的对象内容始终显示在窗口顶部，如图 10.10 所示。

```
<style type="text/css">
#pageHeader {
    background:#FF99FF;                    /*背景色*/
    position:fixed;                        /*固定定位*/
    width:100%;                            /*宽度*/
    top:0px;                               /*x 轴坐标*/
    left:0;                                /*y 轴坐标*/
}
#bigBox {
    height:2000px;                         /*定义超高元素*/
}
</style>
<div id="pageHeader">
    <h1><span>CSS Zen Garden</span></h1>
    <h2><span><acronym title="cascading style sheets">CSS</acronym>设计之美</span></h2>
</div>
<div id="bigBox"></div>
```

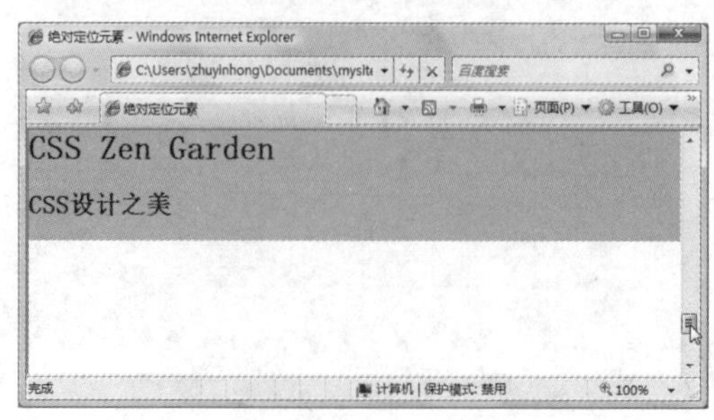

图 10.10　固定定位元素

注意，固定定位在 IE6 及其以下版本的浏览器中不被支持。

fixed 属性可以通过 left（左边距离）、top（顶边距离）、right（右边距离）和 bottom（底边距离）属性从浏览器不同边框来进行定位，不受 body 元素的影响，也就是说不受页边距的影响。如果在没有指定高或宽的情况下，则可以通过 left（左边距离）、top（顶边距离）、right（右边距离）和 bottom（底边距离）属性来定义元素的大小。例如，在下面的代码中，<div id="pageHeader">元素将铺满整个浏览器窗口，但是这个特征只能够在 Foxfire 等现代浏览器中获得支持，IE6 及以下版本的浏览器不支持该方法。

```
<style type="text/css">
#pageHeader {
    background:#FF99FF;                     /*背景色*/
    position:fixed;                         /*固定定位*/
    top:0;                                  /*顶边距离*/
    left:0;                                 /*左边距离*/
    bottom:0;                               /*底边距离*/
    right:0;                                /*右边距离*/
}
</style>
<div id="pageHeader"></div>
```

同理，在没有定义宽度的情况下，如果同时定义了 left 和 right 属性，则可以在水平方向上定义元素的宽度和位置；在没有定义高度的情况下，如果同时定义了 top 和 bottom 属性，则可以在垂直方向上定义元素的高度和位置。

10.2　定位参照

10.1 节详细讲解了元素的 4 种定位类型，实际上每个元素都拥有定位特性，没有定位就没有元素在网页中的显示位置。不过 CSS 默认每个元素显示为静态定位。本节将重点讲解定位布局中两个重要的概念：参照对象和坐标值。

10.2.1　参照对象

在默认状态下，绝对定位网页中的某个元素时，浏览器都是以网页的边框来进行定位的。更准确地说，浏览器是以窗口的边框来进行定位的，不受 body 元素的边距影响。

【例 10-5】在本实例中，定义页面的外边距为 100px，内边距为 100px，然后再定义一个绝对定位的元素，设置它的坐标值为（100px,100px）。如果在浏览器中预览，则会显示如图 10.11 所示的效果。显示效果说明绝对定位元素的位置没有受到页边距的影响。

```
<style type="text/css">
body {
    margin:100px;                           /*定义页面外边距*/
    padding:100px;                          /*定义页面内边距*/
}
#box {
    position:absolute;                      /*绝对定位*/
    left:100px;                             /*x 轴坐标，距离左边框距离*/
```

```
    top:100px;                          /*y 轴坐标，距离顶部边框距离*/
    width:200px;                        /*宽度*/
    height:100px;                       /*高度*/
    background:red;                     /*背景色*/
}
<body>
<div id="box"></div>
```

Note

那么是不是绝对定位就不受边距的影响呢？不是的。我们在上面的实例基础上继续探究。例如，按如下代码把 body 元素定义为绝对定位元素。

```
body {
    margin:100px;                       /*外边距*/
    padding:100px;                      /*内边距*/
    position:absolute;                  /*绝对定位*/
}
```

在浏览器中预览，其显示效果如图 10.12 所示。这说明绝对定位的元素还是受页边距的影响。

图 10.11　绝对定位不受页边距影响

图 10.12　绝对定位受页边距影响

在第一次试验时，body 元素默认显示为静态定位状态，此时浏览器就根据浏览器窗口的内边框来进行定位。第二次试验时，body 元素被定义为绝对定位元素，这时浏览器就以 body 元素作为参照物进行定位，以 body 元素内边距的内沿作为参考。不仅如此，所有被定义了相对定位、绝对定位的元素都可以作为 CSS 定位参照物来确定其包含的绝对定位元素的坐标。

有时我们把这个具备 CSS 定位参照物的元素称为包含块。有了包含块，就可以使 CSS 绝对定位功能发挥到极致。

在前面的章节中曾经提及过 CSS 包含框，它是从 HTML 结构关系上来定位不同对象之间的关系的。例如，在下面这个结构中，可以说<div id="container">是<div id="box1">的包含框，而<div id="wrap">是<div id="container">的包含框，因为它们的结构是嵌套、包含的关系。

```
<div id="wrap">
    <div id="container">
        <div id="box1"> </div>
    </div>
    <div id="box2"> </div>
</div>
```

而对于 CSS 包含块来说，不能直接说<div id="container">是<div id="box1">的包含块，或者<div id="wrap">是<div id="container">的包含块。这要看这些对象的定位性质，如果它们都被定义为定位元素，则这样说是正确的；相反，如果<div id="wrap">被定义为定位元素，而<div id="container">为自然流动，则只有<div id="wrap">是包含块。清楚了包含块的概念，读者才能够灵活应用定位布局。

Note

【例 10-6】在本实例中，采用双重定位的方法实现让一个方块永远位于浏览器窗口的中间位置，包括水平居中和垂直居中，显示效果如图 10.13 所示。

```
<style type="text/css">
#wrap {                                 /*定位包含块*/
    position:absolute;                  /*绝对定位*/
    left:50%;                           /*x 轴坐标*/
    top:50%;                            /*y 轴坐标*/
    width:200px;                        /*宽度*/
    height:100px;                       /*高度*/
    border:dashed 1px blue;             /*虚线框*/
}
#box {                                  /*定位方块*/
    position:absolute;                  /*绝对定位*/
    left:-50%;                          /*x 轴坐标*/
    top:-50%;                           /*y 轴坐标*/
    width:200px;                        /*宽度*/
    height:100px;                       /*高度*/
    background:red;                     /*背景色*/
}
</style>
<div id="wrap">
    <div id="box"></div>
</div>
```

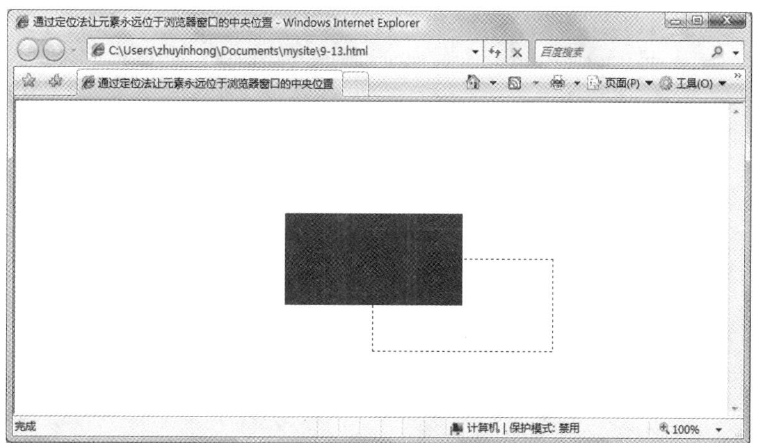

图 10.13　让元素永远位于浏览器窗口的中央位置

使元素垂直居中是一个很麻烦的问题，同样，对于绝对定位的元素来说，实现居中显示也是比较困难的。本例能够帮助读者找到一种新的方法。

首先，利用一个辅助元素（即虚线框）绝对定位到浏览器窗口的中央附近。设置它的 x 轴坐标为窗口宽度的一半，y 轴坐标为窗口高度的一半。这样可以看到虚线框的左上顶角位于浏览器窗口的中

央位置，但是虚线框偏向右下方。

然后，再以这个虚线框作为参照物（因为它被定义为绝对定位元素，是一个包含块），定义它所包含的元素为绝对定位元素，x 轴坐标的取值为虚线框宽度的一半，并加上负号，y 轴坐标的取值为虚线框高度的一半，并加上负号，这样定位元素就以虚线框的左上顶角定位参照点反向左上方移动，最终实现绝对中央的位置。当然，一定要将父子两个定位元素的大小设置成相同的。可以不为包含块增加虚线框，这样别人就会以为是元素自身被放置到窗口中央位置。

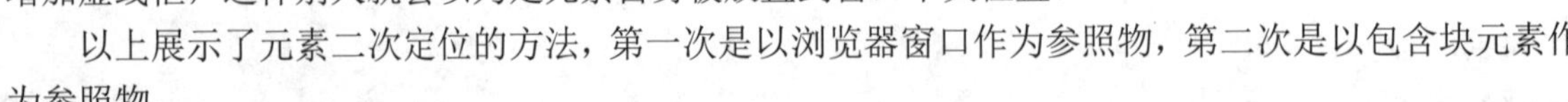

以上展示了元素二次定位的方法，第一次是以浏览器窗口作为参照物，第二次是以包含块元素作为参照物。

上面的实例展示了以绝对定位元素作为定位参照物的方法，其实也可以使用相对定位作为包含块，这样能够赋予绝对定位更大的灵活性。

【例 10-7】在本实例中，绝对定位是根据相对定位包含块来定位自己的位置的，其效果如图 10.14 所示。如果在<div id="pageHeader">对象前面增加多个换行标签

，则这时<div id="pageHeader">对象被迫向下移动，此时可以看到绝对定位元素也跟着向下移动。这说明它始终跟随包含块的位置变化而变化，如图 10.15 所示。

```
<style type="text/css">
#pageHeader {
    border:solid 1px red;                    /*边框*/
    position:relative;                       /*相对定位，定义包含块*/
}
#pageHeader h2 {
    position:absolute;                       /*绝对定位*/
    left:40%;                                /*右移至中间位置*/
}
</style>
<div id="pageHeader">
    <h1><span>CSS Zen Garden</span></h1>
    <h2><span><acronym title="cascading style sheets">CSS</acronym>设计之美</span></h2>
</div>
```

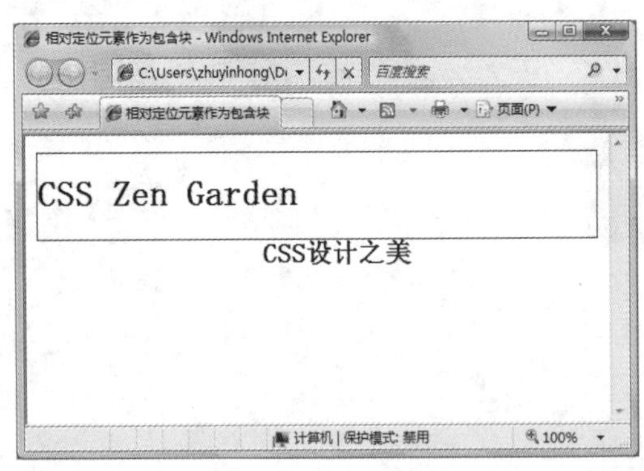

图 10.14　相对定位包含块

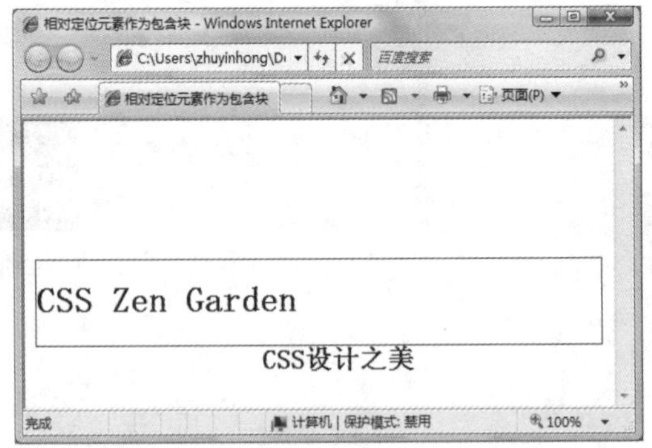

图 10.15　移动相对定位包含块

可以看到，当元素被定义为绝对定位元素之后，其在文档流中的原始位置就不再被保留，绝对定位元素与文档流就没有直接联系，借助这种方法读者能够间接建立文档流与绝对定位元素的联系。

10.2.2　坐标值

为了灵活定位页面元素，CSS 定义了 4 个坐标属性：top、right、bottom 和 left。通过这些属性的联合使用，可以以包含块的 4 个内顶角来定位元素在页面中的位置。

☑　top 属性表示定位元素顶边外壁到包含块元素顶部内壁的距离。

☑　right 属性表示定位元素右边外壁到包含块元素右侧内壁的距离。

☑　bottom 属性表示定位元素底边外壁到包含块元素底部内壁的距离。

☑　left 属性表示定位元素左边外壁到包含块元素左侧内壁的距离。

这里的外壁是指定位元素的外边框，即边框的外沿，而内壁是指包含块元素内边距的内沿。

【例 10-8】在下面这个相对定位包含块中，包含着一个绝对定位的元素，可以很直观地看到坐标参照系，如图 10.16 所示。

```
<style type="text/css">
#wrap {
    position:relative;                    /*相对定位*/
    border:solid 50px red;                /*边框*/
    padding:50px;                         /*内边距*/
    width:50px;                           /*宽度*/
    height:50px;                          /*高度*/
}
#box {
    position:absolute;                    /*绝对定位*/
    border:solid 50px blue;               /*边框*/
    margin:50px;                          /*外边距*/
    padding:50px;                         /*内边距*/
    width:50px;                           /*宽度*/
    height:50px;                          /*高度*/
    left:50px;                            /*x 轴坐标*/
    top:50px;                             /*y 轴坐标*/
}
</style>
</head>
<body>
<div id="wrap">包含块包含块包含块
    <div id="box">定位元素定位元素定</div>
</div>
```

上面的代码是以包含块的左上内顶角作为坐标原点进行定位的，当然也可以使用其他 3 个内顶角作为坐标原点进行定位。例如，输入如下坐标值，就可以以右下内顶角为坐标原点进行定位，如图 10.17 所示。

```
#box {
    right:50px;
    bottom:50px;
}
```

Note

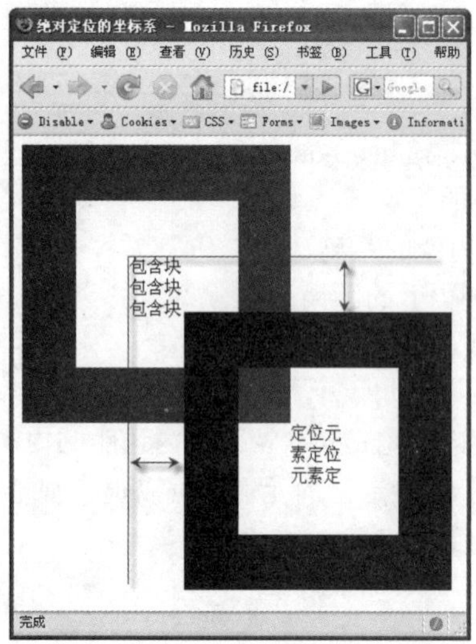

图 10.16　左上内顶角为坐标原点

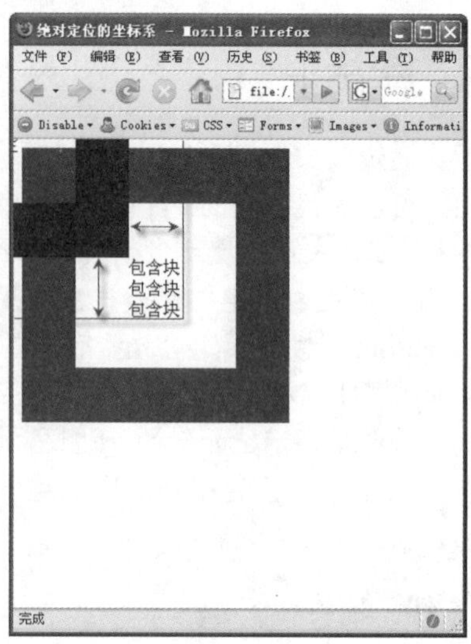

图 10.17　右下内顶角为坐标原点

同样的道理，如果将 top 和 right 属性结合使用，则可以以右上内顶角作为坐标原点进行定位，如图 10.18 所示；将 left 和 bottom 属性结合使用，可以以左下内顶角作为坐标原点进行定位，如图 10.19 所示。

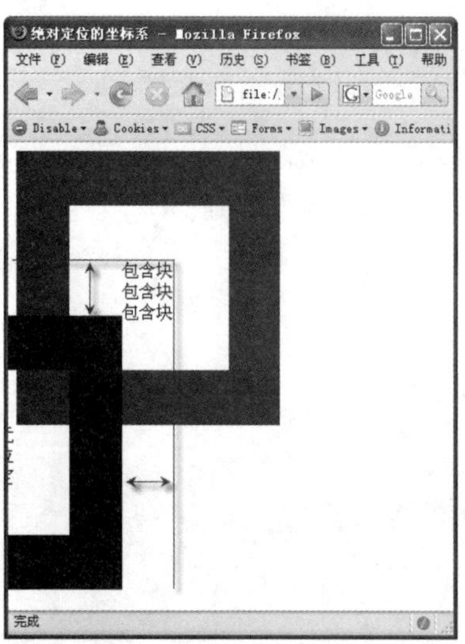

图 10.18　右上内顶角为坐标原点

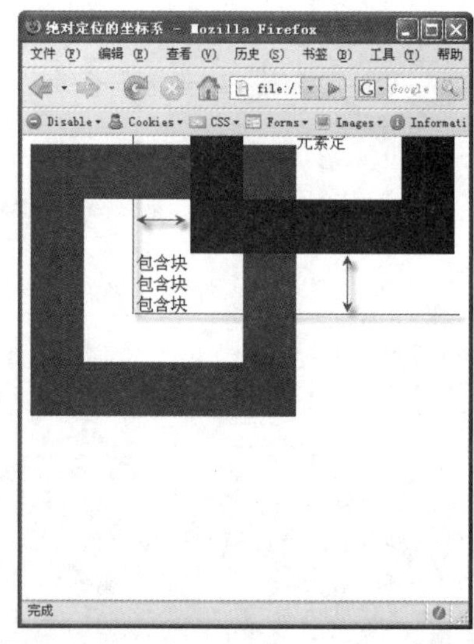

图 10.19　左下内顶角为坐标原点

在使用坐标属性时，可以任意组合，也可以仅定义单个坐标属性，在某个方向定位坐标，这时，另一方向上将采用默认值。

当同时使用 left 和 right 属性进行定位时，left 属性值为有效值。同理，如果同时使用 top 和 bottom 属性进行定位，则 top 属性值有效。当同时定义了 3 个或 3 个以上属性时，应遵循上面的优先原则进行定位。

10.2.3　定位的特殊性

在前面的小节中曾经介绍过，相对定位元素能够随文档流自由流动，绝对定位元素脱离文档流，

不再受文档流的影响。但是当绝对定位元素没有被显式指明坐标系时，这种情况就会发生变化。

【例 10-9】当相对定位元素随文档流移动时，绝对定位元素也随之移动。现在把相对定位元素改为绝对定位元素，会发现绝对定位元素随着文档流在移动，如图 10.20 所示。

```
<style type="text/css">
#pageHeader {
    border:solid 1px red;                /*边框*/
    position:absolute;                   /*绝对定位*/
}
#pageHeader h2 {
    position:absolute;                   /*绝对定位*/
    left:40%;                            /*x 轴坐标*/
}
</style>
<br /><br /><br /><br /><br /><br />
<div id="pageHeader">
    <h1><span>CSS Zen Garden</span></h1>
    <h2><span><acronym title="cascading style sheets">CSS</acronym>设计之美</span></h2>
</div>
```

因此，当绝对定位元素没有显式指明 top、right、bottom 或 left 定位属性时，它还暂时未脱离文档流，并受文档流的影响，具有相对定位的特性，但是它在文档流中的位置已经不存在了，其大小不会影响到包含元素。

另外，如果绝对定位元素仅指明 x 轴或 y 轴坐标值，则它只能具备该方向上的定位能力，另一个方向仍然显示为相对定位特性。例如，在上面实例基础上定义包含块元素<div id="pageHeader">在 x 轴上右移 100 个像素，此时可以看到绝对定位元素<div id="pageHeader">在 y 轴上向下移动，如图 10.21 所示。

```
#pageHeader {
    border:solid 1px red;                /*边框*/
    position:absolute;                   /*绝对定位*/
    left:100px;                          /*x 轴右移 100 像素*/
}
```

图 10.20　绝对定位元素的相对特性

图 10.21　绝对定位元素的部分相对特性

相对定位的参照对象永远是它本身（即元素的原始位置），但是它的坐标系与绝对定位元素坐标系就略有不同了，具体说明如下。

☑　top 属性表示定位元素顶边外壁到原始位置顶部外壁的距离。

☑ right 属性表示定位元素右边外壁到原始位置右侧外壁的距离。

☑ bottom 属性表示定位元素底边外壁到原始位置底部外壁的距离。

☑ left 属性表示定位元素左边外壁到原始位置左侧外壁的距离。

Note

【例 10-10】在本实例中，可以很清楚地看到相对定位时位移的变化情况，其位移坐标如图 10.22 所示。

```
<style type="text/css">
span {
    border: dashed 1px red;                 /*包含元素的虚线框，描绘相对定位元素的原始位置*/
}
span img {
    position:relative;                      /*相对定位*/
    left:50px;                              /*x 轴坐标*/
    top:50px;                               /*y 轴坐标*/
    margin:50px;                            /*外边框*/
    width:50px;                             /*宽度*/
    height:50px;                            /*高度*/
    border:solid 50px blue;                 /*边框*/
}
</style>
<span><img src="images/001.jpg" /></span>
```

但是对于行内文本来说，这种相对位移会变得很复杂，此时就不再用这个简单的坐标系来进行定位了，而应该根据相对位置来确定。

【例 10-11】在本实例中，将演示行内文本被定义为相对定位之后所出现的复杂情况，其位移坐标如图 10.23 所示。简单地使用某个坐标系来定位流动的文本行是无法实现的，可行的方法就是根据文本行整体进行位移来定位，或者可以根据把多行文本拆分为多行，以不同的坐标系来进行定位。

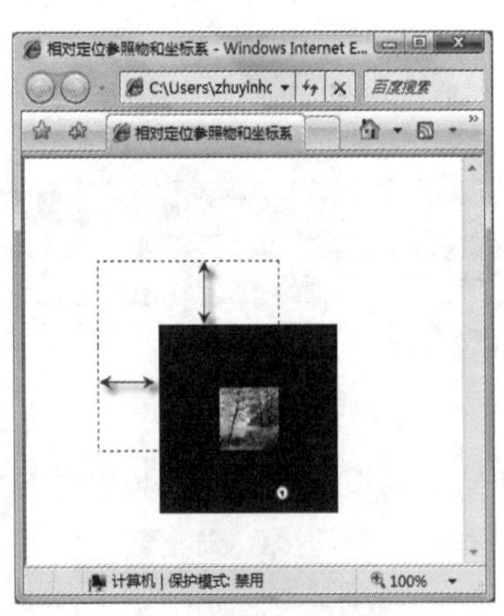

图 10.22　相对定位的位移坐标

图 10.23　相对定位行内文本的位移坐标

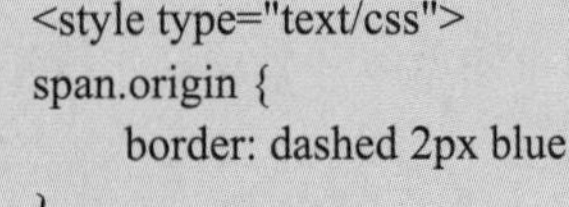

```
<style type="text/css">
span.origin {
    border: dashed 2px blue;                /*包含元素的虚线框，描绘相对定位元素的原始位置*/
}
```

```
span.relative {
    position:relative;                    /*相对定位*/
    left:50px;                            /*x 轴坐标*/
    top:50px;                             /*y 轴坐标*/
    background:#FF66CC;                   /*相对定位元素的背景色*/
}
</style>
<p class="p3"><span>CSS Zen Garden（样式表禅意花园）邀请您发挥自己的想象力，构思一个专业级的网页。<span class="origin"><span class="relative">让我们用慧眼来审视，充满理想和激情去学习 CSS 这个不朽的技术，</span></span>最终使自己能够达到技术和艺术合而为一的最高境界。</span></p>
```

Note

10.3　定位层叠

当多个元素同时被定位之后，有时候会出现相互重叠的现象，这就是定位布局中元素的层叠问题。本节将讲解这个问题，以及各种处理技巧。

10.3.1　层叠顺序

CSS 通过 z-index 属性来排列不同定位元素之间的层叠顺序。该属性可以设置为任意整数值，数值越大，所排列的顺序就越靠上。

【例 10-12】在前面的实例中曾列举了一个红盒子、蓝盒子和绿盒子相对定位排序问题。在默认状态下，它们按先后位置确定自己的位置关系，越排在后面，则其显示的位置就越靠上。

下面利用 z-index 属性来改变它们的层叠顺序。这时可以看到 3 个不同背景色的盒子所层叠的顺序发生了变化，原来排在最上面的绿色盒子现在被排在最下面，如图 10.24 所示。

```
<style type="text/css">
#box1 {                                   /*红盒子*/
    z-index:3;                            /*排在最上面*/
}
#box2 {                                   /*蓝盒子*/
    z-index:2;                            /*排在中间*/
}
#box3 {                                   /*绿盒子*/
    z-index:1;                            /*排在最下面*/
}
</style>
<div id="box1">红盒子</div>
<div id="box2">蓝盒子</div>
<div id="box3">绿盒子</div>
```

同样的道理，如果在前面实例基础上把所有盒子定义为绝对定位元素，一样可以通过 z-index 属性来控制它们的层叠显示顺序。例如，重新编写前面实例的样式表代码，然后让红盒子排列在上面，绿盒子排列在最下面，则显示效果如图 10.25 所示。

```
<style type="text/css">
#box1, #box2, #box3 {                     /*盒子的公共属性*/
    height:100px;                         /*高度*/
    width:200px;                          /*宽度*/
```

```
        position:absolute;                          /*绝对定位*/
    }
    #box1 {/*红盒子*/
        background:red;                             /*红色背景*/
        z-index:3;                                  /*排列在最上面*/
        left:100px;                                 /*x 轴坐标*/
    }
    #box2 {/*蓝盒子*/
        background:blue;                            /*蓝色背景*/
        top:50px;                                   /*y 轴坐标*/
        left:50px;                                  /*x 轴坐标*/
        z-index:2;                                  /*层叠顺序*/
    }
    #box3 {/*绿盒子*/
        background:green;                           /*绿色背景*/
        top:100px;                                  /*x 轴坐标*/
        z-index:1;                                  /*排列在最底下*/
    }
    </style>
```

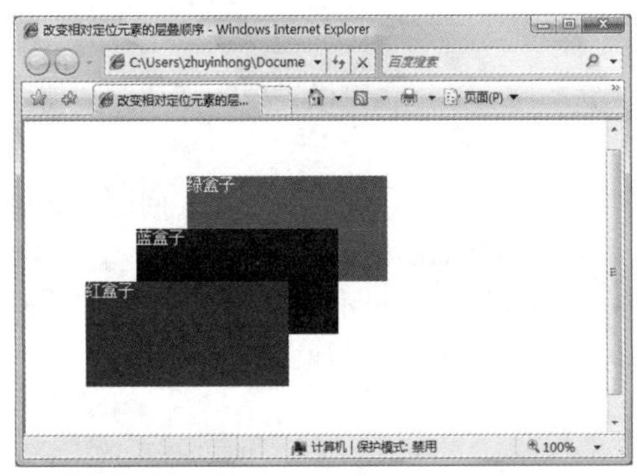

图 10.24　改变相对定位元素之间覆盖顺序

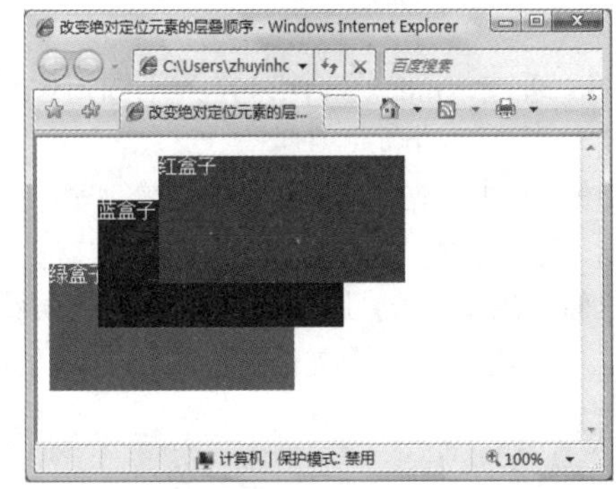

图 10.25　改变绝对定位元素之间覆盖顺序

如果将绝对定位元素和相对定位元素混合在一起，它们之间也严格遵循这样的层叠排序规则，不会存在绝对定位元素优先于相对定位元素的现象。

在默认状态下，定位元素（包括相对定位和绝对定位）永远都会覆盖在文档流对象之上。当然这种关系也不是绝对的，非默认状态下，可能会出现不同的情况。

【例 10-13】在 IE6 及其以下版本的浏览器中，类似于 select 元素的窗口控件会显示在绝对定位元素之后，也就是说 select 元素的窗口控件还不完全支持 z-index 属性。在下面的代码中，下拉列表对象覆盖了绝对定位元素，显示效果如图 10.26 所示。

```
<style type="text/css">
#box {
    height:100px;                               /*宽度*/
    width:200px;                                /*高度*/
    background:red;                             /*红色背景*/
    position:absolute;                          /*绝对定位*/
}
</style>
<div id="box">红盒子</div>
<select name="select" size="1" id="select">
```

```
        <option value="1">---1---</option>
        <option value="2">---2</option>
        <option value="3">---3---</option>
    </select
```

通过 z-index 属性取负值的方法，可以使定位元素隐藏在文档流对象的下面。例如，在下面这段代码中定义 z-index 属性为负值，使绝对定位元素隐藏在文本段的下面，显示效果如图 10.27 所示。

Note

```
<style type="text/css">
#box {
    height:100px;                          /*宽度*/
    width:200px;                           /*高度*/
    background:red;                        /*红色背景*/
    position:absolute;                     /*绝对定位*/
    z-index:-1;                            /*隐藏在文档流下面*/
}
</style>
<div id="box"></div>
<p class="p3"><span>CSS Zen Garden（样式表禅意花园）邀请您发挥自己的想象力，构思一个专业级的网页。让我们用慧眼来审视，充满理想和激情去学习 CSS 这个不朽的技术，最终使自己能够达到技术和艺术合而为一的最高境界。</span></p>
```

图 10.26　下拉列表对象覆盖绝对定位元素的效果

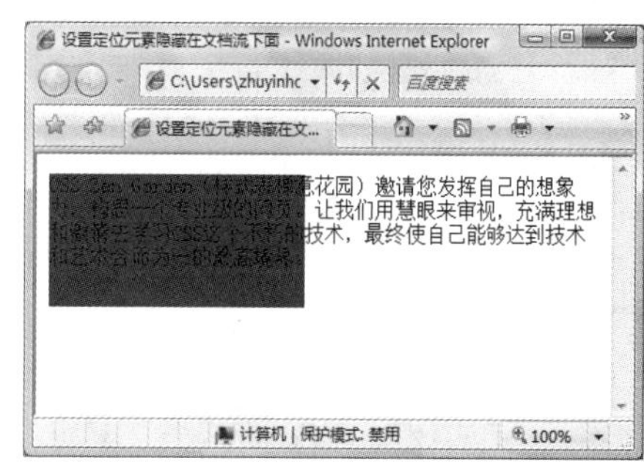

图 10.27　设置定位元素隐藏在文档流下面

设置 z-index 属性为 null 或者定义 z-index 属性为 0 可以移除该属性，但是对于定位元素来说，不管是否定义 z-index 属性，默认情况下，它们的层叠顺序都会高于正常的文档流。

10.3.2　嵌套层叠顺序

在 CSS 定位中还有一个很奇怪的现象，这种现象目前仅在 IE 浏览器中存在。即当定位元素位于 HTML 不同结构层次时，所定位的元素的层叠级别存在很大差异，甚至无法进行比较。

【例 10-14】在本实例中，相对定位元素<div id="wrap">下包含两个子元素：<div id="header">和<div id="main">。<div id="header">是一个相对定位元素，包含一个绝对定位元素<h1 id="logo">，而<div id="main">也是一个绝对定位元素。

由于<h1 id="logo">和<div id="main">都是绝对定位元素，但是它们在 HTML 结构中所处的层级不同，导致无论<h1 id="logo">绝对定位元素的层叠值有多高，在 IE 浏览器下它都被覆盖在<div id="main">对象的下面，如图 10.28 所示；但是在非 IE 浏览器中却能够使用 z-index 属性进行层叠控制，如图 10.29 所示。

```
<style type="text/css">
body {
```

Note

```
        padding:0;                                    /*清除页边距*/
        margin:0;                                     /*清除页边距*/
    }
    #wrap, #header {
        position:relative;                            /*定义相对定位元素*/
    }
    #logo {
        position:absolute;                            /*绝对定位*/
        width:231px;                                  /*宽度*/
        height:159px;                                 /*高度*/
        left:20px;                                    /*x 轴坐标*/
        top:20px;                                     /*y 轴坐标*/
        background:url(images/logo1.gif) no-repeat;   /*背景图像*/
        z-index:1000;                                 /*层叠值*/
        text-indent:-999px;                           /*隐藏网页标题文本*/
        margin:0;                                     /*清除标题元素的默认边距*/
    }
    #main {
        width:100%;                                   /*宽度*/
        height:200px;                                 /*高度*/
        position:absolute;                            /*绝对定位*/
        background:#6699FF;                           /*背景色*/
        top:60px;                                     /*y 轴坐标*/
        text-align:center;                            /*水平居中*/
    }
    </style>
    <div id="wrap">
        <div id="header">
            <h1 id="logo">网页标题</h1>
        </div>
        <div id="main">主体区域</div>
    </div>
```

图 10.28　IE 下定位元素的层叠包含关系效果

图 10.29　非 IE 下定位元素的层叠包含关系效果

对于 IE 浏览器的这个特殊现象，不妨从同级的 HTML 结构入手来解决。也就是说，如果定义<h1

id="logo">对象的父级包含块<div id="header">对象的层叠值大于<div id="main">对象的层叠值，让父级元素之间以平级身份进行层叠排序，这样，如果父级元素排在上面，则它们的子级元素也都排在上面。具体来说就是在<div id="header">对象中增加一个 z-index 属性值。

```
#header {
    z-index:1;                                    /*增加层叠顺序*/
}
```

通过上面的样式定义<div id="header">对象排在<div id="main">对象上面，这样<div id="header">对象包含的子元素就会层叠在上面，如图 10.30 所示。

图 10.30　解决 IE 浏览器中定位元素的层叠包含问题

10.3.3　CSS 层叠框

z-index 属性用来在定位布局中确定元素的层叠顺序，适用于定位元素，即 position 属性值为 relative、absolute 或 fixed 的对象。当一个元素被定位之后，它就归属于某个 Stacking Context（层叠关系）。所谓层叠关系，就如同包含块一样，也可以通俗地说成层叠包含框，它是层叠定位的一个参考平台，在某个层叠包含框内部的所有定位元素都可以在同一个平台上比较定位自己的 z 轴坐标。例如，在下面这个结构中，如果定义<div id="wrap">为定位元素，且赋予它一个 z-index 值，使其成为一个层叠关系框，这时如果内部的其他元素被定义为定位元素，且出现层叠现象，就会以这个<div id="wrap">层叠关系框作为比较平台，来决定相互覆盖关系。

```
<div id="wrap">
    <div id="container">
        <div id="box1"> </div>
    </div>
    <div id="box2"> </div>
</div>
```

【例 10-15】在本实例中，定义黄色盒子的层叠值为 20，绿色盒子的层叠值为 10。现在由于它们都处于同一个层叠关系平台<div id="wrap">中，所以黄色盒子覆盖绿色盒子，显示效果如图 10.31 所示。

Note

```
<style type="text/css">
#wrap {                                          /*定义层叠包含框*/
    position:absolute;                           /*绝对定位*/
    border:dashed 1px blue;                      /*虚线框*/
    width:400px;                                 /*固定宽度*/
    height:200px;                                /*固定高度*/
    z-index: 0;                                  /*层叠值*/
}
#box1 {                                          /*定位黄盒子*/
    position:absolute;                           /*绝对定位*/
    width:80%;                                   /*百分比宽度*/
    height:80%;                                  /*百分比高度*/
    top:20px;                                    /*顶部距离*/
    left: 60px;                                  /*左侧距离*/
    background-color: yellow;                    /*黄色背景*/
    z-index: 20;                                 /*层叠值*/
}
#box2 {                                          /*定位绿盒子*/
    position:absolute;                           /*绝对定位*/
    width:80%;                                   /*百分比宽度*/
    height:80%;                                  /*百分比高度*/
    top: 60px;                                   /*顶部距离*/
    left: 120px;                                 /*左侧距离*/
    background-color: green;                     /*绿色背景*/
    z-index: 10;                                 /*层叠值*/
}
</style>
<div id="wrap">
    <div id="container">
        <div id="box1">定位元素 1</div>
    </div>
    <div id="box2">定位元素 2</div>
</div>
```

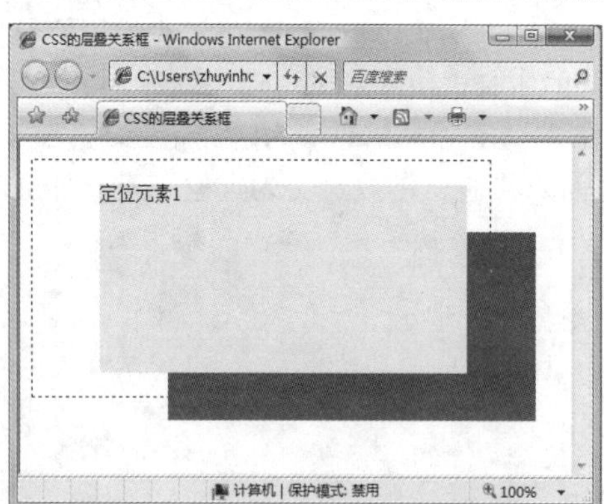

图 10.31　层叠包含框以及内部定位元素的层叠顺序

注意，层叠包含框元素可以称为 Root Stacking Context（层叠根元素），该元素必须是一个定位元素，且 z-index 属性值应为一个非 auto（自动）的值，否则无效。在同一个层叠根元素内的所有定位

元素都会使用相同的规则来决定层叠顺序。如果所有定位元素的层叠包含框（Stacking Context）一样，这些定位元素就以 z-index 属性值来决定层叠显示顺序。

如果 z-index 值相同（专业说法就是 Stack Level 相同），则按照文档流中的结构排列顺序进行定位，位于文档流后面的定位元素会覆盖文档流前面的定位元素。例如，对于上面的实例，如果黄盒子与绿盒子的 z-index 值都为 10，由于在 HTML 结构中绿盒子位于黄盒子的后面，所以它将覆盖黄盒子。但是如果定位元素位于不同的层叠关系中，就不能够简单地使用自身的 z-index 属性来决定层叠顺序，而是应该根据层叠根元素的 z-index 属性来决定层叠顺序，这就是 CSS 层叠包含框嵌套问题。

Note

【例 10-16】针对如下结构，我们来试验层叠包含框发生重叠之后会发生什么情况。

```
<div id="wrap">父级层叠根元素
    <div id="container">子级层叠根元素
        <div id="box1">定位元素 1</div>
    </div>
    <div id="box2">定位元素 2</div>
</div>
```

如果将它们全都定义为绝对定位显示，且定义<div id="wrap">和<div id="container">为层叠包含框，详细样式代码如下。

```
<style type="text/css">
div {                                   /*公共样式，定义定位元素*/
    position:absolute;                  /*绝对定位*/
    top:20px;                           /*顶部距离*/
    left:30px;                          /*左侧距离*/
    width:80%;                          /*百分比宽度*/
    height:80%;                         /*百分比高度*/
}
#wrap {                                 /*外层叠包含框*/
    border:dashed 1px blue;             /*虚线框*/
    width:400px;                        /*固定宽度*/
    height:200px;                       /*固定高度*/
    z-index: 0;                         /*层叠值*/
}
#container {                            /*内层叠包含框*/
    border:solid 2px red;               /*实线框*/
    z-index: 0;                         /*层叠值*/
}
#box1 {                                 /*定位黄盒子*/
    left: 60px;                         /*左侧距离*/
    background-color: yellow;           /*黄色背景*/
    z-index: 20;                        /*层叠值*/
}
#box2 {                                 /*定位绿盒子*/
    top: 60px;                          /*顶部距离*/
    left: 120px;                        /*左侧距离*/
    background-color: green;            /*绿色背景*/
    z-index: 10;                        /*层叠值*/
}
</style>
```

Note

在浏览器中预览，会发现层叠值小的绿盒子覆盖了层叠值大的黄盒子，如图 10.32 所示。这是因为绿盒子与黄盒子的层叠包含框<div id="container">对象（或者说根元素）位于同一个平台，而黄盒子则以<div id="container">层叠包含框作为 z 轴定位的平台，所以两者无法进行比较，而是根据绿盒子与黄盒子的层叠包含框<div id="container">对象的层叠值进行比较，绿盒子的层叠值为 10，<div id="container">对象的层叠值为 0，因此绿盒子会覆盖<div id="container">对象，同时也会覆盖该对象包含的所有子对象，这时不管子对象的层叠值有多大，都会被覆盖。

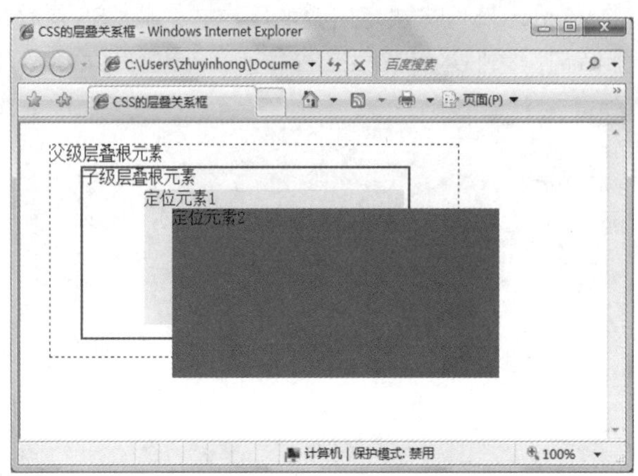

图 10.32　CSS 层叠嵌套关系图

10.3.4　CSS 层叠常见问题

层叠包含框以及层叠关系对于 CSS 定位布局来说是两个重要的概念。但是 IE 却错误地认为所有元素都可以作为层叠包含框（即层叠根元素），而不管这些定位元素的层叠值是否为 auto 或者数值。

【例 10-17】针对上面的实例，如果把<div id="container">对象样式中的 z-index:0 声明删除，<div id="container">对象就不再是层叠包含框了，此时黄盒子与绿盒子就会处于同一个层叠包含框内，也就是说它们是位于同一个平台上进行比较，层叠值大的元素将会排在上面，因此黄盒子将覆盖绿盒子显示在上面，效果如图 10.33 所示。

```
#container {/*清除层叠包含框*/
    border:solid 2px red;                    /*实线框*/
    z-index: 0;                              /*层叠值*/
}
```

根据 CSS 规则，除了根元素（html），只有定位元素的 z-index 被定义为一个非 auto 的 z-index 层叠值才能产生新的层叠包含框。但是你会发现，如果在 IE 浏览器中预览，则层叠值比较低的绿盒子会覆盖层叠值高的黄盒子，如图 10.34 所示。

虽然<div id="container">对象的 z-index 属性为默认值 auto，应该不会影响子元素的层叠顺序，但是 IE 这时仍然把<div id="container">对象视为层叠包含框。这是因为 IE 浏览器认为所有定位元素都会产生一个新的层叠包含框，并且从 z-index 的值为 0 开始。

解决此类问题唯一的方法是通过调整层叠根元素的 z-index 属性值来决定它们的排列顺序。例如，在上面的实例中，如果想要实现黄盒子覆盖绿盒子的效果，则可以定义黄盒子的层叠根元素的层叠值大于绿盒子的层叠值，这样才能够显示如图 10.33 所示的效果。

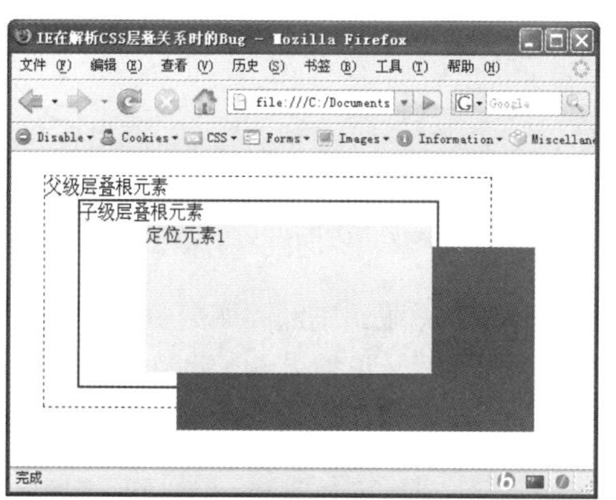

图 10.33　删除 z-index:0 声明后 IE 中预览效果

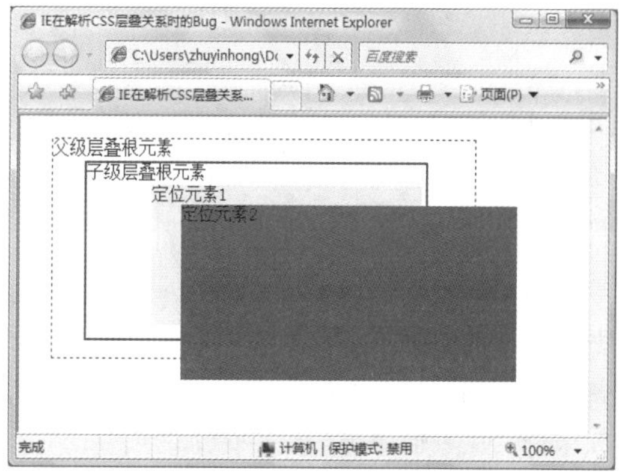
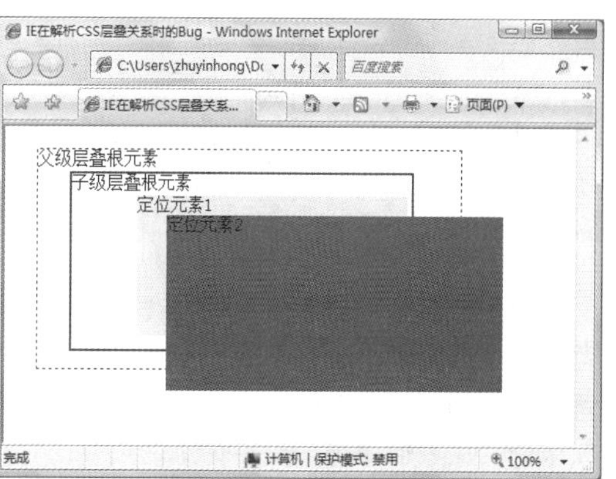

图 10.34　定义非 autor z-index 层叠值后 IE 中预览效果

当 z-index 取负值时，会将元素定位到层叠包含框的底部，隐藏在默认显示的元素的下面。例如，在下面这个结构中，定义<div id="wrap">对象为层叠包含框，然后定义<div id="box1">和<div id="box2">为定位显示，<div id="box3">为自然流动显示。其中<div id="box1">层叠值为正值，而<div id="box2">层叠值为负值。该结构的详细样式表如下。

```
<div id="wrap">层叠根元素
    <div id="box1">定位元素 1</div>
    <div id="box2">定位元素 2</div>
    <div id="box3">流动元素</div>
</div>
<style type="text/css">
#wrap {                                  /*定义层叠包含框*/
    position:absolute;                   /*绝对定位*/
    border:dashed 1px blue;              /*虚线框*/
    width:400px;                         /*固定宽度*/
    height:200px;                        /*固定高度*/
    z-index: 0;                          /*层叠值*/
}
#box1 {                                  /*定位黄盒子*/
    position:absolute;                   /*绝对定位*/
    top:60px;                            /*顶部距离*/
    left: 60px;                          /*左侧距离*/
    width:160px;                         /*固定宽度*/
    height:100px;                        /*固定高度*/
    background-color: yellow;            /*黄色背景*/
    z-index: 1;                          /*层叠值*/
}
#box2 {                                  /*定位绿盒子*/
    position:absolute;                   /*绝对定位*/
    top: 80px;                           /*顶部距离*/
    left: 160px;                         /*左侧距离*/
    width:160px;                         /*固定宽度*/
    height:100px;                        /*固定高度*/
    background-color: green;             /*绿色背景*/
    z-index: -1;                         /*层叠值*/
```

```
}
#box3 {                                    /*普通流动的盒子*/
    width:340px;                           /*固定宽度*/
    height:120px;                          /*固定高度*/
    background-color:#FF00FF;              /*粉红色背景*/
}
</style>
```


这个层叠值为负值的绿盒子会在<div id="wrap">层叠框的内部隐藏到底部，如图 10.35 所示。请注意，这个绿盒子不会被隐藏到<div id="wrap">层叠框的底部，也就是说如果<div id="wrap">被定义了背景色，则它包含的所有定位元素，不管其层叠值的负值为多少，最终都会显示在层叠框的上面。一般来说，层叠值越小，越排在下面。

但是如果定义层叠包含框的层叠值也为负值，这时会发现在非 IE 标准浏览器中看不到任何对象内容，也就是网页中所有的内容都消失了。如果清除层叠包含框的层叠值，让其默认显示为 auto，则这时会发现绿色盒子突然不见，而虚线框和其他元素依然显示在页面中，如图 10.36 所示。

```
#wrap {                                    /*层叠包含框为负值*/
    z-index: -1;                           /*层叠值*/
}
```

图 10.35　负值层叠显示效果

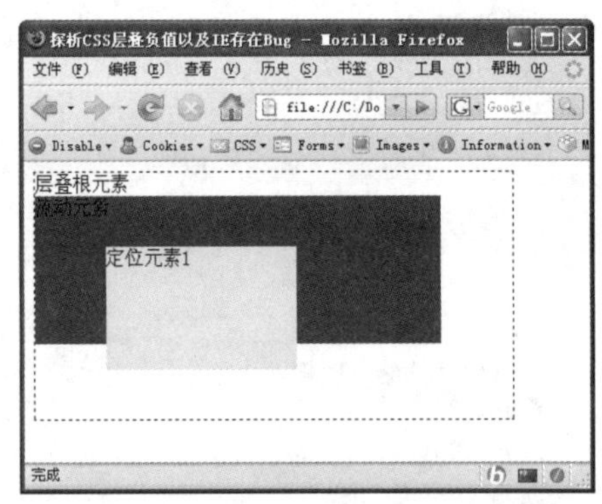

图 10.36　在 FF 中负值层叠值默认显示为 auto 的显示效果

原来，在标准浏览器中，一般都认为 HTML 的根元素 html 是一个固定层叠框，而 body 则不是层叠包含框，当元素取负值时，它就被隐藏在 body 元素的下面，所以在网页中看不到任何对象。此时，如果定义 body 元素为层叠包含框（代码如下），就会发现所有对象都显示出来，原来它们并没有消失，而是被隐藏在 body 下面了。

```
body {                                     /*定义层叠包含框*/
    position:relative;                     /*相对定位*/
    z-index:0;                             /*层叠值*/
}
```

但是，IE 浏览器似乎很奇怪，不管怎么定义，最终所有元素都会显示在页面中，而不会出现对象被隐藏在 body 下面的情况。例如，如果清除<div id="wrap">包含框的 position:absolute 和 z-index: 声明，也就是说清除该层叠包含框，那么根据 CSS 标准规则，被定义为负值的绿盒子会消失，而在 IE 浏览器中，它却依然显示在页面中，因此我们可以理解为 IE 浏览器默认 body 元素为层叠包含框，即 body 元素被默认为一个相对定位（position: relative）元素。

Note

10.4　案 例 实 战

本节将通过 3 个综合实例帮助读者快速掌握 CSS 定位布局的方法和技巧，感受 CSS 定位精确的优势。当然，如果在实践中把定位布局与浮动布局紧密结合起来，发挥各自优势，还能够设计出更多精美的网页效果。

10.4.1　画册式网页布局

如图 10.37 和图 10.38 所示，如果不是浏览器窗口的提示，读者可能想象不到这是用 CSS 设计的页面。这种效果可能只会在桌面排版中才可以看到，现在能够用 CSS 来实现，确实令人感到新鲜和兴奋。

图 10.37　漫画式网页设计效果 1

图 10.38　漫画式网页设计效果 2

但是，如果查看源代码就会发现，该页面的设计很简单，它主要应用 CSS 定位技术来布局页面，具体来说就是页面中的漫画情景由背景图像来实现，而所标注的语言通过 CSS 定位来精确控制。下面就来详细分析它的实现过程。

首先明确，这幅作品是禅意花园收藏的第 099 号作品（http://www.csszengarden.com/?cssfile=099/0910.css），整个设计思路如图 10.39 所示。

在 CSS 定位布局中，一般遵循“外部相对定位、内部绝对定位”的设计思路和原则，即外围框架元素定义为相对定位元素，而子框架或子对象以绝对定位呈现。通过相对定位定义包含块，这样外包含框就能够适应文档流的移动和变化，内部结构和对象以绝对定位的方式准确地确定各自的位置。

从结构定位示意图中也可以清楚地看到不同层次元素被定位的类型。<div id="container">对象作为页面的总包含框，被定义为相对定位元素之后，就可以实现让网页内所有绝对定位元素居中显示的效果。然后定义<div id="intro">、<div id="explanation">、<div id="participation">、<div id="benefits">、<div id="requirements">、<div id="footer">和<div id="linkList">这 7 个对象为相对定位元素，让它们按着文档流的先后顺序排列在网页中。然后在这些相对定位元素内部，再通过绝对定位的方式固定每个对象所包含的子元素或对象。下面以第一大模块<div id="intro">对象为例进行讲解。

Note

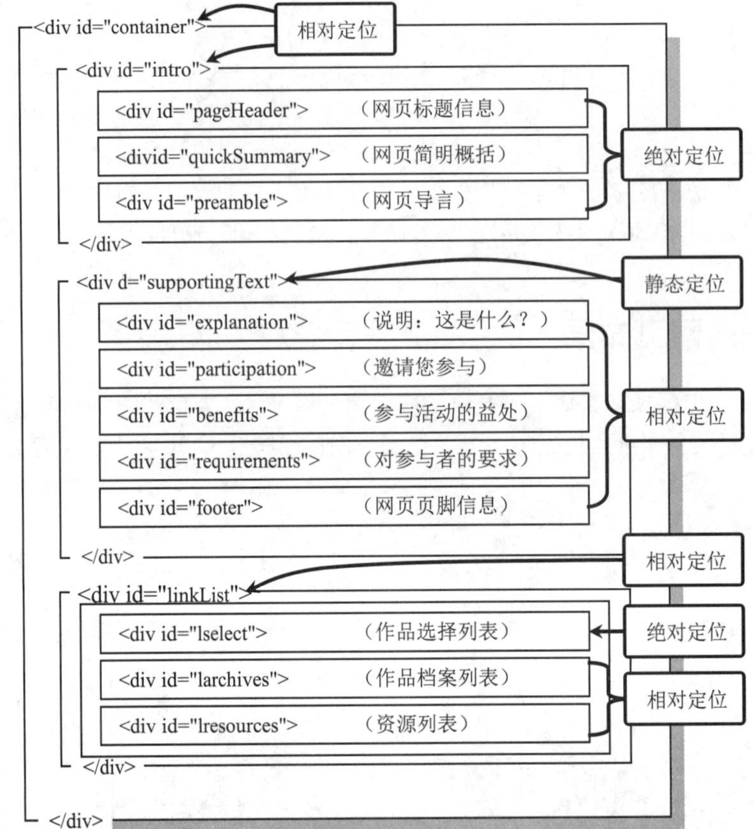

图 10.39 “米老鼠卡通画册”网页布局的结构定位思路

第 1 步，定义网页页面属性，这里主要注意设置页面的宽度和背景。通过限制最低网页宽度以防止浏览器窗口缩小可能造成的布局重叠现象，是 CSS 定位布局中经常遇到的问题。只要固定了宽度和高度，这样的问题就可以避免。设计背景图像，主要衬托一种卡通漫画的基本氛围，如图 10.40 所示。

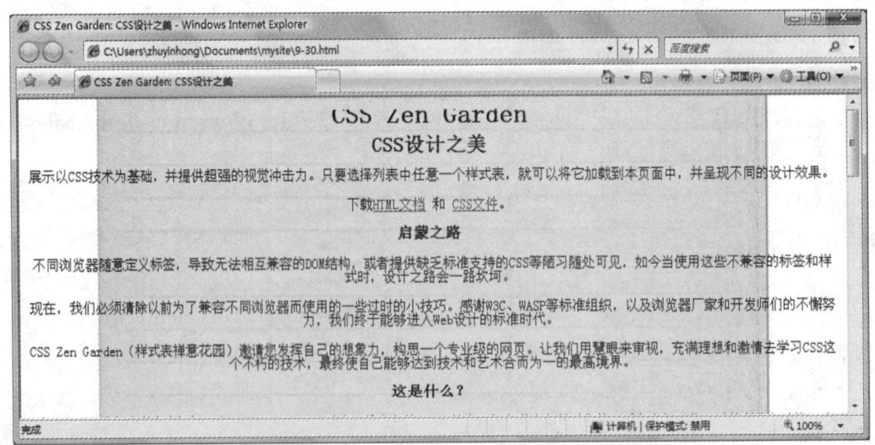

图 10.40 设置卡通式网页属性

```
body {                                /*页面基础属性*/
    text-align:center;                /*IE 下页面水平居中*/
    min-width:760px;                  /*非 IE 下限制最低宽度*/
```

```
    line-height:100%;                                       /*固定行高*/
    background:url(paper.jpg) repeat-y #FFF center top;     /*垂直平铺背景图像*/
}
#container {                                                /*页面包含框基本属性*/
    text-align:left;                                        /*文本左对齐*/
    margin:0 auto;                                          /*非 IE 下页面水平居中*/
    width:760px;                                            /*固定页面宽度*/
    position:relative;                                      /*定义包含块*/
}
```

第 2 步，定义第一大模块的基本定位类型。以相对定位方式确定包含块的定位类型，由于在默认状态下 div 元素呈现为块状元素，所以它的宽度为 100%。固定第一大模块的高度，目的是在文档流中强迫第二大模块排在其后面，即距离页面包含块顶部 1385px 的位置，如果不显式定义该模块的高度，则模块高度为 0，这样第二大模块就会与第一大模块发生重叠。

```
#intro {                                                    /*漫画页包含块*/
    position:relative;                                      /*定义包含块*/
    height:1385px;                                          /*固定高度*/
    margin-top:40px;                                        /*增加顶部外边距*/
}
```

第 3 步，隐藏不需要的子栏目和内容（如网页标题<div id="pageHeader">部分），并利用禅意花园文档底部的备用标签来定义一个背景图像，为模块顶部增加一个挡板，如图 10.41 所示，这个设计技巧也是很值得学习的，希望读者能够借鉴此种设计方法。

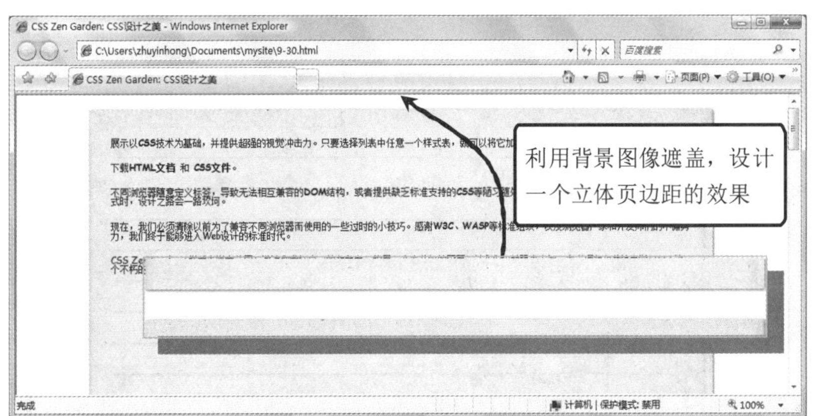

图 10.41　通过额外标签模拟页边距的立体效果

```
#pageHeader {
    display:none;                                           /*定义包含块*/
}
#extraDiv1 {                                                /*额外的备用标签 1*/
    position:absolute;                                      /*绝对定位*/
    height:40px;                                            /*固定高度*/
    width:820px;                                            /*固定宽度*/
    top:0;                                                  /*以浏览器窗口边框为参照物进行 x 轴定位*/
    background:url(paperedge.jpg) no-repeat bottom;         /*定义背景图像*/
    left:50%;                                               /*以浏览器窗口边框为参照物进行 y 轴定位*/
    margin-left:-410px;                                     /*与 left 属性配合实现该元素居中显示*/
}
```

由于禅意花园所提供的这些额外备用标签都位于网页包含框<div id="container">的外面（参阅第10.2.3 节详细分析），如何让它们也能够随时居中布局是一个很麻烦的问题，不过这里使用 left 和margin-left 属性配合设计的方法也值得读者思考，其实在第 10.2.1 节中曾经讲解了一种完全使用绝对定位来实现布局居中的方法，实际上它们的设计思路是相同的。

第 4 步，完成总体框架的设计，现在就可以设计模块内部每个小版块的大小、位置和背景图像。在<div id="intro">包含块内包含了 3 个子模块。第 1 个子模块被隐藏，第 2 个子模块的定位方法如下，显示效果如图 10.42 所示。

```
#quickSummary {                                          /*定位第 2 个子模块*/
    position:absolute;                                   /*绝对定位*/
    left:6px;                                            /*距离包含块左侧距离*/
    top:9px;                                             /*距离包含块顶部距离*/
    width:750px;                                         /*固定宽度*/
    height:491px;                                        /*固定高度*/
    background:url(P1PANEL1.jpg) no-repeat black;        /*附加背景图像*/
}
#quickSummary p.p1 span {                                /*定位第 2 个子模块第 1 段内容*/
    position: absolute;                                  /*绝对定位*/
    left: 71px;                                          /*距离父级包含块左侧距离*/
    top: 28px;                                           /*距离父级包含块顶部距离*/
    width: 328px;                                        /*固定宽度*/
    height: 80px;                                        /*固定高度*/
    font-size: 16px;                                     /*字体大小*/
}
#quickSummary p.p2 span {                                /*定位第 2 个子模块第 2 段内容*/
    position:absolute;                                   /*绝对定位*/
    left:551px;                                          /*距离父级包含块左侧距离*/
    top:0;                                               /*距离父级包含块顶部距离*/
    font: 9px Arial, Helvetica, sans serif;              /*字体属性*/
}
```

图 10.42　定位第一大模块的第 2 个子模块布局效果

第 5 步，定义第一大模块的第 3 个子模块，固定其大小、位置和所需要的背景图像，并在其内部定位每个段落对象的显示大小、相对父包含块的位置和所需要的背景图像，如图 10.43 所示。下面的代码为第 3 个子模块的定位样式，其中包含的每个段落的定位样式就不再列举。

```
#preamble p.p1 {
    position:absolute;                          /*绝对定位*/
    left:5px;                                   /*距离父包含块左侧距离*/
    top:506px;                                  /*距离父包含块顶部距离*/
    width:366px;                                /*固定宽度*/
    height:428px;                               /*固定高度*/
    background:url(P1PANEL2.jpg) no-repeat black;   /*定义背景图像*/
}
```

图 10.43　定位第一大模块的第 3 个子模块布局效果

上面仅就第一大模块的定位布局进行了简单的讲解。实际上，CSS 定位布局中设计思路比较单纯，模块之间的直接影响比较弱，所以初学者可以快速入门。

10.4.2　展览式网页布局

纯粹的 CSS 定位布局固然很简单，设计起来也很方便，但这也许不是最佳布局选择。如果一味追求视觉艺术或创意，发挥一下 CSS 定位布局的优势也未尝不可，但是在以文本信息为主体的网页设计中，使用这种方法倒显得不方便了。设计师往往更钟情于以流动布局为主，恰当地应用定位布局来解决个别模块的特殊显示需求。本节就介绍一个以流动布局为主体，恰当使用定位布局进行补充的设计案例。

这是禅意花园第 148 号作品（http://www.csszengarden.com/?cssfile=148/1410.css），设计效果如图 10.44 和图 10.45 所示。

Note

图 10.44　禅意花园网页设计效果 1

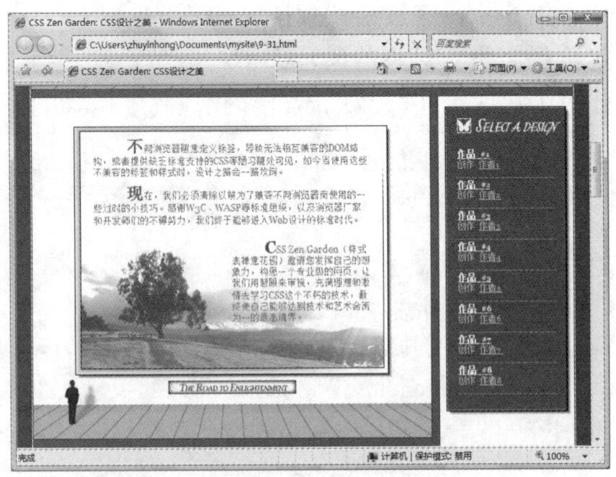

图 10.45　禅意花园网页设计效果 2

整个页面的设计思路是，隐藏第一大模块（<div id="intro">）的主要内容，把其中第 2 个子模块的第 2 段文本定位到页面的左上顶角，第二大模块（<div id="supportingText">）以自然流动的方式进行布局，然后采用绝对定位的方式把第三大模块定位到页面右侧，显示为一个狭长的侧栏，各个模块的定位类型如图 10.46 所示，设计思路如图 10.47 所示。

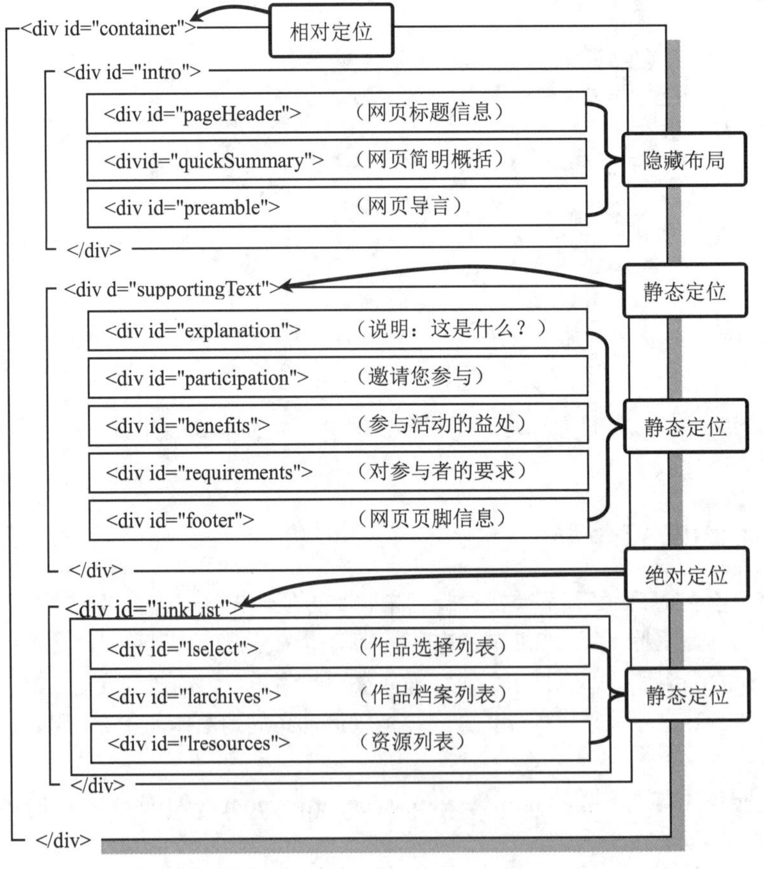

图 10.46　禅意花园展室网页布局的结构定位思路

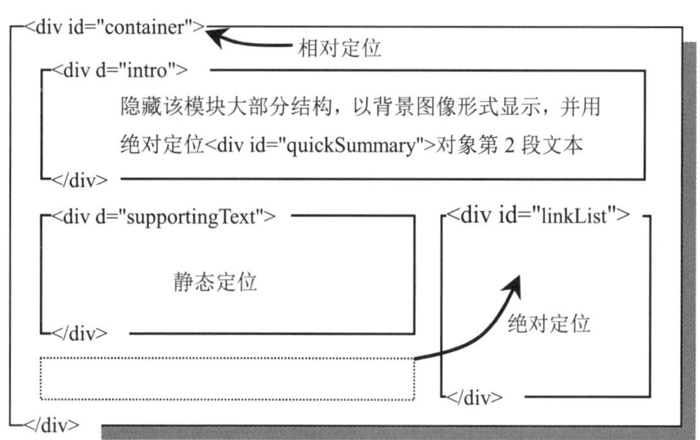

图 10.47　禅意花园展室网页布局设计思路示意图

该网页在整体设计思路上也遵循“外部结构相对定位，内部结构和对象绝对定位”的原则，把网页包含框<div id="container">定义为包含块，作为内部元素绝对定位的参照物。设计的具体过程如下。

第 1 步，设置网页基本属性。这里主要是设置背景色、清除页边距、设置网页居中，另外还可以设置网页的字体基本属性。

```
body {                                          /*页面基本属性*/
    background: #444444;                        /*背景色*/
    padding: 0px;                               /*清除页边距*/
    margin: 0px;                                /*清除页边距*/
    font: 13px Georgia, Serif;                  /*字体基本属性*/
    color: #7f7f7f;                             /*字体颜色*/
    text-align: center;                         /*网页居中*/
}
```

第 2 步，设计网页包含块的基本属性，为下面模块布局奠定基础。

```
#container {                                    /*网页包含框基本样式*/
    background: #5d5d5d;                        /*背景色*/
    position: relative;                         /*定义包含块*/
    padding: 0px;                               /*内边距*/
    margin: 0px auto;                           /*水平居中*/
    width: 760px;                               /*固定宽度*/
    text-align: left;                           /*网页文本左对齐*/
    border-left: 1px solid #fff;                /*设计页左侧修饰线*/
    border-right: 1px solid #fff;               /*设计页右侧修饰线*/
}
```

第 3 步，设计展室封面。在第一大模块的<div id="pageHeader">子模块中定义一个大的背景图像。

```
#pageHeader {                                   /*网页封面设计效果*/
    background: url(header_bg.jpg) no-repeat;   /*设计背景图像*/
    padding: 0px;                               /*内边距*/
    margin: 0px;                                /*外边距*/
    width: 760px;                               /*固定宽度*/
    height: 400px;                              /*固定高度*/
}
```

定义完背景图像后，隐藏其他几个子模块。

```
#pageHeader h1, #pageHeader h2 {                /*第 1 子模块的网页 1、2 级标题*/
    display: none;                              /*隐藏显示*/
}
#quickSummary p.p1 {                            /*第 2 子模块的第 1 段文本*/
    display: none;                              /*隐藏显示*/
}
```

再把第 2 子模块的第 2 段超链接文本定位到网页的左上角顶部，如图 10.48 所示。

```
#quickSummary p.p2 {
    font-size: 11px;                            /*字体大小*/
    color: #ccc;                                /*字体颜色*/
    position: absolute;                         /*绝对定位*/
    top: -1px;                                  /*顶部距离，隐藏 1px*/
    left: 2px;                                  /*左侧距离*/
}
```

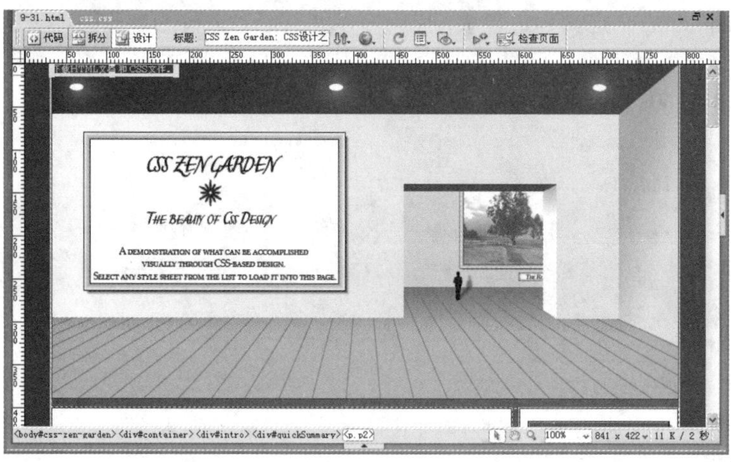

图 10.48　设计展室封面的效果

第 4 步，设计第一大模块的第 3 子模块以及第二大模块的布局。在这些模块中，完全采用静态定位的方法，即让模块内对象按照自然流动的形式从上到下排列显示。通过 width 和 height 来固定模块的显示大小，使用 margin 属性调整每个子模块的显示位置，通过 padding 属性调整模块内包含文本的显示位置。

例如，针对第一大模块的第 3 子模块，可以把标题文本隐藏起来，利用背景图像的方式设计展板效果，如图 10.49 所示。

```
#preamble h3 {
    background: url(preamble.jpg) no-repeat;    /*设计展板背景图像*/
    padding: 0px;                               /*内边距*/
    margin: 0px;                                /*外边距*/
    width: 560px;                               /*宽度*/
    height: 147px;                              /*高度*/
}
#preamble h3 span {
    display: none;                              /*隐藏显示标题文本*/
}
```

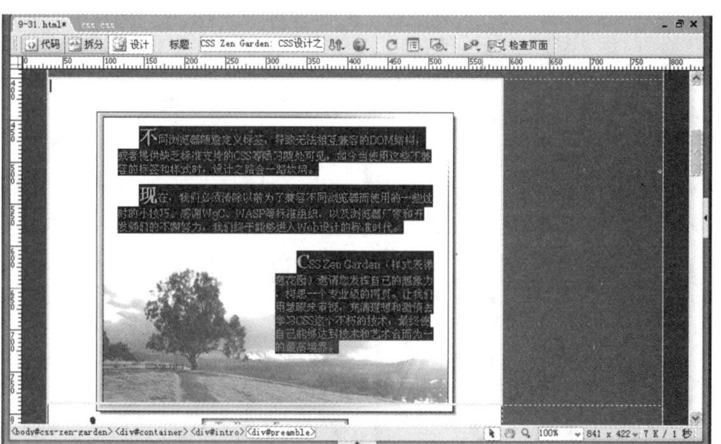

图 10.49　设计展板效果

然后利用内边距来调整文本段在展板内显示的位置和区域大小，如图 10.49 所示。

```
#preamble p {                                              /*段落文本缩进*/
    text-indent: 2em;                                      /*缩进 2 个字符*/
}
#preamble p:first-letter {                                 /*段落首字样式*/
    font-size: 180%;                                       /*放大字体*/
    font-weight: bold;                                     /*加粗*/
    color: #444444;                                        /*字体颜色*/
}
#preamble p.p1 {                                           /*第一段文本*/
    padding: 10px 85px 10px 86px;                          /*调整显示区域*/
    margin: -100px 0px 0px 0px;                            /*调整显示位置*/
}
#preamble p.p2 {                                           /*第二段文本*/
    padding: 0px 85px 20px 86px;                           /*调整显示区域*/
    margin: 0px;                                           /*调整显示位置*/
}
#preamble p.p3 {                                           /*第三段文本*/
    background: url(preamble_img.jpg) no-repeat bottom;    /*增加展板底部背景*/
    padding: 0px 85px 60px 280px;                          /*调整显示区域*/
    margin: 0px;                                           /*调整显示位置*/
}
```

第二大模块的布局也遵循上一步的设计思路，详细步骤此处不再列出。

第 5 步，定位第三大模块的显示位置。按照正常的文档流顺序，第三大模块应该位于页面的最底部，为了能够使其显示在网页顶部右侧栏目中，使用绝对定位是最佳选择。由于上面已经把网页包含框<div id="container">定义为包含块，因此当定义<div id="linkList">模块绝对定位时，就以<div id="container">为参照物来进行定位，效果如图 10.50 所示。

```
#linkList {                                                /*定位第三大模块*/
    position: absolute;                                    /*绝对定位*/
    top: 400px;                                            /*距离顶部距离*/
    left: 570px;                                           /*距离左侧距离*/
    padding: 0px;                                          /*清除内边距*/
    margin: 0px;                                           /*清除外边距*/
```

Note

```
    width: 190px;                              /*固定宽度*/
}
```

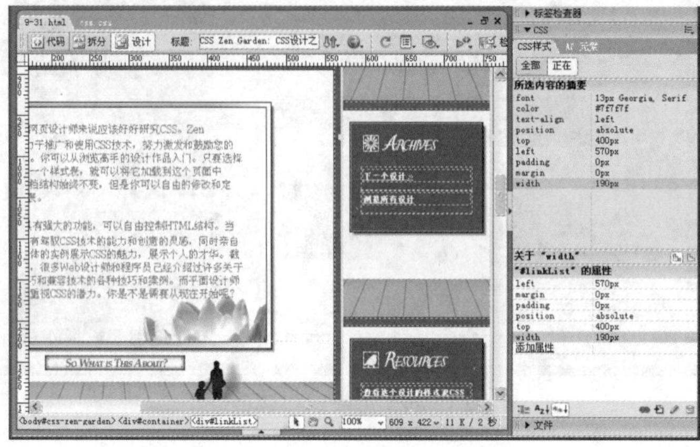

图 10.50　定位第三大模块的显示位置和大小

第三大模块内部包含的 3 个子模块将按照默认的静态定位方式自然流动到该绝对定位的层中，具体设计方法也是利用外边距、内边距和背景图像来调整显示位置和大小，详细代码可以参阅光盘实例代码，这里不再详细讲解。

10.4.3　浪漫式网页布局

上面两个实例分别演示了如何设计纯 CSS 定位布局，以及在 CSS 流动布局中辅助配合绝对定位这两种应用类型。本节再讲解一个 CSS 浮动布局与定位布局相互配合的实例，相信通过本实例能够使读者进一步体会到网页设计的多样性。在实际设计中，采用浮动布局的实例比较多，因为它具备更好的灵活性和适应能力。不过如果能够结合定位布局，你会发现网页设计更加自如和轻松。

本实例中的页面蓝色多瑙河，是禅意花园的早期作品（http://www.csszengarden.com/?cssfile=003/003.css），它是典型的 3 行 2 列式布局，以浮动布局为主，兼用 CSS 定位控制作品链接栏目显示在页面顶部，设计效果如图 10.51 所示，页面的结构布局思路如图 10.52 所示。

图 10.51　“蓝色多瑙河”页面设计效果

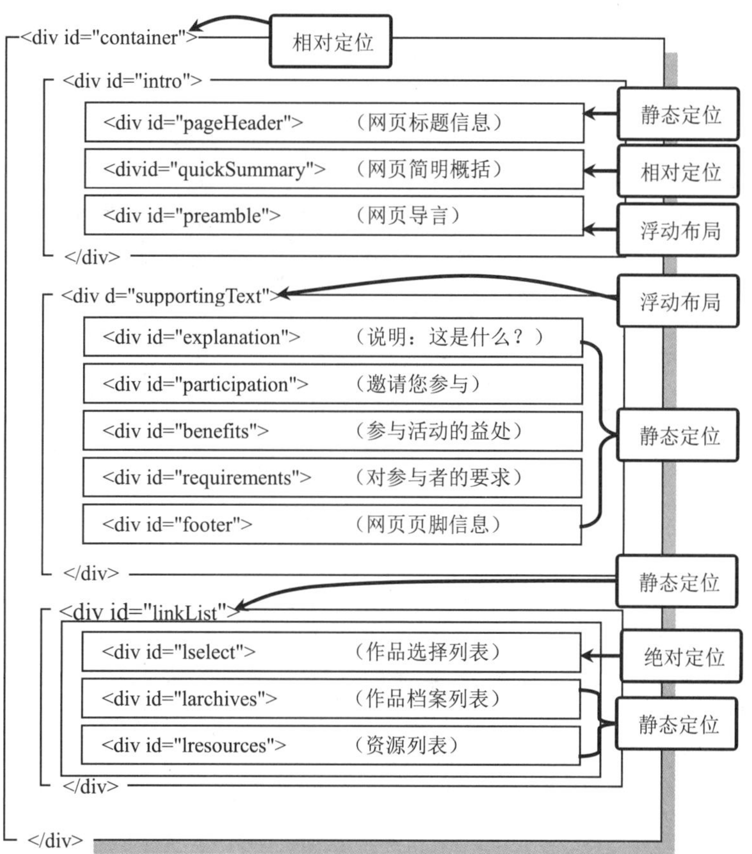

图 10.52　“蓝色多瑙河”网页的结构布局思路

整个页面的主要模块布局设计示意图如图 10.53 所示。页面中的主要文本信息以浮动的方式分列两栏，页面顶部显示为第一大模块的主要信息，同时通过绝对定位的方式把第三大模块的作品链接（<div id="lselect">）子模块定位到顶部显示。

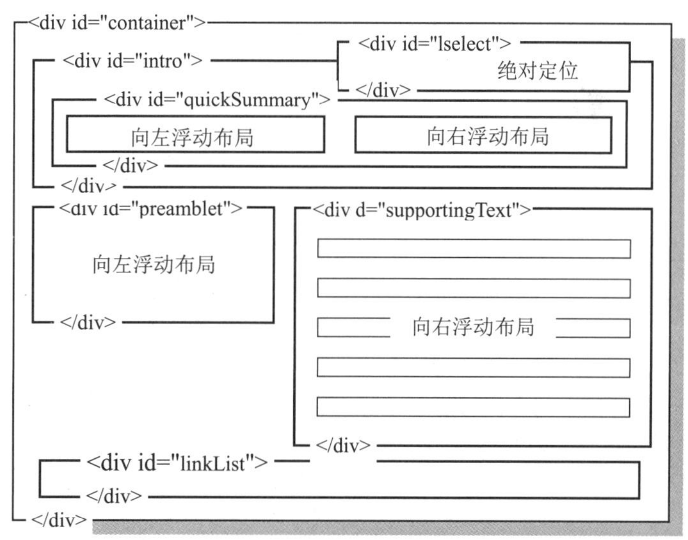

图 10.53　“蓝色多瑙河”网页布局设计思路示意图

Note

整个页面主体框架布局设计步骤如下。

第 1 步，设计页面基本属性和网页主体框架。

```
body {
    text-align: center;                                        /*网页居中*/
    background: #748A9B url(bg2.gif) 0 0 repeat-y;             /*网页背景*/
    margin: 0px;                                               /*清除页边距*/
}
#container {
    background: #849AA9 url(bg1.gif) top left repeat-y;        /*网页背景*/
    text-align: left;                                          /*文本左对齐*/
    width: 750px;                                              /*固定宽度*/
    margin: 0px auto;                                          /*网页居中*/
    position: relative;                                        /*定义包含块*/
}
```

第 2 步，设计第一大模块布局。第一大模块的主体结构（<div id="intro">）以默认的方式显示。它所包含的 3 个子模块的设计分别如下。

第 1 子模块的标题和文本信息被隐藏起来，通过背景图像定义一个大的图片效果。

```
#pageHeader h1 {                                               /*1 级标题样式*/
    background: transparent url(h1.jpg) no-repeat top left;    /*定义背景图像*/
    width: 750px;                                              /*固定宽度*/
    height: 152px;                                             /*固定高度*/
    margin: 0px;                                               /*清除外边距*/
}
#pageHeader h1 span {                                          /*隐藏 1 级标题内容*/
    display: none;
}
#pageHeader h2 span {                                          /*隐藏 2 级标题*/
    display: none;
}
```

第 2 子模块定义为相对定位布局，然后通过坐标偏移来调整显示区域的位置，同时原位置保留不动，这样就避免了移动本栏目的位置时影响到其他栏目的位置。

```
#quickSummary {
    width: 685px;                                              /*固定宽度*/
    margin: 0px auto;                                          /*居中对齐*/
    position: relative;                                        /*相对定位*/
    top: -50px;                                                /*向上位移 50px*/
}
html>body #quickSummary {                                      /*兼容 FF 浏览器*/
    margin-top:-50px;                                          /*边距取负，向上移动*/
    top: 0;                                                    /*相对偏移为 0*/
}
```

然后分别使用流动布局和浮动布局设计第 2 子模块包含的两个文本段。

```
#quickSummary .p1 {                                            /*第 1 段样式*/
    font-size: 1px;                                            /*字体大小*/
    color: white;                                              /*字体颜色*/
    background: transparent url(panel1-2.jpg) no-repeat top left;  /*背景图像*/
```

```
        width: 449px;                                          /*宽度*/
        padding: 10px 0px 0px 5px;                             /*内边距*/
        float: left;                                           /*向左浮动*/
        height: 268px;                                         /*固定高度*/
        voice-family: "\"}\"";                                 /*兼容 IE6 以下版本浏览器*/
        voice-family:inherit;
        height: 258px;                                         /*固定高度*/
    }
    #quickSummary .p1 span {                                   /*隐藏文本*/
        display: none;
    }
    #quickSummary .p2 {                                        /*第 2 段样式*/
        color: #7593A7;                                        /*固定高度*/
        background: transparent url(panel3.jpg) no-repeat 0 0; /*背景图像*/
        padding: 90px 45px 0px 45px;                           /*调整文本内边距*/
        float: right;                                          /*向右浮动*/
        width: 214px;                                          /*固定宽度*/
        height: 338px;                                         /*固定高度*/
        voice-family: "\"}\"";                                 /*兼容 IE6 以下版本浏览器*/
        voice-family:inherit;
        width: 124px;                                          /*固定宽度*/
        height: 178px;                                         /*固定高度*/
    }
```

第 3 步，布局第一大模块的第 3 子模块。<div id="preamble">模块包含大量的文本，因此需要把它单独设计成一个模块，从父包含框<div id="intro">中脱离出来，与第二大模块并排为两列式浮动布局，如图 10.54 所示。

```
    #preamble {
        padding: 0px 0px 70px 33px;                            /*通过内边距调整文本的显示位置*/
        margin: 0px 0 20px 0px;                                /*通过外边距调整模块的显示位置*/
        width: 210px;                                          /*固定宽度*/
        float: left;                                           /*向左浮动*/
        background: transparent url(tag.gif) 50% 100% no-repeat;  /*定义底部背景图像*/
    }
```

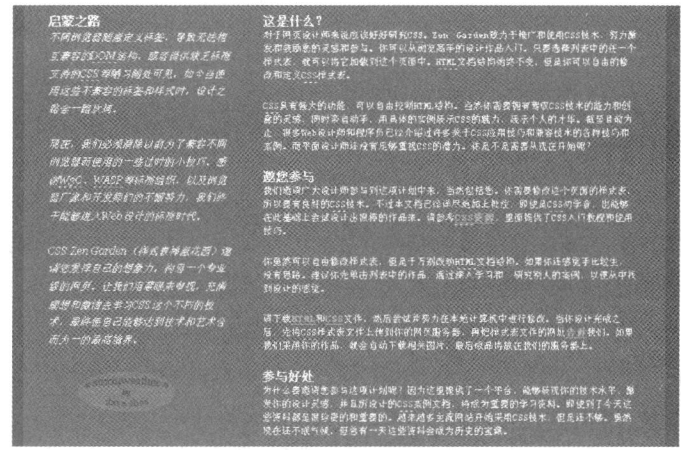

图 10.54　两列式浮动布局

Note

第 4 步，将第二大模块（<div id="supportingText">）与第一大模块的第 3 子模块并列在一起，虽然它们从属不同的结构层次，但是通过浮动能够让它们从原有的结构中脱离出来，实现并列布局。

```
#supportingText {
    padding: 0px 40px 0px 0;                    /*调整文本显示位置*/
    float:right;                                /*向右浮动*/
    width:430px;                                /*固定宽度*/
}
```

至于第二大模块包含的 5 个子模块都遵循自然流动的方式进行布局，所以不再详细说明。当然，在设计时如果父包含框是浮动显示，则应该在最后一个子模块中增加清除属性，以强迫撑起浮动的包含框。

```
#footer {
    clear: both;                                /*清除浮动*/
}
```

第 5 步，设计第三大模块的布局。第三大模块（<div id="linkList">）也是以自然流动的方式进行布局，与第二大模块不同的是，它通过设置超大外边距，使人以为它是向右浮动布局，如图 10.55 所示，这也是一个小技巧。

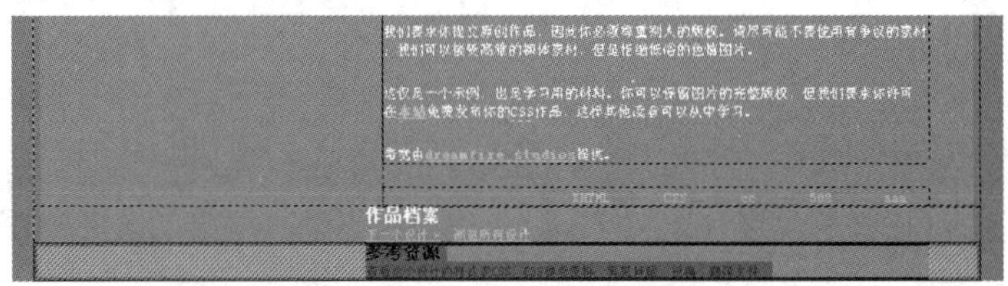

图 10.55　以外边距模拟浮动效果

不过作品链接子模块（<div id="lselect">）以绝对定位的方式被固定到了页面的顶部，如图 10.56 所示，这时，该子模块就脱离了原来的结构，进行独立显示。

图 10.56　绝对定位作品链接子模块

```
#lselect {
    position: absolute;                         /*绝对定位*/
    top: 15px;                                  /*y 轴坐标，顶部距离*/
    left: 0px;                                  /*x 轴坐标，左侧距离*/
```

```
    padding-left: 350px;                    /*左内边距*/
    margin: 0px auto;                       /*居中对齐*/
    width: 730px;                           /*固定宽度*/
    voice-family: "\"}\"";                  /*兼容 IE6 以下版本浏览器*/
    voice-family:inherit;
    width: 380px;                           /*固定宽度*/
}
```

第11章 解决 CSS 设计中的常见问题

（视频讲解：2 小时）

使用 CSS 布局时，经常会遇到各种问题，特别是浏览器解析问题。由于不同浏览器对于 CSS 标准的解释不同，导致同一个样式可能在不同浏览器中显示不同效果。因此，网页设计师必须考虑主流浏览器的解析差异，并努力减少这种解析差异，让它们都能够呈现出大致相同的效果。针对当前浏览器的市场份额，特别是国内用户的使用习惯，设计师需要考虑 IE6、IE7+以及 FF 等主流浏览器的兼容问题。

学习重点：

- 了解 IE 条件语句并能够应用。
- 了解 CSS 解析机制，掌握 IE 解析中的问题。
- 能够解决 IE 浏览器的常见 CSS 解析问题。

11.1 IE 条件语句

IE 条件语句能够模拟计算机语言，进行简单的条件判断，方便用户智能控制样式表的应用。IE 条件语句包含在 HTML 注释语句中，只能被 IE 浏览器识别，其他浏览器视其为注释语句，于是全部都被忽略，灵活使用 IE 条件语句可以开发出兼容不同版本的 IE 浏览器的样式。

11.1.1 认识 IE 条件语句

如果留意一下标准网站的源代码，有时读者会发现诸如下面的注释语句。

```
<!--[if IE5]>
<style type="text/css">
/*将 IE5*的 css 盒模型宽高计算修正放在这个条件注释中*/
 #left { width: 180px; }
 #right { width: 190px; }
</style>
<![endif]-->
```

或者以下语句。

```
<link rel="stylesheet" rev="stylesheet" href=" css/index.css" type="text/css" media="screen" />
<!--[if IE7]>
<link rel="stylesheet" rev="stylesheet" href=" css/ie7.css" type="text/css" media="screen" />
<![endif]-->
<!--[if IE6]>
<link rel="stylesheet" rev="stylesheet" href=" css/ie6.css" type="text/css" media="screen" />
<![endif]-->
<!--[if lt IE6]>
<link rel="stylesheet" rev="stylesheet"   href=" css/ie6lt.css" type="text/css" media="screen" />
<![endif]-->
```

“<!--”和“-->”标识符配对使用表示 HTML 注释语句。但是 IE 会把这些特殊的注释语句当作一个简单的逻辑语句进行解析。

【例 11-1】上面的第一段注释，表示如果当前浏览器是 IE 浏览器，则解析“<!--[if IE]>”和“<![endif]-->”标识符之间的样式表。而其他浏览器则视而不见，以注释语句为借口全部都忽略了。因此在这儿放置一些能够兼容 IE 浏览器的样式代码。而对于 CSS 来说，“/*”和“*/”标识符是一对注释语句，与 HTML 语言的“<!--”与“-->”标识符的作用是一样的。

```
<style type="text/css">
/*请将所有版本的 IE 的 CSS 修复放在这个条件注释中*/
.twoColFixLtHdr #sidebar1 { padding-top: 30px; }
.twoColFixLtHdr #mainContent { zoom: 1; }
/*上面的专用 zoom 属性为 IE 提供避免错误所需的 hasLayout*/
</style>
```

在上面实例的第二段注释语句中，分别使用了不同的条件语句来设置在不同版本的 IE 浏览器中链接不同的样式表，这样，不同版本的 IE 浏览器就可以导入不同的样式表中，用户可以把不同版本的 IE 的样式放在不同的外部样式表中，以实现兼容性 CSS 设计。

11.1.2 IE 条件语句基本用法

Note

IE 条件语句一般放在 HTML 注释语句之中，这样就可以避免其他浏览器因为无法解析这些条件语句时可能出现的尴尬。其基本语法如下。

```
<!--[if IE]>
    IE 下可执行语句
<![endif]-->
```

条件语句放在中括号内，然后嵌入到 HTML 注释中。注意，起始条件标记中省略了 HTML 注释语句的后半部分标记（-->），而结束标记中省略了 HTML 注释语句的前半部分标记（<!--），仅是一个半封闭的形式，这样对于其他浏览器来说，前后两个半封闭的 HTML 注释标记就形成了一个完整的注释标记，从而避免了由于其他浏览器无法解析所造成的尴尬。

IE 浏览器在解析 HTML 源代码时，如果遇到类似<!--[if IE]>或<![endif]-->标记时，会立即解析其中包含的源代码。

在 IE 条件中可以设置一些简单的条件语句，或者设置成只能够在某种版本的浏览器中才能够执行所包含的源代码。

【例 11-2】输入下面的源代码，然后分别在不同版本的 IE 浏览器中预览，如图 11.1、图 11.2、图 11.3 和图 11.4 所示。

```
<!--[if IE]>
<h1>您正在使用 IE 浏览器</h1>
<![endif]-->
<!--[if IE5]>
<h1>版本 5</h1>
<![endif]-->
<!--[if IE 5.0]>
<h1>版本 5.0</h1>
<![endif]-->
<!--[if IE 5.5000]>
<h1>版本 5.5</h1>
<![endif]-->
<!--[if IE6]>
<h1>版本 6</h1>
<![endif]-->
<!--[if IE7]>
<h1>版本 7</h1>
<![endif]-->
```

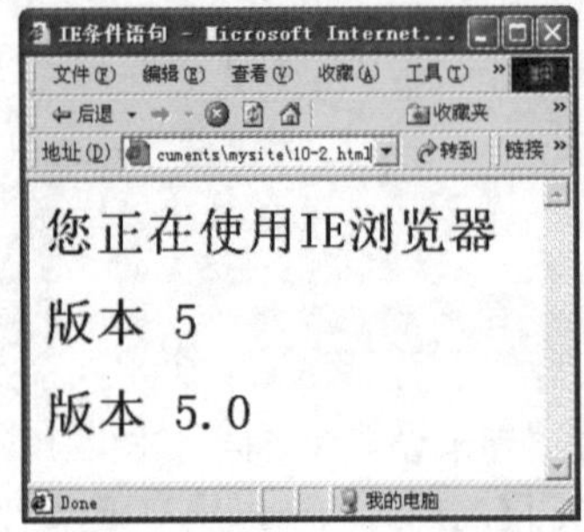

图 11.1 IE5 中的显示效果

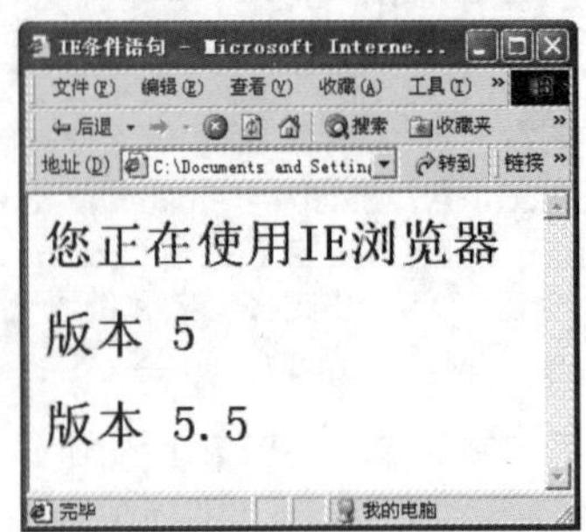

图 11.2 IE5.5 中的显示效果

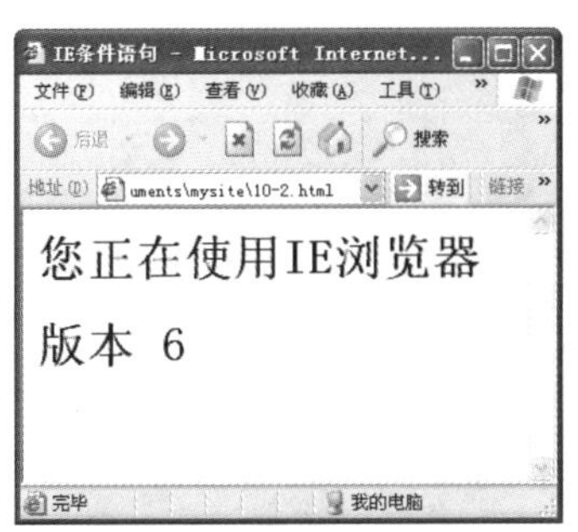

图 11.3　IE6 中的显示效果

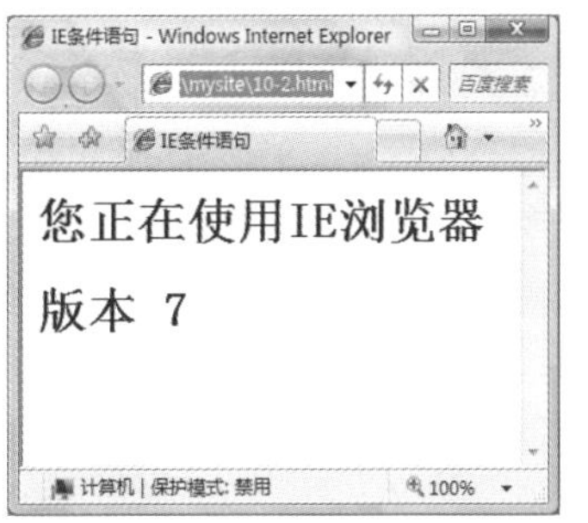

图 11.4　IE7 中的显示效果

注意，<!--[if IE5]>条件语句可以表示 IE5 或 IE 5.0 版本，版本虽然相同，但是名字略有区别。在表示 IE 5.5 版本时应该使用<!--[if IE 5.5000]>条件语句，使用<!--[if IE 5.5]>是无效的。

除了使用这些指定某种版本浏览器的条件语句之外，读者还可以结合 lte、lt、gte、gt 和!关键字定义 IE 浏览器的版本范围，这些关键字的说明如下。

☑ lte：小于或等于某个版本的 IE 浏览器。

☑ lt：小于某个版本的 IE 浏览器。

☑ gte：大于或等于某个版本的 IE 浏览器。

☑ gt：大于某个版本的 IE 浏览器。

☑ !：不等于某个版本的 IE 浏览器。

【例 11-3】请输入下面的代码，然后分别在不同版本的 IE 浏览器中预览，如图 11.5、图 11.6、图 11.7 和图 11.8 所示。

```
<!--[if gt IE5]>
<h1>IE5 以上版本有效</h1>
<![endif]-->
<!--[if lte IE5]>
<h1>IE5 及其以下版本有效</h1>
<![endif]-->
<!--[if lte IE 5.5000]>
<h1>IE 5.5 及以下版本有效</h1>
<![endif]-->
<!--[if !IE 5.5000]>
<h1>不是 IE 5.5 有效</h1>
<![endif]-->
```

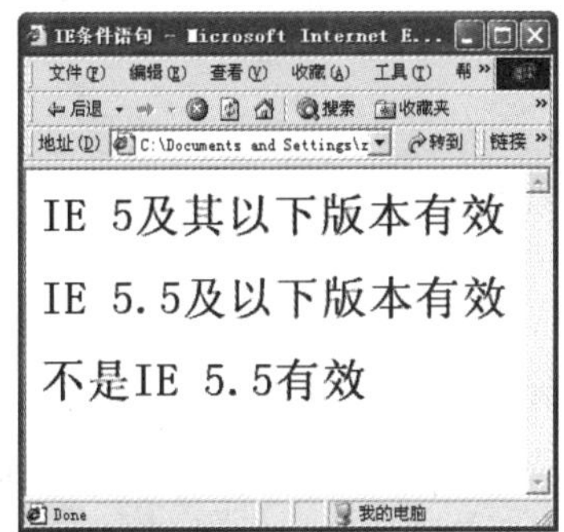

图 11.5　IE5 中的显示效果

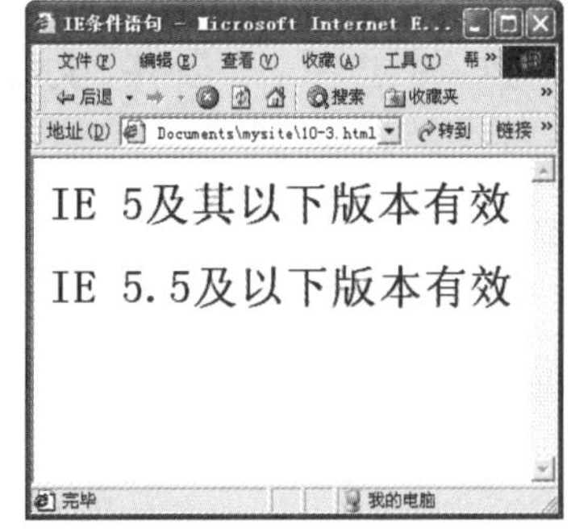

图 11.6　IE5.5 中的显示效果

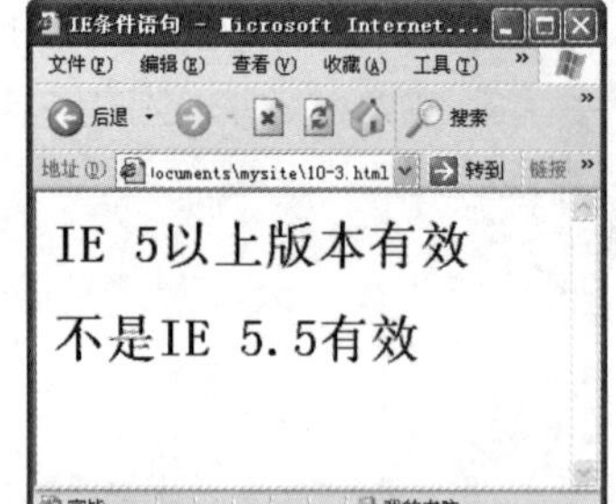

图 11.7　IE6 中的显示效果

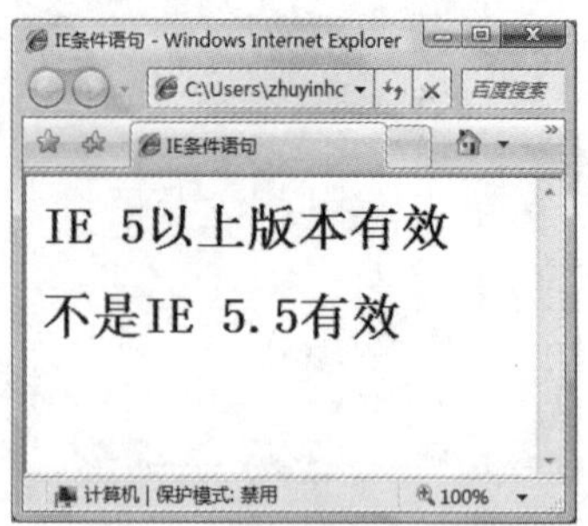

图 11.8　IE7 中的显示效果

注意，对于<!--[if gt IE5]>条件语句来说，是指 IE6 及其以上版本，而不包括 IE 5.5 版本。但是如果修改<!--[if gt IE5]>条件语句为<!--[if gt IE 5.0]>条件语句，则在 IE 5.5 版本浏览器中会显示如图 11.9 所示的效果。

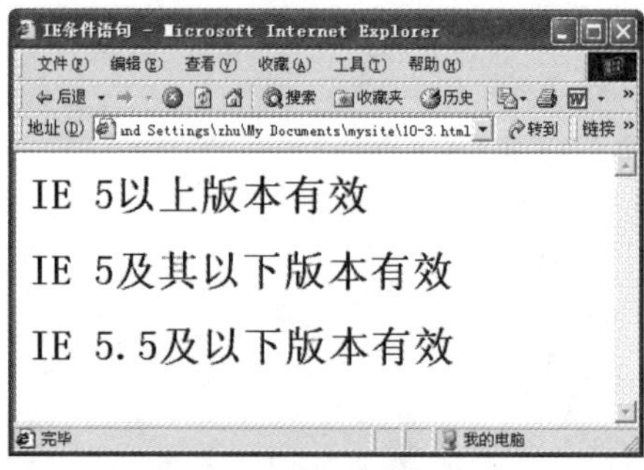

图 11.9　IE 5.5 中的显示效果

这些实例具体展示了 IE 条件语句的应用技巧，在使用时读者还要注意下面两个问题。

☑ 条件语句的基本结构与 HTML 的注释语句（<!-- -->）是一样的。因此 IE 以外的浏览器将会把它们看作是普通的注释而完全忽略掉。而 IE 浏览器将根据设置的条件来判断是否解析，以及如何解析页面内容，并同时解析条件语句包含的内容。

☑ 条件语句使用的是 HTML 的注释结构，因此，它们只能在 HTML 文件里使用，不能在 CSS 文件中使用。如果想把所有兼容 IE 浏览器的特殊样式都放在外部样式表文件中，但是这些条件语句在 CSS 文件中是不能够被解析的，那么可以在 HTML 中使用条件语句来过滤不同的外部样式表文件。

11.1.3　案例实战：设计兼容的多级菜单

由于 IE 条件语句不依赖于浏览器自身存在的 Bug 或不支持功能来实现兼容，所以也是最安全的浏览器兼容技术，一般用它来兼容不同版本的 IE 浏览器。

除此之外，IE 条件语句还可以做一些超出 CSS 兼容范围的事情。因为 IE 浏览器所拥有的特色功能，所以可以放心的使用。当然，在进行兼容浏览器布局时，你应该尝试寻找在 IE 浏览器上真正的 CSS 解决方法，而不是遇到什么问题都使用 IE 条件语句。如果找不到，再大胆地使用条件语句。在下面这个多级下拉菜单中，就是使用 IE 条件来兼容不同浏览器的运行效果，如图 11.10 所示。

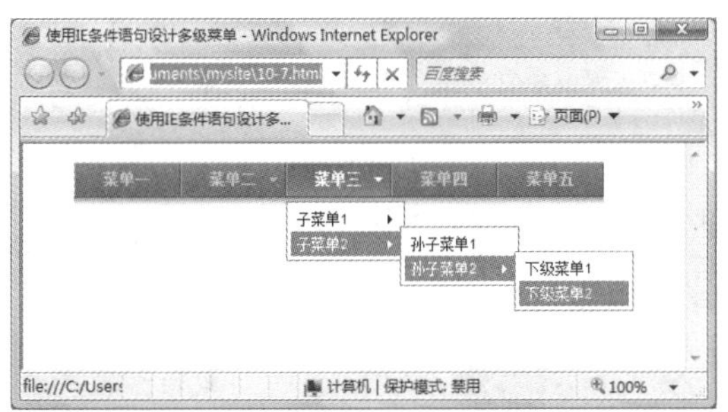

图 11.10　使用 IE 条件语句设计的多级下拉菜单效果

这里没有把 IE 条件语句作用于样式表，而是作用于 HTML 结构。该多级下拉菜单的 HTML 结构如下。

```
<ul class="menu2">
    <li class="top"><a href="#" id="home" class="top_link"><span>菜单一</span></a></li>
    <li class="top"><a href="#" id="shop" class="top_link"><span class="down">菜单二</span>
        <!--[if gte IE7]><!--></a><!--<![endif]-->
        <!--[if lte IE6]><table><tr><td><![endif]-->
        <ul class="sub">
            <li><a href="#">子菜单 1</a></li>
            <li><a href="#">子菜单 2</a></li>
        </ul>
        <!--[if lte IE6]></td></tr></table></a><![endif]-->
    </li>
    <li class="top"><a href="#" id="products" class="top_link"><span class="down">菜单三</span>
        <!--[if gte IE7]><!--></a><!--<![endif]-->
        <!--[if lte IE6]><table><tr><td><![endif]-->
        <ul class="sub">
            <li><a href="#" class="fly">子菜单 1
                <!--[if gte IE7]><!--></a><!--<![endif]-->
                <!--[if lte IE6]><table><tr><td><![endif]-->
                <ul>
                    <li><a href="#">子菜单 1</a></li>
                    <li><a href="#">子菜单 2</a></li>
                </ul>
                <!--[if lte IE6]></td></tr></table></a><![endif]-->
            </li>
            <li class="mid"><a href="#" class="fly">子菜单 2
                <!--[if gte IE7]><!--></a><!--<![endif]-->
                <!--[if lte IE6]><table><tr><td><![endif]-->
                <ul>
                    <li><a href="#">孙子菜单 1</a></li>
                    <li><a href="#" class="fly">孙子菜单 2
                        <!--[if gte IE7]><!--></a><!--<![endif]-->
                        <!--[if lte IE6]><table><tr><td><![endif]-->
                        <ul>
                            <li><a href="#">下级菜单 1</a></li>
                            <li><a href="#">下级菜单 2</a></li>
                        </ul>
                        <!--[if lte IE6]></td></tr></table></a><![endif]-->
                    </li>
```

Note

```
                </ul>
                <!--[if lte IE6]></td></tr></table></a><![endif]-->
            </li>
        </ul>
        <!--[if lte IE6]></td></tr></table></a><![endif]-->
    <li class="top"><a href="#" class="top_link"><span>菜单四</span></a></li>
    <li class="top"><a href="#" class="top_link"><span>菜单五</span></a></li>
    </li>
</ul>
```

在上面的结构中使用了多层嵌套的方法来设计多级菜单，通过在 a 元素中包含子结构的方法来设计鼠标移过时显示下拉子菜单的动态效果，这在第 5 章中曾经讲解过。下面我们来分析一下 IE 条件语句是如何在 HTML 结构中起作用的。

通过在 a 元素中包含子菜单来设计动态下拉菜单效果，这种设计方法在标准浏览器中能够很好地被解析，并能够正确显示，但是在 IE 浏览器中却存在很大的差异。例如，如果在上面实例的基础上做一个简化版结构，代码如下所示。

```
<ul class="menu2">
    <li class="top"><a href="#" id="products" class="top_link"><span class="down">主菜单</span></a>
        <ul class="sub">
            <li class="mid"><a href="#" class="fly">子菜单</a>
                <ul>
                    <li><a href="#" class="fly">孙子菜单</a>
                        <ul>
                            <li><a href="#">下级菜单</a></li>
                        </ul>
                        </a> </li>
                </ul>
                </a> </li>
        </ul>
        </a> </li>
</ul>
```

在上面这个结构中共嵌套了 4 层项目列表，每一层子列表项都被包含在当前项目中的 a 元素中。对于这样的结构，如果在 FF 或者 IE7 中预览则会显示正常，效果如图 11.11 所示，但是在 IE6 及其以下版本的浏览器中就会无法正确显示，效果如图 11.12 所示。

图 11.11　FF 中的显示效果

图 11.12　IE6 中无法显示效果

此时我们不妨使用 IE 条件语句来为 IE6 及其以下版本浏览器增加表格嵌套结构，因为 IE6 及其以下版本的浏览器能够很好地解析表格的嵌套结构，因此不妨按照下面的代码来设计。

```
<ul class="menu2">
    <li class="top"><a href="#" id="products" class="top_link"><span class="down">主菜单</span>
```

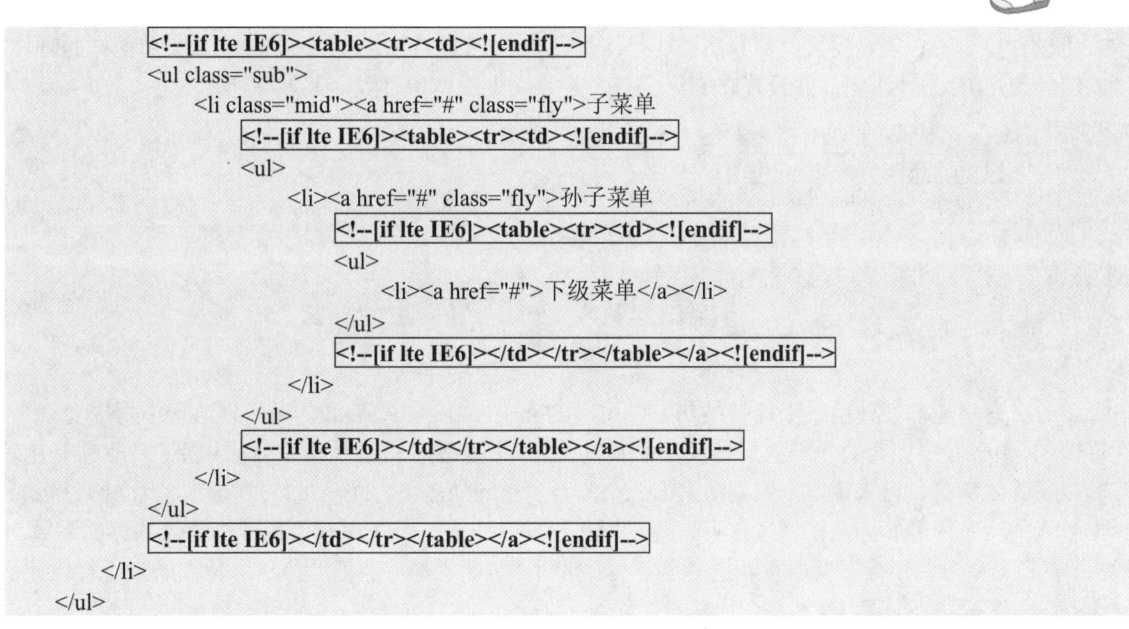

```
<!--[if lte IE6]><table><tr><td><![endif]-->
<ul class="sub">
    <li class="mid"><a href="#" class="fly">子菜单
        <!--[if lte IE6]><table><tr><td><![endif]-->
        <ul>
            <li><a href="#" class="fly">孙子菜单
                <!--[if lte IE6]><table><tr><td><![endif]-->
                <ul>
                    <li><a href="#">下级菜单</a></li>
                </ul>
                <!--[if lte IE6]></td></tr></table></a><![endif]-->
            </li>
        </ul>
        <!--[if lte IE6]></td></tr></table></a><![endif]-->
    </li>
</ul>
<!--[if lte IE6]></td></tr></table></a><![endif]-->
    </li>
</ul>
```

为每个 a 元素内部包含一个表格，由于表格在布局方面具有稳定性，因此它能够很好地组织起菜单的层叠结构，此时在 IE6 中的显示效果如图 11.13 所示，但是此时在 IE7 或者在其他标准浏览器中显示又出了问题，如图 11.14 所示，在 IE7 中结构显示得非常混乱，看来这个问题还是比较复杂。

图 11.13　IE6 中显示效果

图 11.14　IE7 中显示效果

出错的原因是</a>结束标记在 IE6 及其以下版本中被放置在结构的末尾，如下所示。

```
<li>
    <a href="#" class="fly">孙子菜单
        <table><tr><td>
            <ul>
                <li><a href="#">下级菜单</a></li>
            </ul>
        </td></tr></table>
    </a>
</li>
```

而 IE7 或其他标准浏览器仅认可</a>结束标记放在前面，如下所示。

```
<li>
    <a href="#" class="fly">孙子菜单</a>
        <ul>
            <li><a href="#">下级菜单</a></li>
        </ul>
</li>
```

Note

所以，我们还必须寻找另一种方法，让</a>能够在 IE7 以及标准浏览器中仅显示在前面。此时你可以继续使用 IE 条件语句，并设置它们仅在 IE7 及其以上版本中有效，其如下所示。

```
<li><a href="#" class="fly">孙子菜单
    <!--[if gte IE7]></a><![endif]-->
    <!--[if lte IE6]><table><tr><td><![endif]-->
    <ul>
        <li><a href="#">下级菜单</a></li>
    </ul>
    <!--[if lte IE6]></td></tr></table></a><![endif]-->
</li>
```

不过，这里还需要使用一个欺骗技巧，在<!--[if gte IE7]></a><![endif]-->条件语句中再嵌套一个注释语句，由于双层嵌套的注释结果导致其中所包含的</a>标签会被其他浏览器所识别；但是对于 IE6 及其以下版本的浏览器来说，一看到<!--[if gte IE7]>和<![endif]-->这样一对条件结构，就立即忽略了其中包含的所有内容。因此，通过这种欺骗手段可以解决 IE6 与 IE7 和其他标准浏览器共存的矛盾。最后，把该菜单下的所有子菜单重新进行如下修改，对于其他菜单，也可以参照这种方法来进行设计。

```
<ul class="menu2">
    <li class="top"><a href="#" id="products" class="top_link"><span class="down">主菜单</span>
        <!--[if gte IE7]><!--></a><!--<![endif]-->
        <!--[if lte IE6]><table><tr><td><![endif]-->
        <ul class="sub">
            <li class="mid"><a href="#" class="fly">子菜单
                <!--[if gte IE7]><!--></a><!--<![endif]-->
                <!--[if lte IE6]><table><tr><td><![endif]-->
                <ul>
                    <li><a href="#" class="fly">孙子菜单
                        <!--[if gte IE7]><!--></a><!--<![endif]-->
                        <!--[if lte IE6]><table><tr><td><![endif]-->
                        <ul>
                            <li><a href="#">下级菜单</a></li>
                        </ul>
                        <!--[if lte IE6]></td></tr></table></a><![endif]-->
                    </li>
                </ul>
                <!--[if lte IE6]></td></tr></table></a><![endif]-->
            </li>
        </ul>
        <!--[if lte IE6]></td></tr></table></a><![endif]-->
    </li>
</ul>
```

11.2　CSS 渲染及问题

IE 浏览器特别是 IE7 及其以下版本的浏览器在解析标准网页时都会出现很多莫名其妙的错误，这些奇怪的渲染现象都是由 Layout 特性造成的。那么什么是 Layout 特性呢？

Layout 直译为“布局、设计”的意思，它是 IE 浏览器所特有的一个性质，IE 认为 Layout 是网页布局的基础。IE 浏览器的 Layout 特性决定了一个元素如何进行显示，如何控制其包含的子元素和内部对象，如何与其他元素交互和建立联系，以及如何响应和传递脚本中的事件等。

IE 浏览器在解析页面时，网页模型都是由很多个互不相关的小方块（拥有 Layout 特性的元素）堆砌而成。但是符合标准的浏览器一般都会遵循 W3C 的网页模型，网页模型不应由各自独立的元素堆砌而成，而是由叙述完备、故事性很强的相关信息块构成。这是两个截然不同的解析机制。

Note

11.2.1　开启和关闭 IE 布局特性

Layout 特性犹如一个小窗体，拥有 Layout 特性的元素，其内部内容是完全独立的，而且也无法影响其边界外的任何内容。这种独立性使拥有 Layout 特性的元素在布局时通常比较稳定，而且它们可以让某些 IE 浏览器存在的 Bug 消失。当然，这种思想和方法是非标准的，但是只有明白了这些特性，读者才能够明白为什么 IE 浏览器存在那么多 Bug，以及如何来解决这些 Bug。

例如，如果一个元素拥有 Layout 特性，则它包含的内容将由该元素的边界矩形框来决定。拥有 Layout 特性基本上就是表示该元素是一个矩形。从内部来说，拥有 Layout 特性的元素可以负责绘制其内部包含的内容。

一般来说，在 IE 的 DHTML 引擎中，元素是不负责自己的位置的。虽然每个元素在源代码中都有一个位置，在文档流中也有一个位置，但是它们的内容却是由靠它们最近的一个 Layout 特性的父级元素来控制。这些元素依赖父级元素的 Layout 特性来处理诸如决定大小尺寸和测量信息等繁重的工作。

用户可以通过 CSS 的某些属性来动态设置元素是否拥有 Layout 特性，当然有些元素默认状态就拥有 Layout 特性。我们还可以通过 hasLayout 属性来判断一个元素是否拥有 Layout 特性，hasLayout 是 IE 的一个专有属性，它表示元素是否具备布局的功能，其他标准浏览器不支持该属性。如果一个元素具备 Layout 特性，则 hasLayout 属性显示为 true。

例如，对于 div 元素来说，在默认状态下它不具备 Layout 特性，即不具备布局旋绕功能，但是如果给它定义高度或者宽度，这时它就拥有了 Layout 特性。

注意，当某个元素无 Layout 特性时，并不是说它不具备 Layout 特性，而是它的 hasLayout 属性未被开启。当然用户不能够直接在 CSS 中设置 hasLayout 的属性值，应通过各种方法触发 hasLayout = true。如果要清除 Layout 特性，也不能够通过直接设置 hasLayout = false 来实现，此时应删除触发 hasLayout = true 的 CSS 声明。

对于 IE 浏览器的这种奇怪的渲染现象，John Gallant 和 Holly Bergevin 称之为空间错误（Dimensional Bugs），也就是说元素没有空间概念，只有为其定义了宽度或者高度，才能够解决这类布局错误。

这种空间错误表现在网页布局中就是 Layout 在解析盒模型时会出现许多莫名其妙或者难以预料的现象，从而影响到相邻元素，乃至整个网页的布局效果。

11.2.2　设置 Layout 特性的方法

Layout 完全是 IE 浏览器专有的特性，它不同于标准的 CSS 属性，与其他浏览器的专有 CSS 属性也存在很大的区别，因为 Layout 是无法通过 CSS 属性来进行直接声明的。

元素是否拥有 Layout 特性不是由 layout 属性来定义的，也不是由 haslayout 属性来决定的。在默认状态下，下面这些 HTML 元素具备 Layout 特性。

- ☑ 网页主体：html、body。
- ☑ 表格元素：table、tr、th、td。
- ☑ 表单元素：input、select、textarea、button。
- ☑ 多媒体元素：embed、object、applet、marquee。
- ☑ 其他元素：img、hr、iframe。

下面这些 CSS 属性或者取值可以使某个元素获取 Layout 特性。

- ☑ position:absolute：绝对定位元素的包含块。
- ☑ float:left|right：具备浮动模型的元素。
- ☑ display:inline-block：行内块状显示的元素。inline-block 是一种特殊的显示类型，但是当一个行内元素需要拥有 Layout 特性时，就可以通过该属性来实现。
- ☑ width：被定义宽度的元素（除 auto 外的任意值）。
- ☑ height：被定义高度的元素（除 auto 外的任意值）。

很多时候设计师会使用 width 和 height 属性来强迫元素拥有 Layout 特性，以便用来修复某些 IE 浏览器存在的布局 Bug，例如，定义 height 属性为 1%等。

如何检测一个元素是否拥有 Layout 特性？读者可以利用下面的代码进行检验。

```
<div id="div1" style="width:100%">被定义了宽度的 div 元素</div>
<div id="div2">没有被定义定位或高宽的 div 元素</div>
<button onclick="alert('第 1 个元素的 haslayout=' +div1.currentStyle.hasLayout)">第 1 个元素的 haslayout
</button>
<button onclick="alert('第 2 个元素的 haslayout=' +div2.currentStyle.hasLayout)">第 2 个元素的 haslayout
</button>
```

在 IE 浏览器中预览，当单击对应的按钮时可以看到该元素是否拥有 Layout 特性，如图 11.15 所示。

图 11.15 检测元素的 Layout 特性

- ☑ zoom:：被设置了对象的放大比例的元素（除 normal 外的任意值）。
- ☑ writing-mode:tb-rl：设置对象的书写方向为从上到下的元素。

zoom:和 writing-mode 都是 IE 浏览器的专有属性，无法通过 W3C 验证。一般设计师通过设置 zoom:为 1 来解决 IE 浏览器在解析中出现的各种错误。

在 IE7 版本浏览器中，以下属性或者属性值也可以作为 Layout 特性的触发器。

- ☑ overflow:hidden|scroll：设置内容超出元素区域时隐藏或滚动的元素。

overflow-x 和 overflow-y 是 CSS 3 盒模型中的属性，尚未得到浏览器的广泛支持。它们对于 IE6

及其以下版本浏览器没有效果，而对于 IE7 是有效的。

☑ position:fixed：固定定位的元素。

☑ max-width 和 min-width 任意值：除了 none 之外的任意值，即使被设置为 0 也可以让该元素获取 Layout 特性。

☑ max-height 和 min-height 任意值：除了 none 之外的任意值，即使被设置为 0 也可以让该元素获取 Layout 特性。

【例 11-4】输入下面的源代码，然后在 IE6 和 IE7 中检测这些元素是否拥有 Layout 特性，显示效果如图 11.16 和图 11.17 所示。

```
<button onclick="alert(
'第 1 个元素的 haslayout=' + div1.currentStyle.hasLayout + '\n\r' +
'第 2 个元素的 haslayout=' + div2.currentStyle.hasLayout + '\n\r' +
'第 3 个元素的 haslayout=' + div3.currentStyle.hasLayout + '\n\r' +
'第 4 个元素的 haslayout=' + div4.currentStyle.hasLayout + '\n\r' +
'第 5 个元素的 haslayout=' + div5.currentStyle.hasLayout)">元素的 haslayout</button>
<div id="div1" style="zoom:1">第 1 个 div 元素：100%缩放</div>
<div id="div2" style="writing-mode:tb-rl">第 2 个 div 元素：上下书写顺序</div>
<div id="div3" style="overflow:hidden">第 3 个 div 元素：自动显示内容</div>
<div id="div4" style="max-height:100px">第 4 个 div 元素：最大高度</div>
<div id="div5" style="position:fixed">第 5 个 div 元素：固定显示内容</div>
```

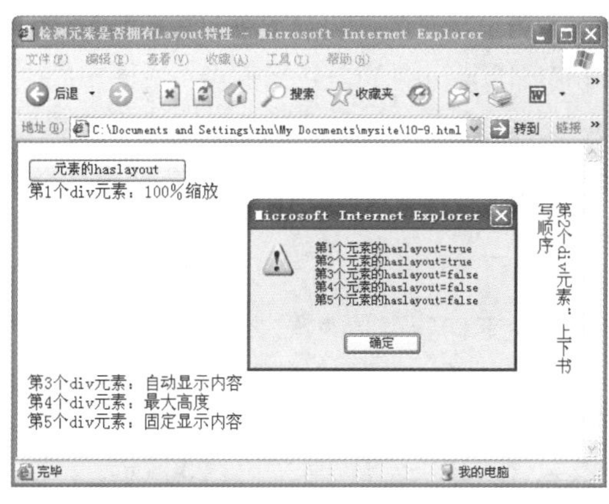

图 11.16　IE6 中的显示效果

图 11.17　IE7 中的显示效果

除了使用上述方式检测元素的 haslayout 属性值，以确定元素是否具备 Layout 特性外，还可以利用 IE 的网页开发工具条（IE Developer Toolbar）来进行检测（http://go.microsoft.com/fwlink/?LinkId=92716）。

【例 11-5】针对上面的实例把光标移动到第 4 个元素上并单击（需要单击选中元素按钮图标），就可以在工具条右侧的当前样式列表框中看到是否显示 haslayout 属性及其值，在 IE 中如果为 Layout 特性的元素，则显示为 haslayout=-1，如果没有则不会显示该属性，如图 11.18 所示；对于 IE7 来说，如果有则显示为 haslayout=true，并以只读状态显示，如图 11.19 所示，说明该属性是只读属性。

当一个元素被定义了 width 和 height 属性时，会拥有 Layout 特性。但是对于 IE6 版本来说，如果浏览器运行于标准兼容模式下，行内元素（即默认或被显式定义 display:inline 的元素）会忽略 width 或 height 属性，所以即使设置了 width 或 height 属性，也无法触发该元素的 Layout 特性。只有在 IE 5.x 及其以下版本，或者在 IE6 以及更新版本的 Quirks mode（怪异模式）下才能够触发该元素的 Layout

特性。

Note

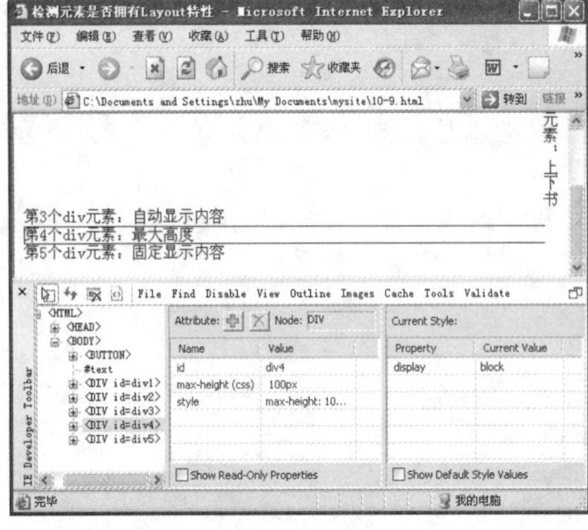

图 11.18　IE6 中显示效果

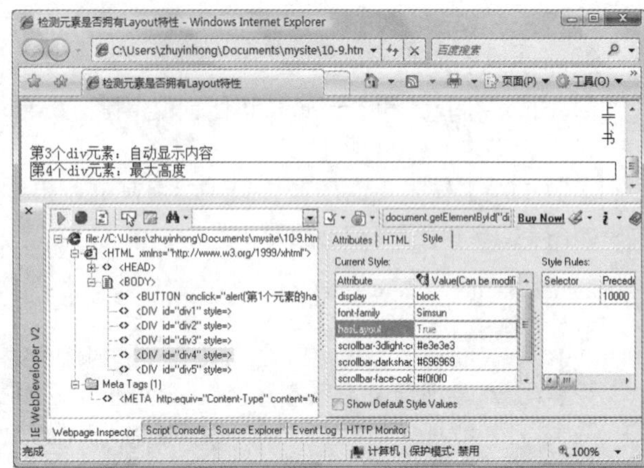

图 11.19　IE7 中显示效果

zoom 属性总是能够触发元素的 Layout 特性，但是在 IE 5.0 版本中不支持。

如果当一个元素拥有 Layout 特性，同时也被定义了 display:inline 属性值时，就与声明 inline-block 功能类似了。

在早期的 IE 版本（如 IE4）中，除了未经绝对定位和未指定宽高的行内元素外，几乎所有元素都拥有 Layout 特性。border、margin、padding 这些属性都被称作 Layout 特性，它们是不能应用到一个简单的行内元素上的。通俗地说，如果元素拥有 Layout 特性，就可以拥有这几个属性。在 IE 5.5 版本中开始引入了 Layout 专有属性 hasLayout，但是它仅是元素内部的 Layout 特性标志，不能进行设置。

11.2.3　问题 1：不能自动展开包含框

IE 浏览器存在很多 Bug，特别是 IE6 及其以下版本的浏览器问题更是严重。这其中很多问题都与 IE 的 Layout 解析机制存在某种关系。

【例 11-6】对于如下这样简单的结构，如果我们定义内部元素<div id="box">为一个拥有高度和宽度的块元素，则外部<div id="wrap">元素就无法控制其包含的该块元素，如图 11.20 所示。

```
<style type="text/css">
#box {                                  /*内层元素*/
    background:red;                     /*背景色*/
    width:80px;                         /*固定宽度*/
    height:80px;                        /*固定高度*/
    float:left;                         /*向左浮动*/
}
#wrap {                                 /*外层元素*/
    border:solid 1px blue;              /*边框线*/
}
</style>
<div id="wrap">
    <div id="box"></div>
</div>
```

对于 IE 浏览器来说，外层元素<div id="wrap">无法控制其包含的元素<div id="box">，是因为外层元素没有拥有 Layout 布局特性。

解决方法：

可以在 IE 中触发外层元素<div id="wrap">的 Layout 特性，例如，给它定义一个高度，这个高度可以设置得非常小，以避免影响元素的实际高度，所得效果如图 11.21 所示。请注意，这个高度声明不是真的要定义元素显示为多高，而是作为一个 Layout 特性触发器来使用。

```
#wrap {                              /*触发元素的 Layout 特性*/
    height:1%;                       /*定义元素的高度*/
}
```

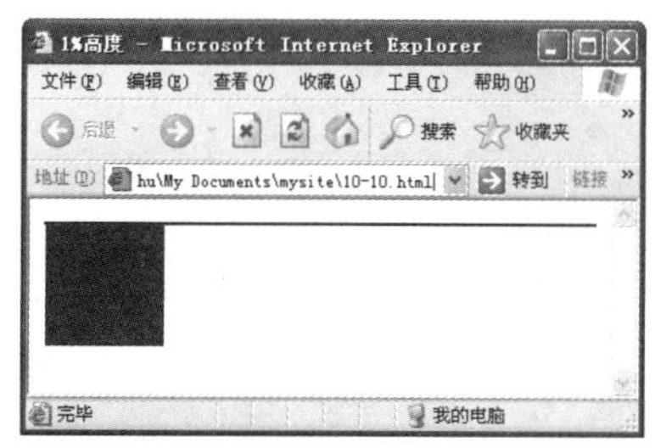

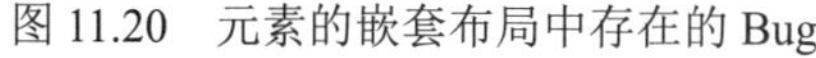

图 11.20 元素的嵌套布局中存在的 Bug

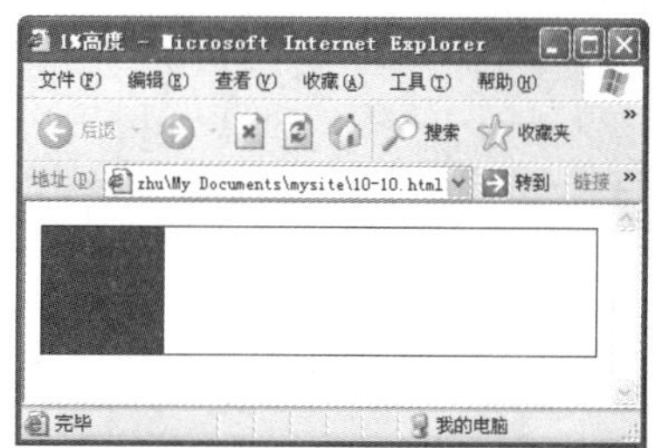

图 11.21 解决元素的嵌套布局中存在的 Bug

这种方法对于 IE 的任意元素都非常有效，除了标准兼容模式下 IE6 版本中的行内元素。但是这种方法不能够与 overflow:hidden 声明一同使用，否则高度值就会对元素的实际高度产生影响。当然，这种共同的情况也有一个例外，那就是在 IE6 的标准模式下，overflow:hidden 声明不会对这个高度声明产生实际影响，因为如果这时父元素没有显式定义高度，那么 height:1%就会自动被 IE6 解析为 height:auto。

另外，使用 1%作为 Layout 特性的触发器可能会存在一定的风险，一般情况下建议使用 height:0 或 1px 会更安全一些。例如：

```
#wrap {                              /*触发元素的 Layout 特性*/
    height:0;                        /*定义元素的高度*/
}
```

使用高度来触发 IE 元素的 Layout 特性是设计师的贯用方法，当然也是最佳选择。不过如果为元素声明了 overflow:hidden，使用高度来触发 Layout 特性就会出现各种问题，在这种情况下，可以用 display:inline-block 或 zoom:1 声明来触发 Layout 特性。例如：

```
#wrap {                              /*触发元素的 Layout 特性*/
    display:inline-block;            /*定义行内块状显示*/
}
```

或

```
#wrap {                              /*触发元素的 Layout 特性*/
    zoom:1;                          /*缩放比例*/
}
```

除了避免与 overflow:hidden 声明冲突之外，上面这两种方法还适用于行内元素，以及在 IE 标准模式下触发元素的 Layout 特性。例如，在上面实例的基础上，如果我们定义外部包含元素为内行显示，则其中定义的高度没能触发 Layout 特性，外部元素没能以布局的方式显示，并且包含、控制内

部块元素。

```
<style type="text/css">
#box {                              /*内层块元素*/
    background:red;                 /*背景色*/
    width:80px;                     /*固定宽度*/
    height:80px;                    /*固定高度*/
    float:left;                     /*向左浮动*/
}
#wrap {                             /*外层包含元素*/
    border:solid 4px blue;          /*边框线*/
    display:inline;                 /*内行元素显示*/
}
</style>
<div id="wrap">
    <div id="box"></div>
</div>
```

但是，如果我们为外层包含元素定义 zoom 或者 display 属性之后，则显示效果如图 11.22 和图 11.23 所示。

```
#wrap {
    border:solid 4px blue;          /*边框线*/
    display:inline;                 /*内行元素显示*/
    zoom:1;                         /*缩放比例*/
}
```

或

```
#wrap {
    border:solid 4px blue;          /*边框线*/
    display:inline;                 /*内行元素显示*/
    display:inline-block;           /*行内块状显示*/
}
```

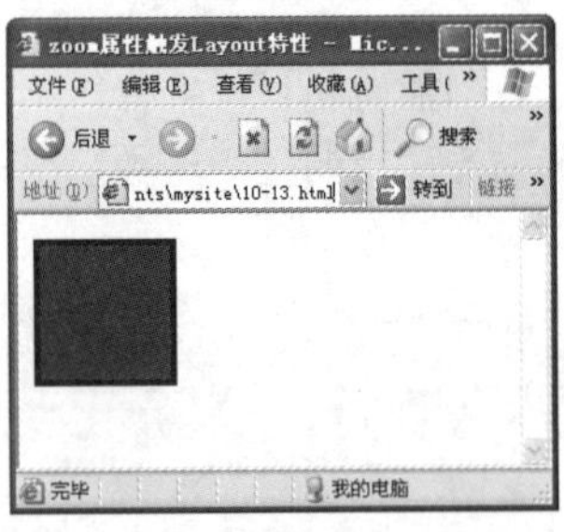

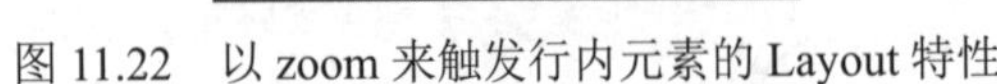

图 11.22　以 zoom 来触发行内元素的 Layout 特性

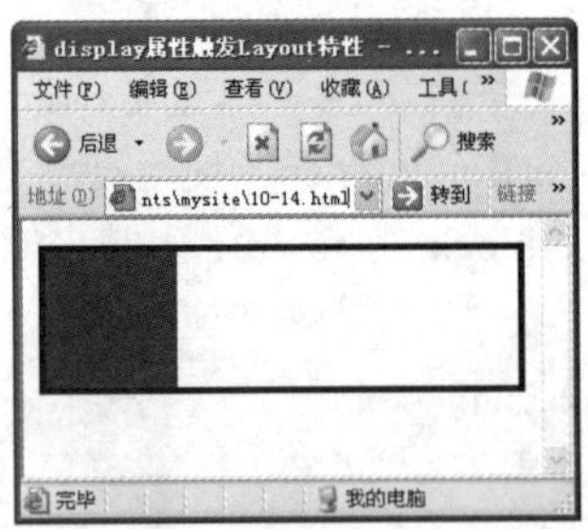

图 11.23　以 display 来触发行内元素的 Layout 特性

上面所讲解的方法都是在 IE 浏览器中的测试效果，但是在其他浏览器中，这些方法都被视为无效或者非法。因为在标准浏览器中不支持 Layout 特性，当我们采用上述方法来为包含元素触发 Lauout 特性时，可能会影响到标准浏览器的解析效果，因此我们应该采用一些方法使这些声明只能在 IE 浏览器中被解析。

这里不妨利用 IE 条件语句（代码中黑体部分）来限制这些触发器声明，使其只能在 IE 浏览器中被解析。

```
<style type="text/css">
#wrap {
    border:solid 1px blue;                    /*边框线*/
}
</style>
<!--[if lte IE6]>
<style type="text/css">
#wrap {
    height:1%;                                /*高度*/
}
</style>
<![endif]-->
```

这样就可以把这条非标准的 CSS 声明限制在 IE 6 及其以下版本浏览器中使用，对于 IE 7 以及其他标准浏览器将忽略这个样式。

```
<link rel="stylesheet" href="allbrowsers.css" type="text/css" />
<!--[if lte IE6]>
<link rel="stylesheet" href="iefix.css" type="text/css" />
<![endif]-->
```

IE 条件语句是兼容 IE 浏览器的最锋利的武器，却不是唯一的武器。使用浏览器的专有属性来解决浏览器的兼容性问题也是不错的方法。例如，在上面的实例中，除了使用 IE 专有的条件语句外，使用 IE 浏览器专有的 zoom 属性来进行设计会更好。不过 zoom:1 在 IE 5.0 版本中是无效的。所以最稳妥的方法是结合 IE 条件语句进行设计。

11.2.4　问题 2：包含浮动布局的问题与处理

在 IE 浏览器中，任何拥有 Layout 特性的元素都可以自动控制包含的浮动元素。后面的元素都会受到包含框的影响，而不是浮动元素的影响。但是在标准浏览器中却恰恰相反。

【例 11-7】在本实例中设计了一个 3 层嵌套的结构。最外层是一个包含框（2px 宽的绿色框），包含所有元素；头部包含框（6px 宽的红色框）中包含了 Logo 和 Headline 两个对象，Logo（10px 宽的蓝色框）是一个浮动元素。

```
<style type="text/css">
#wrap {                                       /*外包含框*/
    width: 100%;                              /*宽度*/
    border: 2px solid green;                  /*边框*/
}
#header {                                     /*头部包含框*/
    width: 90%;                               /*宽度*/
    border: 6px solid red;                    /*边框*/
}
#logo {                                       /*Logo 样式*/
    float: left;                              /*向左浮动*/
    width: 100px;                             /*宽度*/
    height: 200px;                            /*高度*/
    border: 10px solid blue;                  /*边框*/
}
h1, h2 {                                      /*标题背景色*/
```

Note

```
        background: #aaa;                    /*背景色*/
    }
    h2 {                                     /*底部对象*/
        float:left;                          /*向左浮动*/
    }
    p {                                      /*段落文本的背景色*/
        background: #666;                    /*背景色*/
    }
    .clear {                                 /*清除类*/
        clear: both;                         /*左右清除*/
    }
    </style>
    <div id="wrap">
        <div id="header">
            <div id="logo">Logo</div>
            <h1>Headline</h1>
        </div>
        <h2>Subhead</h2>
        <p class="clear">clear</p>
    </div>
```

在 IE7 或其他版本的浏览器中预览，会发现 Subhead 对象浮动在头部包含框（<div id="header">）的底部（如图 11.24 所示），但是如果在 FF 等标准浏览器中预览，会发现 Subhead 对象浮动在 Logo 浮动对象的右侧，不受头部包含框（<div id="header">）的影响。这种问题在 CSS 浮动布局中经常会遇到，在标准浏览器中只能通过浮动清除来实现相同的效果。

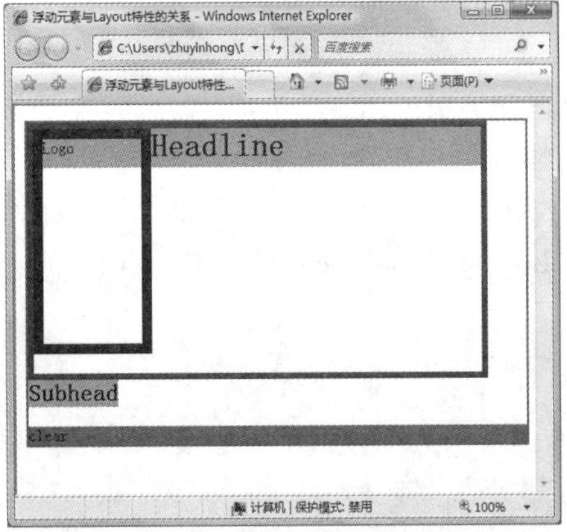

图 11.24　IE7 中浮动元素的显示

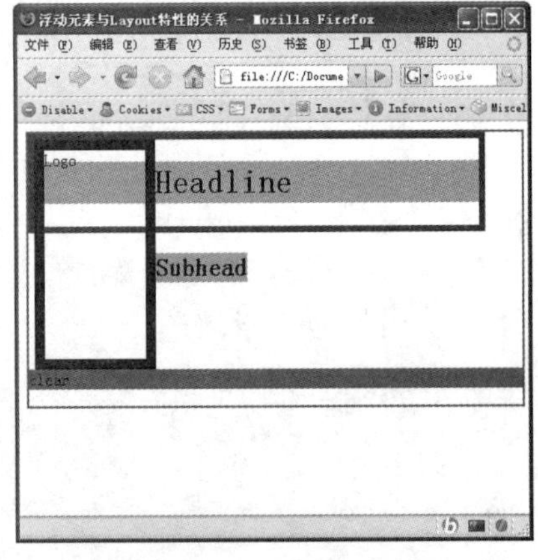

图 11.25　FF2 中浮动元素的显示

在本实例中我们可以 Subhead 对象增加定义清除属性，或者增加清除元素，代码如下。

```
h2 {                                         /*底部对象*/
    clear:both;                              /*清除浮动*/
}
```

或者

```
<div id="wrap">
    <div id="header">
        <div id="logo">Logo</div>
```

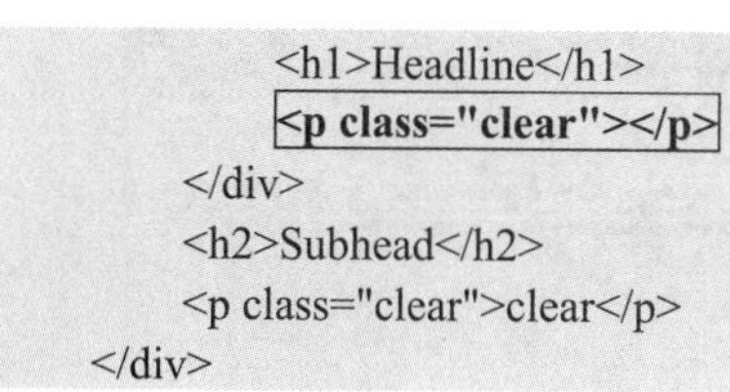

```
            <h1>Headline</h1>
            <p class="clear"></p>
        </div>
        <h2>Subhead</h2>
        <p class="clear">clear</p>
</div>
```

11.2.5 问题 3：相邻浮动布局的问题与处理

当一个块状元素紧跟在一个左浮动元素之后时，它会忽略这个浮动元素，而它包含的内容则应沿着浮动元素的右边顺序排列，如果它的长度超过浮动元素，则会继续排列到浮动元素底部。

但是如果这个块状元素拥有 Layout 特性，如由于某种原因被设置了宽度，那么这整个元素则会因浮动元素而移位，就好像它自己也是一个浮动元素一样，因此其中的文字就不再环绕这个左浮动元素了，而是形成一个矩形区域，停靠在浮动元素的右侧。

【例 11-8】 在上面实例的基础上定义 h1 元素宽度为 80%，由于被定义了宽度，则该元素就自动拥有 Layout 特性，这时如果在 IE 中预览，则将会显示块状样式效果。

```
h1 {                                        /*一级标题*/
    width:60%;                              /*元素的宽度*/
}
```

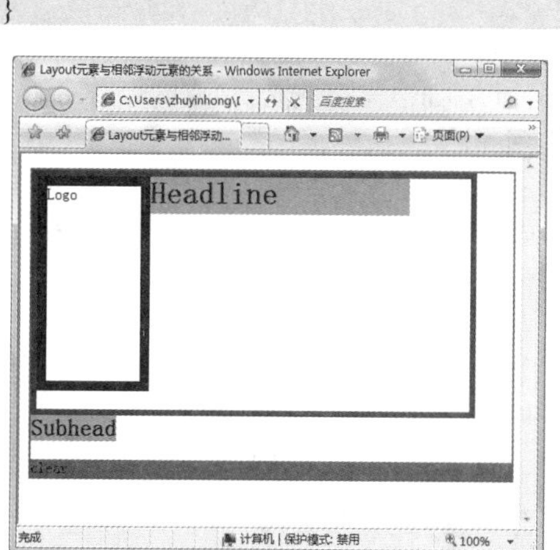

图 11.26　IE7 中 Layout 元素的显示

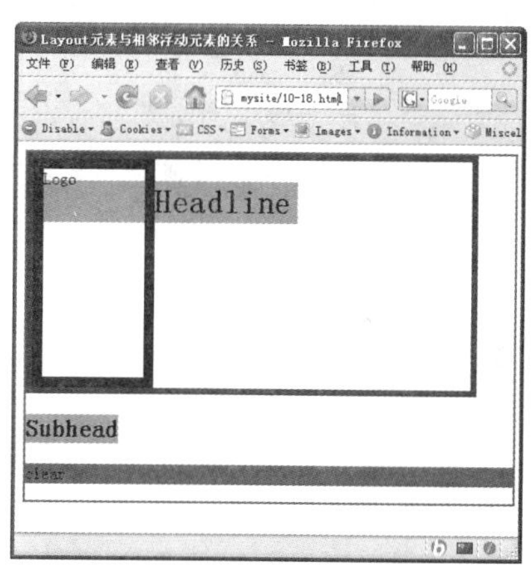

图 11.27　FF2 中 Layout 元素的显示

在 IE 中，Headline 对象内容不再是以文本的形式环绕在浮动元素的右侧，而是以块的形式布局在浮动元素的右侧。但是在标准浏览器中（如 FF2）该元素的内容依然环绕在浮动元素的右侧，元素本身并没有受到浮动元素的影响。上面的实例如果在 IE6 版本的浏览器中预览，则其显示效果如图 11.28 所示。

为什么会出现 3px 的空白区域呢？这是因为浮动元素外围的 3px 硬边无法影响一个 Layout 元素的内部内容，所以这个硬边将整个 Layout 元素向右推移了 3px。

在 IE5 中，一个块状元素的百分比宽度是基于浮动元素旁边的剩余空间计算的，而在 IE6 及其以上版本中则是依照整个父包含框元素的可用空间来计算。所以在 IE6 中设置 width:100%时就会导致该对象溢出显示。

例如，如果定义一级标题的宽度为 100%，则显示效果如图 11.29 所示。这时可以看到 Headline 对象错位到下一行显示。

Note

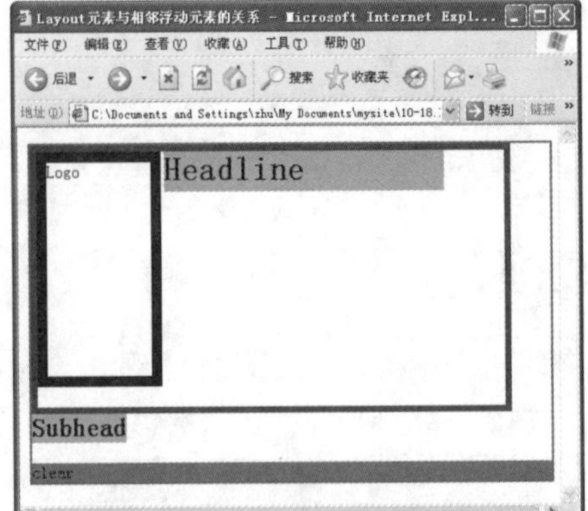

图 11.28　IE6 的 3 像素问题

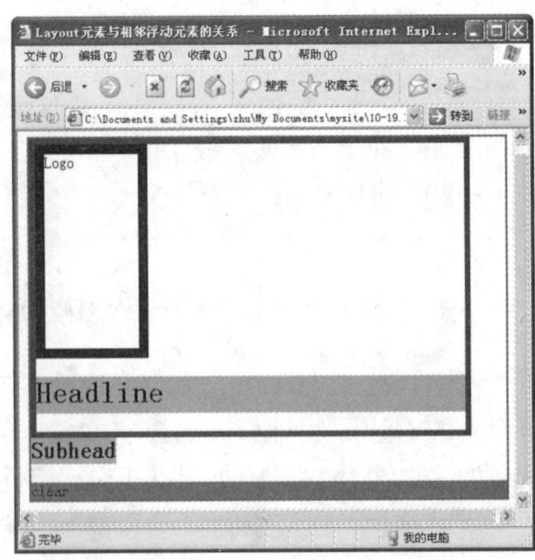

图 11.29　IE 的 Layout 元素错位问题

```
h1 {                                    /*一级标题*/
    width:100%;                         /*元素的宽度*/
}
```

11.2.6　问题 4：列表布局的问题与处理

列表元素包括 ol、ul、dl、li、dt 和 dd，如果这些元素拥有 Layout 特性，就会对列表显示产生影响，这种影响会使显示效果因浏览器版本的不同而略有差别。

【例 11-9】在下面这个列表中，定义列表的宽度为 60%,，那么 ul 元素就拥有了 Layout 特性。如果这时在 IE 浏览器中预览，就会发现该列表的项目符号消失了，如图 11.30 所示，但是在标准浏览器中显示为正常，如图 11.31 所示。

```
<style type="text/css">
ul {                                    /*列表元素*/
    width:60%;                          /*宽度*/
}
</style>
<ul>
    <li>项目列表</li>
    <li>项目列表</li>
    <li>项目列表</li>
</ul>
```

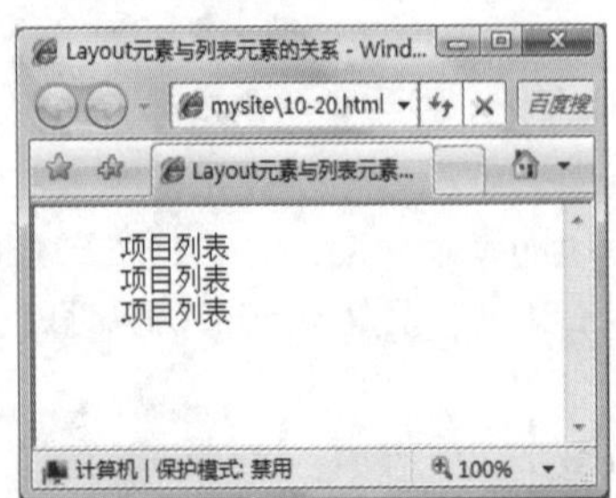

图 11.30　IE7 的 Layout 项目列表问题

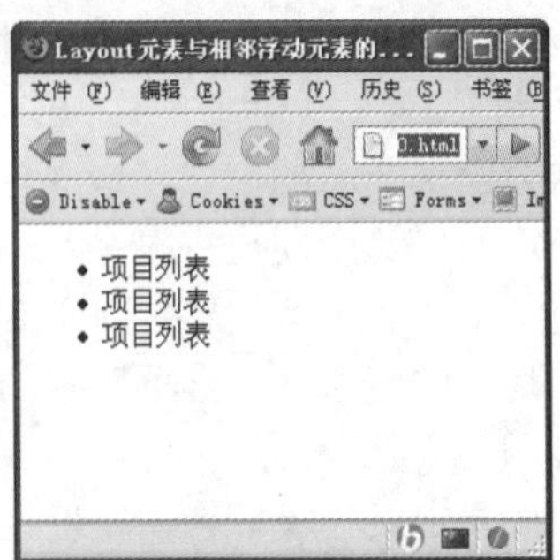

图 11.31　FF 的 Layout 项目列表

此类问题，只能通过自定义项目符号来解决。不过，读者可以通过改变列表元素的内边距而让它重新出现，如图 11.32 所示。

```
ul {                                    /*列表元素样式*/
    width:60%;
    padding-left:1em;                   /*定义内边距*/
}
```

在有序列表中，任何具有 Layout 特性的列表项元素都会拥有独立的计数器。例如，在下面这个简单的实例中，如果定义第 3 个列表项拥有 Layout 特性，则会看到第 3 个项目列表重新计数，如图 11.33 所示。

```
<style type="text/css">
.l3 {                                   /*定义列表项元素拥有 Layout 特性*/
    zoom:1;                             /*缩放比例*/
}
</style>
<ol>
    <li class="l1">项目列表</li>
    <li class="l2">项目列表</li>
    <li class="l3">项目列表</li>
    <li class="l4">项目列表</li>
</ol>
```

图 11.32　通过调整内边距显示项目符号

图 11.33　列表项目重新计数

此外，如果一个列表项拥有 Layout 特性，当该 Layout 列表项元素跨行显示时，项目符号会显示为底部对齐，而不是按照一般的思维习惯进行顶部对齐，如图 11.34 所示。

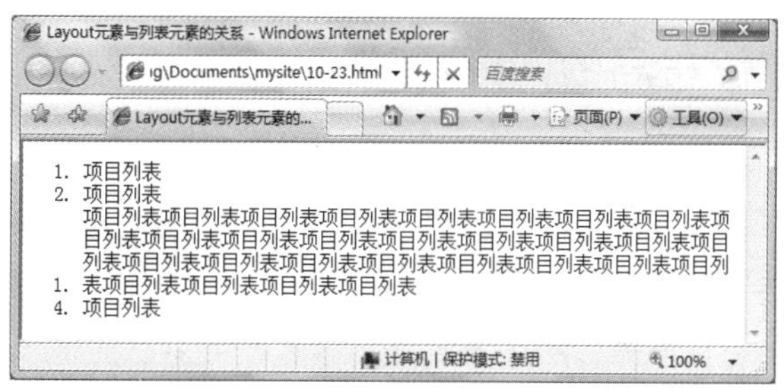

图 11.34　项目符号底部对齐效果

所有这些 IE 浏览器中奇怪的 Bug 目前还无法直接解决。因此，如果读者定义项目符号，可以通过自定义项目符号的方法来避免此类问题。而如果要限制列表的宽度，不妨通过外部增加包含框，通过定义包含框的宽度来控制列表的宽度。而对于列表项目的高度，则可以通过为每个列表项元素中的内容设定高度等方法来实现。

另外，在 IE6 及其以下版本的浏览器中，当列表项元素 li 中包含有块状显示的超链接元素时，列表元素之间的空格将不会被忽略，而且会额外增加一行。例如，在下面这个项目列表中，我们定义第 2、3 个列表项中包含的超链接元素 a 为块状显示，则会发现在这两行列表项下面多出了一行空行，如图 11.35 所示。

```
<style type="text/css">
.a2, .a3 {                                  /*超链接块状显示*/
    display:block;                          /*块状显示*/
}
</style>
<ol>
    <li class="l1"><a href="#" class="a1">项目列表 1</a></li>
    <li class="l2"><a href="#" class="a2">项目列表 2</a></li>
    <li class="l3"><a href="#" class="a3">项目列表 3</a></li>
    <li class="l4"><a href="#" class="a4">项目列表 4</a></li>
</ol>
```

要解决 IE6 及其以下版本浏览器的这种 Bug，可以把这些超链接元素定义拥有 Layout 特性，这时会发现各元素全部恢复为原来的显示距离，如图 11.36 所示。

```
.a2, .a3 {                                  /*定义元素拥有 Layout 特性*/
    display:block;                          /*块状显示*/
    zoom:1;                                 /*缩放显示*/
}
```

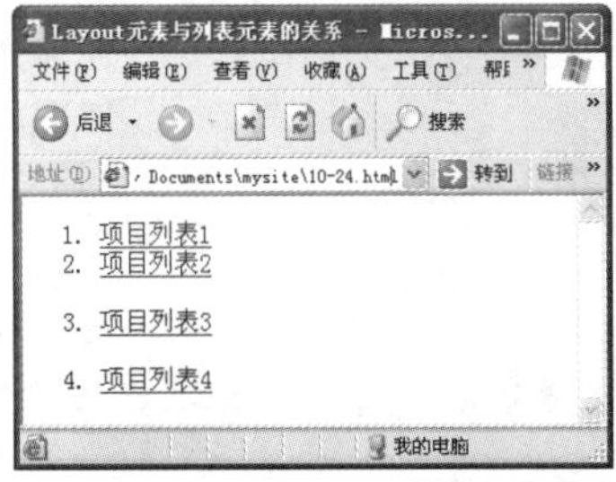

图 11.35　列表项下面被额外增加了一行空行

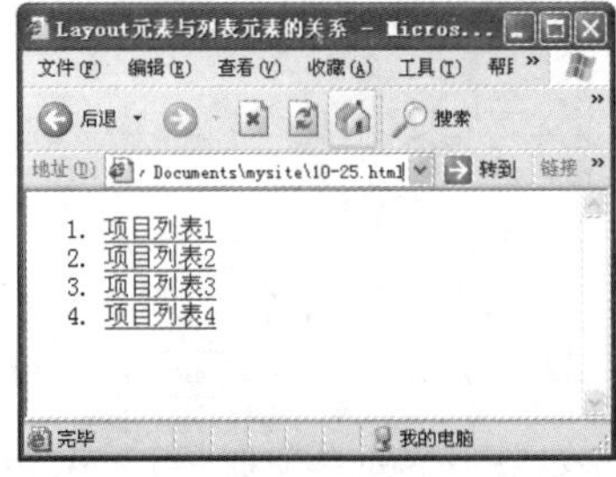

图 11.36　解决列表项下面被额外增加一行空行

11.2.7　问题 5：定位布局的问题与处理方法

由于相对定位属性（position:relative）不能触发 Layout 特性，所以在使用定位布局时会出现很多莫名其妙的错误，如定位对象丢失、定位元素错位等，而当用户再次进行刷新页面，或者调整浏览器窗口大小、拖动滚动条等操作时，又会显示这些定位对象。

因此，当出现这类问题时，建议为相对定位元素声明 zoom:1，或者通过其他方式触发定位元素的 Layout 特性。

在 CSS 定位布局中，常使用相对定位来为包含框定义包含块，然后为其中包含的各种元素进行定位，也就是说，我们可以让一个绝对定位元素所参考的原点和长度等属性不依赖于元素的排列顺序，这可以满足诸如“内容优先”这种可访问性概念的需要，也可以给复杂的浮动布局带来方便。

但是由于 IE 浏览器的 Layout 解析特性，因此只有当包含块拥有了 Layout 特性之后，IE 浏览器

才能够正常地进行定位。

【例 11-10】把一个行内元素定义为包含块，然后在其中包含一个方形盒子，通过绝对定位的方法定位该元素距离包含块左上顶角的坐标。

```
<style type="text/css">
#wrap {                                  /*定义包含块*/
    margin:100px;                        /*外边距*/
    position:relative;                   /*相对定位*/
    border:solid 4px red;                /*边框*/
}
#box{                                    /*定义方形盒子*/
    position:absolute;                   /*绝对定位*/
    left:100px;                          /*与包含块左侧的距离*/
    top:100px;                           /*与包含块顶端的距离*/
    width:100px;                         /*宽度*/
    height:100px;                        /*高度*/
    background:blue;                     /*蓝色背景*/
}
</style>
<span id="wrap">
    <div id="box"></div>
</span>
```

由于包含块（<span id="wrap">）没有 Layout 特性，因此，它在解析定位元素时无法准确定位绝对元素。此时，绝对元素以窗口左上顶角为参考进行定位，如图 11.37 所示，但是如果激活包含块的 Layout 特性，它就能够准确定位绝对定位元素了，如图 11.38 所示。

```
#wrap {                                  /*激活包含块的 Layout 特性*/
    zoom:1;                              /*缩放比列*/
}
```

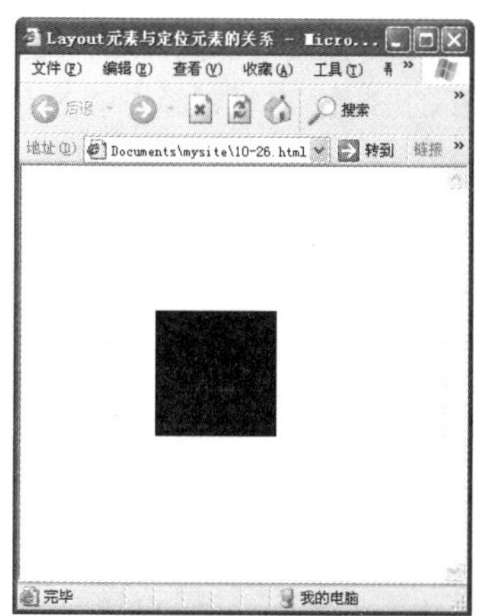

图 11.37　没有 Layout 特性的包含块进行定位

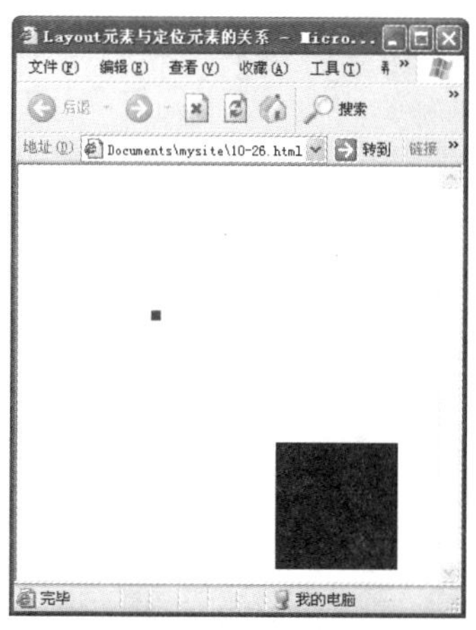

图 11.38　拥有 Layout 特性的包含块进行定位

另外，即使为绝对定位元素取百分比宽度，也不能够准确找到包含块的大小并进行计算。例如，针对上面的实例，如果定义绝对定位元素的宽度为 50%，这时如果没有激活包含块的 Layout 特性，绝对定位元素的宽度就是以窗口宽度为参考来进行计算的。如果为包含块声明 zoom:1，激活它的

Layout 特性，那么绝对定位元素以包含块为参考进行宽度计算，如图 11.40 所示。

```
#box{                                    /*绝对定位元素*/
    width:50%;                           /*百分比宽度*/
}
```

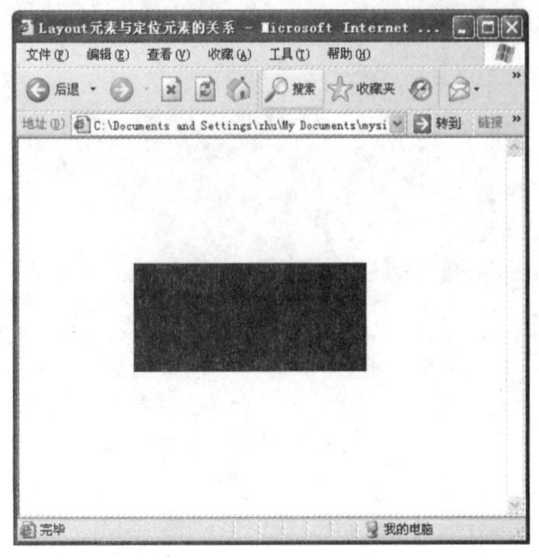

图 11.39　无 Layout 特性的宽度计算

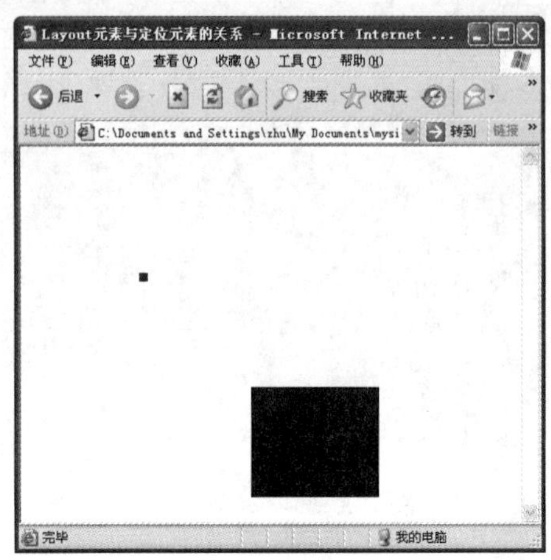

图 11.40　拥有 Layout 特性的宽度计算

IE5 和 IE6 在定位元素的 Layout 特性方面比较相近，不过 IE7 在这方面有了很大进步。总之，要尽可能保证绝对定位元素的包含块拥有 Layout 特性，而且尽量让其成为绝对定位元素的父级元素，也就是说这个包含元素和绝对定位元素之间没有嵌套别的定位元素。

11.3　常用浏览器解析问题和解决方法

本节将介绍 IE 中的常见 Bug。当然不是说其他浏览器没有 Bug，主要是因为 IE 的非标准模式所形成的 Bug 比较普遍。在前面的章节中我们曾经介绍了不少 IE 的 Bug，对于已经讲解的 Bug，本节就不再重复。

为了判断不同版本浏览器的解析模式是否符合标准，1997 年网页标准计划小组（Web Standards Project）设计了一个测试页面（http://www.webstandards.org/files/acid2/test.html）来检测不同版本浏览器的健康状态（即是否符合标准），这种测试被称为 Acid，就这么一个简单的测试页面（HTML+CSS，共 460 多行代码），背后却蕴含着许多网络技术。该测试页面所呈现的标准效果如图 11.41 所示。这是一个有趣的机器人头像，在标准状态下当把鼠标移到机器人的鼻子上时，鼻子会立即由黑色变为蓝色。

如果使用 IE6 版本的浏览器预览这个页面，则所渲染的结果完全不成形，如图 11.42 所示。IE7 版本浏览器所解析的效果也是惨不忍睹，如图 11.43 所示，不过 IE8 通过了 Acid2 测试。苹果的 Safari 2.02 是第一个通过 Acid2 测试的，在那之后 Konqueror、Opera 也陆续过关，而 FF2 版本还不行，如图 11.44 所示，但是 FF3 正式版本通过了 Acid2 测试。

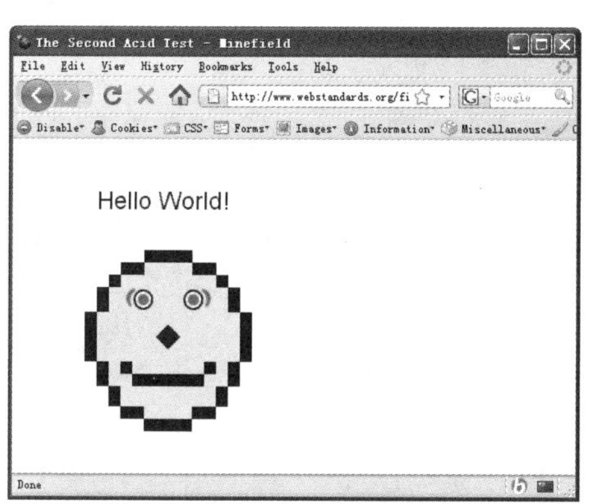

图 11.41　FF3 版本浏览器的测试结果

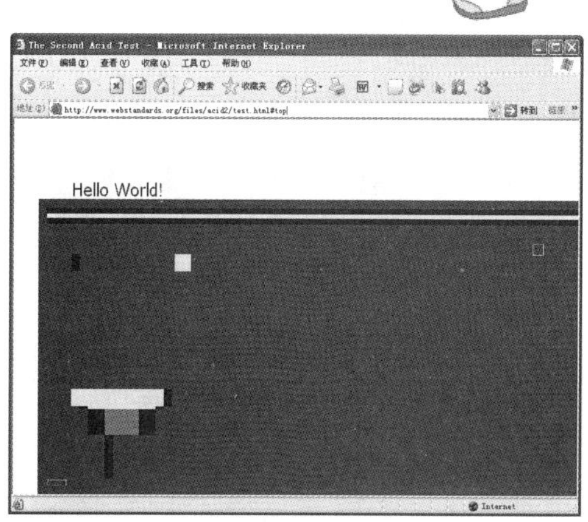

图 11.42　IE6 版本浏览器的测试结果

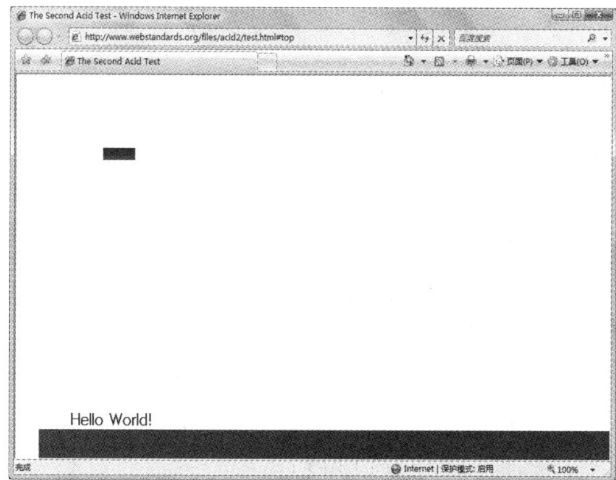

图 11.43　IE7 版本浏览器的测试结果

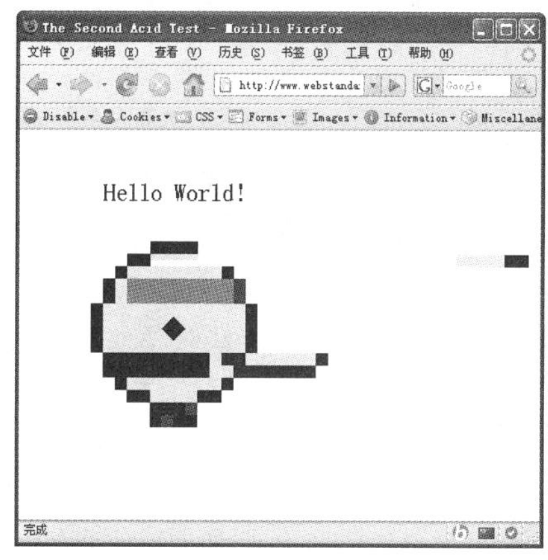

图 11.44　FF2 版本浏览器的测试结果

11.3.1　兼容 IE6 版本浏览器

IE6 版本浏览器是使用时间最长的一个浏览器版本，自从 2001 年 10 月微软发布 Windows XP 时捆绑了 IE6，直到 2006 年下半年微软才开始发布 IE7，在 2007 年 1 月发布 Windows Vista 时捆绑了 IE7。不过目前 IE6 仍然是很多老用户默认使用的浏览器。

【例 11-11】下面是一个经验槽设计条，这个设计使经验值（<div class="value">）能够根据后台数据进行自动伸缩显示，如图 11.45 所示。但是在 IE6 及其以下版本的浏览器中，所显示的高度实际为 22px，显示效果如图 11.46 所示。

```
<style type="text/css">
.trough {                                  /*包含框的样式*/
    width:300px;                           /*宽度*/
    height:8px;                            /*高度*/
    padding:1px;                           /*内边距*/
    border:1px solid #53d242;              /*边框*/
}
.value {                                   /*经验值的样式*/
    width:60%;                             /*活动宽度*/
    background:#66cc00;                    /*背景色*/
```

```
    height:8px;                                    /*高度*/
}
</style>
<div class="trough">
    <div class="value"> </div>
</div>
```

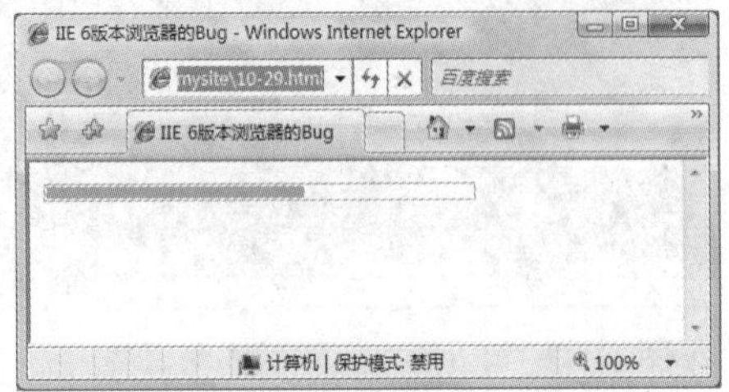

图 11.45　IE7 中的预览结果

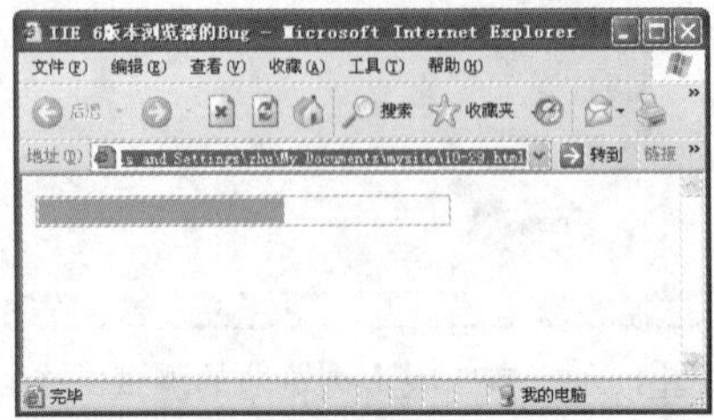

图 11.46　IE6 中的预览结果

很显然这是 IE6 及其以下版本存在的一个 Bug。

解决方法：

专门为 IE6 及其以下版本浏览器声明一个 overflow:hidden 即可。那么如何实现专门为 IE6 及其以下版本浏览器定义样式呢？除了可以使用 IE 条件语句外，还可以使用如下过滤器来进行设置，所得效果如图 11.47 所示。

```
* html .value {                                   /*兼容 IE6 及其以下版本的样式*/
    overflow:hidden;                              /*隐藏超出内容区域*/
}
```

对于标准浏览器来说，html 元素被认为根元素，其他元素都被包括其中。但是，在 IE6 及其以下版本的浏览器中认为匿名元素为根元素，html 元素被认为是它的子元素，这个匿名根元素就是通用选择符“*”。我们可以使用“*”符号包含 html 元素来定义一个特殊的选择符过滤器，专门定义只能在 IE6 及其以下版本的浏览器中应用的样式。

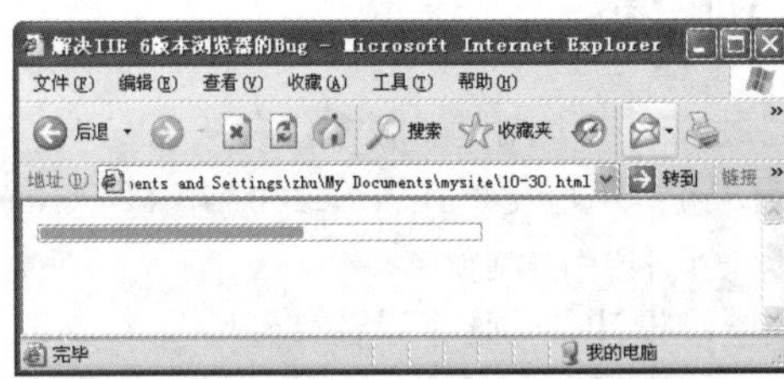

图 11.47　经过兼容处理后的 IE6 中的显示效果

注意，如果希望某个样式只能够在 IE6 及其以下版本的浏览器中执行，可以使用上面的* html .value {}过滤器来进行设计。

11.3.2　兼容 IE5 系列版本浏览器

IE5 系列版本的浏览器目前已经很少有人使用了，这里仅简单介绍一下。IE5 系列版本浏览器存在的问题也不少，其中最突出的问题就是盒模型大小的算法上存在很大的差异。

其他浏览器一般都认为元素的总宽度或总高度为外边距、内边距、边框和宽（或高）的总和，而 IE5 系列版本的浏览器却认为元素总宽度或总高度为外边距和宽度（或高度）的总和，换句话说就是

IE5 系列版本的浏览器认为宽度（或高度）包含了元素的边框和内边距。

【例 11-12】 定义一个盒模型，设置宽度为 100px，然后在 IE6（如图 11.48 所示）和 IE 5.5（如图 11.49 所示）中预览，你会发现 IE 5.5 的盒子明显窄了许多。这是因为它把元素的边框和内边距都算作元素的宽度。

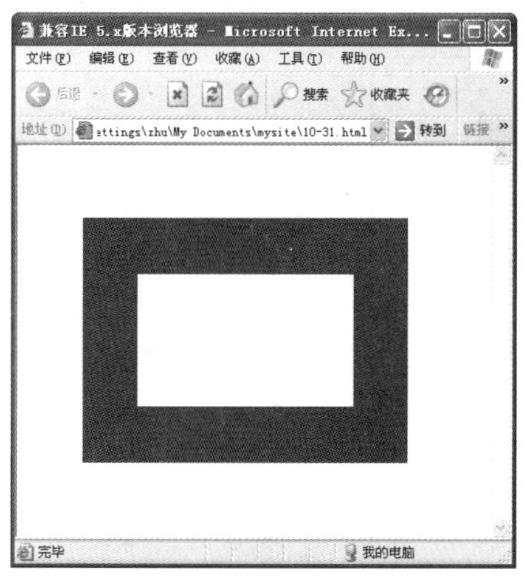

图 11.48　IE6 中的预览结果

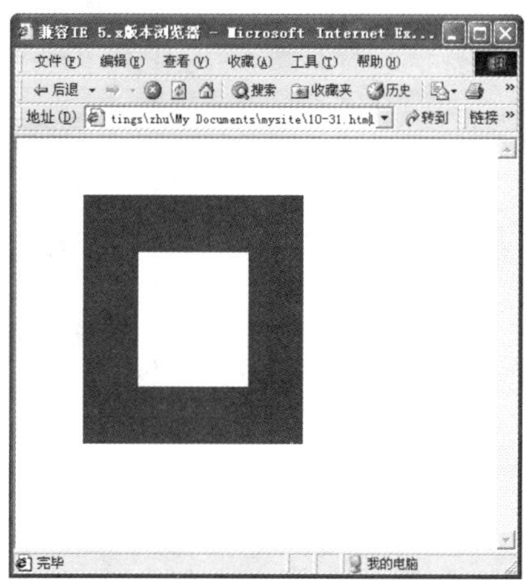

图 11.49　IE 5.5 中的预览结果

```
<style type="text/css">
#box {                                   /*盒模型*/
    width:100px;                         /*宽度*/
    border:solid 50px solid red;         /*边框*/
    margin:50px;                         /*外边距*/
    padding:50px;                        /*内边距*/
}
</style>
<div id="box"></div>
```

要解决 IE5 系列版本浏览器的兼容性问题，除了可以使用 IE 条件语句外，还可以使用多媒体声明来定义；另外，我们还可以使用转义字符来解决，这也许是最简单的一种兼容 IE5 系列版本浏览器的方法了。

所谓转义字符，就是字符前面带有一个反斜杠前缀，它能够保证该字符按本来的意思（原义）解析，而不是被翻译为其他意思，或者通过反斜杠前缀来表示某个字符代表特殊的意思。例如，“\n”转义为换行符，“\r”转义为回车符。

但是 IE5 系列版本的浏览器不能识别这种转义字符，当看到这个反斜杠时，会误认为反斜杠也是一个普通字符，不进行解析。

【例 11-13】 针对上面的实例，我们使用转义字符重新定义盒模型的样式。由于 IE5 系列版本的浏览器不能识别转义字符，所以就忽略了 widt\h:100px 声明，而采用 width:300px，但是对于 IE6 等其他浏览器来说，由于它们能够识别转义字符，所以认为盒模型的宽度为 widt\h:100px，在 IE5 中的预览结果如图 11.50 所示。

```
#box {                                   /*盒模型*/
    width:300px;                         /*IE5 系列版本中的宽度*/
    widt\h:100px;                        /*转义宽度*/
    border:solid 50px solid red;         /*边框*/
```

```
    margin:50px;                        /*外边距*/
    padding:50px;                       /*内边距*/
}
```

Note

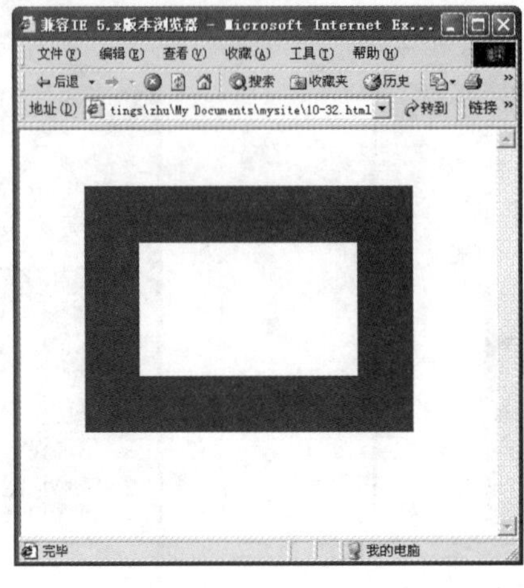

图 11.50　兼容 IE5 系列浏览器的显示效果

使用转义字符时要注意，不要把反斜杠放在数字 0～9 或字母 a～f、n、r、t、v（包括大小写）的前面，因为这些转义字符可能会表示其他意思，并不是表示字符原义。

当然，除了这个盒模型宽度问题外，我们还可以利用这些技巧来解决 IE5 系列浏览器中其他可能存在的 Bug。

11.3.3　兼容 IE7 版本浏览器

如果要单独解决 IE7 中存在的 Bug，可以使用*+html Element {}过滤器。在上面的实例中曾经讲解了 IE 浏览器认为“*”是 HTML 的根元素，因此这个过滤器只能适用于 IE 浏览器，由于仅有 IE7 支持*+html 相邻选择符，那么该过滤器仅能够在 IE7 中被识别和解析。

【例 11-14】本实例比较简单，定义盒子在所有浏览器中显示为红色背景、蓝色实线边框，如图 11.51 所示，然后通过兼容技术处理，利用*+html 过滤器专门为 IE7 定义蓝色背景、红色虚线框样式，如图 11.52 所示。

```
<style type="text/css">
#box {                                  /*适用所有浏览器的样式*/
    width:200px;                        /*宽度*/
    height:50px;                        /*高度*/
    border:solid blue 8px;              /*实线边框*/
    background:red;                     /*红色背景*/
}
*+html #box {                           /*专门适用 IE7 版本浏览器的样式*/
    border:red dashed 8px;              /*虚线边框*/
    background:blue;                    /*蓝色背景*/
}
</style>
<div id="box"></div>
```

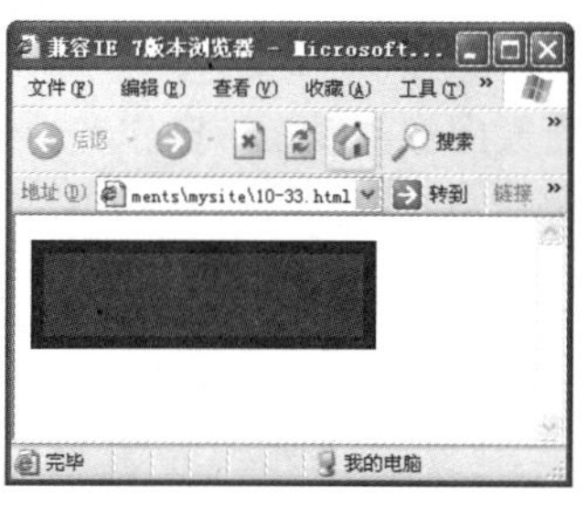

图 11.51　IE6 中的预览结果

图 11.52　IE7 中的预览结果

该过滤器仅适用于 IE7 版本浏览器，是一个不错的过滤器。使用该过滤器时，应该保证在 HTML 的顶部增加 DTD 声明，否则无效。

11.3.4　兼容 FF 等标准浏览器

对于以 FF 为代表的非 IE 浏览器来说，通用过滤器为 html>/**/body #Element {}。该过滤器能够保证所定义的样式只能够在非 IE 标准浏览器中被解析。

【例 11-15】本实例比较简单，定义盒子在所有浏览器中显示为红色背景、蓝色实线边框，如图 11.53 所示，然后通过兼容技术处理，利用 html>/**/body 过滤器专门为非 IE 浏览器定义为蓝色背景、红色虚线框样式，如图 11.54 所示。

```
<style type="text/css">
#box {                                  /*适用所有浏览器的样式*/
    width:200px;                        /*宽度*/
    height:50px;                        /*高度*/
    border:solid blue 8px;              /*实线边框*/
    background:red;                     /*红色背景*/
}
html>/**/body #box {                    /*专门适用非 IE 浏览器的样式*/
    border:red dashed 8px;              /*虚线边框*/
    background:blue;                    /*蓝色背景*/
}
</style>
<div id="box"></div>
```

图 11.53　IE7 中的预览结果

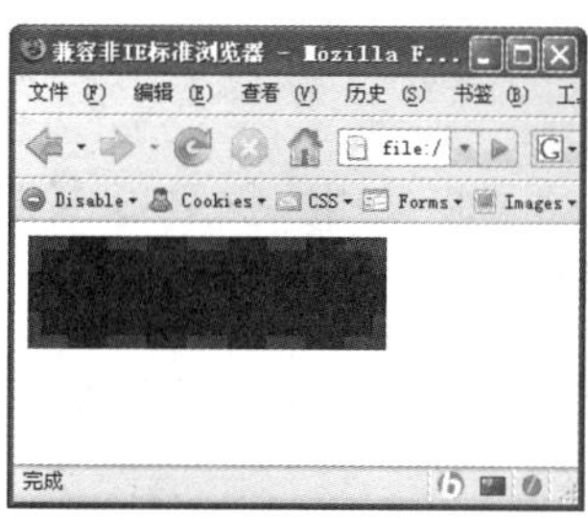

图 11.54　FF 中的预览结果

11.3.5　问题 1：超链接的 Bug

由于 a 是行内元素，不具备 Layout 布局特性，但是很多时候我们又希望它能够具备布局功能，

于是就出现了下面这样的 Bug。

【例 11-16】在本实例中，鼠标移到超链接上时能够显示箭头图像，以指示操作。当鼠标移过之后，又能够自动隐藏图标。

```
<style type="text/css">
a {                                          /*超链接的样式*/
    text-decoration:none;                    /*清除下划线*/
}
a img {                                      /*超链接包含的图片样式*/
    display:none;                            /*正常情况下隐藏显示*/
    border:none;                             /*清除边框*/
}
a:hover img {                                /*鼠标经过时，包含图片的样式*/
    display:inline;                          /*行内显示*/
}
</style>
<a href="#">菜单项目<img src="images/icon1.gif" /></a>
```

如果在 IE7 或者其他标准浏览器中预览，则会正常显示，如图 11.55 所示，但是在 IE6 及其以下版本中则不显示图像，如图 11.56 所示。

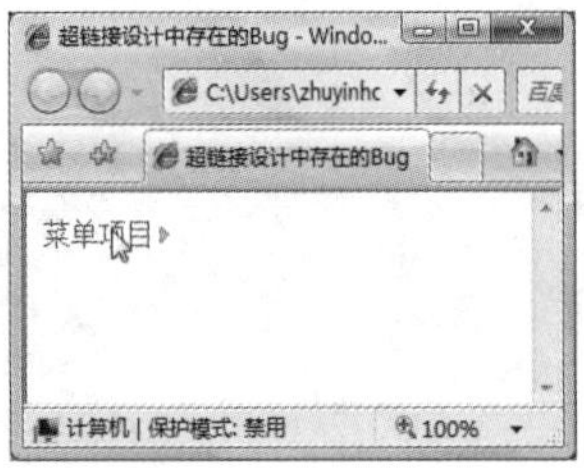

图 11.55　IE7 中的预览结果

图 11.56　IE6 中的预览结果

解决方法：

这是因为超链接的 hover 伪类不具有 Layout 特性，我们可以通过定义 CSS 属性来激活它的 Layout 特性，如定义下面的样式即可激活该伪类的 Layout 特性。

```
a:hover {                                    /*激活伪类的 Layout 特性*/
    zoom:1;                                  /*缩放比例*/
}
```

另外，还可以使用一些 CSS 属性激活 Layout 特性，如 border、display、postion、overfilow、background 等。

11.3.6　问题 2：内容与背景分离的 Bug

【例 11-17】输入下面的实例代码，然后在 IE 浏览器中预览，可以看到蓝色背景的内容框被相邻的红色背景给分离了，形成了一种奇怪的元素内容与背景分解的现象，如图 11.57 所示。但是如果在非 IE 浏览器中预览则没有这种现象，如图 11.58 所示。

```
<style type="text/css">
#main {                                      /*层叠包含框*/
    position:relative;                       /*相对定位*/
```

```
        z-index:1;                              /*层叠值*/
        color:white;                            /*白色字体*/
    }
    #background {                               /*背景色*/
        position:absolute;                      /*绝对定位*/
        left:10em;                              /*左侧距离*/
        top:0;                                  /*顶部距离*/
        z-index:-1;                             /*层叠值为-1*/
        width:100%;                             /*百分比宽度*/
        background:red;                         /*红色背景*/
        height:60px;                            /*固定高度*/
    }
    #content {                                  /*内容包含框*/
        background:blue;                        /*蓝色背景*/
    }
    </style>
    <div id="main">
        <div id="background"></div>
        <div id="content">
            <p><span>CSS Zen Garden（样式表禅意花园）邀请您发挥自己的想象力，构思一个专业级的网页。让我们用慧眼来审视，充满理想和激情去学习 CSS 这个不朽的技术，最终使自己能够达到技术和艺术合而为一的最高境界。</span></p>
        </div>
    </div>
```

图 11.57　IE 存在内容和背景被分开显示的 Bug

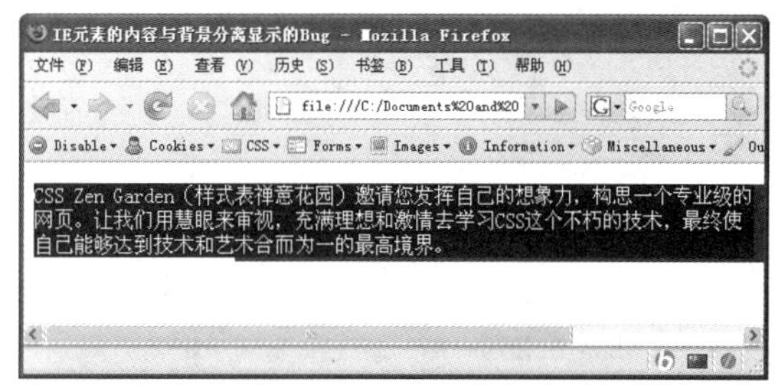

图 11.58　FF 不存在内容和背景被分开显示的现象

通过这种方法可以设计出一个可变背景的页面。首先定义外层包含框为层叠包含框，然后把<div id="background">元素作为一个道具，用来定义动态背景色，再通过层叠值取负值，使其隐藏在内容框的下面，这样需要时可以随时调用。

注意，在 FF 浏览器中，红色背景层并没有隐藏到蓝色内容层的下面，而是插在内容包含框的蓝色背景和显示的文字之间。

这是 IE 浏览器的一个 Bug，解决这个问题的方法很简单，定义一个 CSS 样式触发<div id="background">元素的 Layout 特性即可。例如：

```
#content {                                  /*触发 Layout 特性*/
    zoom:1;                                 /*缩放比例*/
}
```

当然还可以定义其他样式，如高度或宽度等来触发该元素的 Layout 特性。

11.3.7 问题 3：IE6 躲躲猫 Bug

“躲躲猫”是一个捉迷藏游戏，在英文中翻译为 Peekaboo。IE6 布局中就存在这样一个躲躲猫的 Bug，这个 Bug 能够使页面内容时隐时现，显示得非常不稳定。

【例 11-18】本例比较简单，要求当在 IE6 中打开网页时，右侧超链接隐藏起来，如图 11.59 所示，当鼠标移过浮动超链接，或者重新调整窗口大小时，右侧的超链接才被显示出来，如图 11.60 所示。另外，当右侧超链接显示时，如果鼠标移过右侧超链接，则会自动隐藏部分超链接内容。

```
<style type="text/css">
#wrap {                                   /*包含框样式*/
    background:#FFFFCC;                   /*背景色*/
    border: 1px solid red;                /*边框线*/
}
#wrap a:hover {
    background:#CCFF66;                   /*鼠标移过浮动超链接样式*/
}
#float {                                  /*浮动元素样式*/
    float : left;                         /*向左浮动*/
    border: 1px solid green;              /*边框线*/
    width : 120px;                        /*固定宽度*/
    height: 150px;                        /*固定高度*/
}
.clear {                                  /*清除类*/
    clear: both;                          /*清除左右浮动*/
}
</style>
<div id="wrap">
    <div id="float"><a href="#">浮动超链接</a></div>
    <div><a href="#">超链接</a></div>
    <div><a href="#">超链接</a></div>
    <div><a href="#">超链接</a></div>
    <div><a href="#">超链接</a></div>
    <div class="clear"> </div>
</div>
```

图 11.59 IE6 中躲藏的超链接

图 11.60 鼠标移到超链接时会显示隐藏内容

这在 IE7 及其他标准浏览器中的显示是没有问题的，但是在 IE6 版本中右侧的超链接就会莫明奇妙地消失了。解决 IE6 的这个 Bug，可以采用如下方法。

不要为<div id="wrap">包含框定义背景色，如果必须使用背景色，则可以为<div id="wrap">包含框定义高度或者宽度，或者定义 zoom 属性，以触发该元素的 Layout 特性。

```
#wrap {                                /*触发 Layout 特性*/
    zoom:1;                            /*缩放比例*/
}
```

11.3.8　问题 4：IE6 多余字符 Bug

这是 IE6 另一个比较典型的 Bug。当在浮动元素之间增加 HTML 注释时就很容易出现这个问题。

【例 11-19】输入下面实例代码，则在 IE6 版本浏览器中预览，如图 11.59 所示。

```
<style type="text/css">
#wrap {                                /*包含框样式*/
    width:400px                        /*固定宽度*/
}
#wrap div {                            /*浮动元素样式*/
    float:left;                        /*向左浮动*/
    width:100%                         /*百分比宽度*/
}
</style>
<div id="wrap">
    <div>第 1 行字符</div>
    <!-- 注释 -->
    <div>↓下面是多出来的一个字符</div>
</div>
```

图 11.61　IE6 多余字符 Bug

解决这个小 Bug 有多种方法，如清除 HTML 注释，或者不设置 100%宽度等。

11.4　案例实战

本节将通过两个综合布局实例来介绍设计兼容主流浏览器的方法。这两个实例都具有典型性，其中也有很多设计师经常遇到的问题，相信通过学习这两个实例，有利于读者对设计兼容性网页做一个很好的总结。

11.4.1　3 列等高布局

所谓多列等高就是在一个多列布局的页面中，一列的高度发生了变化后，其他列也能够自动随之

Note

变化，这对于表格布局来说可能是小菜一碟，但是对于 CSS 布局来说，要实现这种效果就有一定的难度。

前面介绍过使用伪列布局来解决多列等高的问题，下面我们将使用另一种方法，即通过负边距来解决这一问题。

首先，构建页面的 HTML 结构。

```
<div id="container">
    <div id="header">
        <h1>页眉区域</h1>
    </div>
    <div id="main">
        <div id="wrap">
            <div id="mid">
                <p><strong>1.主栏</strong></p>
            </div>
            <div id="left">
                <p><strong>2.左栏</strong></p>
            </div>
        </div>
        <div id="right">
            <p><strong>3.右栏</strong></p>
        </div>
    </div>
    <div id="footer">
        <p>页脚区域</p>
    </div>
</div>
```

这是一个比较经典的布局结构，整个页面被装在了一个“箱子”里（<div id="container">），然后在这个“箱子”里分成了 3 个“抽屉”，从上到下分别是页眉区域（<div id="header">）、主题区域（<div id="main">）和页脚区域（<div id="footer">）。为了能够实现主栏居中、左栏居左、右栏靠右的设计目的，这里使用了一个夹层（<div id="wrap">），目的是实现中栏与左栏的布局位置互换。

借助这个夹层（<div id="wrap">），让夹层向左浮动，然后在夹层内设计主栏向右浮动，左栏向左浮动，最后设计右栏靠右对齐即可，版式结构示意图如图 11.62 所示。

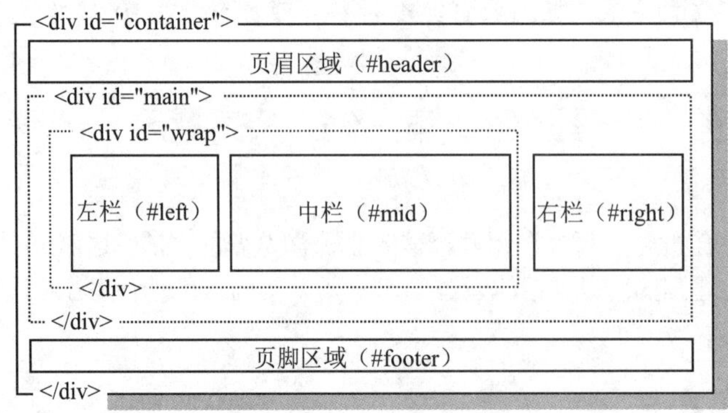

图 11.62　版式结构示意图

Note

解决了中间模块的 3 列布局问题，下面来解决如何实现 3 列等高的问题。这里不用伪列布局或者其他伪装的方法来设计，而是借助负外边距来进行设计。

设计的思路如下。

设置左栏、中栏和右栏的底部内边距为一个非常大的值，强迫每个栏目无限向下延伸，这样无论 3 列栏目的内容是否对齐，由于它们的内边距无限大，栏目的背景色都会自动移动到下面，在有限的屏幕内容中给人的感觉就是每个栏目都是等高的。但是，当 3 列底部内边距变得无限大的时候，会把页脚区域推到无穷低的地方，相当于隐藏了该页脚区域，如图 11.63 所示。这时，如果要预览页脚区域，则需要长时间拖动滚动条，才能够看到底部区域。

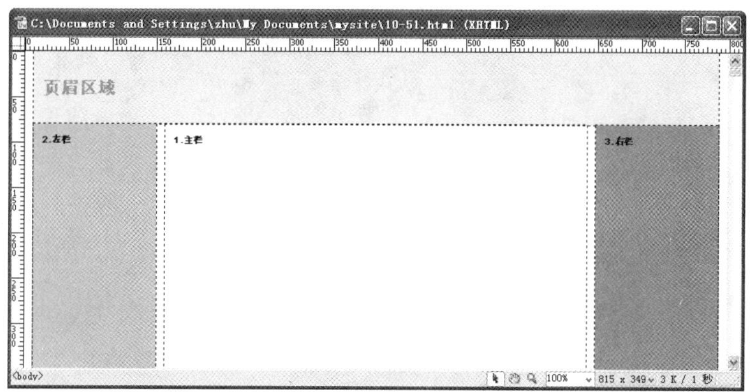

图 11.63　版式结构示意图

再设置底部外边距为一个无穷大的负值，该无穷大的负值与所设置的无穷大的底部内边距正值相同，这样就等于把多出的内边距给隐藏起来。然后再定义中间包含框隐藏多出的内容(#main {overflow: hidden;})，这样当某个栏目的内容很多时，会自动撑开包含框（<div id="main">），而当包含框被撑开之后，其他两个栏目的高度也会随着伸展，当然不是它们的 height，而是它们的背景色（因为它们的内边距是无穷大的）。虽然看上去是自动跟随伸展，但其实它们早已经被撑开了，只因为被包含框给隐藏起来了，现在包含框被撑开之后，这些被隐藏的栏目也随着显露出来。

大致明白了设计思路后，我们就来详细分解样式表代码。虽然样式代码有些长，不过大部分代码都是修饰性或辅助性的，如下所示。

```
body {                                  /*网页基本属性*/
    margin:0;                           /*清除页边距*/
    padding:0;                          /*清除页边距*/
    font: 76% arial, sans-serif;        /*字体大小*/
    text-align:center                   /*网页居中*/
}
p {                                     /*段落样式*/
    margin:10px;                        /*文本段落外边距*/
}
a {                                     /*超链接样式*/
    display:block;                      /*超链接块状显示*/
    color: #006;                        /*超链接字体颜色*/
    padding:10px                        /*超链接内边距*/
}
#container {                            /*网页包含框样式*/
    margin:0 auto;                      /*网页居中显示*/
```

Note

```
        text-align:left;                    /*文本左对齐*/
        width:778px;                        /*网页宽度*/
    }
    div#header h1 {                         /*页眉区域样式*/
        height:80px;                        /*页眉区域高度*/
        line-height:80px;                   /*垂直居中*/
        margin:0;                           /*外边距*/
        padding-left:10px;                  /*左侧内边距*/
        background: #EEE;                   /*页眉区域背景色*/
        color: #79B30B                      /*页眉区域字体颜色*/
    }
    div#footer {                            /*页脚区域样式*/
        background: #333;                   /*页脚区域背景色*/
        color: #FFF;                        /*页脚字体颜色*/
        height:30px;                        /*页脚区域高度*/
        clear: both;                        /*清除两侧浮动*/
    }
    #main {                                 /*主体包含框样式*/
        overflow: hidden;                   /*隐藏多余的空间*/
    }
    #wrap {                                 /*左侧包含框样式*/
        float: left;                        /*向左浮动*/
        width: 628px;                       /*左侧包含框宽度*/
    }
    #left {                                 /*左栏样式*/
        float: left;                        /*向左浮动*/
        margin: 0;                          /*外边距为0*/
        width: 140px;                       /*左栏宽度*/
        background: #B9CAFF;                /*左栏背景色*/
    }
    #mid {                                  /*中栏样式*/
        float: right;                       /*向右浮动*/
        margin-left: 10px;                  /*左侧外边距*/
        width: 478px;                       /*中栏宽度*/
    }
    #wrap, #left, #mid, #right {            /*核心样式，栏目的无穷大内边距和无穷大负外边距*/
        padding-bottom: 9999px;             /*底部无穷大正内边距*/
        margin-bottom: -9999px;             /*底部无穷大负外边距*/
    }
    #right {                                /*右栏样式*/
        float: right;                       /*向右浮动*/
        margin-left: 10px;                  /*栏目左侧外边距*/
        width: 140px;                       /*右栏宽度*/
        background: #FF8539;                /*右栏背景色*/
    }
```

该布局在IE7中的显示效果如图11.64所示，但是在非IE浏览器中预览时，则会存在一个Bug，如图11.65所示。

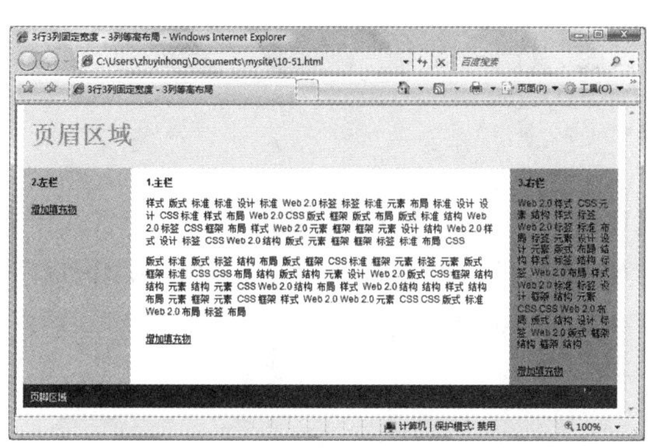

图 11.64　IE7 中多列等高布局效果

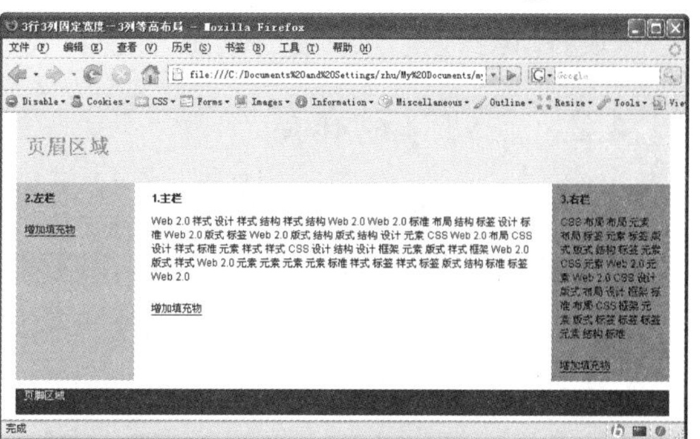

图 11.65　FF 中多列等高布局效果

下面就来研究这个非 IE 浏览器中存在的 Bug 如何解决。产生这个 Bug 的原因是超大边距值。这种超大边距对于浏览器来说是一个极限考验，如果把其中的内边距和外边距设置为 99999px，则会在 IE 或其他浏览器中呈现为不同的效果。

另外，如果读者把下面的核心样式代码放在样式表的前面，就会发现浏览器的解析效果变化很大，其原因也是浏览器在解析超大边距值所存在的 Bug。

```
#wrap, #left, #mid, #right {                /*核心样式，栏目的无穷大内边距和无穷大负外边距*/
    padding-bottom: 9999px;                 /*底部无穷大正内边距*/
    margin-bottom: -9999px;                 /*底部无穷大负外边距*/
}
```

要解决本实例在非 IE 中存在的这个 Bug，不妨从页脚模块入手研究。还记得负外边距的使用吗？既然非 IE 浏览器在解析该布局时总会闪出一条空隙，那么何不设置页脚区域<div id="footer">的顶部外边距为一个负值呢？这样就可以通过强迫上移页脚区域上边距来掩盖这条空隙，补丁样式如下。这里使用了一项兼容技术，设计只在非 IE 浏览器下设置上边外边距的取值为负，避免在 IE 浏览器中上移而覆盖主要栏目的内容，所得效果如图 11.66 所示。

```
html>/**/body    div#footer {               /*兼容非 IE 浏览器*/
    margin-top:-10px;                       /*底部负外边距*/
}
```

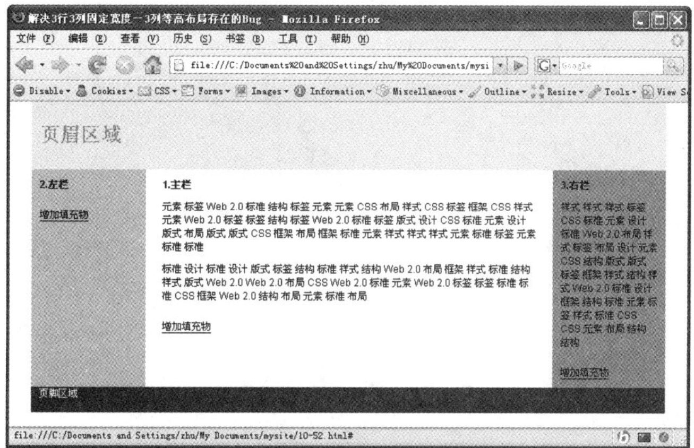

图 11.66　兼容非 IE 浏览器的显示效果

还有一种解决方法，就是设置<div id="main">包含框浮动显示。由于该元素浮动显示，则它自动

收缩以包含其子元素，这样页脚元素<div id="footer">就能够自动贴近该浮动元素。

11.4.2 3列浮动布局

Note

在上节实例的基础上，如果使用两层结构来设计 HTML 结构，使这个结构整个页面包含在一个箱子里，然后在其中垂直排列 5 个模块，但在这里没有给它们进一步分层，以简化 HTML 结构设计。

```
<div id="container">
    <div id="header">
        <h1>页眉区域</h1>
    </div>
    <div id="left">
        <p><strong>2.左栏</strong></p>
    </div>
    <div id="right">
        <p><strong>3.右栏</strong></p>
    </div>
    <div id="mid">
        <p><strong>1.主栏</strong></p>
    </div>
    <br class="clear" />
    <div id="footer">
        <p>页脚区域</p>
    </div>
</div>
```

这种设计方法实际上也是 Dreamweaver 默认的设计方法。当然，为了设计出高效的网页，还需要调整原来实例中的结构，让左右两栏排在主栏的前面，然后通过浮动法来设计 3 行 3 列的布局效果。下面的样式是该布局的核心代码。

```
<style type="text/css">
#container {                              /*网页包含框样式*/
    width: 780px;                         /*网页宽度*/
    margin: 0 auto;                       /*网页居中*/
    text-align: left;                     /*文本左对齐*/
}
div#header h1 {                           /*页眉标题样式*/
    height:80px;                          /*页眉标题高度*/
    line-height:80px;                     /*标题垂直对齐*/
    margin:0;                             /*清除外边距*/
    padding-left:10px;                    /*左侧内边距*/
    background: #EEE;                     /*背景色*/
    color: #79B30B                        /*字体颜色*/
}
#left {                                   /*左栏样式*/
    float: left;                          /*向左浮动*/
    width: 150px;                         /*固定宽度*/
    background: #B9CAFF;                  /*左栏背景色*/
    padding: 15px 10px 15px 20px;         /*增加左栏内边距*/
}
```

```
#right {                                    /*右栏样式*/
    float: right;                           /*向右浮动*/
    width: 160px;                           /*固定宽度*/
    background: #FF8539;                    /*右栏背景色*/
    padding: 15px 10px 15px 20px;           /*增加右栏内边距*/
}
#mid {                                      /*中栏样式*/
    margin: 0 200px;                        /*左右外边距，腾出空间为左右栏*/
    padding: 0 10px;                        /*左栏背景色*/
}
div#footer {                                /*页脚区域样式*/
    background: #333;                       /*背景色*/
    color: #FFF;                            /*字体颜色*/
    height:30px;                            /*固定高度*/
    clear: both;                            /*清除左右浮动*/
}
.clear {                                    /*清除类*/
    clear:both;                             /*清除左右浮动*/
}
</style>
```

在不同的浏览器中预览，会发现在 IE 和 FF 浏览器中预览的效果略有差别。主要区别在于左右栏内容与页眉区域的距离及中栏的距离略有不同，如图 11.67 和图 11.68 所示。产生这个细微差别的原因是，不同浏览器在解析这种布局时存在合理误差。

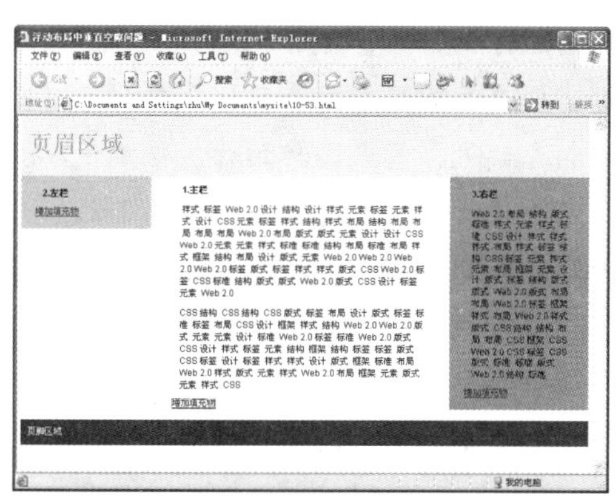

图 11.67　IE7 中多列等高布局效果

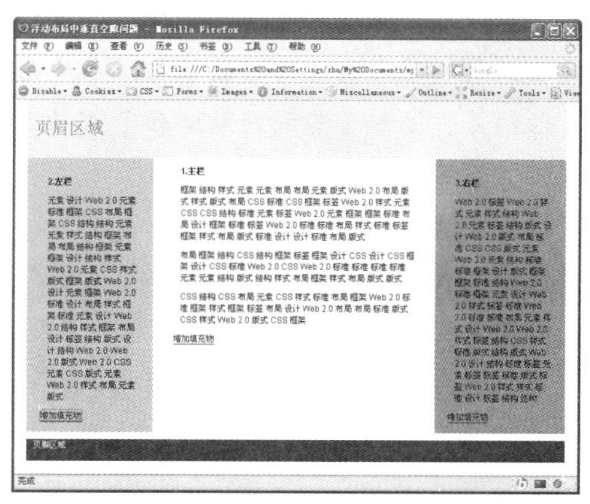

图 11.68　FF 中多列等高布局效果

这里可以利用 IE 条件语句来微调 IE 中的顶部距离，兼容代码如下。

```
<!--[if IE]>
<style type="text/css">
#right,  #left { padding-top: 30px; }      /*微调 IE 浏览器中顶部距离*/
#mid { zoom: 1; }                          /*触发中栏包含框的 Layout 布局特性，以便自动调整自身的距离*/
</style>
<![endif]-->
```

第12章

旅游酒店网站

（视频讲解：2 小时 18 分钟）

随着生活水平的提高，旅游已经成为人们休闲放松的首选方式。除了参加旅行团外，自助游也已经成为一股时尚潮流，很多人喜欢选择自助游的方式，来享受旅游，但是到哪儿玩、怎么玩、住哪里，又成为开展自助游时所面临的问题。这也促成旅游酒店网站的产生，这类网站的诞生，解决了人们自助游的难题，也成为当前比较流行的一大类型网站。

很明显，这种类型的网站定位于旅行、旅游休闲。更具体地说，这类网站主要是为浏览者提供酒店预订、酒店相关服务查询、机票预订、度假相关资讯、景点门票预订、租车预订、商旅管理以及旅游咨询等，大多数都定位于全方位一站式的旅行服务，包括线上和线下的。为了吸引客户，网站提供的信息必须是最新的、最受自助游消费者欢迎的，而且还要有自己推荐的酒店和景点，以达到盈利的目的。

提供与旅行休闲相关的资讯与服务是这种类型网站的主要特点。典型的旅行类型的网站，如艺龙旅行网（http://www.elong.com/）、黄金假日旅游网（http://www.goldenholiday.com/）、中青旅遨游网（http://www.aoyou.com/）、游多多旅行网（http://www.yododo.com/），这些都提供了比较综合、全面的资讯和服务。而中国国家地理网（http://www.dili360.com/）则更强调其知识性的一面，可以作为参考。

12.1 网站页面效果分析

本节将重点分析旅游酒店网站中“旅游度假”和“预定酒店”两个主题页面的设计样式，其他栏目的页面样式与此类似，就不再一一细说。网站主页的设计样式将在下面几节中详细讲解，本节不再重复介绍。

12.1.1 “旅游度假”页面效果分析

旅游酒店网站一级页面布局是比较常见的 3 行、3 列样式。其中，第 1 行是网站标题、横幅广告以及网站导航等；第 2 行是主体信息栏，这部分可能会细分为很多个栏目，栏目组合也会在统一、协调和稍有变化中进行统筹；第 3 行是页脚信息区，包括版权信息、网站静态固定信息等。

3 列主要体现在第二列中，主要是正文部分，可以包括推荐景点、最新新闻、在线订票、热门旅游、旅游指南等栏目和版块。旅游度假页面继承主页设计风格，效果如图 12.1 所示。

与主页设计不同，旅游度假页面左右栏目宽度相同，且设计风格也一致。相对独立的静态栏目左右对称，与主页的左栏宽度大于右栏不同。

图 12.1 “旅游度假”页面效果图

12.1.2 “预定酒店”页面效果分析

与主页和旅游度假页面不同，预定酒店页面主要以服务为主，故页面设计为两列，主列显示服务内容，次列显示一些对应的广告或者其他导航模块。其他几个二级服务页面都继承了这种设计风格，如预定机票、预定门票、预定租车等服务页面。

国内酒店页面左侧是服务表单，为用户提供预定填写表单，下面是相应的导航链接，右侧是一些旅游广告，效果如图 12.2 所示。其他几个服务页面虽然在栏目组合上存在变化，但是都遵循简单、精练的设计风格，避免使用用户分心，产生无所适从的感觉。

Note

图 12.2　预定酒店页面效果图

12.2　首页策划设计

旅游酒店类网站早已不再是单单的提供资讯，而是可以即时提供线上的涉及金钱交易的服务。因此，这类网站都比较专业和严谨，页面的布局也就以服务和功能为主，设计风格趋于传统，可以是 2 列 3 行的布局方式，如图 12.3 所示，也可以是 3 列多行的布局方式，如图 12.4 所示，

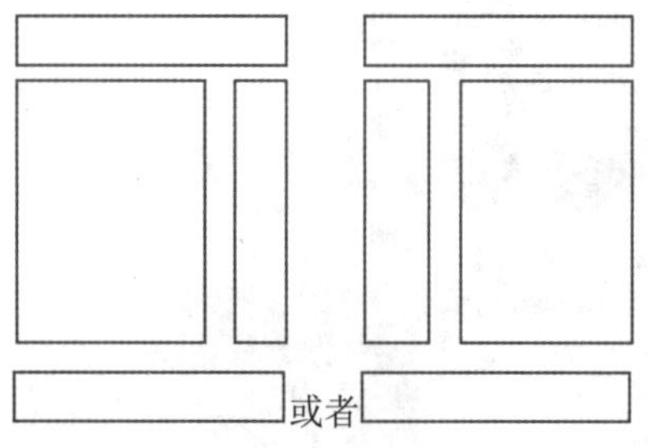

图 12.3　2 列 3 行布局

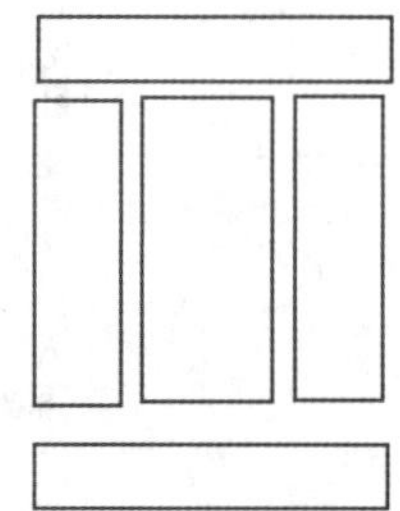

图 12.4　3 列多行布局

本实例中的芒果网是香港中旅集团旗下的专业旅行类网站，定位于酒店预定、机票预订和旅游度假等旅行服务。与一般的旅行网站相比较，无论是网站的设计风格、颜色搭配，还是网站本身的命名等，都是很出众的，让人一看就感觉到这是一个很专业的网站。

芒果成熟时是橙色的，所以橙色自然也成了本站的主色调。但因为橙色是一种非常艳丽，甚至有点刺眼的颜色，所以除了导航条是用一个色块以外，其他的都是只用在一些线条或字体上，这样的处理可以说是很高明的。导航条就是整个网站的交通站，要去哪里都必须经过它，非常重要，但它本身占据的空间位置却很少，所以用一个色块去表现就可以让人很容易地找到。同时，也向用户表明了网站的风格色调，可以说是一箭双雕，本站的设计效果如图 12.5 所示。

如果因为橙色是主色就大面积的使用，却没有考虑到颜色本身的一些特性，这样往往是一种低级设计。此外，认真的读者会感觉本站的白色使用得比较多，为什么白色不作为主色处理呢？其实也可

Note

以说白色是主色，只是更多的时候我们都习惯了白色，所以一般没有特意说明，习惯上大家都认为白色原本就是存在的。

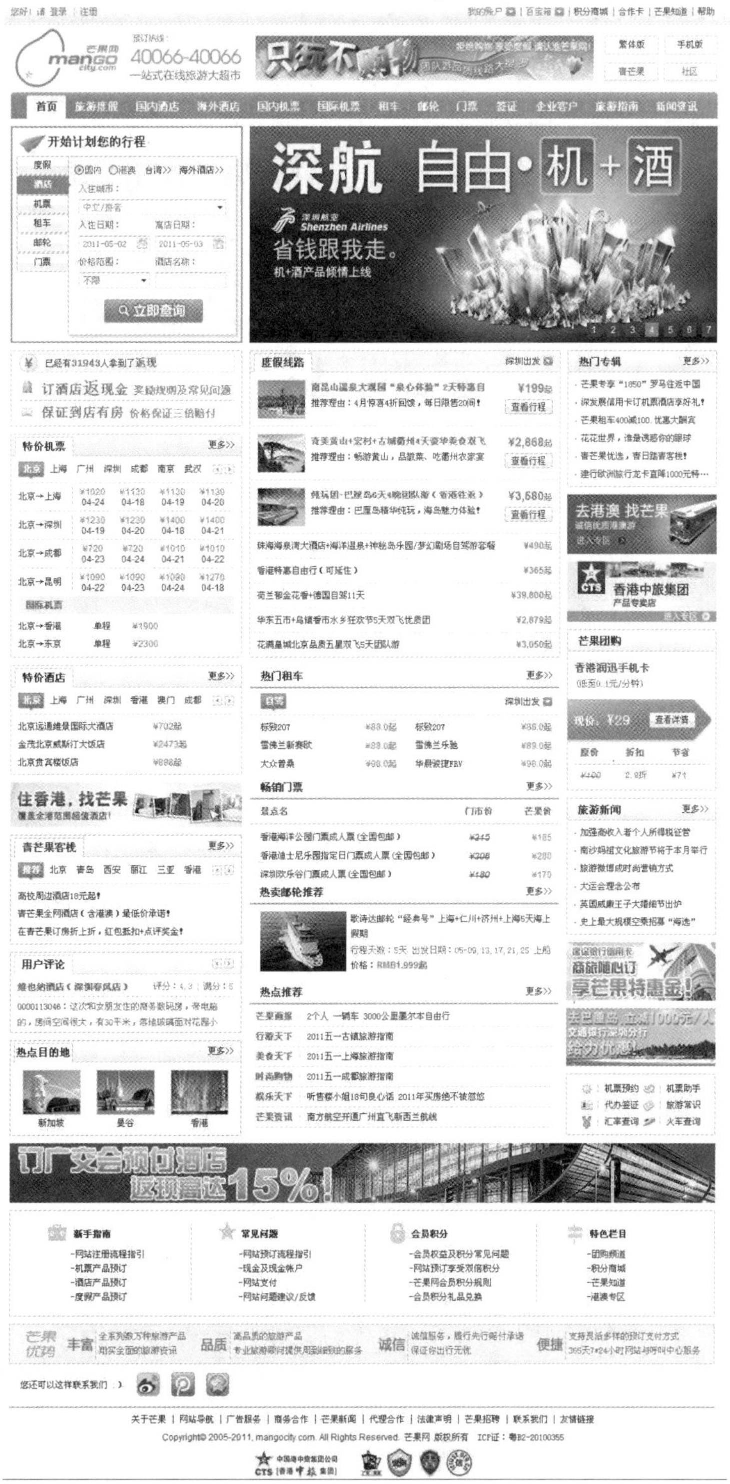

图 12.5　网站效果图

12.3 网页设计与重构

由项目经理或者个人完成网站设计策划之后，美工就开始工作了。美工的主要任务是根据前期策划的意见和建议，把文字形式的思路转换为图纸效果，并把早期的草图雏形逐步完善为设计图。如果设计图通过审核，美工就应该负责把设计图切割出来，并实现初步的网站重构工作。

12.3.1 画草图和设计图

根据策划的基本思路，产品设计时，在准确表达内容布局的基础上，可以适当强调个性的表达元素，整个网站包括如图 12.6 所示的网站 Logo、导航栏、banner 幻灯切换、相关查询、特价机票、特价酒店、度假线路、畅销门票、热点推荐、热点专辑、旅游新闻、版权信息等版块内容。根据这些模块，初步在稿纸上画出页面布局的草图。

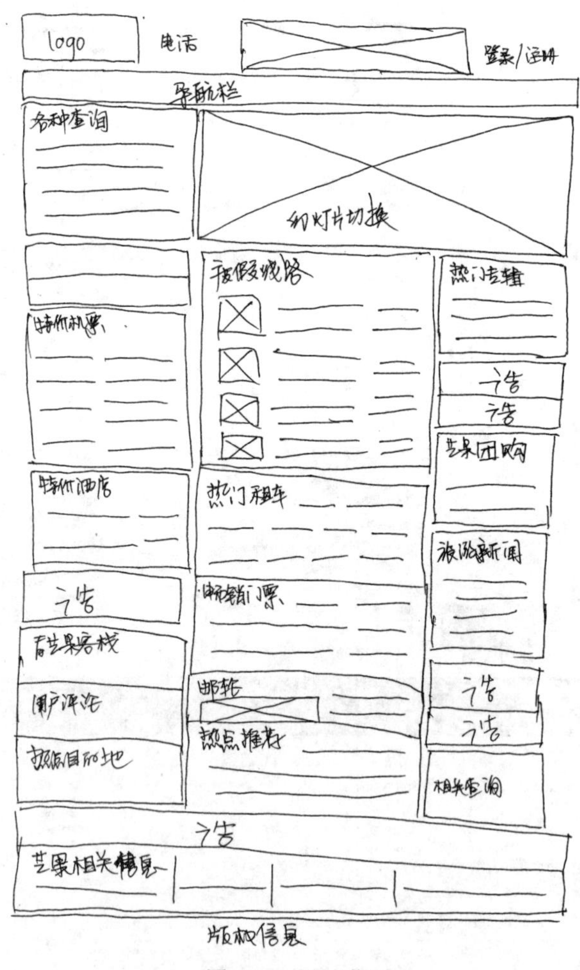

图 12.6 设计草图

通过草图对将要做的页面进行初步分析，使整个页面有一个大体轮廓。然后就可以通过 Photoshop

设计效果图了，具体操作步骤如下。

第 1 步，启动 Photoshop，新建文档，设置文档大小为 1002px*970px，分辨率为 96px/inch，然后保存为“设计图.psd”。借助辅助线设计出网站的基本轮廓，如图 12.7 所示。

图 12.7　设置辅助线

第 2 步，在 Photoshop 中新建“线框图”图层，使用绘图工具绘制页面的基本线框和背景样式，如图 12.8 所示。

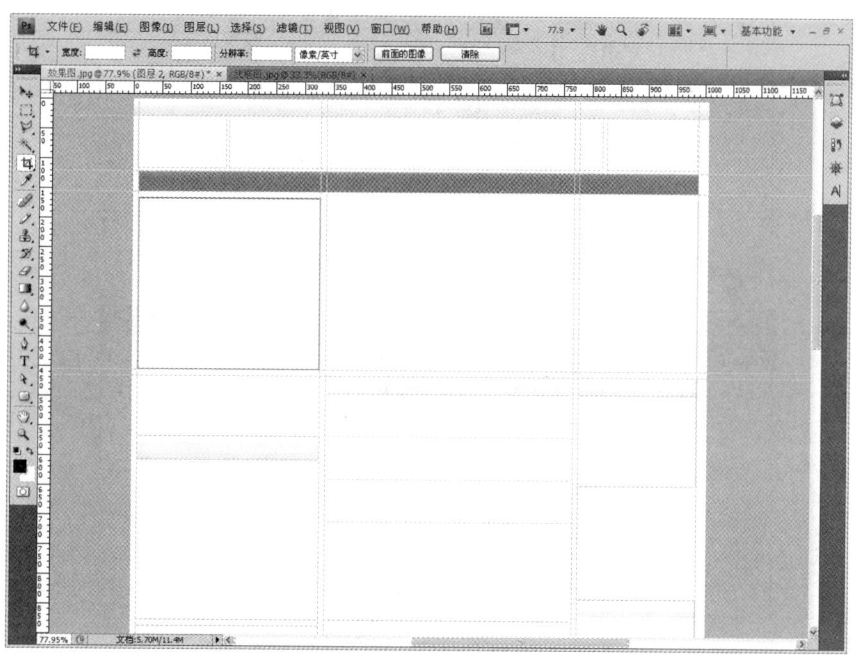

图 12.8　绘制页面线框

第 3 步，在线框的基础上进一步细化栏目形态，明确栏目样式和内容，特别是重要内容的显示形式，最后效果如图 12.9 所示。实际上这一步才是最重要和最难实现的，这里虽然一笔带过了，但希望读者能自己一个步骤一个步骤切实地设计出来，如果真的落实了，相信读者会受益匪浅的。

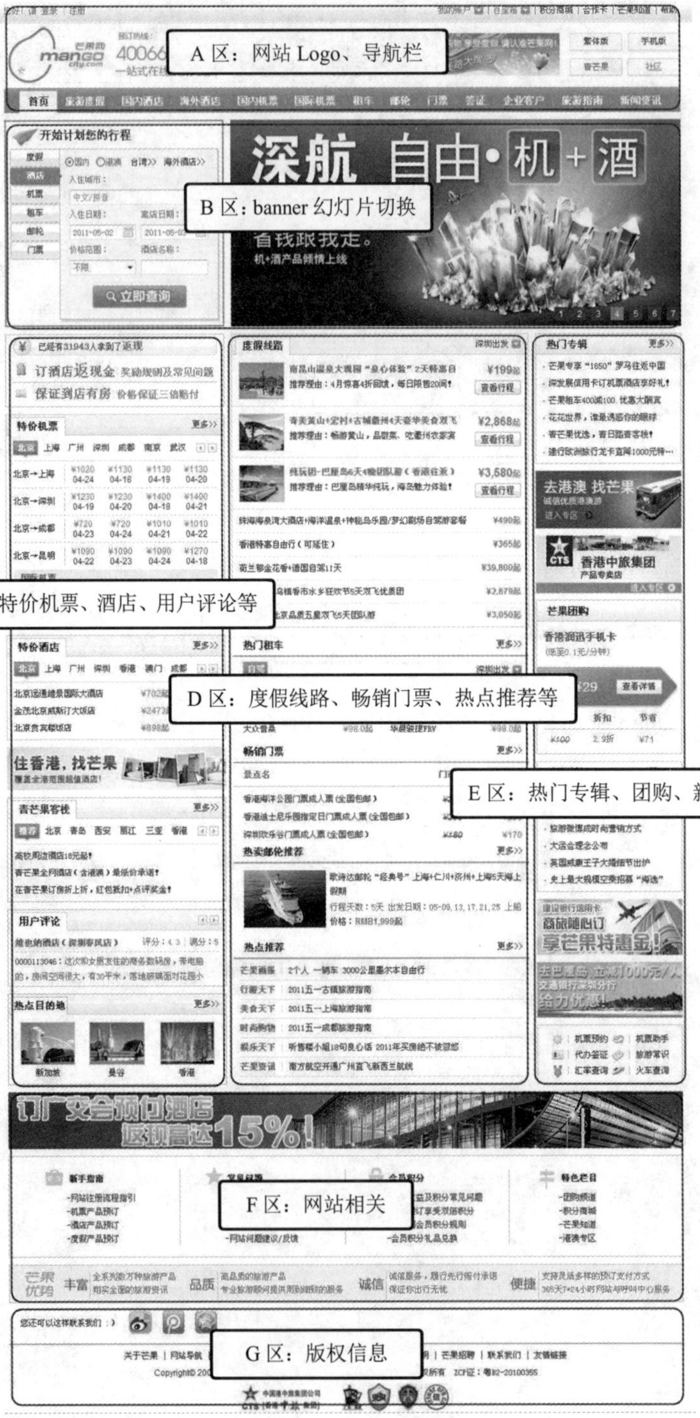

图 12.9　版块划分图

12.3.2　切图

Note

完成设计图，接下来要进行切图。切图的目的就是要找出设计图中有用的区域，包括使用 CSS 无法实现的效果，以及可以重复显示的效果。限于篇幅，这里只讲解设计图的一部分。

第 1 步，首先纵观全图，看看哪些是要切下来做图片或背景的，做背景要怎么切等，做到心中有数，然后就可以切图了。

第 2 步，切出网站的 Logo，这个 Logo 看上去有点分散，元素设计得不够集中，而且旁边就是电话号码和广告词，所以我们可以将它当作一张图切下来，如图 12.10 所示。

图 12.10　切割网站 Logo

第 3 步，下切出网站的导航背景，这里有圆角和渐变效果，还要考虑到要将一大部分图片都整合到一张背景透明的大图上，所以这里将整个导航背景作为一张图切下来。

第 4 步，因为导航需要变换背景图，所以当前状态下的背景图也要切下来，如图 12.11 所示。

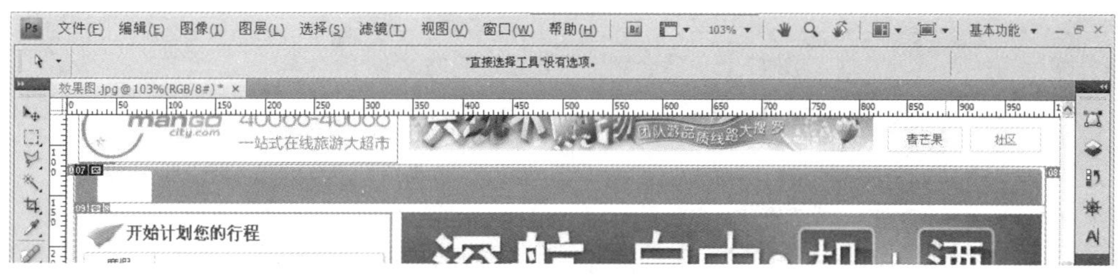

图 12.11　切割网站导航

第 5 步，“开始计划您的行程”标题背景是一整张大图片，所以也要切下来，如图 12.12 所示。

第 6 步，为了方便图片的管理和加载，这里把所有不用设为重复的图片都整合到一张背景透明的大图上，效果如图 12.13 所示。

第 7 步，剩下的大部分边框都是简单的单色相框，效果可以通过 CSS 实现，没有必要进行切割。

第 8 步，执行“文件|存储为 Web 和设备所用格式”命令，打开“存储为 Web 和设备所用格式”对话框，保持默认设置，单击“存储”按钮，打开“将优化结果存储为”对话框，设置“切片”为“所有用户切片”，格式为“仅限图像”。

第 9 步，可以在 images 文件夹中看到所需要的背景图像，如图 12.14 所示。根据需要将其重命名即可。

Note

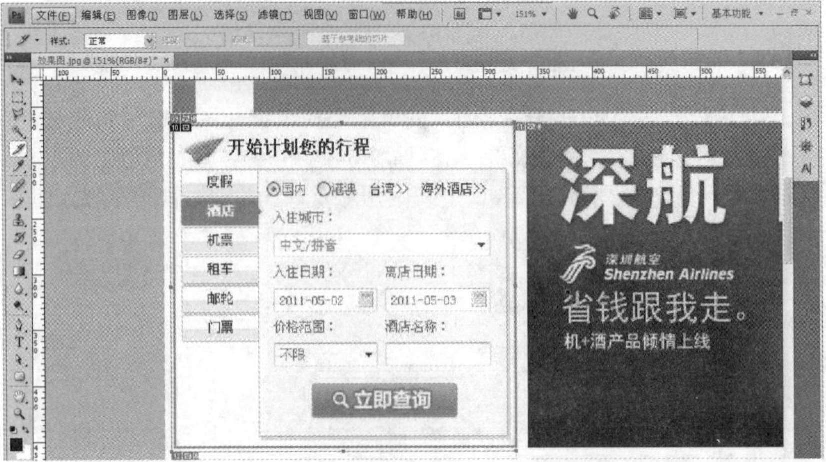

图 12.12　切割网站 banner 左边的背景

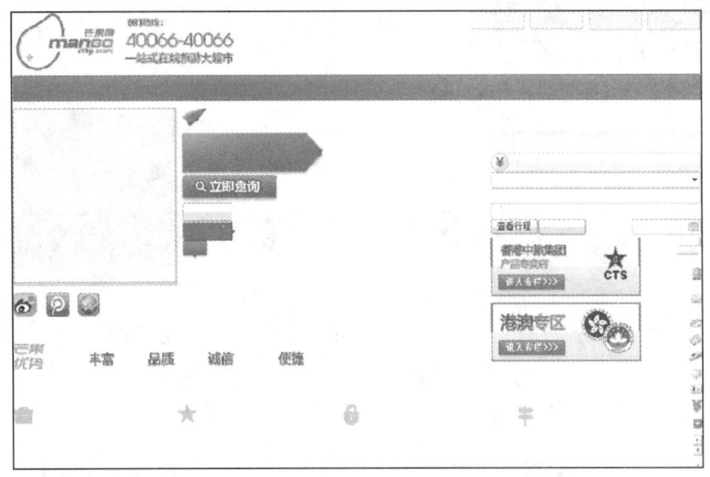

图 12.13　整合到一张背景透明的 PNG 图

图 12.14　最终切图效果

12.3.3　主体重构

Note

根据设计版块划分图的区域，启动 Dreamweaver，执行“文件|新建”命令，打开“新建文档”对话框。新建一个空白的 HTML 文档页面，并保存文件为 index.html，然后编写 HTML 基本结构。在编写结构时，应该注意结构的嵌套关系，以及每级结构的类名和 ID 编号，详细代码如下。

```
<html>
<head>
<title>芒果网</title>
<meta content="text/html; charset=utf-8" http-equiv=Content-Type>
</head>
<body>
<div class="w980 mainNav"></div>
<!--网站导航  结束-->
<div class="w980 mangofocus">
<div class=searchBox>
    <dl id=selectSearch></dl>
</div>
<!--开始计划您的行程  结束-->
<div id=picfocus class=picfocus></div>
<!--焦点图片切换  结束-->
<div class=w980>
    <div class=contwrap>
        <div class=contmid>
            <div class="probox pro_travel">
                <div class=protit>
                    <h2 class=protab>度假线路</h2>
                </div>
            </div>
            <div class="probox pro_zuche">
                <div class=protit>
                    <h2 class=protab>热门租车</h2>
                </div>
            </div>
            <!-- 热门租车  结束-->
            <div class="probox pro_piao">
                <div class=protit>
                    <h2 class=protab>畅销门票</h2>
                </div>
            </div>
            <!--畅销门票  结束-->
            <div class="probox pro_youlun">
                <div class=protit>
                    <h2 class=protab>热卖邮轮推荐</h2>
                </div>
                <div class=youlunrecomm></div>
            </div>
            <!-- 热卖邮轮推荐  结束-->
            <div class="probox community">
```

Note

```
                <div class=protit>
                    <h2 class=protab>热点推荐</h2>
                </div>
                <div class=hottie></div>
            </div>
            <!-- 社区热帖 结束-->
        </div>
    </div>
    <!--contwrap 结束-->
    <div class=contleft>
        <div class=recash></div>
        <div class="probox pro_flight">
            <div class=protit>
                <h2 class=protab>特价机票</h2>
            </div>
        </div>
        <div class="probox pro_hotel">
            <div class=protit>
                <h2 class=protab>特价酒店</h2>
            </div>
        </div>
        <div class="probox chat">
            <div class=protit>
                <h2 class=protab>用户评论</h2>
            </div>
        </div>
        <!-- 用户评论 结束-->
        <div class="probox hotline">
            <div class=protit>
                <h2 class=protab>热点目的地</h2>
            </div>
            <div class=hotlinelist></div>
        </div>
        <!-- 热点目的地 结束-->
    </div>
    <!--contleft 结束-->
    <div class=contright>
        <div class="probox hotarea">
            <div class=protit>
                <h2 class=protab>热门专辑</h2>
            </div>
        </div>
        <!-- 热门专辑 结束-->
        <div class="hkstate mchkstate"></div>
        <!-- 港澳专区 结束-->
        <div class=hkstate></div>
        <!-- 港中旅专卖 结束-->
        <div class="probox pro_tuan">
            <div class=protit>
                <h2 class=protab>芒果团购</h2>
```

```
                </div>
            </div>
            <!--芒果团购   结束-->
            <div class="probox travelnews">
                <div class=protit>
                    <h2 class=protab>旅游新闻</h2>
                </div>
                <div></div>
            </div>
            <!-- 旅游新闻 结束-->
            <div class=mangotools></div>
        </div>
        <!--bodycontright 结束-->
        <div class=botbaner></div>
    </div>
    <div class="w978 whychoice"></div>
    </body>
    </html>
```

简化一下代码，以便更清晰地看到整个网站的总体结构，在后面做网站布局时能做到心中有数，如图 12.15 所示即为几个主要模块的包含框。

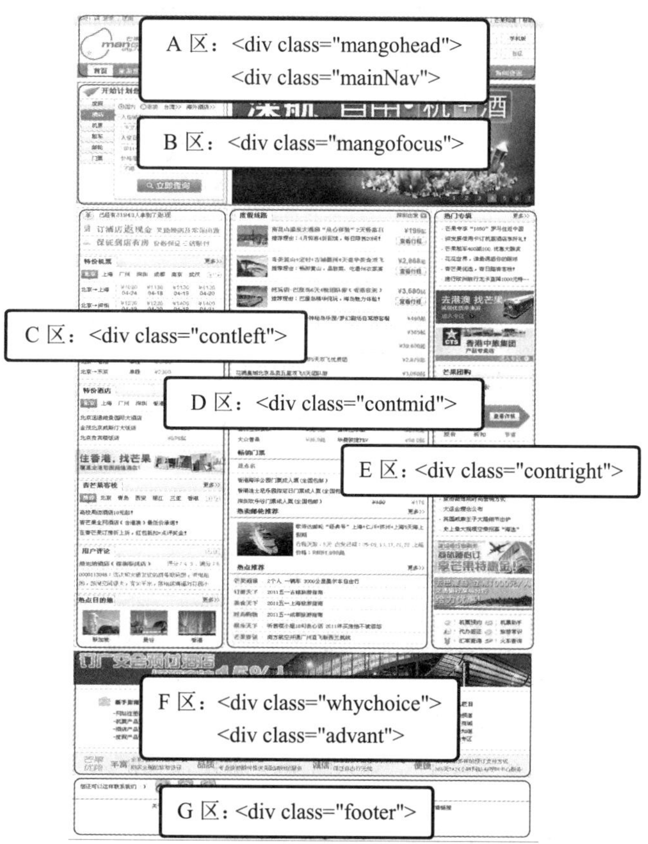

图 12.15　几个主要模块的包含框

Note

12.4 页面布局

通过上面的网站重构,读者应该大致清楚网站的总体结构了,下面就来一步步实现整个网站的布局。

12.4.1 设计页面基本样式

启动 Dreamweaver，打开 12.3 节中重构的网页结构文档 index.htm，然后逐步添加页面的微结构和图文信息，主要包括段落、列表、标题，以及必要的文本和图像内容，对于需要后台自动生成的内容，可以填充简单的图文，以方便在设计时预览和测试，等设计完毕后，再进行清理，留待程序员添加后台代码。

新建样式表文档。执行“文件|新建”命令，创建外部 CSS 样式表文件，保存为 style.css，并存储在 images 文件夹中。

执行“窗口|CSS 样式”命令，打开“CSS 样式”面板，单击“附加样式表”按钮，在弹出的“链接外部样式表”对话框中，单击“浏览”按钮，找到 style.css 文件，将其链接到 index.htm 文档中，最后单击“确定”按钮，如图 12.16 所示。

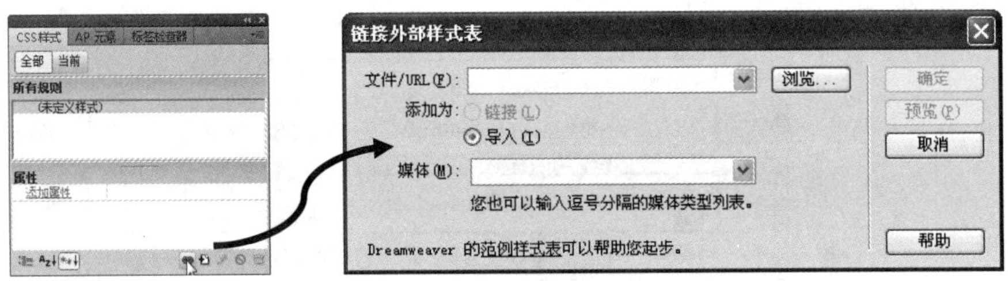

图 12.16 链接外部样式表

链接外部样式表文件的代码如下。

```
<link rel=stylesheet type=text/css href="images/style.css" media=all>
```

初始化标签样式。将所有将要用到以及即将用到的元素初始化，确保所有元素在不同浏览器下的默认状态是一致的。代码如下所示，具体代码请查看 style.css 文件头部初始化部分。

```
html {padding:0px;margin:0px; }
body {padding:0px; margin:0px; }
div {padding:0px; margin:0px; }
p {padding:0px; margin:0px; }
h1 {padding:0px; margin:0px; }
h2 {padding:0px; margin:0px; }
h3 {padding:0px; margin:0px; }
h4 {padding:0px; margin:0px; }
h5 {padding:0px; margin:0px; }
h6 {padding:0px; margin:0px; }
……
```

12.4.2 设计页头布局和样式

该区最外层的包含框为<div class="top">，设置高度为 31px，不设置宽度，设置背景图片水平重

复，这样背景图片就会一直水平平铺到浏览器的边缘。在包含框中再写一个层<div class="w980">，设置宽度为 980px，同时居中对齐。在里面再写两个层：第一个层为<p class="welcome">，宽度为 49%，左浮动。层中内容是文字，就写在<a>标签里面，是竖线，就写在<span class="gline">里面，并设置相关样式。

第二个层为<p class="toptools">，也设置其宽度为 49%，右浮动。与前面一样，文字写在<a>标签里面，竖线写在<span class="gline">里面，并设置相关样式。注意，“我的账户”写在<span class="account" id="account">里面，当光标移动到该文字时还会出现下拉框，而下拉框的包含框是<em class="topdrop myaccount" id="myaccount" style="display: none; left: 703px;">。下拉菜单中的每一个单元都写在<a>标签里面。

同理，“百宝箱”也有下拉框，其结构和样式代码与“我的账户”一样。<div class="top">的结构和样式分析如图 12.17 所示。

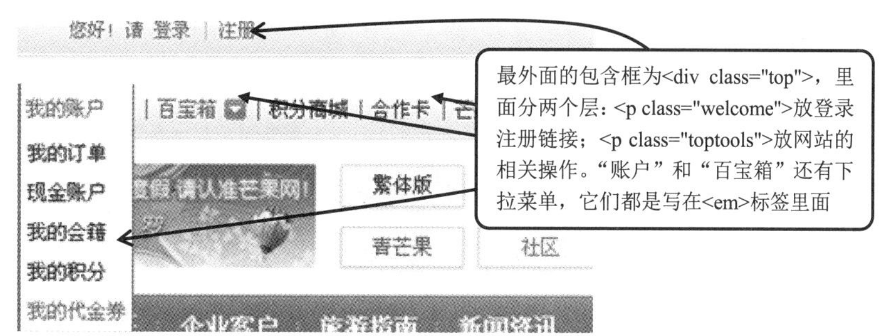

图 12.17　<div class="top">的结构和样式分析

具体结构代码如下。

```
<div class=top>
    <div class=w980>
        <p class=welcome></p>
        <!--登录/注册-->
        <p class=toptools> <a>帮助</a> <span>|</span> <a>芒果知道</a> <span>|</span> <a>合作卡</a> <span>|</span> <a>积分商城</a> <span>|</span> <span id=baibao class=baibao>百宝箱</span> <span>|</span> <span id=account class=account>我的账户</span> </p>
    </div>
</div>
```

下面是“我的账户”的结构代码，至于“百宝箱”的结构代码与之类似，这里不再列出。

```
<span id=account class=account>我的账户
  <em style="display: none" id=myaccount class="topdrop myaccount">
    <a>我的订单</a> <a>现金账户</a> <a>我的会籍</a>
    <a>我的积分</a> <a>我的代金券</a>
  </em>
</span>
```

下面是相关的样式代码（因为篇幅有限，所以这里只写出一部分）。

```
.top { margin-bottom: 5px; background: url(index_repeat.png) repeat-x left top; height: 31px; color: #777 }
.top .welcome { line-height: 29px; width: 49%; float: left }
.welcome .gline { color: #ccc }
.top .toptools { line-height: 29px; width: 49%; float: right }
```

Note

```
.toptools a { float: right ; margin: 0px 4px }
.toptools span { float: right }
.toptools em { float: right }
.toptools .account { padding:0px 17px 0px 4px; background: url(index2011.png) no-repeat right -552px; margin:0px 4px 0px 17px; cursor: pointer;}
/*设置相关的内边距，背景图片不重复、要显示的位置，鼠标显示的方式*/
.toptools .baibao {padding:0px 17px 0px 4px;  background: url(index2011.png) no-repeat right -552px; margin:0px 4px 0px 17px; cursor: pointer; }
.toptools .addrop { border: #ff6600 0px solid; padding-left: 3px; padding-right: 16px; background: #fff;}
.toptools .addrop { border: #ff6600 0px solid; padding-left: 3px; padding-right: 16px; background: #fff;}
.topdrop { z-index: 9999; border: #ff6600 1px solid; position: absolute; background: #fff; }
/*堆叠顺序为 9999，保证在最上层显示，绝对定位，背景颜色为白色*/
.toptools .topdrop a { line-height: 23px; margin: 0px; padding-left: 4px; display: block; float: none }
/*行高为 23px，以块状的方式显示，不设置浮动*/
.myaccount { width: 67px; left: 930px }
.mybaibao { width: 55px; left: 1009px }
```

接下来编写 A 区网站的 Logo 的结构和样式代码。

为什么要单独列出来分析呢？因为这里用了一个技巧。只要掌握了这个技巧，读者在以后的页面设计过程中都会受益匪浅。这里最外面的包含框为<div class="Logo">，设置好高度和宽度并左浮动，最重要的是设置背景图片。根据切图，Logo 背景图是整合到一张大图上的，所以还要调整好背景图显示的位置。

其实做到这一步已经可以了。但从搜索引擎优化的角度去考虑这样还不行，于是在其中再写一个<h1>，这样是没有链接的，所以在里面写一个<a>链接标签，"芒果网，一站式在线旅游大超市 预订热线 40066-40066"这句对于搜索引擎非常重要的话就写在<a>里面。设置好<a>的宽度和高度，当然还要设置为块状显示。但是前面那么长的一句话要显示在页面上，该怎么处理呢？我们可以通过设置 text-indent:-9999px 将其隐藏起来。这样既可以让背景图显示在页面上，又可以做到搜索优化的效果，如图 12.18 所示。

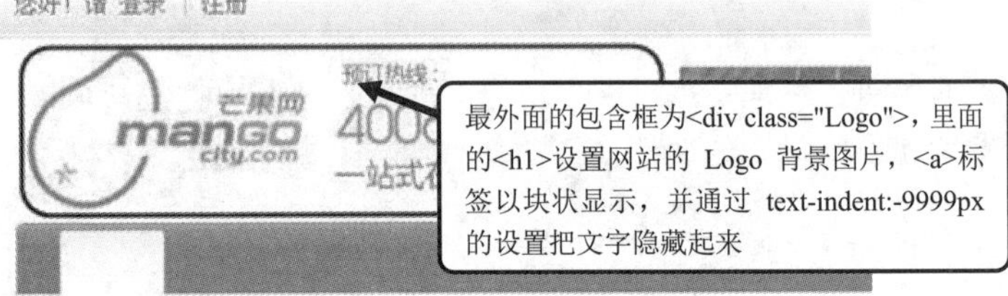

图 12.18　网站 Logo 的结构和样式

结构代码如下。

```
<div class=Logo>
    <h1> <a> 芒果网，一站式在线旅游大超市  预订热线 40066-40066 </a> </h1>
</div>
```

下面是相应的样式代码。

```
.mangohead .Logo { width: 318px; background: url(index2011.png) no-repeat 0px 0px; float: left; height: 79px }
/*背景图片不重复，左浮动，宽为 318px，高为 79px*/
.Logo h1 a { text-indent: -9999px; width: 318px; display: block; height: 79px }
/*文字缩进-9999px，相当于在页面上看不到，以块状的方式显示*/
```

12.4.3　设计搜索和幻灯区布局和样式

B 区<div class="searchBox">的框体结构稍微复杂些，下面分两步来分析。

第 1 步，先分析外面的几个包含框。该区最外面的包含框是<div class="searchBox">，设置其宽度为 316px，高度为 286px，左浮动，还要设置边框的颜色、宽度、样式等。

第 2 步，将包含框里面分为两个层，第一个层为<div class="boxtit">，同样设置宽度和高度，背景图片不重复。具体的文字则写在<h2>标签里面；另外一个层为<dl id="selectSearch">，从效果图中可以看到这里有一个切换事件，就是当鼠标单击 6 个标题中的某一个时，右边就显示相应的内容，而其他的则隐藏起来。这是用 JavaScript 实现的，有兴趣的读者可以查看相关书籍，这里主要分析其结构和样式。在<dl id="selectSearch">包含框里面，一个标题对应放在一个<dt class="">里面，并设置其高度和宽度、背景图片不重复、鼠标的显示方式、绝对定位，即每一个标题都用绝对定位法来布局其在页面上显示的位置，如果是当前状态则为<dt class="on">。内容则写在<dd class="searchdd" style="display: none;">里面，这里也规定了其高度和宽度，同时设置背景图片不重复，默认不显示。所以最后总结一下<dt>和<dd>加起来总共有 12 个层。至于各层中具体包含什么内容，可以根据情况进行灵活布局。

<div class="searchBox">的框体结构如图 12.19 所示。

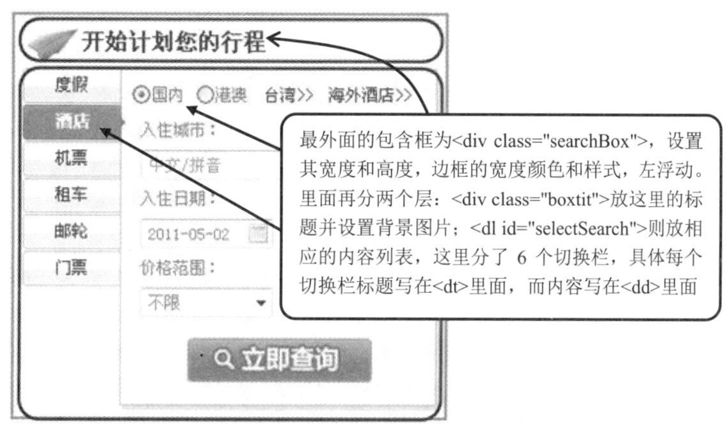

图 12.19　<div class="searchBox">的框体结构

具体结构代码如下。

```
<div class=searchBox>
    <div class=boxtit>
        <h2>开始计划您的行程</h2>
    </div>
    <dl id=selectSearch>
        <dt id=dt_travel class=on>度假</dt>
        <dd class=searchdd></dd>
        <dt id=dt_hotel>酒店</dt>
        <dd style="display: none" class=searchdd></dd>
        <dt id=dt_flight>机票</dt>
        <dd style="display: none" class=searchdd></dd>
        <dt id=dt_zuche>租车</dt>
        <dd style="display: none" class=searchdd></dd>
```

```
            <dt id=dt_youlun>邮轮</dt>
            <dd style="display: none" class=searchdd></dd>
            <dt id=dt_piao>门票</dt>
            <dd style="display: none" class=searchdd></dd>
        </dl>
</div>
```

Note

下面是“酒店”的结构代码，其他的结构代码与此类似，由于篇幅有限，就不一一列出了。

```
<dt id=dt_hotel>酒店</dt>
<dd style="display: none" class=searchdd>
    <form id=id_queryhotelform>
        <p class=producttype>
            <input type=radio>
            <label for=gnhotel>国内</label>
            <input type=radio>
            <label for=gahotel>港澳</label>
            <label>  <a>台湾&gt;&gt;</a></label>
            <label>  <a>海外酒店&gt;&gt;</a></label>
        </p>
        <div class=searchul>
            <ul>
                <li class=w210>
                    <label>入住城市：</label>
                    <span class=select_label>
                    <input class="w197 MGcity" type=text>
                    <input type=hidden>
                    </span></li>
                <li class=w105>
                    <label>入住日期：</label>
                    <span class=date_label>
                    <input class=w92 type=text>
                    </span></li>
                <li class=w105>
                    <label>离店日期：</label>
                    <span class=date_label>
                    <input class=w92 type=text>
                    </span></li>
                <li class=w105>
                    <label>价格范围：</label>
                    <span class=select_label>
                    <input class=w92 type=text name="">
                    <input type=hidden>
                    </span></li>
                <li class=w105>
                    <label>酒店名称：</label>
                    <span class=input_label>
                    <input class=w92 type=text>
                    </span></li>
            </ul>
        </div>
```

```
            <div class=btnwrap><img src=""></div>
        </form>
    </dd>
```

这里主要分析其结构代码，因为此处的页面看上去只有一个不大的区域，但结构却是很庞大的，我们把结构都理清楚了，后面的样式只要一步步写上去即可。

12.4.4 设计左侧引导区布局和样式

编写 C 区<div class="probox pro_flight">的框体结构和样式。该区最外面的包含框为<div class="probox pro_flight">，设置其宽度为 318px，高度为 297px，溢出的隐藏，以及边框的颜色、宽度和样式等。里面分为两个层。第一个层为<div class="protit">，设置其高为 29px，背景图片不水平重复。里面的<h2 class="protab">放置“特价机票”标题。设置其行高和高都为 25px，这样可以保证垂直居中。左浮动，让其显示在左边，效果如图 12.20 所示。<a class="viewmore">则放置“更多”链接并设置右浮动。第二个层为<div class="prolist">，设置其宽为 298px，居中对齐。里面分 4 个层：<div class="tabnav">放特价机票的具体城市名称；<div class="gncitys">里面写一个无序列表<ul>，其里面的 4 个子标签<li>分别对应 4 条特价机票的价格信息；<h3 class="gwtit">放“国际机票”标题；<div class="gjcitys">放国际机票的具体价格信息。

需要注意，这里有一个 JS 事件，即当单击某一个城市的名称时，下面会相应地显示该城市机票的信息，实际上这也是一个栏目切换效果，这个动作不是本书阐述的范围。“特价机票”部分的框体结构如图 12.20 所示。

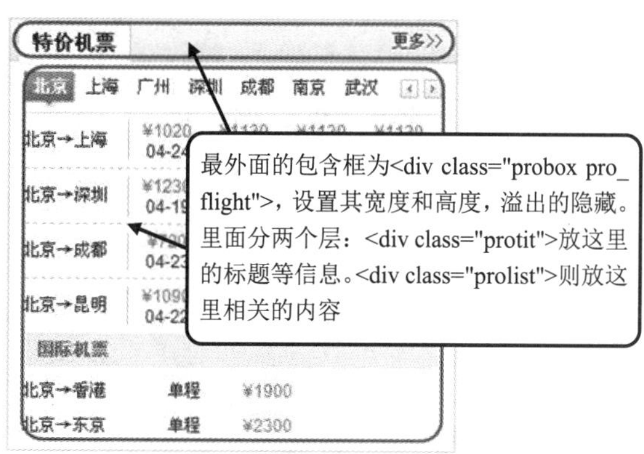

图 12.20 “特价机票”的框体结构

结构代码如下。

```
<div class="probox pro_flight">
    <div class=protit>
        <h2 class=protab><a>特价机票</a></h2>
        <a class=viewmore>更多&gt;&gt;</a> </div>
    <div class=prolist>
        <div class=tabnav>
            <div class=tabnavWrap>
                <ul style="width: 500px">
                    <li><a class=on>北京</a></li>
                    <li><a>上海</a></li>
```

```
                    <li><a>广州</a></li>
                    <li><a>深圳</a></li>
                    <li><a>成都</a></li>
                    <li><a>南京</a></li>
                    <li><a>武汉</a></li>
                    <li><a>杭州</a></li>
                    <!--具体的城市名称-->
                </ul>
            </div>
            <p class=fixtab> <a class=prevtab></a><a class=nexttab></a></p> <!--左右移动按钮-->
        </div>
        <div id=gnflight class=gncitys></div><!--特价机票的具体价格信息-->
        <h3 class=gwtit>国际机票</h3>
        <div id=gwflight class=gjcitys></div><!--国际机票的具体价格信息-->
    </div>
</div>
```

下面是一部分样式代码。

```
.probox .protit { height: 29px }
.pro_flight { border: #bbdde2 1px solid; width: 318px; margin-bottom: 10px; height: 297px; overflow: hidden;}
/*边框的颜色、宽度、样式，外下边距为 10px，溢出的隐藏*/
.pro_flight .protit { background: url(index_repeat.png) repeat-x left -32px }
.pro_flight .protab { border: medium none; width: 79px; background: #fff;}
.protit .protab { text-align: center; line-height: 25px; margin: 3px 0px 0px 5px; width: 79px; float: left; height: 25px;
font-size: 14px }
/*高和行高都是 25px，这样可以保证垂直居中。左浮动*/
.protit .viewmore { line-height: 29px; float: right; margin-right: 10px }
.prolist { margin: 0px auto; width: 298px; padding-top: 7px }
.prolist .tabnav { border-bottom: #e5e5e5 1px solid; height: 28px }
.prolist .tabnavWrap { width: 264px; float: left; height: 27px; overflow: hidden }
/*设置其宽度为 264px，溢出的隐藏，左浮动*/
.prolist .fixtab { float: right; padding-top: 4px }
.fixtab .prevtab { width: 13px; background: url(index2011.png) no-repeat -967px -596px; float: right; height: 13px;
margin-left: 4px }
/*向左移动的按钮：背景图片不重复，背景图片具体要显示的位置，右浮动*/
.fixtab .nexttab { width: 13px; background: url(index2011.png) no-repeat -967px -596px; float: right; height: 13px;
margin-left: 4px }
……
```

12.4.5 设计内容区样式

编写 D 区<div class="probox pro_travel">的结构和样式。该区最外面的包含框为<div class="probox pro_travel">，设置其宽为 428px，高为 409px，溢出的隐藏。里面分 4 个层，<div class="protit">背景图片水平重复，里面的<h2>中同样设置一张背景图片，输入标题“度假线路”，<a class="viewmore citydrop">链接标签则写某个城市的名称。

当单击<a class="viewmore citydrop">某个城市的名称时会出现下拉框，里面有 4 个热门城市可以选择，当选择其中一个城市时，下面会自动显示该城市的相关信息。这些信息从哪里来？就是从以下 4 个<div class="travellines" style="display: none;">层来的，一个层放一个城市的信息。但是在页面上我

Note

们看到的只有一个层，也就是当一个层显示时，另外几个层隐藏，这样的一个事件是用 JS 脚本语言来实现的，如图 12.21 所示。

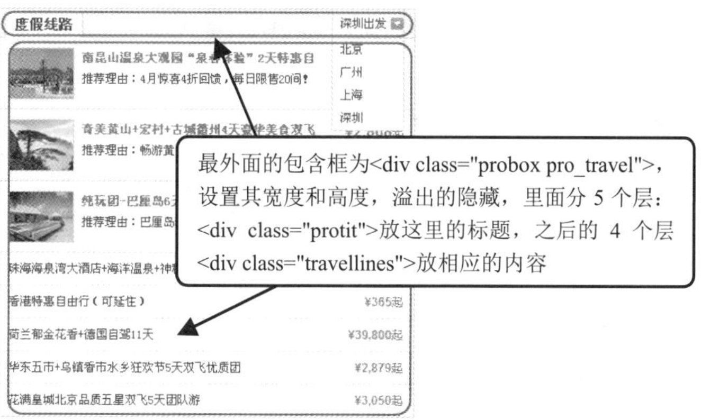

图 12.21　“度假线路”的结构分析

下面是该区域总体框架的结构代码。

```
<div class="probox pro_travel">
    <div class=protit>
        <h2 class=protab><a>度假线路</a></h2>
        <a class="viewmore citydrop"><span id=travelcity>深圳</span>出发</a>
        <div style="display: none" class=dropcity>
        <a>北京</a> <a>广州</a> <a>上海</a> <a>深圳</a> </div>
    </div>
    <div style="display: none" id=line_PEK class=travellines></div>        <!--北京线路信息-->
    <div style="display: none" id=line_CAN class=travellines></div>        <!--广州线路信息-->
    <div style="display: none" id=line_SHA class=travellines></div>        <!--上海线路信息-->
    <div style="display: none" id=line_SZX class=travellines></div>        <!--深圳线路信息-->
</div>
```

具体样式代码如下。

```
.probox .protit { height: 29px }
.protit .viewmore { line-height: 29px; float: right; margin-right: 10px }
.pro_travel { border: #e1d8b0 1px solid; width: 428px; height: 409px; overflow: hidden;}
/*边框的颜色、宽度、样式，宽为 428px，高为 409px，溢出的隐藏*/
.pro_travel .protit { background: url(index_repeat.png) repeat-x left -152px }
.pro_travel .protab { border-bottom: medium none; border: #e1d8b0 1px solid; background: #fff;}
.citydrop { padding-right: 17px; background: url(index2011.png) no-repeat right -552px }
.dropcity { border: #e1d8b0 1px solid; position: absolute; line-height: 23px; width: 73px; background: #fffdf4;}
/*边框的颜色、宽度、样式，绝对定位，行高为 23px 等*/
#traveline A { line-height: 23px; text-indent: 8px; display: block }
#traveline A:hover { display: block; background: #e2d9b2 }
.travellines { clear: both }
```

编写 D 区内<div class="travellines">的结构和样式。这里接着上面的分析，最外面的包含框为<div class="travellines">，清除浮动，里面写一个无序列表<ul>，在里面再写 8 个子标签<li>，其中前面 3 个还加上一个类<li class="totop">，里面再写上 3 个层协助布局：<div class="detail">中写最后面的价格和“查看”按钮，<div class="viewimg">中放左边的图片，<div class="viewtit">放中间的两段文

Note

字信息。

而后面的 5 个<li>布局则相对比较简单，<span class="txtit txtcut">负责一段文字信息，<em class="price">负责放后面的价格。度假线路的< div class="travellines">的结构如图 12.22 所示。

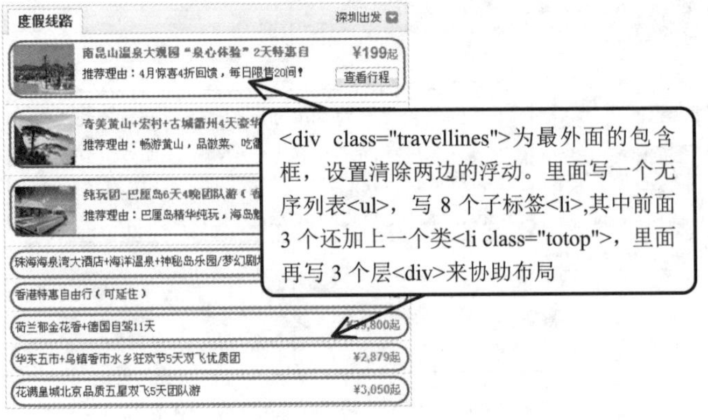

图 12.22 度假线路<div class="travellines">的结构

结构代码如下。

```
<div id=line_SZX class=travellines>
    <ul>
        <li class=totop>
            <div class=detail> <span class=price><strong class=yen><!--路线的价格--></strong> </span> <a class=a66x20>查看行程</a> </div>
            <div class=viewimg><img src=""></div>
            <div class=viewtit>
                <h3><a><!--路线的标题--></a></h3>
                <p><!--路线的段落文字说明--></p>
            </div>
        </li>
        <!--下面 2 个<li>的结构代码跟上面的一样-->
        <li><span class="txtit txtcut"><a><!--路线的段落文字说明--></a></span> <em class=price><strong class=yen><!--路线的价格--></strong></em></li>
        <!--下面 4 个<li>的结构代码跟上面的一样-->
    </ul>
</div>
```

从上面的结构代码和说明图中可以看出，此部分页面的结构是很清楚的，然后再写出样式代码即可。

```
.travellines li { border-bottom: #e5e5e5 1px dashed; height: 32px; vertical-align: top; padding: 0px 10px; }
.travellines li .txtit { line-height: 32px; width: 330px; float: left; height: 32px }
.travellines li .price { text-align: right; line-height: 32px; width: 75px; float: right; color: #ff6600 }
.travellines li.totop { border-bottom: #e5e5e5 1px solid; height: 61px; padding-top: 10px }
.totop .detail { width: 81px; float: right; height: 58px; overflow: hidden }
.totop .detail .a66x20 { float: right; height: 0px; overflow: hidden; padding-top: 20px }
/*右浮动，高设为 0，溢出的隐藏，前面也分析过，这样可以把字隐藏起来*/
.totop .detail .price { text-align: right; line-height: 23px; margin-bottom: 3px; float: right; height: 23px; color: #ff6600 }
/*高和行高同为 23px，右浮动，外下边距为 3px*/
```

```
.totop .detail .price strong { font-size: 16px }
.totop .viewimg { border: #ccc 1px solid; width: 65px; float: left; height: 50px; overflow: hidden; margin-right: 8px; }
.totop .viewtit { line-height: 21px; width: 245px; float: left }
.totop .viewtit h3 { width: 245px; height: 21px; overflow: hidden }
.totop .viewtit p { width: 245px; height: 21px; overflow: hidden }
.txtcut { text-overflow: ellipsis; white-space: nowrap; overflow: hidden }
```

12.4.6　设计右侧专题栏样式

编写 E 区<div class="probox community">的结构和样式。该区最外面的包含框为<div class="probox community">，设置宽度为 428px，高度为 200px，居中对齐，溢出的隐藏。里面分为两个层：第一个层<div class="protit">里面的<h2 class="protab">放标题“热点推荐”，设置行高和高都为 25px，保证垂直居中，左浮动；<a class="viewmore" >放“更多”链接；第二个层<div class="hottie">居中对齐，里面写一个<ul>，在<u1>里面再写 6 个<li>子标签，为每个<li>写上底边框，<li>里面分两部分，一部分是<strong class="commpanel">，里面写内容所属的类别，如第一条所属是“芒果画报”，另一部分是<span class="commtit">，里面则放具体的推荐名称并设置相关样式，如图 12.23 所示。

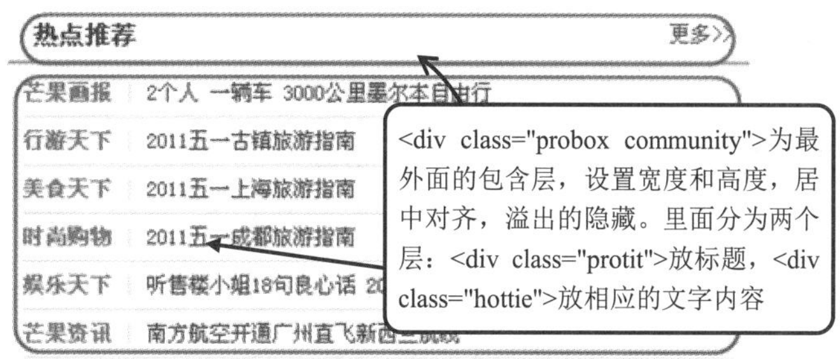

图 12.23　“热点推荐”的结构分析

结构代码如下。

```
<div class="probox community">
    <div class=protit>
        <h2 class=protab><a>热点推荐</a></h2>
        <a class=viewmore>更多&gt;&gt;</a> </div>
    <div class=hottie>
        <ul>
            <li><strong class=commpanel><a>芒果画报</a></strong> <span class=commtit><a></a> </span></li>
            <li><strong class=commpanel><a>行游天下</a></strong> <span class=commtit><a></a> </span></li>
            <li><strong class=commpanel><a>美食天下</a></strong> <span class=commtit><a></a> </span></li>
            <li><strong class=commpanel><a>时尚购物</a></strong> <span class=commtit><a></a> </span></li>
            <li><strong class=commpanel><a>娱乐天下</a></strong> <span class=commtit><a></a> </span></li>
            <li><strong class=commpanel><a>芒果资讯</a></strong> <span class=commtit><a></a> </span></li>
        </ul>
    </div>
</div>
```

因篇幅有限，下面只列出一部分重要的样式代码。

```
.community { width: 428px; height: 200px; overflow: hidden }
.community .protit { border-bottom: #ff9900 2px solid; height: 28px }
```

Note

```
    .protit .protab { text-align: center; line-height: 25px; margin: 3px 0px 0px 5px; width: 79px; float: left; height: 25px; font-size: 14px }
    .protit .viewmore { line-height: 29px; float: right; margin-right: 10px }
    .hottie { margin: 0px auto; width: 410px; clear: both; padding-top: 10px }
    .hottie LI { border-bottom: #e5e5e5 1px solid; margin-bottom: 7px; height: 19px; vertical-align: top }
    /*底边框的颜色、宽度和样式，这样相当于在文字的下划线，垂直居上对齐*/
    .hottie LI .commpanel { width: 61px; float: left; color: #ff6600; border-right: #e5e5e5 1px solid }
    /*左浮动，右边框的颜色、宽度和样式*/
    .hottie LI .commtit { padding-left: 10px; width: 276px; float: left; height: 17px; overflow: hidden }
    /*左内边距为 10px，设置好宽度和高度，溢出来的隐藏，左浮动*/
    .hottie LI .commpanel A:link { color: #ff6600 }
    .hottie LI .commpanel A:visited { color: #ff6600 }
```

编写 E 区<div class="m2Con">“芒果团购”的结构和样式。编写 E 区<div class="m2Con">”芒果团购”的结构和样式。该区最外面的包含框为<div class="probox pro_tuan">，设置其高度和宽度，溢出来的隐藏，边框的相关样式等。里面分为 4 个层：<div class="protit">放标题，<div class="tuantit">，<div class="tuanprice">设置背景图片，<div class="tuanpricelist">放价格相关而第三个层<div class="hqyx_scroll">中则加了一个事件，里面的图片和文字可以左右滚动，这里是用 JS 语言实现的，相应的网页页面结构和样式如图 12.24 所示。

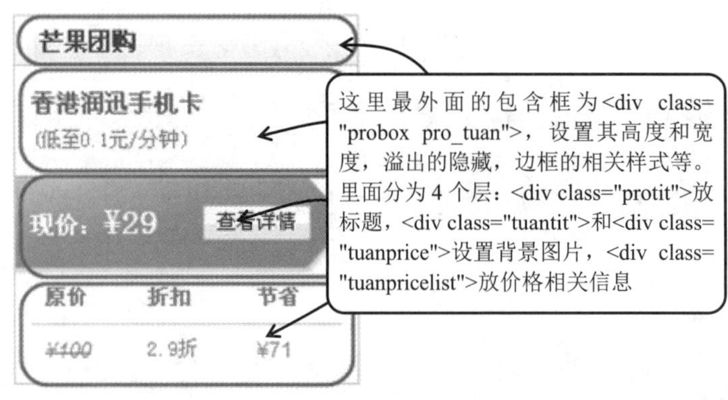

图 12.24 “芒果团购”的结构和样式

下面是结构代码。

```
<div class="probox pro_tuan">
    <div class=protit>
        <h2 class=protab><a>芒果团购</a></h2>
    </div>
    <div class=tuantit><strong><a></a></strong></div>
    <div class=tuanprice><em class=price>现价：<strong></strong> </em> <a class=detail>查看详情</a> </div>
    <div class=tuanpricelist>
        <table cellSpacing=0 cellPadding=0>
            <tr>
                <th>原价</th>
                <th>折扣</th>
                <th>节省</th>
            </tr>
            <tr>
```

```
                    <td><em class=delprice></em></td>
                    <td></td>
                    <td><em class=yen></em></td>
                </tr>
            </table>
        </div>
    </div>
```

下面只列出了一部分重要的样式代码。

```
.tuantit { line-height: 21px; margin: 12px auto 0px; width: 189px; height: 52px; color: #787878; overflow: hidden }
/*行高为 21px，上、下外边距为 12px 和 0px，左右则为自动，溢出的隐藏*/
.tuanprice { width: 205px; background: url(index2011.png) no-repeat -243px -165px; float: left; height: 57px; margin-left: -1px }
/*背景图片不重复，并设置其显示的位置，左浮动，左外边距为-1px*/
.tuanprice .price { line-height: 21px; margin-top: 17px; padding-left: 10px; width: 105px; float: left; height: 21px; color: #fff; font-size: 14px; overflow: hidden; font-weight: bold }
/*行高和高都设为 21px，左浮动，溢出的隐藏，字体加粗*/
.tuanprice .price strong { color: #fff; font-size: 20px }
.tuanprice .detail { text-align: center; line-height: 21px; margin-top: 17px; width: 66px; background: url(index2011.png) no-repeat -750px -285px; float: left; height: 21px }
/*行高和高都设为 21px，背景图片不重复，并设置其显示的位置，左浮动*/
.tuanpricelist { margin: 0px auto; width: 189px; clear: both }
.tuanpricelist table { width: 100% }
.tuanpricelist table th { text-align: left; padding-left: 8px; height: 29px; border-bottom: #ccc 1px solid }
.tuanpricelist table td { text-align: left; padding-left: 8px; height: 29px; color: #ff6600 }
.tuanpricelist table .delprice { color: #767676 }
```

F 区和 G 区的网站相关和页脚版权信息样式比较简单，这里不再详细讲解。

第13章

新闻网站

（视频讲解：1小时20分钟）

新闻和咨询一直是互联网的灵魂，缺少新闻的互联网将失去它最重要的作用。最早、最大的网站都是以新闻为主的门户网站。当然，随着互联网技术和用户群的发展和分化，新闻网站也不断延伸和分化，派生出很多子类网站，如传统的新闻网站、垂直服务网站、专业技术网站、娱乐消遣网站等。从网络新闻踏进网络领域开始，不仅仅标志着新闻从纸媒向网媒的转变，也标志着时代的进步。

新闻网站如同一个新闻中心，其中包含时政新闻、国内新闻、国际新闻、社会新闻、时事评论、新闻图片、新闻专题、新闻论坛，其类别包罗万象。综合门户网站一般都有新闻资讯的性质，如新浪就有科技、军事、体育、娱乐、财经、房产、汽车等几十个频道，其他的几大门户网站也基本如此。

这类网站就是以新闻资讯为主要内容，当然也有一些比较专业的网站，如新浪新闻（http://news.sina.com.cn/）、搜狐新闻（http://www.sohu.com/）、网易新闻（http://www.163.com/）、中国新闻网（http://www.chinanews.com/）、星岛环球网（http://www.stnn.cc/）等。以上网站都是综合资讯类型的，还有一部分是以地区新闻为主的，这里不再一一列出。

13.1　网站页面效果分析

本节将重点分析新闻网站的“对话”和“环球看点”两个主题页面的设计样式，其他栏目页面样式与此基本类似，就不再一一细说，网站主页设计样式将在下面几节中详细讲解。

13.1.1　“对话”页面效果分析

“对话”页面的设计效果比较简洁，在遵循整个新闻网站的灰色调基础上，强调新闻的时效性和内容的充实性，页面设计以方便阅读为目的，效果如图 13.1 所示。

整个页面沿袭首页的 3 行样式，以 2 列布局为主，其他栏目也都遵循这样的设计思路，页面栏目不复杂，版块简洁清晰，方便读者集中精力阅读新闻。

图 13.1　“对话”页面效果图

13.1.2　环球看点页面效果分析

环球看点与其他页面一样，在配色和布局上都基本相同，遵循灰色为主色调。灰色代表着中性色，也寓意着新闻的中性立场，同时灰色也是最具弹性和宽容度的颜色。

栏目布局与对话页面基本相同，也都是 3 行 2 列布局结构，但是环球看点更注重版块的分隔，每个栏目之间通过醒目的灰色边框进行区分，体现了环球新闻的分类特质，而对于对话页面来说，由于它主要侧重对话的内容，而淡化了对话的分类，两个页面效果的设计风格在求同中尽显存异特色。环球看点页面效果如图 13.2 所示。

Note

图 13.2 “环球看点”页面效果图

13.2 首页策划设计

新闻网站具有很强的时效性，从页面布局的角度看基本上都是以文字和图片为主，文字分重点的、关键的、次要的等，随着网络技术的发展，也有视频播放类型的，所以在设计之前就要考虑到这个特点。

本案例的网站是属于综合门户类型的网站，网站内容会非常多，这样的新闻类型网站一般都会采用 3 列多行的形式布局，如图 13.3 所示。当然，针对于网站的具体功能定位，有些也会采用 2 列多行或 4 列多行的形式，如图 13.4 和图 13.5 所示。

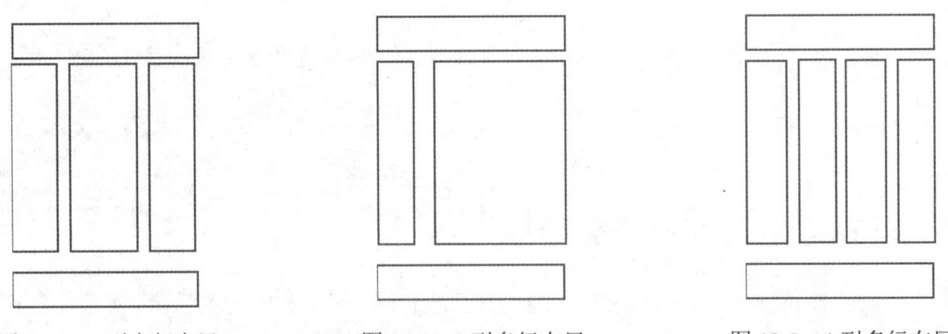

图 13.3　3 列多行布局　　图 13.4　2 列多行布局　　图 13.5　4 列多行布局

半月谈网是中国最具影响力的时政新闻评论专业网，该网站内容多具政治性，设计趋于传统。网站以灰色和暗红色为主色调，Banner 和底部是暗红的，中间就是不同浓度的灰色的使用，如网站的导航栏就用了很重的灰色，然后文字以反白显示，这样很容易就把导航栏与其他内容区分开来，设计风格比较中规中矩，设计效果如图 13.6 所示。

从网站的布局角度看，网站采用了一个内容一个模块的样式，而且每个模块之间都是用圆角线条

隔开，并加上投影效果，所以各模块之间是泾渭分明的。浏览者想要看什么，很快就可以找得到标题和内容，这也是模块之间分开显示的最大优势。

图 13.6　网站效果图

Note

13.3 网页设计与重构

由项目经理或者个人完成网站前期策划之后，美工就需要根据前期策划的意见和建议，把文字形式的思路转换为图纸效果，并把早期的草图雏形逐步完善为设计图。设计图通过审核后，美工应该负责把设计图切割出来，并实现初步的网站重构工作。

13.3.1 画草图和设计图

根据策划的基本思路，在产品设计时，应该以内容模块化、准确表达网站功能定位为基本原则。整个网站包括网站 Logo、Banner、导航栏、今日谈、热帖点击、幻灯片切换、地方直通车、国事心事、舆情扫描、对话、图片、环球看点、品读人生、版权信息等版块内容。根据这些模块，初步在稿纸上画出页面布局的草图，如图 13.7 所示。

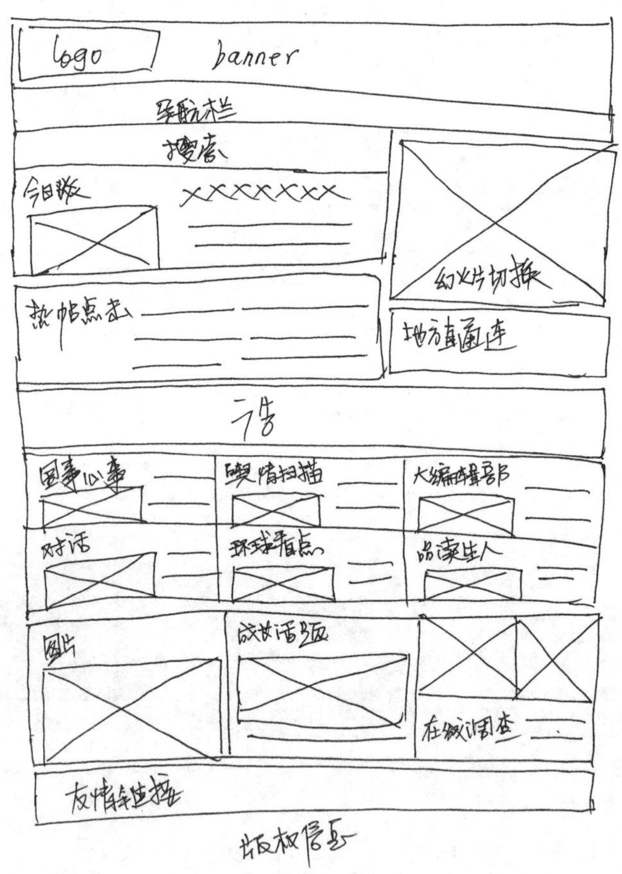

图 13.7 设计草图

通过草图对将要做的页面进行初步分析，使整个页面有一个大体轮廓，然后就可以使用 Photoshop 设计效果图了。

第 1 步，启动 Photoshop，新建文档，设置文档大小为 1002px*1500px，分辨率为 96px/英寸，然

后保存为“设计图.psd”。借助辅助线设计出网站的基本轮廓，如图 13.8 所示。

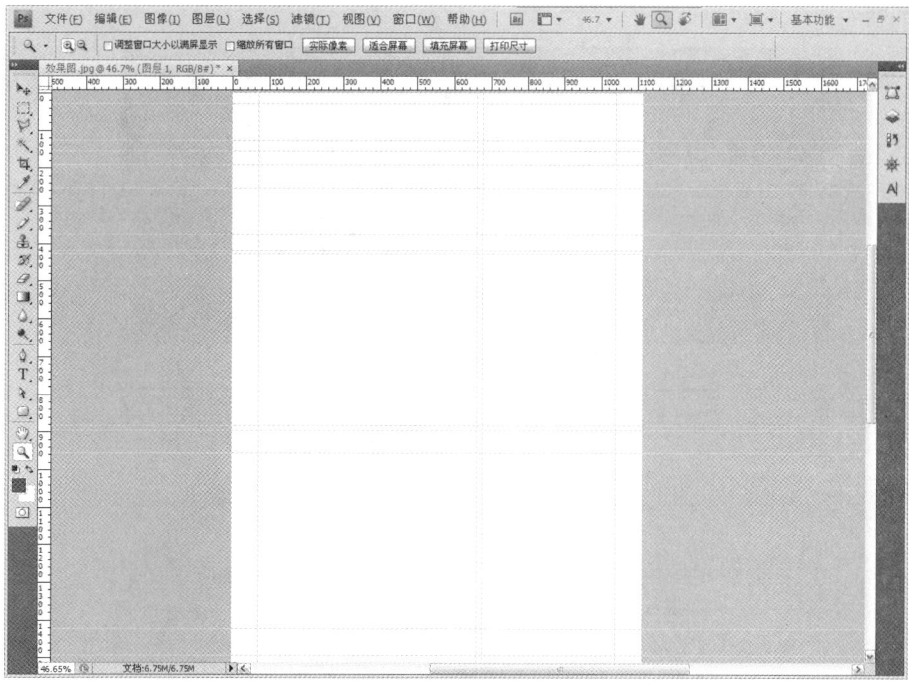

图 13.8　设置辅助线

第 2 步，在 Photoshop 中新建“线框图”图层，使用绘图工具绘制页面的基本线框和背景样式，如图 13.9 所示。

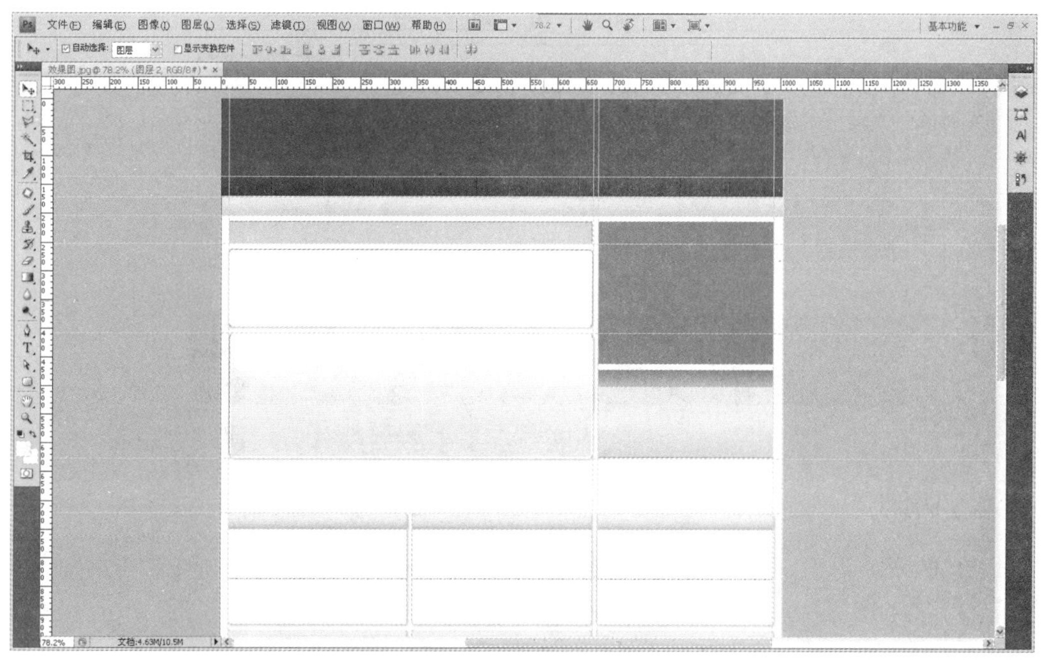

图 13.9　绘制页面线框

第 3 步，在线框的基础上进一步细化栏目形态，明确栏目样式和内容，特别是重要内容的显示形式，最后的版块划分情况如图 13.10 所示。

Note

图 13.10　版块划分图

13.3.2　切图

完成设计工作后，接下来就是切图了。此过程需美工纵观全图，看看哪些是要切下来做图片或做背景的，做背景的图要怎么切等，做到心里有数，然后就可以切图了。

第 1 步，首先切出网站的 Banner，这里的 Banner 是网站形象的一部分，是和网站的 Logo 连在一起的，而不是可替换的广告之类的图片，所以需要在切割之前设计好。切割的图片如图 13.11 所示。

图 13.11　切割网站的 Banner 图片

第 2 步，切出网站的功能操作按钮或图片如图 13.12 所示。

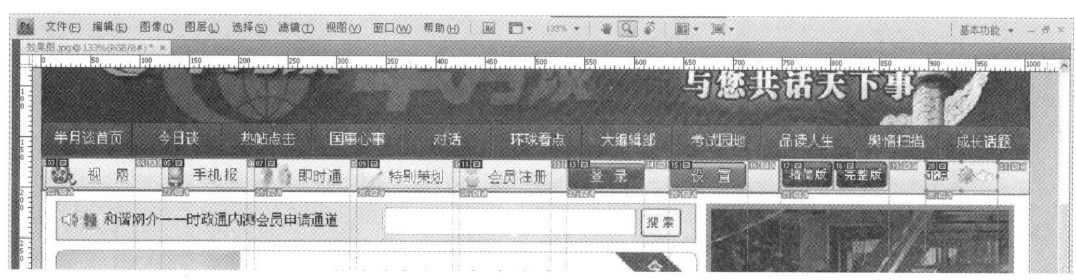

图 13.12　切割网站的功能操作按钮

第 3 步，切出“热帖点击”背景图，这里把标题与其他内容一起作为一张大图切下来，然后通过背景图像进行设计，网站其他很多地方的背景也都是这样处理的，操作过程类似就不再一一说明。切割出的背景图如图 13.13 所示。

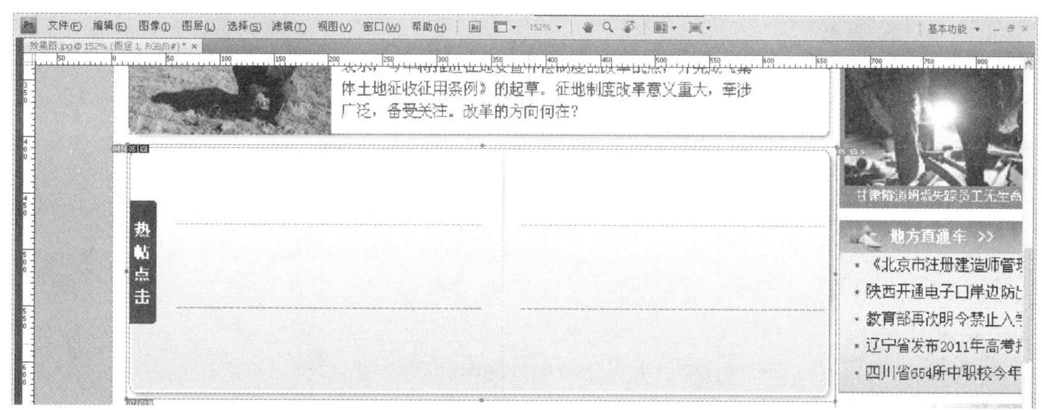

图 13.13　切割“热帖点击”的背景图

第 4 步，剩下的大部分边框都是简单的单色相框，效果都可以通过 CSS 实现，就没有必要进行切割了。

第 5 步，执行“文件|存储为 Web 和设备所用格式”菜单命令，打开“存储为 Web 和设备所用格式”对话框，保持默认设置，单击“存储”按钮，打开“将优化结果存储为”对话框，其中“切片”选择“所有用户切片”选项，格式为“仅限图像”。

第 6 步，在 images 文件夹中查看我们所需要的背景图像，如图 13.14 所示，然后，根据需要把这些图像重命名即可。

Note

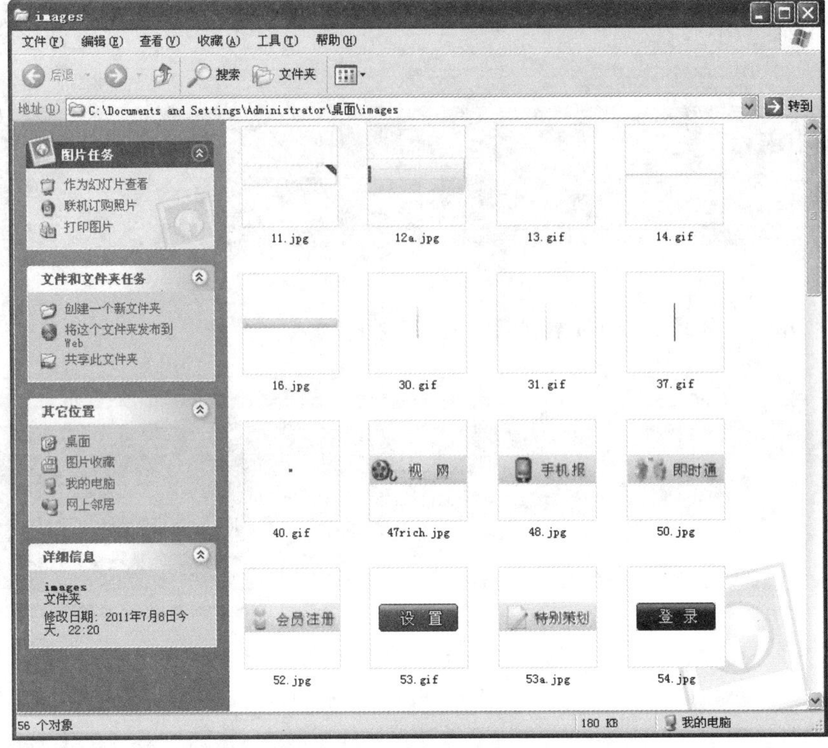

图 13.14　所需背景图像

13.3.3　主体重构

根据设计版块对图进行区域划分，启动 Dreamweaver，执行“文件|新建”命令，打开“新建文档”对话框。新建一个空白的 HTML 文档页面，并保存文件为 index.htm。

然后编写 HTML 基本结构。在编写结构时，读者应该注意结构的嵌套关系，以及每级结构的类名和 ID 编号，详细代码如下。

```
<html>
<head>
<title>半月谈</title>
<meta content="text/html; charset=gb2312" http-equiv=content-type>
</head>
<body>
<center>
    <div class=topBanner></div><!--顶部 Banner 结束-->
    <div style="border-style: none;" class=topdaohang></div><!--导航 结束-->
    <div class=topts></div>
    <div id=login class=waik>
        <div style="text-align: center" class=biaoti>栏目订阅</div>
        <div style="text-align: left" class=xuanze></div>
    </div><!--栏目订阅 结束-->
    <div class=box>
        <div class=box1top>
            <div class=boxleft>
```

```
            <div class=sousuo></div><!--搜索  结束-->
            <div class=jrt></div><!--今日谈  结束-->
            <div class=rtdj_new></div><!--热帖点击  结束-->
        </div><!--boxleft  结束-->
        <div class=boxright>
            <div id=tra_flash></div><!--幻灯片切换  结束-->
            <div class=dfztc_box></div><!--地方直通车  结束-->
        </div><!--boxright  结束-->
    </div><!--box1top  结束-->
    <div id=columns>
        <ul id=column1 class="column left">
            <li id=sb1 class=widget title=gsxs>
                <div class="blue tdbiaoti left">国事心事</div>
                <div class="ydk"></div>
            </li>
            <li id=sb2 class=widget title=dh>
                <div class="blue tdbiaoti left">对话</div>
                <div class="ydk"></div>
            </li>
            <li id=sb3 class=widget title=tp>
                <div class="blue tdbiaoti left">图片</div>
                <div></div>
            </li>
        </ul>
        <ul id=column2 class="column left">
            <li id=sb4 class=widget title=yqsm>
                <div class="blue tdbiaoti left">舆情扫描</div>
                <div class="ydk"></div>
            </li>
            <li id=sb5 class=widget title=hqkd>
                <div class="blue tdbiaoti left">环球看点</div>
                <div class="ydk"></div>
            </li>
            <li id=sb6 class=widget title=czht>
                <div class="blue tdbiaoti left">成长话题</div>
                <div class=ydk2></div>
            </li>
        </ul>
        <ul id=column3 class="column left">
            <li id=sb7 class=widget title=dbjb>
                <div class="blue tdbiaoti left">大编辑部</div>
                <div class="ydk"></div>
            </li>
            <li id=sb8 class=widget title=pdrs>
                <div class="blue tdbiaoti left">品读人生</div>
                <div class="ydk"></div>
            </li>
            <li style="width: 326px; height: 161px" id=sb9 class=widget title=""></li>
            <li style="width: 326px; height: 64px" id=sb10 class=widget title=ksyd></li>
            <li style="width: 327px; no-repeat; height: 70px" id=sb11 class=widget title=zxdc></li>
```

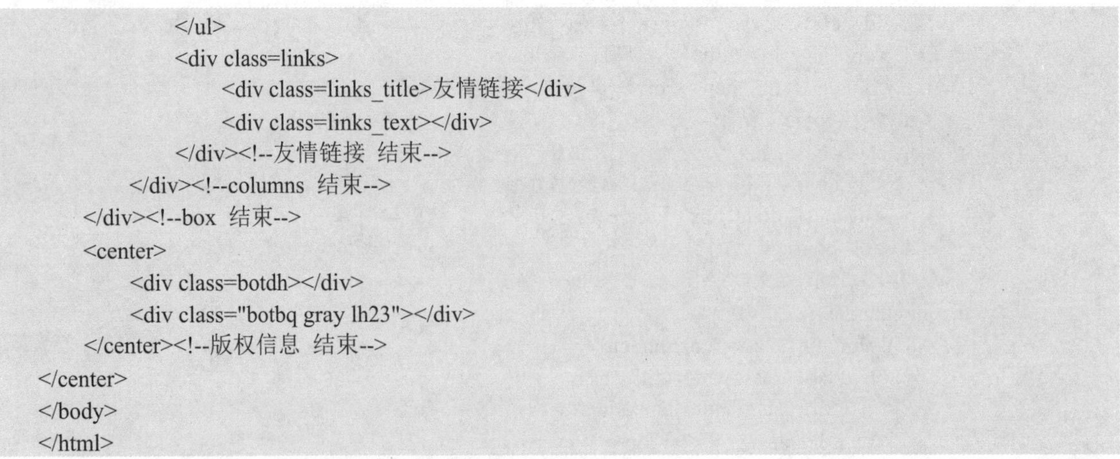

```
                </ul>
                <div class=links>
                    <div class=links_title>友情链接</div>
                    <div class=links_text></div>
                </div><!--友情链接 结束-->
            </div><!--columns 结束-->
        </div><!--box 结束-->
        <center>
            <div class=botdh></div>
            <div class="botbq gray lh23"></div>
        </center><!--版权信息 结束-->
</center>
</body>
</html>
```

简化一下代码，这样可以更清晰地把握整个网站的总体结构，制作时也能更加心中有数。几个主要层的包含标签如图 13.15 所示。

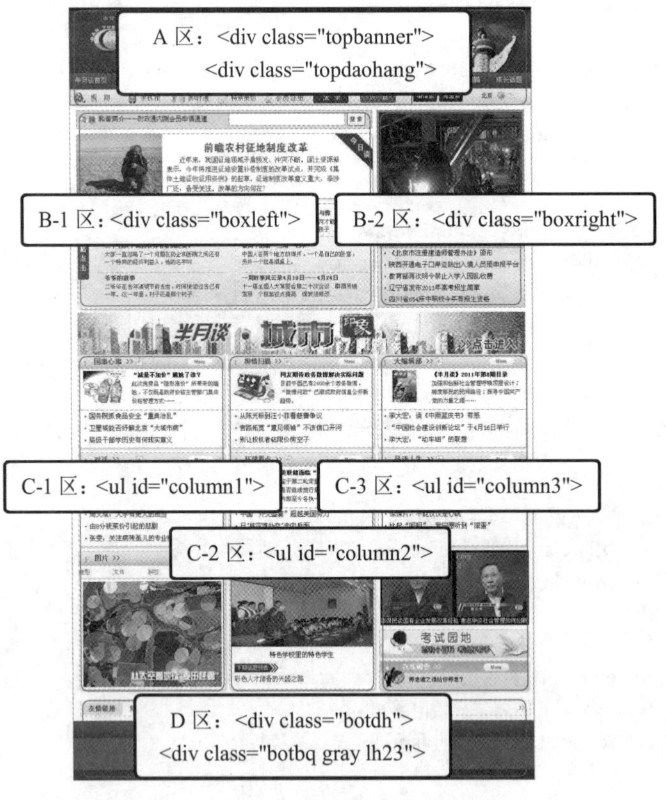

图 13.15　几个主要层的包含标签

13.4　页 面 布 局

通过上面的网站重构，读者应该大致清楚网站的总体结构了，下面就一步步实现整个网站的布局。

Note

13.4.1　设计页面基本样式

了解了网站的总体结构后，启动 Dreamweaver，打开上一节中重构的网页结构文档 index.htm，然后逐步添加页面的微结构和图文信息，对于需要后台自动生成的内容，可以填充简单的图文，以方便在设计时预览和测试，设计完毕后再进行清理，留待程序员添加后台代码。

新建样式表文档。执行“文件|新建”命令，创建外部 CSS 样式表文件，保存为 style.css，并存储在 images 文件夹中。执行“窗口|CSS 样式”菜单命令，打开“CSS 样式”面板，单击“附加样式表”按钮，在弹出的“链接外部样式表”对话框中，选择“浏览”按钮，找到 style.css 文件，将其链接到 index.htm 文档中，最后点击“确定”按钮，如图 13.16 所示。

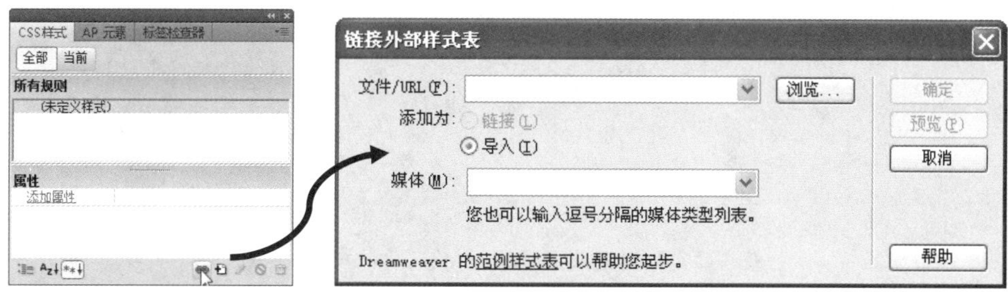

图 13.16　链接外部样式表

链接样式表文件的代码如下。

```
<link rel=stylesheet type=text/css href="images/style.css" media=all>
```

初始化标签样式。将所有将要用到以及即将用到的元素初始化，去除默认样式，因为对于默认的样式，不同的浏览器会有不同的解释，表现到页面就会不一致。代码如下所示，具体代码请查看 style.css 文件头部初始化部分。

```
body { line-height: 1.4; font-family: '宋体', verdana, geneva, sans-serif; background: #fff; color: #666; font-size: 12px }
body { margin: 0px }
dl { margin: 0px }
dd { margin: 0px }
p { margin: 0px }
form { margin: 0px }
ul { padding: 0px; margin: 0px; }
h1 { font-size: 12px; font-weight: normal }
h2 { font-size: 12px; font-weight: normal }
h3 { font-size: 12px; font-weight: normal }
……
```

13.4.2　设计页头布局和样式

编写 A 区<div class="topdaohang">网站导航的结构和样式。网站导航最外面的包含框为<div class="topdaohang">，设置其宽度为 1005px，高度为 33px，并设置背景图片为不重复。里面写一个无序列表<ul>，设置其宽度和高度。具体导航就写在其子标签<li>里面，设置它们的宽为 91px，高度和行高一样为 33px。设置背景图片，即导航与导航间的竖线图片。最重要的还是设置其左浮动，这样

就可以让导航都在一条线上显示，如图 13.17 所示。

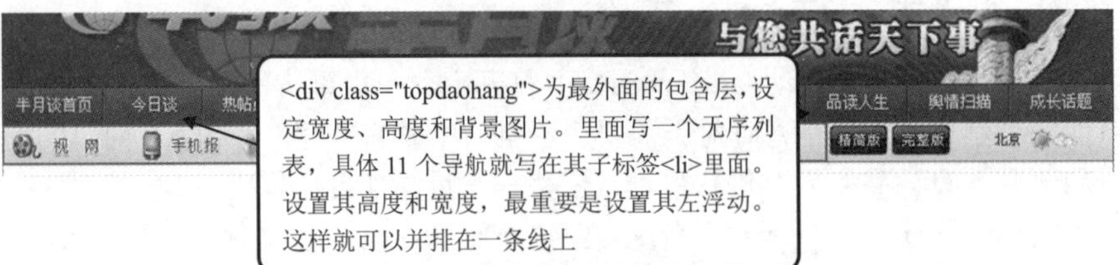

图 13.17　网站导航的结构分析

下面是简单的结构代码。

```
<div style="border-style: none;" class=topdaohang>
    <ul>
        <li class=white><a>半月谈首页</a> </li>
        <li class=white><a>今日谈</a> </li>
        <li class=white><a>热帖点击</a> </li>
        <li class=white><a>国事心事</a> </li>
        <li class=white><a>对话</a> </li>
        <li class=white><a>环球看点</a> </li>
        <li class=white><a>大编辑部</a> </li>
        <li class=white><a>考试园地</a> </li>
        <li class=white><a>品读人生</a> </li>
        <li class=white><a>舆情扫描</a> </li>
        <li class=white><a>成长话题</a> </li>
    </ul>
</div>
```

这里的最后一个<li>标签中写了一个没有背景图片的样式，就是去除在样式表里面为每个<li>都写了一个起到间隔作用的竖线背景图，因为这是最后一个导航，所以不需要再用竖线来做间隔了。

```
.topdaohang { width: 1005px; background: url(top_daohang.gif) no-repeat; height: 33px }
.topdaohang ul { width: 1001px; height: 33px }
.topdaohang ul li { line-height: 33px; width: 91px; background: url(top_dht.gif) no-repeat right 50%; float: left; height: 33px }
/*行高和高都设为 33px，这样可以保证垂直居中，背景图片不重复并设置其显示的位置*/
.white { color: #ffffff }
.white a:link { color: #ffffff }
.white a:visited { color: #ffffff }
.white a:hover { color: #d1d1d1 }
```

编写 A 区<div class="topts">网站的功能操作区结构。该区最外面的包含框为<div class="topts">，设置背景图片水平平铺。里面分两个层，第一个层为<div class="toptsleft">，用于放会员的“登录/注册”等相关操作。设置其宽为 744px，左浮动。里面写一个<ul>，每一个具体的功能项写在一个子标签<li>里面。设置好这些<li>标签的宽度和高度、鼠标的状态等，同上一步一样，最重要的还是设置其为左浮动，让它们都在一条直线上显示。

而第二个层为<div class="toptsright">，设置其宽度为 256px，左浮动。里面写一个表格<table>，表格分 4 个单元格布局这里面的相关内容，写上相应样式即可，如图 13.18 所示。

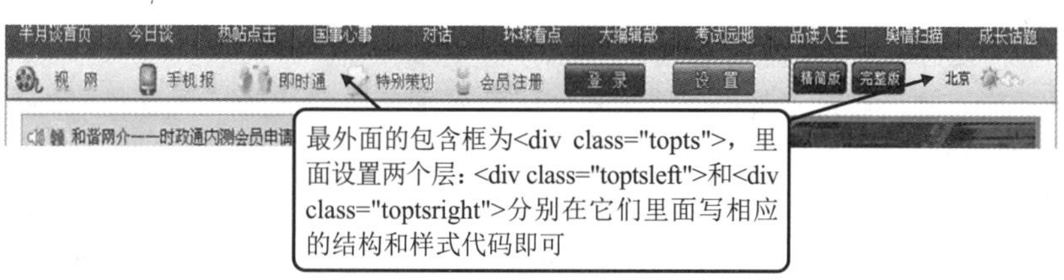

图 13.18　<div class="topts">网站的功能操作区

具体结构代码如下。

```
<div class=topts>
    <div class=toptsleft>
        <ul>
            <li><a><img src=""></a> </li>
            <li><a><img src=""></a> </li>
            <li><a><img src=""></a> </li>
            <li><a><img src=""></a> </li>
            <li id=cr><a><img src=""></a> </li>
            <li id=liwidth> <a id=cl><img src=""></a> </li>
            <li> <a><img src=""> </a></li>
        </ul>
    </div>
    <div class=toptsright>
        <table border=0 cellspacing=0 cellpadding=0 width="100%">
            <tr>
                <td align=middle></td>
                <td width=2><img src=""></td>
                <td align=left><a><img src=""></a> <a><img src=""></a></td>
                <td valign=center><img src=""></td>
            </tr>
        </table>
    </div>
</div>
```

从上面的结构代码中可以看到，有两处样式直接写在了标签<li>上面，这样做从代码管理的角度来说的确不好，但是从效率上来考虑却是能很快解决问题。至于具体如何操作，读者可以在以后的工作中遇到这样的问题时自己多思考一下。

下面是样式代码。

```
.topts { width: 1005px; background: url(31.gif) repeat-x; height: 35px }
.toptsleft { border: #53575a 2px solid; width: 744px; float: left; height: 31px; }
.toptsleft ul { width: 738px }
.toptsleft ul li { width: 103px; background: url(top_dht2.gif) no-repeat right 50%; float: left; height: 29px; cursor: pointer; padding-top: 2px }
/*宽 103px，背景图片不重复，并设置其要显示的位置，左浮动，鼠标的显示方式*/
.toptsright { border: #53575a 1px solid; text-align: left; width: 256px; float: left; height: 33px;}
/*边框的颜色、宽度、样式，居左对齐，左浮动*/
```

13.4.3　设计主要新闻区布局和样式

编写 B 区“热帖点击”的结构和样式代码。<div class="rtdj_new">为最外面的包含框，设置其宽

度为 657px，高度为 220px。设置背景图片和左浮动，里面分为两个层。

这里有一个技巧性的操作：“热帖点击”这 4 个字和其深蓝色的背景其实都是最外面的包含框<div class="rtdj_new">的背景的一部分，并没有单独切割出来，但我们又要做一个链接，当单击文字时要跳转到“热帖”的页面去，背景图是没办法做链接的。于是在这里写一个层<div class="rtdianji">，里面放一张实际上高和宽都只有一个像素的图片，通过样式的设置，可以把图片拉伸到所需的尺寸，如这里就拉伸到宽为 30px，高为 200px。又因为图片是透明的，所以还是可以看到最下面的背景图，再加上一个<a>链接标签，这样，单击“热帖点击”，就可以跳转到相关的页面了。

第二个层是<ul>，里面写 6 个<li>，对应 6 条新闻，在每个<li>里面再写上两个<p>，分别放标题和部分段落文字信息。再写上相关样式即可完成页面的制作，具体的结构分析如图 13.19 所示。

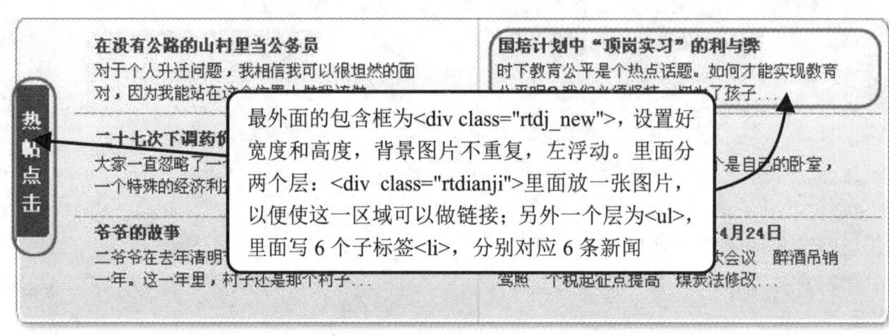

图 13.19 分析 B 区“热帖点击”的结构

相应的结构代码如下。

```
<div class=rtdj_new>
    <div class=rtdianji><a><img src=""></a></div><!--设置一张透明的 png 图-->
    <ul>
        <li>
            <p class="blue2 f12 "><a><b></b></a></p><!--设置新闻的标题-->
            <p class="f12 lh16"></p>
        </li><!--设置新闻的段落文本-->
        <li>
            <p class="blue2 f12 "><a><b></b></a></p>
            <p class="f12 lh16"></p>
        </li>
        <li>
            <p class="blue2 f12 "><a><b></b></a></p>
            <p class="f12 lh16"></p>
        </li>
        <li>
            <p class="blue2 f12 "><a><b></b></a></p>
            <p class="f12 lh16"></p>
        </li>
        <li>
            <p class="blue2 f12 "><a><b></b></a></p>
            <p class="f12 lh16"></p>
        </li>
        <li>
            <p class="blue2 f12 "><a><b></b></a></p>
            <p class="f12 lh16"></p>
```

```
        </li><!--6 个<li>对应 6 条新闻-->
    </ul>
</div>
```

下面是样式代码。

```
.rtdj_new { width: 657px; background: url(12a.jpg) no-repeat; float: left; height: 220px; padding-top: 7px }
/*宽为 657px，背景图片不重复，左浮动，高为 220px，上内边距为 7px*/
.rtdj_new ul { width: 600px; float: left; height: 200px }
.rtdj_new ul li { text-align: left; padding-left: 30px; width: 260px; padding-right: 10px; display: block; float: left; height: 62px; padding-top: 5px }
.rtdianji { width: 30px; float: left; height: 130px }
.blue2 { color: #004588 }
.blue2 a:link { color: #004588 }
.blue2 a:visited { color: #004588 }
.blue2 a:hover { color: #004588 }
/*以上 4 个样式为类 blue2 在不同链接情况下的字体的颜色*/
.f12 { font-size: 12px }
```

编写 B 区“地方直通车”的结构和样式代码。该区最外面的包含框是<div class="dfztc_box">，设置其边框的颜色、宽度和样式，并设置链接一张背景图片。里面分为两个层：第一个层<div class="dfztc_bt">用于放这里的标题“地方直通车”，设置其背景图片，宽度等。

第二个层<div class="dfztc_wz" style="height: auto;">里面再写一个层<div id="scrollBox2">，设置其宽度为 290px，高度为 120px，溢出的隐藏，Overflow:hidden，这句话在这里很重要，只有写上这句话，后面才能用 JS 语言控制文字的上下滚动。此部分的结构分析如图 13.20 所示。

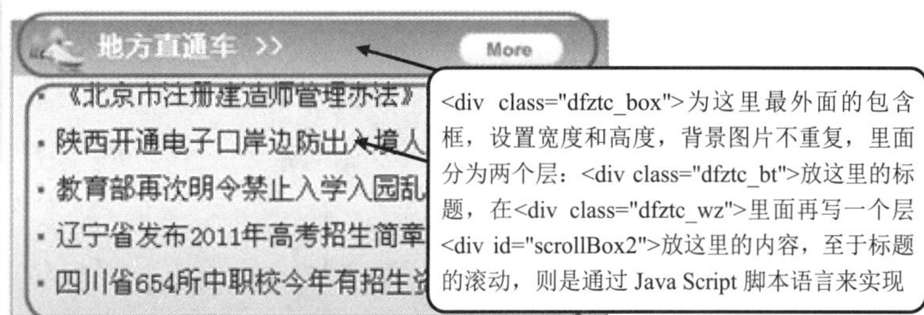

图 13.20　分析 B 区“地方直通车”的结构

相应的结构代码如下。

```
<div class=dfztc_box>
    <div class=dfztc_bt>
        <div class=dfztc_btwz><a><b>地方直通车</b></a></div>
        <div class=dfztc_more><a><img src=""></a></div><!--"more"图片-->
    </div>
    <div class=dfztc_wz>
        <div id=scrollbox2>
            <ul>
                <li><a></a> </li>
                <li><a></a> </li>
                <li><a></a> </li>
                …… <!--共 10 个<li>上下循环滚动-->
            </ul>
```

```
            </div>
        </div>
        <div style="clear: both"></div>
    </div>
```

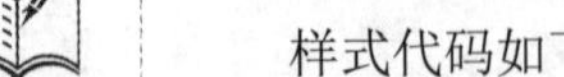

Note

样式代码如下。

```
.dfztc_box { border: #8c8a8c 1px solid; width: 315px; background: url(dfztcbj.jpg); height: 151px;}
/*边框的颜色、宽度和样式，链接背景图片*/
.dfztc_bt { padding-left: 45px; width: 270px; background: url(dfztcbt1.jpg); height: 28px }
.dfztc_btwz { line-height: 28px; width: 150px; float: left; height: 28px; color: #ffffff; font-size: 14px }
.dfztc_more { width: 61px; float: left; height: 28px; margin-left: 38px }
.dfztc_wz { padding-left: 14px; width: 290px; float: left; height: 120px }
.dfztc_wz ul { width: 290px; float: left; height: auto }
.dfztc_wz ul li { text-align: left; line-height: 24px; padding-left: 10px; width: 280px; background: url(40.gif) no-repeat left center; float: left; height: 24px }
/*设置高和行高都为24px，背景图片不重复显示，左浮动等*/
#scrollbox2 { width: 290px; float: left; height: 120px; overflow: hidden }
/*宽为290px，高为120px，溢出的隐藏，这样设置了后面的JS才能实现文字上下滚动*/
```

13.4.4 设计分类新闻区布局和样式

编写C区<div id="columns">框体的结构。虽然在前面的网站重构也提到过，在这里我们还是仔细地分析一下<div id="columns">这一网站主体内容区域的结构，先在框体内写3个无序列表<ul class="column left ui-sortable" id="column1" style="mozuserselect: none;" >然后在每个<ul>里面写上3个<li>，最后一个则是5个<li>，这里的布局有点出乎意料，所以我们先分析清楚，再做里面的具体模块，这样才能心中有数。该框体结构如图13.21所示。

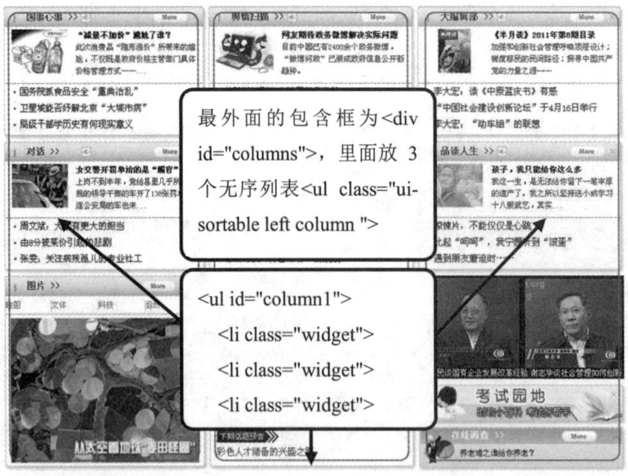

图13.21 <div id="columns">框体结构

具体结构代码如下。

```
<div id="columns">
    <ul class="column left ui-sortable" id="column1" style="mozuserselect: none;">
        <li class="widget" id="1"></li><!--国事心事-->
        <li class="widget" id="2"></li><!--对话-->
```

```
            <li class="widget" id="3"></li><!--图片-->
        </ul>
        <ul class="column left ui-sortable" id="column2" style="mozuserselect: none;">
            <li class="widget" id="4"></li><!--舆情扫描-->
            <li class="widget" id="5"></li><!--环球看点-->
            <li class="widget" id="6"></li><!--在线调查-->
        </ul>
        <ul class="column left ui-sortable" id="column3" style="mozuserselect: none;">
            <li class="widget" id="7"></li><!--大编辑部-->
            <li class="widget" id="8"></li><!--品读人生-->
            <li class="widget" id="9" style="width: 326px; height: 161px;"></li><!--城市形象-->
            <li class="widget" id="10" style="width: 326px; background: url(images/ksyd_1013.jpg) no-repeat;
height: 64px;"></li><!--考试园地-->
            <li class="widget" id="11" style="width: 327px; background: url(images/czht_sybg.jpg) no-repeat;
height: 70px;"></li><!--成长话题-->
        </ul>
        <div class="Links"></div><!--友情链接-->
    </div>
```

这一步我们主要分析其结构代码，重要的样式代码在结构代码中已经写出，读者可以查看本书光盘的相关部分。

编写C区“国事心事”的结构和样式代码。根据上一步所介绍的模块代码，只要分析完其中一个模块即可，因为从效果图中可以看出这些模块的效果和设计方法都很相似。

“国事心事”模块最外面的包含框为<li title="gsxs" class="widget" id="1" >，设置其宽度为328px，以块状的方式显示。然后在其里面分为3个层：第一个层为<div class="widget-head">，用于设置好宽度、高度、链接背景图片不重复。该层里面分3个层，<div class="blue tdbiaoti left">放这里的标题“国事心事”；<div class="menu">放小喇叭图标。这个小喇叭藏有玄机，下一步我们再去分析；<div class="fdmore">中则放“更多”这张图片。最后面的“X”关闭按钮是一张背景图片，写在<a>链接标记里面。

第二个层为<div class="ydk">，居中对齐，设置背景图片，溢出的隐藏。里面的<div class="dht">放第一块内容，通过<span></span>设置中间的虚线背景。<div class="dhtzenw">放第二块内容，里面写一个<ul>标签，3条新闻标题就写在3个<li>子标签里面。<div style="clear: both;"/>则表示清除浮动。

第三个层<div class="dtity"/>用于设置宽度和高度，链接这一模块的底部背景图。该部分的框架结构如图13.22所示。

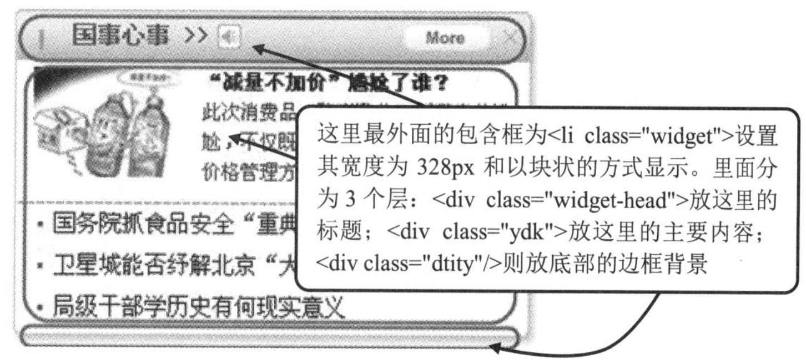

图13.22 “国事心事”框体结构

结构代码如下。

```
<li id=sb1 class=widget title=gsxs>
  <div style="background: url(images/13.jpg) no-repeat" class=widget-head>
    <div class="blue tdbiaoti left"><b>  <a>国事心事</a> &gt;&gt;</b></div>
    <div class=menu></div>                                          <!--小喇叭图标-->
    <div class=fdmore><a><img src=""></a> </div>                    <!--“更多”图片-->
    <a class=remove></a></div>                                      <!--“X”关闭背景图-->
  <div class=ydk>
    <div class=dht>
      <div class=dhtleft>
        <div class=dhtleftimg><a><img src=""></a> </div>            <!--新闻图片-->
      </div>
      <div class=dhtright>
        <h3 class="f12 lh18"><b><a></a></b></h3>                    <!--新闻标题-->
        <p class="f12 lh18"></p>                                    <!--新闻段落-->
      </div>
    </div>
    <span></span>                                                   <!--中间的虚线分割背景图-->
    <div class=dhtzenw>
      <ul>
        <li><a></a> </li><li><a></a> </li><li><a></a> </li>         <!--3 条新闻列表-->
      </ul>
      <div style="clear: both"></div>
    </div>
    <div style="clear: both"></div>
  </div>
  <div class=dtity></div>                                           <!--这一模块的底部背景图-->
</li>
```

Note

因为篇幅有限，下面仅列出一部分重要的样式代码。

```
.widget { width: 328px; display: block }
.widget-head { margin: 0px; padding-left: 20px; width: 298px; padding-right: 10px; height: 30px }
.left { float: left }
.tdbiaoti { text-align: left; line-height: 32px; width: 100px; height: 32px }
.blue2 { color: #004588 }
.menu { margin: 0px; padding-left: 5px; width: 15px; font-family: arial, sans-serif; float: left; height: 18px; padding-top: 8px }
/*外边距设为 0px，设置字体的先后应用顺序，左浮动，宽度和高度等*/
.fdmore { width: 55px; float: left; height: 30px; margin-left: 100px }
.ydk { margin: 0px auto; padding-left: 1px; width: 327px; background: url(13.gif) repeat-y; height: 161px; overflow: hidden }
.ydk span { margin: 0px auto; padding-left: 1px; width: 317px; background: url(xuxian.gif) repeat-x; float: left; height: 1px; font-size: 0px; overflow: hidden }
/*居中对齐，背景图片水平重复，左浮动，溢出的隐藏等*/
.dht { width: 318px; float: left; height: 85px }
.dhtleft { padding-left: 3px; width: 107px; float: left; height: 81px; padding-top: 4px }
.dhtleftimg { text-align: center; width: 91px; background: #fff; height: 66px }
.dhtright { text-align: left; padding-left: 5px; width: 198px; padding-right: 5px; float: left; height: 80px; padding-top: 5px }
```

```
.f12 { font-size: 12px }
.lh18 { line-height: 18px }
.dhtzenw { padding-left: 14px; width: 290px; float: left; height: 75px }
.dhtzenw ul { width: 290px; float: left }
.dhtzenw ul li { text-align: left; line-height: 25px; padding-left: 10px; width: 280px; background: url(40.gif) no-repeat left center; float: left; height: 25px }
/*行高和高都设为 25px，背景图片不重复，左浮动等*/
.dtity { width: 328px; background: url(14.gif) no-repeat; height: 13px }
/*设置这一模块的底部背景图*/
```

编写 C 区小喇叭图标弹出消息框的结构和样式代码。前面也说过，小喇叭图标有玄机，其实这只是一个行为事件，即当鼠标移动到小喇叭图标上时，会马上弹出一个如图 13.23 中所示的消息框，里面的内容是对这一模块的概括性的介绍，当鼠标移开时消息框会随之消失。

这个动作不是我们研究的范围，我们只要把这个消息框用结构和样式代码搭建起来就可以了。这里最外面的包含框为<ul id=divdescription_135>，里面分为两个表格<table>，第一个表格就放这里的消息内容，该表格里面还分 3 个单元格。我们可以从下面的结构代码中更直观地看到这 3 个单元格。第二个表格则放两个<input>控件，里面的内容是对这个消息框的一些操作。弹出的消息框的结构如图 13.23 所示。

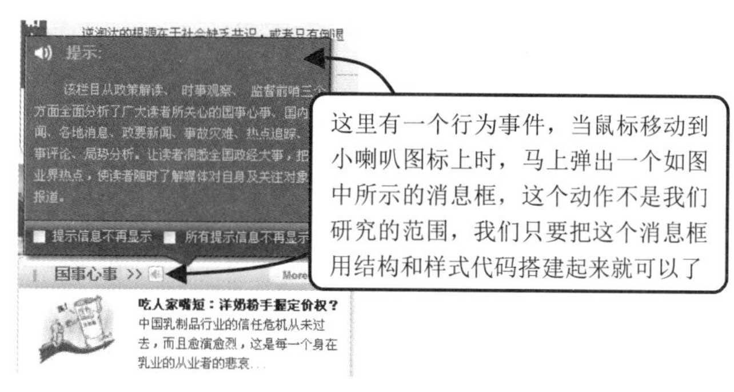

图 13.23　小喇叭图标弹出消息框的结构

相应的结构和样式代码如下（这里样式代码也全部都写在结构代码里面了）。

```
<ul id=divdescription_135>
      <table width=300>
        <tr><td valign=top background=images/div_10.gif align=left>
          <table style="margin-top: 0px" width="100%" background=images/div_9.gif>
            <tr><td valign=top></td></tr>
          </table>
          <table width="100%" height=30>
            <tr><td style="padding-left: 10px" width=30><img src=""> </td>
            <td style="color: #adaeb0" align=left><b>提示:</b> </td></tr>
          </table>
          <table width="100%"><tr>
            <td style="padding:10px; text-indent:2em; color:#d4d4d4; font-size:12px;"></td>
          </tr></table>
        </td></tr>
      </table>
      <table width=300>
        <tr><td height=42 valign=top background=images/div_laba5.jpg>
```

```
            <table width="100%" height=30>
               <tr><td style="padding-left: 5px; color: #cdd8de; font-size: 12px" align=left>
                  <input id=che_135 type=checkbox> 提示信息不再显示
                  <input id=cheall_135 type=checkbox> 所有提示信息不再显示
               </td></tr></table>
        </td></tr></table>
   </ul>
```

关于 D 区的页脚版权信息样式比较简单，这里就不再详细分析了。

第14章 使用 JavaScript 控制 CSS 样式

（视频讲解：2 小时 47 分钟）

HTML、JavaScript 和 CSS 构成了 Web 设计与开发的基础。HTML 负责构建网页结构和内容，JavaScript 负责设计网页动态效果和交互，而 CSS 则负责设计网页显示效果。在 Web 开发中，经常需要使用 JavaScript 动态控制 CSS 样式，使用 CSS+JavaScript 可以创造出各种奇幻的视觉效果。

动态样式的核心主要包括尺寸、位置、显隐，这些要素构成了网页动画的基础。动画是一种视觉效果，实际上它就是由无数帧静态画面拼接的连续动作。使用 JavaScript 设计动画，主要利用循环结构和时间触发器（setTimeout()和 setInterval()方法）。

设计动画的思路是：通过循环改变元素的某个 CSS 样式属性，从而达到动态效果，如移动位置、缩放大小、渐隐渐显等。为了能够设计出更逼真的效果，一般通过高频率小步长快速修改样式属性值，让浏览者感觉动画是在持续运动而不是由很多次设置组成。本章主要讲解如何使用 JavaScript 动态设计 CSS 样式。

学习重点：

- 了解 CSS 脚本化表示。
- 熟悉使用 JavaScript 控制 CSS 的方式和方法。
- 能够利用 JavaScript 动态设计网页对象的大小、位置和显示等属性特效。

14.1 JavaScript 基础

Note

JavaScript 是目前最流行、应用最广泛的编程语言之一，它是 Web 开发的核心工具，一般作为嵌入式脚本使用，也可以在网页中直接使用，常用来给 HTML 网页设计特效，添加动态功能，如响应用户的各种操作等。完整的 JavaScript 实现包含以下 3 个部分。

☑ Core（JavaScript 语言核心）。

☑ DOM（文档对象模型）。

☑ BOM（浏览器对象模型）。

JavaScript 需要在特定环境中运行，如 Web 浏览器。浏览器一般都内嵌了 JavaScript 引擎（即 JavaScript 解释器），由 JavaScript 引擎负责解析网页中包含的 JavaScript 脚本。

14.1.1 在网页中嵌入 JavaScript 脚本

在网页中嵌入 JavaScript 脚本有多种方法，具体说明如下。

1. 使用 script 元素嵌入脚本

在网页中一般使用 script 元素来实现在网页中嵌入 JavaScript 脚本。对于嵌入的 JavaScript 脚本来说，可以设置 type ="text/ecmascript"属性值，也可不设置，因为默认脚本类型也为 JavaScript。例如：

```
<script type="text/javascript">
    //JavaScript 脚本代码
</script>
```

或者

```
<script>
    ......
</script>
```

2. 导入外部 JavaScript 文件

对于代码比较多的 JavaScript 程序或者经常重复使用的程序，可以考虑将这些代码存放在外部文件中，然后通过 script 元素载入即可。例如：

```
<script src="jsFileName.js"></script>
```

如果没有设置 src 属性，则可以在 script 元素中编写任意形式的 JavaScript 代码，但是一旦设置了 src 特性，那么 script 元素包含的任意代码就可能无效，具体还要看不同浏览器是如何处理的。因此，如果在页面中既包含内嵌 JavaScript 脚本，又包含外部 JavaScript 文件，则可以考虑分开书写，如下所示。

```
<script src="jsFileName.js"></script>
<script>
    //JavaScript 脚本代码
</script>
```

14.1.2　JavaScript 脚本在文档中的位置

<script>标签可以被嵌入到网页中的任何位置，如文档顶部、<head>和</head>标签之间、<body>标签内部，甚至放在<html>和</html>标签的外部，浏览器都能正确解析它们。

根据 W3C 标准规则，<script>和<link>标签是作为 HTML 文档树中的一个节点而存在的。因此，它们也应该包含在<html>和</html>根节点的内部，以便构成合理的结构，方便 DOM 控制。

【例 14-1】在下面这个简单的实例中，利用 JavaScript 脚本来定义页面中显示的字体大小为 10px。

```
<html>
<head>
<script type="text/javascript" language="javascript">
document.getElementById("box").style.fontSize ="10px";
</script>
</head>
<body>
<div id="box">盒子内容</div>
</body>
</html>
```

但是，在浏览器中预览时，会发现页面中包含的文本并没有变化。只有把脚本放置在<div id="box">包含框的后面，脚本才能够起到作用。代码如下。

```
<html>
<head></head>
<body>
<div id="box">盒子内容</div>
<script type="text/javascript" language="javascript">
document.getElementById("box").style.fontSize ="10px";
</script>
</body>
</html>
```

因为浏览器是按照从上到下的顺序来解析网页源代码的。只要脚本所属的那部分页面被载入浏览器，脚本就会被执行。而在解析 JavaScript 脚本时，由于<div id="box">标签还没有被解析，因此脚本引擎就无法找到 id 为 box 的元素而失去作用，所以“盒子内容”字符串依然显示为默认的字体大小。

在没有强制规定的情况下，养成良好的书写习惯将会受益匪浅。考虑到 HTML 文档 DOM 结构模型的规范性，建议把<script>标签写在<head>和</head>标签之间，或者写在<body>和</body>标签之间，这都是很好的习惯。

对于页面中的 JavaScript 代码来说，不妨考虑将全局变量、变量初始化或自定义函数单独放置在一个<script>标签中，置于<head>和</head>标签之间，这样在显示页面主体后，JavaScript 代码就被完全加载到浏览器中，可供随时调用。而对于函数调用等可立即执行脚本则建议放置在<body>标签内部。此外，由于 JavaScript 代码是边解析边执行的，为了能够主动控制 JavaScript 代码的执行，可以考虑添加事件处理函数。

14.1.3　解决 JavaScript 脚本与 CSS 样式冲突

虽然 JavaScript 文件与 CSS 文件关联不大，但是由于 JavaScript 可以控制 CSS 样式，所以它们之

间仍然存在某些关联和容易混淆的概念性操作。

对于 CSS 文件来说，样式所引用的外部文件的路径都是以代码所在位置作为参考来进行设置的，而 JavaScript 却恰恰相反，它是以所引用的网页位置作为参考进行设置的。

Note

【例 14-2】有这么一个简单的站点结构，网页文件位于根目录，而 CSS 文件、JavaScript 文件和图像文件都位于根目录下的 images 文件夹中，如图 14.1 所示。

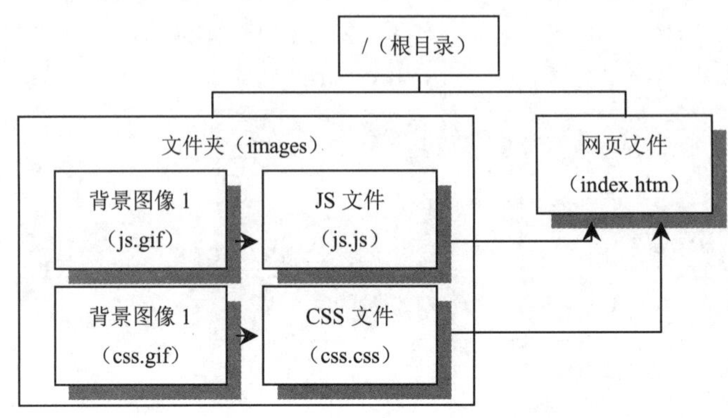

图 14.1　一个简单的站点结构

下面分别使用 CSS 文件和 JavaScript 文件为网页文件中的盒子（<div id="box">）定义背景图像。则在 CSS 样式表文件（css.css）中的定义方法如下。

```
#box {
    background:url(css.gif);
}
```

CSS 文件与背景图像文件都在同一目录（images 文件夹）下，所以可以直接引用，而不用考虑网页文件的位置。但是，如果要使用 JavaScript 文件定义网页文件中盒子的背景图像，就必须考虑网页文件的具体位置，实现的 JavaScript 代码如下。

```
window.onload = function(){
    document.getElementById("box").style.backgroundImage="url(images/ js.gif)";
}
```

从上面的代码中可以看到，JavaScript 文件所引用的背景图像路径是以网页文件的位置为参考来进行设置的，而不用考虑 JavaScript 文件的具体位置，如果网页文件不动，则 JavaScript 文件所引用的路径是不会变化的。总之，JavaScript 文件与 CSS 文件中的代码在引用外部图像文件时，它们的 URL 设置是不同的，具体区分如下。

☑　CSS 文件：考虑 CSS 文件与导入的外部图像文件之间的位置关系。

☑　JavaScript 文件：考虑网页文件与导入的外部图像文件的位置关系。

然后在网页文件中同时引用 CSS 和 JavaScript 文件。

```
<html>
<head>
<style type="text/css">
#box {
    width:200px;
    height:200px;
}
```

```
</style>
<script type="text/javascript"  src="images/js.js"></script>
<link href="images/css.css" rel="stylesheet" type="text/css" />
</head>
<body>
<div id="box"></div>
</body>
</html>
```

此时，如果在浏览器中预览，则会显示 JavaScript 脚本定义的背景图像效果。因此，当使用 CSS 和 JavaScript 同时为页面中某个元素定义样式时，JavaScript 脚本定义的样式优先级要大于 CSS 样式的优先级。

14.2 CSS 脚本化传统控制方法

IE 4.0 及更高版本的浏览器为每个元素在逻辑层扩展了 style 对象，用它来动态管理各元素的 CSS 样式。后来 W3C 发布 DOM 2.0 版本规范时，也加入了 JavaScript 动态控制 CSS 样式的 API 模块，并为每个元素绑定了 Style 对象。JavaScript 支持如下 4 种控制 CSS 样式的方法。

☑ 通过元素的 style 属性进行控制，这种方法被所有浏览器支持。

☑ 通过改变元素的类样式实现动态控制 CSS，浏览器将自动更新这些被定义了新值的类样式，所有浏览器都支持。

☑ 插入样式标签，即通过 document.write('<style type="text/css"> </style>')方法来实现。所有浏览器都支持。

☑ 改变页面导入的样式表文件，或者改变样式表。应该考虑浏览器的兼容性。

一般情况下，要修改 CSS 样式，可通过 style 属性或 class 属性来设置。使用 class 属性时，应该注意脚本中 class 名称所表示的意义的差异。在 JavaScript 中，为了避免与保留关键字 class 发生冲突，class 被指定为 className。例如，通过下面的方法才能够正确读写元素的类样式。

```
document.getElementsByTagName("div")[0].className = "class";
```

但很多时候用户不希望 JavaScript 脚本完全覆盖一个元素的样式，而是添加多个类样式。因为一个标签的 class 属性可以附加多个类样式，如下所示。

```
<style type="text/css">
.red { color:red;}
.font14 { font-size: 14px; }
</style>
<p id="p1" class="red font14">复合类样式</p>
```

要使用脚本实现上述效果，可以用下面的代码来设置。

```
document.getElementById("p1").className = "red";
document.getElementById("p1").className += " font14";
```

即，把 class 属性值作为一个字符串连接来进行操作，在连接 class 名称字符串时，应该确保在类名之间添加一个空格。

简单地删除类样式，只需要设置 className 属性值为空即可，代码如下。

```
document.getElementById("p1").className = "";
```

但是如果要删除复合类样式，只通过简单覆盖删除是不行的，必须使用查找/替换的方式实现。

```
document.getElementById("p1").className = document.
getElementById("p1").className.replace(/red/,"");
```

Note

14.2.1　认识 Style 对象

Style 对象包含与每个 CSS 样式对应的属性，但名称表示不同。对于独立单词的 CSS 样式来说，Style 对象以相同属性名来表示对应的 CSS 属性，如 color 样式通过 style.color 进行访问。对于复合名的 CSS 属性，如 border-right 表示右边框样式，border-right-color 表示右边框的颜色效果。在脚本中会删除这些连字符，并根据驼峰命名法来重命名属性。如 border-right-color 属性在脚本中应该使用 borderRightColor。

【例 14-3】下面的用法都是错误的。

```
<div id="box" >盒子</div>
<script language="javascript" type="text/javascript">
var box = document.getElementById("box");
box.style.border-right-color = "red";
box.style.border-right-style = "solid";
</script>
```

应将这些代码修改为：

```
<div id="box" >盒子</div>
<script language="javascript" type="text/javascript">
var box = document.getElementById("box");
box.style.borderRightColor = "red";
box.style.borderRightStyle = "solid";
</script>
```

由于 float 是 JavaScript 的保留字，禁止使用，所以在脚本中使用 cssFloat 名访问 float 属性。

【例 14-4】在 CSS 中，当给属性设置值时，不需要考虑值的数据类型；但是在 JavaScript 中，所有 CSS 属性值都是字符串，因此脚本中所有属性值都必须加上引号，以表示字符串数据类型。

```
elementNode.style.fontFamily = "Arial, Helvetica, sans-serif";
elementNode.style.cssFloat = "left";
elementNode.style.color = "#ff0000";
elementNode.style.width = "100px";
```

允许在脚本中利用变量动态设置样式的值，但最终赋值给样式属性的值必须是一个字符串，且必须包含单位，如下所示。

```
elementNode.style.top = top + "px";
elementNode.style.right = right + "px";
elementNode.style.bottom = bottom + "px";
elementNode.style.left = left + "px";
```

Style 对象包含的属性详细说明如表 14.1 所示。下面所列的 Style 对象属性是完全符合标准的，并得到了不同浏览器的支持。

表 14.1 Style 对象属性列表

属 性 名	说 明	属 性 值
background	设置背景属性	[background-color ‖ background-image ‖ background-repeat ‖ background-attachment ‖ background-position]
backgroundAttachment	设置背景图像是否固定	scroll | fixed
backgroundColor	设置背景颜色	color | Transparent
backgroundImage	设置背景图像	url(url)| none
backgroundPosition	背景图像定位	[[percentage | length]{1,2} | [[top | center | bottom] ‖ [left | center | right]]]
backgroundRepeat	背景重复方式	repeat | repeat-x | repeat-y | no-repeat
border	设置边框属性	[border-width ‖ border-style ‖ color]
borderCollapse	是否合并单元格边框	collapse | separate
borderColor	设置边框颜色	color{1,4} | Transparent
borderSpacing	设置单元格之间的间距	length length?
borderStyle	设置边框样式	[none | hidden | dotted | dashed | solid | double | groove | ridge | inset | outset]{1,4}
borderTop	顶部边框属性	[border-top-width ‖ border-style ‖ [color | Transparent]]
borderRight	右侧边框属性	同上
borderBottom	底部边框属性	同上
borderLeft	左侧边框属性	同上
borderTopColor	顶部边框颜色	color | transparent
borderRightColor	右侧边框颜色	同上
borderBottomColor	底部边框颜色	同上
borderLeftColor	左侧边框颜色	同上
borderTopStyle	顶部边框样式	none | hidden | dotted | dashed | solid | double | groove | ridge | inset | outset
borderRightStyle	右侧边框样式	同上
borderBottomStyle	底部边框样式	同上
borderLeftStyle	左侧边框样式	同上
borderTopWidth	顶部边框宽度	thin | medium | thick | length
borderRightWidth	右侧边框宽度	同上
borderBottomWidth	底部边框宽度	同上
borderLeftWidth	左侧边框宽度	同上
borderWidth	边框宽度	[thin | medium | thick | length]{1,4}
bottom	底部距离	length | percentage | auto
captionSide	设置表格标题的位置	top | bottom
clear	清除浮动	none | left | right | both
clip	设置形状	[rect([length | auto]{4})] | auto
color	设置颜色	color
content	设置元信息	[string | url(url) | counter | attr(attribute-name) | open-quote | close-quote | no-open-quote | no-close-quote]+ | normal

Note

续表

属 性 名	说 明	属 性 值
counterIncrement	设置其后是正数的计数器名称的列表。其中整数指示每当元素出现时计数器的增量。默认是1	[identifier integer?]+ | none
counterReset	设置其后是正数的计数器名称的列表。其中整数指示每当元素出现时计数器被设置的值。默认是0	[identifier integer?]+ | none
cursor	鼠标指针样式	[[url(url) ,]* [auto | crosshair | default | pointer | progress | move | e-resize | ne-resize | nw-resize | n-resize | se-resize | sw-resize | s-resize | w-resize | text | wait | help]]
direction	文本方向	ltr | rtl
display	显示类型	inline | block | inline-block | list-item | run-in | table | inline-table | table-row-group | table-header-group | table-footer-group | table-row | table-column-group | table-column | table-cell | table-caption | none
emptyCells	空单元格显示方式	show | hide
cssFloat	浮动类型	left | right | none
font	字体属性	[[font-style||font-variant||font-weight]? font-size[/line-height]? font-family]|caption|icon|menu|message-box|small-caption|status-bar
fontFamily	字体类型	[[family-name | serif | sans-serif | monospace | cursive | fantasy],]+
fontSize	字体大小	xx-small | x-small | small | medium | large | x-large | xx-large | smaller | larger | length | percentage
fontStyle	字体样式	normal | italic | oblique
fontVariant	字体大小写样式	normal | small-caps
fontWeight	字体粗细	normal | bold | bolder | lighter | 100 | 200 | 300 | 400 | 500 | 600 | 700 | 800 | 900
height	高度	length | percentage | auto
left	左侧距离	length | percentage | auto
letterSpacing	设置字符间距	normal | length
lineHeight	行高	normal | number | length | percentage
listStyle	设置列表项符号样式	[list-style-type || list-style-position || list-style-image]
listStyleImage	自定义列表项符号	url(url) | none
listStylePosition	设置列表项符号的位置	inside | outside
listStyleType	设置列表项符号的类型	disc | circle | square | decimal | decimal-leading-zero | lower-roman | upper-roman | lower-greek | lower-alpha | lower-latin | upper-alpha | upper-latin | hebrew | armenian | georgian | cjk-ideographic | hiragana | katakana | hiragana-iroha | katakana-iroha | none

续表

属 性 名	说 明	属 性 值
margin	设置边界属性	[length | percentage | auto]{1,4}
marginTop	设置顶部边界	length | percentage | auto
marginRight	设置右侧边界	同上
marginBottom	设置底部边界	同上
marginLeft	设置左侧边界	同上
markerOffset	设置 marker box 的 principal box 距离其最近的边框边缘的距离	length | auto
maxHeight	最大高度	length | percentage | none
maxWidth	最大宽度	length | percentage | none
minHeight	最小高度	length | percentage
minWidth	最小宽度	length | percentage
outline	设置轮廓属性	[outline-color || outline-style || outline-width]
outlineColor	设置轮廓颜色	color | invert
outlineStyle	设置轮廓样式	none | hidden | dotted | dashed | solid | double | groove | ridge | inset | outset
outlineWidth	设置轮廓宽度	thin | medium | thick | length
overflow	超出指定区域的内容处理方式	visible | hidden | scroll | auto
padding	设置补白	[length | percentage]{1,4}
paddingTop	设置顶部补白	length | percentage
paddingRight	设置右侧补白	同上
paddingBottom	设置底部补白	同上
paddingLeft	设置左侧补白	同上
pageBreakAfter	设置之后的分页行为	auto | always | avoid | left | right
pageBreakBefore	设置之前的分页行为	auto | always | avoid | left | right
pageBreakInside	设置内部分页行为	avoid | auto
position	定位方式	static | relative | absolute | fixed
quotes	设置引号形式	[string string]+ | none
right	右侧距离	length | percentage | auto
tableLayout	表格布局解析方式	auto | fixed
textAlign	文本对齐	left | right | center | justify
textDecoration	文本修饰线	none | [underline || overline || line-through || blink]
textIndent	文本首行缩进	length | percentage
textTransform	设置文本大小写	capitalize | uppercase | lowercase | none
top	顶部距离	length | percentage | auto
unicodeBidi	文本显示性	normal | embed | bidi-override
verticalAlign	设置垂直对齐	baseline | sub | super | top | text-top | middle | bottom | text-bottom | percentage | length
visibility	设置可见性	visible | hidden | collapse

Note

续表

属性名	说明	属性值
whiteSpace	设置文本的换行和空白符，定义预定义格式	normal | pre | nowrap | pre-wrap | pre-line
width	设置宽度	length | percentage | auto
wordSpacing	设置词间距	normal | length
zIndex	设置层叠顺序	auto | integer

基于上表属性取值的各种使用说明如下。

- ☑ 使用单竖线符号（|）分隔值，表示可以且必须设置为其中一个值。例如，“table-layout:auto | fixed”表示 table-layout 属性取值可以选择 auto，或选择 fixed，且必须要选择其中一个。
- ☑ 使用双竖线符号（||）分隔值，表示值是可选项，但至少指定一个值，也可以指定多个值，而且没有先后顺序。例如，“border:[border-width || border-style || color]”就表示 border 属性取值可以包括 border-width 属性值、border-style 属性值或者 color 属性值，或者设置多个或全部所指属性值。
- ☑ 使用方括号（[]）包含多个值列表，表示对值进行分组。
- ☑ 使用星号（*）表示前面的值或值组可以出现 0 次或多次。例如，“cursor: [[url(url) ,]*”就表示鼠标指针样式可以自定义多个外部图标，也可以不定义。
- ☑ 使用加号（+）表示前面的值或值组可以出现一次或多次。例如，“font-family:[[family-name | serif | sans-serif | monospace | cursive | fantasy],]+”就表示 font-family 属性值必须设置一个值，当然也可以设置多个值。
- ☑ 使用问号（?）表示前面的项目是可选的，可以出现 0 次或一次。例如，“font:[[font-style||font-variant||font-weight]? font-size[/line-height]? font-family] |caption|icon|menu|message-box|small-caption|status-bar”表示可以不为 font 属性设置 font-style、font-variant 和|font-weight 属性值，也可以有选择地进行设置。
- ☑ 使用大括号（{}）表示重复的次数。例如，{2}说明前面的项目可重复两次，而{1,4}表示前面的项目至少出现 1 次，至多出现 4 次。
- ☑ string、length、color、percentage、integer 等关键字表示数据类型。string 表示字符串；length 表示长度，长度值后面应该增加单位后缀；color 表示颜色值（具体用法可以参阅前面章节）；percentage 表示百分比值；integer 表示整数。
- ☑ normal、auto、inherit、none 和 url 等关键字表示一些特殊语义。其中 normal 表示正常，auto 表示自动，inherit 表示继承父类的样式，none 表示没有属性值，url 表示引用外部文件的路径。

14.2.2 读写行内样式

DOM 定义每个元素都拥有一个 style 属性，该属性指向 Style 对象，并为 Style 对象定义了一些方法，利用这些方法可以与 CSS 样式实现动态交互。Style 对象都是以行内样式为基础进行操作的，不支持内部（style 元素定义的样式）或外部样式（外部样式表文件）。但是 IE 不支持 DOM 定义的 style 方法，因此最好最直接的方法是直接使用 Style 对象的特性来读写 CSS 属性值。例如：

```
var value = e.style.propertyName                //读取样式属性值
e.style.propertyName = value                    //设置样式属性值
```

1. 读取样式的属性值和属性名

使用 getPropertyValue()方法能够获取指定元素样式属性的值。用法如下。

```
var value = e.style.getPropertyValue(propertyName)
```

其中，参数 propertyName 表示 CSS 属性名，注意，它不是脚本样式的属性名，对于复合名应该使用连字符进行连接。

【例 14-5】下面的代码使用了 getPropertyValue()方法来获取行内样式中 width 属性的值。

```
<div id="box" style="width:300px;" >盒子</div>

<script language="javascript" type="text/javascript">
var box = document.getElementById("box");
alert(box.style.getPropertyValue("width"));
</script>
```

Style 对象定义的方法不被 IE 浏览器支持，建议直接调用 Style 对象的属性来获取指定样式的属性值，代码如下。

```
<div id="box" style="width:300px;" >盒子</div>

<script language="javascript" type="text/javascript">
var box = document.getElementById("box");
alert(box.style.width);
</script>
```

item()方法能够返回 Style 对象中指定索引位置的 CSS 属性名称。用法如下。

```
var name = e.style.item(index)
```

其中，参数 index 是 CSS 索引号。

2. 设置样式的属性值

使用 setProperty()方法能够为指定元素设置样式。用法如下。

```
e.style.setProperty(propertyName, value, priority)
```

setProperty()方法中包含 3 个参数：第一个参数表示 CSS 属性名；第二个参数表示 CSS 属性设置值，包含完整的单位；第三个参数表示是否为该声明设置!important 优先级命令，如果不设置则可以空着。

【例 14-6】下面的代码使用 setProperty()方法定义了盒子的显示宽度和高度分别为 400px 和 200px。

```
<div id="box">盒子</div>

<script language="javascript" type="text/javascript">
var box = document.getElementById("box");
box.style.setProperty("width","400px","");
box.style.setProperty("height","200px","");
</script>
```

如果考虑到兼容 IE 浏览器问题，则可以使用如下方式来设置。

```
<script language="javascript" type="text/javascript">
var box = document.getElementById("box");
box.style.width = "400px";
box.style.height = "200px";
</script>
```

Note

3. 移除样式声明

使用 removeProperty()方法能够移除指定的 CSS 属性的样式声明，用法如下。

```
e.style. removeProperty (propertyName)
```

4. 检测声明中是否附加!important 关键字

使用 getPropertyPriority()方法能够获取指定 CSS 属性中是否附加了!important 优先级命令，如果存在则返回“important”字符串，否则返回空字符串。

【例 14-7】在本实例中，定义鼠标移过盒子时，设置盒子的背景色为蓝色，而边框颜色为红色，当移出盒子时，又恢复到盒子默认设置的样式，而单击盒子时则弹出提示对话框，显示当前盒子的宽度和高度。

```
<div id="box" style="width:100px; height:100px; background-color:red; border:solid 50px blue;"></div>

<script language="javascript" type="text/javascript">
var box = document.getElementById("box");                          //获取盒子的引用指针
box.onmouseover = function(){                                      //定义鼠标经过时的事件处理函数
    box.style.setProperty("background-color", "blue", "");         //设置背景色为蓝色
    box.style.setProperty("border", "solid 50px red", "");         //设置边框为 50px 的红色实线
}
box.onclick = function(){                                          //定义鼠标单击时的事件处理函数
    alert(box.style.item(0) + ":" + box.style.
    getPropertyValue("width"));                                    //显示盒子的宽度
    alert(box.style.item(1) + ":" + box.style.
    getPropertyValue("height"));                                   //显示盒子的高度
}
box.onmouseout = function(){                                       //定义鼠标移出时的事件处理函数
    box.style.setProperty("background-color", "red", "");          //设置背景色为红色
    box.style.setProperty("border", "solid 50px blue", "");        //设置边框为 50px 的蓝色实线
}
</script>
```

如果考虑兼容 IE 浏览器，则可以使用如下方法来设置。

```
<script language="javascript" type="text/javascript">
var box = document.getElementById("box");
box.onmouseover = function(){
    box.style.backgroundColor = "blue";
    box.style.border = "solid 50px red";
}
box.onclick = function(){
    alert("width:" + box.style.width);
    alert("height:" + box.style.height);
}
box.onmouseout = function(){
```

```
        box.style.backgroundColor = "red";
        box.style.border = "solid 50px blue";
    }
</script>
```

非 IE 浏览器也支持这种方法，但是它无法获取 Style 对象中指定序号位置的属性名称。不过可以使用 cssText 属性来读取全部 style 属性值。

```
<div id="box" style="width:100px; height:100px; background-color:red; border:solid 50px blue;"></div>

<script language="javascript" type="text/javascript">
var box = document.getElementById("box");
alert(box.style.cssText);
</script>
```

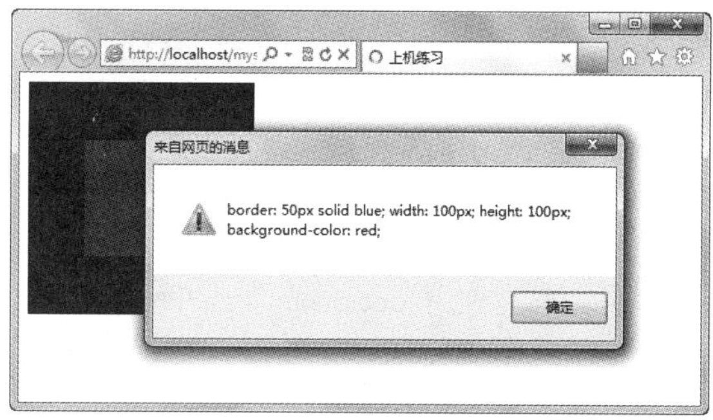

图 14.2　使用 cssText 属性获取行内样式

如果使用 getAttribute()方法则可以获取 style 属性的属性值，而不是样式属性列表。例如，修改上面实例的代码，则在 FF 浏览器中的显示效果如图 14.3 所示，但是 IE 浏览器不支持该方法。可以看到使用 getAttribute()方法获取的字符串信息与 style 属性中最初设置一模一样，而使用 style 对象的 cssText 属性所获取的样式信息是经过加工的。

```
<script language="javascript" type="text/javascript">
var box = document.getElementById("box");
alert(box.getAttribute("style"));
</script>
```

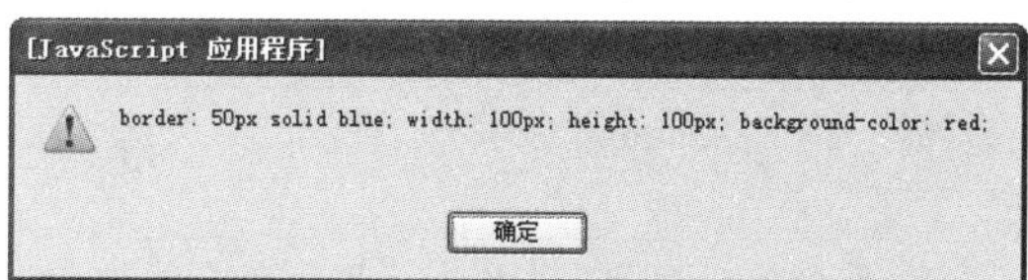

图 14.3　使用 getAttribute()方法获取行内样式信息效果

14.2.3　读写样式表中样式

使用 Style 对象可以获取指定元素的行内样式，但是无法获取由 style 元素定义的内部样式表，以及使用 link 元素或@import 命令导入的外部样式表。要读写 CSS 样式表，可以使用 Document 对象的 styleSheets 集合来实现相关的操作。

【例 14-8】在页面中分别输入下面样式表、结构和脚本。

```
<style type="text/css">
#box {
      width:100px;
      height:100px;
      background-color:red;
      border:solid 50px blue;
}
</style>

<div id="box"></div>

<script language="javascript" type="text/javascript">
var box = document.getElementById("box");
alert(box.style.border);
</script>
```

在上面这个实例中，把盒子的样式放置在内部样式表中（<style>标签包含的样式），然后在脚本中使用 Style 对象的 border 属性来访问盒子的边框样式，结果返回一个空值。这说明使用 Style 对象是无法访问样式表中的样式属性的，因为 CSS 样式信息并非存储在 Style 属性中，而是存储在类中。那么该如何访问 CSS 类呢？

要获取定义类的样式表的引用，可以使用 document.styleSheets 集合来实现，该集合包含了文档中所有样式表的引用，如所有<style>标签定义的内部样式表，以及使用 link 元素或@import 命令导入的外部样式表。注意，Opera 浏览器不支持 styleSheets 对象，Safari 部分支持 styleSheets 对象，它不能够访问 rel 属性值为 alternate stylesheet 的禁用样式表。DOM 为 styleSheets 对象定义的属性如表 14.2 所示。

表 14.2　styleSheets 对象属性列表

属　性　名	说　　明
disabled	表示样式表是否被禁用
href	返回外部样式表文件的 URL，对于内部样式表则返回 null，不过 Mozilla 返回的是当前 HTML 页面的 URL
media	可以使用该样式表的媒体类型，由 HTML 的 media 属性指定。IE 在实现这个对象属性上有错误，返回的是与 HTML 的 media 属性包含相同内容的字符串
ownerNode	返回样式表的 DOM 节点，如 link 或 style 元素。IE 不支持该属性
parentStyleSheet	如果样式表是通过 CSS 的@import 命令加载的，那么这个属性将返回@import 命令语句所在的样式表
title	返回 HTM 中 title 属性定义的样式表标题，可用在 link 和 style 上
type	返回样式表的 MIME 类型，对于 CSS 样式表来说始终返回 text/css

同时，DOM 还为每个样式表定义了一个 cssRules 集合，用来包含指定样式表中所有的规则（样式）。但是 IE 不支持该集合，它预定义了 rules 集合来表示样式表中的规则。因此，为了能够兼容主流浏览器的性能，在使用前应该检测用户所使用的浏览器类型，然后根据浏览器分别调用相应的集合。例如：

```
var cssRules = document.styleSheets[0].cssRules || document.styleSheets[0].rules;
```

上面的代码判断浏览器是否支持 cssRules 集合，如果支持则使用 cssRules 集合（非 IE 浏览器），否则使用 rules 集合（IE 浏览器）。详细代码如下。

```
<style type="text/css">
#box {
    width:100px;
    height:100px;
    background-color:red;
    border:solid 50px blue;
}
</style>

<div id="box"></div>

<script language="javascript" type="text/javascript">
var cssRules = document.styleSheets[0].cssRules || document.
styleSheets[0].rules;                    //判断浏览器的类型
alert(cssRules[0].style.border);         //调用 cssRules 集合中的 border 属性
</script>
```

cssRules 或 rules 集合的 Style 对象在调用 CSS 属性时，使用的是 JavaScript 样式属性，换句话说就是所有属性名称中不能够使用连字符。例如：

```
alert(cssRules[0].style.backgroundColor);
```

这与 Style 对象中的 setProperty()方法不同，setProperty()方法使用的是 CSS 属性名，如下所示。

```
box.style.setProperty("background-color", "blue", "");
```

styleSheets 集合是包含了多个样式表的数组，每个数组元素代表一个样式表，数组的索引位置是根据样式表在文档中的位置决定的。其中，每个 style 元素所包含的所有样式为一个内部样式表，每个独立的 CSS 样式表文件作为一个外部样式表而存在。

【例 14-9】在下面这个文档中，内部样式表的索引位置为 0，而链接的外部样式表文件作为一个独立的样式表，其索引位置为 1。

```
<!DOCTYPE html PUBLIC "-//W3C//DTD XHTML 1.0 Transitional//EN" "http://www.w3.org/TR/xhtml1/DTD/
xhtml1-transitional.dtd">
<html xmlns="http://www.w3.org/1999/xhtml">
<head>
<meta http-equiv="Content-Type" content="text/html; charset=utf-8" />
<title>styleSheets 集合索引</title>
<style type="text/css">
#box { color:green; }
.red { color:red; }
.blue { color:blue; }
</style>
<link href="out.css" rel="stylesheet" type="text/css" media="all" />
</head>
<body></body>
</html>
```

其中，外部 CSS 文件的样式表代码如下。

```
@charset "utf-8";
body { color:black; }
p { color:gray; }
div { color:white; }
```

Note

那么，当在文档的<body>和</body>之间输入下面脚本时，这段代码中的 styleSheets[1]就表示外部样式表文件，而 cssRules[0]则表示外部样式表文件中的第一个样式（或规则）。cssRules[0].style.color 可以获取外部样式表文件中第一个样式中的 color 属性的声明值。

```
<script language="javascript" type="text/javascript">
var cssRules = document.styleSheets[1].cssRules || document.styleSheets[1].rules;
alert(cssRules[0].style.color);                    //弹出显示指定属性值
</script>
```

反之，如果把<link>标签放置在内部样式表的上面，写入如下代码，则将返回内部样式表中第一个样式中的 color 属性声明值，即为 green。

```
<head>
<link href="out.css" rel="stylesheet" type="text/css" media="all" />
<style type="text/css">
#box { color:green; }
.red { color:red; }
.blue { color:blue; }
</style>
</head>
```

如果把外部样式表转换为内部样式表，或者把内部样式表转换为外部样式表文件，它们都作为 styleSheets 集合中一个数组元素而存在。例如，把上面实例中的外部样式表文件转换为内部样式表，则下面代码中的 styleSheets[1].就表示第二个<style>标签包含的样式，而 cssRules[2]就表示第二个<style>标签中第三个样式。

```
<style type="text/css">
#box { color:green; }
.red { color:red; }
.blue { color:blue; }
</style>
<style type="text/css">
body { color:black; }
p { color:gray; }
div { color:white; }
</style>
<script language="javascript" type="text/javascript">
var cssRules = document.styleSheets[1].cssRules || document.styleSheets[1].rules;
alert(cssRules[2].style.color);                    //弹出显示指定属性值
</script>
```

从上面的实例中可以看出，样式表和样式的索引是不受样式表类型以及样式的选择符限制的。任何类型的样式表（不管是内部的，还是外部的）都在同一个平台上按其在文档中的解析位置进行索引。同理，不同类型选择符的样式在同一个样式表中也是根据先后位置进行索引的。

结合使用 styleSheets 和 cssRules 或 rules 集合，可以获取文档的样式表中任意样式的指定属性值。在 DOM 中，每个 CSS 规则都包含有 selectorText 属性，使用该属性可以获取指定样式的选择符。

Note

【例 14-10】在本实例中，使用 selectorTex 属性获取第一个样式表（styleSheets[0]）中第三个样式（cssRules[2]）的选择符，即弹出提示对话框显示为“.blue”。代码如下。

```
<style type="text/css">
#box { color:green; }
.red { color:red; }
.blue { color:blue; }
</style>

<script language="javascript" type="text/javascript">
var cssRules = document.styleSheets[0].cssRules || document.styleSheets[0].rules;
alert(cssRules[2].selectorText);                    //弹出显示指定规则选择符
</script>
```

不过对于 IE 浏览器来说，所得到的标签选择符都为大写显示，而在 FF 中对于标签选择符会显示为小写，其他类型选择符根据样式表中的书写引用。

CSS 规则还包含 Style 对象，该对象与元素的 Style 对象功能类似，可利用该 Style 对象的具体属性来获取指定属性值。例如：

```
<script language="javascript" type="text/javascript">
var cssRules = document.styleSheets[0].cssRules || document.styleSheets[0].rules;
alert(cssRules[2].style.color);                     //弹出显示指定属性值
</script>
```

CSS 规则的 Style 对象不仅可以获取指定属性的值，还可以用来设置规则中的属性值。例如，在下面这个实例中，样式表中包含 3 个样式，其中蓝色样式类（.blue）可以设置字体显示为蓝色。可以利用脚本修改该样式类（.blue 规则）字体颜色显示为浅灰色（#999）。

```
<style type="text/css">
#box { color:green; }
.red { color:red; }
.blue { color:blue; }
</style>

<p class="blue">原为蓝色字体，现在显示为浅灰色。</p>

<script language="javascript" type="text/javascript">
var cssRules = document.styleSheets[0].cssRules || document.styleSheets[0].rules;
cssRules[2].style.color="#999";                     //动态设置样式表中指定属性的值
alert(cssRules[2].style.color);                     //弹出显示指定属性值
</script>
```

上述方法能够改变一个类样式的显示效果，这样会破坏其他地方对该类样式的引用，在使用时请务必小心谨慎。也可以使用 addRule()方法为样式表增加一个样式，方法如下。

```
styleSheet.addRule(selector,style ,index))
```

其中，styleSheet 表示样式表引用指针；参数 selector 表示样式选择符；style 表示具体的声明；index 为一个索引号，表示新建样式在样式表中的索引位置，默认为-1，表示位于样式表的末尾，该参数可以不设置。参数 selector 和 style 都必须以字符串的形式传递，即要加上引号。

IE 浏览器支持 addRule()方法，但是 FF 浏览器不支持该方法，为此我们可以使用 insertRule()方法

（适用 FF）来进行兼容处理。

insertRule()方法的用法如下。

```
styleSheet.insertRule(rule ,index))
```

其中，rule 是一个完整的样式字符串，而参数 index 与 addRule()方法中的 index 参数作用相同，但是该参数必须设置，默认为 0，即默认放置在样式表的末尾。

【例 14-11】在本实例中，先在文档中定义一个内部样式表，然后使用 styleSheets 集合获取当前内部样式表，并利用数组默认属性 length 获取样式表中包含的样式个数。最后在脚本中利用 addRule()或 insertRule()方法增加一个新的样式，样式选择符为<p>标签，样式声明段落背景色为红色，段落文本的字体颜色为白色，段落内部补白为一个字体大小。

```
<style type="text/css">
#box { color:green; }
.red { color:red; }
.blue { color:blue; }
</style>

<p>在样式表中增加样式操作</p>

<script language="javascript" type="text/javascript">
var styleSheets = document.styleSheets[0];           //获取样式表引用指针
var index = styleSheets.length;                      //获取样式表中包含样式的个数
if(styleSheets.insertRule){                          //判断浏览器是否支持 insertRule()方法
    //使用 insertRule()方法在文档内部样式表中增加一个 p 标签选择符的样式，设置段落背景色为红色，字体颜色为白色，补白为一个字体大小。插入位置在样式表的末尾
    styleSheets.insertRule("p{background-color:red; color:#fff;padding:1em;}", index);
}else{                                               //如果浏览器不支持 insertRule()方法
    styleSheets.addRule("P", "background-color:red;color:#fff;padding:1em;", index);
}
</script>
```

14.2.4 访问网页实际样式

在上一节的实例中我们看到了如何使用脚本为样式表增加一个样式。但是有时候会发现自定义的样式没有效果，这是因为样式发生重叠之后，相互覆盖而产生的结果。当一个对象被定义了多种样式，以及它继承的各种样式效果，那么该对象最终显示什么效果呢？

所谓最终样式，就是浏览器根据样式规则的优先级从所有行内样式、内部样式、外部样式中计算得来的有效样式信息组成，实际上 DOM 也提供了这样一种方法，能够帮助用户快速检测当前对象的最终显示样式，以方便我们在脚本中采取相应措施来进行处理。不过 IE 和 DOM 实现的方法不同。

1. IE 的最终样式

对于 IE 浏览器来说，它提供了 currentStyle 对象，该对象是一个只读对象。currentStyle 对象包含了文档内所有元素的 Style 对象定义的属性，以及任何未被覆盖的 CSS 规则的 Style 属性。currentStyle 对象与 style 对象的用法完全一样。

【例 14-12】在上节实例的基础上，给类样式 blue 增加了一个背景色为白色的声明，然后把该类样式应用到段落文本中。这时如果在浏览器中预览，会发现在脚本中使用的 insertRule()和 addRule()方法无效了。代码如下。

```
<style type="text/css">
#box { color:green; }
.red { color:red; }
.blue {
    color:blue;
    background-color:#FFFFFF;
}
</style>
<p class="blue">在样式表中增加样式操作</p>
<script language="javascript" type="text/javascript">
var styleSheets = document.styleSheets[0];
var index = styleSheets.length;
if(styleSheets.insertRule){
   styleSheets.insertRule("p{background-color:red;color:#fff;padding:1em;}", index);
}else{
   styleSheets.addRule("P", "background-color:red;color:#fff;padding:1em;", index);
}
</script>
```

为了解决这个问题，可以使用 currentStyle 对象获取当前 p 元素最终显示了哪些样式，这样就可以找到为什么 insertRule()和 addRule()方法失效了。具体代码如下。

```
<script language="javascript" type="text/javascript">
var p = document.getElementsByTagName("p")[0];
alert("背 景 色："+p.currentStyle.backgroundColor+"\n 字体颜色："+p.currentStyle.color);
</script>
```

在上面的代码中，首先使用 getElementsByTagName()方法获取段落文本的引用指针，然后调用该对象的 currentStyle 子对象，并获取指定属性的对应值。通过这种方式，会发现 insertRule()和 addRule()方法并没有失效，而是被 blue 类样式覆盖了，因为类选择符的优先级大于标签选择符的样式。

2. DOM 的最终样式

对于标准 DOM 来说，如何获取元素的显示样式呢？实际上，DOM 提供了一个 getComputedStyle()方法。该方法需要在 document.defaultView 对象中进行访问。

【例 14-13】针对上面的实例，如果要兼容 FF 浏览器，则可以使用如下的脚本。

```
<script language="javascript" type="text/javascript">
var p = document.getElementsByTagName("p")[0];
alert("背 景 色："+document.defaultView.getComputedStyle(p,null).backgroundColor+"\n 字体颜色：
"+document.defaultView.
getComputedStyle(p,null).color);
</script>
```

通过这种方法可以在 FF 浏览器中获取样式的属性值。getComputedStyle()方法包含了两个参数，第一个参数用来设置获取当前元素的样式，第二个参数表示显示位置和样式。

14.3　控制 CSS 脚本的标准方法

在 DOM 2 级规范中，与 CSS 脚本化相关的规范都包含在 StyleSheets、CSS 和 CSS 2 这 3 个模块

中。StyleSheets 模块定义了 3 个接口：StyleSheet、StyleSheetList 和 MediaList，它们从不同的技术角度控制样式表与 HTML 文档进行关联的方式。

Note

CSS 模块包括 CSS 和 CSS 2 两个子模块，实际上它们是针对 CSS 1.0 版本和 CSS 2 版本分别进行的功能封装。CSS 模块定义了众多接口：CSSStyleSheet、CSSRuleList、CSSRule、CSSStyleRule、CSSMediaRule、CSSFontFaceRule、CSSPageRule、CSSImportRule、CSSCharsetRule、CSSUnknownRule、CSSStyleDeclaration、CSSValue、CSSPrimitiveValue、CSSValueList、RGBColor、Rect 和 Counter。这些接口包括自己的属性和方法，分别负责完成相应的 CSS 技术功能。DOM 又在客户端 Document 对象中定义了同名的属性，与这些接口相映射，这样访问 CSS 模块中的某个接口，就可以通过 Document 对象的属性来实现。

由于 CSS 模块包含的接口众多，很多都与 CSS 技术本身是紧密相连的，如果了解 CSS 技术，那么对于这些接口技术的应用也就能够举一反三。下面重点讲解在 CSS 模块中使用最频繁且用法最复杂的 3 个对象：CSSStyleSheet、CSSStyleRule 和 CSSStyleDeclaration。

由于一些浏览器不支持 DOM 2 规范中 CSS 样式控制模型部分或全部特性，但是都无一例外地支持传统 CSS 脚本化控制特性，访问这些对象的方法与 DOM 2 样式规范中规定的方法是不同的。这给 CSS 脚本化控制带来了很多麻烦，读者需要考虑浏览器的兼容问题。

14.3.1 CSSStyleSheet 接口

CSSStyleSheet 接口负责检索并存储了文档中所有的 CSS 样式表，包括外部样式表和使用<style type="text/css"></style>标签定义的内部样式表。我们可以借助 Document 对象的 styleSheets 属性访问该接口对应的 CSSStyleSheet 对象的列表。CSSStyleSheet 对象定义了很多属性，如表 14.3 所示。

表 14.3 CSSStyleSheet 对象的属性

属 性 名	说 明
type	该属性返回值始终是"text/css"，表示样式表的 MIME 类型
disabled	返回一个布尔值，如果为 false，则表示相应的样式表是应用于当前文档；如果返回值为 true，则表示禁用
href	表示样式表相对于当前文档所在位置的 URL。如果是内部样式表，则返回当前文档的 URL
title	返回样式表分组的标签，与<style type="text/css">标签中的 title 属性功能类似
media	表示样式表应用的设备类型，如 screen 或 handheld
ownerRule	一个只读的 CSSRule 对象，如果样式表使用@import 等类似方法导入，该属性即表示其父规则
cssRules	一个只读的 CSSRuleList 列表对象，包含样式表中所有的 CSSRule 对象

14.3.2 CSSStyleRule 接口

CSSStyleRule 接口负责检索并存储了每个样式表中所有的 CSS 规则。每个 CSSStyleSheet 对象内部都包含一组 CSSStyleRule 对象。例如，下面的这个样式表就可以表示一个 CSSStyleSheet 对象，其中包含了两个 CSSStyleRule 对象，分别对应第一条规则（body）和第二条规则（h2）。

```
<style type="text/css" title="css1" media="all" disabled="true">
body {
    font-size:12px;
    color:#333;
}
```

```
h2{
    font-size:16px;
    color:#000;
}
</style>
```

CSSStyleRule 对象定义的属性如表 14.4 所示。

表 14.4　CSSStyleRule 对象的属性

属　性　名	说　　明
type	继承自 CSSRule 对象的一个属性，使用 0~6 中某个数字来表示规则的类型，对于 CSSStyleRule 类型的规则而言，该属性值始终为 1。取值详细说明如下。 0 表示 CSSRule.UNKNOWN_RULE（未知的规则） 1 表示 CSSRule.STYLE_RULE（表示一个 CSSStyleRule 对象） 2 表示 CSSRule.CHARSET_RULE（表示一个 CSSCharsetRule 对象） 3 表示 CSSRule.IMPORT_RULE（表示一个 CSSImportRule 对象） 4 表示 CSSRule.MEDIA_RULE（表示一个 CSSMediaRule 对象） 5 表示 CSSRule.FONT_FACE RULE（表示一个 CSSFontFaceRule 对象） 6 表示 CSSRule.PAGE_RULE（表示一个 CSSPageRule 对象）
cssText	以字符串形式表示的当前状态下的全部规则。如果这些规则被其他方法修改了，那么这个字符串也会相应改变
parentStyleSheet	引用 CSSStyleSheet 父对象
parentRule	如果规则位于另一个规则中，该属性则引用另一个 CSSRule 对象。如位于特定@media 规则中的规则，将把这个@media 规则作为其父规则
selectorText	包含规则的选择符
style	与 HTMLElement.style 类似，是 CSSStyleDeclaration 对象的一个实例

14.3.3　CSSStyleDeclaration 接口

CSSStyleDeclaration 接口负责检索并存储每个 CSS 规则中的 CSS 样式声明。每个 CSSStyleDeclaration 对象表示一个元素的 style 属性，或者表示一条声明，如 font-size:12px;就是一条声明。与 CSSStyleRule 对象类似，CSSStyleDeclaration 对象定义的属性如表 14.5 所示。

表 14.5　CSSStyleDeclaration 对象的属性

属　性　名	说　　明
cssText	包含以字符串形式表示的全部规则
parentRule	引用 CSSStyleRule 对象
getPropertyValue(propertyName)	以字符串的形式返回 CSS 样式的属性值
removeProperty(propertyName)	从声明中移除特定的属性
setProperty(propertyName,value,priority)	设置 CSS 特定属性的值

DOM 还定义了一个通过 CSS2Propertles 访问 CSSStyleDeclaration 对象实例的快捷方法。

14.4 使用JavaScript控制元素大小

Note

元素大小主要包括宽和高。在设计动态 HTML 效果时，经常需要获取或修改元素的尺寸。获取元素的尺寸应该是件很轻松的事情，但是由于浏览器的不兼容性，以及网页环境的复杂性，导致获取元素的真实尺寸需要费一番周折。

14.4.1 读取元素的长宽样式值

每个元素的显示属性都存储在 CSS 样式表中，如果能够从中读取元素的 width 和 height 属性，就可以精确地获得它的大小。在 JavaScript 中访问和设置元素的 CSS 属性，可以通过元素的 style 属性获得。style 是一个集合对象，其内部包含很多 CSS 脚本属性。

【例 14-14】本实例演示了如何使用 style 属性设置元素的显示宽度，并读取该宽度值。

```
var div = document.getElementsByTagName("div")[0];
div.style.width = "100px";                          //设置元素的宽度
var w = div.style.width;                            //获取元素的宽度，返回字符串"100px"
```

当然，这种方法也存在以下两个问题。

☑ 在 JavaScript 中设置或读取 CSS 属性值时，都必须包含单位，且传递或返回的值都是字符串，如上面代码所示。这会给开发过程带来一些不便。

☑ 通过这种方式获得的信息往往是不准确的。因为 style 属性中并不包含元素的样式属性的默认值。

【例 14-15】如果在样式表或行内样式中未显式定义 div 元素的宽度，则根据它的默认值（即 auto），实际宽度显示为 100%。此时，如果使用元素的 style 属性读取 width 值，则返回空字符串。

```
<div id="div" style="border:solid;"></div>
<script language="javascript" type="text/javascript">
var div = document.getElementsByTagName("div")[0];
alert(div.style.width);                             //返回空字符串
</script>
```

由于不同浏览器的不兼容性，获取元素最终样式的属性还需要针对不同的浏览器分别进行设计，读者应该考虑到 IE 与支持 DOM 标准的浏览器存在不同的处理方法。

首先，自定义一个扩展函数来兼容 IE 和 DOM 的实现方法。扩展函数的参数设计为当前元素（即 e）和它的属性名（即 n），函数返回值为该元素的样式的属性值。

```
//获取指定元素的样式属性值
//参数：e 表示具体的元素，n 表示要获取元素的脚本样式的属性名，如“width”、“borderColor”
//返回值：返回该元素 e 的样式属性 n 的值
function getStyle(e,n){
    if(e.style[n]){                        //如果在 Style 对象中存在，说明已显式定义，则返回这个值
        return e.style[n];
    }
    else if(e.currentStyle){               //否则，如果是 IE 浏览器，则利用它的私有方法读取当前值
        return e.currentStyle[n];
```

```
    }
    //如果是支持 DOM 标准的浏览器，则利用 DOM 定义的方法读取样式属性值
    else if(document.defaultView && document.defaultView.getComputedStyle){
        n = n.replace(/([A-Z])/g,"-$1");                                    //转换参数的属性名
        n = n.toLowerCase();
        var s = document.defaultView.getComputedStyle(e,null);      //获取当前元素的样式属性对象
        if(s)                                                                        //如果当前元素的样式属性对象存在
            return s.getPropertyValue(n);                                    //则获取属性值
    }
    else                                                                            //如果都不支持，则返回 null
        return null;
}
```

DOM 标准在读取 CSS 属性值时比较特殊，遵循 CSS 语法规则中约定的属性名，即在复合属性名中使用连字符来连接多个单词，而不是遵循驼峰命名法，利用首字母大写的方式来区分不同的单词。

【例 14-16】属性 borderColor 被传递给 DOM 时，需要转换为 border-color，否则就会错判。因此还需要对于传递的参数名进行转换，不过利用正则表达式可以轻松实现。下面调用这个扩展函数来获取指定元素的实际宽度，代码如下。

```
<div id="div"></div>
<script language="javascript" type="text/javascript">
var div = document.getElementsByTagName("div")[0];                      //获取当前元素
var w = getStyle(div,"width");                                                  //调用扩展函数，返回字符串"auto"
</script>
```

如果为 div 元素显式定义 200px 的宽度，则调用扩展函数 getStryle()后，就会返回字符串"200px"。代码如下所示。

```
<div id="div" style="width:200px;border-style:solid;"></div>        //定义宽度为 200px
var w = getStyle(div,"width");                                                  //调用扩展函数，返回字符串"200px"
```

通过上面的实例验证得知，getStyle()扩展函数所抽取的值依然保持字符串格式，且值中包含有单位，这样的值不适合参与脚本计算。而且抽取的值中还可能包含 auto 默认值，那么它的值具体是多少呢？

虽然，我们知道 auto 等于父元素的宽度，但是这只有通过人工计算才能够获取。另外，对于百分比取值，又该如何计算呢？当然百分比取值是根据父元素的宽度进行计算的。如果进一步思考，在多层嵌套的结构中，当各个层次元素的取值单位不同时，又该如何处理呢？我们通过一个实例对这些内容进行一下了解。

【例 14-17】下面的代码中嵌套的结构比较复杂，中间包含多层元素，且宽度取值都是百分比。也许你只需简单的口算就可以知道，最内层元素的宽度实际值为 25px，但是如何在 JavaScript 脚本中读取这个具体宽度呢？

```
<div style="width:200px;">
    <div style="width:50%;">
        <div style="width:50%;">
            <div style="width:50%;">
                <div id="div" style="border-style:solid;"></div>
            </div>
        </div>
```

```
    </div>
</div>
```

也许设计一个简单的迭代计算，使用 getStryle()扩展函数抽取每层元素的宽度值，然后把百分比转换为数值，然后相乘即可。例如：

Note

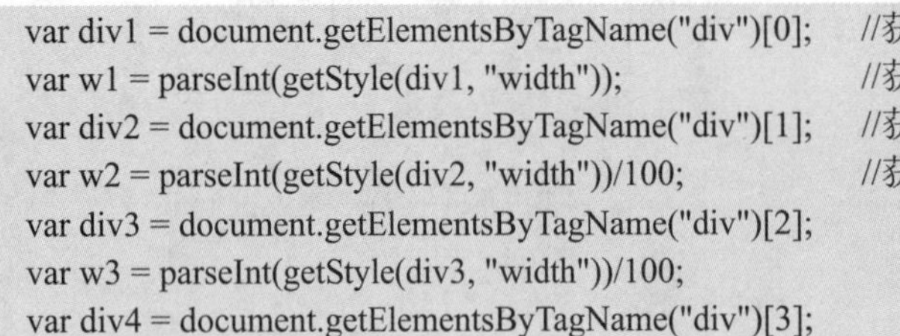

```
var div1 = document.getElementsByTagName("div")[0];    //获取最外层元素的引用指针
var w1 = parseInt(getStyle(div1, "width"));            //获取宽度值，并转换为数值
var div2 = document.getElementsByTagName("div")[1];    //获取第二层元素的引用指针
var w2 = parseInt(getStyle(div2, "width"))/100;        //获取宽度值，并转换为小数值
var div3 = document.getElementsByTagName("div")[2];
var w3 = parseInt(getStyle(div3, "width"))/100;
var div4 = document.getElementsByTagName("div")[3];
var w4 = parseInt(getStyle(div4, "width"))/100;
var w = w1*w2*w3*w4;                                   //返回数值 25
```

上面的方法虽然很直接，但是缺乏灵活性。下面再设计一个扩展函数 fromStyle()，该函数是对 getStyle()扩展函数的功能补充。设计 fromStyle()函数的参数为要获取尺寸的元素以及利用 getStyle()函数所得到的值，然后返回这个元素的具体尺寸值（即为具体的数字）。代码如下。

```
//把 fromStyle ()函数返回值转换为实际的值
//参数：e 表示具体的元素，w 表示元素的样式属性值，通过 getStyle()函数获取，
p 表示当前元素百分比转换为小数的值，以便在上级元素中计算当前元素的尺寸
//返回值：返回具体的数字值
function fromStyle(e, w, p){
    var p = arguments[2];                      //获取百分比转换后的小数值
    if( ! p) p = 1;                            //如果不存在，则默认其为 1
    if(/px/.test(w) && parseInt(w) ) return parseInt(parseInt(w) * p);  //如果元素尺寸的值为具体的像素值，则
直接转换为数字，并乘以百分比值，并返回该值
    else if(/\%/.test(w) && parseInt(w)){      //如果元素宽度值为百分比值
        var b = parseInt(w) / 100;             //则把该值转换为小数值
        if((p != 1) && p) b *= p;              //如果子元素的尺寸也是百分比，则乘以转换后的小数值
        e = e.parentNode;                      //获取父元素的引用指针
        if(e.tagName == "BODY") throw new Error("整个文档结构都没有定义固定尺寸，没法计算了，请使
用其他方法获取尺寸.");                          //如果父元素是 body 元素，则抛出异常
        w = getStyle(e, "width");              //调用 getStyle()方法，获取父元素的宽度值
        return arguments.callee(e, w, b);      //回调函数，把上面的值作为参数进行传递，实现迭代计算
    }
    else if(/auto/.test(w)){                   //如果元素宽度值为默认值
        var b = 1;                             //定义百分比值为 1
        if((p != 1) && p) b *= p;              //如果子元素的尺寸是百分比，则乘以转换后的小数值
        e = e.parentNode;                      //获取父元素的引用指针
        if(e.tagName == "BODY") throw new Error("整个文档结构都没有定义固定尺寸，没法计算了，请使
用其他方法获取尺寸.");                          //如果父元素是 body 元素，则抛出异常
        w = getStyle(e, "width");              //调用 getStyle()方法，获取父元素的宽度值
        return arguments.callee(e, w , b);     //回调函数，实现迭代计算
    }
    else                                       //如果 getStyle()函数返回值包含其他单位，则抛出异常，不再
计算。当然，如果感兴趣，读者可以在此基础上进一步扩展，分别针对不同的单位进行计算，如 em、ex 等
        throw new Error("元素或其父元素的尺寸定义了特殊的单位.");
}
```

最后，针对上面的嵌套结构，调用该函数就可以直接计算出元素的实际值了。代码如下。

```
var div = document.getElementById("div");          //获取元素的引用指针
var w = getStyle(div, "width");                     //获取元素的样式属性值
w = fromStyle(div, w);                              //把样式属性值转换为实际的值，即返回数值 25
```

Note

如果要获取元素的高度值，则应该在 getStyle()函数中修改第二个参数值为字符串"height"即可，包括在 fromStyle()函数中调用的 getStyle()函数参数值。

14.4.2　使用 offsetWidth 和 offsetHeight 属性读取元素的尺寸

使用 offsetWidth 和 offsetHeight 属性可以获取元素的尺寸，其中 offsetWidth 表示元素在页面中所占据的总宽度，offsetHeight 表示元素在页面中所占据的总高度。

【例 14-18】输入下面的 HTML 结构片段和 JavaScript 脚本。

```
<div style="height:200px;width:200px;">
    <div style="height:50%;width:50%;">
        <div style="height:50%;width:50%;">
            <div style="height:50%;width:50%;">
                <div id="div" style="height:50%;
width:50%;border-style:solid;"></div>
            </div>
        </div>
    </div>
</div>

<script language="javascript" type="text/javascript">
var div = document.getElementById("div");
var w = div.offsetWidth;                            //返回元素的总宽度
var h = div.offsetHeight;                           //返回元素的总高度
</script>
```

上面的实例在 IE 的诡异模式下和支持 DOM 模型的浏览器中解析结果差异很大，其中 IE 诡异模式解析返回宽度为 13px，高度为 26px，而在支持 DOM 模型的浏览器中返回高度和宽度都为 18px（但 FF 返回 19px，因为小数取舍方法不同）。

IE 诡异模式是一种非标准的解析方法，与标准模式相对应，主要是因为 IE 浏览器为了兼容大量传统布局的网页。诡异模式在 IE 6.0 以下版本的浏览器中存在，但是在 IE 6.0 及其以上版本的浏览器中，如果页面明确设置为诡异模式显示，或者 HTML 文档的 DOCTYPE（文档类型）没有明确定义，也会按诡异模式进行解析。

根据上面内行样式定义的值，可以算出最内层元素的宽和高都为 12.5px，实际取值为 12px。但是对于 IE 诡异解析模式来说，样式属性 width 和 height 的值就是元素的总宽度和总高度。由于 IE 是根据四舍五入法处理小数部分的值，故该元素的总高度和总宽度都是 13px。同时，由于 IE 模型定义每个元素都有一个默认行高（即使元素内不包含任何文本），所以实际高度就显示为 26px。

而对于支持 DOM 模型的浏览器来说，它们认为元素样式属性中的宽度和高度仅是元素内部包含内容区域的尺寸，而元素的总高度和总宽度应该加上补白和边框，由于元素默认边框值为 3px，所以最后计算的总高度和总宽度都是 18px。但是 FF 的返回值为 19px，这是因为它在处理小数部分时，并没有完全舍去，而是根据条件和环境的不同增加了 1px。

Note

但是在实践中，当为元素定义了隐藏属性，即设置样式属性 display 的值为 none 时，元素的尺寸总为 0。

```
<div id="div" style="height:200px;width:200px;
border-style:solid;display:none;"></div>
<script language="javascript" type="text/javascript">
var div = document.getElementById("div");
var w = div.offsetWidth;                    //返回 0
var h = div.offsetHeight;                   //返回 0
</script>
```

这种情况还会发生在当父级元素的 display 样式属性为 none，即当前元素虽然没有设置隐藏显示时，根据继承关系，它也会被隐藏显示，此时 offsetWidth 和 offsetHeight 属性值都是 0。总之，对于隐藏元素来说，不管它的实际高度和宽度是多少，最终使用 offsetWidth 和 offsetHeight 属性读取时都是 0。

遇到这个问题时，需要自定义函数来专门解决 offsetWidth 和 offsetHeight 属性的缺陷。具体设计思路如下。

先判断元素的样式属性 display 的值是否为 none，如果不是，则直接调用 offsetWidth 和 offsetHeight 属性读取即可。如果为 none，则可以暂时显示元素，然后读取它的尺寸，读完之后再把它恢复为隐藏样式。

先设计两个小的功能函数，使用它们可以分别重设和恢复元素的样式属性值。代码如下。

```
//重设元素的样式属性值
//参数：e 表示重设样式的元素，o 表示要设置的值，它是一个对象，可以包含多个名值对
//返回值：重设样式的原属性值，以对象形式返回
function setCSS(e, o){
    var a = {};                             //定义临时对象直接量
    for(var i in o){                        //遍历参数对象，传递包含样式设置值
        a[i] = e.style[i];                  //先存储样式表中原来的值
        e.style[i] = o[i];                  //用参数值覆盖原来的值
    }
    return a;                               //返回原样式属性值
}
//恢复元素的样式属性值
//参数：e 表示重设样式的元素，o 表示要恢复的值，它是一个对象，可以包含多个名值对
//返回值：无
function resetCSS(e,o){
    for(var i in o){                        //遍历参数对象
        e.style[i] = o[i];                  //恢复原来的样式值
    }
}
```

有了这两个小的功能函数，再自定义函数 getW()和 getH()函数。不管元素是否被隐藏显示，这两个函数都能够获取元素的宽度和高度。具体代码如下。

```
//获取元素的存在宽度
//参数：e 表示元素
//返回值：存在宽度
function getW(e){       //如果元素没有隐藏显示，则获取它的宽度，如果 offsetWidth 属性值存在，则返回
```

```
该值，否则调用自定义扩展函数 getStyle()和 fromStyle()获取元素的宽度
    if(getStyle(e,"display") != "none") return e.offsetWidth || fromStyle(getStyle(e,"width"));
    var r = setCSS( e, {     //如果元素隐藏，则调用 setCSS()函数临时显示元素，并存储原始样式属性值
        display:"",
        position:"absolute",
        visibility:"hidden"
    });
    var w = e.offsetWidth || fromStyle(getStyle(e,"width"));          //读取元素的宽度值
    resetCSS(e,r);                                                     //调用 resetCSS()函数恢复元素的样式属性值
    return w;                                                          //返回存在宽度
}
//获取元素的存在高度
//参数：e 表示元素
//返回值：存在高度
function getH(e){            //如果元素没有隐藏显示，则获取它的高度，如果 offsetHeight 属性值存在，则返
回该值，否则调用自定义扩展函数 getStyle()和 fromStyle()获取元素的高度
    if(getStyle(e,"display") != "none") return e.offsetHeight || fromStyle(getStyle(e,"height"));
    var r = setCSS( e, {     //如果元素隐藏，则调用 setCSS()函数临时显示元素，并存储原始样式属性值
        display:"",
        position:"absolute",
        visibility:"hidden"
    });
    var h = e.offsetHeight || fromStyle(getStyle(e,"height"));        //读取元素的高度值
    resetCSS(e,r);                                                     //调用 resetCSS()函数恢复元素的样式属性值
    return h;                                                          //返回存在高度
}
```

最后，调用 getW()和 getH()扩展函数来测试其性能。代码如下。

```
<div id="div" style="height:200px;width:200px;border-style:solid;display:none;"></div>

<script language="javascript" type="text/javascript">
var div = document.getElementById("div");
var w = div.offsetWidth;                          //返回 0
var h = div.offsetHeight;                         //返回 0
var w1 = getW(div);                               //返回 200
var h1 = getH(div);                               //返回 200
</script>
```

14.4.3　读取复杂结构中的元素尺寸

不同浏览器对于 offsetWidth 和 offsetHeight 属性的解析标准是不同的，这种不同会在动画的精确控制中产生一定影响。当然这并不是最主要的，更重要的问题是元素显示环境的复杂性，导致了元素在不同场合下所呈现的效果迥异。在某些情况下，需要精确计算元素的尺寸，这时候可以选用一些 HTML 元素特有的属性，这些属性虽然还不是 DOM 标准的一部分，但是由于它们得到了所有浏览器的支持，所以在 JavaScript 开发中还是被普遍地应用。这些属性及说明如表 14.6 所示。

Note

表 14.6　与元素尺寸相关的属性

属 性 名	说　明
clientWidth	获取元素可视部分的宽度，即 CSS 的 width 和 padding 属性值之和，元素边框和滚动条不包括在内，也不包含任何可能的滚动区域
clientHeight	获取元素可视部分的高度，即 CSS 的 height 和 padding 属性值之和，元素边框和滚动条不包括在内，也不包含任何可能的滚动区域
offsetWidth	元素在页面中占据的宽度总和，包括 width、padding、border，以及滚动条的宽度
offsetHeight	元素在页面中占据的高度总和，包括 height、padding、border，以及滚动条的高度
scrollWidth	当元素设置了 overflow:visible 样式属性时，元素的总宽度，也有人把它解释为元素的滚动宽度。在默认状态下，如果该属性值大于 clientWidth 属性值，则元素会显示滚动条，以便能够翻阅被隐藏的区域
scrollHeight	当元素设置了 overflow:visible 样式属性时，元素的总高度，也有人把它解释为元素的滚动高度。在默认状态下，如果该属性值大于 clientHeight 属性值，则元素会显示滚动条，以便能够翻阅被隐藏的区域

【例 14-19】设计一个简单的盒子，盒子的 height 值为 200px，width 值为 200px，边框显示为 50px，补白区域定义为 50px。内部包含信息框，其宽度设置为 400px，高度也设置为 400px，换句话说就是盒子的内容区域为（400px,400px）。结构和样式代码如下。

```
<div id="div" style="height:200px;width:200px;border:solid 50px
red;overflow:auto;padding:50px;">
    <div id="info" style="height:400px;width:400px;
border:solid 1px blue;"></div>
</div>
```

然后，利用 JavaScript 脚本在内容框中插入一些行列号，以方便观察，代码如下。

```
var info = document.getElementById("info");
var m = 0, n = 1, s = "";
while(m ++ < 19){
    s += m + "   ";
}
s += "<br />";
while(n ++ < 21){
    s += n + "<br />";
}
info.innerHTML = s;                              //插入行列号
```

盒子呈现效果如图 14.4 所示。

现在分别调用 offsetHeight、scrollHeight 和 clientHeight 属性，以及自定义函数 getH()，则可以获取不同区域的高度，如图 14.5 所示。

```
var div = document.getElementById("div");
//以下返回值是根据 IE 7.0 浏览器而定的
var ho = div.offsetHeight;                       //返回 400
var hs = div.scrollHeight;                       //返回 502
var hc = div.clientHeight;                       //返回 283
var hg = getH(div);                              //返回 400
```

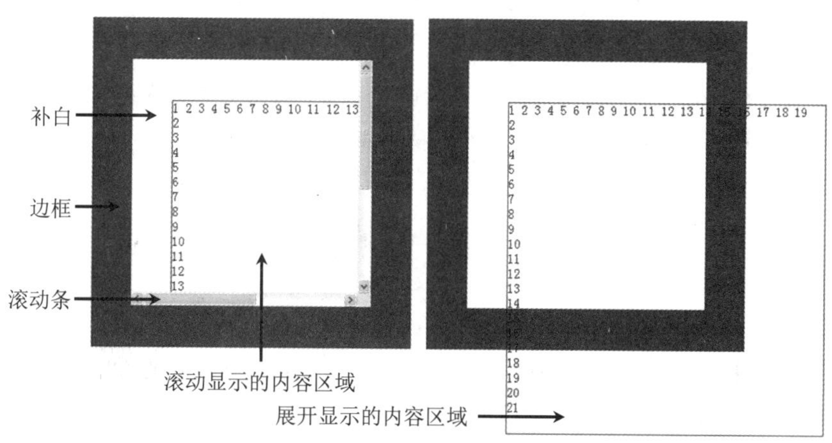

图 14.4　盒模型及其相关构成区域

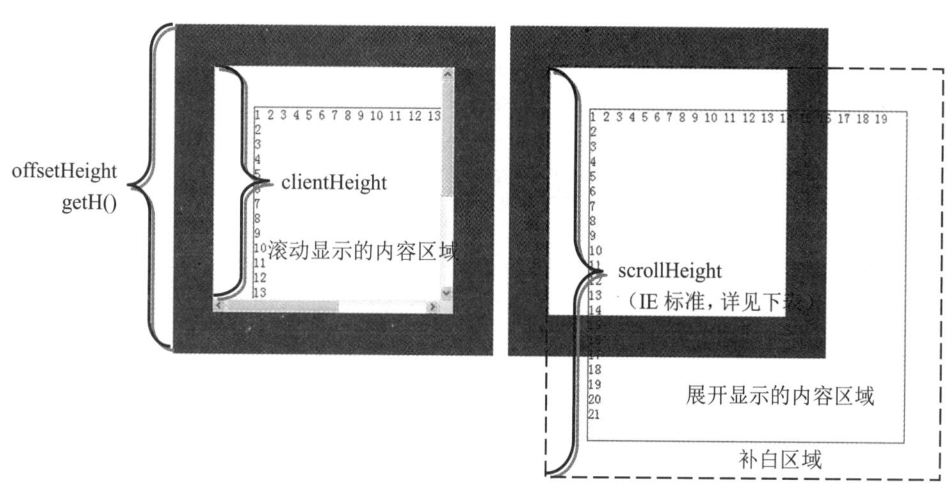

图 14.5　盒模型不同区域的高度示意图

通过上面的示意图，可以很直观地看出 offsetHeight、scrollHeight 和 clientHeight 这 3 个属性与自定义函数 getH()的值，具体说明如下。

```
offsetHeight = border-top-width + padding-top + height + padding-bottom + border-bottom-width
scrollHeight = padding-top + 包含内容的完全高度 + padding-bottom
clientHeight = padding-top + height + border-bottom-width - 滚动条的宽度
```

针对 scrollHeight 和 scrollWidth 属性，不同浏览器对于它们的解析方式是不同的。结合上面实例，具体说明如表 14.7 所示，而 scrollWidth 属性与 scrollHeight 属性相似。

表 14.7　浏览器解析 scrollHeight 和 scrollWidth 属性比较（1）

浏 览 器	返 回 值	计 算 公 式
IE	502	padding-top + 包含内容的完全高度 + padding-bottom
FF	452	padding-top + 包含内容的完全高度
Opera	419	包含内容的完全高度 + 底部滚动条的宽度
Safari	452	padding-top + 包含内容的完全高度

如果设置盒子的 overflow 属性为 visible，则会发现 clientHeight 的值为 300，即：

```
clientHeight = padding-top + height + border-bottom-width
```

也就是说，如果隐藏滚动条显示，则 clientHeight 属性值不用减去滚动条的宽度，即滚动条的区域被转化为可视内容区域。同时，不同浏览器对于 scrollHeight 和 scrollWidth 属性的解析也不同，再结合上面实例，具体说明如表 14.8 所示。

表 14.8 浏览器解析 scrollHeight 和 scrollWidth 属性比较（2）

浏 览 器	返 回 值	计 算 公 式
IE	502	padding-top + 包含内容的完全高度 + padding-bottom
FF	400	border-top-width + padding-top + height + padding-bottom + border-bottom-width
Opera	502	padding-top + 包含内容的完全高度 + padding-bottom
Safari	502	padding-top + 包含内容的完全高度 + padding-bottom

scrollLeft 和 scrollTop 属性比较特殊，相关说明如表 14.9 所示。它们可以定义当拖动滚动条时，移出可视区域外面的宽度和高度。实际上我们可以利用这两个属性滚动条的位置，来获取当前滚动区域内容。

表 14.9 scrollLeft 和 scrollTop 属性说明

属 性 名	说 明
scrollLeft	元素左侧已经滚动的距离（像素值）。更通俗地说，就是设置或获取位于元素左边界与元素中当前可见内容的最左端之间的距离
scrollTop	元素顶部已经滚动的距离（像素值）。更通俗地说，就是设置或获取位于元素顶部边界与元素中当前可见内容的最顶端之间的距离

【例 14-20】本实例演示了如何设置和更直观地获取滚动外区域的尺寸。

```
<textarea id="text" rows="5" cols="25" style="float:right;">
</textarea>
<div id="div" style="height:200px;width:200px;border:solid 50px red;padding:50px;overflow:auto;">
    <div id="info" style="height:400px;width:400px;border:solid 1px blue;"></div>
</div>

<script language="javascript" type="text/javascript">
var div = document.getElementById("div");
div.scrollLeft = 200;                          //设置盒子左边滚出区域宽度为 200px
div.scrollTop = 200;                           //设置盒子顶部滚出区域高度为 200px
var text = document.getElementById("text");
div.onscroll = function(){                     //注册滚动事件处理函数
    text.value = "scrollLeft = " + div.scrollLeft + "\n" +
                 "scrollTop    = " + div.scrollTop + "\n" +
                 "scrollWidth = " + div.scrollWidth + "\n" +
                 "scrollHeight = " + div.scrollHeight ;
}
</script>
```

Note

呈现效果示意图如图 14.6 所示。

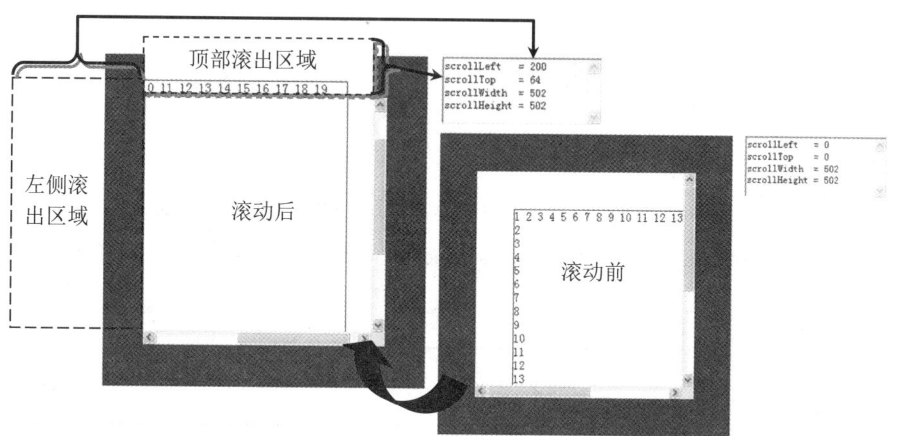

图 14.6　scrollLeft 和 scrollTop 属性指示区域示意图

14.4.4　读取浏览器窗口大小

如果获取<html>标签的 clientWidth 和 clientHeight 属性，就可以得到浏览器窗口的可视宽度和高度，而<html>标签在脚本中表示为 document.documentElement，所以可以用以下方式进行设计。

```
var w = document.documentElement.clientWidth;          //返回值不包含滚动条的宽度
var h = document.documentElement.clientHeight;         //返回值不包含滚动条的高度
```

不过在 IE 6.0 以下版本中（即在 IE 浏览器的怪异解析模式下），body 是最顶层的可视元素，而 html 元素保持隐藏。所以只有通过<body>标签的 clientWidth 和 clientHeight 属性才可以得到浏览器窗口的可视宽度和高度，而<body>标签在脚本中表示为 document.body，所以如果要兼容 IE 怪异解析模式，则可以按下面的代码进行设计。

```
var w = document.body.clientWidth;
var h = document.body.clientHeight;
```

然而，支持 DOM 解析模式的浏览器都把 body 视为一个普通的块级元素，而<html>标签才包含整个浏览器窗口。因此，考虑到浏览器的兼容性，可以这样设计：如果浏览器支持 DOM 标准，则使用 documentElement 对象读取；如果该对象不存在，则使用 body 对象读取，代码如下。

```
var w = document.documentElement.clientWidth || document.body.clientWidth;
var h = document.documentElement.clientHeight || document.body.clientHeight;
```

如果窗口包含的内容超出了窗口的可视区域，则应该使用 scrollWidth 和 scrollHeight 属性来获取窗口的实际宽度和高度。但是对于 document.documentElement 和 document.body 来说，不同浏览器对于它们的支持略有差异。

```
<body style="border:solid 2px blue;margin:0;padding:0">
    <div style="width:2000px;height:1000px;border:solid 1px red;">
</div>
</body>

<script language="javascript" type="text/javascript">
```

```
var wb = document.body.scrollWidth;
var hb = document.body.scrollHeight;
var wh = document.documentElement.scrollWidth;
var hh = document.documentElement.scrollHeight;
</script>
```

Note

不同浏览器的返回值比较如表 14.10 所示。

表 14.10　浏览器解析 scrollWidth 与 clientWidth 属性比较

浏览器	body.scrollWidth	body.scrollHeight	documentElement.scrollWidth	documentElement.scrollHeight
IE 7.0	2002	1002	2004	1006
FF 3.0	1007	1006	2004	1006
Opera 9.0	2004	1006	2004	1006
Safari 4.0	2004	1006	2004	1006

通过上面的返回值比较可以看到，不同浏览器对于使用 documentElement 对象获取浏览器窗口的实际尺寸是一致的，但是使用 Body 对象来获取对应尺寸就会存在很大的差异，特别是 FF 浏览器，它把 scrollWidth 与 clientWidth 属性值视为相等，显然这是错误的。

14.5　使用 JavaScript 定位

CSS 定位方式包括 4 种类型。

☑　流动定位：这是所有元素的默认定位方式。它遵循文档的自然流动方式在页面中显示，此时无法通过 CSS 对其定位。例如，下面的元素不会因为 left 和 top 属性值而移动其在文档流中的位置。

```
<div style="width:200px;height:100px;border:solid 1px red;position:static;top:100px;left:100px;"></div>
```

☑　相对定位：它是流动布局的一种特殊形式，因为元素会继续遵循文档流动的规则，同时也会受 left 和 top 属性的影响，但是它会强制元素在原来文档流中的位置进行偏移，而不是参照上级元素进行定位。例如，下面的盒子将会在原来文档流的位置向右下角偏移（100,100）的距离。

```
<div style="width:200px;height:100px;border:solid 1px red;position:relative;top:100px;left:100px;"></div>
```

☑　绝对定位：绝对定位完全脱离了文档流，它能够根据最近的上级非静态定位的元素为参照对象进行定位。如果没有相应的上级非静态元素，则会以整个文档为参照对象进行定位。例如，下面的盒子将会根据窗口左上角为参照原点进行定位。

```
<div style="width:200px;height:100px;border:solid 1px red;position:absolute;top:100px;left:100px;"></div>
```

☑　固定定位：固定定位是一种特殊的定位方式，它将始终根据浏览器窗口左上角为原点进行定位，同时不会受窗口内容的影响，当拖动滚动条时，它的位置始终保持在窗口可视区域内。例如，下面的盒子将会始终显示在浏览器窗口的左上角，且不会因为滚动内容而被隐藏。

```
<div style="width:200px;height:100px;border:solid 1px red;position:fixed;top:0;left:0;"></div>
```

14.5.1 在窗口中的位置

使用 CSS 的 left 和 top 属性可以定位元素的位置，但是 CSS 定位属性值并不能够真实地反映元素的精确位置。任何元素都拥有 offsetLeft 和 offsetTop 属性，它们描述了元素的偏移位置。不过不同浏览器定义元素的偏移参照对象不同。例如，IE 会以父元素为参照对象进行偏移，而支持 DOM 标准的浏览器会以最近非静态定位元素为参照对象进行偏移。

【例 14-21】 本实例是一个 3 层嵌套的结构，其中，最外层 div 元素被定义为相对定位显示。然后在 JavaScript 脚本中使用 alert(box.offsetLeft);语句获取最内层 div 元素的偏移位置，则 IE 返回值为 50px，而其他支持 DOM 标准的浏览器会返回 101px。注意，Opera 返回值为 121px，因为它是以 ID 为 wrap 元素的边框外壁为起点进行计算，而其他支持 DOM 标准的浏览器以 ID 为 wrap 元素的边框内壁为起点进行计算。

```
<style type="text/css">
div { width:200px; height:100px; border:solid 1px red; padding:50px;}
#wrap {
      position:relative;
      border-width:20px;
}
</style>

<div id="wrap">
      <div id="sub">
            <div id="box"></div>
      </div>
</div>
```

呈现效果如图 14.7 所示。

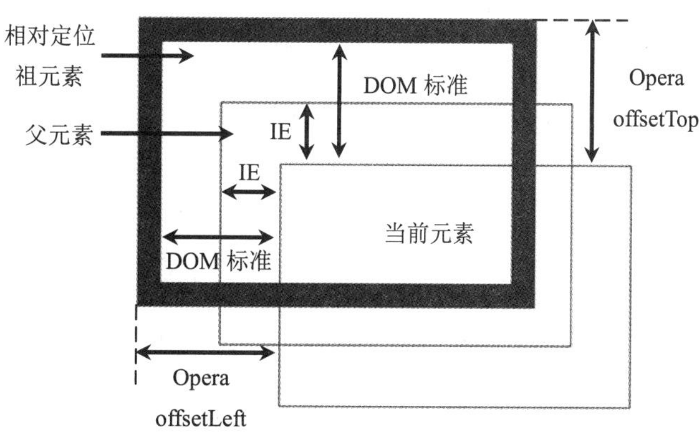

图 14.7 获取元素的位置示意图

不过，所有浏览器都支持 offsetParent 属性，该属性总能够指向定位参考的元素。

【例 14-22】 针对上面的嵌套结构，对于 IE 浏览器来说，当前定位元素（即 ID 为 box 的 div 元素）的 offsetParent 属性将指向 ID 为 sub 的 div 元素。对于 sub 元素来说，它的 offsetParent 属性将指向 ID 为 wrap 的 div 元素。对于支持 DOM 的浏览器来说，则当前定位元素的 offsetParent 属性将指向 ID 为 wrap 的 div 元素。所以可以设计一个能够兼容不同浏览器的等式，如下所示。

☑ IE：(#box).offsetLeft + (#sub).offsetLeft = (#box).offsetLeft + (#box).offsetParent.offsetLeft

☑ DOM：(#box).offsetLeft

对于任何浏览器，offsetParent 属性总能够自动识别当前元素偏移的参照对象，所以不用担心 offsetParent 在不同浏览器中具体指代什么元素。这样就能够通过迭代来计算当前元素距离窗口左上顶角的坐标值，具体演示示意图如图 14.8 所示。

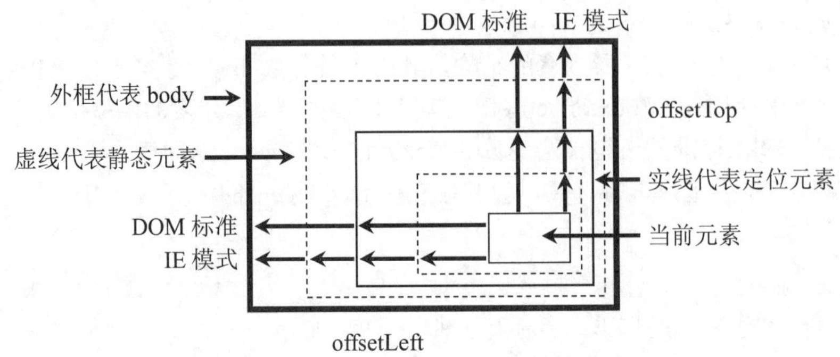

图 14.8 能够兼容不同浏览器的元素偏移位置计算演示示意图

上图很直观地说明，尽管不同浏览器的 offsetParent 属性指代的元素不同，但是通过迭代计算，当前元素距离浏览器窗口的坐标距离都是相同的。因此，可以设计一个扩展函数，代码如下。

```
//获取指定元素距离窗口左上角偏移坐标
//参数：e 表示获取位置的元素
//返回值：返回对象直接量，其中属性 x 表示 x 轴偏移距离，属性 y 表示 y 轴偏移距离
function getW(e){
    var x = y = 0;                  //初始化临时变量
    while(e.offsetParent){          //如果存在 offsetParent 指代的元素，则获取它的偏移坐标
        x += e.offsetLeft;          //累计总的 x 轴偏移距离
        y += e.offsetTop;           //累计总的 y 轴偏移距离
        e = e.offsetParent;         //把当前元素的 offsetParent 属性值传递给循环条件表达式
    }
    return {                        //遍历到 body 元素后，将停止循环，把叠加的值赋值给对象直接量，
                                    并返回该对象
        "x" : x,
        "y" : y
    };
}
```

由于 body 和 html 元素没有 offsetParent 属性，所以当迭代到 body 元素时，会自动停止并计算出当前元素距离窗口左上角的坐标距离。

注意，不要为包含元素定义边框，因为不同浏览器对边框的处理方式不同。例如，IE 浏览器会忽略所有包含元素的边框，因为所有元素都是参照对象，且以参照对象的边框内壁作为边线进行计算。FF 和 Safari 浏览器会把静态元素的边框作为实际距离进行计算，因为对于它们来说，静态元素不作为参照对象。而对于 Opera 浏览器来说，它以非静态元素边框的外壁作为边线进行计算，所以该浏览器所获取的值又不同。如果不为包含元素定义边框，就可以避免不同浏览器解析的分歧，最终实现返回相同的距离。

14.5.2　相对父元素的位置

获取相对父级元素的位置时，不能够简单地读取 CSS 样式的 left 和 top 属性，因为这两个属性值是相对于最近的上级非静态元素来说的。但是可以调用上节定义的 getW()扩展函数分别获取当前元素和父元素距离窗口的距离，然后求两个值的差。

先判断 offsetParent 属性是否指向父级元素，如果是，则可以直接使用 offsetLeft 和 offsetTop 属性获取元素相对于父元素的距离，否则就调用 getW()扩展函数分别获得当前元素和父元素距离窗口的坐标，然后求差即可。详细代码如下。

```
//获取指定元素距离父元素左上角的偏移坐标
//参数：e 表示获取位置的元素
//返回值：返回对象直接量，其中属性 x 表示 x 轴偏移距离，属性 y 表示 y 轴偏移距离
function getP(e){
    if(e.parentNode == e.offsetParent){         //判断 offsetParent 属性是否指向父级元素
        var x = e.offsetLeft;                   //如果是，则直接读取 offsetLeft 属性值
        var y = e.offsetTop ;                   //读取 offsetTop 属性值
    }
    else{                                       //否则调用 getW()扩展函数获取当前元素和父元素的 x 轴
                                                 坐标，并返回它们的差值
        var o = getW(e);
        var p = getW(e.parentNode);
        var x = o.x - p.x;
        var y = o.y - p.y;
    }
    return {                                    //返回对象直接量，对象包含当前元素距离父元素的坐标
        "x" : x,
        "y" : y
    };
}
```

下面就可以调用该扩展函数获取指定元素相对父元素的偏移坐标了，代码如下。

```
var box = document.getElementById("box");
var o = getP(box);                              //调用扩展函数获取元素相对父元素的偏移坐标
alert(o.x);                                     //读取 x 轴坐标偏移值
alert(o.y);                                     //读取 y 轴坐标偏移值
```

14.5.3　相对包含块的位置

所谓包含块，就是定位元素参照的对象，即定位元素根据哪个元素进行定位。包含块一般为距离当前定位元素最近的上级非静态元素。获取元素相对包含块的位置可以直接读取 CSS 样式中 left 和 top 属性值，它们记录了定位元素的坐标值。

调用 getStyle()扩展函数（参阅上面小节介绍），该函数可以获取元素的 CSS 样式属性值。对于默认状态的定位元素或者静态元素，它们的 left 和 top 属性值一般为 auto。因此，获取 left 和 top 属性值之后，可以尝试使用 parseInt()方法把它转换为数值。如果失败，说明其值为 auto，则设置为 0，否则返回转换的数值。代码如下。

Note

```
//获取指定元素距离包含块元素左上角的偏移坐标
//参数：e 表示获取位置的元素
//返回值：返回对象直接量，其中属性 x 表示 x 轴偏移距离，属性 y 表示 y 轴偏移距离
function getB(e){
    return {
        "x" : (parseInt(getStyle(e, "left")) || 0) ,
        "y" : (parseInt(getStyle(e, "top")) || 0)
    };
}
```

14.5.4 定义偏移位置

设置元素的偏移位置可以直接使用 CSS 属性来进行设置。不过对于页面元素来说，只有定位元素（如相对定位、绝对定位和固定定位）才允许设置元素的位置。考虑到页面中定位元素的位置常用绝对定位方式，所以不妨把设置元素的位置封装到一个函数中。

【例 14-23】下面的函数能够根据指定元素及其传递的坐标值，快速设置元素相对于上级定位元素的位置。

```
//设置元素的偏移位置，即相对于上级定位元素为参照对象定位元素的位置
//参数：e 表示设置位置的元素，o 表示一个对象，对象包含的属性 x 代表 x 轴距离，属性 y 代表 y 轴距离，不用附带单位，默认以像素为单位
//返回值：无
function setP(e,o){
    (e.style.position) || (e.style.position = "absolute");        //如果元素静态显示，则对其进行绝对定位
    e.style.left = o.x + "px";                                    //设置 x 轴的距离
    e.style.top = o.y + "px";                                     //设置 y 轴的距离
}
```

定位元素还可以使用 right 和 bottom 属性，但是习惯上使用 left 和 top 属性来定位元素的位置。所以在该函数中没有考虑 right 和 bottom 属性。

14.5.5 定义相对位置

偏移位置是重新定位元素的位置，不考虑元素可能存在的定位值。但是，在动画设计中，经常需要设置元素以当前位置为起点进行偏移，即所谓的设置元素的相对位置。为此，有必要再定义一个扩展函数，以实现元素相对当前位置进行偏移。该函数中调用了上面小节中介绍的 getB()扩展函数，此函数能够获取当前元素的定位坐标值，即距离包含块的偏移坐标。具体代码如下。

```
//设置元素的相对位置，即相对于当前位置进行偏移
//参数：e 表示设置位置的元素，o 表示一个对象，对象包含的属性 x 代表 x 轴偏移距离，属性 y 代表 y 轴偏移距离，不用附带单位，默认以像素为单位
//返回值：无
function offsetP(e, o){
    (e.style.position) || (e.style.position = "absolute");     //如果元素静态显示，则对其进行绝对定位
    e.style.left = getB(e).x + o.x + "px";                     //设置 x 轴的距离
    e.style.top = getB(e).y + o.y + "px";                      //设置 y 轴的距离
}
```

【例 14-24】针对下面的结构和样式，调用 offsetP()函数设置 ID 为 sub 的 div 元素向右下方向偏

移（10,100）的坐标距离。实现代码如下。

```
<style type="text/css">
div {
    width:200px; height:100px; border:solid 1px red; padding:50px;
    position:absolute; left:50px; top:50px;
}
</style>

<div id="wrap">
    <div id="sub">
        <div id="box"></div>
    </div>
</div>

<script language="javascript" type="text/javascript">
var sub = document.getElementById("sub");
offsetP(sub,{
    x : 10, y : 100
});
</script>
```

14.5.6 确定光标位置

要获取鼠标指针的页面位置，首先应捕获当前事件对象，然后读取事件对象中包含的定位信息。考虑到浏览器的不兼容性，可以选用 pageX/pageY（兼容 Safari）或 clientX/clientY（兼容 IE）属性对；另外，还需要配合使用 scrollLeft 和 scrollTop 属性。详细代码如下。

```
//获取鼠标指针的页面位置
//参数：e 表示当前事件对象，由系统自动捕获
//返回值：返回鼠标相对页面的坐标对象，其中属性 x 表示 x 轴偏移距离，属性 y 表示 y 轴
偏移距离
function getMP(e){
    var e = e || window.event;                    //标准化事件对象
    return {
        x : e.pageX || e.clientX + (document.documentElement.scrollLeft || document.body.scrollLeft),
        y : e.pageY || e.clientY + (document.documentElement.scrollTop || document.body.scrollTop)
    }
}
```

pageX 和 pageY 事件属性不被 IE 浏览器支持，而 clientX 和 clientY 事件属性又不被 Safari 浏览器支持，因此可以混合使用它们以兼容不同的浏览器。同时，对于 IE 诡异解析模式来说，body 元素代表页面区域，而 html 元素被隐藏，但是支持 DOM 标准的浏览器认为 html 元素代表页面区域，而 body 元素仅是一个独立的页面元素，所以需要兼容这两种解析方式。

【例 14-25】下面的代码显示了如何调用上面已定义的扩展函数 getMP()来捕获当前鼠标指针在文档中的位置。

```
<body style="width:2000px;height:2000px;">
    <textarea id="t" cols="15" rows="4" style=
"position:fixed;left:50px;top:50px;"></textarea>
```

Note

```
</body>
<script language="javascript" type="text/javascript">
var t = document.getElementById("t");
document.onmousemove = function(e){
      var m = getMP(e);
      t.value ="mouseX = " + m.x    + "\n" + "mouseY = " + m.y
}
</script>
```

14.5.7 确定光标的相对位置

除了考虑鼠标指针的页面位置外，在开发过程中还应该考虑鼠标在当前元素内的位置。这需要用到事件对象的 offsetX/offsetY 或 layerX/layerY（兼容 Mozilla）属性对。由于 Mozilla 类型浏览器不支持 offsetX 和 offsetY 事件属性，可以考虑选用 layerX 和 layerY，但是 layerX 和 layerY 这两个事件属性是以当前元素的包含块为参照对象的，而不是元素自身左上顶角。

不过，可以使用 offsetLeft 和 offsetTop 属性来获取元素在包含块中的偏移坐标，然后使用 layerX 属性值减去 offsetLeft 属性值，使用 layerY 属性值减去 offsetTopt 属性值，即可得到鼠标指针在元素内部的位置。完整代码如下。

```
//获取鼠标指针在元素内的位置
//参数：e 表示当前事件对象，o 表示当前元素
//返回值：返回鼠标相对元素的坐标对象，其中属性 x 表示 x 轴偏移距离，属性 y 表示 y 轴偏移距离
function getME(e, o){
      var e = e || window.event;
      return {
            x : e.offsetX ||   (e.layerX - o.offsetLeft),
            y : e.offsetY ||   (e.layerY - o.offsetTop)
      }
}
```

上面扩展函数存在如下几个问题。

☑ 为了兼容 Mozilla 类型浏览器，通过鼠标偏移坐标减去元素的偏移坐标，得到元素内鼠标偏移坐标的参考原点即元素边框外壁的左上角。

☑ Safari 浏览器的 offsetX 和 offsetY 是以元素边框外壁的左上角为坐标原点，而其他浏览器则是以元素边框内壁的左上角为坐标原点，这就导致不同浏览器的解析差异。

☑ 考虑到边框对于鼠标位置的影响，当元素边框很宽时，必须考虑如何消除边框对于鼠标位置的影响。但是，由于边框样式不同，它存在 3px 的默认宽度，这就给获取元素的边框实际宽度带来了麻烦。

经过完善后的获取鼠标指针在元素内的位置的扩展函数如下。

```
//完善获取鼠标指针在元素内的位置
//参数：e 表示当前事件对象，o 表示当前元素
//返回值：返回鼠标相对元素的坐标对象，其中属性 x 表示 x 轴偏移距离，属性 y 表示 y 轴偏移距离
function getME(e, o){
      var e = e || window.event;
      //获取元素左侧边框的宽度
      //调用 getStyle()扩展函数获取边框样式值，并尝试转换为数值，如果转换成功，则赋值。
      //否则判断是否定义了边框样式，如果定义边框样式，且值不为 none，则说明边框宽度为默认值，即为
```

```
3px。如果没有定义边框样式，且宽度值为 auto，则说明边框宽度为 0
    var bl = parseInt(getStyle(o, "borderLeftWidth")) || ((o.style.borderLeftStyle && o.style.borderLeftStyle != "none" )? 3 : 0);         //获取元素顶部边框的宽度，设计思路与获取左侧边框方法相同
    var bt = parseInt(getStyle(o, "borderTopWidth")) || ((o.style.borderTopStyle && o.style.borderTopStyle != "none" ) ? 3 : 0);
    var x = e.offsetX ||                        //一般浏览器下鼠标偏移值
            (e.layerX - o.offsetLeft - bl);     //兼容 Mozilla 类型浏览器，减去边框宽度
    var y = e.offsetY ||                        //一般浏览器下鼠标偏移值
            (e.layerY - o.offsetTop - bt);      //兼容 Mozilla 类型浏览器，减去边框宽度
    var u = navigator.userAgent;                //获取浏览器的用户数据
    if( (u.indexOf("KHTML") > - 1) ||
        (u.indexOf("Konqueror") > - 1) ||
        (u.indexOf("AppleWebKit") > - 1)
    ){                                          //如果是 Safari 浏览器，则减去边框的影响
        x -= bl;
        y -= bt;
    }
    return {                                    //返回兼容不同浏览器的鼠标位置对象，以元素边框内壁左上角为坐标原点
        x : x,
        y : y
    }
}
```

14.5.8　确定滚动条的位置

对于浏览器窗口的滚动条来说，使用 scrollLeft 和 scrollTop 属性也可以获取窗口滚动条的位置。具体封装代码如下。

```
//获取页面滚动条的位置
//参数：无
//返回值：返回滚动条的位置，其中属性 x 表示 x 轴偏移距离，属性 y 表示 y 轴偏移距离
function getPS(){
    var h = document.documentElement;       //获取页面引用指针
    var x = self.pageXOffset ||             //兼容早期浏览器
            (h && h.scrollLeft) ||          //兼容标准浏览器
            document.body.scrollLeft;       //兼容 IE 诡异模式
    var y = self.pageYOffset ||             //兼容早期浏览器
            (h && h.scrollTop) ||           //兼容标准浏览器
            document.body.scrollTop;        //兼容 IE 诡异模式
    return {
        x : x,
        y : y
    };
}
```

14.5.9　定义滚动条的位置

Window 对象定义了 scrollTo(x, y)方法，该方法能够根据传递的参数值定位滚动条的位置，其中参数 x 可以定位页面内容在 x 轴方向上的偏移量，而参数 y 可以定位页面在 y 轴方向上的偏移量。例

Note

如，下面的扩展函数能够把滚动条定位到指定的元素位置。其中调用了前面小节中定义的 getW()扩展函数，使用 getW()函数获取指定元素的页面位置。

```
//滚动到页面中指定的元素位置
//参数：指定的对象
//返回值：无
function setPS(e){
    window.scrollTo(getW(e).x, getW(e).y);
}
```

14.6 使用 JavaScript 设置显隐效果

CSS 支持两种方法显示或隐藏元素：visibility 或 display 属性，它们控制元素显示或隐藏的效果相同，但是结果不同。

☑ 在用 visibility 属性隐藏元素时，会保持元素在文档流中的影响力，隐藏后元素的位置保持不变。该属性包括 visible（默认）和 hidden（不可见的）两个值。

☑ display 属性定义了更强大的可见性控制，为元素控制提供了更丰富的选项。当使用 display 属性隐藏元素时（即属性值为 none），文档的结构就会发生变化，被隐藏的元素及其子元素就被删除，该元素不再占据文档位置，后面的元素会向上移动占据被删除元素的位置。

如果担心隐藏元素会破坏页面结构，从而导致页面布局混乱，则可以选用 visibility 属性。visibility 属性虽然能够隐藏元素，但是它会显示一块空白区域，影响到页面的视觉效果，为了避免这种情况，不妨选用 display 属性。

14.6.1 设置显隐效果

简单的隐藏元素可以通过 style.display 属性来实现。

【例 14-26】本实例遍历结构中所有的 p 元素，并把 class 属性值不为 main 的段落文本全部隐藏。

```
<p>p1</p>
<p class="main">p2</p>
<p>p3</p>
<script language="javascript" type="text/javascript">
var p = document.getElementsByTagName("p");
for(var i = 0; i < p.length; i ++ ){
    if(p[i].className == "main") continue;          //如果 class 属性值为 main，则跳过
        p[i].style.display = "none";                //隐藏元素
}
</script>
```

恢复 style.display 属性的默认值，只需要清除该属性的存在值，即设置 style.display 属性值为空字符串（tr.style.display = ""）。这样浏览器的默认样式值就会显示出来，而不用考虑元素原来设置的属性值。

【例 14-27】显示和隐藏是交互设计中经常用到的技巧，下面对这个交互行为进行功能封装。当指定元素和布尔值参数时，则元素能够根据布尔值 true 或 false 决定是否进行显示或隐藏，如果不指定第二个布尔值参数，则函数将对元素进行显示或隐藏切换（注意，本扩展函数中调用了上面小节中

定义的 getStyle()扩展函数)。具体代码如下。

```
//设置或切换元素的显示或隐藏
//参数：e 表示要显示或隐藏的元素，b 是一个布尔值，当为 ture 时，将显示元素 e；当为 false 时，将隐藏元素 e。如果省略参数 b，则根据元素 e 的显示状态，进行显示或隐藏切换
//返回值：无
function display(e, b){
    //监测第二个参数的类型。如果该参数存在且不为布尔值，则抛出异常
    if(b && (typeof b != "boolean")) throw new Error("第二个参数应该是布尔值!");
    var c = getStyle(e, "display");          //获取当前元素的显示属性值
    (c != "none") && (e._display = c);       //记录元素的显示性质，并存储到元素的属性中
    e._display = e._display || "";           //如果没有定义显示性质，则赋值为空字符串
    if(b || (c == "none") ){                 //当第二个参数值为 true，或者元素隐藏时，则将调用元素
                                              的_display 属性值恢复元素或显示元素
        e.style.display = e._display;
    }
    else{
        e.style.display = "none";            //否则隐藏元素
    }
}
```

Note

下面在页面中设置一个向右浮动的元素 p。连续调用 3 次 display()函数后，则相当于隐藏元素，代码如下所示。

```
<p style="float:right; border:solid 1px red; width:100px;
height:100px;">p1</p>

<script language="javascript" type="text/javascript">
var p = document.getElementsByTagName("p")[0];
display(p);                                  //切换隐藏
display(p);                                  //切换显示
display(p);                                  //切换隐藏
</script>
```

不管元素是否显示或隐藏，如果按如下方式调用，则会显示出来，且元素依然显示为原来的状态。

```
display(p , true);                           //强制显示
```

14.6.2 设置透明度

所有浏览器都支持透明度设置，但是不同浏览器对于元素透明度的设置方法不同。IE 浏览器支持 filters 滤镜集，而支持 DOM 标准的浏览器认可 style.opacity 属性。同时，它们设置值的范围也不同，IE 的 opacity 属性值范围为 0~100，其中 0 表示完全透明，而 100 表示不透明。而支持 style.opacity 属性浏览器的设置值范围是 0~1，其中 0 表示完全透明，而 1 表示不透明。

【例 14-28】为了兼容不同的浏览器，这里把设置元素透明度的功能进行了函数封装，代码如下。

```
//设置元素的透明度
//参数：e 表示要预设置的元素，n 表示一个数值，取值范围为 1~100，如果省略，
则默认为 100，即不透明显示元素
//返回值：无
function setOpacity(e, n){
    var n = parseFloat(n);                   //把第二个参数转换为浮点数
```

```
    if(n && (n>100) || !n) n=100;       //如果第二个参数存在且值大于 100，或者不存在，则设置其为 100
    if(n && (n<0))   n =0;              //如果第二个参数存在且值小于 0，则设置其为 0
    if (e.filters){                     //兼容 IE 浏览器
        e.style.filter = "alpha(opacity=" + n + ")";
    }
    else{                               //兼容 DOM 标准
        e.style.opacity = n / 100;
    }
}
```

在获取元素的透明度时，应注意在 IE 浏览器中不能够直接通过属性读取，而应借助 filters 集合的 item()方法获取 Alpha 对象，然后读取它的 opacity 属性值。为了避免在读取 IE 浏览器中元素的透明度时发生错误，可以使用 try 语句包含读取语句。具体封装代码如下。

```
//获取元素的透明度
//参数：e 表示要预设置的元素
//返回值：元素的透明度值，范围在 1~100 之间
function getOpacity(e){
    var r;
    if ( ! e.filters){
        if (e.style.opacity) return parseFloat(e.style.opacity) * 100;
    }
    try{
        return e.filters.item('alpha').opacity
    }
    catch(o){
        return 100;
    }
}
```

14.6.3 控制动画时长

动画的过程体现一种时间连续性，为了方便开发人员控制动画的时间长度，JavaScript 在 Window 对象中定义了两个方法：setTimeout()和 setInterval()。

1. setTimeout()方法

setTimeout()方法能够在指定的时间段后执行特定代码，其用法如下。

```
var o = setTimeout( code, delay )
```

参数 code 表示要延迟执行的代码字符串，该字符串语句可以在 Windows 环境中执行，如果包含多个语句，应该使用分号进行分隔。delay 表示延迟的时间，以毫秒为单位；返回一个延迟执行的代码控制句柄。如果把这个句柄传递给 clearTimeout()方法，则会取消代码的延迟执行。

【例 14-29】本实例演示了当鼠标移过段落文本时，会延迟半秒钟后弹出一个提示对话框，显示当前元素的名称。代码如下。

```
<p>段落文本</p>

<script language="javascript" type="text/javascript">
var p = document.getElementsByTagName("p")[0];
```

```
p.onmouseover = function(i){
    setTimeout(function(){
        alert(p.tagName)
    }, 500);
}
</script>
```

setTimeout()方法的第一个参数虽然是字符串，但也可以把 JavaScript 代码封装在一个函数体内，然后把函数引用做为参数传递给 setTimeout()方法，等待延迟调用，这样就避免了传递字符串的疏漏和麻烦。

【例 14-30】本实例演示了如何为集合中每个元素都绑定一个事件延迟处理函数。代码如下。

```
var o = document.getElementsByTagName("body")[0].childNodes;    //获取 body 元素下所有子元素
for(var i = 0; i < o.length; i ++ ){                            //遍历元素集合
    o[i].onmouseover = function(i){                             //注册鼠标经过事件处理函数
        return function(){                                      //返回闭包函数
            f(o[i]);                                            //调用函数 f，并传递当前对象引用
        }
    }(i);                                   //调用函数并传递循环序号，实现在闭包中存储对象序号值
}
function f(o){                              //延迟处理函数
    var out = setTimeout( function(){       //定义延迟半秒钟后执行代码
        alert(o.tagName);                   //显示当前元素的名称
    }, 500);
}
```

这样，当鼠标移过每个 body 元素下的子元素时，都会延迟半秒钟后弹出一个提示对话框，提示该元素的名称。可以利用 clearTimeout()方法在特定条件下清除延迟处理代码。

【例 14-31】当鼠标移过某个元素，并停留半秒钟之后，才会弹出提示信息，一旦鼠标移出当前元素，就立即清除前面定义的延迟处理函数，避免相互干扰。

```
var o = document.getElementsByTagName("body")[0].childNodes;
for(var i = 0; i < o.length; i ++ ){
    o[i].onmouseover = function(i){         //为每个元素注册鼠标移过时事件延迟处理函数
        return function(){
            f(o[i])
        }
    } (i);
    o[i].onmouseout = function(i) {         //为每个元素注册鼠标移出时清除延迟处理函数
        return function(){
            clearTimeout(o[i].out);         //调用 clearTimeout()方法，清除已注册的延迟处理函数
        }
    } (i);
}
function f(o){                              //为了防止混淆多个注册的延迟处理函数，分别把不同元素的
                                              延迟处理函数的引用存储在该元素对象的 out 属性中
    o.out = setTimeout(function(){
        alert(o.tagName);
    } , 500);
}
```

setTimeout()方法只能够被执行一次，如果希望反复执行该方法中包含的代码，则应该在setTimeout()方法中包含对自身的调用，这样就可以把自己注册为能够被反复执行的方法。

Note

【例 14-32】运行下面的代码会在页面内的文本框中按秒针速度显示递加的数字，当循环执行 10 次后，会调用 clearTimeout()方法清除对代码的执行，并弹出提示信息。

```
<input type="text" />

<script language="javascript" type="text/javascript">
var t = document.getElementsByTagName("input")[0];
var i = 1;
function f(){
    var out = setTimeout(                        //定义延迟执行的方法
    function(){                                  //延迟执行函数
        t.value = i ++ ;                         //递加数字
        f();                                     //调用包含 setTimeout()方法的函数
    }, 1000);                                    //设置每秒执行一次调用
    if(i > 10){                                  //如果超过 10 次，则清除执行，并弹出提示信息
        clearTimeout(out);
        alert("10 秒钟已到");
    }
}
f();                                             //调用函数
</script>
```

2. setInterval()方法

使用 setTimeout()方法模拟循环执行指定代码，不如通过直接调用 setInterval()方法来实现。setInterval()方法能够周期性地执行指定的代码，如果不加以人工处理，那么该方法将会被持续执行，直到浏览器窗口关闭，或者跳转到其他页面为止。其语法如下。

```
var o = setInterval( code, interval )
```

该方法的用法与 setTimeout()方法基本相同，其中，参数 code 表示要周期执行的代码字符串，而 interval 参数表示周期执行的时间间隔，以毫秒为单位。该方法返回的值是一个 Timer ID，这个 ID 编号指向对当前周期函数的执行引用，利用该值对计时器进行访问，如果把这个值传递给 clearTimeout()方法，则会强制取消周期性执行的代码。

此外，如果 setInterval()方法的第一个参数是一个函数，则 setInterval()方法还可以跟随任意一个参数，这些参数将作为此函数的参数使用。格式如下所示。

```
var o = setInterval( function, interval, arguments… )
```

【例 14-33】针对上面的实例，可以进行下面这样的设计。

```
<input type="text" />

<script language="javascript" type="text/javascript">
var t = document.getElementsByTagName("input")[0];
var i = 1;
var out = setInterval(f, 1000);                    //定义周期性执行的函数
function f(){
    t.value = i ++ ;
```

```
        if(i > 10){                                 //如果重复执行 10 次
            clearTimeout(out);                      //则清除周期性调用函数
            alert("10 秒钟已到");
        }
    }
</script>
```

Note

setTimeout()和 setInterval()方法在用法上有几分相似，不过两者的作用区别也很明显，setTimeout()方法主要用来延迟代码执行，而 setInterval()方法主要用于实现周期性执行代码。

在动画设计中，setTimeout()方法适合在不确定的时间内持续执行某个动作，而 setInterval()方法则适合在有限的时间内执行可以确定起点和终点的动画。

如果同时做周期性动作，setTimeout()方法不会每隔几秒钟就执行一次函数，如果函数执行需要 1s，而延迟时间为 1s，则整个函数应该是每 2s 才执行一次。而 setInterval()方法却没有被自己所调用的函数束缚，它只是简单地每隔一定时间就重复执行一次那个函数。

14.6.4　设计滑动效果

滑动效果主要通过动态修改元素的坐标来实现。设计的关键有以下两点。

- ☑ 考虑元素的初始化坐标、最终坐标，以及移动坐标等定位要素。
- ☑ 考虑移动速度、频率等问题。移动可以借助定时器来实现，但效果的模拟涉及到算法问题，不同的算法，可能会设计出不同的移动效果，如匀速运动、加速和减速运动。在 Flash 动画设计中，就专门提供了一个 Tween 类，利用它可以模拟出很多运动效果，如缓动、弹簧震动等效果，其技术核心是算法设计问题。算法看似很高深，但如果通俗一点讲，就是通过数学函数计算定时器每次触发时移动的距离。

【例 14-34】本实例演示了如何设计一个简单的元素滑动效果。通过指向元素、移动的位置，以及移动的步数，可以设计按一定的速度把元素从当前位置移动到指定的位置。本实例引用前面介绍的 getB()方法，该方法能够获取当前元素的绝对定位坐标值。代码如下。

```
//简单的滑动函数
//参数：e 表示元素，x 和 y 表示要移动的最后坐标位置（相对包含快），t 表示元素移动的步数
function slide(e, x, y, t){
    var t = t || 100;          //初始化步数，步数越大速度越慢，移动的过程越逼真，但中间移动误差就越明显
    var o = getB(e);           //当前元素的绝对定位坐标值
    var x0 = o.x;
    var y0 = o.y;
    var stepx = Math.round((x - x0) / t);          //计算 x 轴每次移动步长，由于不可用小数会存在一定的误差
    var stepy = Math.round((y - y0) / t);          //计算 y 轴每次移动的步长
    var out =   setInterval(function(){            //设计定时器
        var o = getB(e);                           //获取每次移动后的绝对定位坐标值
        var x0 = o.x;
        var y0 = o.y;
        e.style["left"] = (x0 + stepx) + 'px';     //定位每次移动的位置
        e.style["top"] = (y0 + stepy) + 'px';      //定位每次移动的位置
        if (Math.abs(x - x0) <= Math.abs(stepx) || Math.abs(y - y0) <= Math.abs(stepy)) {//如果距离终点坐标的
距离小于步长，则停止循环执行，并校正元素的最终坐标位置
            e.style["left"] = x + 'px';
            e.style["top"] = y + 'px';
```

```
            clearTimeout(out);
        };
    }, 2)
};
```

Note

最后，应用这个函数。使用时应该定义元素绝对定位或相对定位显示状态，否则移动无效。代码如下。

```
<style type="text/css">
.block {width:20px; height:20px; position:absolute; left:200px;
top:200px; background-color:red; }
</style>

<div class="block" id="block1"></div>

<script language="javascript" type="text/javascript">
temp1 = document.getElementById('block1');
slide(temp1, 400, 400,60);
</script>
```

滑动效果主要通过动态修改元素的透明度来实现。

【例 14-35】本实例演示了如何实现一个简单的渐隐渐显动画效果。代码如下。

```
//渐隐渐显动画显示函数
//参数：e 表示渐隐渐显元素，t 表示渐隐渐显的速度，值越大渐隐渐显速度越慢，io 表示渐隐或渐显方式，
取值 true 表示渐显，取值 false 表示渐隐
function fade(e, t, io){
    var t = t || 10;                              //初始化渐隐渐显速度
    if(io){                                       //初始化渐隐渐显方式
        var i = 0;
    }else{
        var i = 100;
    }
    var out = setInterval(function(){             //设计定时器
        setOpacity(e, i);                         //调用 setOpacity()函数
        if(io) {                                  //根据渐隐或渐显方式决定执行效果
            i ++ ;
            if(i >= 100)   clearTimeout(out);
        }
        else{
            i-- ;
            if(i <= 0)   clearTimeout(out);
        }
    }, t);
}
```

调用该函数，其代码如下所示。

```
<style type="text/css">
.block {width:200px; height:200px; background-color:red; }
</style>
```

```
<div class="block" id="block1"></div>

<script language="javascript" type="text/javascript">
e = document.getElementById('block1');
fade(e,50,true);                                    //应用渐隐渐显动画效果
</script>
```

第15章

使用CSS设计XML文档样式

（视频讲解：43分钟）

XML是一种可扩展标签语言，比HTML语言更灵活、更强大。XML可以用来标记数据、定义数据类型，是一种允许用户对自己的标签语言进行定义的源语言。XML是标准通用标签语言（SGML）的子集，非常适合Web传输，XML提供统一的方法来描述和交换独立于应用程序或供应商的结构化数据。本章将讲解如何使用CSS控制XML文档样式，并了解XML文档和CSS样式表沟通的方式。

学习重点：

- 了解XML语言基本语法。
- 熟悉XML文档结构。
- 能够在XML文档中导入CSS样式表。
- 能够使用CSS控制XML文档样式。

15.1　XML 基础

Note

XML（eXtensible Markup Language，可扩展的标签语言）的前身是 SGML（The Standard Generalized Markup Language，标准通用标签语言）。与 HTML 一样，XML 是 SGML 的一个子集，但是 XML 兼具 HTML 和 SGML 两种语言的优点：既全面通用，又简洁明晰，非常适合各种网络应用的需要。

SGML 从 20 世纪 80 年代初开始使用，与 HTML 一样也可以用于创建其他标签语言，但是 SGML 非常复杂，而且使用费用昂贵，几个主要的浏览器厂商都明确拒绝支持 SGML，这无疑阻碍了 SGML 在网上的传播和发展。相反，简单的 HTML 获得了广泛的支持。正因为如此，1996 年，开发人员开始致力于开发一种新的标签语言，使它既具有 SGML 的强大功能和可扩展性，同时又具有 HTML 的简单性，于是 XML 就诞生了。1997 年，XML 草案被拟定；1998 年 2 月，W3C 正式批准了 XML 的 1.0 版本。

XML 不但是文档结构的标签语言，而且还具有可扩展性，它并非像 HTML 那样提供了一组事先定义好的标签，而是提供一套标准。利用这个标准，用户可以根据需要自定义新的标签语言，并且为这个标签语言规定特有的一套标签。

因此，准确地说，XML 是一种元标签语言，它允许开发人员根据 XML 提供的规则制定各种适合实际需要的标签语言，这也正是 XML 语言的核心价值所在。事实上，使用 XML 定义的标签语言可以根据标签描述的侧重点不同分为两大类，一类侧重于语意的描述，标签被用来解释所包含文本的语境和含义，但不负责定义如何显示所包含的信息；另一类侧重于显示方式的描述。例如，XHTML（eXtensible Hyper Text Markup Language，扩展超文本标签语言）、SVG（Scalable Vector Graphic，可缩放矢量图形语言）及 SMIL（Synchronized Multimedia Integration Language，同步多媒体综合语言）等。标签更多的被用来定义信息显示的结构和方式。

15.1.1　XML 文档基本结构

XML 文档一般包含 3 部分：XML 声明、处理指令和 XML 元素。其中，处理指令是可选部分。

【例 15-1】下面这段代码是一个非常简单的 XML 文档，看上去与 HTML 文档很相似，但如果仔细分析会发现，这里的标签所代表的不再是显示格式，而是对于日志信息的语义解释。

```
<?xml version="1.0" encoding="gb2312"?>
<?xml-stylesheet type="text/xsl" href="xsl.xsl" ?>
<!-- xml 文档结构 -->
<blog>
    <item>
        <id>1</id>
        <title>标题 1</title>
        <time>发布时间</time>
        <content>日志内容</content>
        <word>
            <user>昵称</user>
            <time>留言时间</time>
            <text>留言内容</text>
        </word>
```

```
    </item>
</blog>
```

Note

在上面的代码中，第 1 行代码表示 XML 声明，第 2 行表示 XML 处理指令，第 3 行是注释，从第 4 行开始表示文档中各个元素。与 HTML 一样，XML 也是一个基于文本的标签语言，用“<”和“>”标签（一对尖括号）来表示数据。不同的是，XML 标签说明了数据的含义，而不是如何显示它。XML 文档的内容都是由一个根元素（如 blog）构成的，它由开始标签<blog>和结束标签</blog>组成。开始标签与结束标签之间就是这个元素的内容。由于各个元素的内容被各自的元素标签所包含，在 XML 中进行各种数据的分类查找和处理变得非常容易。

15.1.2 声明

每个 XML 文档都必须有声明。声明包含 XML 版本以及所使用的字符集等信息。这些声明信息是 XML 处理程序正确解析 XML 数据的基础。在 XML 文档前面不允许有其他任何字符，包括空格。XML 声明必须是 XML 文档中的第一行内容。声明如下所示。

```
<?xml version="1.0" encoding="gb2312"?>
```

- ☑ XML 声明以分隔符“<?”开始，“?>”结束。“<?”标签后面的 XML 关键字表示该文件是一个 XML 类型的文件。
- ☑ version="1.0"表示该文档遵循的是 XML 1.0 标准。在 XML 声明中要求必须指定 version 的属性值，指明文档所采用的 XML 版本号，且必须在属性列表中排在第一位。
- ☑ encoding="gb2312"表示该文档使用的是 GB2312 字符集。在 XML 规范中，包括很多编码类型，常见的编码如下。
    - ➢ 简体中文编码：GB2312。
    - ➢ 繁体中文编码：BIG5。
    - ➢ 压缩的 Unicode 编码：UTF-8。
    - ➢ 压缩的 UCS 编码：UTF-16。

采用哪一种编码取决于文档中用到的字符集。在例 15-1 中，标签都是用中文来写的，内容也含有中文，因此需要在声明中加上 encoding="gb2312"属性。

15.1.3 处理指令

处理指令是用来给处理 XML 文档的应用程序提供信息的。XML 解析器可能对它并不感兴趣，而把这些信息原封不动地传递给应用程序，然后由这个应用程序来解释这个指令，遵照它所提供的信息进行处理，或者再把它原封不动地传给下一个应用程序。而 XML 声明是一个处理指令的特例。所有的处理指令应该遵循下面的格式。

```
<?处理指令名 处理指令信息?>
```

由于 XML 声明的处理指令名是 xml，因此其他处理指令名不能再用 xml，例如下面这条指令。

```
<?xml-stylesheet type="text/xsl" href="xsl.xsl" ?>
```

该指令的具体解释如下。

- ☑ <?……?>表示该行是一条指令。
- ☑ xml-stylesheet 表示该指令用于设定文档所使用的样式表单文件。

- ☑ type="text/xsl"属性设置文档所使用的样式表单为 XSL 类型。如果要设置为 CSS 样式表，则该属性应该为 type="text/css"。
- ☑ href="xsl.xsl"属性设置样式表单文件的地址。

15.1.4　注释

在 HTML 中，注释的起始和终止定界符分别为“<!--”和“-->”，XML 的注释方法也完全相同。不过在 XML 文档中使用注释时，应该注意如下问题。

- ☑ 注释不能出现在 XML 声明之前，XML 的声明必须是文档的首行。例如，下面的写法是错误的。

```
<!-- xml 文档结构 -->
<?xml version="1.0" encoding="gb2312"?>
```

- ☑ 注释不能出现在标签中。例如，下面的写法是非法的。

```
<姓名<!-- xml 文档结构 -->>张三</姓名>
```

注释中不能出现两个连续连字符。例如，下面的注释是非法的。

```
<!-- xml 文档--结构 -->
```

- ☑ 注释中可以包含元素，只要元素中不包含两个连续连字符“--”。此元素也成为注释的一部分，解析时将被忽略。

15.1.5　标签

XML 文档中的标签包含 3 部分：标签的起始符“<”、标签的名称和标签的终止符“>”。标签的起始符和终止符分别为 ASCII 编码的小于号和大于号，又称为分隔符或定界符，用于将标签与数据分开。在使用中文标签时，不要把这两个定界符输入成中文的全角符号“〈”和“〉”，所有标签中的分号、逗号和双引号等都应该是半角的 ASCII 编码。

标签是编写 XML 文档必须使用的，在 HTML 中所使用的标签都是已经定义好的，有各自固定的格式。而在 XML 中，没有固定的标签，用户可以按自己的需要来定义和使用标签。标签把 XML 文件与纯文本文件分开。

元素是 XML 文档内容的基本单元，它与标签是一一对应的，元素相当于一个容器。在 XML 文档中，所有内容都必须装在各种各样的容器内，然后在容器上贴上对所装内容进行说明的标签。元素是 XML 文档的灵魂，它构成一个 XML 文档的主要内容。XML 元素由 XML 标签来定义，标签名即元素名。XML 的标签有两种类型：非空标签和空标签。相应地，XML 元素也就有非空元素与空元素之分。

在 XML 中还有一种既包含子元素又包含文档内容的混合型元素。由于这样的元素在描述实际对象信息时，并不能很好地符合信息结构化的要求，因此在实际中不常使用。

非空元素由非空标签来定义，其一般表示形式如下。

```
<标签名>元素内容</标签名>
```

从上面的结构可以看出，非空标签必须是对称型标签，起始标签和结束标签同名，唯一的差别是结束标签中，在定界符“<”后和标签名前有一个“/”分隔符号。由于 XML 的名称对大小写是敏感的，所以要特别注意起始标签和结束标签的匹配。

Note

在文档中，起始标签和结束标签之间一定有其他内容、字符数据或者是其他标签。其中，元素内容有时也称为数据或信息，它可以是文本，也可以是子元素。因此在一个 XML 文档中，元素与标签的区分并不是十分严格，在很多场合两者是可以交换使用的。但要记住，非空元素包含一定的内容，而空标签仅仅是标签，不含任何内容。

空标签可以用两个对称的标签来表示，如<blog></ blog>，但一般可以简写为一个单独的标签，再在标签名和定界符“>”之间加入一个“/”符号，如<blog />。

在元素中可以包含其他元素，这就构成了元素的嵌套。几乎所有的 XML 文档都是由嵌套的元素构成的（除非整个文档只有一个元素）。XML 规定，不管文档中有多少元素，也不管这些元素是如何排列、嵌套的，最后所有的元素都必须包含在一个被称为“根元素”的元素中（如 blog），这就构成了 XML 文档元素的树状结构。当然，对于元素的嵌套，也可以包含下面的规则。

☑ XML 文档都是从一个根节点开始的，该根节点代表文档本身，根节点包含了一个根元素。文档内所有其他元素都被包含在根元素中。

☑ 包含在根元素中的第一个元素被称为根元素的子元素。如果不止一个子元素，且子元素没有嵌套在第一个子元素内，则这些子元素是平等关系，互为兄弟。

☑ 子元素还可以包含子元素。可以包含子元素的元素被称为分支，没有包含子元素的元素被称为树叶。

15.1.6 属性

HTML 用属性来精确控制网页的显示方式，但是这些属性都是预先定义好的。在 XML 中也可以根据需要为标签随意定义属性。在开始标签与空标签中可以有选择地包含属性，属性会代表引入起始标签的数据，也可以使用一个属性以存储关于该元素的多个数据。属性是元素的可选组成部分，其作用是对元素及其内容的附加信息进行描述。

XML 属性由空格分隔开的名/值对构成。所有的属性值都必须用引号括起来。其语法形式如下。

```
<标签名 属性名 1="属性值 1" 属性名 2="属性值 2" 属性名 3="属性值 3"...>元素内容</标签名>
```

例如：

```
<留言 姓名="张三" QQ="666666666" Email="zhangsan@263.net” 留言时间="2012-4-5 16:39:26">
    这里是我的留言
</留言>
```

对于空元素，其使用形式如下。

```
<标签名 属性名 1="属性值 1" 属性名 2="属性值 2" 属性名 3="属性值 3"... />
```

那么应该使用属性，还是元素呢？这没有明确的规定，一般来讲，具有如下特征的信息可以考虑使用属性来表示。

☑ 与文档无关的简单信息。例如，<书桌 长="240cm" 宽="80cm" 高="100cm" />中的“书桌”元素，其目的是向用户展示一个书桌，但书桌的大小与用户基本无关，而且其“长”、“宽”和“高”也没有子结构。在这种情况下，就可以将矩形的“长”、“宽”和“高”信息作为元素的属性。

☑ 与文档有关而与文档的内容无关的简单信息。例如，<Email 发送时间="2012-4-5 16:39:26” 发送人="张三">这里是电子邮件内容</Email>。当然有些信息既可以用元素来表示，也可以用属性来表示。例如，对于上面实例中的留言信息，以及与留言相关的属性，这些留言属

性既可以使用元素来表示，也可以使用属性来表示。

那么在既可以使用元素，也可以使用属性的情况下，到底使用哪一种方式更好、更准确呢？对于这个问题，XML 规则没有提供明确的答案，具体使用哪种方式完全在于文档编写者的经验。

☑ 在将已有文档处理为 XML 文档时，文档的原始内容应全部表示为元素；而编写者所增加的一些附加信息，如对文档某一点内容的说明、注释、文档的某些背景材料等信息可以表示为属性，当然，前提是这些信息非常简单。

☑ 在创建和编写 XML 文档时，希望显示的内容应表示为元素（即能够在浏览器中显示出来的信息），反之表示为属性。

☑ 实在无法确定表示为元素或属性的，就可以表示为元素。因为在对文档进行最后处理的过程中，使用元素比使用属性具有更大的灵活性。

当然，在使用属性之前，需要在 DTD 文档类型定义部分进行说明。

Note

15.2　设置 XML 文档样式

XML 文档是程序间交换数据的简单而标准的方法，并不包含显示信息。如果要把 XML 包含的信息以一样的样式呈现出来，可以通过样式表定义 XML 的数据显示方式，将 XML 数据与其显示的表达形式分开。

W3C 定义了两种样式表语言标准，一种是级联样式表 CSS，另一种是可扩展样式语言 XSL（eXtensible Stylesheet Language），下面简单介绍这两种样式表的使用方法。

15.2.1　CSS 样式表

CSS 是针对 HTML 提出的样式表语言，也可以用于描述 XML 文档的显示。

【例 15-2】本实例中分别新建一个 XML 和 CSS 文档，使用 CSS 样式表控制 XML 文档的显示效果，演示效果如图 15.1 所示。

第 1 步，构建一个 XML 文档，保存为 book.xml，详细代码如下。

```
<?xml version="1.0" encoding="gb2312"?>
<book>
    <name>XML 高级编程</name>
    <author>（美）依维恩</author>
</book>
```

第 2 步，新建一个 CSS 样式表文件，保存为 book.css，输入下面的代码。

```
book {
    background-color:#FFC;
    display: block;
    margin:2em;
}
name {
    display: block;
    font-family: Arial, Helvetica, sans-serif;
    font-size: 32pt;
    color: red;
```

```
}
author {
    display: block;
    font-size: 20pt;
    color: blue;
}
```

第 3 步，在 XML 文档中使用如下指令引用 CSS 样式表。

```
<?xml-stylesheet href="book.css" type="text/css"?>
```

第 4 步，在浏览器中预览 book.xml 文档，其显示效果如图 15.1 所示。

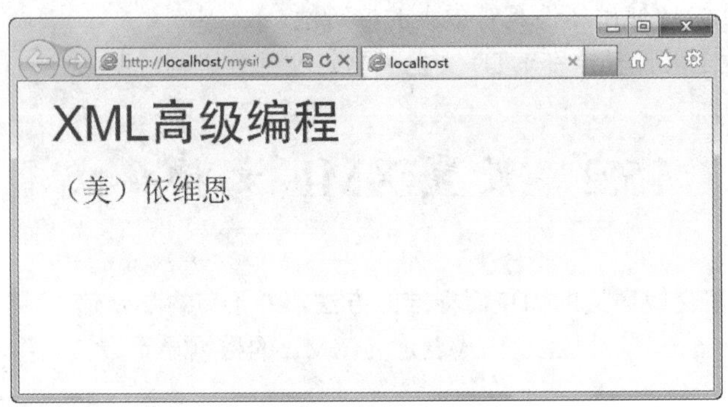

图 15.1　使用 CSS 设置 XML 文档样式

用 XML 解析器解析 XML 和 CSS 文件，过程如下。

☑　解析 book.xml，抽取其元素。

☑　使用 book.css 文件，应用样式格式化 XML 文档中的元素。

如果没有 CSS 样式表的作用，在浏览器中预览 book.xml 文档，其显示效果如图 15.2 所示。

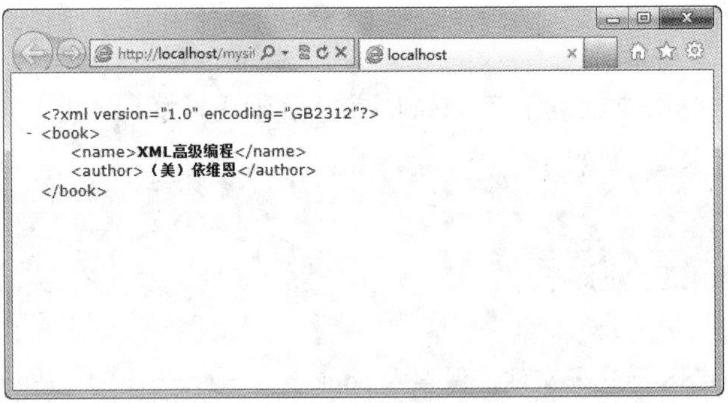

图 15.2　无 CSS 的 XML 文档效果

15.2.2　XSL 样式表

XSL 是一种用来转换 XML 文档的样式表，它包括结构转换（XSLT）和格式化输出（XSL-FO）两部分。在结构转换的过程中，XSL 通过 XPath 来查找和定位 XML 文档中的信息。

XPath 是一种专门用来在 XML 文档中查找信息的语言，可以描述如何识别、选择、匹配 XML 文档中的各个元素。XML 通过 XSLT 和 XPath，可以把 XML 转换成任何一种文档，当然也包括 HTML 文档。

【例 15-3】在本实例中将演示如何定义 XSL 的基本结构，以及如何使用 XSL 控制 XML 文档的显示样式。

第 1 步，构建一个 XML 文档，保存为 book.xml，详细代码如下。

```
<?xml version="1.0" encoding="gb2312"?>
<?xml-stylesheet type="text/xsl" href="book.xsl"?>
<books>
    <book>
        <name>XML 高级编程</name>
        <author>（美）依维恩</author>
    </book>
    <book>
        <name>XML 入门经典</name>
        <author>（美）亨特</author>
    </book>
    <book>
        <name>XML 安全基础</name>
        <author>（美）多尼</author>
    </book>
</books>
```

第 2 步，新建一个 XSL 样式表文件，保存为 book.xsl，输入下面的代码。

```
<?xml version="1.0" encoding="gb2312"?>
<xsl:stylesheet xmlns:xsl="http://www.w3.org/TR/WD-xsl">
    <xsl:template match="/">
        <html>
        <head>
        <title>Book Store</title>
        </head>

        <body>
        <h2 align="center">Book Store</h2>
        <xsl:apply-templates select="books"/>

        </body>
        </html>
    </xsl:template>
    <xsl:template match="books">
        <table border="1" cellpadding="0" align="center">
            <tr>
                <th>Name</th>
                <th>Author</th>
            </tr>
            <xsl:for-each select="book">
                <tr>
                    <td><xsl:value-of   select="name"/></td>
                    <td><xsl:value-of   select="author"/></td>
                </tr>
            </xsl:for-each>
        </table>
```

```
    </xsl:template>
</xsl:stylesheet>
```

从上面的代码中可以看出，XSL 文件由以下几部分组成。

Note

XSL 文档也是 XML 文档，所以第一行要有 XML 声明，如下所示。

```
<?xml version="1.0" encoding="gb2312"?>
```

接下来是 XSL 声明。

```
<xsl:stylesheet xmlns:xsl="http://www.w3.org/TR/WD-xsl">
<!--模板规则-->
<!--输出模板-->
</xsl:stylesheet>
```

在 XSL 声明中包含模板，模板定义 XML 的输出格式。需要注意以下几点。

☑ XSL 本身是 XML 文档，注意标签的匹配。

☑ <xsl:stylesheet>既是 XSL 的声明，也是根元素，要放在文件的首部。

☑ 要用 xmlns 指明 XSL 的命名空间，代码如下。

```
<xsl:stylesheet xmlns:xsl="http://www.w3.org/TR/WD-xsl">
```

☑ 样式表中的所有模板都由<xsl:template>声明，模板可以说明处理的对象，处理方式或是转换的结果。

15.3 CSS 与 XML 文档关联

就像使用 CSS 来规范 HTML 的显示一样，设计师可以使用 CSS 对 XML 中声明的元素标签定义层叠样式，从而达到控制元素显示方式的目的。如可以指定元素的字体、字号、颜色、显示位置、超链接等。

在 XML 文档中有 3 种使用 CSS 的方式。第 1 种是内部 CSS 形式，即在 XML 文档中直接置入 CSS 样式。第 2 种方式是将 CSS 样式集合在单独的 CSS 样式表文件中，利用特殊的声明语句将 XML 文档与 CSS 文件关联在一起。第 3 种方式是前两者的结合，在 XML 文档内放置少量 CSS 样式指令，同时也使用外部 CSS 样式表文件。

15.3.1 直接嵌入 CSS 样式

XML 文档内部包含的 CSS 样式被称为内部 CSS。为了将 CSS 样式置入 XML 文档内部，并让处理器识别哪些是 CSS 样式，哪些是 XML 元素，需要引入<style>标签，并且通过名域机制引入<style>，具体格式如下。

```
<根元素名 xmlns:html="http://www.w3.org/TR/REC-HTML40">
```

这是一个名域声明语句，http://www.w3.org/TR/REC-HTML40 用来定义 HTML 标签的名域（文件），为了在 XML 文档中引入 HTML 的标签<style>和</style>，必须指定它的来源和作用。然后把所有在 XML 文档中可能出现的 CSS 样式指令都放在<style>标签对中。HTML 标签的名域文件有很多，根据文档类型可以酌情设置。例如，下面声明定义 XHTML1 文档类型。

```
<根元素名 xmlns:html=" http://www.w3.org/1999/xhtml ">
```

注意，有了这条名域声明语句后，在 XML 文档中使用“HTML：”为前缀，后面可指定任何 HTML 标签。如<HTML:DIV>和</HTML:DIV>、<HTML:A>和</HTML:A>等。

具有内部 CSS 的 XML 文档引用方式如下。

```
<html:style>。
```

这里引入的 HTML 标签来自 HTML4 文档类型。格式如下。

```
<?xml version="1.0" encoding="gb2312" standalone="yes" ?>
<?xml-stylesheet type="text/css" ?>
<根元素 xmlns:html="http://www.w3.org/TR/REC-HTML40">
    <html:style>
        CSS-selector1{属性名:属性值；属性名:属性值；……}
        CSS-selector2{属性名:属性值；属性名:属性值；……}
        ……
    </html:style>
    <XML 元素 1……>元素内容</XML 元素 1>
    <XML 元素 1……>元素内容</XML 元素 1>
    ……
</根元素>
```

【例 15-4】在本实例中将通过在 XML 文档内部定义样式表，实现对 XML 文档显示样式进行控制，显示效果如图 15.3 所示。要注意 HTML 名域 URL 的引用。

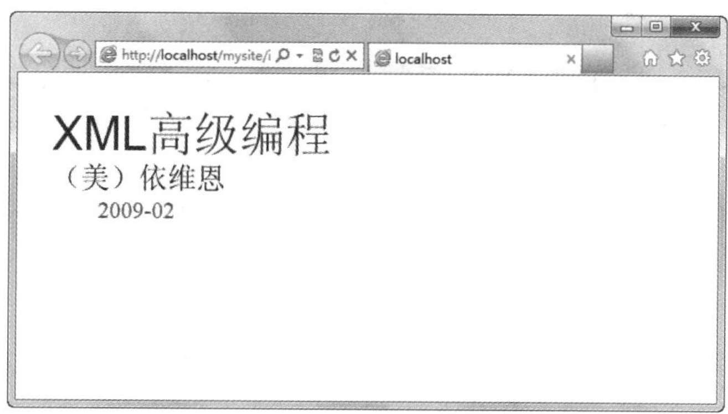

图 15.3　通过内部 CSS 控制 XML 文档效果

```
<?xml version="1.0" encoding="utf-8"?>
<?xml-stylesheet type="text/css"?>
<book xmlns:html="http://www.w3.org/1999/xhtml">
    <html:style>book {
        background-color:#FFC;
        display: block;
        margin:2em;
        }
        name {
        display: block;
        font-family: Arial, Helvetica, sans-serif;
        font-size: 32pt;
        color: red;
```

Note

```
        }
        author {
        display: block;
        font-size: 20pt;
        color: blue;
        }
        date{
        display:block;
        font-size: 16pt;
        color: green;
        padding-left:2em;
        }</html:style>
    <name>XML 高级编程</name>
    <author>（美）依维恩</author>
    <date>2009-02</date>
</book>
```

在上面的代码中，第 1 行是 XML 文件的头部声明，作为一个格式良好的 XML 文档，都应该添加头部的声明信息。第 2 行是 CSS 样式的声明，其中，xml-stylesheet 的意思是为 XML 文档添加样式表，type="text/css"的意思是样式表的类型是 CSS。第 4 行和第 25 行中间的内容则是 CSS 样式的内容，其中第 4 行用来声明添加 CSS 代码，第 25 行则是它的封闭标签。后面的几行是 XML 文档的内容。在添加了 CSS 样式之后，在 IE 中打开这个 XML 文档，效果如图 15.3 所示。

15.3.2 导入外部 CSS 样式表文件

除非仅需要个别 CSS 样式来规定 XML 元素的输出，内部 CSS 方式是很少使用的，并且不推荐这种方式。导入外部 CSS 样式表文件，是将所有规范 XML 元素的样式用一个独立的 CSS 文档保存，这是推荐使用方式。

建立 CSS 文档后，需要将 CSS 文档与对应的 XML 文档关联，这是在 XML 文档头部用语句来完成的。如下所示。

```
<?xml-stylesheet type="text/css" href="CSS 文档的 URL" ?>
```

在这条声明语句中，type 用来指定文档类型，这里表明是文本、CSS 类型。href 用来指明引用的 CSS 文档的位置、名称和扩展名，即 CSS 文档的通用资源定位地址。

【例 15-5】本实例演示了如何导入外部样式表文件，演示效果如图 15.3 所示。

```
<?xml version="1.0" encoding="utf-8"?>
<?xml-stylesheet type="text/css" href="index.css"?>
<book>
    <name>XML 高级编程</name>
    <author>（美）依维恩</author>
    <date>2009-02</date>
</book>
```

第 1 行为 XMLl 文档的声明，第 2 行中添加了一个 href 属性，它表示引入外部的 CSS 文件，文件名是 index.css。后面的几行是 XML 文档的内容。

在 index.css 中输入下面的样式代码。

```
@charset "utf-8";
```

```
book {
    background-color:#FFC;
    display: block;
    margin:2em;
}
name {
    display: block;
    font-family: Arial, Helvetica, sans-serif;
    font-size: 32pt;
    color: red;
}
author {
    display: block;
    font-size: 20pt;
    color: blue;
}
date {
    display:block;
    font-size: 16pt;
    color: green;
    padding-left:2em;
}
```

第 3 种混合方式是前两种方式的结合。这里不再说明。

15.3.3　@ import

除了在 XML 头部用声明语句将 CSS 文档引入外，还可以在 CSS 文档中用@import 语句来导入一个或多个 CSS 文档，以便使多个样式表文件共同作用于 XML 文档。@import 语句的语法如下。

在 CSS 文档的第一条语句位置、任何规则之前，写入如下语句。

```
@import url(CSS 的 URL 绝对地址)
```

例如：

```
@import url(table.css)
```

注意，在 IE 5.x 版本浏览器中可能无法使用@import 语句。

15.4　案例实战

本节将通过实例的形式帮助读者使用 CSS 设计 XML 文档样式，以提高实战技法和技巧，快速理解 CSS 在 XML 中的应用。

15.4.1　设计诗情画意图文效果

15.3 节讲解了 XML 文档引用 CSS 的方法，在 XML 中可以像在 HTML 中一样通过 CSS 代码设置各种样式。可以这样说，CSS 在 HTML 页面中能够达到什么效果，那么 CSS 在 XML 文档中也能

Note

够实现同样的效果。本实例为设计一幅图文并茂的诗配画效果，在页面中通过夕阳背景衬托意境，通过 CSS 嵌入的诗人速写给画面以点睛，并在背景图的左上角显示一首唐代诗人李商隐的《登乐游原》小诗，使页面看起来更富诗情画意，设计效果如图 15.4 所示。

图 15.4　设计诗情画意图文效果

实例位置：光盘实例\15\设计诗情画意图文效果\ index.xml。

设计步骤：

第 1 步，构建 XML 文档结构，并保存为 index.xml。

```
<?xml version="1.0" encoding="utf-8"?>
<poem>
    <title>登乐游原</title>
    <author>唐 李商隐</author>
    <wen>
        <li>向晚意不适，</li>
        <li>驱车登古原。</li>
        <li>夕阳无限好，</li>
        <li>只是近黄昏。</li>
    </wen>
</poem>
```

第 2 步，新建 CSS 样式表文件，保存为 xml.css。在样式表文件中定义 XML 文档中各个标签的基本显示样式。

```
poem {                                          /*画面样式*/
    margin:0px;
    background-image:url(06.jpg);               /*设计画面背景图*/
}
title {                                         /*标题样式*/
    position:absolute;
```

```
        left:80px;
        top:20px;
        font-size:26px;
        color:#FFF;
        font-weight:bold;
    }
    author {                                            /*作者样式*/
        position:absolute;
        left:100px;
        top:60px;
        font-size:14px;
        color:#0033FF;
    }
    wen {                                               /*诗文外包含框样式*/
        position:absolute;
        left:80px;
        top:90px;
    }
    li {                                                /*诗文列表样式*/
        display:block;
        color:#000;
        font-size:20px;
        font-weight:bold;
        margin:6px;
    }
```

第 3 步，使用 CSS 在文档中嵌入诗人画像，并通过 width 和 height 属性定义诗文外包含框的大小，并用 background 属性定位值 bottom 和 right，把嵌入的诗人画像定位到包含框的右下角。

```
wen {
    width:620px;
    height:350px;
    background:url(author.png) bottom right no-repeat ;
}
```

15.4.2　设计新闻版面效果

图文混排一般多用于正文内容部分或者新闻内容部分，处理的方式也很简单，文字围绕在图片的一侧、一边，或者四周。这样的设计可以让整个版面显得饱满，又不杂乱。为了获取较高的代码可移植性，要求使用 XML+CSS 方式来实现。

图文混排版式一般情况下不是在页面设计制作过程中实现的，而是在后期网站发布后通过网站的新闻发布系统进行自动发布，这样的内容发布模式，其图片的大小、段落文本排版都属于不可控的范围，因此要考虑到图与文不规则问题。

使用绝对定位方式后，图片将脱离文档流，成为页面中具有层叠效果的一个元素，将会覆盖文字，因此不建议使用绝对定位实现图文混排。通过浮动设计图文混排是比较理想的方式，适当利用补白（padding）或者文字缩进（text-indent）的方式将图片与文字分开。

设计效果如图 15.5 所示。

Note

图 15.5　设计新闻版面效果

实例位置：光盘实例\15\设计新闻版面效果\ index.xml。

设计步骤：

第 1 步，构建 XML 文档结构，并保存为 index.xml。

```
<?xml version="1.0" encoding="gb2312"?>
<?xml-stylesheet type="text/css" href="images/xml.css"?>
<new>
    <h1>2012 年利用 IT 技术改变世界的举措</h1>
    <detail>
        <time>发布时间：2012.01.02 08:17</time>
        <from>来源：赛迪网</from>
    </detail>
    <pic>
        <img></img>
        <title>Facebook（脸谱网）CEO 马克・扎克伯格</title>
    </pic>
    <p>1 月 2 日消息，据国外媒体报道，我们在去年失去了一个传奇，无论你是喜欢苹果还是恨他，都不得不承认，史蒂夫-乔布斯实现了想改变世界的目标。人们认为他之所以成功就是他一直在坚持他可以"改变世界"。因此，在这里向大家提供在新的一年中如何利用新技术来改变世界的几点建议：</p>
    <p>1、加入 Google+ 。今年夏天谷歌公司推出的的社交网站 Google+是近十年来最有创新性的技术产品。Google+虽然是新推出的，但是他开始就立足于国际。社交网站 Twitter 的用户约 80%是美国人，社交网站 Facebook 的用户约 95%是美国人，而在社交网站 Google+的用户中只有不到 10%的美国人。我可以跟巴基斯坦，尼日利亚，印度，印度尼西亚等几乎世界上每个国家的人进行有意义的对话。在社交网站 Google+中可以进行实质性的对话，而不是轻浮的玩笑或随意的交谈。</p>
    <p>2、本月发生了一个有趣的事情表明抵制是有效地，所以加入它。许多人都抵制"美国禁止网络盗版
```

```
法案"的出台，但是全球最大的域名注册商 GoDaddy 公司发表声明，表示将于 2012 年开始支持"美国禁止网络盗版法案"的出台。此举引来其众多客户，即域名持有人的抵制，7 万用户逃离 GoDaddy 公司并选择其他的域名服务商。GoDaddy 公司立即改变其立场，现在声称要积极反对"美国禁止网络盗版法案"的出台。这件事情的教育意义就是抵制是有效地。</p>
        <p>3、学习新知识。互联网已经成为有史以来的最伟大的课堂。苹果公司提供的网络公开课 iTunes U 是一个收集了世界上最多大学讲学的网站。YouTube 上提供的教学视频包括如何烤面包、做瑜伽、酿造啤酒等各种你想学习的。互联网为我们提供了老师和教学材料。没有任何借口不采取学习新东西的措施。</p>
        <p>4、利用网络开创自己的公司。开创自己的公司和创造公司企业精神已经不是其他人的事情了，kickstarter 网站提供了一个新的途径，网站致力于支持和激励创新性，创造性，创意性的活动。通过网络平台面对公众集资，让有创造力的人可能获得他们所需要的资金，以实现创业的梦想。</p>
        <p>5、捐赠或出售旧电子产品。旧的电子垃圾在屋里是极其碍事的，2012 年就让我们采取行动，摆脱这种东西，网站 Gazelle 为我们提供一个以不错价格卖旧电子产品的好地方。改变想法，在 2012 年改变世界！■</p>
    </new>
```

整个结构包含在<new>新闻框中，新闻框中包含 4 部分，第 1 部分是新闻标题，由<h1>标题标签负责；第 2 部分是新闻的附加信息，由<detail>标签负责管理，包括发布时间标签<time>和新闻源自标签<from>；第 3 部分是新闻图片，由<pic>图片框负责控制，其中包含<img>标签，负责显示图片，<title>标签负责注释图片；第 4 部分是新闻正文部分，由<p>标签负责管理。

第 2 步，新建 CSS 样式表文件，保存为 xml.css。在样式表文件中定义 XML 文档中各个标签的基本显示样式。先输入下面的样式，定义新闻框显示效果。

```
new {
    display:block;
    width:900px;                    /*控制内容区域的宽度，根据实际情况考虑，也可以不写*/
    margin:12px;
}
```

第 3 步，继续添加样式，设计新闻标题样式，其中包括三级标题，统一标题为居中显示对齐，一级标题字体大小为 28px，<detail>标签字体大小为 14px，<title>标签大小为 12px，同时<title>标签标题取消默认的上下边界样式。

```
new h1 {
    display:block;
    text-align:center;
    font-size:28px;
    margin:1em;
}
new detail {
    display:block;
    text-align:center;
    font-size:14px;
    margin:1em;
}
new time, new from {
    padding-right:12px;
    ;
}
new title {
    display:block;
```

```
    text-align:center;
    font-size:12px;
    margin:0;
    padding:0;
}
```

Note

第 4 步，设计新闻图片框和图片样式，设计新闻图片框向左浮动，然后定义新闻图片大小固定，并适当拉开与环绕的文字之间的距离。

```
new pic {
    display:block;
    float:left;
    text-align:center;
}
new img {
    display:inline-block;
    background:url(00000003.jpg);
    width:307px;
    height:409px;
    margin-right:1em;
    margin-bottom:1em;
}
```

第 5 步，设计段落文本样式，主要包括段落文本的首行缩进和行高效果。

```
new p {
    display:block;
    line-height:1.8em;
    text-indent:2em;
}
```

简单的几句 CSS 样式代码就能实现图文混排的页面效果。其中重点内容就是将图片设置为浮动，float:left 就是将图片向左浮动，那么如果设置为 float:right 后又将会是怎么样的一个效果呢？读者可以修改代码并在浏览器中查看页面效果。

第16章 使用CSS滤镜

（视频讲解：43分钟）

滤镜不是很新鲜的技术，但却有很神奇的特效。相信读者听说过 Photoshop 的滤镜功能，它可以对图片进行模糊、艺术化处理。在网页中，使用 CSS 虽然不能实现 Photoshop 那般神奇的功能，但还是有助于在网页中实现很多漂亮的效果。美化页面是 CSS 样式的主要任务，滤镜也是 CSS 中的一种方式，因此一般将网页中所运用到的滤镜称为 CSS 滤镜。CSS 滤镜仅出现在 IE 浏览器中，其他浏览器无法正常解析 CSS 滤镜，但大部分浏览器都提供私有属性实现类似的页面效果。

学习重点：

- 了解 CSS 滤镜。
- 能够正确使用常用 CSS 滤镜。
- 能够把握 CSS 滤镜的应用分寸和场合。

16.1 CSS 滤镜概述

Note

在 CSS 中通过 filter 属性定义滤镜，使用方法与其他属性用法相同。CSS 滤镜可分为基本滤镜和高级滤镜。基本滤镜可以直接作用于对象，并产生效果，而高级滤镜需要用 JavaScript 等脚本配合才能够产生效果，但是高级滤镜拥有更强大的功能，能够产生更多变换效果。

16.1.1 基本用法

通过 CSS 设置滤镜效果，可以使页面效果更加丰富多彩，具体用法如下。

```
filter : filterName(parameters);
```

其中，filter 是 CSS 滤镜属性选择符，filterName 是滤镜名称，包括 alpha、blur、wave 等，常用滤镜如表 16.1 所示，而 parameters 表示各个滤镜属性的参数，即由这些属性参数来决定滤镜产生的效果。

当使用多个滤镜时，每个滤镜之间可以使用空格进行分隔，一个滤镜中的若干个参数用逗号分隔，filter 属性和其他样式属性并用时以分号分隔。

表 16.1　常用 CSS 滤镜

滤　镜	说　明
alpha	调整对象内容的透明度。可以设置整体透明度，或线性渐变和放射渐变的透明度
blur	制作对象内容的模糊效果
chroma	将对象中指定的颜色显示为透明
shadow	为对象内容建立阴影效果
glow	绕对象内容边缘添加辉光制作发热效果。辉光将出现在对象边界内的内容的最外轮廓之外
wave	为对象内容建立波纹扭曲效果
xray	以 X 光效果显示对象内容。使用 basicImage 滤镜可以更有效率地建立效果
gray	灰度显示对象内容。使用 BasicImage 滤镜可以更有效率地建立效果
invert	反相显示对象内容。使用 BasicImage 滤镜可以更有效率地建立效果
mask	将对象内容的透明像素用 color 参数指定的颜色显示作为一个遮罩，而非透明像素则转为透明
flipH	水平翻转对象内容
flipV	垂直翻转对象内容

在网页中使用 CSS 滤镜虽然能增强很多页面的表现效果，但过度依赖于使用 CSS 滤镜将会增加过多的页面性能压力。在适当的情况下使用合适的滤镜才能提升页面的整体表现效果以及页面性能。作为网站开发人员，我们需要考虑的是普通用户在使用网站过程中是否会被这些又酷又炫的 CSS 滤镜所限制。

16.1.2 恰当选用滤镜

CSS 滤镜的功能有很多，在实际运用中也表现得相当强大，但功能再强大的 CSS 滤镜也是各个浏览器中的私有属性，并不能像 CSS 样式中大部分属性一样可以解析。

Note

在IE浏览器中的CSS滤镜主要包含了界面滤镜、转换滤镜和静态滤镜3类。这3类滤镜由很多个不同功能的滤镜组成，其中有透明滤镜、支持PNG-24格式图片的滤镜，还有光照效果、灰度显示对象内容等诸多滤镜。

由此可见，使用CSS滤镜美化页面的效果远比CSS样式美化页面的效果强大，而且都是利用代码直接完成的，并未修改图片效果。但漂亮的东西总是需要付出点代价的，例如"魔兽世界"中那些特效在所有的游戏玩家中都是被认同的，很炫很酷，但这款游戏却不是所有的计算机都能"享受"得了的。过于酷炫的效果需要硬件设备的支持，无法达到相应硬件设备条件的计算机只能是望洋兴叹。

同样的道理，在网页中使用过多的CSS滤镜将会考验客户端的承受能力，如果客户端承受不了考验，那么用户将会选择关闭该网页，甚至以后都不会光顾这个网站。最终使用CSS滤镜制作的酷炫页面导致的结果很有可能是失去用户。

为了避免这类情况的发生，建议在一个页面中尽可能少用CSS滤镜，或者可以考虑使用图片代替CSS滤镜所产生的页面效果。

目前所分析的情况都是基于IE浏览器中使用CSS滤镜，如果需要使用滤镜效果，我们还要考虑其他浏览器中是否有相同效果的滤镜存在。例如，使用透明效果的CSS滤镜时，IE浏览器中使用的滤镜是filter:alpha(opacity=60);方式，而FF浏览器中则是使用opacity:0.6;方式；在考虑PNG-24格式的图片能否在浏览器中正常显示的问题时，FF浏览器完全不需要使用滤镜，而IE6浏览器却需要使用滤镜才能正常显示。

鉴于CSS代码的这方面问题，如果需要使用CSS滤镜渲染页面效果，那么我们还要增加较多的代码才能完成效果。因此在考虑使用CSS滤镜之前，需要考虑下面几个问题。

- ☑ 页面中使用CSS滤镜的次数会不会过多。
- ☑ 使用CSS滤镜在性能上是不是会占用较多的CPU。
- ☑ 能否使用图片直接代替由CSS滤镜产生的效果。
- ☑ 使用CSS滤镜后，会不会影响到页面中的内容操作（部分滤镜使用后，需要单独的一个空标签，否则会影响页面中的文字选择或者链接的点击效果）。

16.2 常用CSS滤镜

CSS滤镜很多，完全详解会需要很大的篇幅，如果读者感兴趣，建议参考CSS滤镜手册，下面我们重点讲解CSS常用滤镜。

16.2.1 通道（Alpha）

Alpha滤镜能够实现透明效果，这种透明效果是通过把一个目标元素和背景混合起来实现的，混合程度可以由用户指定的参数值来控制，通过指定坐标，可以指定点、线、面的透明度。具体用法如下。

```
filter:progid:DXImageTransform.Microsoft.Alpha(enabled=bEnabled, style=iStyle, opacity=iOpacity, finishOpacity=iFinishOpacity , startX=iPercent , startY=iPercent , finishX=iPercent , finishY=iPercent )
```

其中各项常用参数的说明如表16.2所示。

Note

表 16.2　滤镜参数说明

参　　数	说　　明
enabled	设置或检索滤镜是否被激活
style	设置或检索透明渐变的样式
opacity	设置或检索透明渐变的开始透明度
finishOpacity	设置或检索透明渐变的结束透明度
startX	设置或检索透明渐变开始点的水平坐标
startY	设置或检索透明渐变开始点的垂直坐标
finishX	设置或检索透明渐变结束点的水平坐标
finishY	设置或检索透明渐变结束点的垂直坐标

【例 16-1】本实例为效果图定义了 30%的不透明度，显示效果如图 16.1 所示。

```
<!DOCTYPE html PUBLIC "-//W3C//DTD XHTML 1.0 Transitional//EN" "http://www.w3.org/TR/xhtml1/DTD/xhtml1-transitional.dtd">
<html xmlns="http://www.w3.org/1999/xhtml">
<head>
<meta http-equiv="Content-Type" content="text/html; charset=gb2312" />
<title>上机练习</title>
<style>
div { float:left; margin:12px; }
div img { height:400px; }
div p { text-align:center; font-weight:bold; color:red; }
div.filter img { filter:progid:DXImageTransform.Microsoft.Alpha(opacity=30);
</style>
</head>
<body>
<div>
    <p><img src="images/01.jpg" /></p>
    <p>原图</p>
</div>
<div class="filter">
    <p><img src="images/01.jpg" /></p>
    <p>效果图</p>
</div>
</body>
</html>
```

图 16.1　应用滤镜前后效果对比

如果修改其中的通道滤镜参数，设置径向渐变透明，参数设置如下，则效果如图 16.2 所示。

```
div.filter img {
    filter:progid:DXImageTransform.Microsoft.Alpha(opacity=10,finishOpacity=100,style=2)
}
```

图 16.2　应用滤镜前后效果对比

16.2.2　模糊（Blur）

Blur 滤镜能够实现模糊效果，通过 CSS 模糊滤镜可以实现用立体字做标题的效果，而且能够让图片产生一种模糊效果。具体用法如下。

```
filter: progid:DXImageTransform.Microsoft.Blur (enabled=bEnabled, makeShadow=bShadow, pixelRadius= flRadius,
shadowOpacity=fOpacity )
```

其中各项常用参数说明如表 16.3 所示。

表 16.3　滤镜参数说明

参　　数	说　　明
enabled	设置或检索滤镜是否激活
makeShadow	设置或检索对象的内容是否被处理为阴影显示
pixelRadius	设置或检索模糊效果的作用深度
shadowOpacity	设置或检索使用 makeShadow 制作成的阴影的透明度（暗度）

【例 16-2】本实例为效果图定义了模糊效果，设置模糊深度为 3，并显示阴影效果。应用滤镜的前后效果对比如图 16.3 所示。

```
<!DOCTYPE html PUBLIC "-//W3C//DTD XHTML 1.0 Transitional//EN" "http://www.w3.org/TR/xhtml1/DTD/
xhtml1-transitional.dtd">
<html xmlns="http://www.w3.org/1999/xhtml">
<head>
<meta http-equiv="Content-Type" content="text/html; charset=gb2312" />
<title>上机练习</title>
<style>
div { float:left; margin:12px; }
```

Note

```
div img { height:400px; }
div p { text-align:center; font-weight:bold; color:red; }
div.filter img { filter:progid:DXImageTransform.Microsoft.blur(pixelradius=3.0, ShadowOpacity=1.0); }
</style>
</head>
<body>
<div>
    <p><img src="images/01.jpg" /></p>
    <p>原图</p>
</div>
<div class="filter">
    <p><img src="images/01.jpg" /></p>
    <p>效果图</p>
</div>
</body>
</html>
```

图 16.3　应用滤镜前后效果对比

16.2.3　运动模糊（MotionBlur）

MotionBlur 滤镜能够实现运动模糊效果，通过 CSS 运动模糊滤镜可以实现在一个特定方向上的分解运动特性。具体用法如下。

```
filter : progid:DXImageTransform.Microsoft.MotionBlur ( enabled=bEnabled, add=bAddImage, direction=iOffset, strength=iDistance )
```

其中各项常用参数的说明如表 16.4 所示。

表 16.4　滤镜参数说明

参　　数	说　　明
enabled	设置或检索滤镜是否激活
add	设置或检索滤镜作用图像是否覆盖原始图像
direction	设置或检索滤镜效果的运动偏移方向
strength	设置或检索以对象为基准的在运动方向上的向外扩散距离

【例 16-3】在本实例中为效果图定义了水平运动模糊效果，设置运动步长为 50px，应用滤镜前后的效果对比如图 16.4 所示。

```
<!DOCTYPE html PUBLIC "-//W3C//DTD XHTML 1.0 Transitional//EN" "http://www.w3.org/TR/xhtml1/DTD/xhtml1-transitional.dtd">
<html xmlns="http://www.w3.org/1999/xhtml">
<head>
<meta http-equiv="Content-Type" content="text/html; charset=gb2312" />
<title>上机练习</title>
<style>
div { float:left; margin:12px; }
div img { height:400px; }
div p { text-align:center; font-weight:bold; color:red; }
div.filter img { filter:progid:DXImageTransform.Microsoft.MotionBlur(Strength=50, Direction=90, Add='true');}
</style>
</head>
<body>
<div>
    <p><img src="images/01.jpg" /></p>
    <p>原图</p>
</div>
<div class="filter">
    <p><img src="images/01.jpg" /></p>
    <p>效果图</p>
</div>
</body>
</html>
```

图 16.4　应用滤镜前后效果对比

16.2.4　透明色（Chroma）

Chroma 滤镜能够实现透明效果，通过该滤镜可以实现设置某个对象中指定的颜色为透明色。具体用法如下。

```
filter : progid:DXImageTransform.Microsoft.Chroma ( enabled=bEnabled , color=sColor )
```

其中各项常用参数说明如表 16.5 所示。

Note

表 16.5　滤镜参数说明

参　　数	说　　明
enabled	设置或检索滤镜是否激活
color	设置或检索此滤镜作用的颜色值

【例 16-4】本实例为效果图定义了透明色为#f9eff6，应用滤镜的前后效果对比如图 16.5 所示。

```
<!DOCTYPE html PUBLIC "-//W3C//DTD XHTML 1.0 Transitional//EN" "http://www.w3.org/TR/xhtml1/DTD/
xhtml1-transitional.dtd">
<html xmlns="http://www.w3.org/1999/xhtml">
<head>
<meta http-equiv="Content-Type" content="text/html; charset=gb2312" />
<title>上机练习</title>
<style>
div { float:left; margin:12px; }
div img { height:400px; }
div p { text-align:center; font-weight:bold; color:red; }
div.filter img { filter:progid:DXImageTransform.Microsoft.Chroma(color='#f9eff6');}
</style>
</head>
<body>
<div>
    <p><img src="images/04.png" /></p>
    <p>原图</p>
</div>
<div class="filter">
    <p><img src="images/04.png" /></p>
    <p>效果图</p>
</div>
</body>
</html>
```

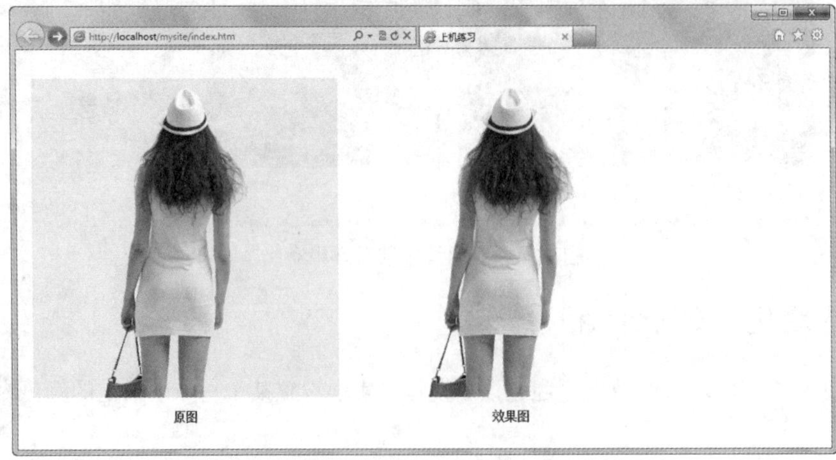

图 16.5　应用滤镜前后效果对比

注意，不建议在 8~24 位抖动的图片文件上使用该滤镜。例如，如果在保存时为会抖动和压缩的 JPEG 格式图片文件应用该滤镜，其效果会很难看或者没有效果。此效果在羽化（柔化色彩以向周围相邻的颜色平和地过渡）的线条等处也不会很好地起作用。确定 color 参数值可能会导致图片自身的透明颜色变为不透明。

Note

16.2.5 翻转（Flip）

Flip 滤镜能够实现翻转效果，通过该滤镜可以实现设置某个对象在水平或者垂直方向上翻转。具体用法如下。

```
filter : FlipH ( enabled=bEnabled )
filter : FlipV ( enabled=bEnabled )
```

其中各项常用参数的说明如表 16.6 所示。

表 16.6 滤镜参数说明

参　数	说　明
enabled	设置或检索滤镜是否激活

【例 16-5】本实例为效果图定义了水平翻转，应用滤镜后图像的前后效果对比如图 16.6 所示。

```
<!DOCTYPE html PUBLIC "-//W3C//DTD XHTML 1.0 Transitional//EN" "http://www.w3.org/TR/xhtml1/DTD/xhtml1-transitional.dtd">
<html xmlns="http://www.w3.org/1999/xhtml">
<head>
<meta http-equiv="Content-Type" content="text/html; charset=gb2312" />
<title>上机练习</title>
<style>
div { float:left; margin:12px; }
div img { height:400px; }
div p { text-align:center; font-weight:bold; color:red; }
div.filter img {filter:FlipH();}
</style>
</head>
<body>
<div>
    <p><img src="images/01.jpg" /></p>
    <p>原图</p>
</div>
<div class="filter">
    <p><img src="images/01.jpg" /></p>
    <p>效果图</p>
</div>
</body>
</html>
```

Note

图 16.6　应用滤镜前后效果对比

16.2.6　光晕（Glow）

Glow 滤镜能够实现发光效果，通过该滤镜可以实现设置某个对象在边缘产生类似发光效果。具体用法如下。

```
filter : progid:DXImageTransform.Microsoft.Glow ( enabled=bEnabled , color=sColor , strength=iDistance )
```

其中各项常用参数说明如表 16.7 所示。

表 16.7　滤镜参数说明

参　　数	说　　明
enabled	设置或检索滤镜是否被激活
color	设置或检索此滤镜作用的颜色值
strength	设置或检索以对象为基准的向外扩散距离

【例 16-6】 本实例为效果对象定义了蓝色的光晕效果，应用滤镜后图像的前后效果对比如图 16.7 所示。

```
<!DOCTYPE html PUBLIC "-//W3C//DTD XHTML 1.0 Transitional//EN" "http://www.w3.org/TR/xhtml1/DTD/xhtml1-transitional.dtd">
<html xmlns="http://www.w3.org/1999/xhtml">
<head>
<meta http-equiv="Content-Type" content="text/html; charset=gb2312" />
<title>上机练习</title>
<style>
div { float:left; margin:12px; }
div img { height:400px; }
div p { text-align:center; font-weight:bold; color:red; }
div.filter    {filter: glow(Color=blue,Strength=10); }
</style>
</head>
<body>
<div>
    <p><img src="images/02.jpg" /></p>
```

```
        <p>原图</p>
    </div>
    <div class="filter">
        <p><img src="images/02.jpg" /></p>
        <p>效果图</p>
    </div>
    </body>
    </html>
```

图 16.7　应用滤镜前后效果对比

注意，该滤镜一般应用于文字，如果直接作用于图片，可能会看不到效果。

16.2.7　灰度（Gray）

Gray 滤镜能够实现灰色效果，通过该滤镜可以实现设置某个对象以灰色效果显示。具体用法如下。

```
filter : Gray ( enabled=bEnabled )
```

其中各项常用参数说明如表 16.8 所示。

表 16.8　滤镜参数说明

参　　数	说　　明
enabled	设置或检索滤镜是否被激活

【例 16-7】本实例为效果对象定义了灰色显示，应用滤镜后图像的前后对比效果如图 16.8 所示。

```
<!DOCTYPE html PUBLIC "-//W3C//DTD XHTML 1.0 Transitional//EN" "http://www.w3.org/TR/xhtml1/DTD/xhtml1-transitional.dtd">
<html xmlns="http://www.w3.org/1999/xhtml">
<head>
<meta http-equiv="Content-Type" content="text/html; charset=gb2312" />
<title>上机练习</title>
<style>
div { float:left; margin:12px; }
div img { height:400px; }
div p { text-align:center; font-weight:bold; color:red; }
```

```
div.filter    { filter:Gray();   }
</style>
</head>
<body>
<div>
    <p><img src="images/02.jpg" /></p>
    <p>原图</p>
</div>
<div class="filter">
    <p><img src="images/02.jpg" /></p>
    <p>效果图</p>
</div>
</body>
</html>
```

图 16.8　应用滤镜前后效果对比

16.2.8　反色（Invert）

Invert 滤镜能够实现反色效果，通过该滤镜可以实现设置某个对象可视化属性全部翻转，包括色彩、饱和度和亮度，使图片产生一种底片或者负片特效。具体用法如下。

```
filter : Invert ( enabled=bEnabled )
```

其中各项常用参数说明如表 16.9 所示。

表 16.9　滤镜参数说明

参　数	说　明
enabled	设置或检索滤镜是否被激活

【例 16-8】本实例为效果对象定义了反色显示，使用滤镜前后的图像效果如图 16.9 所示。

```
<!DOCTYPE html PUBLIC "-//W3C//DTD XHTML 1.0 Transitional//EN" "http://www.w3.org/TR/xhtml1/DTD/xhtml1-transitional.dtd">
<html xmlns="http://www.w3.org/1999/xhtml">
<head>
<meta http-equiv="Content-Type" content="text/html; charset=gb2312" />
```

```
<title>上机练习</title>
<style>
div { float:left; margin:12px; }
div img { height:400px; }
div p { text-align:center; font-weight:bold; color:red; }
div.filter    { filter:Invert();    }
</style>
</head>
<body>
<div>
    <p><img src="images/02.jpg" /></p>
    <p>原图</p>
</div>
<div class="filter">
    <p><img src="images/02.jpg" /></p>
    <p>效果图</p>
</div>
</body>
</html>
```

图 16.9　应用滤镜前后效果对比

16.2.9　遮罩（Mask）

Mask 滤镜能够实现遮罩效果，通过该滤镜可以实现设置某个对象做出一个矩形遮罩。具体用法如下。

```
filter : progid:DXImageTransform.Microsoft.MaskFilter ( enabled=bEnabled , color=sColor )
```

其中各项常用参数说明如表 16.10 所示。

表 16.10　滤镜参数说明

参　数	说　明
enabled	设置或检索滤镜是否被激活
color	设置或检索此滤镜作用的颜色值

【例 16-9】本实例中，将效果图定义成遮罩，则将不会显示该图像，而是下面的背景图，应用

滤镜前后的对比效果如图 16.10 所示。

```
<!DOCTYPE html PUBLIC "-//W3C//DTD XHTML 1.0 Transitional//EN" "http://www.w3.org/TR/xhtml1/DTD/xhtml1-transitional.dtd">
<html xmlns="http://www.w3.org/1999/xhtml">
<head>
<meta http-equiv="Content-Type" content="text/html; charset=gb2312" />
<title>上机练习</title>
<style>
body {background:url(images/06.jpg); }
div { float:left; margin:12px; }
div img { height:400px; }
div p { text-align:center; font-weight:bold; color:red; }
div.filter img    { filter:mask(color=#008800); }
</style>
</head>
<body>
<div>
    <p><img src="images/02.jpg" /></p>
    <p>原图</p>
</div>
<div class="filter">
    <p><img src="images/02.jpg" /></p>
    <p>效果图</p>
</div>
</body>
</html>
```

图 16.10　应用滤镜前后效果对比

16.2.10　阴影（Shadow）

Shadow 滤镜能够实现阴影效果，通过该滤镜可以为目标对象添加阴影效果，其实际效果看起来好像是对象离开了页面，并在页面上显示出对象的阴影。该滤镜的工作原理就是建立一个偏移量，并为其添加颜色。具体用法如下。

```
filter: progid:DXImageTransform.Microsoft.Shadow ( enabled=bEnabled, color=sColor, direction=iOffset, strength=iDistance )
```

其中各项常用参数说明如表 16.11 所示。

表 16.11　滤镜参数说明

参　　数	说　　明
enabled	设置或检索滤镜是否被激活
color	设置或检索此滤镜作用的颜色值
direction	设置或检索滤镜效果的运动偏移方向
strength	设置或检索以对象为基准的在运动方向上的向外扩散距离

【例 16-10】本实例为效果图定义右下方向 20px 的蓝色阴影效果，应用滤镜前后的对比效果如图 16.11 所示。

```
<!DOCTYPE html PUBLIC "-//W3C//DTD XHTML 1.0 Transitional//EN" "http://www.w3.org/TR/xhtml1/DTD/xhtml1-transitional.dtd">
<html xmlns="http://www.w3.org/1999/xhtml">
<head>
<meta http-equiv="Content-Type" content="text/html; charset=gb2312" />
<title>上机练习</title>
<style>
div { float:left; margin:12px; }
div img { height:400px; }
div p { text-align:center; font-weight:bold; color:red; }
div.filter img   { filter:progid:DXImageTransform.Microsoft.Shadow(Strength=20, Direction=135, color=blue);}
</style>
</head>
<body>
<div>
    <p><img src="images/01.jpg" /></p>
    <p>原图</p>
</div>
<div class="filter">
    <p><img src="images/01.jpg" /></p>
    <p>效果图</p>
</div>
</body>
</html>
```

图 16.11　应用滤镜前后效果对比

Note

16.2.11 X 射线（Xray）

Xray 滤镜能够实现轮廓效果，通过该滤镜可以为目标对象添加加亮轮廓效果，使整体看起来有一种 X 光片的效果。具体用法如下。

```
filter : Xray ( enabled=bEnabled )
```

其中各项常用参数说明如表 16.12 所示。

表 16.12 滤镜参数说明

参　数	说　明
enabled	设置或检索滤镜是否被激活

【例 16-11】 本实例为效果图定义 X 射线效果，应用滤镜前后的对比效果如图 16.12 所示。

```
<!DOCTYPE html PUBLIC "-//W3C//DTD XHTML 1.0 Transitional//EN" "http://www.w3.org/TR/xhtml1/DTD/xhtml1-transitional.dtd">
<html xmlns="http://www.w3.org/1999/xhtml">
<head>
<meta http-equiv="Content-Type" content="text/html; charset=gb2312" />
<title>上机练习</title>
<style>
div { float:left; margin:12px; }
div img { height:400px; }
div p { text-align:center; font-weight:bold; color:red; }
div.filter img    { filter:Xray(); }
</style>
</head>
<body>
<div>
    <p><img src="images/01.jpg" /></p>
    <p>原图</p>
</div>
<div class="filter">
    <p><img src="images/01.jpg" /></p>
    <p>效果图</p>
</div>
</body>
</html>
```

图 16.12 应用滤镜前后效果对比

16.2.12　浮雕（Emboss）

Emboss 滤镜能够实现浮雕效果，通过该滤镜可以用灰度值为对象内容制作浮雕纹理效果。具体用法如下。

```
filter : progid:DXImageTransform.Microsoft.Emboss ( enabled=bEnabled , Bias=fBias )
```

其中各项常用参数说明如表 16.13 所示。

表 16.13　滤镜参数说明

参　　数	说　　明
enabled	设置或检索滤镜是否被激活
Bias	设置或检索滤镜是否从对象的非透明像素建立阴影

【例 16-12】本实例为效果图定义了浮雕效果，应用滤镜前后的对比效果如图 16.13 所示。

```
<!DOCTYPE html PUBLIC "-//W3C//DTD XHTML 1.0 Transitional//EN" "http://www.w3.org/TR/xhtml1/DTD/xhtml1-transitional.dtd">
<html xmlns="http://www.w3.org/1999/xhtml">
<head>
<meta http-equiv="Content-Type" content="text/html; charset=gb2312" />
<title>上机练习</title>
<style>
div { float:left; margin:12px; }
div img { height:400px; }
div p { text-align:center; font-weight:bold; color:red; }
div.filter img    { filter:progid:DXImageTransform.Microsoft.emboss(enabled='false') ; }
</style>
</head>
<body>
<div>
    <p><img src="images/01.jpg" /></p>
    <p>原图</p>
</div>
<div class="filter">
    <p><img src="images/01.jpg" /></p>
    <p>效果图</p>
</div>
</body>
</html>
```

图 16.13　应用滤镜前后效果对比

16.2.13 波浪（Wave）

Note

Wave 滤镜能够实现波浪效果，该滤镜的作用就是把对象按照垂直的波形样式进行扭曲，从而达到一种特殊的效果。具体用法如下。

```
filter : progid:DXImageTransform.Microsoft.Wave ( enabled=bEnabled, add=bAddImage, freq=iWaveCount, lightStrength=iPercentage , phase=iPercentage , strength=iDistance )
```

其中各项常用参数说明如表 16.14 所示。

表 16.14　滤镜参数说明

参　数	默 认 值	说　明
enabled	Enabled	设置或检索滤镜是否被激活
add	Add	设置或检索滤镜作用图像是否覆盖原始图像
freq	Freq	设置或检索滤镜建立的波浪数目
lightStrength	LightStrength	设置或检索滤镜建立的波浪浪尖和波谷之间的距离
phase	Phase	设置或检索正弦波开始处的相位偏移
strength	Strength	设置或检索以对象为基准的在运动方向上的向外扩散距离

【例 16-13】本实例为效果图定义了 10px 步长的波形效果，应用滤镜前后的对比效果如图 16.14 所示。

```
<!DOCTYPE html PUBLIC "-//W3C//DTD XHTML 1.0 Transitional//EN" "http://www.w3.org/TR/xhtml1/DTD/xhtml1-transitional.dtd">
<html xmlns="http://www.w3.org/1999/xhtml">
<head>
<meta http-equiv="Content-Type" content="text/html; charset=gb2312" />
<title>上机练习</title>
<style>
div { float:left; margin:12px; }
div img { height:400px; }
div p { text-align:center; font-weight:bold; color:red; }
div.filter img    { filter:progid:DXImageTransform.Microsoft.Wave(Strength=10, Add=true);}
</style>
</head>
<body>
<div>
    <p><img src="images/01.jpg" /></p>
    <p>原图</p>
</div>
<div class="filter">
    <p><img src="images/01.jpg" /></p>
    <p>效果图</p>
</div>
</body>
</html>
```

图 16.14　应用滤镜前后效果对比

16.3　案例实战

在前面的内容中，详细介绍了 CSS 滤镜的基本使用。本节通过一个透明的图文栏目讲解半透明滤镜特效在网页中的应用。实例效果如图 16.15 所示。

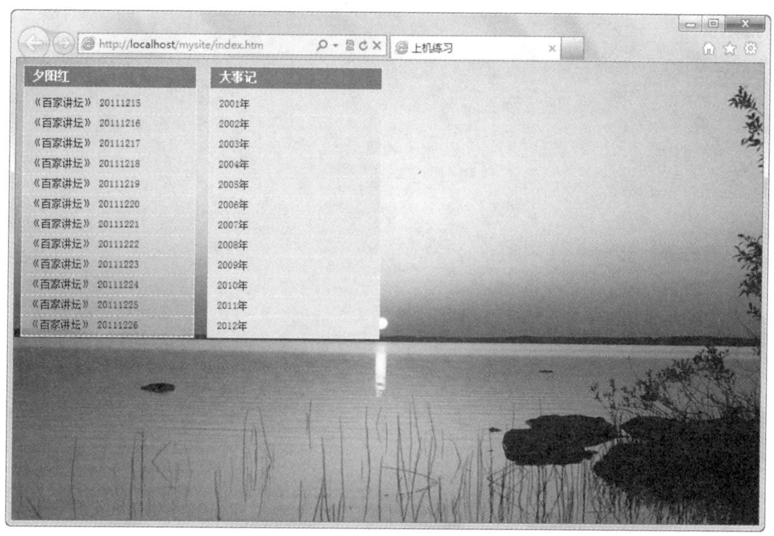

图 16.15　设计透明的图文信息栏

实例位置：光盘实例\16\设计透明的图文信息栏\index.htm。

设计步骤：

第 1 步，构建网页结构。在本实例中有两个模块的内容，分别是“夕阳红”模块和“年份列表”模块，并且这个页面的背景图是一张很大的图片，该页面中的 HTML 结构如下。

```
<body>
<div class="name_list list_box">
    <h3>夕阳红</h3>
```

Note

```
        <div class="content">
            <ul>
                <li>《百家讲坛》 20111215</li>
                <li>《百家讲坛》 20111216</li>
                <li>《百家讲坛》 20111217</li>
                <li>《百家讲坛》 20111218</li>
                <li>《百家讲坛》 20111219</li>
                <li>《百家讲坛》 20111220</li>
                <li>《百家讲坛》 20111221</li>
                <li>《百家讲坛》 20111222</li>
                <li>《百家讲坛》 20111223</li>
                <li>《百家讲坛》 20111224</li>
                <li>《百家讲坛》 20111225</li>
                <li>《百家讲坛》 20111226</li>
            </ul>
        </div>
        <div class="bg"></div>
    </div>
    <div class="year_list list_box">
        <h3>大事记</h3>
        <div class="content">
            <ul>
                <li>2001 年</li>
                <li>2002 年</li>
                <li>2003 年</li>
                <li>2004 年</li>
                <li>2005 年</li>
                <li>2006 年</li>
                <li>2007 年</li>
                <li>2008 年</li>
                <li>2009 年</li>
                <li>2010 年</li>
                <li>2011 年</li>
                <li>2012 年</li>
            </ul>
        </div>
        <div class="bg"></div>
    </div>
```

两个栏目的结构相似，且在 HTML 结构中都有 list_box 的类名。该类名主要是为了在这两个模块的相同之处定义，而不同之处则分别利用两个模块中另外一个类名（分别为.name_list 和.year_list 这两个类）。

第 2 步，构建了页面 HTML 结构之后，只需要再添加 CSS 样式就可以设计栏目效果了，显示效果如图 16.16 所示。

```
    body {
        font:normal 12px/1.5em simsun, Verdana,Lucida, Arial, Helvetica, sans-serif;        /*定义页面文字样式*/
        background:#344650 url(images/bg_body.jpg) no-repeat -500px -200px;              /*定义页面背景颜色以及背景图片，定义了背景图片的显示方式*/
    }
```

```
.list_box {                    /*将页面中的两个容器浮动，并列显示，并给予宽度属性、边框属性以及背景颜色*/
    float:left;
    width:200px;
    margin-right:15px;
    border:1px solid #E8E8E8;
    background-color:#DCDCDC;
}
.list_box * {                  /*将页面中所有元素的内补丁和外补丁设置为 0，并且去除列表的修饰符*/
    margin:0;
    padding:0;
    list-style:none;
}
.list_box h3 {                 /*定义标题高度以及标题文字显示的方式，为了美观定义标题的文字颜色和背景颜色*/
    height:24px;
    margin-bottom:8px;
    line-height:24px;
    text-indent:10px;
    color:#FFFFFF;
    background-color:#666666;
}
.list_box li {                 /*定义列表的宽度以及高度，并设置列表底边框为浅灰色的虚线*/
    float:left;
    width:100%;                /*设置浮动并且设置宽度为 100%可以避免 IE 浏览器中列表高度递增的 BUG*/
    height:22px;
    line-height:22px;
    text-indent:10px;
    border-bottom:1px dashed #E8E8E8;
}
```

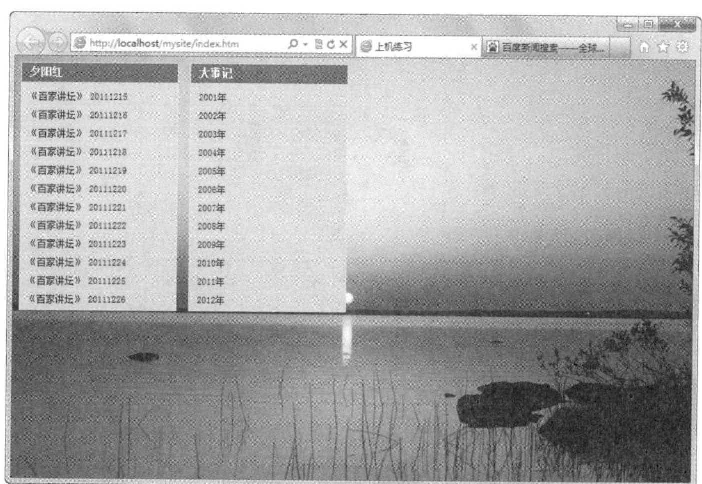

图 16.16　设计图文信息栏样式

第 3 步，从图 16.16 中可以看到当前效果中并未添加 CSS 滤镜，页面的背景图被遮挡住，严重影响了视觉效果。为了让页面中两个模块之间具有对比性，这里为夕阳红模块添加 CSS 透明滤镜。

```
.name_list {                              /*将夕阳红模块设置为透明，透明度为 70%*/
    filter:alpha(opacity=70);             /*针对 IE 浏览器的透明度*/
```

```
    opacity:0.7;                                    /*针对 FF 浏览器的透明度*/
}
```

这时再通过浏览器就可以看到 FF 浏览器和 IE 浏览器中，夕阳红模块整体都变得透明了。

Note

提示：filter:alpha(opacity=70);是 IE 浏览器中私有的 CSS 滤镜使用方式，opacity 属性的属性值是由 0~100 之间的整数组成的。当 opacity 属性值为 0 时，则说明该滤镜所作用的元素将变成全透明的，也就看不到内容了；而当 opacity 属性值为 100 时，那就是不透明了，也就可以不用添加 CSS 滤镜；当 opacity 属性值为 50 时，那就是半透明的效果。

opacity:0.7;是 FF 浏览器中私有的 CSS 滤镜使用方式，其 opacity 属性的属性值是由 0~1 之间的浮点数组成的。当 opacity 属性值为 0 时，则说明该滤镜所作用的元素将变成全透明的，看不到内容；而当 opacity 属性值为 1 时，那就是不透明的，可以不用添加 CSS 滤镜；当 opacity 属性值为 0.5 时，是半透明的效果。

filter:alpha(opacity=70);与 opacity:0.7;的属性值之间的区别只在于数字的写法，最终的效果都是一样的，即将页面中的元素透明化。

第 4 步，CSS 透明滤镜虽然能带来好的页面效果，但是透明模块中的文字也变得透明了。为了能更好地体现文字也被透明同化的效果，要将透明滤镜的效果强化一下。

```
.name_list {                                        /*将夕阳红模块设置为透明，透明度为 10%*/
    filter:alpha(opacity=10);                       /*针对 IE 浏览器的透明度*/
    opacity:0.1;                                    /*针对 FF 浏览器的透明度*/
}
```

将 CSS 滤镜中的透明度减少后，页面中几乎看不到那个模块的存在了。但减少透明度主要是希望背景的透明度加大，更清晰地看到页面中的背景图，现在文字也消失了。

提示：在浏览器中浮动（float）是将页面中的元素在同一个水平上并排显示的，而定位（position）却是将页面中的元素以叠加的方式显示的，演示示意图如图 16.17 所示。

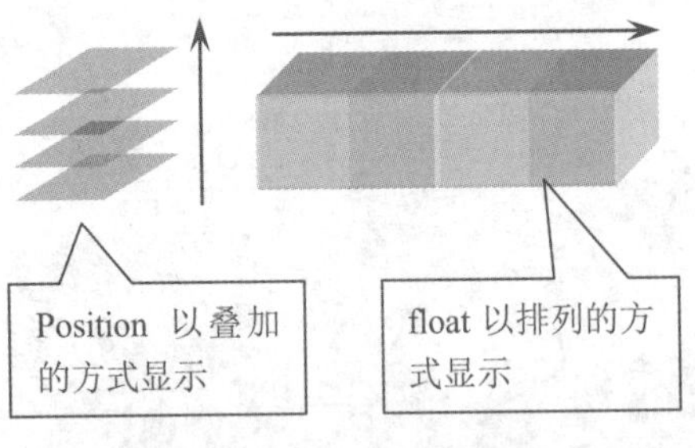

图 16.17　position 与 float 的形成示意图

第 5 步，根据上面示意图的效果，可以考虑使用定位（position）的方式，将透明的背景与文字分离，那么就可以达到背景透明，文字保持不透明的效果。

```
.name_list {                                        /*将夕阳红模块设置为透明，透明度为 10%*/
    filter:alpha(opacity=10);                       /*针对 IE 浏览器的透明度*/
    opacity:0.1;                                    /*针对 FF 浏览器的透明度*/
}
.name_list .content {                               /*改变列表内容的布局方式为定位*/
    position:relative;
```

```
}
.name_list .content li {                    /*设置文字颜色为白色，与背景图片形成反差*/
    color:#FFFFFF;
}
```

当改变内容列表的布局方式为定位（position）后，可以在 IE 浏览器中看到文字已经不再透明了，而 FF 浏览器中却无法达到预期的效果。因此还需要改变定位（position）的属性值，使原本的相对定位（relative）转为绝对定位（absolute）。但使用绝对定位（absolute）时，容器的高度属性值是必须固定的，而且是单独的一个容器（<div>标签）。

```
<div class="name_list list_box">
    <h3>夕阳红</h3>
    <div class="content">
        ………
    </div>
    <div class="bg"></div>
</div>
```

第 6 步，在 HTML 代码结构中，添加<div class="bg"></div>，并在 CSS 中设置其为绝对定位以及设置该容器的宽度和高度属性值。CSS 滤镜透明效果的代码是给这个空的<div>标签加上背景颜色。

```
.name_list .bg {                            /*将夕阳红模块设置为透明，透明度为 60%*/
    position:absolute;
    top:24px;
    left:0;
    width:200px;
    height:284px;
    background-color:#DCDCDC;
    filter:alpha(opacity=60);               /*针对 IE 浏览器的透明度*/
    opacity:0.6;                            /*针对 FF 浏览器的透明度*/
}
```

单独设置“夕阳红”的背景颜色并添加透明的 CSS 滤镜后，大事记模块的背景颜色也将需要单独定义。注意，要将 CSS 样式代码中.list_box 的背景属性删除，避免颜色重叠。

```
.list_box {                                 /*将页面中的两个容器浮动，并列显示，并给予宽度属性、
                                              边框属性*/
    position:relative;                      /*添加相对定位，使其子级有定位的参考对象*/
    float:left;
    width:200px;
    margin-right:15px;
    border:1px solid #E8E8E8;
}
.year_list {                                /*设置大事记的背景颜色*/
    background-color:#DCDCDC;
}
```

第 7 步，定位（position）布局方式的主要效果是层叠效果，完成以上 CSS 样式代码的修改之后，还需要提升列表内容的层叠级别，否则内容将会被透明的背景颜色覆盖。

```
.list_box li {                /*定义列表的宽度以及高度，并设置列表底边框为浅灰色的虚线*/
    position:relative;
```

```
    z-index:2;                 /*添加相对定位，并添加层叠级别数，使其叠加在背景之上*/
    float:left;
    width:100%;                /*设置浮动并且设置宽度为 100%可以避免 IE 浏览器中列表高度递增的 Bug*/
    height:22px;
    line-height:22px;
    text-indent:10px;
    border-bottom:1px dashed #E8E8E8;
}
```

将模块内的结构由浮动的布局方式改为定位的布局方式之后，将会在浏览器中看到，背景是透明的，而且文字不再随着背景的透明而透明了。

提示： 如果一定要使用 CSS 滤镜中的透明效果，而且需要页面效果较好，那么建议还是使用绝对定位的方式。虽然绝对定位必须将高度属性值固定，不能随着内容的增加而增加，但 CSS 滤镜的出现就是为了页面效果好看的，所以也只能使用绝对定位的方式。高度属性值如果需要随着页面内容的增加而变化，那么可以利用 JavaScript 脚本动态改变容器的高度属性值。